Handbibliothek für Bauingenieure

Ein Hand- und Nachschlagebuch
für Studium und Praxis

Begründet von Robert Otzen

Neue Reihe
herausgegeben von
Prof. Dr.-Ing. Ferd. Schleicher

Schleusen und Hebewerke

Von

Hans Dehnert

Springer-Verlag
Berlin Heidelberg GmbH
1954

Schleusen und Hebewerke

Von

Dr.-Ing. Hans Dehnert
Regierungs- und -baurat a. D.,
o. Professor an der Hochschule für Verkehrswesen in Dresden

Mit 320 Abbildungen

Springer-Verlag
Berlin Heidelberg GmbH
1954

ISBN 978-3-540-01807-0 ISBN 978-3-662-12946-3 (eBook)
DOI 10.1007/978-3-662-12946-3

Ursprünglich erschienen bei Springer-Verlag OHG., Berlin/Göttingen/Heidelberg 1954

Vorwort.

Die *Kammerschleuse* war schon um 1400 im Prinzip bekannt. Trotzdem gilt sie heute noch — von Sonderfällen abgesehen — als die einfachste, dauerhafteste und auch wirtschaftlichste Vorrichtung zum Heben und Senken von Schiffen. Sie ist *das* Ingenieurbauwerk des *Verkehrswasserbaues* in gleichem Sinn, wie man die Talsperre als *das* Ingenieurbauwerk der Speicherwasserwirtschaft ansehen kann. Eine Schleuse ist aber nicht nur ein Ingenieurbauwerk, sondern sie ist zugleich eine „Schiffshebemaschine", die mit dem Füllen und Leeren der Kammer „betrieben" wird. Dieser Umstand gibt dem Schleusenbau seinen besonderen Reiz.

Mit dem um 1920 in fast allen Ländern Europas erneut einsetzendem Ausbau von Wasserstraßen hat auch der Schleusenbau eine starke Belebung erfahren. Die deutschen Wasserbauingenieure können hierbei ohne Überhebung für sich in Anspruch nehmen, nicht nur die größte Zahl von Schiffsschleusen, sondern darunter auch verschiedene hochbedeutsame Bauwerke geschaffen zu haben. Die Doppelspeicherschachtschleuse Anderten zählt — ungeachtet ihrer konstruktiven Eigenheiten — heute noch zu den größten *Kanal*schleusen, die Doppelschleuse Magdeburg zu den größten *Fluß*schleusen der Welt. Und was den Bereich der *See*schleusen anbetrifft, so steht die Nordschleuse Bremerhaven ihren großen Schwestern im Ausland ebenbürtig zur Seite. Daneben befinden sich alle drei modernen Schiffshebewerke auf deutschem Boden!

Der Springer-Verlag hat sich daher entschlossen, im Rahmen der „Handbibliothek für Bauingenieure", in der 1921 das Buch „Kanal- und Schleusenbau" von Engelhard erschienen ist, nunmehr ein besonderes Werk über „Schleusen und Hebewerke" herauszugeben.

Da sich im Schleusen- und Hebewerkbau Probleme der Hydraulik mit denen des Grundbaues, Fragen der Betontechnik mit denen des Stahlbaues und ferner Arbeitsgebiete des Maschinenwesens mit denen der Elektrotechnik begegnen, liegt die Schwierigkeit eines solchen Unternehmens darin, allen Belangen eine auf das Ganze, nämlich die schnelle und sichere Beförderung von Schiffen, hinreichende Würdigung zu geben; hinzu kommt die Mannigfaltigkeit der durch die örtlichen Verhältnisse bedingten Schleusenkonstruktionen. Der Verfasser glaubt, dieser Forderung dadurch gerecht geworden zu sein, daß er nicht nur fast jede im Schleusenbau auftretende Frage zum mindesten einmal berührt, sondern in einem besonderen Schrifttumsnachweis auch die für die einzelnen

Abschnitte des Buches in Frage kommende Sonderliteratur erfaßt hat. Damit wird diese Arbeit, die der Planung und Gestaltung von Schleusen und Hebewerken dient, zu einer gewissen Schau über die auf diesem Gebiet des Wasserbaues vollbrachten Leistungen. Aus ihr möge der Studierende lernen, der in der Praxis stehende Ingenieur Wissenswertes in die Erinnerung zurückrufen oder neue Anregung empfangen.

Zum Schluß sei es mir gestattet, so manchem ehemaligen Kollegen der deutschen Wasserstraßenverwaltung für die mir beim Zustandekommen dieser Arbeit geleistete Unterstützung zu danken. Ich denke hierbei besonders an die Herren Ministerialrat i. R. LEOPOLD-Berlin und Direktor Oberingenieur KRÜGER-Potsdam. Darüber hinaus gilt mein Dank dem Springer-Verlag, der dieser Arbeit sein Interesse entgegengebracht und sie so sorgfältig ausgestattet hat.

Dresden, im Sommer 1954.

H. Dehnert.

Inhaltsverzeichnis.

I. Allgemeines über Schiffsschleusen.

1. Begriffsbestimmungen.

Das Wort *Schleuse* bezeichnet im weitesten Sinne eine Vorrichtung, um etwas „Strömendes" in seinem Abfluß nach Zeit und Menge zu begrenzen. Man spricht so von Luft-, Wärme-, Verkehrsschleusen u. a. Der *Wasserbau* als Inbegriff aller technischen Maßnahmen zur Nutzung des Wassers für die verschiedensten Bedürfnisse des Menschen bedient sich der *Stauschleuse*. Ihre Aufgabe besteht in der Regelung der Wasserführung eines fließenden Gewässers. Es decken sich daher in gewissem Umfange die Begriffe Schleuse und *Wehr*. Während es sich aber bei einem Wehr in erster Linie darum handelt, einen Aufstau ohne Unterbrechung des Abflußvorganges zu erreichen, geht die Bestimmung einer Schleuse vorwiegend dahin, nur einen Höhenunterschied im Wasserspiegel durch Trennung eines Gewässers in zwei Abschnitte hervorzurufen[1].

Die Verwendung von Stauschleusen zur Gewinnung einer größeren Fahrwassertiefe für den Verkehr von Flößen und Schiffen ist in Deutschland zum erstenmal nachweislich um die Mitte des 13. Jahrhunderts auf der Alster erfolgt. Man unterbrach ihren natürlichen Lauf, indem man an besonders geeigneten Stellen, den *Staustufen*, Anlagen zum „Schließen" des Wasserabflusses erbaute. Sie bestanden aus einer quer durch das Flußbett gerammten Holzwand, welche für den Durchgang von Kähnen eine entsprechend große Öffnung enthielt. Durch Heben einer diese Öffnung verschließenden hölzernen Tafel, der Schütze, wurde das aufgestaute Wasser von Zeit zu Zeit abgelassen. Hierbei entstand ein Wasserschwall, auf dem die Schiffahrt einmal über die Staustufen gelangte, zum anderen die dazwischenliegenden zu seichten Flußstrecken befahren konnte.

Diese Schwellenfahrt verbrauchte viel Wasser, war zeitraubend und bewegte sich nur talwärts. Die beim Öffnen entstehenden Wasserstrudel bargen zudem für die Schiffe erhebliche Gefahren in sich. Der Hamburger Strombaudirektor Woltmann sagt in seinem 1802 erschienenen Buche, „daß 3 Fuß Fall wohl das mehrste sey für große Flußprahmen bei diesen einfachen Schleusen oder Fahrlöchern".

Das bedeutendste Unternehmen des Mittelalters, einen kleinen, wasserarmen Fluß durch Einbau von Stauschleusen schiffbar zu machen, war die von der Stadt Lübeck hergestellte *Stecknitz-Fahrt*. Der Möllner See wurde durch eine Schleuse abgeschlossen, die man nach Ansammlung von 24 bis 30 mit Salz beladenen Schiffen öffnete. Auf der so erzeugten Wasserwelle schwammen dann die Fahrzeuge hinunter nach Lübeck. Die günstigen Erfahrungen dieses Betriebes, der bereits 1342 durch eine Dienstvorschrift geregelt war, führten später dazu, den Wasserweg bis zur Elbe bei Lauenburg zu verlängern. Der Höhenrücken zwischen dem Möllner See und der Delvenau, einem Nebenfluß der Elbe, wurde durchstochen und die Delvenau durch Einbau von Stauschleusen schiffbar gemacht, so daß 1398 in dem 94 km langen Wasserweg, den man als Vorgänger des heutigen Elbe-Trave-Kanals ansprechen kann, 17 Gefällstufen vorhanden waren. Der Wasserspiegel der Scheitelhaltung lag etwa 17 m über dem der Trave und etwa 12 m über dem Mittelwasser der Elbe. Die Breite des Kanals betrug 7,5 m, seine Tiefe 0,85 m und die Tragfähigkeit der auf ihm verkehrenden Schiffe 7,5 t.

[1] Nach DIN 4054 ist eine Schleuse ein „Bauwerk, das zwei Wasserflächen von verschiedener Spiegelhöhe durch eine verschließbare Öffnung verbindet".

Wann zum ersten Male *zwei* Stauschleusen in der Form zusammengebaut und bedient worden sind, daß der Wasserspiegel des zwischen ihnen befindlichen Beckens, der *Kammer*, nach dem Öffnen des oberen Verschlusses durch Schließen des unteren Verschlusses bis zum Oberwasser angestaut und so ein zu Berg bestimmtes Fahrzeug gehoben werden konnte, während umgekehrt ein zu Tal bestimmtes Schiff seinen Weg dadurch nahm, daß man bei geschlossenem oberem Verschluß den unteren Verschluß öffnete, entzieht sich unserer genauen Kenntnis. Es ist anzunehmen, daß das Prinzip der *Kammerschleuse* — doppelter Verschluß zwischen zwei Gewässern verschiedener Höhenlage, von denen immer nur einer geöffnet sein darf — an mehreren Stellen unabhängig voneinander gefaßt und verwirklicht wurde. Jedenfalls lag um 1700 die für den Bau von Kanälen notwendige „Maschine" zum Heben und Senken der Schiffe für ganz Europa in ihrer heutigen Grundform fest.

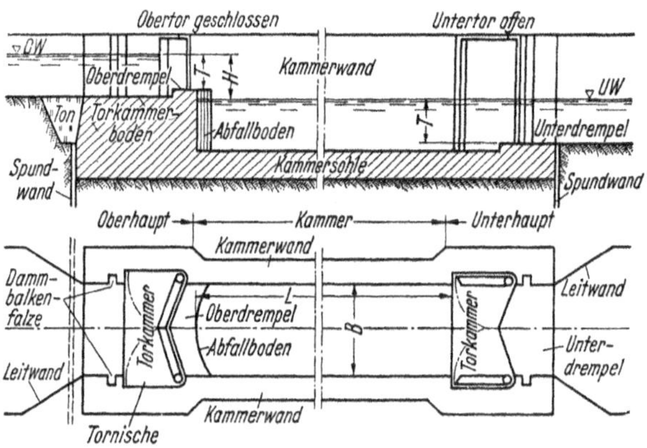

Abb. 1. Einfache Kammerschleuse.

Die große Gruppe der Schiffsschleusen kann in die der *Seeschiffahrt* dienenden *Seeschleusen* und in die der *Binnenschiffahrt* dienenden *Fluß-* und *Kanalschleusen* unterteilt werden. Seeschleusen zeichnen sich gegenüber Binnenschiffahrtsschleusen — wobei kein Grund besteht, entsprechend der Wortbildung „Seeschleusen" nicht auch von „Binnenschleusen" zu sprechen — ungeachtet der größeren Abmessungen dadurch aus, daß ihre Projektierung und Ausführung in Abhängigkeit von den gegebenen Verhältnissen des Verkehrs und der Örtlichkeit außerordentlich mannigfaltige Problemstellungen mit sich bringt. Die Grundlagen für den Bau von Binnenschleusen hingegen ähneln sich stets mehr oder weniger. Daher bildet sich für den Linienzug einer Flußkanalisierung oder eines Schiffahrtskanals in der Regel auch ein der Wasserstraße eigentümlicher Schleusentyp heraus.

Allen Schleusen gemeinsam ist der Bauteil, der die bewegbaren Verschlußvorrichtungen aufnimmt und als *Haupt* bezeichnet wird. Abb. 1 zeigt schematisch eine einfache Kammerschleuse im Grundriß und Längenschnitt. Das *Oberhaupt* begrenzt die *Kammer* gegen das *Oberwasser*, das *Unterhaupt* gegen das *Unterwasser*. In den Häuptern befinden sich die Verschlußvorrichtungen in Gestalt der *Schleusentore* — Obertor bzw. Untertor. Die lotrechten Vorsprünge in den Sohlen der Häupter, gegen die sich die Tore im geschlossenen Zustande lehnen, nennt man *Ober-* bzw. *Unterdrempel*. Der Oberdrempel wird gegen die *Kammersohle* zum *Abfallboden*. Die geöffneten Tore — im vorliegenden Fall sog. *Stemmtore* — ruhen in den *Tornischen*. Der von den Toren bei ihrer Bewegung eingenommene Raum heißt *Torkammer*; sie wird unten vom *Torkammerboden* begrenzt. Die kleinen Nischen in den Häuptern sind *Dammbalkenfalze*, in die zwecks Trockenlegung der Schleuse zu Ausbesserungsarbeiten Holzbalken oder stählerne Träger zur Gewinnung einer neuen Stauwand eingelegt werden. Den Anschluß der Häupter an die Fluß- oder Kanalstrecke vermitteln *Leitwände*.

Der Unterschied zwischen Ober- und Unterwasserspiegel ergibt die *Fallhöhe* der Schleuse; sie wird im weiteren stets mit H bezeichnet. L ist die nutzbare *Kammerlänge*, B die *Kammerbreite*, T die Schleusen- oder *Drempeltiefe*.

Eine Schleusung zu Berg im Zuge der Fahrt eines Schiffes vom Unterwasser nach dem Oberwasser spielt sich folgendermaßen ab: Die Kammer wird durch verschließbare Öffnungen in den Toren oder durch verschließbare Kanäle in den Kammerwänden mit der unteren Haltung verbunden, so daß sich der Wasserspiegel beiderseits des Untertores gleich hoch einstellt. Das Obertor ist geschlossen. Hierauf wird das Untertor geöffnet, und das Schiff fährt in die Kammer ein. Nach Schließen des Untertores erfolgt Füllen der Kammer aus dem Oberwasser bis zum Spiegelausgleich. Nun kann das Obertor geöffnet und das Schiff in die obere Haltung eingeführt werden. Die Talfahrt eines Schiffes erfolgt umgekehrt mit entsprechenden Bewegungsvorgängen.

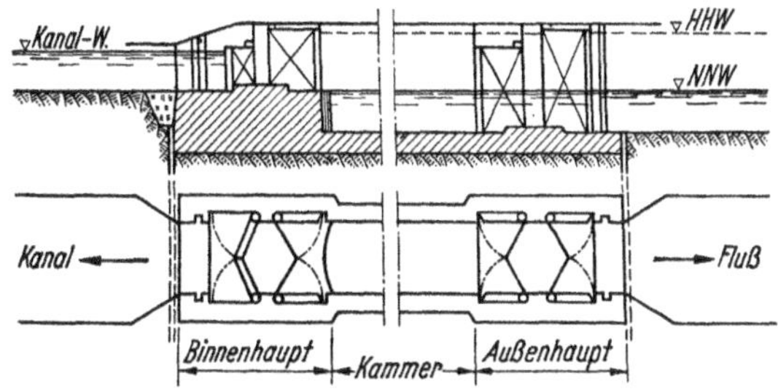

Abb. 2. Doppelt kehrende Schleuse.

Eine besondere Bauart der Kammerschleuse ergibt sich an der Mündung eines Kanals in einen schiffbaren Fluß, dessen Wasserstand bald über, bald unter dem Kanalwasserspiegel liegt. Hier müssen *Außenhaupt* und *Binnenhaupt* jeweils ein nach beiden Richtungen kehrendes Tor haben, also je zwei Stemmtorpaare, sofern nicht auf beiderseitigen Druck eingerichtete Tore, wie Hub- oder Schiebetore, vorhanden sind (Abb. 2). Ähnliche Verhältnisse ergeben sich bei Seeschleusen, die als Durchgang zu einem Hafenbecken mit gleichbleibendem Wasserspiegel während der ganzen Dauer von Ebbe und Flut dem Schiffsverkehr dienen sollen.

2. Bauformen und Bauarten.

Grundrißform und Größe der Kammer richten sich nach den Belangen der Schiffahrt und den verkehrswirtschaftlichen Verhältnissen der anschließenden Wasserstraße. Wird eine Kammer so lang gemacht, daß zwei oder mehrere Schiffe hintereinander, also ein ganzer Schleppzug, darin Aufnahme finden können, so entsteht die Schleppzugschleuse (Abb. 3). *Schleppzugschleusen* erhalten vielfach noch ein *Mittelhaupt.* Man schleust dann bei der Durchfahrt von nur einem Schiff zwecks Wasserersparnis mit den Toren *1* und *2*. Die Anordnung des Mittelhauptes erfolgt in der Regel nach dem Unterwasser zu. Es kann jedoch seine Lage auch nach dem Oberhaupt zu in Frage kommen. Eine doppelbreite Schleuse mit versetzten Häuptern zeigt Abb. 4. Bei der Durchführung der Saale-

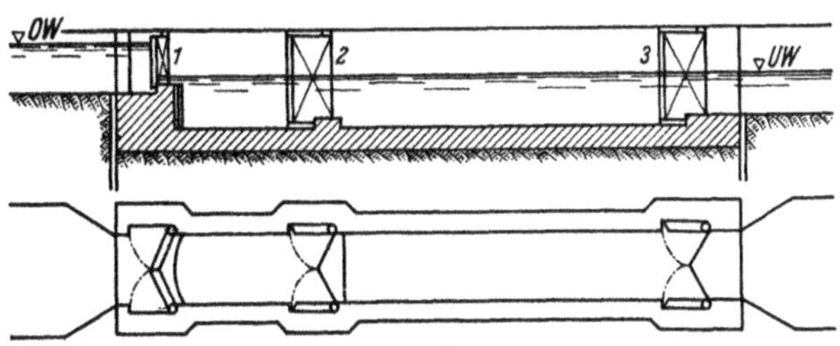

Abb. 3. Schleppzugschleuse mit Mittelhaupt.

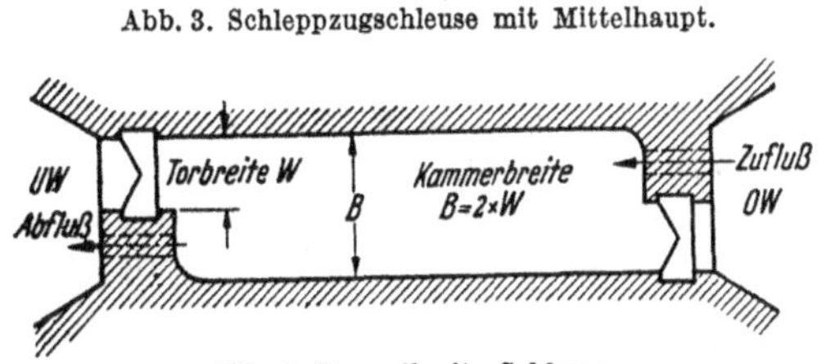

Abb. 4. Doppelbreite Schleuse.

Kanalisierung hat ein *rhombenförmiger* Grundriß Anwendung gefunden (Abb. 5). Er weist gegenüber der Anordnung nach Abb. 4 den Vorteil auf, daß die ein- und ausfahrenden Schiffe nur wenig quer verholt zu werden brauchen und auch bei verschiedenartigen Schiffsgrößen eine günstige Kammerausnutzung gewährleistet ist. Kleinere Schleusen erhalten mitunter eine Grundrißform nach Abb. 6; die Nische dient zur Unterbringung eines Schleppbootes neben dem Frachtkahn.

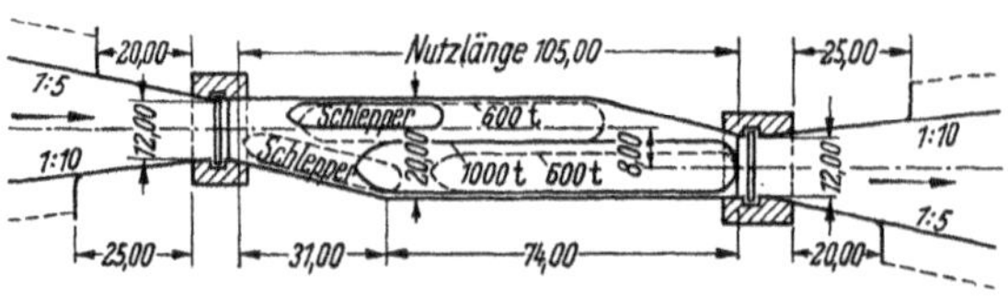

Abb. 5. Neue Saaleschleuse.

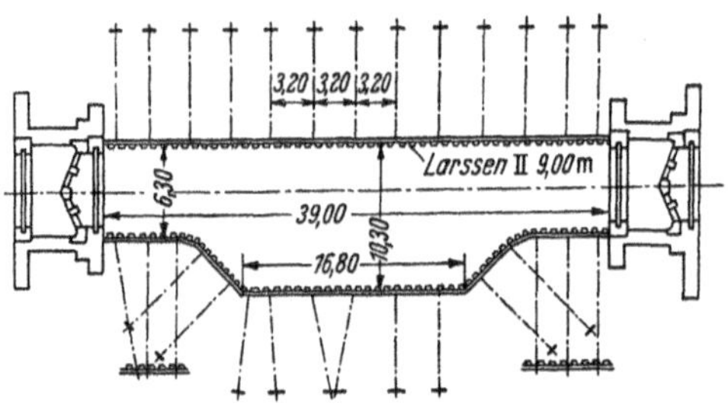

Abb. 6. Schleuse im Voßkanal.

Kesselschleusen (Abb. 7), deren Kammer gleichzeitig mehreren Schiffen neben- und hintereinander Platz bietet, werden heute nicht mehr gebaut; jedoch *Zwillingsschleusen* (Abb. 8), wobei zwei nebeneinanderliegende Kammern mit Hilfe eines abschließbaren Verbindungskanals gegenseitig zur Wasserersparnis benutzt werden. Befindet sich eine Kammer auf Oberwasser, steht die andere auf Unterwasser, so daß nach Einfahren der Schiffe gleichzeitig mit der einen Kammer zu Berg, mit der anderen zu Tal geschleust wird. Die Wasserersparnis beträgt dann 50% bei gleichzeitiger Schleusung eines Schiffes talwärts *und* eines Schiffes bergwärts, hingegen nur $33^1/_3$% bei Schleusung eines Schiffes bergwärts *oder* talwärts.

Abb. 7. Kesselschleuse.

Große *Fallhöhen* werden durch Schachtschleusen, Kuppelschleusen und Schleusentreppen überwunden.

Eine *Schachtschleuse* (Abb. 9) entsteht dadurch, daß das Untertor nicht bis zum Stand des Oberwasserspiegels hochgeführt, sondern von einer die seitlichen Kammermauern nach Unterwasser verbindenden Stirnwand überbrückt wird, unter der nur eine Öffnung mit der für die Schiffahrt erforderlichen lichten Durchfahrtshöhe verbleibt. Eine scharfe Umgrenzung des Begriffes Schachtschleuse besteht allerdings nicht, denn die tunnelartige Ausbildung des Unter-

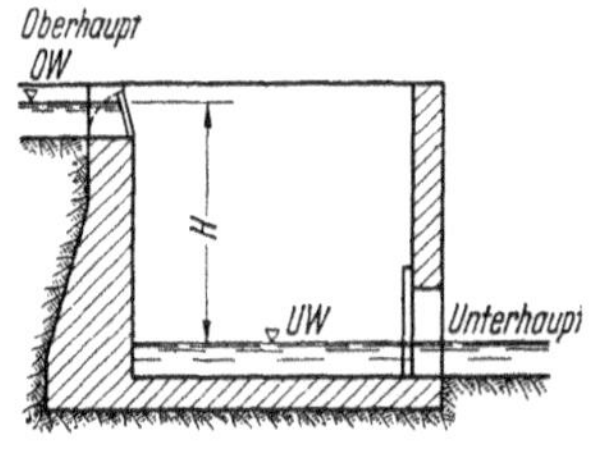

Abb. 8. Zwillingsschleuse.

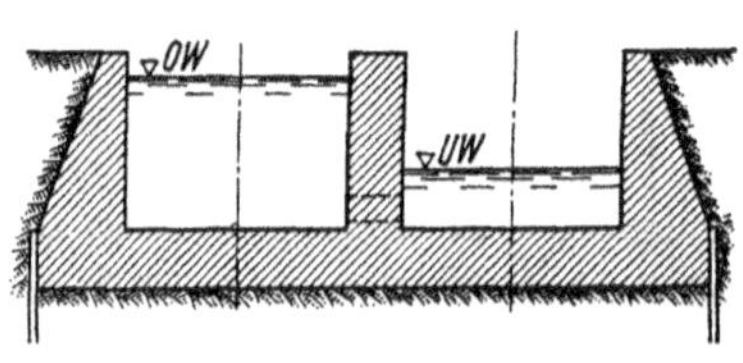

Abb. 9. Schachtschleuse.

hauptes führt nicht allein dazu, eine Schleuse als Schachtschleuse zu erklären. Vielmehr setzt die Wahl der Bezeichnung „Schachtschleuse" eine gewisse Höhe der unterwasserseitigen Abschlußwand voraus. Der erste Versuch zur Herstellung einer Schachtschleuse von $H = 17{,}56$ m ist von den schwedischen Ingenieuren Polhem und Elvius zur Überwindung des 34 m hohen Trollhättan-Falles um 1750 unternommen worden. Zur Ausführung kam jedoch eine Schachtschleuse mit überwölbtem Unterhaupt zuerst in Frankreich (Doppelschleuse im Kanal St. Denis mit $H =$ rd. 10 m). Bemerkenswerte Schachtschleusen haben wir in Deutschland am Dortmund-Ems-Kanal zu Henrichenburg ($H = 14$ m), am Abstieg des Mittellandkanals zur Weser bei Minden i. W. ($H_{max} = 14{,}67$ m), im Aufstieg des Mittellandkanals zu seiner Scheitelhaltung bei Anderten ($H = 15$ m) und ferner zu Fürstenberg a. d. O. ($H_{max} = 14{,}28$ m) an der Mündungsstrecke des Oder–Spree-Kanals. Die höchste Schachtschleuse Europas, jedoch mit kleineren Kammerausmaßen ($L = 45$, $B = 7{,}5$ m) besitzt der Masurische Kanal mit $H = 17{,}2$ m. Modernste Schachtschleusen sind im Zuge der Kanalstrecke des Großschiffahrtsweges Rhein–Main–Donau geplant. Die nach der Fallhöhe größte Schleuse der Welt dürfte zur Zeit an der Staustufe MacNary des Columbia-Flusses (USA) im Bau sein. Es ist hier als Auf- und Abstiegsbauwerk für die Schiffahrt eine Schleuse von $L = 206$ m, $B = 26{,}25$ m und $H = 28$ m vorgesehen.

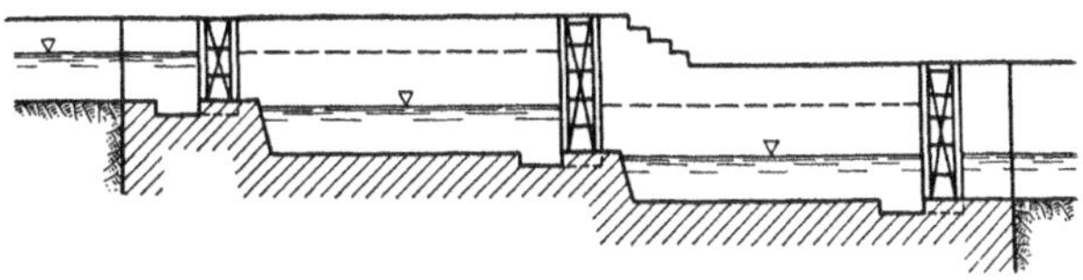

Abb. 10. Kuppelschleuse.

Bei *Kuppelschleusen* ist das Unterhaupt der oberen Schleuse zugleich Oberhaupt der unteren Schleuse, so daß größere Fallhöhen unter Verringerung der Anzahl der Häupter überwunden werden (Abb. 10). Ein Nachteil dieser Bauart ist der Zeit- und Wasserverlust bei der Begegnung von Fahrzeugen. Fährt ein Schiff aufwärts, so muß das zu Tal gehende Schiff vor der obersten Schleuse warten. Eine Kuppelschleuse befindet sich am Shannon-Kraftwerk in Irland; sie ist wie die gesamte Stauanlage von deutschen Ingenieuren erbaut worden. Doppelte Kuppelschleusen — 3 Kammern mit 2 Doppelhäuptern — hat der Panamakanal bei Gatun.

Eine *Schleusentreppe* wird durch mehrere dicht hintereinander liegende Schleusenkammern gebildet. Sie gibt vielen älteren Wasserstraßen Frankreichs ihr eigenartiges Gepräge. Abb. 11 zeigt die Schleusentreppe am Abstieg der Havel-Oder-Wasserstraße bei Niederfinow. Sie besteht bei einem Gesamtgefälle von 35,70 m aus 4 Stufen, die im Verbundbetrieb arbeiten, d. h. die erste und dritte Schleuse stehen auf Oberwasser und schleusen ein Schiff talwärts,

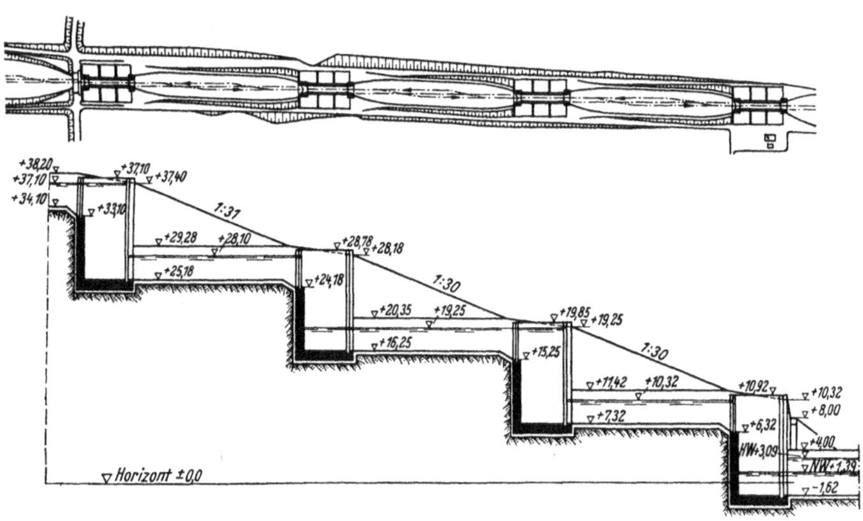

Abb. 11. Schleusentreppe Niederfinow.

während die zweite und vierte Schleuse auf Unterwasser stehen und ein Schiff aufwärts schleusen. Die Kreuzungen zwischen tal- und bergwärts schwimmenden Fahrzeugen finden jeweils in den 260 m langen Zwischenhaltungen statt, die sich dem Schleusungsvorgang entsprechend mit dem Wasserspiegel der beiden anschließenden Kammern ausgleichen müssen. Ein glattes Aneinandervorbeifahren der Schiffe wird hierbei dadurch erreicht, daß die Schleusenachsen um 11 m gegeneinander verschoben sind. Jedes Schiff fährt daher geradlinig in seine Schleuse ein. Der Betrieb gestaltet sich so, daß mit der Einfahrt eines Schiffes in die oberste Schleuse von Oberwasser gleichzeitig ein Schiff in die unterste Schleuse von Unterwasser eintritt. Die Schleusentreppe hat dann nach Vornahme einer Doppelschleusung, das bedeutet, ein Schiff aufwärts und ein zweites abwärts — oder umgekehrt — die gleiche Betriebsstellung, indem wiederum ein Schiff von oben und ein weiteres von unten einfahren kann. Sie wirkt also hinsichtlich der Anzahl der zu schleusenden Fahrzeuge in ihrer Leistungsfähigkeit wie eine Schleuse von $^1/_4$ des Gesamtgefälles. Die Beförderung der Kähne durch die Schleusentreppe erfolgt mittels elektrischer Treidelmaschinen. Neuerdings ist eine Schleusentreppe geplant am Aufstieg des Elster-Saale-Kanals, der die Stadt Leipzig an die Elbe anschließen soll. Die Gesamtfallhöhe von 21,95 m soll hier durch zwei Schleusen von je 85 m Nutzlänge und 12 m Nutzbreite überwunden werden, die durch eine 360 m lange Zwischenhaltung verbunden sind.

Eine Schleuse, bei der Ober- und Unterhaupt nebeneinanderliegen, um die unter einem spitzen Winkel zusammenlaufenden Enden zweier Wasserstraßen zu verbinden, nennt man *Sackschleuse.* Die *Weichen-* oder *Kreuzungsschleuse* hat drei bzw. vier Häupter bei kreisförmiger oder polygonaler Kammer als Verbindungsbauwerk von zwei in verschiedener Höhe gelegenen Kanälen.

Ein noch nicht ausgeführter Plan ist die *Schleuse ohne Zeitverlust.* Sie fußt auf der Idee des im Jahre 1928 verstorbenen Leiters der früheren Preußischen Versuchsanstalt für Wasserbau und Schiffbau in Berlin, Professor Dr.-Ing. E. h. Krey [*155*]. Dieser hat 1925 auf die praktische Möglichkeit hingewiesen, Schleusen so lang zu bauen, daß sie während der Zeit des Füllens und Leerens durchfahren werden können, der Schleppzug weder festzumachen noch seine Fahrt zu unterbrechen braucht. Das Wesentliche ist hierbei, daß das eine Tor schon geöffnet wird, ehe das andere geschlossen und der Schleppzug ganz eingefahren ist, und daß außerdem sowohl bei der Bergfahrt als auch bei der Talfahrt die Ausfahrt des Schleppzuges schon vor völliger Ausspiegelung erfolgt.

Das von Krey der näheren Untersuchung und Rechnung zugrunde gelegte Beispiel fußt auf folgenden Zahlenwerten:

Länge der Schleuse zwischen den Toren	800 m,
Breite der Schleuse	12,5 m,
Fallhöhe der Schleuse	6 m,
daher Füllungsmenge	60000 m³,
Schleppzuglänge	300 m,

bestehend aus einem Dampfer von 30 m Länge, zwei 1200 t-Kähnen von je 80 m Länge und einer Länge der Schleppzugtrossen von je 50 m.

Relativgeschwindigkeit des Schleppzuges gegenüber dem Wasser in der Schleusenkammer:

bei voller Kraft	6 km/h = 1,67 m/sek,
bei halber Kraft	4 km/h = 1,1 m/sek,
bei kleiner Kraft	2 km/h = 0,55 m/sek,
Dauer einer Bergfahrt	17 min,
Dauer einer Talfahrt	$19^1/_2$ min,
Dauer einer Doppeldurchfahrt zu Berg und zu Tal bei höchstmöglicher Beschleunigung $17 + 19^1/_2 =$	rd. 40 min;

somit Wasserverbrauch im Mittel = 25 m³/sek.

Schleusen dieser Art kommen mit Rücksicht auf den großen Wasserverbrauch nicht für Kanäle, sondern nur für Flußkanalisierungen in Betracht. Ein Modell hiervon wurde 1926 auf der Internationalen Ausstellung für Binnenschiffahrt und Wasserkraftnutzung in Basel gezeigt. Nach Mitteilungen, die anläßlich des 17. Internationalen Schiffahrtskongresses zu Lissabon im Herbst 1949 von schwedischen Ingenieuren gemacht worden sind, ist in den Jahren 1942 bis 1944 eine Schleuse ohne Zeitverlust mit einer Kammerlänge von 1000 m am Falsterbo-Kanal gebaut worden. Ihre Fallhöhe beträgt jedoch im Maximum nur 1,00 m.

Bei der Anlage von Kanälen als künstlichen Wasserstraßen verursacht die Beschaffung des für den Schleusenbetrieb erforderlichen Wassers in der Regel erhebliche Kosten. Die zum Schleusen eines Schiffes benötigte Wassermenge, welche sich aus dem Produkt von Kammerfläche mal Fallhöhe ergibt, läßt sich nun dadurch vermindern, daß man die Schleuse seitlich mit Becken versieht, welche das aus der Kammer ausfließende Wasser vorübergehend aufnehmen und es beim Wiederfüllen in diese zurückfließen lassen. Es entsteht damit eine *Sparschleuse*. Sie ist im allgemeinen nur wirtschaftlich bei einem Gefälle von mindestens 3 m. Wie eine Sparschleuse „arbeitet", geht aus Abb. 12 hervor. Die mit *4* bezeichnete Wasserschicht wird durch verschließbare Kanäle in das erste Sparbecken *a*, die mit *3* bezeichnete Wasserschicht in das zweite Sparbecken *b*, der Rest bestehend aus den Schichten *2* und *1* nach dem Unterwasser abgeführt. Umgekehrt fließt beim Füllen der Kammer die Schicht *b* in den Raum der Schicht *1* und die Schicht *a* in den Raum der Schicht *2*, während die Schichten *3* und *4* dem Oberwasser entnommen werden. Sie ergeben den Wasserverbrauch der Schleuse.

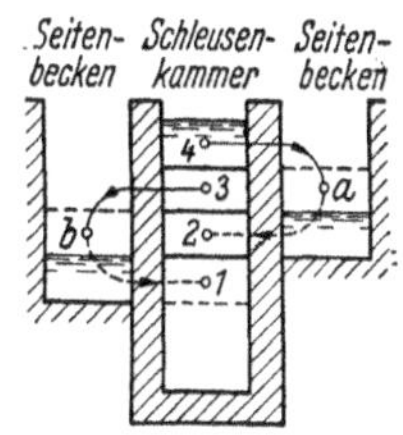

Abb. 12.

Die durch Art und Umfang des Verkehrs bedingte Gestaltung einer Schleusenanlage steht in Abhängigkeit von dem zu überwindenden Gefälle in engster Wechselbeziehung zum *Baustoff*.

Abb. 13. Alte Holzschleuse.

Schleusen aus Holz stellen die älteste Bauweise dar (Abbildung 13). Sie sind am Platze bei geringer Fallhöhe, für wenig tragfähige Böden, ferner in abgelegenen Gegenden, wo Holz billiger ist als Mauerwerk und Beton. Das Füllen und Leeren solcher kleiner Schleusen erfolgt stets durch verschließbare Öffnungen in den Toren. Die hölzernen Seitenwände werden nach Art der Bohlwerke konstruiert (Abb. 14), mitunter auch aus senkrecht zur Schleusenachse liegendem Packwerk hergestellt. Da Holz in der Wasserlinie und darüber fault, hat man vielfach über Wasser die Kammerbegrenzung durch Pflaster gebildet. Das Auflaufen oder Aufsetzen von Schiffen auf den Böschungen wird dann durch Leitpfähle verhindert. Schleusen mit geböschten Kammerwänden setzen stets voraus, daß kein Wassermangel besteht und eine längere Füllungs- bzw. Entleerungsdauer keine Rolle spielt. Es kommt daher für Schleusen mit lebhafterem Verkehr und größerer Fallhöhe nur der Massivbau in Frage. Ältere Schleusen dieser Art besitzen in Weiterentwicklung der Holzschleuse vielfach noch einen hölzernen Kammerboden, wobei im Bereich der Häupter über dem Bohlenbelag ein umgekehrtes Gewölbe gespannt wird, um die Mauern gegen seitliche Verschiebungen zu sichern. Abb. 15 zeigt die im Jahre 1886 erbauten Charlottenburger Schleusen, von denen die Südschleuse zusätzlich mit einem Mittelhaupt versehen ist. Jede Schleuse wird durch Spundwände ringsum eingeschlossen; außerdem sind Querspundwände vor und hinter den Häuptern angeordnet. Die Schleusenwände bestehen aus Klinkermauerwerk in Zementmörtel. Zur Sicherung gegen Beschädigungen durch anstoßende Schiffe haben die Mauerwerksecken eine Granitverkleidung erhalten. Ebenso ist auch der Drempelanschlag aus Granit hergestellt. Füllen und Leeren der Kammer erfolgt durch Schützöffnungen in den hölzernen Stemmtoren und durch um die Torkammern herumlaufende Kanäle, deren Abschluß stählerne Klappschütze bewirken.

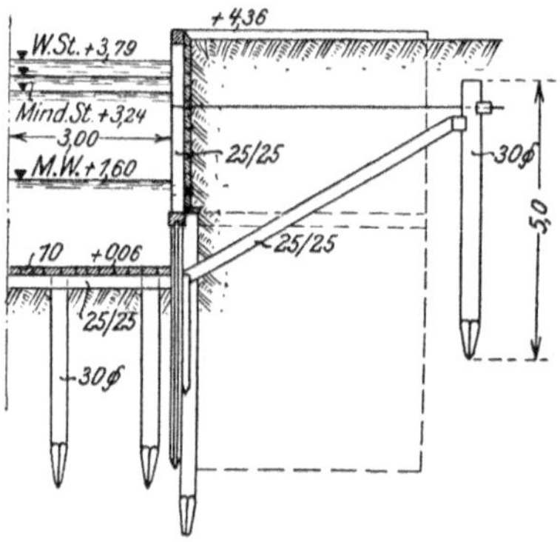

Abb. 14. Hölzernes Bohlwerk.

Die 1906 dem Verkehr übergebene Doppelschleuse Klein-Machnow des Teltow-Kanals war die erste Anlage in Deutschland, bei der die Kammern gegen die beiden Haltungen durch Hubtore, für die als Werkstoff natürlich nur noch der Stahl in Frage kam, abgeschlossen wurden (Abb. 16). Die Wasserzuführung geschieht hier in langen Umläufen mit Stichkanälen, deren Bedienung mittels Hottopscher Heber durchgeführt wird. Das gesamte Bauwerk steht auf trag-

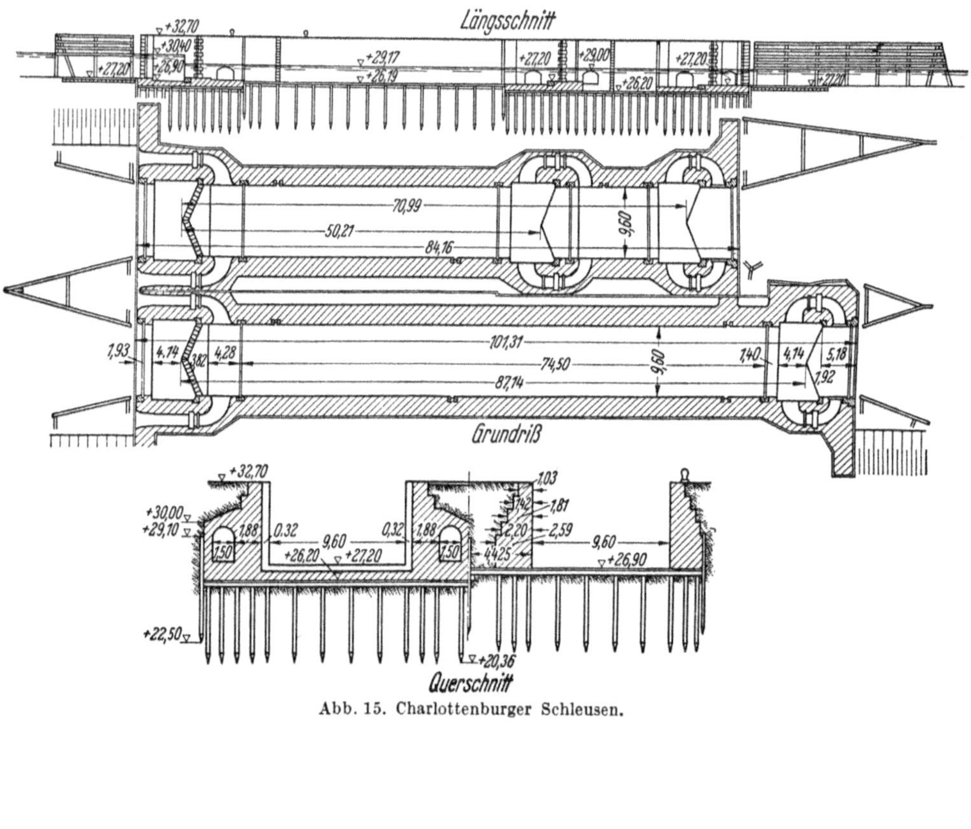

Abb. 15. Charlottenburger Schleusen.

fähigem Sand und ist entsprechend den verschiedenen Belastungen in einzelne Baublöcke zerlegt. Zwei Querspundwände trennen Oberhaupt und Unterhaupt von der Kammer, je zwei Längsspundwände in jeder Kammer die Seitenmauern

Abb. 16. Doppelschleuse Klein-Machnow.

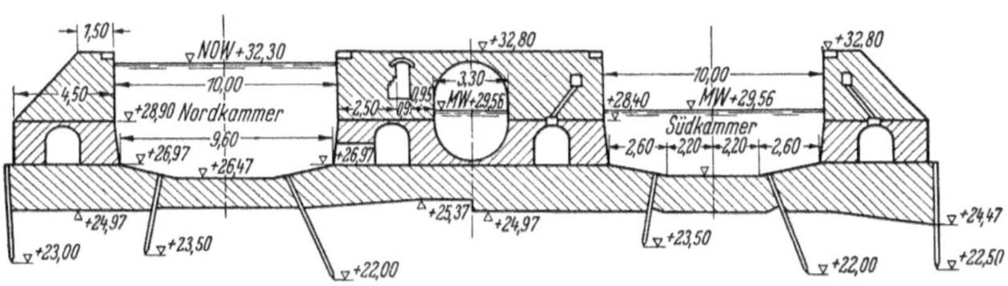

Abb. 17. Querschnitt der Doppelschleuse Klein-Machnow.

Abb. 18. Schleuse am Rhein—Herne-Kanal.

von der Sohle. Diese besteht ebenso wie das weitere Bauwerk bis zur Höhe des unteren Niedrigwassers aus Beton, während der darüber liegende Teil bis zur Schleusenplattform mit Klinkern ausgeführt worden ist (Abb. 17).

Die zunehmende Verwendung des Betons als Baustoff hat im Rahmen der allgemeinen Fortschritte auf dem Gebiet des Bauwesens die Entwicklung des

Schleusenbaues außerordentlich beeinflußt, wie umgekehrt die Betontechnik durch den Schleusenbau als Massenbeton-Bauvorhaben neue Impulse erfahren hat. Abb. 18 zeigt eine der Schleusen des Rhein–Herne-Kanals, der auf seine ganze Länge Bodensenkungen infolge des bergmännischen Abbaues der Kohlenfelder ausgesetzt ist. Hier sind die sonst meistens üblichen Stemmtore mit Rücksicht auf ihre Empfindlichkeit gegen Bauwerkssetzungen nicht brauchbar. Man hat daher im Oberhaupt Klapptore und im Unterhaupt Schiebetore angeordnet (Abb. 19). Zur schnellen Abwicklung des Schleusungsvorganges dient eine elektrische Treidelanlage. Die in Kalk-Traß-Zement-Beton hergestellten Kammerwände sind als reine Schwergewichtsmauern derart bemessen, daß sie nach erfolgtem Absinken des Bauwerkes um 2 m aufgehöht werden können (Abb. 20). Um die Häupter in ihren Abmessungen möglichst gering zu halten, sind alle Schleusen des ebenfalls in einem Bergbaugebiet liegenden Lippe-Seitenkanals Wesel–Datteln mit Hubtoren ausgerüstet worden (Abb. 21). Hierbei hat man auf die für das Füllen und Leeren der Kammer in der Regel verwendeten Umläufe verzichtet. Der Ausgleich der Wasserspiegel erfolgt durch Schützen, die elektrisch betrieben in den Toren untergebracht sind. Bei zwei der fünf Gefällstufen des Lippe-Seitenkanals sind außerdem die Kammerwände nicht in Beton, sondern aus stählernen Spundwänden hergestellt worden (Abb. 22). Es wurde damit eine Bauweise gewählt, die für den weiteren Schleusenbau von richtunggebender Bedeutung war, nachdem sich vorher schon die Stahlspundwand als

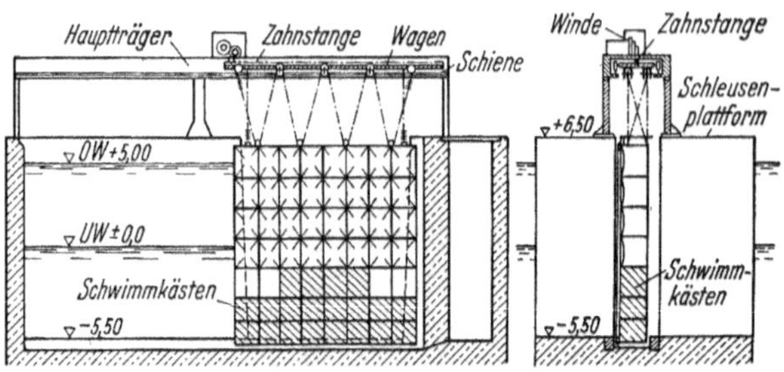

Abb. 19. Unterhaupt mit Schiebetor.

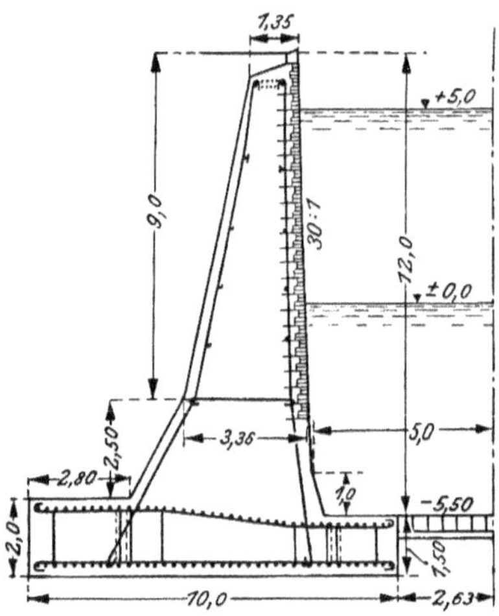

Abb. 20. Kammerquerschnitt der Schleusen am Rhein—Herne-Kanal.

Abb. 21. Schleuse am Wesel—Datteln-Kanal.

Ersatz für die bis dahin nur übliche hölzerne Spundwand als eines der unersetzlichsten Bauelemente des Schleusenbaues bewährt hatte.

Das Streben nach erhöhter Leistungsfähigkeit einer Wasserstraße führt zu einer stetigen Zunahme der Kammerlängen. Ein recht anschauliches Bild hierfür bietet die Schleusenanlage Münster i. W. (Abb. 23). Mit der Erbauung des Kanals um die Jahrhundertwende entstand die erste Schleuse mit $L = 67$ m und $B = 8{,}6$ m. Ihr folgte um 1913 die zweite Schleuse mit $L = 165$ m und $B = 10$ m, dieser 1925 die dritte Schleuse mit $L = 225$ m und $B = 12$ m. Denkt man im weiteren an die obengenannte Schleuse ohne Zeitverlust, so ergibt sich, daß der moderne Schleusenbau immer größere Baukomplexe umfaßt, deren technische Bewältigung ebenso große Aufgaben stellt wie die Frage der Wirtschaftlichkeit, abgesehen von den laufenden Kosten, die der Betrieb einer Schleuse erfordert.

Abb. 22. Spundwand-Schleuse.

Während jede der drei Schleusen der Staustufe Münster i. W. offene Sparbecken hat, eine ähnliche Bauweise auch bei der Schachtschleuse Henrichenburg angewandt wurde (Abb. 24), war dies bei der Schachtschleuse Minden i. W. nicht möglich. Der Platzmangel zur Anordnung offener Sparbecken hat hier zu der Lösung geführt, 16 Wasserspeicher in vier Stockwerken in den Schleusenmauern unterzubringen, was eine Wasserersparnis von 71,4% ergibt. Diese Bauweise ist dann Vorbild für die im Jahre 1928 in Betrieb genommene Doppelschachtschleuse Anderten gewesen, welche den Aufstieg zur Scheitelhaltung des Mittellandkanals östlich von Hannover vermittelt (Abb. 25). Sie hat bei fünf Stockwerken 100 Speicherkammern, die eine Wasserersparnis von 75% ermöglichen (Abb. 26). Die Herstellung dieses Bauwerkes, welches rd. 250000 m^3 Beton und rund 10000 t Rund- und Formstahl umschließt, fußte auf grundlegenden Versuchen über Betondichtigkeit, indem hier die konstruktive Durchbildung von der Erzielung eines wasserdichten Betons abhängig war; künstliche Dichtungsmaßnahmen konnten unterbleiben.

Das „Spiegelbild" der Doppelschleuse Anderten, die den Ostabstieg der Scheitelhaltung des Mittellandkanals bewirkende Doppelschleuse Sülfeld hat dieselben Kammerabmessungen ($L = 225$ m, $B = 12$ m), aber nur 9 m Fallhöhe. Die Sparbecken sind hier nicht in den Mauern angeordnet, sondern als offene Becken um die Schleusenmittelstücke, in denen die Verbindungskanäle zwischen Kammer und Sparbecken mit den Ventilen untergebracht sind (Abb. 27). Beim Bau der Schleuse Sülfeld ist zum erstenmal das Verfahren der Betonkühlung versuchsweise an einigen Betonblöcken erprobt worden. Die hierbei erzielten Erfolge, erhebliche Verringerung der Abbindewärme und dadurch bedeutende Verminderung der Haarrisse im Beton, haben zur weiteren Ausnützung dieses Verfahrens bei anderen Schleusenbauten und auch beim Bau der Sperrmauer Hohenwarthe geführt. Alle Blöcke der Schleuse Sülfeld sind in einem einzigen Arbeitsgang durch Pumpen des Betons hergestellt worden, und zwar mit Stahlschalung. Damit wurde auch auf die sonst übliche Verblendung der Kammerwände mit Klinkern verzichtet.

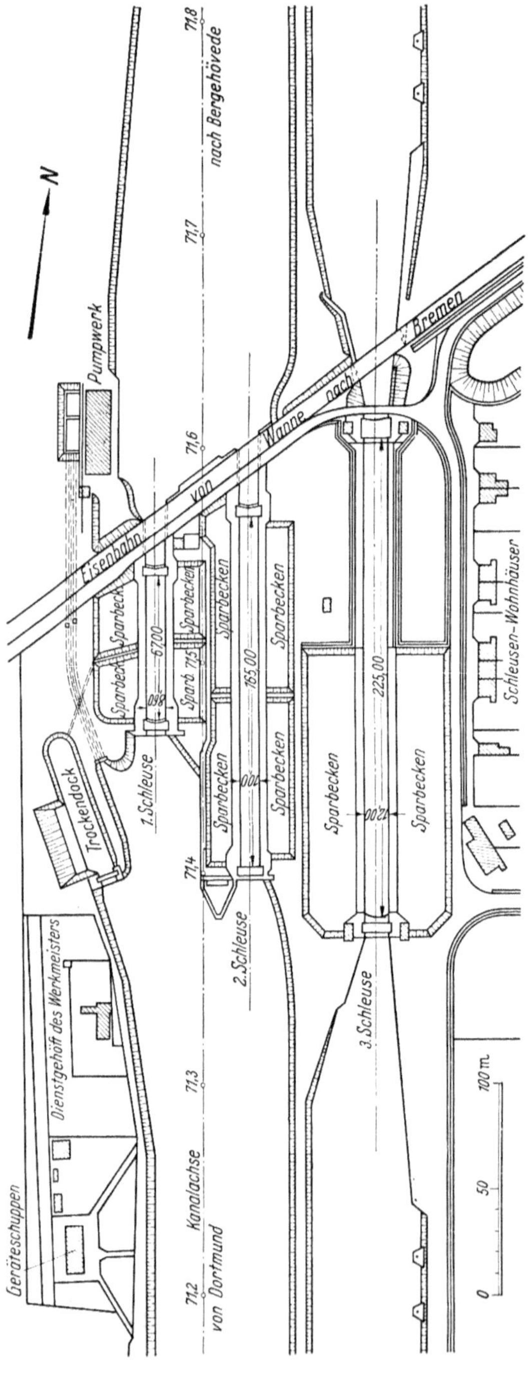

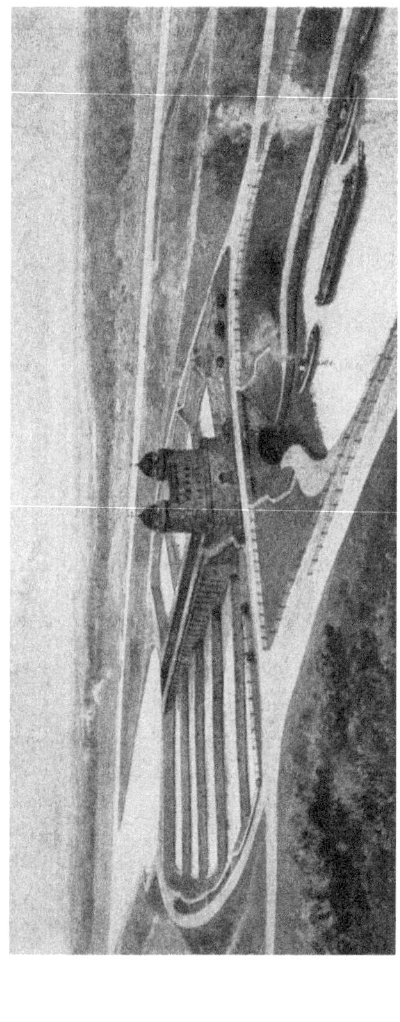

Abb. 23. Schleusengruppe Münster i. W.

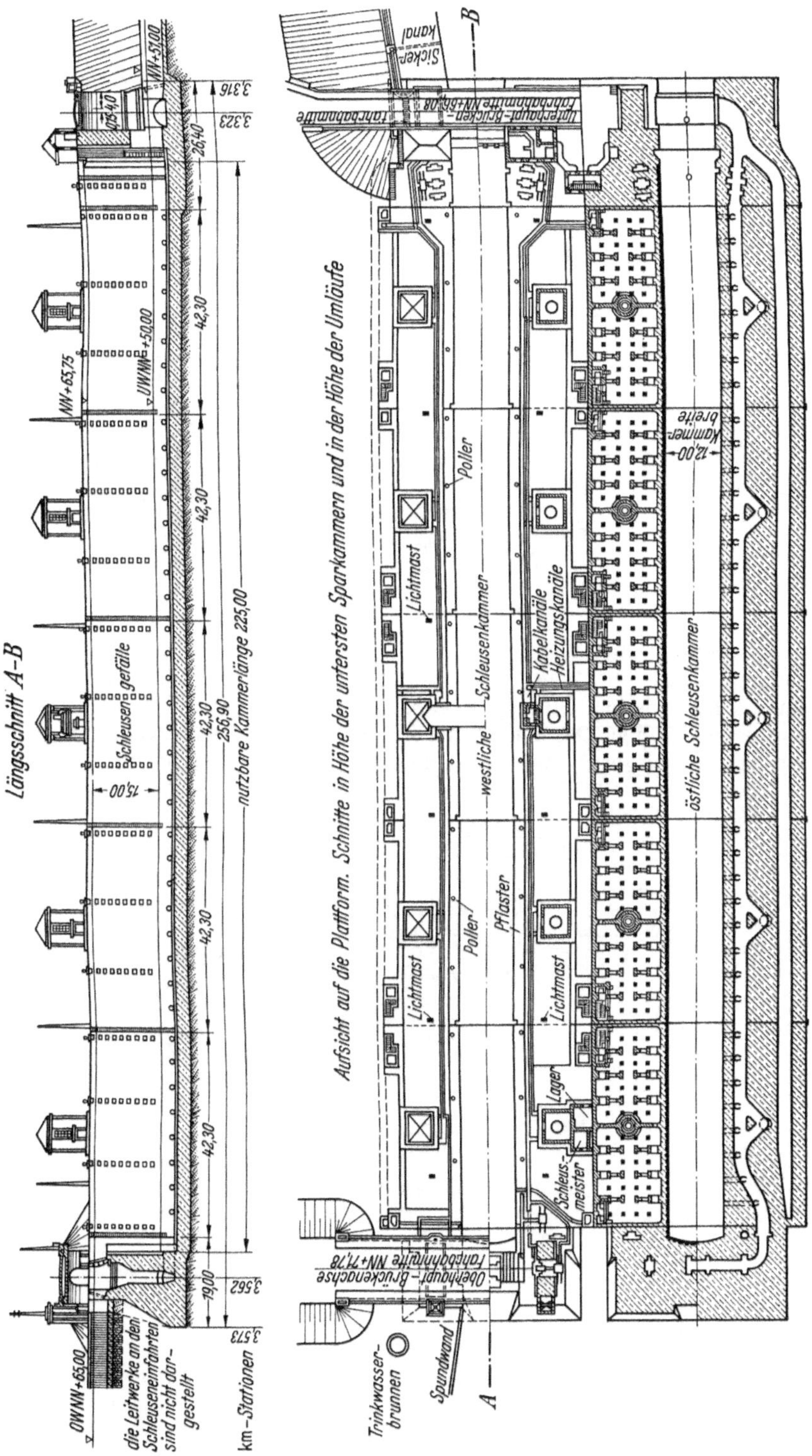

Abb. 25. Doppelspeicherschachtschleuse Anderten.

Ist die Doppelspeicherschachtschleuse Anderten nach Abmessungen und Gefällhöhe zur Zeit noch die größte Kanalschleuse Deutschlands, so kann die im Jahre 1942 fertiggestellte Doppelschleuse Magdeburg nach Länge und Breite der Kammern ($L = 325$ m, $B = 25$ m) als eine der größten Flußschleusen Europas angesehen werden (Abb. 28). Ihr Bau hat sich aus einer örtlichen Kanalisierung

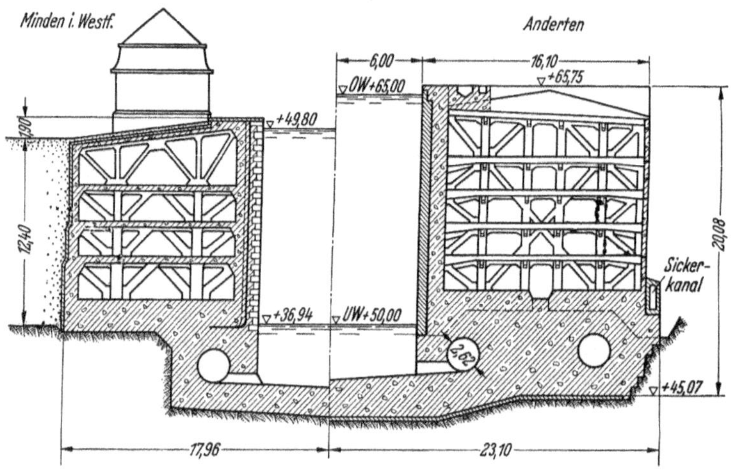

Abb. 26. Querschnitte von Speicherschachtschleusen.

zur Überstauung einer Felsstrecke in der Elbe ergeben, weil hier die üblichen Regelungsmaßnahmen nicht ausreichen. Die Oberhäupter sind auf Fels, die Unterhäupter zwischen Stahlspundwänden auf Kies gegründet. Alle Häupter haben keine Umläufe. Das Füllen und Entleeren geschieht mittels der Hubtore selbst. Dieses Verfahren war vorher beim Bau der Doppelschleuse Ladenburg

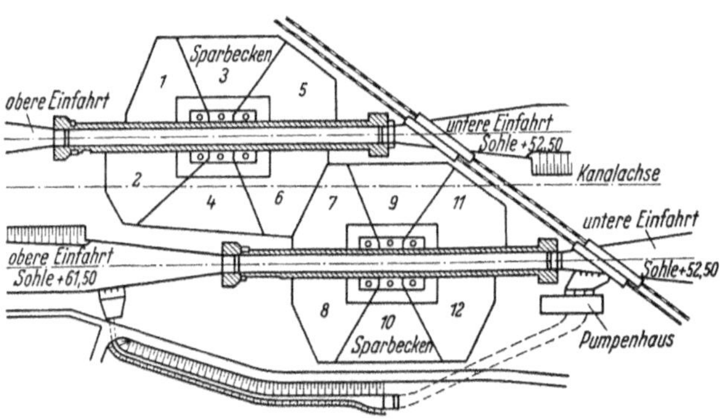

Abb. 27. Lage der Doppelschleuse Sülfeld.

der Neckarkanalisierung angewandt worden, wobei zielbewußt auf eine weitgehende Vernichtung der Energie des ein- und ausströmenden Wassers in sog. Toskammern Wert gelegt wurde, um die in der Kammer befindlichen oder von der Schleuse unterhalb auf Einlaß wartenden Schiffe nicht durch ungünstige Wasserbewegungen zu gefährden.

Diese allgemeinen Darlegungen über Bauformen und Bauarten von Schiffsschleusen würden unvollständig sein, wenn sie sich nur auf die Schleusen an Binnenwasserstraßen und nicht auf die Seeschleusen erstreckten. Was sie von den Binnenschleusen unterscheidet, sind weniger die größeren Abmessungen nach Länge und insbesondere nach Breite der Kammer, als die wesentlich größere Drempeltiefe. Sie führt in Verbindung mit den im Küstensaum eines Landes vorwiegend sehr ungünstigen Untergrundverhältnissen zu Bauvorhaben, bei denen die zweckmäßigste Gestaltung der Kammerwände weit größere Schwie-

Abb. 28. Doppelschleuse Magdeburg.

rigkeiten bereitet, als es bei Binnenschleusen der Fall sein kann. Während die Drempeltiefe bei Binnenschleusen nur ausnahmsweise über 3 bis 3,5 m hinausgeht, bewegt sie sich bei den modernen Seeschleusen zwischen 13 und 15 m. Auf

Abb. 29. Nordschleuse Bremerhaven kurz vor der Fertigstellung.

der anderen Seite ist die zu überwindende Fallhöhe bei Seeschleusen im Durchschnitt sehr viel kleiner als bei Binnenschleusen. Man kommt aus diesem Grunde bei einer Seeschleuse mit geringer Sohlenstärke aus oder verzichtet überhaupt auf eine durchgehende Sohle, sofern die Schleuse nicht gleichzeitig noch als Trockendock benutzt werden soll.

Die in den Jahren 1928 bis 1931 erbaute Nordschleuse Bremerhaven zählt nach Abmessungen und Bauleistung zu den größten Seeschleusen der Welt (Abb. 29 u. 30). Sie wird mit einer Kammerlänge von 372 m nur von der ein Jahr vorher dem Verkehr übergebenen Seeschleuse Ymuiden bei Amsterdam um 400 – 372 = 28 m übertroffen. Als Verschlüsse der Häupter dienen, wie neuerdings bei allen Seeschleusen, auf Rollen laufende Schiebetore. Das Gewicht eines betriebsfähig ausgerüsteten Tores beträgt 1100 t bei einer Höhe von 19,5 m und einer Gesamtlänge von über 47 m. Füllen und Leeren der Kammer erfolgt durch kurze Umläufe, von denen der eine durch die Torkammer hindurchgeht. Die Kammereinfassungen sind auf Pfahlrost gegründete Mauern, deren konstruktive

Abb. 30. Rammarbeiten für das Außenhaupt.

Durchbildung auf umfangreichen Untersuchungen fußt. Diese bezogen sich mit Rücksicht auf die im Bereich der Baustelle vorliegenden unzuverlässigen Bodenverhältnisse auf die Form der senkrechten Abschlußwand, auf die Breite der Rostplatte, die Lage der Spundwand, die Wahl des Baustoffes für Spundwand und Pfähle, die Frage der Anordnung von schrägen und senkrechten Druckpfählen, die Einfügung von Zugpfählen und andere mehr. Es ist damit durch den Bau der Nordschleuse Bremerhaven, die außer der Bereitung von 253000m³ Beton das Rammen von 25000 Holzpfählen und 10000 t Stahlspundbohlen schwerster Profile erfordert hat, die besonders für den Schleusenbau so wesentliche *Grundbautechnik* entscheidend beeinflußt und vorangetrieben worden[1].

3. Geschichtliche Daten.

Schiffsschleusen sind die „Brücken des Wasserstraßenverkehrs". Infolgedessen ist die Geschichte des Schleusenbaues die Geschichte des Wasserstraßenbaues schlechthin. Man unterscheidet auch in der Entwicklung der Binnenschiffahrt eine Zeit *vor* und eine Zeit *nach* der Erfindung der Kammerschleuse. Die vordem allein möglichen schleusenlosen Kanäle litten nicht nur unter wechselnden Wasserständen, sondern auch unter der Strömung, welche sich infolge unterschiedlicher Wasserführung in den verbundenen natürlichen Wasserläufen entwickelte. Erst die Kammerschleuse ermöglichte einen Zusammenschluß von Stromgebieten über die dazwischen liegenden Wasserscheiden hinweg. Die Abmessungen

[1] Die Abb. 29 u. 30 wurden freundlicherweise von der Fa. Heinrich Butzer-Dortmund zur Verfügung gestellt.

einer Schiffsschleuse sind somit ein Spiegel von Art und Umfang des Güterverkehrs, während in ihrer konstruktiven Gestaltung der jeweilige Stand der Bautechnik seinen Ausdruck findet.

Der Schleusenbau selbst läßt sich — in großen Zügen gesehen — in zwei Abschnitte unterteilen. Den ersten bildet die Zeit bis zum Ausgang des ersten Weltkrieges. Sie ist beherrscht von dem Bau von *Kanal*schleusen, die mit der Anlage von Kanälen entstehen. Danach gewinnt mit dem Ausbau von Flüssen durch Kanalisierung, wobei die Wasserkraftnutzung ein entscheidender Beweggrund ist, die *Fluß*schleuse an Vorrang. Gleichzeitig wird der Beton- und Stahlbeton zum beherrschenden Baustoff im Schleusenbau. Diese Feststellung wird durch die Tatsache belegt, daß sich unter den in der Zeit von 1920 bis 1945 in dem Raum zwischen Rhein und Oder erbauten 128 Binnenschiffsschleusen für Fahrzeuge von mindestens Finow-Maß (40,2 × 4,6 m) allein 80 Flußschleusen befinden.

Die nachfolgende Zusammenstellung soll einen allgemeinen Überblick von der Entwicklung des Schleusenbaues geben. Es liegt in der Natur der Dinge, daß hierbei in erster Linie von Deutschland ausgegangen worden ist. Die jeweils angegebenen Jahreszahlen bedeuten Fertigstellung bzw. Inbetriebnahme einer Wasserstraße oder einer einzelnen Schiffsschleuse [*159* bis *162*].

1398 Stecknitz-Kanal von Lauenburg a. d. Elbe nach Lübeck mit 17 Stauschleusen.

1409 Hahnenburger Schleusen des Stecknitz-Kanals werden als „Kistenschleusen" bezeichnet. Sie waren vermutlich Kammerschleusen mit Holzwänden; damit Aufkommen des Wortes „sluse".

1439 Erste genau nachweisbare Kammerschleuse bei Viarenna im Naviglio grande, erbaut von den Ingenieuren Fillips aus Modena und Fioravante aus Bolonia.

1540 Erste Beschreibung einer Kammerschleuse von Leoni Babtiste Alberti in dem Buch „de re aedificatoria".

1480 Palmschleuse zu Lauenburg a. d. Elbe im Zuge des Stecknitz-Kanals (Kesselschleuse).

1497 Leonardo da Vinci gibt in seinen Skizzenbüchern Darstellungen von Kammerschleusen mit einflügeligen Drehtoren, die Schütze zum Füllen und Leeren der Kammer enthalten.

1530 Kanal zwischen der Trave und der Alster unter Benutzung der Beste; 1550 aus Mangel an Wasser wieder aufgegeben.

1555 Kesselschleuse in Brandenburg mit hölzernen Wänden, später als Stadtschleuse bezeichnet.

1560 Saaleschleusen Bernburg und Calbe mit hölzernen Wänden und hölzernen Hubtoren, die gleichzeitig zum Füllen und Leeren der Kammer dienen.

1561 Kanal von Willebroeck zum Anschluß der Stadt Brüssel ans Meer mit 4 Kammerschleusen.

1570 Kanal von der See nach Wismar mit 4 Kammerschleusen, 1597 wieder aufgegeben.

1578 Erste Berliner Schleuse; hölzerne Kammerschleuse am „Spree-Kanal".

1580 Schleuse zu Rheine an der Ems.

1590 Entwurf des Paduaner Baumeisters Vittorio Zonca (1568 bis 1602) für den Bau einer massiven Kammerschleuse.

1620 Kanal von der Havel bei Liebenwalde zur Finow bei Schöpfurth mit 11 Kammerschleusen; im 30jährigen Kriege zerstört.

1639 Kanal von Troshälla zur Verbindung von Hjelmersee und Mälarsee.

1642 Kanal von Briare mit 43 Schleusen bei 59 km Länge zwischen Seine und Loire; erster noch heute in Betrieb befindlicher Scheitelkanal mit Kammerschleusen.

1643 Sparschleuse mit zwei Seitenbecken zu Boesinghe ($H = 6{,}5$ m) am Kanal von Ypern.

1684 Kanal du Midi von der Garonne zum Mittelmeer mit 99 Schleusen auf 240 km Länge.

1694 Erste Verwendung eines Stemmtores an einer Berliner Schleuse.

1704 Wischniy—Wolatschek-Kanal zwischen Newa und Wolga, ältester Kanal Rußlands.

1715 Erscheint das Buch von Bernhard Christoph Sturm, seit 1711 Baudirektor in Mecklenburg, „Grund- und praktische Unterweisung, wie man Fangschläußen und Rollbrücken bauen solle".

1746 Plauer Kanal zwischen der unteren Havel bei Plaue und der Mittelelbe bei Parey mit 3 Schleusen auf 35 km Länge.

1750 Versuch der schwedischen Ingenieure Polhem und Elvius, zur Überwindung des rd. 34 m hohen Trollhättan-Falles 3 Schachtschleusen zu bauen.

1767 Finow-Kanal mit 16 Schleusen auf 45 km Länge.

1774 Bromberger Kanal von der Brahe nach der Weichsel mit 9 Schleusen auf 25 km Länge; Sackschleuse in Bromberg.

1802 Erscheint das Buch von Woltmann „Beiträge zur Baukunst schiffbarer Kanäle".

1710 Marienwasserstraße von Leningrad nach Rybinsk mit 36 Schleusen auf 1133 km Länge.

1812 Klodnitz-Kanal von Gleiwitz nach Cosel mit 18 Schleusen auf 46 km Länge; Verkehr von 50 t-Schiffen.

1816 Bridgewater-Kanal zwischen Liverpool und Leeds mit 12 m hoher Kanalbrücke.

1822 Ersatz hölzerner Schleusentore durch gußeiserne Tore am Klodnitz-Kanal.

1825 Erie-Kanal von Buffalo bis Albany (USA) mit 36 Schleusen auf 567 km Länge.
1840 Kuppelschleuse in der Lahn bei Weilburg und im Ems-Kanal bei Meppen.
1845 Main—Donau-Kanal (Ludwigskanal) mit 100 Gefällstufen auf 172 km Länge.
1856 Kanal von Saima in Finnland mit 28 Schleusen auf 60 km, darunter fünf doppelte Kuppelschleusen.
1862 Erste Verwendung von Klapptoren an den Schleusen des Erie-Kanals (USA).
1866 Saarkanalisierung von Enzdorf bis Saargemünd mit 9 Staustufen auf 44 km Länge; älteste geschlossene Flußkanalisierung Deutschlands.
1880 Erste Verwendung von Rohr- oder Zylinderschützen an der Burgwerder-Schleuse in Breslau.
1886 Mainkanalisierung von Gustavsburg bis Frankfurt; fortgesetzt 1897 bis Offenbach
1887 Ems—Jade-Kanal mit Weichenschleuse bei Emden.
1889 Schachtschleuse im Kanal von St. Denis. Erste Ausführung einer Zwillingsschleuse mit Sparbecken; H = rd. 10 m.
1891 Oder—Spree-Kanal; erste Verwendung von Klapptoren in Deutschland.
1895 Oderkanalisierung von Cosel bis zur Neißemündung, 12 Stufen auf 76 km Länge; Schleusen mit Grundläufen.
1897 Kaiserschleuse in Bremerhaven; erste Verwendung von Schiebetoren.
1897 Einlaßschleuse zum Floßhafen bei Kostheim am Main erhält ein eisernes Klapptor.
1899 Dortmund—Ems-Kanal. Erster Ausbau mit Schleusen von L = 67 m und B = 8,6 m; Beginn des modernen Schleusenbaues.
1900 Elbe—Trave-Kanal; Verwendung Hotoppscher Heber zum Füllen und Leeren der Kammer.
1900 Nordostsee-Kanal. Erste Anwendung des Grundwasserabsenkungsverfahrens beim Bau der Mündungsschleusen auf Vorschlag und unter Leitung von SYMPHER.
1905 Gesetz über die Ausführung des Mittellandkanals vom Rhein bis Hannover.
1906 Erste Verwendung von Segmentschützen als Umlaufverschlüsse an der Schachtschleuse Horin des böhmischen Lateral-Kanals.
1906 Doppelschleuse Klein-Machnow des Teltow-Kanals. Erste Anwendung von Hubtoren in Deutschland; Füllen und Leeren der Kammern durch Heber.
1909 Dritte Einfahrt Wilhelmshaven (Zwillings-Seeschleuse).
1909 Schleuse Hemelingen a. d. Weser. Selbsttätiger Betrieb der Schleuse nach dem System NYHOLM; erste Verwendung von Larssenbohlen als Kammerbegrenzung.
1910 Seeschleuse Bremen-Oslebshausen.
1913 Schachtschleuse bei Henrichenburg; erste Schachtschleuse Deutschlands.
1913 Der Leiter der Preußischen Versuchsanstalt für Wasserbau und Schiffbau, Professor KREY, gibt die Anregung, die Schleusentore selbst zum Füllen und Leeren der Kammer heranzuziehen.
1913 Neue Seeschleuse Emden.
1914 Erweiterung des Nordostsee-Kanals; Endschleusen mit L = 330 m und B = 45 m.
1914 Rhein—Herne-Kanal. Verwendung von aufgehängten Schiebetoren als Unterhauptverschlüsse der überall im Bergsenkungsgebiet liegenden Schleusengruppen.
1914 Großschiffahrtsweg Berlin—Stettin; Schleusentreppe bei Niederfinow, bestehend aus 4 Schleusen von je 9 m Gefälle mit Sparbecken.
1915 Panama-Kanal; Anordnung doppelter Kuppelschleusen mit einer Betonmenge von 1,6 Millionen Kubikmeter je Schleusengruppe.
1915 Die Rosenthaler Schleuse bei Breslau erhält zwecks Heranziehung zur Hochwasserabführung im Oberhaupt ein Segmenttor, wodurch Umläufe entfallen.
1915 Speicherschachtschleuse Minden i. W.; erstmalige Gestaltung der Schleusenmauern als Wasserspeicher, gleichzeitig Einführung der Stahlbetonbauweise in den Schleusenbau.
1918 Bromberger Kanal mit 2 Schachtschleusen von je 7,6 m Fallhöhe.
1923 Doppelschleuse Geestemünde; erste Verwendung des Gußbetonverfahrens in Deutschland.
1923 Schleusen zu Anfreville sous-les-Monts, unterste Staustufe der Umkanalisierung der Seine; Entwurf und Ausführung unter maßgeblicher Beteiligung deutscher Ingenieure.
1924 Kachlet-Staustufe des Großschiffahrtsweges Rhein—Main—Donau; Verwendung von Stemmtoren für 24 m breite Schleusen bei i. M. 8,5 m Fallhöhe.
1925 Dritte Schleuse Münster i. W., erste Schleuse Deutschlands mit der Normallänge von 225 m bei 12 m Kammerbreite.
1928 Doppel-Speicherschachtschleuse Anderten. Die konstruktive Gestaltung des Bauwerkes erfolgt in Anlehnung an die Speicherschachtschleuse Minden i. W.
1929 Zwillingsschachtschleuse Fürstenberg a. d. Oder als Ersatz von drei alten Doppelschleusen am Abstieg des Oder—Spree-Kanals.
1929 Doppelschleuse Ladenburg der Neckarkanalisierung. Erste völlig umlauflose Schleuse, bei der die Tore zum Füllen und Leeren der Kammer herangezogen werden; Energievernichtungsanlagen zum gefahrlosen Schleusen nach dem Patent Dr.-Ing. BURKHARDT.
1930 Seeschleuse Ymuiden, größte Seeschleuse der Welt mit L = 400 m und B = 50 m.

1930 Lippe-Seitenkanal Wesel—Datteln. Mit Rücksicht auf Bergsenkung Verwendung von Hubtoren in den Ober- und Unterhäuptern, welche mit Schützöffnungen zum Füllen und Leeren der Kammer versehen sind.
1931 Kuppelschleuse am Shannon-Kraftwerk in Irland mit $H = 32{,}20$ m; Entwurf und Ausführung durch deutsche Ingenieure.
1932 Nordschleuse Bremerhaven; größte Seeschleuse Deutschlands mit freistehenden Ufermauern von 23 m Höhe, deren Gestaltung unter Verwendung stählerner Spundwände bis zu 30 m Länge nach neuen Grundsätzen erfolgt.
1933 Stalin-Kanal zur Verbindung der Ostsee mit der Barents-See führt vom Onega-See zur Weißen See mit 18 Staustufen.
1934 Umkanalisierung des Untermains.
1935 Neckarkanalisierung bis Heilbronn am Neckar.
1937 Moskau-Kanal; er verbindet bei einer Länge von 128 km mit 10 Schleusen von $L = 290$ m und $B = 30$ m ($H_{max} = 17$ m) die obere Wolga mit Moskau.
1938 Neuer Klodnitz-Kanal.
1938 Vollendung des Mittellandkanals mit Inbetriebnahme der Doppelschleuse Sülfeld am Ostabstieg der Scheitelhaltung. Radiale Anordnung der Sparbecken mit Wasserzulauf in Kammermitte; erstmalige Anwendung der Betonkühlung.
1941 Stauanlagen Uglitsch und Rybinsk der „Groß-Wolga".
1941 Schleuse Drakenburg; erste Schleuse der Mittelweserkanalisierung.
1942 Doppelschleuse Staustufe Magdeburg. Größte Flußschleuse der Welt mit 2 Kammern von $L = 325$ m und $B = 25$ m (110000 m³ Beton); umlauflose Schleusen mit Hubtoren in allen Häuptern.
1949 Staustufe Horkheim der Neckarkanalisierung; erste Verwendung eines Hakenklapptores.
1950 Moselstaustufe Koblenz; erste Verwendung eines Drehtores.

II. Füllen und Leeren der Kammer.

4. Arten des Füllens und Leerens.

Die Regelung des Wasserabflusses zum Befördern der Schiffe von einer Haltung zur anderen ist auf mehrere Arten möglich:

1. durch Anwendung von *Torschützen*,
2. durch verschließbare Kanäle in den Seitenmauern, die sog. *Umläufe*,
3. durch verschließbare Kanäle in der Schleusensohle, die sog. *Grundläufe* und
4. durch die *Tore* selbst.

Grundläufe sind in Deutschland nur selten ausgeführt worden. Da sie zudem in ihrer Anlage und Bedienung den Umläufen nahestehen, kann man unterscheiden Schleusen *mit* Umläufen (Gruppe 2 und 3) und Schleusen *ohne* Umläufe (Gruppe 1 und 4). Welche Betriebsweise jeweils zu wählen ist, hängt von der Bedeutung der Schleuse und ihrer Bauart ab, wie umgekehrt der beabsichtigte Weg des Füllens und Leerens die konstruktive Gestaltung der Schleuse bestimmt.

Sehen wir von dem Heben und Senken eines Schiffes mittels zweier einfacher Stauschleusen, deren Verschlüsse gleichsam als „Hubtore" wirken, ab, so ist die älteste Art des Füllens und Leerens die Anordnung von Öffnungen in den Toren, die durch *Torschütze* bedient werden. Ihr Einbau kann in Obertoren nur geschehen, wenn sich der Ausfluß unter dem Unterwasserspiegel vollzieht. Ist dies nicht der Fall, so geht durch die Sprungweite des Strahles zuviel an nutzbarer Kammerlänge verloren, da das in der Kammer liegende Schiff in entsprechender Entfernung festmachen muß. Die Größe von Torschützen ist durch gewisse Rücksichten auf die Konstruktionsverhältnisse des Tores beschränkt; insbesondere ist man bei hölzernen Toren von dem Riegelabstand abhängig. Man hat daher mit Wachsen der Schleusenlängen und Zunahme der Gefallhöhen, insbesondere jedoch dem Verlangen nach kurzer Füll- und Leerungszeit, die Torschütze aufgegeben und ist zu der Verwendung von Umläufen geschritten. Da aber auch Umläufe gewisse Nachteile in sich tragen, wurde in der Zeit nach dem ersten Weltkrieg der Gedanke der Anwendung von Torschützen erneut aufgegriffen. Ein hochbedeutsamer Wegweiser zum Erfolg war hierbei der wasserbauliche Modellversuch, ohne den heute kein größerer Schleusenbau mehr denkbar ist, nachdem die Preußische Versuchsanstalt für Wasserbau und Schiffbau in Berlin während der Jahre 1910 bis 1913 grundsätzliche Erkenntnisse über das Füllen und Leeren von Schleusen gewonnen hatte. Die um 1920 von Dr.-Ing Burkhardt, Stuttgart, angestellten Versuche ergaben die in Abb. 31 dargestellte Lösung. Das Füllwasser stürzt hier mit freiem Strahl in einen Vorraum, in dem seine lebendige Kraft durch Stoß gegen eine nach der Kammer zu befindliche Querwand, außerdem durch Umleitung und Wirbel vernichtet wird, so daß es dann auf die ganze Schleusenbreite verteilt in Längsrichtung in die Kammer strömt. Im weiteren Verlauf dieser Entwicklung gelang es, nach dem inzwischen vollzogenem Übergang vom Holztor zum Stahltor, auch Tore zu konstruieren, die für den modernen Schleusenbetrieb hinreichend große Durchflußöffnungen gestatten. Die Anordnung von Torschützen ist infolgedessen heute in zunehmendem Umfange gebräuchlich und damit hinsichtlich Vereinfachung des Betriebes an eine alte Bauform angeknüpft worden [*163* bis *167*].

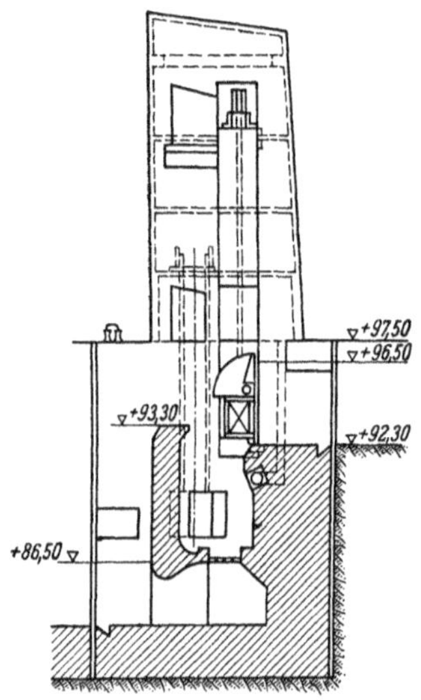

Abb. 31. Oberhaupt der Doppelschleuse Ladenburg.

Eine etwas andere Bauweise, als sie Abb. 31 wiedergibt, hat man bei den Schleusen des Kanals Wesel—Datteln angewandt. Hier besitzen die Hubtore sechs Rollkeilschützen von je 2,36 m² Querschnitt mit insgesamt 14,14 m² Füllöffnung. Der Energie-

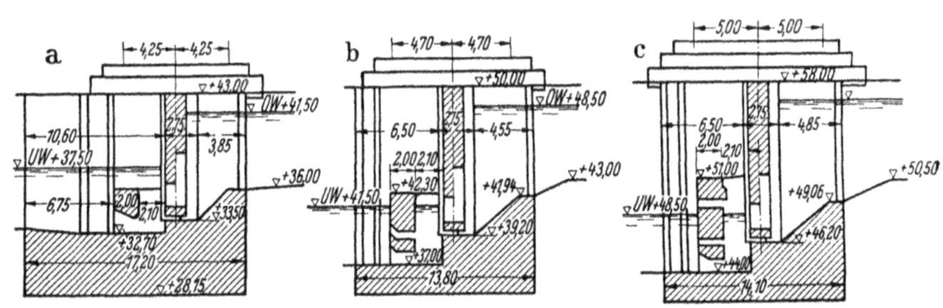

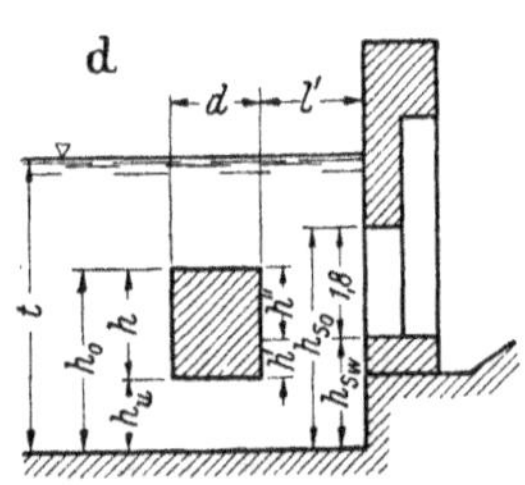

Abb. 32a—d. Energievernichtungsanlagen in den Schleusenhäuptern am Wesel-Datteln-Kanal.

vernichtung bzw. als Beruhigungseinrichtung dienen besondere Verteilungsplatten. Die der Schützöffnung gegenüberliegende Wand ist die Hauptverteilungsplatte (Abb. 32a). Zur Unterstützung ihrer Wirkung kommen je nach Höhe des Gefälles noch ein oder zwei Hilfsplatten hinzu (Abb. 32b und c). Wesentlich ist, daß die Hauptplatte genügend groß gemacht wird, um den austretenden Wasserstrahl voll zu brechen. Sie ist in ihrer Höhenlage durch die Höhenlage des Drempels und durch die Forderung festgelegt, daß beim Strömungsvorgang keine Luft in das Wasser eingesaugt werden darf. Der Wasserstrahl muß die Hauptverteilungsplatte ziemlich zentral treffen, damit stets eine Zweiteilung des Wasserstromes auftritt und so ein Oberstrom und ein Unterstrom entsteht. Über scharfe Ablaufkanten wird der Wasserstrahl ins Unterwasser geschickt. Diese sind notwendig, um dem Wasserstrahl die Möglichkeit zu entziehen, sich an den Wänden der Platten anzusaugen. Weiter ist von Bedeutung, daß der Drempelabfall unter den Schützen senkrecht ist. Auf Grund sehr eingehender Versuche hat sich hinsichtlich der Abmessungen der Verteilungsplatten und ihrer Querschnittsgestaltung folgendes ergeben, wobei auf Abb. 32d verwiesen wird:

1. Der günstigste Abstand der Platte von der Unterwasserhaut des Tores beträgt 2,10 m. Wird er größer, so verstärkt sich der Oberstrom, wird er kleiner, so verstärkt sich der Unterstrom. Die brauchbaren Werte des Abstandes liegen zwischen 1,60 und 2,30 m.

2. Die zweckmäßigste Stärke der Verteilungsplatten liegt bei 2 m. Dieses Maß ergibt sich sowohl aus hydrodynamischen wie aus statischen Erwägungen.

3. Die Höhe h der Hauptverteilungsplatte wird dadurch bestimmt, daß der unter der Sohle des Durchlasses liegende Teil h' bei einfachen Verteilungsplatten etwa 0,35 m, bei erweiterten Verteilungsplatten etwa 0,75 m betragen muß. Bei den auf eine größte Wassermenge von 70 bis 80 m^3/sek ausgedehnten Versuchen fand sich als zulässiges Mindestmaß der Plattenhöhe über der Sohle des Durchlasses $h'' = \frac{1}{2}$ Höhe des Durchlasses $+ h'$, daher Mindesthöhe der ganzen Platte $h = h' + h'' = 2\,h'' + \frac{1}{2}$ Höhe der Schützöffnung. Bei einer Durchflußhöhe von 1,80 m ergibt sich somit für eine einfache Verteilungsplatte die Gesamthöhe zu $h = 2 \cdot 0{,}55 + \frac{1}{2} \cdot 1{,}80 = 2{,}00$m und für eine Verteilungsplatte mit Hilfsplatten zu

$$h = 2 \cdot 0{,}75 + \tfrac{1}{2} \cdot 1{,}80 = 2{,}40\,\text{m}.$$

4. Die Sohlenauslaßöffnung zwischen der unteren Verteilungsplatte und der Schleusensohle muß eine Höhe h_u von etwa 1 m erhalten; bei einfachen Platten sind 1,30 m erwünscht.

5. Der Abstand zwischen Hauptverteilungsplatte und oberer Hilfsplatte soll sich zwischen 0,50 und 0,70 m bewegen, der zwischen Hauptverteilungsplatte und unterer Verteilungsplatte zwischen 0,50 und 0,60 m.

6. Das untere Ende der einfachen Platte bzw. der unteren Hilfsplatte wird zweckmäßig nach der Unterwasserseite zu abgeschrägt. Dazu kommen je nach Gefälle und Anzahl der Platten weitere Nocken zur Führung des Wasserstrahles auf Grund der für den betreffenden Fall gemachten Versuchsbeobachtungen.

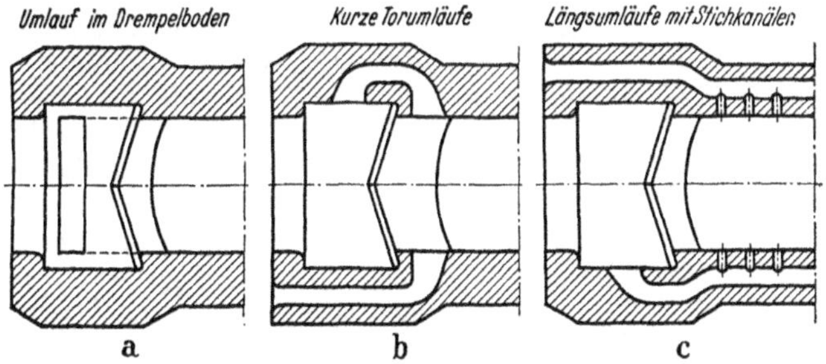

Abb. 33. Arten der Umläufe.

Abb. 32a—c zeigen die für die Oberhäupter der Schleusen Flaesheim, Ahsen und Datteln entwickelten Energievernichtungsanlagen mit ihren Hauptabmessungen [*168* bis *170*]. Ähnliche Anordnungen von Verteilungsplatten oder Stoßbalken weisen u. a. die Oberhäupter der Schleusen [Bernburg a. d. S. (s. Abb. 190)] und Magdeburg (s. Abb. 191) auf.

Umläufe werden unterschieden in solche, die unter einem hochliegenden Oberdrempel das Wasser in Schleusenachse nach der Kammer führen (Abb. 33a), in Torumläufe, welche nur die Torkammer umgehen (Abb. 33b) und in Längsumläufe, die in den Seitenwänden vom Oberhaupt bis zum Unterhaupt durchlaufen und mit der Kammer durch Stichkanäle verbunden sind (Abb. 33c).

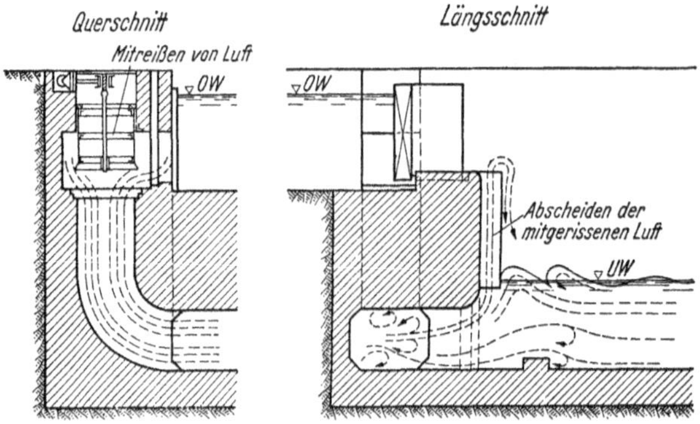

Abb. 34. Wasseraufbruch bei einem Oberhaupt.

Die Lösung nach Abbildung 33a mit *Oberdrempelumlauf* (Bauart MOHR) ist nach amerikanischem Vorbild bei den ersten Schleusen des Oder—Spree-Kanals angewandt, später aber verlassen worden, da es nicht gelang, einen betrieblich befriedigenden Umlaufverschluß zu entwickeln. Sie hatte sich aber sonst bewährt. Die Schiffe lagen während des Schleusens sehr ruhig. Das Wasser strömte unter dem Drempelboden infolge der großen von Kammerwand zu Kammerwand reichenden Austrittsöffnung mit geringer Geschwindigkeit in die Kammer ein.

Kurze *Torumläufe* sind praktisch am meisten angeordnet worden. Ihr Vorteil liegt darin, daß bei gegenüberliegenden Ausmündungen eine Vernichtung der Energie des Wassers nach dem Gegenstromprinzip erfolgt. Diese Wirkung kann man dadurch noch unterstützen, daß am Übergang zur Kammer eine 0,3 bis 0,5 m hohe Schwelle eingebaut wird, die zur Bildung einer stromauf gerichteten Walze und damit zu weiterer Energievernichtung führt (s. Abb. 35).

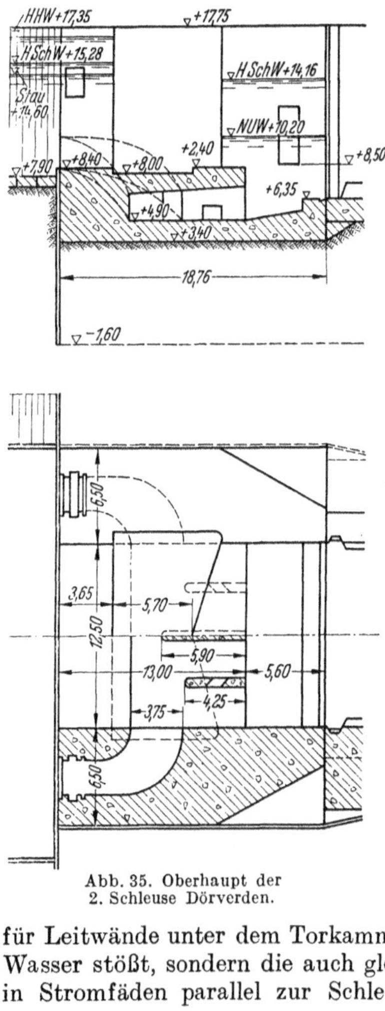

Abb. 35. Oberhaupt der 2. Schleuse Dörverden.

Überschreiten Fallhöhe und Füllwassermenge ein bestimmtes Maß, so können die zwei achsial aufeinanderfließenden Ströme sehr störende Wasserbewegungen in der Kammer hervorrufen, die wiederum auf den Zufluß zurückwirken, so daß infolge wechselnder Druckhöhe für die Schiffe gefährliche Schwingungen entstehen. Mitunter bilden sich hierbei hinter dem Drempel meterhohe fontänenartige Wasseraufbrüche (Abbildung 34). Sie treten besonders ein, wenn durch die Art der Umlaufverschlüsse und die Führung der Umläufe die Möglichkeit besteht, daß das Füllwasser viel Luft mit sich reißt. Um diese Nachteile zu vermeiden, hat man neuerdings auf eine Vernichtung der lebendigen Kraft durch ein direktes Aufeinanderprallen der Wassermassen verzichtet und dafür Leitwände unter dem Torkammerboden eingebaut, gegen die nicht nur das Wasser stößt, sondern die auch gleichzeitig die Aufgabe haben, das Füllwasser in Stromfäden parallel zur Schleusenachse umzulenken. Eine solche Lösung setzt jedoch voraus, daß die Fallhöhe und damit die verfügbare Bauhöhe den Ausbau einer überdeckten Torkammer ohne tiefere Gründung gestatten. Abb. 35 zeigt das Oberhaupt der 2. Schleuse zu Dörverden a. d. Weser. Die hier gewählte Anordnung hat zugleich den Vorteil, daß die Einläufe in der Stirnseite des Oberhauptes liegen, denn der Beginn der Umläufe in den Tornischen bringt einer echt ungünstige Wasserführung mit sich. Sie ist aber nicht zu umgehen, wenn aus Spundwänden hergestellte Leitwände bündig an das Oberhaupt anschließen. Bei der in Abb. 36 wiedergegebenen Bauart (Drakenburg a. d. Weser) wird das Füllwasser nicht stromabwärts, sondern zunächst stromaufwärts geführt, um dann durch Zwischenwände in einem Vorraum unter dem Drempel parallel zur Schleusenachse umgelenkt zu werden. Die von WITTMANN entwickelte Umlaufführung der Abb. 37 zeichnet sich durch niedrige und breite Querschnitte aus, damit Ein- und Auslauf möglichst tief unter dem Wasserspiegel bleiben [*1.71*]. Außerdem sind nach Art eines Turbinensaugschlauches zwei Leitwände eingebaut. Sie haben die Aufgabe, das ausströmende Wasser auf zwei im Grundriß verzahnte Stoßschwellen hinzulenken, wodurch sich eine gute Verteilung des aufsteigenden Wassers über die ganze Kammerbreite ergeben soll. Man erhebt jedoch gegen diese Bauweise nicht mit Unrecht den Einwand, sie umschließe Maßnahmen — Leitwände gegen Energievernichter —, die von vornherein einander widersprechen.

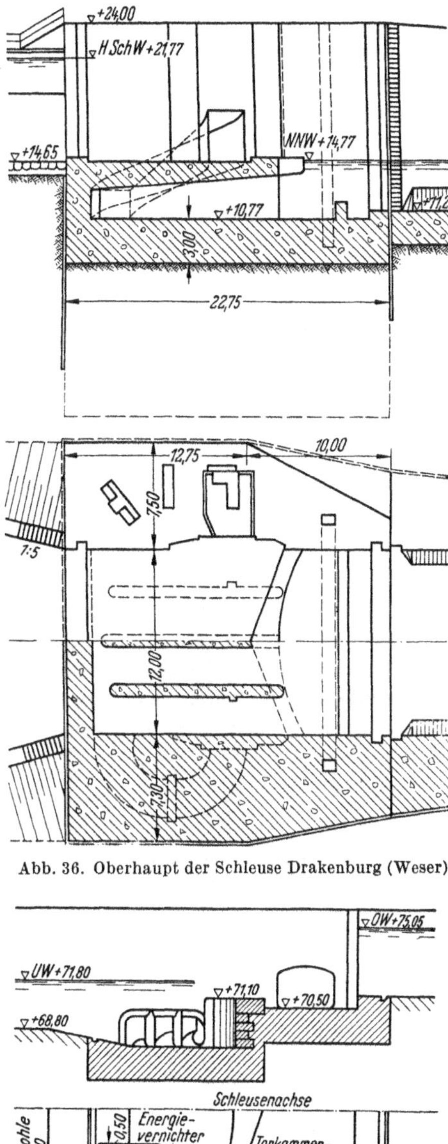

Abb. 36. Oberhaupt der Schleuse Drakenburg (Weser).

Die gleichmäßigste Wasserverteilung wird bei der Verwendung von *Längsumläufen* mit Stichkanälen hervorgerufen. Wir finden sie weniger bei neueren Schleusen, als kaum zu umgehende Bauweise aber bei Schachtschleusen und bei Sparschleusen mit einer größeren Gruppe von Sparbekken. Die Verteilung der Stichkanäle auf die Schleusenlänge erfolgt dabei entweder in konstanten oder mit nach unten zunehmenden Abständen, da erfahrungsgemäß ein Druckanstieg nach dem Ende des Längskanals stattfindet. Der Umstand, daß die Stichkanäle nicht nur zum Füllen,

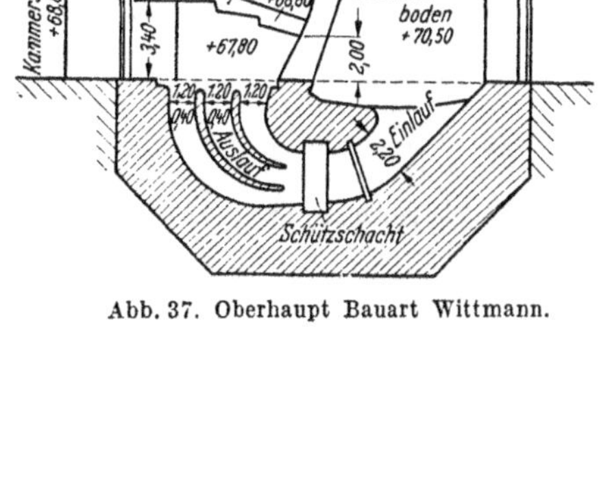

Abb. 37. Oberhaupt Bauart Wittmann.

sondern auch zum Leeren der Kammer dienen, spricht für ihre gleichmäßige Verteilung. Neuerdings ist man außerdem zu einer Anordnung übergegangen, bei der die Stichkanäle bei gleicher Höhe, aber mit verschiedener Breite ungleichmäßig auf die Kammerlänge untergebracht sind, wobei sich die dichteste Lage der Stichkanäle im Bereich der Kammermitte befindet (Schleppzugschleuse Würzburg). Das aus den Stichkanälen mit großer Geschwindigkeit ausströmende Wasser durchstreicht die Kammer in der Tiefe und steigt an der gegenüberliegenden Wand auf. Man hat daher die Stichkanäle mitunter auch gegeneinander versetzt, damit das unter dem Schiff herstreichende und an den gegenüberliegenden Wänden aufsteigende Wasser den in der Kammer liegenden Kahn von beiden Seiten umfassen und von den Wänden abhalten soll. Welches Verhältnis das günstigste zwischen Umlaufquerschnitt und Gesamtquerschnitt der Stichkanäle ist, läßt sich für den jeweiligen Fall nur durch Versuche angeben. Als Anhaltswert gilt, den Querschnitt der Stichkanäle nicht über das 1,25- bis 1,50fache des Umlaufquerschnitts zu wählen, weil dann bereits der Abfluß durch den Längskanal allein für die Wasserzuführung maßgebend ist. Daß die praktischen Ausführungen hiervon teilweise aber stark abweichen, zeigt die Zusammenstellung der Tabelle 1.

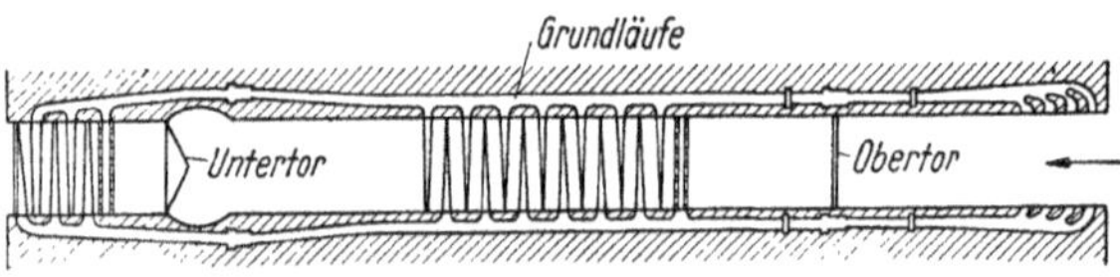

Abb. 38. Umlaufführung einer Schleuse am Mississippi.

Der Entscheid, ob Torumläufe oder Längsumläufe anzuordnen sind, hängt von der Gesamtgestaltung des Schleusenbauwerkes ab. Geböschte Kammerwände, stählerne Spundwände als Kammereinfassung und hochgradige Stahlbeton-Kammertröge bedingen von vornherein einen Verzicht auf Längsumläufe. Trotzdem es durch eine entsprechende Konstruktion und Bedienungsweise der die Umläufe abschließenden Verschlußvorrichtungen möglich ist, auch bei kurzen Torumläufen eine ruhige Lage des zu schleusenden Schiffes zu gewährleisten, sind Längsumläufe durchaus am Platze, wenn die Kammerwände als Schwergewichtsmauern ausgebildet werden. Hier bedeutet ihre Anordnung nicht nur eine die Schalungskosten übersteigende Baustoffersparnis, sondern sie wirkt sich auch hinsichtlich der Wärmeentwicklung im Beton und ihrer zu bekämpfenden Folge-

Tabelle 1. *Querschnittsverhältnisse bei Längsumläufen mit Stichkanälen.*

Lfd. Nr.	Bezeichnung der Schleuse	Kammerfläche O in m²	Umlaufquerschnitt F_1 in m²	Stichkanalquerschnitt F_2 in m²	$F_1 : F_2$	$2F_2 : O$
1	Kanalschleuse Altenrheine	67 × 8,60 = 576	1,98	2,52	1 : 1,27	1 : 114
2	Doppelschleuse Klein-Machnow	67 × 10 = 670	2,46	7,76	1 : 3,16	1 : 43
3	Schachtschleuse Minden i. W.	85 × 10 = 850	5,22	11,00	1 : 2,10	1 : 39
4	Südabstieg Minden i. W.	85 × 12,5 = 1063	2,68	4,83	1 : 1,81	1 : 108
5	Schachtschleusen Anderten	225 × 12 = 2700	5,40	20,0	1 : 3,71	1 : 67,5
6	Seeschleuse Emden	260 × 40 = 10400	12,06	19,2	1 : 1,59	1 : 272
7	Doppelschleuse Wesermünde	105 × 12 = 1260	3,84 bzw. 3,35	5,03	1 : 1,31 bzw. 1 : 1,50	1 : 125
		100 × 30 = 3000	5,10 bzw. 5,56	7,09	1 : 1,39 bzw. 1 : 1,27	1 : 211

erscheinungen günstig aus. Man ist allgemein heute der Anordnung von Längsumläufen mit Stichkanälen nicht mehr so abgeneigt wie vor einer Reihe von Jahren. Die neuen Schleusen am Mississippi haben nach Abb. 38 Längskanäle, die bis zu den Spitzen der massiven Leitwerke reichen, um das Füllwasser durch strömungstechnisch günstig ausgebildete Öffnungen unmittelbar aus dem oberen Vorhafen zu entnehmen bzw. das abzulassende Wasser in den unteren Vorhafen einzuleiten [*172*].

Grundläufe sind in der Schleusensohle liegende Zuführungskanäle. Da sie eine besonders starke Sohle und damit größere Gründungstiefe erfordern, kann man sie nur unter besonderen Verhältnissen rechtfertigen. Zweifellos wird bei ihnen das Wasser in sehr günstiger Weise der Schleusenkammer zugeführt. Ihre Verwendung hat aber trotzdem in Deutschland keinen Eingang gefunden, um so mehr im Ausland, besonders in den USA (Abb. 39). Wohl hat man bei uns eine Bauweise gewählt, die man als Übergang vom Längsumlauf mit Stichkanal zum Grundlaufprinzip ansehen kann, indem die vom Längsumlauf abzweigenden Stichkanäle nicht über, sondern in der Schleusensohle liegen. Eine solche Anordnung zeigen einige Schleusen der Oder-Kanalisierung. Hier schneiden auf eine Schleusenlänge von $L = 55$ m sechs gußeiserne Rohre mit ovalem Querschnitt die Kammersohle an, so daß Längsschlitze von je 6,80 m Länge mit 2 m² Wasseraustrittsfläche entstehen. Bei den Schleusen Ottmarsheim des Elsaß-Kanals besorgen den Wasserausgleich seitliche Umläufe, von denen Stichkanäle zu unter der Kammersohle liegenden Längskanälen führen, aus denen das Wasser von unten in die Kammer tritt (Abb. 40)[1].

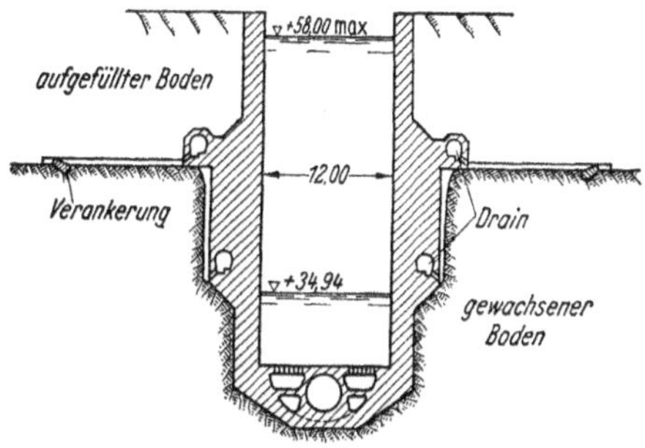

Abb. 39. Schleuse mit Grundlauf (Donzère-Mondragon an der Rhône).

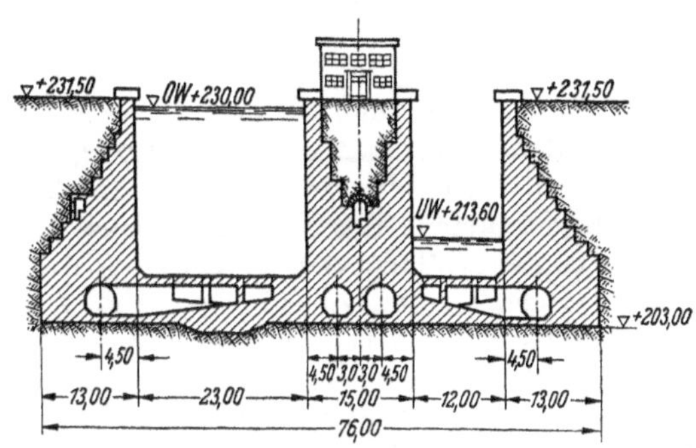

Abb. 40. Schleuse Ottmarsheim am Elsaß-Kanal.

Die für die Wasserableitung günstigste *Umlaufform* ist der Kreis, da er bei geringstem Umfang die größte Durchflußfläche abgibt. Er ist jedoch nur bei sehr starken Kammerwänden anwendbar. Bei schwächeren Mauern und auch wegen einfacherer Herstellung wird heute als Querschnitt das Rechteck mit abgeschrägten Ecken bevorzugt. Eine besondere Bedeutung kommt hierbei dem Rechteck mit unterem Dreiecksansatz zu, das bei gleichmäßigem Anhub der sonst rechteckigen Schütztafel ein allmähliches Zunehmen der Durchflußmenge gestattet (Abb. 41). Ein- und Ausmündungen der Umläufe sind nach Möglichkeit zu erweitern oder mindestens gut abzurunden, um die Zusammenschnürung des Wassers zu erleichtern bzw. unzweckmäßige Energieverluste zu vermeiden.

[1] Lohmeyer, E.: Die Haltung Ottmarsheim des Elsaß-Kanals. Bautechn. Bd. 28 (1951) S. 177.

Die *Führung* der Umläufe ist von der durch Schleusengefälle und Torart bedingten Ausbildung der Häupter abhängig. Man findet daher bei Schachtschleusen den Beginn der Umläufe auch im Torboden (s. Abb. 25 und 187). Immer sind Umläufe so tief zu legen, daß die Fallhöhe ausgenutzt und das Mitreißen von Luft vermieden wird. Ihre Sohle liegt in der Regel auf derselben Höhe wie die Sohle der Torkammern bzw. der Schleusenkammer; das gilt auch für die Stichkanäle.

Die Bedienung der Umläufe erfolgt durch die später noch zu besprechenden *Umlaufverschlüsse*. Sie müssen dicht schließen, leicht zu bewegen sein und dem Wasser einen möglichst ungehinderten Durchfluß gestatten.

Die Entwicklung des modernen Schleusenbaues ist durch das Vorgehen gekennzeichnet, die *Tore* selbst zum Füllen und Leeren der Kammer heranzuziehen. Es entsteht damit in Anknüpfung an die Schleuse mit Öffnungen in den Toren eine zweite Art der umlauflosen Schleuse. Ihre Vorteile sind größere Sicherheit und Vereinfachung des Betriebes durch Fortfall der Umläufe und ihrer leicht zu Betriebsstörungen Anlaß gebenden Verschlüsse, da nur noch die Tore bei dem Schleusungsvorgang betätigt werden müssen, Das führt im weiteren zu einer einfacheren Gestaltung der Häupter und damit zu gewissen Baustoff- und Kostenersparnissen. Wirtschaftlich läßt sich die Überlegenheit der Schleuse ohne Umläufe nur in der Richtung nachweisen, daß sich bei ihr die Kosten einer Schleusung als ein Teil der durch Verzinsung, Tilgung, Unterhaltung und Bedienung bedingten Jahreskosten geringer stellen als bei einer Schleuse mit Umläufen. Ob und wieweit beim Füllen und Leeren einer Kammer über die Tore allein eine Verkürzung der Schleusungszeit eintritt, hängt vom Einzelfall ab. Die Behauptung, daß diese unbedingt der Fall wäre, stimmt nicht.

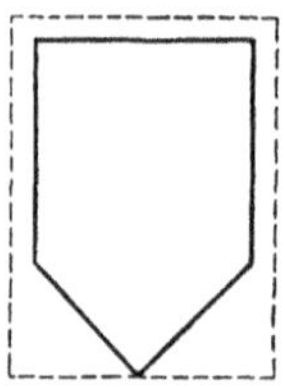

Abb. 41.

Es ist dabei hinsichtlich der geschichtlichen Entwicklung von Bedeutung, daß bei den ersten größeren umlauflosen Schleusen Deutschlands der Fortfall der Umläufe nicht primär, sondern sekundär erfolgt ist. Die im Jahre 1915 in Betrieb genommene Rosenthaler Schleuse hat ein Segmenttor erhalten, um in dem beengten Abflußgebiet der Oder um Breslau zur Hochwasserabführung mit herangezogen werden zu können (Abb. 42). Die umlauflosen Schleusen des Wesel—Datteln-Kanals verdanken die Anwendung der Hubtore dem Umstand, daß die auftretenden Bergsenkungen keine Stemmtore gestatteten, gedrungene Häupter hier zweckmäßig waren und sich die Klapptore in den Oberhäuptern der Schleusen des Rhein—Herne-Kanals nicht sonderlich gut bewährt hatten. Und auch bei den Schleusen der Neckar-Kanalisierung hat der Gedanke mitgespielt, zwecks dichteren Heranrückens der beiden Schleusenkammern die sonst die Oberhäupter sehr breit machenden Torumläufe zu vermeiden.

Schleusen ohne Umläufe erfordern im allgemeinen stets *Modellversuche*, um geeignete konstruktive Maßnahmen ausfindig zu machen, die eine solche Energievernichtung des unmittelbar über, unter oder durch das Obertor strömenden Wassers herbeizuführen, daß bei möglichst rascher Füllung doch eine sichere und ruhige Schiffslage erreicht wird. Die Einbauten bestehen ebenso wie bei der Anwendung von Torschützen aus Stoßwänden oder einzelnen Stoßbalken, auch Zahnschwellen und ähnlichen Körpern, wodurch eine besondere Vorkammer entsteht, in der die Energievernichtung durch Wasserwalzen stattfindet. Es ist daher die mitunter aufgestellte Behauptung, daß umlauflose Schleusen kürzer seien als solche mit Umläufen, nur bedingt richtig; Wahl der Torart und Höhe des Gefälles dürften in dieser Richtung maßgebend sein. Die gelegentlich vorgenommene Energievernichtung innerhalb der Tore selbst bleibt auf Einzelfälle beschränkt.

Außer den genannten vier Arten des Leerens und Füllens einer Schleusenkammer besteht natürlich noch die Möglichkeit der Verbindung von zwei Wegen.

Ältere Schiffsschleusen weisen neben Tor- oder Längsumläufen vielfach noch Schützöffnungen in den Toren selbst auf, um beim Versagen der Umlaufverschlüsse einen behelfsmäßigen Betrieb aufrechtzuerhalten. Ebenso hat man neuerdings auf Grund von Versuchen nachgewiesen, daß unter Umständen eine schnelle Schleusenfüllung durch das Obertor allein nicht zu erzielen ist, während

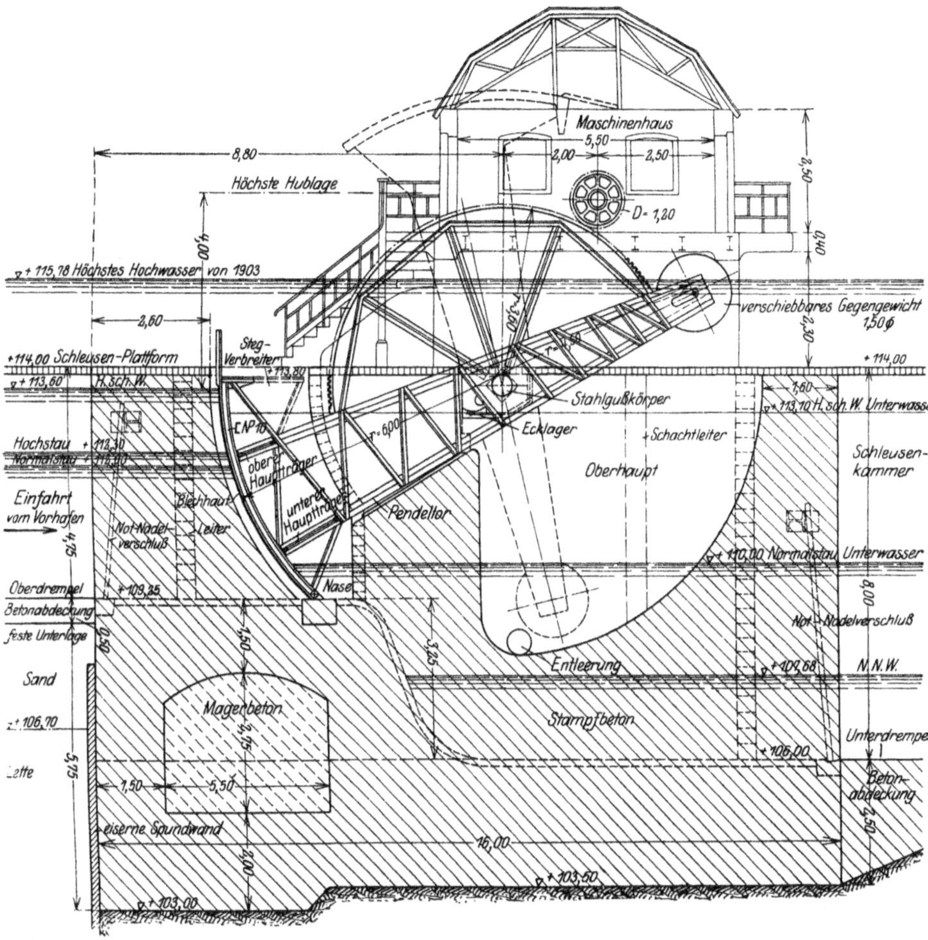

Abb. 42. Oberhaupt mit Segmenttor.

die Verbindung einer Wassereinleitung durch das Obertor mit der Füllung durch Längs- und Stichkanäle zu einer beachtlichen Verkürzung der Füllzeit führen kann. Da hierbei die Bedienung der Umläufe durch besondere Verschlüsse erfolgt, besteht ein weiterer Vorschlag darin, die Regelung des Wasserzuflusses zu den beiden Längsumläufen unmittelbar mittels des sich öffnenden Obertores durchzuführen.

Welche Art des Füllens und Leerens jeweils die zweckmäßigste ist, hängt von einer Fülle von Umständen ab. Größe der Kammer und der Gefällhöhe, verkehrswirtschaftliche Bedeutung der Wasserstraße, Baugrundverhältnisse und damit mögliche Bauart sind entscheidende Gesichtspunkte, deren mehr oder weniger große Bedeutung aus den nachfolgenden Darlegungen in diesem Abschnitt in Verbindung mit der Beschreibung ausgeführter Schleusenbauwerke unter Abschnitt V hervorgeht.

5. Vorgänge bei der Schiffsschleusung.

Jede Schleuse bringt für den durchgehenden Schiffsverkehr eine unerwünschte Verzögerung des Güterumlaufs mit sich. Diese setzt sich aus folgenden Zeitverlusten zusammen:

1. Verringerung der Fahrgeschwindigkeit des zu schleusenden Schiffes zum Abstoppen in der Kammer,
2. Schließen bzw. Öffnen der Tore,
3. Füllen bzw. Leeren der Kammer,
4. Wiedergewinnung der auf der freien Strecke üblichen Fahrgeschwindigkeit.

Während Ein- und Ausfahrzeit in erster Linie von der Länge der Schleuse abhängig sind, ist die Dauer des Füllens und Leerens, die Schleusungszeit in engerem Sinne, durch die Größe der Füllmenge und damit außer durch die Kammerabmessungen durch das zu überwindende Gefälle bedingt. Es kommt daher neben Verkürzung der Zeiten für das Ein- und Ausfahren, die durch bauliche und betriebliche Maßnahmen erreicht werden kann, einem möglichst raschen Füllen und Leeren der Kammer die größte Bedeutung zu. Dies ist aber durch zwei Umstände beschränkt: Erstens muß die Sicherheit des in der Schleuse befindlichen Schiffes voll gewährleistet sein und zweitens darf die zur Kammerfüllung entnommene sekundliche Wassermenge ein bestimmtes Maß nicht überschreiten, wenn in den anschließenden Haltungen keine unzulässigen Spiegeländerungen, Wellenbewegungen und Längsströmungen auftreten sollen. Wir können somit die Vorgänge bei einer Schleusung in Vorgänge innerhalb der Kammer und in solche außerhalb der Kammer unterteilen.

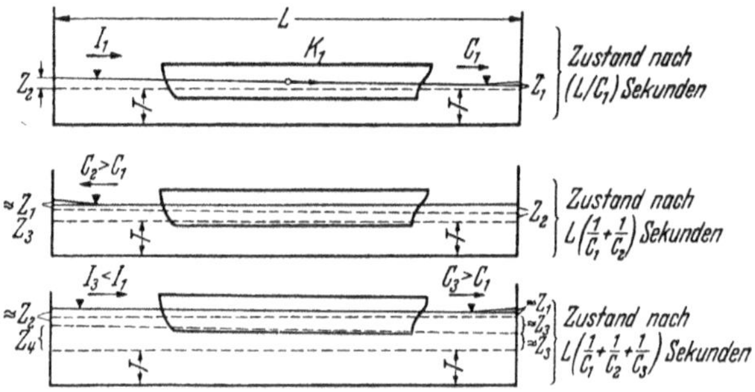

Abb. 43.

Was die Vorgänge *innerhalb* der Kammer betrifft, so ist es das Verdienst von Dr.-Ing. e. h. KREY zusammen mit seinem derzeitigen Mitarbeiter BLASIUS auf Grund von Modellversuchen die hierfür erforderlichen theoretischen Grundlagen entwickelt zu haben. Sie sind dann durch die Arbeiten von WINKEL vertieft und ergänzt worden, während sich heute besonders WITTMANN der Erforschung der hydromechanischen Vorgänge bei der Schiffsschleusung annimmt [*173* und *181*].

Die ruhige Lage eines Schiffes, auf die es bei der angestrebten *schnellen* Kammer*füllung* ankommt, ist in der Hauptsache bedingt durch die Höhe z der in der Schleusenkammer während des Füllens hin- und hergehenden Wellen. Das Maß z wiederum hängt außer von der Kammerbreite B von der sekundlich zufließenden Füllmenge Q und der Wellengeschwindigkeit c in der Kammer ab nach der Beziehung $z = \frac{Q}{B\,c}$. z ist also am größten bei Beginn der Füllung, da zu dieser Zeit die Wassertiefe t in der Kammer und damit die Fortpflanzungsgeschwindigkeit $c = \sqrt{g\,t}$ der Welle am geringsten sind. Nach Abb 43 braucht die Welle zum Durchschleusen der Strecke L die Zeit $\frac{L}{C_1}$, zur Rückkehr usw. Da sich dabei der Wasserspiegel jeweils um Z_1, Z_2 usw. hebt, nimmt die Wellengeschwindigkeit C ständig zu. Die Höhe des Füllschwalls und die Neigung der langgezogenen Schwallwelle, mithin auch Ausmaß und Richtung der Trossenkräfte, sind eine Funktion der zeitlichen Zunahme der Füllwassermenge $\frac{dQ}{dt}$. Es muß also die Füllung mit einer ganz kleinen Menge Q beginnen, um dann während der Füllzeit T allmählich und stetig auf die zulässige Höchstmenge $Q_{\max}$ zu steigen, will man nicht eine zu große *Wellenkraft* erhalten. Um dies zu erreichen, dürfen die *Füllöffnungen* zu Anfang nur ganz *allmählich freigegeben* werden. Im weiteren Verlauf dieses Vorganges kann die Wassermenge dann schneller ansteigen bis zu der Höchstmenge $Q_{\max}$, die weniger durch die Schleusengröße selbst als durch den Querschnitt der oberen Kanalhaltung und die darin erzeugte Absenkung des Wasserspiegels bestimmt wird. Wichtig ist hierbei, daß *keine plötzliche Änderung* im Wasserzufluß eintritt, weil dadurch ein neuer, unter Umständen verstärkter Wellenstoß auf den geschleusten Kahn entsteht. Man soll auch jede Unterbrechung im Schützhub, wie das früher oft übliche absatzweise Heben, vermeiden. Ein bautechnisches Hilfsmittel zur Gewinnung eines allmählichen Durchflusses ist der in Abb. 41 dargestellte Umlaufquerschnitt. Die Schütze selbst bleibt in ihrem Umriß rechteckig, nur ihre Baulänge und Hubhöhe wird um die Höhe des Dreiecks vergrößert, das von zwei seitlichen, keilförmigen Einbauten auf der Sohle des Umlaufs unmittelbar hinter der Schütze gebildet werden kann, falls der Umlauf nicht auf seiner ganzen Länge einen solchen Querschnitt erhält. Man verschafft sich so die Möglichkeit, die Schütze von Anfang an mit einer gleichmäßigen Geschwindigkeit zu heben, während trotzdem der Zufluß langsamer anwächst, als es beim rechteckigen Schützquerschnitt der Fall sein würde.

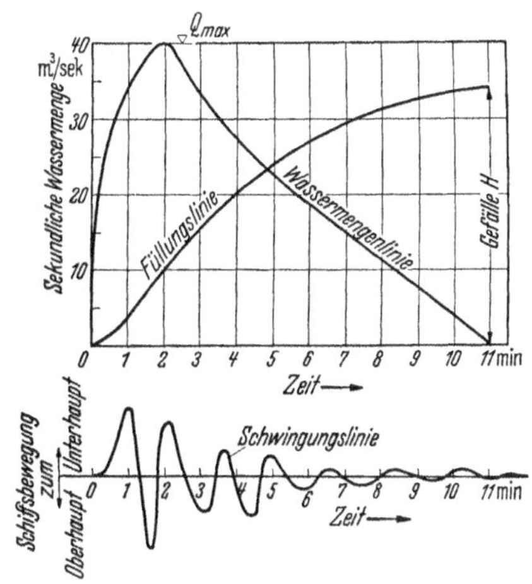

Abb. 44.

Die erste Welle wirkt auf den in der Kammer befindlichen Kahn in der Weise, daß sie ihn zunächst am Bug anhebt, um im weiteren Verlauf das gesamte Fahrzeug in eine der flachen Wellenneigung entsprechende Schräglage zu bringen, so daß an den am Bug befestigten Haltetrossen eine nach dem Unterhaupt gerichtete Kraft, die man als Druckkraft anspricht, ausgeübt wird. Ihre Größe ergibt sich aus dem Schiffsgewicht D multipliziert mit der Neigung $1 : n$ der im Längsschnitt keilförmigen Welle von der Länge l des Kahnes. Nach den jahrelangen Erfahrungen der Berliner Versuchsanstalt an Schleusenmodellen, die durch Messungen bei Probeschleusungen in der Natur bestätigt wurden, ist eine ruhige Schiffslage während der Schleusung stets zu erwarten, wenn die erste und damit größte zum Unterhaupt hin wirkende Trossenkraft das Maß von $= 1/600$ bis $1/700$ des Schiffsgewichtes nicht übersteigt, die erste Welle längs des Kahnes also die Neigung $1 : 600$ bis $1 : 700$ hat. Rechnet man z. B. mit einer Schiffslänge oder bei einer Einzelschleuse mit einer Kammerlänge von 90 m, so wird $z = 90/600 = 0{,}15$ m und bei einer Schleusentiefe $t = 3{,}5$ m die Wellengeschwindigkeit $c = \sqrt{gt} =$ rund 6 m. Eine Schleuse von $B = 12$ m Breite gestattet daher eine erste Füllmenge von $Q = 0{,}15 \cdot 12 \cdot 6{,}0 = 10{,}8\ \text{m}^3/\text{sec}$.

Jede vom Oberhaupt ausgehende Welle wird nach ihrem Lauf durch die Kammer am Unterhaupt zurückgeworfen. Sie erzeugt dann eine Gegenneigung des Wasserspiegels mit Gefälle vom Unterhaupt her und damit eine nach dem Oberhaupt gerichtete Trossenkraft (Zugkraft). Der in der Kammer befindliche

Kahn gerät also in eine hin- und hergehende Schwingung mit wechselnden, im Verlauf der Füllung schnell kleiner werdenden Trossenkräften. Diese Dämpfung erklärt sich aus der abnehmenden Höhe der neu in die Kammer tretenden Schwalle und aus einer Abschwächung der wiederholt reflektierenden alten Schwalle (Abb. 44).

Abb. 45 zeigt nach [*181*] die Wasserspiegellängsschnitte in einer Schleuse von 316 m Kammerlänge und 12 m Breite, die unter Zuhilfenahme von 5 Pegeln ermittelt worden sind. Sie lassen den Schwingungsvorgang allerdings nur mittelbar erkennen, da er der allgemeinen Aufwärtsbewegung beim Füllen überlagert wird. Man kann ihn aber sichtbar machen, indem man die Füllungslinien auf eine zeitlich veränderliche Ebene bezieht, welche die allgemeine Hubbewegung des Wasserspiegels mitmacht. Als solche dient die aus den Spiegellängsschnitten gewonnene gemittelte Ganglinie des Kammerwasserspiegels. Die Höhenunterschiede zu den Ganglinien der einzelnen Pegel ergeben dann die Schwingungslinien für die einzelnen Pegelstellen in der Kammer (Abbildung 46).

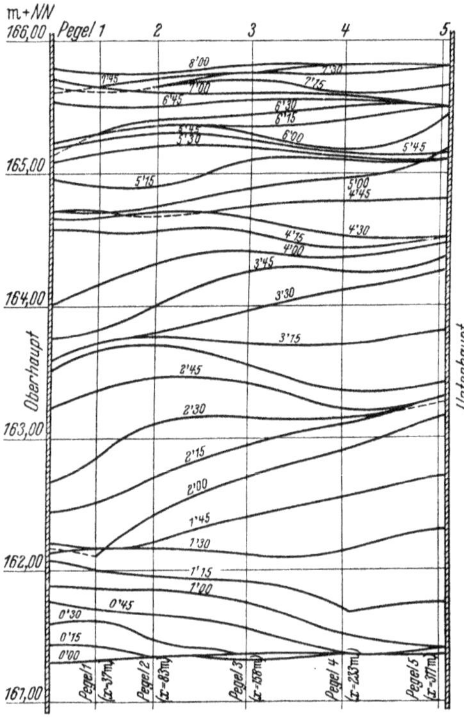

Abb. 45.

Außer der bisher besprochenen Wellenkraft, der allein durch eine langsame und stetige Steigerung der Wasserzufuhr begegnet werden kann, treten noch zwei weitere Kräfte auf, welche die Schiffsschleusung beeinflussen; und zwar eine *Stoßkraft* und eine *Sogkraft*. Die Stoßkraft entsteht aus dem Druck des einströmenden Füllwassers gegen die Fläche des Schiffsquerschnittes. Sie wirkt nur in Richtung zum Unterhaupt und ist für den gesamten Schleusungsvorgang von geringer Bedeutung. Von größerem Einfluß ist die Sogkraft, welche sich aus einer Absenkung des Kammerwasserspiegels am Oberhaupt durch die Ejektorwirkung der Füllströmung entwickelt und sich in ihrer stets gleichbleibenden Richtung zum Oberhaupt hin mit dem unsteten Sog aus der rückläufigen Füllwelle vereinigt. Das Zusammentreffen beider Sogkräfte bedingt dann häufig bei Schleusen, die keine Vorkehrungen gegen die Absenkung aufweisen, gleich nach Beginn der Schleusung einen „Zug“ zum Oberhaupt hin, der absolut gesehen, größer ist als die erste Wellenkraft.

Als geeignetes und einfaches Mittel hiergegen hat sich eine etwa 0,5 m hohe Schwelle am Ende des Oberhauptes oder ein Absatz zwischen der vertieften Sohle der Drempelkammer und der Schleusensohle erwiesen (s. Abb. 35 bis 37). Diese Einbauten erzeugen dicht hinter dem Oberhaupt einen Schwall statt der erwähnten Absenkung. Man erreicht so, wenigstens im ersten Teil der Füllung, eine gleichmäßige Verteilung des Zustromes über die Schleusentiefe und damit das Entstehen einer schwachen Druckkraft auf den vorderen Kahn, die sein Anstoßen gegen das Oberhaupt mit Sicherheit verhindert. Wenn im weiteren Verlauf des Füllens mit wechsender Wassertiefe die niedrige Schwelle den Zufluß nicht mehr ausreichend verteilen kann, entschwindet die Druckkraft. Das Wasser läuft dann unter dem gehobenen Kahn hindurch zum Unterhaupt, steigt dort bei der Umkehr als Schwall empor, um sich nunmehr in seiner Wirkung gegen das geschleuste Schiff mit der zurücklaufenden Füllwelle als verstärkte Sogkraft zum Oberhaupt hin zu vereinigen. So kommt es, daß fast bei allen Schleusen, besonders bei solchen mit hohem Gefälle, aber auch bei Schleppzugschleusen mit großer Zuflußmenge, im zweiten Teil der Füllung die Zugkräfte überwiegen, wodurch die Kähne gegen das Oberhaupt drängen.

Stoßkraft und Sogkraft lassen sich gleichzeitig durch Aufteilung der Fallhöhe in mehrere Gefällstufen wirksam vermindern. Das geschieht ohne weiteres bei der Füllung aus Sparbecken. Ordnet man nach Abb. 31 zwischen Oberhaupt und Schleusenkammer eine Vorkammer an, so füllt sich diese nur bis zu einer zwischen Ober- und Unterwasser liegenden Höhe, wodurch das Wasser mit geringerer Geschwindigkeit als bei der Fallhöhe H in die Kammer einströmt. Andere Mittel zur Abschwächung oder Behebung der dynamischen Auswirkungen der Stoß- bzw. Sogkraft auf das zu schleusende Schiff sind die schon erwähnten Stoßbalken und Verteilungsplatten. Was aber durch derartige konstruktive Maßnahmen nicht erreicht werden kann, ist die Verminderung der Wellenkraft. Sie ist ausschließlich vom Zuwachs der in der Zeiteinheit zuströmenden Wassermenge und der dadurch bedingten Wellenhöhe abhängig, nicht aber von der Art der Geschwindigkeitsverteilung des vom Oberhaupt einströmenden Wassers.

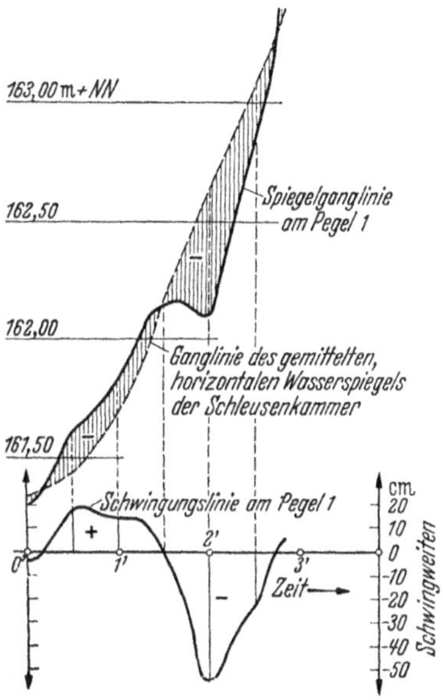

Abb. 46. Wasserspiegellängsschnitte während einer Schleusung.

Trägt man aus einer Reihe von Füllungsversuchen an einem Schleusenmodell die jeweils gemessenen größten Trossenlängskräfte beider Richtungen in Beziehung zur Schützhubzeit und zu den zur Füllung benötigten mittleren und größten sekundlichen Wassermengen — alle Werte auf Naturgröße umgerechnet — auf, so erhält man die zur Beurteilung eines Schleusungsvorganges maßgebenden *Bezugslinien* (Abb. 47). Die Linie für die Kraft nach dem Oberhaupt liegt immer etwas über der Linie für die Kraft nach dem Unterhaupt. Es sind also die größten Zugkräfte stets ein wenig höher als die größten Druckkräfte. Ferner sieht man, daß die Trossenbeanspruchungen sehr schnell zunehmen, wenn die Füllzeit unter eine gewisse Grenze, im vorliegenden Fall etwa 11 min, heruntergeht. Die Ursache hierfür läßt die Linie der größten Wassermengen erkennen. Sie steigt nämlich bei Füllzeiten unter 13 min viel stärker als die Linie der mittleren Wassermengen. Derartige aus Modellschleusungen gewonnenen Feststellungen geben somit einen Aufschluß über die kritische kürzeste Füllzeit, die man erreichen kann, wenn die erforderlichen größten Wassermengen zur Verfügung stehen.

Bei der Entleerung einer Schleuse liegen die Verhältnisse durch die anfänglich große Wassertiefe wesentlich günstiger als bei der Füllung. Die erste Sunkwelle läuft schneller durch die Kammer als die erste Schwallwelle; sie hat daher nur eine geringe Höhe. Die zu schleusenden Kähne liegen zu Beginn des Leerens ganz ruhig. Gegen Ende, wenn die Wellen mit abnehmender Wassertiefe langsamer und steiler werden, sind Fallhöhe und Wassermenge gering. Es entsteht nur eine schwache, ziemlich stetige Trossenkraft nach dem Unterhaupt hin als

Folge der dorthin gerichteten Strömung. Die Lage der Schiffe bleibt infolgedessen auch am Schluß der Entleerung gesichert, zudem sich die Energievernichtung außerhalb der Kammer im Unterhaupt vollzieht. Die sekundliche Entleerungsmenge kann aus diesen Gründen ohne Gefährdung der Fahrzeuge größer sein als die Füllmenge, die Entleerungszeit also verkürzt werden. Von dieser Möglichkeit wird im allgemeinen Gebrauch gemacht, soweit nicht bei sehr langen Schleusen die höchste sekundliche Entleerungsmenge durch die zulässige Schwallhöhe im Unterwasser mit Rücksicht auf die Durchfahrt unter Brücken begrenzt wird, im gleichen Sinne wie die größte Füllmenge von dem im Oberhafen möglichen Sunk und der in den anschließenden Kanalstrecken zulässigen Fließgeschwindigkeit abhängt. Diese soll im allgemeinen das Maß von 0,5 m/sek nicht überschreiten.

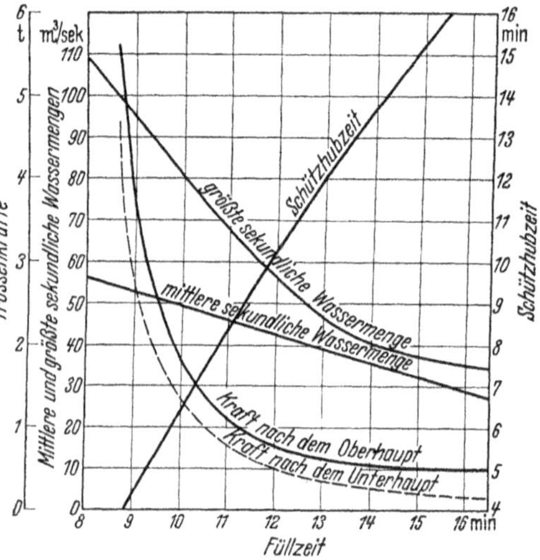

Abb. 47. Wasserzufluß und Trossenkräfte.

Die Vorgänge, die sich infolge einer Schiffsschleusung *außerhalb* der Kammer vollziehen, sind pendelnde *Wellenbewegungen* und *Längsströmungen* in den anschließenden Haltungen. Beim Öffnen der Füllorgane sinkt das Oberwasser in der Höhe der Umläufe. Das auf diese Weise entstehende starke Spiegelgefälle setzt die Wassermassen gegen das Oberhaupt in Bewegung. Da die Umläufe das zuströmende Wasser aber nicht gleich verarbeiten können, staut es sich vorübergehend vor dem Oberhaupt über den Normalstau auf. Dies führt zur Bildung eines entgegengesetzten Spiegelgefälles, wodurch der Wasserspiegel am Oberhaupt erneut unter Normalstau absinkt. Er erhält wieder ein Gefälle talwärts und verursacht eine neue Welle, bis dieses Spiel nach einem gewissen Höhepunkt zur Ruhe abebbt. Der gleiche Vorgang „mit umgekehrtem Vorzeichen" vollzieht sich beim Leeren der Kammer nach Unterwasser zu.

Es treten also in den anschließenden Haltungen Wellenberge und Wellentäler im Wasserspiegel ein, die je nach dem Umfang des Schleusenbetriebes auf eine mehr oder weniger große Strecke fortschreiten. Ihre Höhe ist abhängig von der Größe der in der Sekunde abfließenden Wassermenge. Je kleiner die Entnahme ist, um so niedriger ist der Sunk. Man darf daher die Verschlußkörper, seien es Umlaufverschlüsse oder Tore, zu Anfang nur langsam öffnen, womit sich die *gleiche* Forderung ergibt wie für die Erzeugung und Dämpfung des ersten Füllschwalles in der Schleusenkammer.

Ein Verfahren zur näherungsweisen Berechnung der durch Schleusungen verursachten Spiegelschwankungen hat Krey gegeben [*185*]. Es bezeichnen:

z die Spiegelhebung oder -senkung,
F die Querschnittsfläche entsprechend z,
b die Wasserspiegelbreite entsprechend z,
t die Wassertiefe entsprechend z,
v die zeitweise auftretenden Wassergeschwindigkeiten,
V die Wellenschnelligkeit, mit der sich die Spiegelsenkung oder -hebung fortpflanzt,
Q die sekundliche Schleusungswassermenge,
l die Länge der Spiegelsenkung oder -hebung,
c den Beiwert der allgemeinen Geschwindigkeitsformel $v = c\sqrt{RJ}$.

Bei schneller Füllung der Schleuse erzeugt die aus der oberen Haltung entnommene Füllmenge Q zunächst in der Nähe der Schleuse eine Spiegelsenkung z, die sich mit der Wellenschnelligkeit V in der Haltung fortpflanzt (Abb. 48). Die Wassergeschwindigkeit in der Haltung muß in der Nähe der Schleuse sein.

$$v = \frac{Q}{F}.$$

Aus der bekannten Schleusungszeit und der jeweilig verbrauchten Wassermenge Q kann man Form und Größe der Senkungswelle berechnen, wenn man die Wellenschnelligkeit V kennt. Die Größe der Absenkung z ergibt sich aus der Bedingung, daß die aus der oberen Haltung entnommene Wassermenge gleich der Schleusungswassermenge ist. Daher

$$b z V = Q = F v$$

oder

$$z = \frac{F v}{b V} = \frac{Q}{b V}.$$

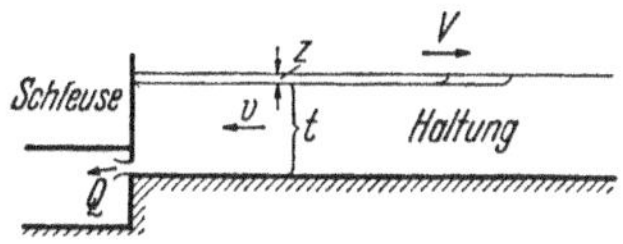

Abb. 48.

Die Senkung z befindet sich nach der Zeit t um den Weg $V t$ vom Schleusenhaupt entfernt. Da die Wellenschnelligkeiten V für die verschiedenen Absenkungen etwas voneinander abweichen, so wird sich die Senkungswelle mit der Zeit umformen. Es muß aber immer der gesamte Absenkungsraum gleich der Kammerfüllmenge sein. Außer der Ungleichmäßigkeit der Wellenschnelligkeit V für die verschiedenen Teile der Absenkungsstrecke wirken auch die Ungleichmäßigkeiten des Kanalquerschnittes der Haltung umformend auf die Senkungswelle. Die Größe der Absenkung bzw. Spiegelerhebung ist jedoch hauptsächlich von der Wellenschnelligkeit V abhängig. Es ist mit $V = \sqrt{g t}$ angenähert

$$V = \sqrt{g \frac{F}{b}},$$

indem man vom Rechteck ausgehend $t = \frac{F}{b}$ setzt, woraus sich ergibt

$$z = v \sqrt{\frac{F}{g b}}.$$

Die vorstehende Berechnung läßt den Einfluß der Reibung auf die Wellenbewegung unberücksichtigt. Er ist zudem auch gering, da er nicht von der Wellenschnelligkeit, sondern von der erheblich kleineren Wassergeschwindigkeit abhängt. Allgemein wird durch die Reibung die Schwallhöhe größer und der Abfall der Welle erfolgt langsamer. Bei einem Sunk erhöht sich entsprechend die Sunklänge, während sich der Wiederanstieg flacher vollzieht. Eine weitere

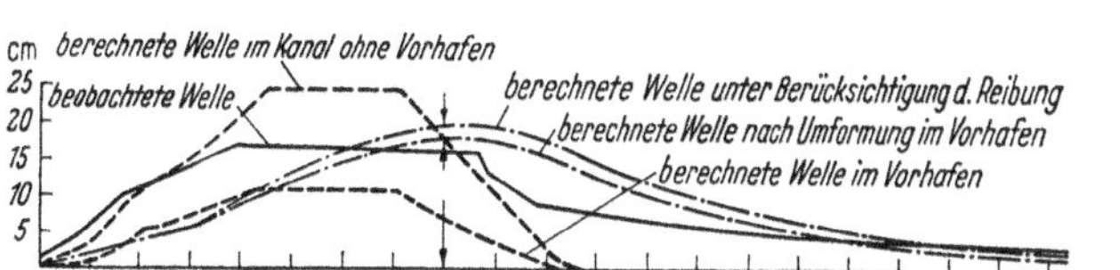

Abb. 49. Vorhafen-Wellen mit ohne und Reibung.

Umformung der Welle findet dadurch statt, daß in jedem Fluß- oder Kanalquerschnitt die Wassertiefe nach den Ufern zu abnimmt. Es laufen dadurch die Wellen in der Mitte der Wasserstraße schneller als an den Ufern, so daß auch hierdurch die Welle eine Änderung ihrer ursprünglichen Gestalt erfährt (Abb. 49).

Im Anschluß an eine Schleuse befinden sich beiderseits stets Vorhäfen, deren Querschnitt wesentlich größer ist als das Profil der freien Strecke. Dieser Umstand ist für eine geringe Höhe der durch Füllen bzw. Leeren der Kammer entstehenden Sunk- bzw. Schwallwellen von ausschlaggebender Bedeutung. Es decken sich damit zwei Forderungen, nämlich der Ausbau großer Vorhäfen aus verkehrstechnischen Gründen mit der Gewinnung von Wasserfläche zur Abminderung der durch den Schleusungsvorgang auftretenden Wellenbewegungen und Wasserspiegeländerungen. Hierbei ist für das Ausmaß der Wellenumformung das Verhältnis von Rückhaltevermögen des Vorhafens zum Kammerinhalt maßgebend.

Dies wird auch durch Versuche bestätigt, die an Schleusen des Wesel—Datteln-Kanals durchgeführt worden sind [*190*].

Beobachtete Schwallkurven im Unterwasser.

Schleuse	Datteln	Flaesheim	Dorsten
Fallhöhe	7,50 m	4.0 m	9,0 m
Kammerinhalt	21200 m^3	11500 m^3	26200 m^3
Dauer der Entleerung	11 min	7 min	11 min
Schwallscheitel in Höhe	16 cm	13 cm	21 cm
Tritt auf	nach Ende der Entleerung	nach 5 min	nach 8 min

Beobachtete Sunkkurven im Oberwasser.

Schleuse	Ahsen	Dorsten	Hünxe
Fallhöhe	7,0 m	9,0 m	6,0 m
Kammerinhalt	20300 m^3	26200 m^3	17400 m^3
Sunktiefe	16 cm	22 cm	14 cm

Die sekundlichen Entnahme- und Füllmengen waren hierbei überall gleich, ebenso Wasserflächen und damit Rauminhalt der Vorhäfen. Die Unterschiede in Schwallhöhe und Sunktiefe ergaben sich also allein aus der Größe des jeweiligen Kammerinhaltes.

6. Theoretische und praktische Füll- bzw. Leerzeiten.

Das Füllen bzw. Leeren einer Schleusenkammer ist ein Vorgang, bei dem die ausfließende Wassermenge von der jeweils herrschenden Druckhöhe abhängt.

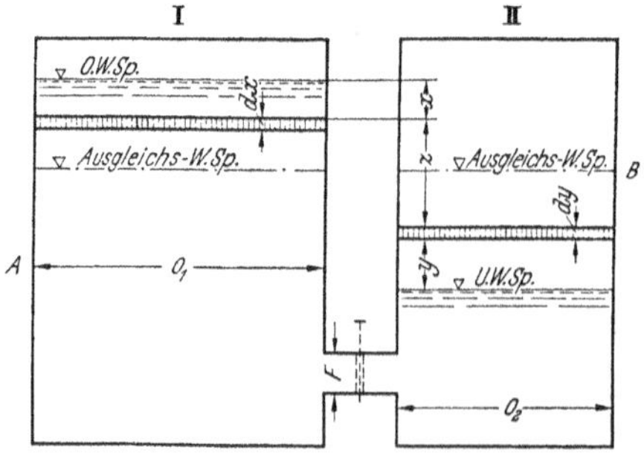

Abb. 50.

Wird nach Abb. 50 ein beliebiger Zustand des Überfließens aus dem Behälter I in den Behälter II herausgegriffen, so ist der Spiegelunterschied z für die Ausflußgeschwindigkeit v während der Dauer dt maßgebend. Da

$$v = \mu \sqrt{2gz}, \tag{1}$$

beträgt die ausströmende Wassermenge für die Zeit dt

$$dQ = \mu F \sqrt{2gz}\, dt. \tag{2}$$

Während dieser Zeit dt sinkt der Spiegel in dem Behälter I um dx und steigt in dem Behälter II um dy. Es müssen nun die der Spiegelsenkung dx bzw. der Spiegelhebung dy entsprechenden Wassermengen $O_1\,dx$ und $O_2\,dy$ einander gleich sein, außerdem mit der Größe der Überströmmengen übereinstimmen, woraus sich ergibt:

$$O_1\,dx = O_2\,dy = \mu F\,\sqrt{2gz}\,dt. \tag{3}$$

Da $x + y + z = H$, folgt durch Differentiieren

$$dx + dy = -dz. \tag{4}$$

Setzt man nach Gl. (3) für

$$dx = \mu F\,\sqrt{2gz}\,dt\,\frac{1}{O_1}$$

bzw. für

$$dy = \mu F\,\sqrt{2gz}\,dt\,\frac{1}{O_2}$$

und addiert diese beiden Gleichungen, so erhält man unter Berücksichtigung von Gl. (4)

$$-dz = \mu F\,\sqrt{2gz}\,dt\left(\frac{1}{O_1} + \frac{1}{O_2}\right)$$

oder

$$\mu F\,\sqrt{2g}\left(\frac{1}{O_1} + \frac{1}{O_2}\right)dt = -\frac{dz}{\sqrt{z}}.$$

Die gesamte Ausgleichszeit T ergibt sich als Summenausdruck

$$\mu F\,\sqrt{2g}\left(\frac{1}{O_1} + \frac{1}{O_2}\right)\int_0^T dt = -\int_H^0 \frac{dz}{\sqrt{z}}$$

oder

$$\mu F\,\sqrt{2g}\left(\frac{1}{O_1} + \frac{1}{O_2}\right)T = 2\,\sqrt{H}.$$

Daraus folgt

$$T = \frac{2\,O_1\,O_2\,\sqrt{H}}{\mu F\,\sqrt{2g}\,(O_1 + O_2)}. \tag{5}$$

Die Benutzung der Gl. (5) kommt in Frage zur Errechnung der Zeit, die bei einer *Zwillingsschleuse* der Wasserüberlauf von einer Kammer mit der Oberfläche O_1 zur anderen Kammer mit der Oberfläche O_2 beansprucht, ferner um bei einer *Sparschleuse* einen Spiegelausgleich zwischen einem Sparbecken und der zugehörigen Schleusenkammer oder umgekehrt herbeizuführen (Abb. 12).

Die Füllung einer Schleusenkammer erfolgt stets aus der oberen Haltung, deren Wasserspiegelfläche im Vergleich zur Kammerfläche nahezu unendlich groß ist, so daß sich mit $O_1 = \infty$ die Gl. (5) verwandelt in

$$T = \frac{2\,O_2\,\sqrt{H}}{\mu F\,\sqrt{2g}} = \frac{2\,O_2\,H}{\mu F\,\sqrt{2gH}} = \frac{2\,O\,H}{\mu F\,\sqrt{2gH}} \tag{6}$$

in der als Wasserspiegelfläche nur noch die Kammerfläche O erscheint. Es ist also die Füllzeit bei stetig abnehmender Druckhöhe doppelt so groß wie die Zeit, welche benötigt wird, um die gleiche Wassermenge $O \times H$ bei konstanter Druckhöhe H überzuleiten. Wie bereits in § 5 dargelegt, tritt bei jeder Schiffsschleusung mit der Entnahme von Wasser aus der oberen Haltung ein Sunk, mit der Zuführung von Wasser in die untere Haltung ein Schwall auf, wodurch das Gefälle H vermindert und damit die Schleusungszeit T vergrößert wird. Man kann jedoch in der Regel auf eine Berücksichtigung dieser Einflüsse verzichten.

Den verhältnismäßig größten Zeitaufwand erfordern die letzten Zentimeter des Ausgleichs, wenn der Wert $H - z$ nahezu gleich Null wird. Man baut daher zwecks Abkürzung der Schleusungszeit heute die maschinellen Antriebe für die Schleusentore in der Regel so stark, daß diese gegen einen Überdruck von 10 bis 20 cm geöffnet werden können. Theoretisch läßt sich bei manchen Torarten auch ein noch größerer Überdrück überwinden. Ein solches Unterfangen ist jedoch nicht durchführbar, weil mit dem Öffnen des Obertores ein zu großer Schwall die schon auf die Ausfahrt wartenden Schiffe gefährden würde.

Mit $h = 10$ cm bzw. 20 cm wird unter Benutzung von Gl. (6) in der Form

$$\left.\begin{aligned} T &= \frac{2O}{\mu F\sqrt{2g}}\left(\sqrt{H}-\sqrt{h}\right)^{1}, \\ \text{für } h = 10\text{ cm}\quad T &= \frac{2O}{\mu F\sqrt{2g}}\left(\sqrt{H}-0{,}32\right), \\ \text{für } h = 20\text{ cm}\quad T &= \frac{2O}{\mu F\sqrt{2g}}\left(\sqrt{H}-0{,}45\right). \end{aligned}\right\} \tag{7}$$

Das bedeutet, daß bei einer Schleuse mit $L = 225$ m, $B = 12$, $H = 5{,}00$ m und $F = 5\,\text{m}^2$ bei Öffnen des Obertores gegen 0,20 m Überdruck die Kammerfüllzeit von $T_0 = 785$ sek auf $T_{20} = 620$ sek, also um 21% herabgesetzt werden kann.

Der Beiwert μ kann für Überschlagsberechnungen wie folgt angesetzt werden:

Einfache Torschützen	0,8 bis 0,7
Torumläufe und kurze Grundläufe	0,7 bis 0,6
Längsumläufe und lange Grundläufe mit Stichkanälen .	0,5

Genauere Berechnungen erfordern die schrittweise Erfassung der durch Eintrittswiderstände, Reibung längs der Umlaufwände und Strahlumlenkungen auftretenden Druckhöhenverluste.

Die Benutzung der Gl. (5) und (6) setzt voraus, daß schon von Anfang an die volle Umlauföffnung F wirksam ist. Dies läßt sich weder praktisch durchführen, noch ist es nach dem, was über die Vorgänge bei einer Schiffsschleusung gesagt wurde, anzustreben. Man muß vielmehr die Schleusungsdauer in zwei Abschnitte t_1 und t_2 zerlegen, von denen t_1 die Zeit umfaßt, die zum Anheben der Umlaufschütze bis zur völligen Freigabe der Zuflußöffnung F benötigt wird, während t_2 die Zeit darstellt, die man vom Augenblick der voll erreichten Zuflußöffnung an bis zum Ausspiegeln des Schleusenwasserstandes mit der Haltungshöhe gebraucht.

Ist S die Hubhöhe der Schütze und v_s ihre Hubgeschwindigkeit, so ist

$$t_1 = \frac{S}{v_s}.$$

Die gesamte Füll- bzw. Leerzeit ergibt sich somit aus der Beziehung

$$T = \frac{s}{v_s}\left(1 - \frac{\mu_m}{\mu}\right) + \frac{2OH}{\mu F\sqrt{2g\cdot H}}. \tag{8}$$

in der H das *vor* Beginn der Schleusung bestehende Gefälle ist [*180*]. μ stellt hierbei einen Größtwert, μ_m einen von der jeweiligen Hubhöhe abhängigen Mittelwert dar.

Werte nach Winkel

	μ	μ_m	$\left(1-\frac{\mu_m}{\mu}\right)$
Rollkeilschütze mit anfänglichem Dreiecksdurchfluß	0,5 bis 0,6	0,16 bis 0,28	0,6 bis 0,4
Offene Zylinderschütze	0,73	0,69	0,31
Zackenkranz-Zylinderschütze	—	0,53	0,47

[1] Streck, O.: Grund- und Wasserbau in praktischen Beispielen, Bd. II, S. 396f. Berlin, Göttingen, Heidelberg: Springer 1950.

Da nach den Erfahrungen der Berliner Versuchsanstalt der Klammerwert genau genug zu 0,5 angesetzt werden kann, entsteht die vereinfachte Formel

$$T = 0{,}5\frac{s}{v_s} + \frac{2\,O\,H}{\mu F\sqrt{2g\cdot H}}. \qquad (9)$$

Die nach Gl. (6) errechnete Füllzeit wird also um die halbe Hubzeit der Schütze verlängert.

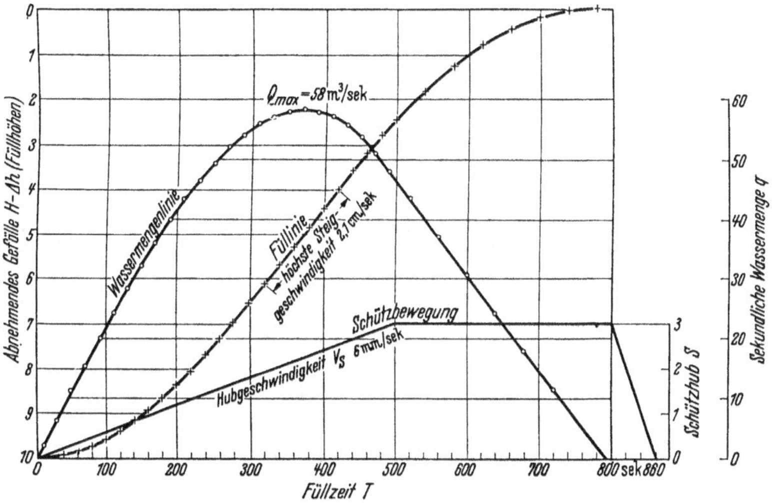

Abb. 51. Füllungsberechnung für eine Schleppzugschleuse.

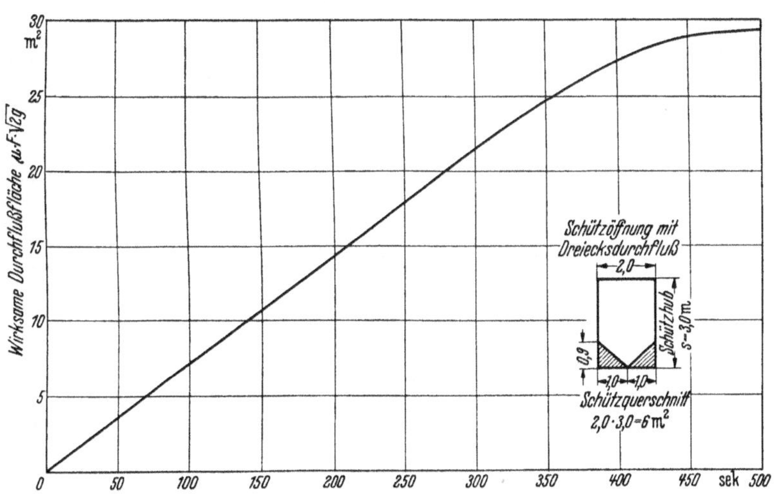

Abb. 52. Füllungsberechnung für eine Schleppzugschleuse.

Abb. 51 und 52 geben in graphischer Darstellung die Berechnung eines Füllvorganges wieder, und zwar für eine Schleppzugschleuse von $L = 225$ m, $B = 12$ m und $H = 10$ m. Als Umlaufverschlüsse sind Rollkeilschützen von je 6,0 m² Durchflußfläche und 3 m Hubhöhe angenommen worden. Bei einer Hubgeschwindigkeit von $v_s = 6$ mm/sek dauert der volle Schützhub 500 sek. Es ist jedoch durch dreiecksförmige Einbauten der Durchflußquerschnitt auf 5,1 m² verringert. Damit wird

$$T = 0{,}5 \cdot 500 + \frac{2 \cdot 225 \cdot 12 \cdot 10}{0{,}65 \cdot 10{,}2\sqrt{2 \cdot g \cdot 10}} = 250 + 580 = 830\,\text{sek} = \text{rd. } 14\,\text{min.}$$

Die punktweise Berechnung der Wassermengen- und Füllinie geschieht in der Weise, daß die in gleichmäßigen Zeitabständen $\Delta t = 20$ sek zufließenden Wassermengen $q = \mu\sqrt{2g}F\sqrt{h_m}$ aus den abnehmenden Druckgefällen h_m ermittelt werden. Hierfür ist zunächst der mit dem Schützhub wachsende Wert $\mu\sqrt{2g}F$ (wirksame Durchflußfläche) in Abb. 51 in Abhängigkeit von der Hubzeit aufgetragen worden. Aus den nach dieser Bezugslinie zunehmenden Wassermengen $q\Delta t$ und der Kammerfläche O lassen sich die einzelnen Füllhöhen $\Delta h = q\Delta t/O$ entsprechend Tabelle 2 berechnen. Der laufend erfolgende Abzug der Werte Δh vom Anfangsgefälle $H = 10{,}0$ m ergibt, nötigenfalls durch wiederholtes Probieren, die Druckhöhen h_m, die vorweg zur Bestimmung der Wassermengen q erforderlich gewesen sind. Aus den endgültig gefundenen Werten q wird als Ergebnis der Rechnung die sekundliche Wassermengenlinie und aus den Werten Δh die Füllinie in Beziehung zur Füllzeit aufgetragen. Der abfallende Ast der Wassermengenlinie ergibt den genauen Wert der Füllzeit $T = 800$ sek $= 13^1/_3$ min gegenüber 830 sek nach obiger Berechnung. Das erste Glied der Formel $0{,}5\,S/v_s = 250$ ist danach zu verbessern in $0{,}44\,S/v_s = 220$.

Die Wassermengenlinie zeigt, daß die *größte Füllmenge* $Q_{max} = 58\,\text{m}^3/\text{sek}$ *kurz vor der halben Schleusungszeit* einströmt. Gleichzeitig tritt die höchste *Steiggeschwindigkeit* s_{max} von 2,1 cm/sek ein; die mittlere Steiggeschwindigkeit

Tabelle 2. *Füllungsberechnung für eine Schleppzugschleuse 225 × 12 m bei H = 10 m.*

s_{sek}	$\mu F\sqrt{2g}$ m²	h_m m	$q = \mu F\sqrt{2g}\sqrt{h_m}$ m³/sek	$\Delta h = \frac{q\,\Delta t}{O}$ m	$h - \Delta h$ m
0					10,000
	0,75	9,991	2,37	0,018	
20					9,982
	2,10	9,958	6,61	0,049	
40					9,933
	3,60	9,891	11,30	0,084	
60					9,849
	5,00	9,791	15,62	0,116	
80					9,733
	6,50	9,658	20,20	0,150	
100					9,583
	7,90	9,494	24,30	0,180	
120					9,403
	9,30	9,298	28,40	0,210	
140					9,193
	10,80	9,073	32,40	0,240	
160					8,953
	12,20	8,820	35,90	0,266	
180					8,687
	13,65	8,540	39,80	0,294	
200					8,393
	15,10	8,233	43,30	0,321	
220					8,072
	16,50	7,901	46,30	0,344	
240					7,728
	17,90	7,546	49,10	0,364	
260					7,364
	19,40	7,171	52,00	0,386	
280					6,978
	20,70	6,778	53,80	0,400	
300					6,578
	22,10	6,372	55,60	0,412	
320					6,166
	23,40	5,955	57,00	0,422	
340					5,744
	24,60	5,530	57,80	0,428	
360					5,316
	25,80	5,100	58,20	0,432	
380					4,884
	26,80	4,669	57,90	0,430	
400					4,454
	27,80	4,242	57,20	0,424	
420					4,030
	28,50	3,823	55,70	0,413	
440					3,617
	28,95	3,419	53,50	0,396	
460					3,221
	29,20	3,032	50,80	0,377	
480					2,844
	29,30	2,667	47,80	0,354	
500					2,490
	29,36	2,170	43,20	0,640	
540					1,306
	29,36	1,578	36,70	0,544	
580					0,854
	29,36	1,080	30,50	0,452	
620					1,850
	29,36	0,676	24,10	0,356	
660					0,498
	29,36	0,367	17,10	0,262	
700					0,236

beträgt 1000/800 = 1,25 cm/sek. Das *Verhältnis* der *mittleren* zur *höchsten* Steiggeschwindigkeit $s_m : s_{\max}$ ist also 1 : 1,7. Dasselbe Verhältnis herrscht natürlich zwischen der mittleren Füllmenge von $\frac{2700 \cdot 10}{800} = 34\,\text{m}^3/\text{sek}$ und der Größtmenge von $Q_{\max} = 58\,\text{m}^3/\text{sek}$.

Schiffsschleusen mit *geböschter* Kammerbegrenzung, aber senkrechten Wänden innerhalb der Häupter erfordern nach STRECK[1] folgende Füll- und Leerzeiten:

$$\text{Füllzeit } T_f = \left[O_H + L_K\, b + 2m\, L_K \left(t_u + \frac{2}{3} H\right)\right] \frac{2\sqrt{H}}{\mu F \sqrt{2g}}.$$

$$\text{Leerzeit } T_e = \left[O_H + L_K\, b + 2m\, L_K \left(t_u + \frac{1}{3} H\right)\right] \frac{2\sqrt{H}}{\mu F \sqrt{2g}}.$$

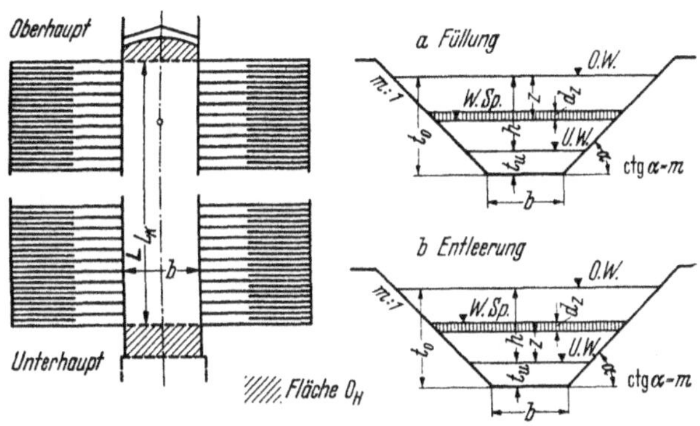

Abb. 53.

Hierbei ist nach Abb. 53 L_K die Länge der Kammer zwischen den Häuptern:

b die Breite der Kammersohle,
$\cot g\alpha = m$ die Neigung der Kammerböschungen, und
O_H die innerhalb der Häupter liegende Kammerfläche.

Tabelle 3 zeigt für eine Reihe deutscher und für einige ausländische Schleusen die den Füllungsvorgang kennzeichnenden Daten. Es dauert danach der Hub von 1 m bei einer Normalschleuse von 225 × 12 m im Mittel $1^1/_2$ min, bei einer Schleuse von 85 × 12 m im Mittel 1 min. Dies entspricht einer mittleren Steiggeschwindigkeit von 1,1 bzw. 1,7 cm/sek und einer größten Steiggeschwindigkeit von 1,9 bzw. 2,9 cm/sek. Als Füllmengen können $Q_m = 30$ bis $35\,\text{m}^3/\text{sek}$ und $Q_{\max} = 50$ bis $60\,\text{m}^3/\text{sek}$ dem Entwurf moderner Schleppzugschleusen zugrunde gelegt werden.

Die Entleerung einer Schleuse kann, wie bereits dargelegt, schneller vor sich gehen. Sie ist im allgemeinen etwa 20% kürzer als die Füllung. Vielfach gestattet jedoch bei großen Schleusen der im unteren Vorhafen und der anschließenden Kanalstrecke auftretende Schwall ein solches Vorgehen nicht. Ist dieses jedoch möglich, so verkleinert man auch den Durchflußquerschnitt im Unterhaupt gegenüber dem im Oberhaupt, läßt dafür aber ein schnelleres Öffnen zu. So wird z. B. bei der 2. Schleuse Lehnitz am umlauflosen Unterhaupt der Torquerschnitt von $12 \times 0{,}6 = 7{,}2\,\text{m}^2$ in weniger als der halben Zeit gegenüber dem Umlaufquerschnitt von $10{,}6\,\text{m}^2$ im Oberhaupt freigegeben.

Schnelles Füllen und Leeren der Kammer verlangt möglichst große Durchflußflächen. Auf der anderen Seite steigen mit wachsendem F nicht nur die Kosten der Umlaufverschlüsse, sondern die Durchflußflächen können im Hin-

[1] Siehe Fußnote S. 360.

Tabelle 3. *Praktische Füll-*

Lfd. Nr.	Bezeichnung der Schleuse	O in m²	H_{max} in m	Q_m in m³/sek	Q_{max} in m³/sek	T in min	s_m
1	1. Schleuse Münster i.W.	576	6,20	13,0	—	5	2,1 cm/sek = 1,26 m/min
2	Rhein—Herne-Kanalschleuse	1650	5,00	15,8	30	9	0,9 cm/sek = 0,54 m/min
3	Lippe—Seitenkanalschleuse	2700	7,00	32,0	40	10	1,2 cm/sek = 0,72 m/min
4	Schleuse Raffelberg	1690	6,30	26,2	—	7	1,5 cm/sek = 0,90 m/min
5	2. Schleuse Dörverden	1063	5,64	22,0	36	4½	2,0 cm/sek = 1,20 m/min
6	Schleuse Drakenburg	4400	6,00	33,0	60	13	0,76 cm/sek = 0,46 m/min
7	Schleuse Bernburg	1900	4,00	18,0	33	7	1,0 cm/sek = 0,60 m/min
8	Doppelschleuse Magdeburg	8150	4,30	39,0	70	15	0,5 cm/sek = 0,30 m/min
9	Doppelschleuse Üfingen	2700	9,00	30,4	46	15	1,0 cm/sek = 0,60 m/min
10	Doppelschleuse Klein-Machnow	670	3,33	6,5	—	5	0,9 cm/sek = 0,54 m/min
11	2. Schleuse Lehnitz	1608	5,80	21,0	35	7	1,3 cm/sek = 0,78 m/min
12	Neue Mühlendamm-Schleuse	1680	1,78	10,0	15	5	0,6 cm/sek = 0,36 m/min
13	Doppelschleuse Ladenburg	1320	10,0	27,5	35	8	2,1 cm/sek = 1,26 m/min
14	Neue Schleuse Würzburg	3600	2,80	21,0	—	8	0,58 cm/sek = 0,33 m/min
15	Doppelschleuse Klodnitz	864	10,45	15,0	26	10	1,7 cm/sek = 1,02 m/min
16	Schleusen des Juliana-Kanals	1960	11,35	43,5	—	8½	2,2 cm/sek = 1,32 m/min
17	Schleusen des Juliana-Kanals	4680	5,00	52	—	7½	1,1 cm/sek = 0,66 m/min
18	Mississippi-Schleusen	4260	12,2	58	—	15	1,3 cm/sek = 0,78 m/min
19	Mississippi-Schleusen	2350	11,25	34	—	13	1,45 cm/sek = 0,87 m/min
20	Mississippi-Schleusen	1860	7,60	29,5	—	8	1,59 cm/sek = 0,96 m/min

blick auf eine Beschränkung des Füllschwalls auch nicht ausgenutzt werden. Man ist dann gezwungen, mit den Verschlußorganen den Zu- bzw. Abfluß zu steuern. Es muß daher die Durchflußfläche F zur Kammerfläche O in einem bestimmten Verhältnis stehen. Dieses soll etwa betragen bei Schleusen von $B = 12$ m und

$L = 85$ m	1 : 110 bis 1 : 130
$L = 140$ m	1 : 150 bis 1 : 200
$L = 225$ m	1 : 250 bis 1 : 300
$L = 350$ m	1 : 450

Hierbei gilt als Durchflußfläche F bei Schleusen mit Umläufen der Abflußquerschnitt im Bereich des Umlaufverschlusses, bei Schleusen ohne Umläufe die Spaltöffnung unter dem Hubtor bzw. der Querschnitt des Überfalls bei einem Senktor.

Alle Bestrebungen gehen im Zuge einer Verkürzung der Schleusungszeit dahin, die minutliche Steigehöhe zu vergrößern. Gelegentlich ist es hierbei schon gelungen, Hubgeschwindigkeiten von etwa 3 m je Minute im Mittel und darüber zu erzielen.

zeiten von Schiffsschleusen.

s_{max}	$Q_m : Q_{max}$	$s_m : s_{max}$	Bemerkungen
—	—	—	Sparschleuse.
1,80 cm/sek = 1,08 m/min	1 : 1,9	1 : 2	Torumläufe mit Rollkeilschützen.
1,50 cm/sek = 0,90 m/min	1 : 1,25	1 : 1,25	Schleuse ohne Umläufe (Torschützen).
—	—	—	Torumläufe mit Zylinderschützen im Oberhaupt.
3,40 cm/sek = 2,04 m/min	1 : 1,64	1 : 1,70	Unterhaupt mit Torschützen, Oberhaupt mit Rollkeilschützen.
1,40 cm/sek = 0,84 m/min	1 : 1,8	1 : 1,8	Torumläufe mit Rollkeilschützen.
1,70 cm/sek = 1,02 m/min	1 : 1,83	1 : 1,70	Rhombischer Kammergrundriß, umlauflose Schleuse, langsamer Torhub auf 0,75 m.
0,86 cm/sek = 0,52 m/min	1 : 1,8	1 : 1,7	Schleuse ohne Umläufe; langsamer Torhub bis 0,60 m.
1,70 cm/sek = 1,02 m/min	1 : 1,5	1 : 1,7	Torumläufe mit Rollkeilschützen.
—	—	—	Längsumläufe mit Heberverschlüssen (Werte für $H_m = 2{,}80$ m).
2,20 cm/sek = 1,32 m/min	1 : 1,7	1 : 1,7	Unterhaupt ohne Umläufe (Hubtor), Oberhaupt mit Rollkeilschützen.
0,90 cm/sek = 0,54 m/min	1 : 1,5	1 : 1,5	Schleuse ohne Umläufe (Torschützen).
2,40 cm/sek = 1,44 m/min	1 : 1,27	1 : 1,15	Schleuse ohne Umläufe; langsamer Hub des Obertores um 0,5 m in 12 sek.
—	1 : 1,7	1 : 1,7	Füllung durch Obertor und Längsumläufe.
3,00 cm/sek = 1,80 m/min	—	—	Schleuse ohne Umläufe; Segmentsenktor im Oberhaupt, Schütze im Untertor.
—	—	—	Schleuse ohne Umläufe ($L = 140$ m, $B = 14$ m).
—	—	—	Schleuse ohne Umläufe ($L = 360$ m, $B = 13$ m).
—	—	—	Füllung durch Grundläufe.
—	—	—	Füllung durch Grundläufe.
—	—	—	Füllung durch Segmentsenktor und Grundläufe ($L = 109{,}40$ m, $B = 17$ m).

Die zu einer Schleusung erforderliche Füllwassermenge erscheint in den Formeln (6) bzw. (8) oder (9) durch den Faktor OH. Es ist dabei also der Einfluß des Verkehrs unberücksichtigt gelassen. Fährt nämlich in eine Schleuse von 85×12 m Oberfläche ein Kahn mit 1000 t Ladung vom Unterwasser ein, so werden unter Berücksichtigung des Kahneigengewichtes rund 1100 m³ Wasser verdrängt, die ins Unterwasser zurückfließen und erst nach Hebung auf Oberwasser und Öffnen des Obertores mit der Ausfahrt des Kahnes in die Kammer einströmen. Bei $H = 3$ m beträgt somit die zur Schleusung durch die Umläufe bzw. die Torschützen geschickte Wassermenge nicht $85 \times 12 \times 3 = 3060$ m³, sondern nur $3060 - 1100 = 1960$ m³. Es besteht also ein Unterschied zwischen der aus dem Oberwasser entnommenen Wassermenge und der zur Schiffshebung benötigten Wassermenge. Diese Tatsache wird normalerweise unberücksichtigt gelassen, ist aber unter Umständen von erheblicher Bedeutung Nähere Angaben hierüber finden sich in [*192* bis *194*].

III. Gesichtspunkte für die Planung von Schiffsschleusen.

7. Wasserstraße und Schleuse.

Der Standpunkt, von dem aus an den Entwurf einer *Binnenschleuse* herangegangen werden muß, ist durch die verkehrswirtschaftliche Bedeutung der Wasserstraße gegeben, die mit ihrer Herstellung oder Erweiterung die Anlage von Schleusen erforderlich macht. Je größer die ,,durchzuschleusenden" Verkehrsmengen und Fahrzeuge sind, um so mehr wird das Bauvorhaben von dem Bestreben beherrscht sein, ein Höchstmaß an Leistung und Sicherheit zu erreichen.

Technische, betriebliche und geldliche Erwägungen führen dazu, möglichst große *Fallhöhen* anzuwenden. Eine Schleuse von z. B. 12 m Fallhöhe ist nicht nur billiger in Herstellung und Betrieb, sondern bedeutet auch für die Schiffahrt einen geringeren Zeitverlust als zwei Schleusen von je 6 m Fallhöhe. Wir haben daher rückblickend auf die Entwicklung des Schleusenbaues allgemein eine Zunahme der Gefällhöhen zu verzeichnen. Während sich z. B. das mittlere Schleusengefälle am nördlichen Abstieg des 1899 eröffneten Dortmund—Ems-Kanals auf 3,20 m stellt, beträgt die mittlere Fallhöhe des als Umgehung vorgesehen gewesenen Seitenkanals Gleesen—Papenburg, mit dessen Bau 1935 begonnen wurde, $H = 8{,}00$ m. Ein besonders eindrucksvolles Bild von den Fortschritten, die der Bau von Wasserstraßen im Laufe der Zeiten gemacht hat, gibt ein Vergleich der verschiedenen Havel—Oder-Verbindungen. An Stelle von 19 Stufen, welche die Schiffahrt auf dem Finow-Kanal zwischen Berlin und Stettin zu überwinden hat, weist der Oder-Havel-Kanal nur noch 7 auf. Dabei stellt sich die mittlere Fallhöhe des Ostabstieges von der Scheitelhaltung bis Niederfinow beim Finow-Kanal auf 2,90 m, beim Oder-Havel-Kanal auf 9 m. Die letzte Vervollkommnung dieses Schiffahrtsweges ist die Überwindung des 36 m hohen Ostabstieges in einer einzigen Stufe durch das Hebewerk Niederfinow. Die Doppelschleusen Sülfeld, Üfingen und Wedlenstedt des Mittellandkanals haben eine Fallhöhe von je 9,0 m, während die Schachtschleusen von Henrichenburg, Minden i. W. und Anderten mit ihren Fallhöhen schon an die Höhen heranreichen, bei denen die Frage der Anwendung eines Hebewerkes in den Kreis der Betrachtungen gezogen werden kann. Das gleiche Verlangen nach möglichst großen Stauhöhen besteht auch für Flußkanalisierungen. Es weisen jedoch, nahezu gleiche geographische Verhältnisse vorausgesetzt, Flußschleusen im Durchschnitt geringere Fallhöhen auf als Kanalschleusen. So ist bei der Kanalisierung des Neckars, der als typischer Mittelgebirgsfluß angesprochen werden kann, $H_m = 6{,}2$ m bei einer mittleren Haltungslänge von 7,8 km. Das niedrigste Schleusengefälle beläuft sich auf 2,6 m, das höchste auf 11,1 m. Die Kanalisierung der Mittelweser, die schon starken Flachlandcharakter zeigt, zählt 7 Staustufen in einem mittleren Abstand von 20 km bei einem Durchschnittsgefälle von $H_m = 5{,}2$ m. Bei der Saale-Kanalisierung von Merseburg abwärts bis zur Saalemündung ist $H_m = 3{,}75$ m. Der Ausbau von Flüssen durch Kanalisierung ist heute in der Regel mit der Gewinnung von Wasserkräften verbunden. Auch sie stellen sich am billigsten bei einer Zusammenziehung der Gefälle zu hohen Staustufen, soweit dies im Interesse der Landeskultur statthaft ist. *Große* Fallhöhen werden an Kanälen durch eine Schleusentreppe überwunden, die nötigenfalls wieder aus mehreren Schachtschleusen bestehen kann (Abb. 11). Eine solche Lösung ist bei Flüssen nur möglich, wenn die Staustufe durch einen Seitenkanal umgangen wird. Ist man genötigt, mehr oder weniger am Strom zu bleiben, so kann der Bau einer ein- oder mehrfachen Kuppelschleuse in Frage kommen, deren Leistung jedoch nicht über die einer einzigen Schachtschleuse vom Gesamtgefälle der Kuppelschleuse hinausgeht. Der Entscheid zwischen hoher Schachtschleuse und Kuppelschleuse ist von der örtlichen Geländeform, den Baugrundverhältnissen und von einem Kostenvergleich abhängig.

Der moderne Wasserstraßenverkehr führt ungeachtet der Verwendung von stählernen Spundwänden als Kammerbegrenzung zu Ausführungen in *Beton* und *Stahlbeton*, indem Schleusen, bei denen *Holz* der einzige Baustoff ist, nur noch an untergeordneten Wasserwegen am Platze sind. Auch der Bau von Schleusen mit geböschten Kammerwänden bleibt auf Einzelfälle beschränkt. Sie sind da vertretbar, wo kein Wassermangel besteht und notgedrungen mehr Wert auf Kostenersparnis als auf schnelle Verkehrsabwicklung gelegt werden muß.

Die gebräuchlichste *Kammerform* ist die mit senkrechten oder nahezu senkrechten Wänden und einer nutzbaren Länge, die so bemessen ist, daß in der Kammer ein oder mehrere Schiffe von den größten zugelassenen Abmessungen hintereinander liegen können. Man spricht dementsprechend von ein- oder mehrschiffigen Schleusen. Während bei älteren Schiffahrtswegen meist einschiffige Schleusen genügt haben, erfordert der stark zunehmende Verkehr auf neueren Wasserstraßen von vornherein Schleppzugschleusen. Die in Abb. 23 dargestellte Staustufe Münster i. W. besteht aus einer einschiffigen (67 × 10 m), einer zweischiffigen (165 × 10 m) und einer dreischiffigen (225 × 12 m) Schleuse. Im praktischen Betrieb dieser drei Schleusen nebeneinander hat sich deutlich gezeigt, daß die Schleusungszeiten nur wenig von den Füll- und Leerzeiten, sondern hauptsächlich von den Ein- und Ausfahrtzeiten, und diese wieder von der Zahl der gleichzeitig zu schleusenden Schiffe abhängen [*158*]. Es erfordert das Durchfahren der zweischiffigen Schleuse doppelt und das der dreischiffigen Schleuse dreimal so viel Zeit wie das der einschiffigen Schleuse, welche vorzugsweise von Selbstfahrern benutzt wird. Man legt daher heute mit Rücksicht auf die laufende Zunahme der dem Schnellgüterverkehr dienenden Motorschiffe vielfach neben einer Schleppzugschleuse gleichzeitig eine einschiffige Schleuse an, um an Zeit und an Wasser zu sparen. Ein solches Vorgehen schafft zudem die Möglichkeit, bei einer Überholung der Schleppzugschleuse mit der kleineren Kammer den Schiffsverkehr, wenn auch nur mit Verlängerung der Betriebszeit, aufrechtzuerhalten. Der Ersatz zweier solcher Schleusen durch eine längere Schleuse mit drei Häuptern entsprechend Abb. 3 stellt demgegenüber keine gleichwertige Lösung dar. Wasserstraßen mit sehr bedeutendem Verkehr verlangen in der Regel sofort eine Doppelschleuse, bestehend aus zwei gleich großen Kammern. Genügt jedoch eine Schleuse den Anforderungen des Anfangsverkehrs, so ist für den Bau der zweiten Schleuse das entsprechende Gelände schon beim ersten Ausbau vorzusehen, um genügend Raum für die Herstellung der Baugrube und zur ausreichenden Sicherung und Abdichtung der bestehenden Schleuse zu erhalten.

Doppelschleusen werden möglichst dicht nebeneinander gelegt. Hierfür sprechen Ersparnis an Grund und Boden, ferner eine bessere Übersicht im Betrieb. Die geringste Achsentfernung der beiden Kammern ist dabei durch die konstruktive Ausbildung der Schleuse und ihre etwaige Ausrüstung mit Sparbecken bestimmt (s. Abb. 8, 15, 16, 25 und 27). Besondere Maßnahmen sind bei Schleusenanlagen in *Bergbaugebieten* erforderlich. Am Rhein—Herne-Kanal hat man die beiden Schleusen jeder Staustufe fußstapfenförmig gegeneinander versetzt, damit sie durch Bodensenkungen nicht gleichzeitig beschädigt werden (Abb. 54a). Der Querabstand der beiden Schleusen ist von der Breite des in Richtung *a—a* liegenden Erdkeiles abhängig. Es dürfen die durch Bergsenkungen hervorgerufenen Kesselbildungen keine Gefährdung der Bauwerke infolge Durchquellungen vom Oberwasser zum Unterwasser hervorrufen. An den 5 Gefällstufen des Lippe—Seitenkanals ist vorerst nur je eine Schleuse gebaut worden. Die zweite kommt später so zu liegen, daß sich die Stirnseite ihres Oberhauptes in Mittenhöhe der ersten Kammer befindet (Abb. 54b). Der Grund für diese Anordnung liegt in den anderen bergbaulichen Verhältnissen des Lippetales.

Schleusen mit *doppelter* Kammer*breite*, nach Abb. 4, eignen sich nur für einschiffige Längen, wenn die Sicherheit besteht, daß die Kammer bei jeder Schleusung ohne Wartezeit voll belegt ist, so daß kein überflüssiger Wasserverbrauch entsteht. Schleppzugschleusen dieser Art haben jedoch mancherlei Nachteile. Der erste Schleppzug muß vor dem Festlegen in der Kammer, der andere vor der Ausfahrt eine seitliche Bewegung ausführen. Das ist bei starkem Seitenwind, wenn der Kammerspiegel auf Oberwasser steht, mit großen Schwierigkeiten und Gefahren verknüpft. Hingegen brauchen bei dem in Abb. 5 wieder-

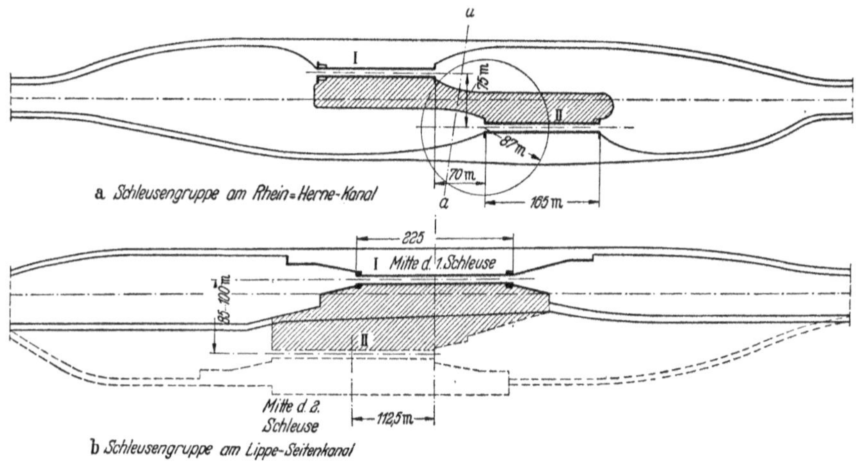

Abb. 54. Schleusenanlage in Bergbaugebieten.

gegebenen rhombenförmigem Grundriß die Fahrzeuge in der Kammer nicht seitlich verholt zu werden. Außerdem paßt sich die Schleuse, die gleichzeitig drei 400t-Kähne oder zwei 600t-Kähne oder einen 1000t-Kahn jeweils mit Schlepper, aber auch zwei 1000t-Kähne ohne Schlepper, aufnehmen kann, engen Raumverhältnissen besonders gut an. Platzmangel führt ferner gelegentlich dazu, die Achse einer Schleppzugschleuse nach einer schwachen Krümmung anzulegen. Gegen ein solches Vorgehen bestehen keine Bedenken, wenn die Übersichtlichkeit nicht leidet und eine etwa 0,3 bis 0,5 m größere Schleusenbreite gewählt wird.

*Fluß*schleusen als Aufstiegsbauwerke an kanalisierten Flüssen weisen gegenüber *Kanal*schleusen als Aufstiegsbauwerke an rein künstlichen Wasserstraßen hinsichtlich ihrer konstruktiven Behandlung einige Unterschiede in den Vorbedingungen auf. Es kommt z. B. die Mitbenutzung einer Flußschleuse zur *Hochwasserabführung* in Frage. Das ist unter anderem der Fall an der bereits genannten Rosenthaler Schleuse und an einigen Schleusen der Großschiffahrtsstraße Rhein—Main—Donau. Hierbei muß darauf geachtet werden, daß keine Ablagerungen von Geschiebe in der Schleusenkammer eintreten können, die später der Schiffahrt hinderlich sind. Auch verlangt die durch die Schleuse abzuführende Hochwassermenge, welche im Einzelfalle genau festgelegt werden muß, abgesehen von einer zweckentsprechenden Wahl der Torart, mitunter eine tiefere Lage des Oberdrempels, als sie allein für die Schiffahrt notwendig ist. Dieselbe Maßnahme ergibt sich unter Umständen, wenn in großen Durchstichen gelegene Schleusen zur Verkürzung des Reiseweges auch bei abgelassenem Stau von Schiffen benutzt werden sollen. Bei Kanalschleusen liegt die *Plattform* von Oberhaupt, Kammerwänden und Unterhaupt in der Regel auf gleicher Höhe, wobei sich für Wasserstraßen erster Ordnung das Maß von

1,30 m über normalem Oberwasser als praktisch erwiesen hat. Kleinere Schleusen verlangen als „Freibord“ 0,8 bis 1,0 m. Bei Flußschleusen hingegen befindet sich oft nur die Plattform des Oberhauptes über höchstem Hochwasser, während alle übrigen Teile tiefer liegen. Die in oder mit einer Seite am Fluß liegende Schleuse gestattet ferner bezüglich der Zu- bzw. Abführung des Schleusungswassers mehr Freiheit als die Kanalschleuse, die stets vollkommen im Erdreich eingebettet liegt (s. Abb. 197).

Besondere Sorgfalt verlangt die Ausbildung der *Vorhäfen*. Die in ihnen oft eintretende Ansammlung von Schiffen hat rege Schiffsbewegungen zur Folge. Diese sind um so gefahrbringender, je weniger Wasserfläche zur Verfügung steht. Dabei fällt ins Gewicht, daß die Bewegungsmanöver nur mit geringer Geschwindigkeit ausgeführt werden können. Es wirken sich deshalb die an und für sich schon unbequemen Wasserströmungen und Seitenwinde hier sehr nachteilig aus. Bei Kanalschleusen ist die Anordnung ausreichender Vorhäfen allein eine Frage des Geländeerwerbes und der Größe der Bodenbewegungen. Man wird nur für den Oberhafen darauf bedacht sein, möglichst keine Auftragsstecke mit künstlicher Dichtung zu erhalten. Die Gestaltung der Schleusenvorhäfen an den Staustufen kanalisierter Flüsse ist hingegen ein Problem, das schon in die Wahl der Lage der Staustufe entscheidend eingreift. Es kommt nämlich nicht nur darauf an, daß der Oberwasserkanal aus dem einbuchtenden Ufer abzweigt, sondern es ist auch der sich in Bettausbildung, Wasserführung und Geschiebebewegung ausdrückende Charakter des Flusses im Bereich der geplanten Staustufe für Größe und Form der Vorhäfen entscheidend. Eine für alle Fälle passende Lösung läßt sich somit nicht geben. Man kann aber einen sicheren Hinweis für den einzuschlagenden Weg in der Regel durch Modellversuche gewinnen.

Schleusen zeichnen sich als Kunstbauten des Wasserwesens stets durch große Abmessungen aus. Es ist infolgedessen im Interesse der *Landschaftspflege* darauf zu achten, daß sie sich harmonisch in die Umgebung einfügen. Das heißt, sie sollen neben ihren technischen Aufgaben auch ihre enge Verbundenheit mit dem Wasserlauf als ein lebendiges Glied der umgebenden Landschaft erkennen lassen. Die verschiedenartigen Voraussetzungen führen dazu, daß wir hier ebenfalls zwischen Flußschleusen und Kanalschleusen unterscheiden dürfen. So ist z. B. bei Flußschleusen im tief eingeschnittenen Tal einer Hügel- oder Berglandschaft größte Einfachheit geboten, während in der Ebene die in der Ferne erscheinenden Umrisse einer wuchtigen Schleusenanlage von fast großartiger Wirkung sein können. Flußschleusen sind daher „von Natur aus“ schwieriger zu behandeln als Kanalschleusen, die meist nicht nur größeres Gefälle und damit ein stärkeres Hinausragen über das Gelände auszeichnet, sondern deren Gesamtgepräge schon durch den Kanal als rein künstlicher Wasserweg eine sehr technische Linie erhält. Bepflanzungen tragen fast überall zu einer guten Eingliederung des Bauwerkes bei. Das gilt in wesentlichem Umfange auch für die engere Umgebung der Vorhäfen [*206*] bis [*208*]. Gewisse Ansätze zu einer „Architektur“ des Schleusenbaues sind gemacht. Welches jeweils der richtige Weg ist, läßt sich nur von Fall zu Fall entscheiden. Man halte sich aber stets vor Augen, daß eine Binnenschleuse ebenso wie jede andere technische Anlage des Wasserbaues das aus Wäldern und freien Flächen, aus Talräumen und Bergen bestehende Gefüge der Landschaft nicht zerstören darf.

Die vorstehend dargelegten Beziehungen zwischen Wasserstraße und Schleuse gelten nur in wenigen Punkten auch für *Seeschleusen*. Bei ihnen sind vorwiegend aus den örtlichen Verhältnissen erwachsende Grundsätze maßgebend.

8. Wahl der Abmessungen.

Die Abmessungen einer Schleuse, worunter praktisch die *nutzbaren Ausmaße* der Kammer verstanden werden, richten sich einmal nach Länge, Breite und Tiefgang der größten zu schleusenden Schiffe, zum anderen nach der Zusammensetzung des umlaufenden Schiffsparkes. So kommt es z. B. in Frage, die Länge einer Schleuse um ein beträchtliches Maß gegenüber dem größten Schiff zu vermehren, weil das gemeinsame Durchschleusen mehrerer kleinerer Kähne den Verkehr von einzelnen großen Schiffen an Häufigkeit übertrifft. Die Abmessungen einer Schleuse sind somit verhältnismäßig leicht festzusetzen, wenn genaue Angaben hierüber vorliegen und eine wesentliche Änderung in absehbarer Zeit nicht zu erwarten ist. Handelt es sich jedoch um den Ausbau vollkommen neuer Wasserwege, so setzt die Ermittlung des für den Gütertransport zweckmäßigsten „Maßkahnes“ sowie der voraussichtlich in Verkehr tretenden Fahrzeuge eingehende verkehrswirtschaftliche Untersuchungen voraus. Ein Fehlgriff kann hier leicht zu sehr nachteiligen Folgen führen. Dabei spielen neben rein wirtschaftlichen Erwägungen zum Teil auch politische eine gewisse Rolle.

Die Bemühungen um ein nach einheitlichen Grundsätzen ausgebautes Wasserstraßennetz haben zu dem Vorschlag geführt, eine *Klasseneinteilung* der Wasserstraßen vorzunehmen [*209*]. Danach sind zu unterscheiden:

Wasserstraßen 1. Ordnung, auf denen 80 m lange Kähne verkehren können,
Wasserstraßen 2. Ordnung, auf denen 67 m lange Kähne verkehren können,
Wasserstraßen 3. Ordnung, auf denen mindestens 40 m lange und 5 m breite Kähne verkehren können, jedoch nicht mehr solche von 67 m Länge,
Wasserstraßen besonderer Art mit der Bezeichnung „S“, die den Verkehr von Kähnen mit mehr als 80 m Länge gestatten.

Als nutzbare *Länge* einer Schleusenkammer gilt der Abstand zwischen dem Abfallboden bzw. zwischen dem Ende der Tornischen des Oberhauptes und dem Anfang der Tornischen des Unterhauptes. Unter nutzbarer *Breite* versteht man den lichten Abstand zwischen den Kammerwänden. Er ist bei normalen Kammerschleusen gleich der geringsten, leicht durchzufahrenden Weite in den Toren. Eine Ausnahme bilden die Schleusen, bei denen zwei oder mehrere Schiffe nebeneinander Aufnahme finden können (s. Abb. 4, 5 und 7). Als nutzbare *Tiefe* gilt die *geringste* Wassertiefe über den Drempeln; wechselnde Wasserstände sind also bedacht. Die Drempeltiefe ist möglichst groß zu wählen. Dies gilt insbesondere für Schleusen, die den Übergang von einem Kanal oder einer kanalisierten Flußstrecke zu einem regulierten Fluß vermitteln, um späteren Sohlenvertiefungen auf der Flußstrecke Rechnung zu tragen. Eine reichliche Schleusentiefe ist ferner von Vorteil für das Einfahren der Schiffe, da eine Vertiefung des benetzten Schleusenquerschnittes den Schiffswiderstand mehr verringert als eine Verbreiterung, und zudem der Wasserverbrauch davon unabhängig ist. Das Flächenverhältnis von Schleuseneinfahrt F zum Schiffsquerschnitt f sollte mindestens $n = \frac{F}{f} = 2{,}0$ m sein. Das führt bei 12 m breiten Schleusen für das 700 t-Schiff zu einer Drempeltiefe von 3,0 m, für das 1000 t-Schiff zu 3,5 m und für das 1500 t-Schiff zu 4,0 m. Besonders große Drempeltiefen sind bei Schleusen im Bergbaugebiet erforderlich, damit sie bei einer Senkung des Kanalspiegels noch betriebstüchtig bleiben, auch wenn sie selbst nicht mit abgesunken sind. Man hat aus diesem Grunde für die Schleusen des Rhein—Herne-Kanals und des ebenfalls im Bergbaugebiet liegenden Lippe—Seitenkanals eine Schleusentiefe von 4,50 m gewählt, während sonst 3,0 bis 3,5 m üblich sind.

Die zu wählenden Kammerabmessungen ergeben sich nach Festlegung der maßgeblichen Schiffsgrößen unter Hinzufügung bestimmter *Spielräume*. Hierbei ist zwischen Kanal-, Fluß- und Seeschleusen zu unterscheiden. Kanalschleusen erfordern die geringsten Spielräume, da die Einfahrtsgeschwindigkeit der Schiffe in die Schleuse klein ist. Zudem zwingt auch die Rücksichtnahme auf Wasserersparnis zur Beschränkung der Kammerabmessungen. Etwas größere Spielräume verlangen schon Flußschleusen. Die größten Spielräume sind bei Seeschleusen erforderlich, insbesondere bei den nicht als Kammerschleusen, sondern nur als Stauschleusen ausgebildeten Dockschleusen, welche mit erheblichen Geschwindigkeiten durchfahren werden; dies gilt vor allem hinsichtlich der Wahl der Kammerbreite.

Einen Anhalt für die zwischen Schiff und Kammerbegrenzung zu berücksichtigenden Spielräume geben folgende Werte:

	Länge m	Breite m	Tiefe m
Kanalschleusen	2 × 1,0 bis 2,0	2 × 0,2 bis 0,6	0,5 bis 1,0
Flußschleusen	2 × 2,0 „ 3,0	2 × 0,3 „ 1,0	0,5 „ 1,5
Seeschleusen	2 × 5 „ 10	2 × 3,0 „ 5,0	1,0 „ 3,0

Die Entwicklung des *Binnen*wasserstraßenverkehrs hat in allen Ländern für bestimmte Verkehrslinien schon immer zu einer Normalisierung der Schleusenabmessungen geführt, wie aus den Tabellen 4 bis 7 hervorgeht. Darüber hinaus sind für die Hauptwasserstraßen Deutschlands auf Grund des von SYMPHER festgelegten 1000 t-*Regelschiffes* folgende Kammerlängen bei 12 m Torweite vorgesehen:

85 m bei Einzelschleusen, in denen der Schlepper nicht mitgeschleust wird,
105 m bei Einzelschleusen, in denen der Schlepper mitgeschleust wird,
185 m, 225 m, 270 m und 350 m bei Schleppzugschleusen je nach der Zusammenstellung der Schleppzüge.

Von diesen Typen ist die Schleuse mit $L = 225$ m für die Hauptstrecken des Mittellandkanals bestimmend gewesen. Sie kann heute als besonders bevorzugte Normalschleuse angesehen werden. Das Regelschiff für Nebenwasserstraßen ist ein Kahn von 250 bis 300 t Tragfähigkeit. Er erfordert als Schleusenausmaße $L = 41{,}0$ m, $B = 5{,}3$ m und $T = 2{,}0$ bis 2,5 m.

Die Wahl der Abmessungen ist bei *Seeschleusen* im allgemeinen schwieriger zu treffen als bei Binnenschleusen. Erstens wirkt sich ein Zuviel sehr viel weittragender in den Baukosten aus und zweitens läßt sich die Entwicklung der Schiffsabmessungen im internationalen Seeschiffsverkehr nicht so klar überschauen wie bei der Binnenschiffahrt. Die Schleusenbreite beträgt maximal etwa das 1,5fache der Schiffsbreite, oder sie ist gleich der Schiffsbreite, vermehrt um zwei Schlepperbreiten. Nach AGATZ [*272*] kann man bezüglich der Schleusenabmessungen bislang hergestellter Bauwerke unterscheiden:

Seeschleusen für Handelshäfen und Seekanäle des Weltfrachtverkehrs mit 171 bis 120 m Länge, 25 bis 40 m Breite und einer Drempeltiefe von 9,3 bis 14,18 m bei mittlerem Tiede-Hochwasser (MThw);

Seeschleusen für Großschiffe mit 300 bis 400 m Länge, 33 bis 60 m Breite sowie einer Drempeltiefe von 13 bis 15,75 m bei MThw;

Sammelschleusen für das Regelfrachtschiff mit 400 m Länge, 50 m Breite und einer Drempeltiefe von 15,75 m bei MThw;

Bauwerke zur Schleusung und Dockung größter Schiffe mit 350 m Länge, 50 m Breite und einer Drempeltiefe von 12,64 m bei MThw.

Tabelle 4. *Abmessungen von Flußschleusen zwischen Rhein und Oder.*

Wasserstraße	Tragfähigkeit der größten Schiffe in t	Nutzbare Maße		Bemerkungen
		L in m	B in m	
Mosel				
Staustufe Koblenz	900	122,5	12	
Lahn	300	33	6	Niederlahnstein $L = 42$m
Neckar	1200	110	12	
Großschiffahrtsweg Rhein—Main—Donau				
Untermain Frankfurt—Mündung	1500	350	12/15	2 Schleusen
Frankfurt—Bamberg . . .	1500	300	12	
Kanalstrecke Main—Donau (geplant)	1500	225	12	
Kachlet-Staustufe	1500	230	24	Doppelschleuse
Ludwig-Kanal	127	32,10	4,47	
Ruhr				
Ruhrschleuse Duisburg . .	2000	350	13	Mittelhaupt für $L = 85$m
Raffelberg	1350	130	13	
Mittelweser				
Staustufe Hemmlingen . .	800	350	12	2. Schleuse $L = 85$ m
Staustufe Dörverden . . .	800	350	12,5	2. Schleuse $L = 85$ m
Staustufe Drakenburg . . .	800	350	12,5	Mittelhaupt für $L = 85$m
Staustufe Hameln	600	225	12,5	
Fulda	500	60	8,60	
Aller	500	165	10	
Saale				
Strecke Unstrut—Halle . .	180	47,22 bis 53,88	5,55 bis 6,11	Innerhalb der angegebenen Grenzen starke Abweichungen
Strecke Halle—Elbe . . .	1000	105	20	Torweite 12 m, Schleuse Calbe, $L = 130$ m
Elbe				
Staustufe Magdeburg . . .	1000	325	25	Eine Schleuse mit Mittelhaupt für $L = 85$ m
Havel				
Obere Havel		39,70 bis 52,60	5,10 bis 6,50	Innerhalb der angegebenen Grenzen starke Abweichungen
Staustufe Spandau	650	67	10	
Staustufe Brandenburg . .	650	213,5	10	
Untere Havel	650	220	10	
Schleuse Havelberg	650	225	20	Torweite 12 m
Spree				
Fürstenwalder Spree . . .	650	67,70	8,60	
Staustufe Charlottenburg .	750	68,35 85,50	9,60 10	Doppelschleuse
Staustufe Mühlendamm . .	1000	140	12	Doppelschleuse

Nach den vorliegenden Erfahrungen haben die bestehenden Abmessungen der Seeschleusen für das Regelfrachtschiff des Weltverkehrs mit 250 m Länge, 35 m Breite und einer Drempeltiefe von 12 m bei MThw ausgereicht. Sie werden dies aller Voraussicht nach auch für die Zukunft noch tun. Bei vorhandenen Schleusen kleinerer Abmessungen bis etwa $171 \times 25 \times 9{,}3$ m haben sich nur vereinzelt Schwierigkeiten im Betrieb ergeben. Für Großschiffe genügen die Längen der bestehenden Großschleusen. Ihre Breite sollte jedoch mindestens 45 m betragen, da auf eine Fenderung der Schleusenseitenwände nicht verzichtet werden kann. Bezüglich der Drempeltiefen hingegen wird man noch mit einer Zunahme rechnen müssen, um einmal bei Gezeitenbewegungen einen

Tabelle 5. *Abmessungen von Kanalschleusen zwischen Rhein und Oder.*

Wasserstraße	Tragfähigkeit der größten Schiffe in t	Nutzbare Maße *L* in m	*B* in m	Bemerkungen
Dortmund—Ems-Kanal				
1. Ausbau	600	67	8,60	
2. Ausbau	750	165	10	
3. Schleuse Münster i. W. .	1000	225	12	2. Schleuse Hüntel $L = 225$ m
Seitenkanal Gleesen—Papenburg (im Bau) . . .	1500	225	12	2. Schleuse mit $L = 115$ m
Rhein—Herne-Kanal	1250	165	10	
Lippe-Seitenkanal				
Wesel—Datteln.	1350	225	12	
Strecke Datteln—Hamm .	750	85	10	
Mittellandkanal				
Hauptstrecke	1000	225	12	Doppelschleusen Anderten und Sülfeld
Stichkanal nach Osnabrück.	750	85	10	
Schachtschleuse Minden i.W.	750	85	10	
Südabstieg Minden i. W. .	750	85	10 bzw. 12,5	2 Schleusen
Schleuse Bolzum	1000	85	12	
Stichkanal nach Salzgitter .	1000	225	12	
Küstenkanal				
(Ems—Hunte-Kanal) . . .	600	105	10	
Elbe—Trave-Kanal	1000	80	12	
Ihle—Plauer-Kanal	750	225	12	Neue Schleuse Niegripp $L = 165$ m, $B = 12$ m
Teltow-Kanal	650 1000	67 85	10 12	3. Schleuse Klein-Machnow
Finow-Kanal	250	40,70 bis 46,10	5,30 bis 5,97	Innerhalb der angegebenen Grenzen starke Abweichungen
Oder—Spree-Kanal	650	58,40 bis 68,70	8,40 bis 9,60	Desgl.
Schachtschleuse Fürstenberg	700	130	12	Doppelschleuse
Großschiffahrtsweg Berlin—Stettin (Havel—Oder-Wasserstraße				
Alte Schleuse Lehnitz . . .	600	85	10	
Neue Schleuse Lehnitz . .	1000	134	12	
Schleusentreppe Niederfinow	600	68	10	
West—Oder-Schleuse Hohensaathen	600	215	10	
Schwedt a. d. Oder	600	69,40	10	

genügend großen zeitlichen Spielraum für das Schleusen zu erhalten und damit die Leistungsfähigkeit der Anlage zu erhöhen, zum andern, um dem wachsenden Tiefgang der Seeschiffe auf 9 bis 10 m sowie der Tanker auf 10 bis 11 m Rechnung zu tragen.

Eine Übersicht der Abmessungen von Seeschleusen gibt Tabelle 8. Es ist dabei bemerkenswert, daß auch bei Seeschleusen mitunter ein Unterschied zwischen Kammerbreite und Torweite besteht. Dies hat seinen Grund darin, ein kleineres Fahrzeug neben das große Schiff legen zu können. Doch gehen die Bestrebungen im Hinblick auf die Schwierigkeiten des Querverholens bei Seeschleusen ebenso wie bei Binnenschleusen dahin, Torweite und Kammerbreite gleich groß zu wählen.

Tabelle 6. *Abmessungen von Schleusen westlich des Rheins.*

Wasserstraße	Nutzbare Maße L in m	Nutzbare Maße B in m	Bemerkungen
Normalschleuse der französischen Kanäle	38,5	5,20	
Seine-Kanalisierung, 1. Ausbau	151	17	Torweite 12 m. 2. Schleuse mit $L = 53$ m und $B = 8{,}20$ m
Jetziger Ausbau	220	17	Stauanlage Amfreville sous les Monts
Maas-Kanalisierung, Verdun bis belgische Grenze	45,3	5,70	
Holländische Maas	260	16	Torweite 14 m
Mosel-Seitenkanal Metz—Diedenhofen	36 bis 40,5	6,0	
Rhein-Seitenkanal			
Kembs	185/100	25	Doppelschleuse
Ottmarsheim	185	23/12	Doppelschleuse
Schelde—Seine-Verbindung Oberer Deule	138,4	12	Mittelhaupt mit $L_1 = 85$ m und $L_2 = 45$ m
Albert-Kanal (Lüttich—Antwerpen)	136	16	Doppelschleusen, 3. Schleuse mit $L = 55$ m und $B = 7{,}60$ m
Amsterdam—Rhein-Kanal	70	20	Torweite 12 m (alte Strecke)
Schleuse Tiel	350	18	Anordnung von 2 Zwischenhäuptern (umgebaute Strecke)
Schleuse Ravenswey	260	18	
Twenthe-Kanäle	140	12	
Juliana-Kanal	136	16	Torweite 14 m

Tabelle 7. *Abmessungen von Schleusen östlich der Oder.*

Wasserstraße	Nutzbare Maße L in m	Nutzbare Maße B in m	Bemerkungen
Oder-Kanalisierung			
Kosel—Neiße-Mündung	55/180	9,60	Doppelschleusen
Neiße-Mündung—Breslau	180	9,60	
Neuer Klodnitz-Kanal	72	12,00	Doppelschleusen[1]
Oder—Weichsel-Wasserstraße	57,40	9,60	Bromberger Kanal, Netze- und Brahekanalisierung
Nogat-Kanalisierung	57,40	9,60	
Pregel-Kanalisierung	45	7,50	
Masurischer Kanal	45	7,50	
UdSSR (angestrebte Normalabmessungen)			
Wasserstraßen 1. Ordnung	290	30	Mit Zwischenhaupt
Wasserstraßen 2. Ordnung	120 bis 150	14,5 bis 18	
Marien-Wasserstraße			
Alte Schleusen	82	10,67	
Neue Schleusen	339	12,80	
Stauanlagen der Groß-Wolga	290	30	
Moskau-Kanal	290	30	
Wolga—Don-Kanal	200 bis 250	20	

[1] Verlängerung der Schleusen um 13 m für das 1000 t-Schiff.

Tabelle 8. *Abmessungen von Seeschleusen.*

Standort	Nutzbare Maße L in m	Nutzbare Maße B in m	T in m unter MThw.	Bemerkungen
Kaiserschleuse Bremerhaven .	223,2	45,0	10,56	Torweite 28 m
Bremen-Oslebshausen	171,0	50,0	9,30	Torweite 15,2 m
Nordschleuse Bremerhaven . .	272,0	60,0	14,64	Torweite 45 m
Emden	260	40,0	13,06	
3. Schleuse Wilhelmshaven . .	260	34/40	14,18	Zwillingsschleusen
4. Schleuse Wilhelmshaven . .	350	60,0	17,18	nach 1945 gesprengt
Wesermünde	100 bzw. 105	30 bzw. 12	9,89	Doppelschleuse
Brunsbüttelkoog (Nordostsee-kanal)	330,0	45,0	15,29	Alte Seeschleusen
Holtenau . . . (Nordostsee-kanal)	330,0	45,0	13,70	$L = 150$ m, $B = 25$ m
Ymuiden—Amsterdam . . .	400,0	50,0	15,75	
Ostende, Fischereihafen . . .	93,0	16,0	8,61	
Antwerpen, „Kruisschans-Schleuse“ . .	270,0	35,0	14,50	
St. Nazaire, 3. Einfahrt . . .	350,0	50,0	12,65	
Liverpool, Gladstone-Schleuse	326,6	40,0	14,03	
Gatun, Panamakanal	305,0	33,5	13,00	

9. Ablauf eines Schleusenbaues.

Schleusen werden stets in öffentlichem Interesse gebaut. Der *Bauherr* einer Schleuse ist infolgedessen eine Behörde, wie die Wasserstraßenverwaltung, die Wasserwirtschaftsverwaltung oder eine Hafenverwaltung. Es kommt daher auch die Anregung zum Bau einer Schleuse immer von einer derartigen Dienststelle.

Die allgemeine *Lage* einer Schleuse ergibt sich bei Flußkanalisierungen aus der Grundrißgestaltung der Staustufe, wobei, wie bereits dargelegt, die richtige Eingliederung der Schleuse schon für die Wahl der Staustufe im Rahmen der gesamten Kanalisierungsstrecke entscheidend ist. Bei Schiffahrtskanälen wird der Ort der Schleuse durch Linien- und Höhenführung der Wasserstraße bestimmt. Es bedarf aber in den meisten Fällen noch umfangreicher Untersuchungen zur Festlegung der genauen Schleusenachse. Hierbei spielen neben Boden- und Grundwasserverhältnissen auch die verschiedenen Möglichkeiten der Bauausführung eine maßgebende Rolle.

Die erste Aufgabe ist überall, den *Baugrund* eingehend zu untersuchen. Es sind Bodenproben aus verschiedenen Schichten nach einem vorher festgelegten Plan zu entnehmen, wobei allein die Entnahme ungestörter Bodenproben die natürliche Lagerung der Bodenarten erkennbar macht und damit einen sicheren Schluß auf die Tragfähigkeit des Untergrundes zuläßt. Vielfach wird es auch in Frage kommen, Probebelastungen durchzuführen. Der Umstand, daß der Schleusenbau in besonderem Maße ein „Kampf des Ingenieurs gegen Erde und Wasser“ ist, um einen Buchtitel von Agatz zu gebrauchen, gibt Veranlassung, keinen Schleusenbau ohne die Einschaltung einer Bodenprüfstelle oder eines anerkannten Baugrundsachverständigen durchzuführen, denn der angeschnittene Baugrund bestimmt letzten Endes die Gestaltung der Schleuse.

Ein weiterer entscheidender Faktor für die Durchführung eines Schleusenbauvorhabens ist das *Grundwasser*, das hinsichtlich seiner Bewegung und seiner chemischen Eigenschaften genauestens untersucht werden muß. Besitzt es betonschädliche Beimengungen, so kann dies für Konstruktion und Ausführung von grundsätzlicher Bedeutung sein. Bei Kanalschleusen spielt der Kampf gegen das Wasser im allgemeinen keine wesentliche Rolle. Der Bau von Flußschleusen hingegen ist in starkem Maße von den *Abflußverhältnissen* des betreffenden Wasserlaufes abhängig. So kann die Rücksichtnahme auf eine ungehinderte Abführung des Hochwassers zu bestimmten Entscheidungen über die Lage der Schleuse führen. Flußschleusen benötigen zur Umgrenzung der Baugrube vielfach *Fangedämme*, bei denen die Bestimmung der Höhe eingehende Untersuchungen erfordert. Es dürfte nur in seltensten Fällen ihre Oberkante über HHW zu legen sein, da sonst die Fangedämme zu hoch und damit zu teuer werden. Man wird sich vielmehr mit einer geringeren Fangedammhöhe begnügen und für das Auftreten außergewöhnlicher Hochwässer eine Überflutung der Baugrube in Kauf nehmen.

Unter der Voraussetzung, daß Abmessungen und Fallhöhe einer Schleuse von vornherein festliegen, beginnt nach Vorlage der Ergebnisse der Boden- und Wasseruntersuchungen die Aufstellung von *Vorentwürfen*. Sie sollen unter Durchführung von Vergleichen einen Entscheid über Bauform und Betriebsweise der Schleuse herbeiführen. Hierbei ist auch die Gestaltung der Vorhäfen in großen Zügen festzulegen. Sie verlangen vielfach Straßenverlegungen und damit den Neubau von Brücken. Aus den Vorentwürfen schält sich dann unter Klärung aller bislang nur in großen Zügen angeschnittenen Probleme der *Hauptentwurf* heraus. Er bestimmt endgültig die Ausbildung der Kammer und Häupter, Art des Füllens und Leerens, Konstruktion und Bewegung der Tore und Schützen und damit den Umfang des Unternehmens überhaupt. Gleichzeitig dient er als Grundlage für die Aufstellung des Leistungsverzeichnisses zur Vergabe der Bauarbeiten. Diese werden in der Regel öffentlich ausgeschrieben. Bei besonders schwierigen und verantwortungsvollen Arbeiten kommt jedoch auch eine beschränkte *Ausschreibung* in Frage. Die Pläne des Hauptentwurfs dienen auch als Grundlage für den zu tätigenden *Grunderwerb*. Sie müssen daher öffentlich ausgelegt werden, damit man berechtigte Einsprüche der Interessenten berücksichtigen und bei Nichteinigung über den Grunderwerb ein Enteignungsverfahren durchführen kann. Nach Auswahl eines für die Arbeiten geeigneten Unternehmens beginnt die praktische Organisation der Baudurchführung. Ihr ist die Beschaffung von *Lagerplätzen* für die Baustoffe, insbesondere von *Ablagerungsflächen* für die aus dem Aushub der Vorhäfen gewonnenen Erdmassen vorausgegangen. Hierbei hat man sich rechtzeitige Klarheit darüber zu verschaffen, welche Bodenmengen als besonders geeignet für die Hinterfüllung der Schleuse oder die Ausführung von Kanaldämmen und Deichen ausgesondert werden müssen.

Nach *Absteckung* der Schleusenachse erfolgt als erste Baumaßnahme der *Aushub* der Schleusenbaugrube. Eingehende Ermittlungen über die vorhandenen Grundwasserverhältnisse haben bereits vorher dazu geführt, Art und Umfang der *Grundwasserhaltung* festzulegen, denn der Aushub einer Schleusenbaugrube in offener Wasserhaltung bleibt auf Einzelfälle beschränkt. Alle Schleusenbauten auf diluvialem Untergrund erfordern das Rammen hölzerner oder stählerner Spundwände, für die nicht nur rechtzeitig ein bestimmter Rammplan aufgestellt, sondern über die auch ein genaues Rammregister geführt werden muß. Aushub der Baugrube, *Rammarbeiten* sowie Einbau und Inbetriebnahme der Wasserhaltung laufen daher in der Regel als erster Abschnitt eines Schleusenbaues Hand in Hand.

Moderne Schleusen gehören vielfach schon zu der Gruppe von Bauwerken, die man als *Massenbeton*-Bauvorhaben bezeichnet. Sie haben außerdem in der Regel hohen Wasserdruck aufzunehmen. Diese Umstände zwingen dazu, der Zusammensetzung des Betons in bezug auf Dichtigkeit, Wärmeentwicklung und Verarbeitbarkeit größte Sorgfalt zu widmen. Es ist daher die Festlegung eines sowohl die Güte des Betons als auch die Wirtschaftlichkeit des Betonierungsvorganges garantierenden Verfahrens schon als ein Teil der Entwurfsarbeit anzusehen. Hierzu gehört auch die Aufstellung von Schalungs- und Bewehrungsplänen sowie genauer statischer Berechnungen und besonderer Ausführungszeichnungen. Desgleichen bedürfen die zur *Abdichtung* verwandten Materialien einer sorgfältigen Prüfung.

Während des Ablaufes der tiefbaulichen Arbeiten erfolgt gleichzeitig die Herstellung der *Schleusenverschlüsse* einschließlich ihrer Antriebe in besonders dafür geeigneten Stahlbauwerkstätten. Dies spielt sich gewöhnlich so ab, daß die Stahlbaufirma eine Systemskizze der Tore und Verschlüsse erhält, aus der sie die genauen Konstruktionszeichnungen in laufendem Benehmen mit dem Bauherrn entwickelt. Die für die Antriebe erforderliche elektrische Installation geschieht im Auftrag und unter Kontrolle des Lieferanten der Verschlußkörper. Es ist daher stets von der zuständigen *Bauleitung* eine genaue Abstimmung der Entwürfe und Bauarbeiten der Tiefbau- und Stahlbaubetriebe durchzuführen. Hierzu dienen in gemeinsamer Arbeit vorher festgelegte *Terminpläne.* Meistens werden für den Einbau der Verschlußkörper und ihrer Antriebe gewisse Aussparungen in dem Massivkörper der Schleuse frei gelassen, die später sorgsam zu vergießen sind. Es kommt je nach Lage der Verhältnisse aber auch vor, Laufschienen, Anschlagleisten und ähnliche Stahlbauteile unter Befestigung an der Schalung gleich mit einzubetonieren. Ein solches Vorgehen ist grundsätzlich für den Einbau der Ausrüstungsteile wie Haltekreuze und Kantenschutzwinkel geboten. Ist die Schleuse mit ihren Toren und Umlaufverschlüssen im Rohbau fertig, so erfolgt Aufgabe und Ausbau der Grundwasserhaltung. Der Erdaushub der Vorhäfen vollzieht sich in der Regel parallel zum eigentlichen Schleusenbau.

Die Herstellung der *Verschlußkörper* in einer Stahlbauanstalt oder Maschinenfabrik erfolgt unter Aufsicht von *Abnahmebeauftragten,* welche dafür zu sorgen haben, daß nur Material zur Verwendung gelangt, das den hierfür gültigen Bedingungen entspricht, und daß ferner seine Bearbeitung nach den jeweils maßgeblichen Fertigungsvorschriften erfolgt. Je weitgehender die Tore schon im Werk zusammengebaut werden, um so weniger Arbeit ist auf der Baustelle zu leisten, um so schwieriger wird aber auch der Antransport und die Montage, welche dann nur mittels besonderer Hebezeuge vor sich gehen kann. Da die Herstellung von Baustellenstößen durch Schweißung große Anforderungen stellt, wird im allgemeinen Nietung bevorzugt. Es bedarf daher die Frage, wieviel Stöße als Baustellenstöße auszubilden sind, eingehender Erwägungen. Ein sehr wichtiger Gesichtspunkt ist in diesem Zusammenhang auch der *Anstrich* der Stahlbauteile.

Es gibt heute kein größeres Schleusenbauwerk mehr, bei dem das Füllen und Leeren der Kammer ohne Durchführung von *Modellversuchen* erfolgt. Sie geben einen Anhalt für die Bewegungsweise der Verschlußkörper, insbesondere der Umlaufschützen oder bei umlauflosen Schleusen der Tore selbst. Daher findet nach Fertigstellung einer Schiffsschleuse ein *Probebetrieb* statt. Er soll einen Vergleich zwischen dem berechneten und tatsächlichen Vorgang des Füllens und Leerens gestatten, so daß noch Justierungen in der Bewegungsweise der Antriebsvorrichtungen getroffen werden können.

Große Schleusen weisen in der Regel zentrale *Steueranlagen* auf, von denen aus die Bewegung der verschiedenen Verschlußkörper sowie auch die Beleuchtung der Schleuse und aller sonst noch zu ihrer Ausrüstung gehörigen elektrischen Anlagen erfolgt. Bezüglich der hierfür erforderlichen Kabelleitungen sind daher rechtzeitig während der Durchführung der Beton- und Stahlbetonarbeiten die notwendigen Aussparungen im Mauerwerk vorzusehen.

Jedes Schleusenbauvorhaben schließt mit der *Schlußabnahme* und der darauffolgenden *Schlußabrechnung* ab, wobei schon vorher je nach dem Stand der Bauarbeiten entsprechende Abschlagszahlungen an die ausführenden Unternehmen geleistet worden sind.

Dieser nur in den wesentlichsten Punkten wiedergegebene Ablauf eines Schleusenbaues zeigt, daß eine Schiffsschleuse stets das Werk einer auf das gleiche Ziel abgestellten, größeren Gemeinschaft schaffender Menschen ist und nie das Werk eines einzelnen sein kann, wenn es auch vielfach durch die organisatorische und technische Begabung seines maßgeblichen Leiters, den man dann gelegentlich als „Erbauer" zu bezeichnen pflegt, eine gewisse persönliche Note erhält.

IV. Schleusentore und Umlaufverschlüsse.

10. Arten der Schleusentore.

Schleusentore müssen die durch den Wasserdruck hervorgerufene Belastung sicher aufnehmen, dicht und leicht beweglich sein. Man kann nach Bauform und Bewegungsweise unterscheiden:

1. *Stemmtore* aus zwei Flügeln mit senkrechter Drehachse, welche in geschlossenem Zustande den Wasserdruck durch Stemmwirkung auf das seitliche Mauerwerk übertragen;
2. *Klapptore* aus einem um eine waagerechte Achse drehbaren Flügel, der in Schlußstellung den Wasserdruck auf das Mauerwerk als Platte überleitet;
3. *Hubtore* als Schütztafeln mit senkrechter Bewegung in Richtung der Torebene unter Übertragung des Wasserdruckes als Platte;
4. *Schiebetore* als einteilige, in waagerechter Richtung bewegliche Tafeln, ebenfalls mit Übertragung des Wasserdruckes als Platte;
5. *Segmenttore* als um eine horizontale Achse drehbare Staukörper mit kreiszylindrischer Torhaut, welche den Wasserdruck über seitliche Stützarme und Drehgelenke auf das Mauerwerk überleiten;
6. *Sonderkonstruktionen.*

Das aus zwei Flügeln bestehende *Stemmtor* ist das am meisten angewandte Schleusentor. Es hat außer geringstem Materialverbrauch den großen Vorteil, daß die zu durchfahrende Öffnung bei gleichzeitiger Bewegung beider Flügel schnell freigelegt und geschlossen werden kann und sich Schützen zum Füllen und Leeren der Kammer einbauen lassen. Der einzelne Flügel hat etwa halbe Schleusenbreite, wird günstig beansprucht und ist infolge seines niedrigen Gewichtes leicht aufzustellen. Als Nachteil des Stemmtores gilt, daß es gegen Setzungen oder Schiefstellungen der Häupter sehr empfindlich ist, daher einen sorgfältig ausgeführten Drempelanschlag erfordert, und das Vorhandensein von zwei Flügeln zwei Antriebsvorrichtungen verlangt. Die Verwendung von Stemmtoren ist somit bei Schleusen im Bergbaugebiet ausgeschlossen, wo mit Bewegungen des Mauerwerks gerechnet werden muß. Stemmtore sind bis zu einer Höhe von über 30 m mit einem Gewicht von rd. 500 t je Flügel in den USA ausgeführt worden.

Jeder der beiden Stemmtorflügel dreht sich um eine Achse, welche von der *Wendesäule* und ihren Lagern gebildet wird. Das obere Lager heißt *Halslager*, das untere *Spurlager*. In ihnen ruht die Wendesäule oben mit dem *Halszapfen*, unten mit der abwärts gekehrten *Spurpfanne*. Beider Mittelpunkte müssen genau senkrecht übereinander liegen. In geschlossenem Zustande stützt sich die Wendesäule ganz oder durch einzelne Knaggen gegen die Wendenische. Gleichzeitig stoßen die beiden *Schlagsäulen* in Schleusenachse zusammen und üben bei genau senkrechter Lage der Flügel die erstrebte Stemmwirkung aus. Die Verbindung von Wende- und Schlagsäule stellen das waagerechte *obere* und *untere Rahmenstück* — auch *oberer* und *unterer Riegel* genannt — her. Zwischen ihnen liegen weitere Riegel. Das so entstehende *Torgerippe* ist auf der Seite der höheren Wasserstände, bei Toren mit Schwimmkästen auf beiden

Seiten, mit einer *Bekleidung* versehen. Die Aussteifung des Rahmens und der Bekleidung übernehmen statt der Zwischenriegel mitunter auch senkrechte Pfosten oder *Ständer*. Man unterscheidet daher *Riegel-* und *Ständertore* (Abb. 55). Bei den Riegeltoren vermitteln die einzelnen Riegel zugleich die Übertragung des Stemmdruckes auf die Wendesäule, bei den Ständertoren wird diese Arbeit nur durch den oberen und unteren Riegel bewirkt, während im übrigen die Ständer am Drempel ihre Stütze finden. Die statische Beanspruchung der

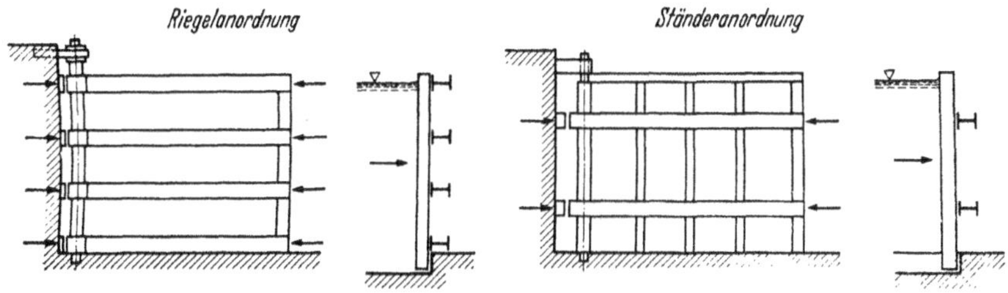

Abb. 55. System des Riegel- bzw. Ständertores.

Ständertore ist infolgedessen klarer und einfacher als die der Riegeltore. Trotzdem wird das Riegeltor bevorzugt; die Ständeranordnung bleibt auf Tore von mäßiger Höhe, jedoch größerer Länge bzw. Breite beschränkt. Gegen Versacken und Veränderung seiner Rechtecksform wird in beiden Fällen der Rahmen durch *Zug-* und *Druckstreben* gesichert.

Eine Abart des Stemmtores ist das *Sieltor*. Es hat ebenfalls zwei Flügel, aber unter Verzicht auf die Stemmwirkung einen unteren *und* oberen Anschlag (Hafenschleuse bei Linden, Unterschleuse des Südabstiegs Minden i. W.). Das Sieltor ist als Untertor von Schachtschleusen mit geringem Gefälle angebracht, wo die unterwasserseitige Stirnwand nicht hoch genug ist, um ein geöffnetes Hubtor unterzubringen.

Einflügelige Tore mit senkrechter Achse gelangen selten zur Anwendung. Man findet sie aus Konstruktionsgründen nur bei Schleusen von geringer Breite (Bootsschleuse neben der neuen Mühlendammschleuse in Berlin). Diese auch als Drehtore bezeichneten Schleusenverschlüsse dürfen jedoch nicht verwechselt werden mit dem neuerdings entwickelten und zur Gruppe der Klapptore zählendem Drehtor.

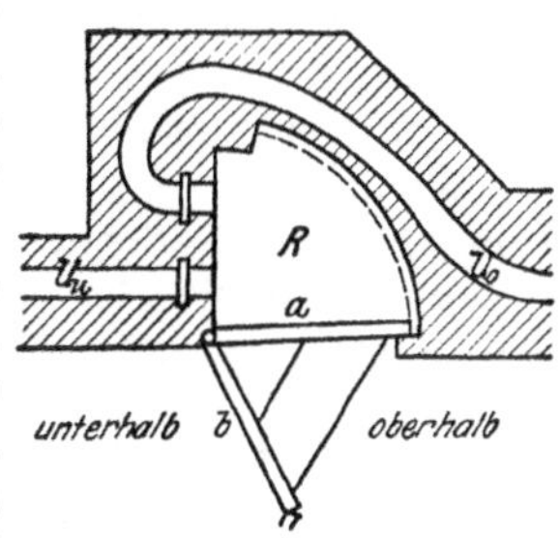

Abb. 56. Fächertor.

Ein anderes, ebenfalls um eine senkrechte Achse drehbares Tor ist das *Fächertor* (Abb. 56). Die eigenartige Ausbildung der Torflügel, deren Teil *a* größer als Teil *b* ist, ermöglicht es, das Tor geschlossen zu halten, auch wenn der Wasserstand unterhalb des Tores höher ansteht als oberhalb, indem der Raum *R* vermittels des Umlaufes U_u mit dem Unterwasser verbunden wird. Andererseits kann man das Tor aber auch gegen höhere Wasserstände oberhalb öffnen wenn der Raum *R* durch den Umlauf U_u mit dem tieferstehenden Unterwasser in Verbindung kommt. Das Fächertor ersetzt somit ein doppeltes Stemmtorpaar, wird aber heute nicht mehr gebaut. Es hat früher bei kleineren Seeschleusen in Holland und Deutschland mehrfach Anwendung gefunden (Bremerhaven, Rendsburg, Wilhelmshaven).

Klapptore sind nach amerikanischem Vorbild zum ersten Male in Deutschland am Oder—Spree-Kanal verwendet und danach zum typischen Oberhauptverschluß von Kanalschleusen entwickelt worden, wo das Verhältnis von Wassertiefe und Schleusenbreite mit etwa 1 : 4 die wirtschaftliche Konstruktion eines Stemmtores nicht mehr gestattet. Der große Vorteil des Klapptores liegt darin, daß es nur einseitig angetrieben zu werden braucht. Es überträgt den Wasserdruck über seine Anschlagsflächen in Längsrichtung auf das Mauerwerk. Infolge ihrer geringen Höhe gestatten Klapptore kürzere Schleusenhäupter als Stemmtore, außerdem können sie ebenso wie diese zur Gewichtsverminderung mit Schwimmkästen ausgerüstet werden. Erfordernis ist aber ein möglichst gleichbleibender Oberwasserstand, um die Leichtigkeit der Bewegung zu wahren.

Das Klapptor hat eine waagerechte, in seitlichen Lagern liegende Drehsäule, welche mit den beiden Seitenpfosten und dem oben angeordneten Riegel einen festen Rahmen bildet; es wird als Riegeltor und als Ständertor ausgebildet. Klapptore verlangen stets Umläufe. Der Einbau von größeren sowie elektrisch angetriebenen Schützen ist bei ihnen nicht möglich, da der Bewegungsmechanismus beim Öffnen unter Wasser geraten würde. Hinzu kommen konstruktive Schwierigkeiten, die sich aus Lagerung und Durchbiegung des Tores ergeben. Um diesem Nachteil zu begegnen, sind für umlauflose Schleusen das *Hakenklapptor* und das um eine *horizontale* Achse bewegliche *Drehtor* entwickelt worden.

Hubtore werden nach Art einteiliger oder auch zweiteiliger Schützenwehre konstruiert (s. Abb. 16 u. 21). Sie laufen mit Rollen auf Schienen, die in Nischen der Seitenmauern untergebracht sind. Ihr Gewicht wird stets durch Gegenlasten ausgeglichen. Der Vorteil der Hubtore liegt darin, daß sie doppelseitig kehren, ferner leicht nachgesehen und instand gehalten werden können. Sie ermöglichen zudem sehr kurze Schleusenhäupter. Außerdem sind sie verhältnismäßig unempfindlich gegen Treibzeug und Eisbildung. Der Hauptanwendungsbereich von Hubtoren erstreckt sich auf die Unterhäupter von Schachtschleusen. Trotz der ihm eigenen Nachteile wie großer Stahlverbrauch, Kompliziertheit der aus Gegengewichten, Drahtseilen, Sperrvorrichtungen usw. bestehenden Antriebselemente hat das Hubtor mit dem Bau umlaufloser Schleusen zunehmende Bedeutung erlangt, indem es unmittelbar zum Füllen und Leeren der Kammern dient. Es sind dann aber bei normalen Schleusen besondere Aufbauten in Gestalt der Hubportale zum Heben und Senken notwendig. Die Verwendung von Hubtoren ist außerdem angezeigt bei sehr großen Schleusenbreiten (Doppelschleuse Magdeburg), wo Stemmtore von vornherein ausscheiden und Klapptore, abgesehen davon, daß sie Umläufe verlangen, ungünstige Antriebsverhältnisse mit sich bringen.

Ein umgekehrtes Hubtor ist das *Versenktor*, welches zum Füllen zunächst langsam, nach vollendeter Ausspielung schneller hinter einen zugleich die Torkammer bildenden Drempel versenkt wird, zu Ausbesserungszwecken aber ganz nach oben herausgehoben werden kann. Das Versenktor hat den großen Vorzug, daß es keine Aufbauten über der Schleusenplattform erfordert. Diesem Umstand kommt ungeachtet der geringeren Baukosten insofern Bedeutung zu, als eine architektonisch befriedigende Form der stets stark die Landschaft beherrschenden Hubportale nicht leicht zu erreichen ist.

Das *Schiebetor* hat wie das Hubtor den großen Vorteil, daß es nach beiden Seiten kehren kann. Ein Nachteil ist jedoch die unvermeidliche Tornische. Sie unterbricht die Einheitlichkeit des Bauwerkes und bedarf besonderer Gründung. Die Benutzung der Tornische zum Docken des Tores zwecks Vornahme von Ausbesserungs- oder Anstricharbeiten stellt demgegenüber keinen gleichwertigen Vorteil dar. Schiebetore können unterschieden werden in *Rollentore* und in *Gleittore*. Beim Rollentor sind die Rollen entweder auf der Torlaufbahn befestigt und das Tor gleitet auf Kufen darüber hinweg, oder die Rollen befinden sich an zwei Unterwagen oder an einem Unter- und einem Oberwagen. Das Gleittor gleitet mit Kufen aus Hartholz, die mit dem Torkörper fest verbunden sind, auf einer Gleitbahn aus geschliffenem Granit oder aus Stahl. Nachdem schon EIFFEL für die Schleusen des Panamakanales

Schiebetore vorgeschlagen hatte, hat sich das Schiebetor im Laufe der Zeit zum typischen Hauptverschluß von Seeschleusen entwickelt. Das Bestreben möglichst wenig bewegte Teile unter Wasser zu besitzen, hat hierbei im weiteren dazu geführt, hinsichtlich der Bewegungsart heute dem „Schubkarrensystem“ den Vorzug zu geben, indem ein vorderer Unterwagen und ein hinterer Oberwagen angeordnet wird. Schiebetore sind gegen Setzungen der Häupter unempfindlich. Man hat sie daher auch in den Unterhäuptern der Schleusen des bereits genannten Rhein—Herne-Kanals eingebaut. Hier sind jedoch die Schiebetore durch Vermittlung eines Rollenwagens an einer über das Unterhaupt führenden Brücke aufgehängt (s. Abb. 19). Eine ähnliche Betriebsweise finden wir gelegentlich auch bei Seeschleusen. Die benötigte große lichte Durchfahrtshöhe verlangt hier jedoch die Anordnung einer ausfahrbaren Brücke, über die das an zwei Oberwagen hängende Tor in die Schlußstellung gefahren wird. Schiebetore gestatten ebenso wie Hubtore kurze Häupter sowie den Einbau von Torschützen zum Füllen und Leeren der Kammer. Dabei findet die Energievernichtung des ausströmenden Wassers nicht nur, wie sonst üblich, außerhalb der Tore statt, sondern auch innerhalb der Tore selbst. Eine solche Maßnahme ist vereinzelt auch schon bei Hubtoren getroffen worden.

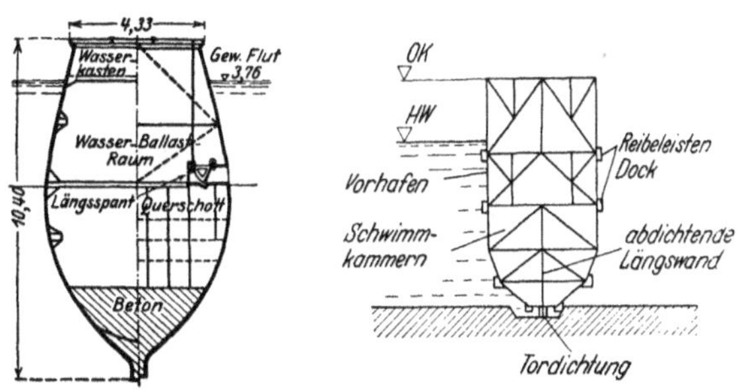

a Ältere Bauart. b Neuere Bauart.

Abb. 57. Schwimmtor.

Als Vorgänger des Schiebetores kann man das *Schwimmtor* ansehen. Es ist in seiner ursprünglichen Ausführung ein nach den Regeln der Schiffbaukunst erbauter Körper, der im schwimmenden Zustand in entsprechende Falze gefahren und dann durch Einlassen von Wasser versenkt wird. Bei den neueren Schwimmpontons hat man jedoch die Schiffsform gänzlich verlassen und wie beim Schiebetor eine Kastenform gewählt (Abb. 57a u. 57b). Schwimmpontons haben zur Erzielung einer guten Dichtung in der Längsmittelebene eine umlaufende Anschlagleiste aus Holz. Sie werden heute nur noch zum Abschluß von Trockendocken verwendet, wo sie nur selten bewegt werden müssen. Schwimmtore sind billiger als Schiebetore. Als Schleusenverschlüsse sind sie unter der schon zweimal gebrauchten Bezeichnung „Drehtor“ gelegentlich auch in der Art benutzt worden, daß sie in senkrechter Stellung dicht neben den Anschlagsfalzen in eine hierfür vorgesehene Seitennische ausgeschwenkt werden, die wegen der Dicke des Pontons eine verhältnismäßig große Tiefe erhalten muß.

Segmenttore werden nach Art der Segmentwehre konstruiert. Der Staukörper besteht aus einer kreiszylindrischen Blechhaut mit entsprechender Aussteifung. Er wird an den Enden durch zwei Tragarme gestützt, welche die Wasserdruckkräfte durch ein Drehgelenk auf die als Widerlager dienenden Seitenmauern des Hauptes übertragen. Der Vorteil der Segmenttore, deren Eigengewicht wie bei den Hubtoren durch Gegenlasten ausgeglichen wird, ist die Ausschaltung gleitender und rollender Reibung. Da der Wasserdruck durch den Drehpunkt geleitet wird, entsteht kein Moment beim Öffnen des Tores. Außerdem wirkt der Wasserdruck bei entsprechender Formung der Stauwand im Augenblick des ersten Anhebens entlastend für den Antrieb. Segmentverschlüsse werden als *Segmenthubtore* und als *Segmentsenktore* gebaut.

Jedes Schleusentor erhält einen *Laufsteg* mit Geländer, dessen Anordnung von der Bauart des Tores abhängig ist. Er dient der Schleusenbedienung dazu, von der einen Kammerseite auf die andere gelangen zu können. Bei Schiebetoren erweitert sich der Laufsteg oft auch zu einer dem Wagenverkehr dienenden Fahrbahn.

Als *Baustoff* der Tore kommen Holz und Stahl in Betracht. Der Entscheid hängt von der verkehrstechnischen Bedeutung der Schleuse insgesamt ab. *Hölzerne* Tore werden somit heute nur noch bei kleinen Schleusen an untergeordneten Wasserwegen eingebaut. Sie sind hier in der Herstellung und Unterhaltung billiger als stählerne Tore. Außerdem haben sie den Vorteil, daß sie gegenüber Schiffsstößen wesentlich unempfindlicher sind als Stahltore. Die zur Verwendung gelangenden Hölzer sind Kiefernholz, Eichenholz, Teakholz und Greenhartholz, letzteres hauptsächlich da, wo mit Angriffen des Bohrwurmes zu rechnen ist. Tore aus Kiefernholz, das vor der Bearbeitung gut ausgetrocknet und nachher sorgfältig imprägniert worden ist, haben eine Lebensdauer von 20 bis 25 Jahren. Bei Eichenholz kann man mit etwa 40 Jahren rechnen, während Greenhartholz eine Lebensdauer von 70 Jahren zugesprochen wird. Für *stählerne* Tore kommt vorwiegend St 37 in Frage. Eine Ausnahme dürften Hubtore bilden, wenn durch Verwendung von St 52 größere Gewichtsersparnisse erzielt werden. Sonst bleibt die Verwendung hochwertiger Stähle auf Einzelteile der Tore beschränkt. Stahltore wurden früher nur genietet. Die Fortschritte auf dem Gebiet der Schweißtechnik haben dazu geführt, heute auch den Zusammenbau von Schleusentoren durch Schweißen vorzunehmen. Dadurch wird nicht nur an Gewicht gespart, sondern der große Feind der Schleusentore, der *Rost*, erhält geringere Angriffsmöglichkeiten. Die größte Rostgefahr besteht naturgemäß im Bereich der Wasserlinie. Welchen Umfang sie annehmen kann, zeigen die Feststellungen an dem Schiebetor der Ruhrschleuse Duisburg. Hier ist es nach 25jährigem Betrieb bis zu einer Querschnittsverminderung von 30% gekommen.

Die Beobachtung, daß Holz unter Wasser — im Ebbe- und Flutgebiet bis zur halben Tidehöhe — vollständig gesund bleibt und keiner Unterhaltung bedarf, während unter Wasser liegende Stahlteile infolge schwieriger Reinigung und Erneuerung des Anstrichs stark angegriffen werden, hat zu sog. *Verbundtoren* geführt, deren unter Wasser liegender Teil bis zur Höhe der Fäulnisgrenze aus Holz und deren darüber liegender Teil aus Stahl hergestellt wird. Eine solche Bauweise ist jedoch nur ausnahmsweise angebracht, da sie den Festigkeitsverhältnissen der einzelnen Baustoffe widerspricht.

Der zur Betriebssicherheit notwendige *Rostschutz* wird bei stählernen Toren durch drei Maßnahmen erreicht:

1. Entrosten aller Stahlteile nach dem Zuschneiden und Bohren im Werk und anschließend sofortiges Aufbringen eines ersten Anstriches von reiner Bleimennige;

2. Aufbringen eines zweiten Bleimennigeanstriches nach dem Zusammenbau zu versandbereiten Teilen unter Ausbesserung des ersten Anstriches;

3. Streichen nach der Montage mit kalter Bitumenlösung und darauf Aufbringen eines Heißbitumenanstriches in einer Stärke von 2 bis 3 mm.

Hierbei entfallen von den Gesamtkosten des Anstrichs etwa 20% auf Material und 80% auf Arbeitslohn.

Die *Kosten* von stählernen Toren stellen sich je Tonne Stahlkonstruktion ohne Antriebsvorrichtungen in Abhängigkeit von der anfallenden Menge zu etwa 20% höher als die einer Tonne Brückenstahl. Auf der Preisbasis von 1939 haben die Kosten für ein stählernes Stemmtor rd. 200 DM je m² Torfläche betragen. Die Kosten für ein größeres Holztor waren demgegenüber oft etwas höher. Die hohen Unterhaltungskosten stählerner Tore können aber trotzdem für den Einzelfall die Wahl der Holzbauweise als die billigere rechtfertigen.

Stemmtore für Stauschleusen im Rahmen von Entwässerungsanlagen hat man in Holland bei einem Wasserüberdruck bis zu 5 m auch schon in *Stahlbeton* ausgeführt. Solche Tore sind um etwa 10% schwerer als bei Ausführung in Eiche, beanspruchen aber bei wesentlich längerer Lebensdauer nur ein Viertel der sonst aufzuwendenden Unterhaltungskosten. Eine Verwendung des Stahlbetons für die Tore von Schiffschleusen dürfte dieselben Vor- und Nachteile aufweisen, die Stahlbetonschiffen eigen sind.

Die *Bewegung* der Schleusentore erfolgt durch Menschen- oder Maschinenkraft. Die erstgenannte Betriebsweise findet man nur noch an kleinen Toren bei Schleusen mit geringem Verkehr, wo eine schnelle Bedienung der Verschlüsse nicht notwendig ist. Als Energiequelle der maschinellen Antriebe diente früher vielfach das Schleusengefälle, außerdem Preßluft und Preßwasser. Diese zum Teil als selbsttätige Vorrichtungen wirkenden Anlagen (System Franke, Hotopp, Nyholm usw.) sind jedoch im Laufe der Zeit mehr oder weniger verlassen worden. Man verwendet heute allgemein die Elektrizität als bewegende Kraft, wobei für den Fall ihres Ausbleibens stets Handbetrieb vorgesehen wird, sofern nicht an besonders wichtigen Punkten die Aufstellung eines Dieselaggregates als Stromerzeuger geboten erscheint.

Elektrische Schleusenausrüstungen werden als örtlicher und als zentraler Steuerbetrieb gebaut. Beim örtlichen Steuerbetrieb bringt man die Antriebsmaschinen in je zwei Ständen oder Häuschen auf beiden Häuptern unter. Man wendet ihn in der Mehrzahl der Fälle an, indem der Zentralsteuerbetrieb, bei dem die Bedienung aller an einer Schleuse zu bewegenden Teile von einer einzigen Stelle aus erfolgt, auf besonders große Schleusenanlagen beschränkt bleibt.

11. Konstruktion und Bewegung der Tore.

a) Stemmtor.

Die gebräuchliche Bauweise eines *hölzernen* Riegeltores zeigt Abb. 58. Sie wird im folgenden etwas eingehender beschrieben, da hölzerne Schleusentore im Bedarfsfall zimmermannsmäßig hergestellt werden müssen, während die Ausführung stählerner Tore stets in entsprechend ausgerüsteten Stahlbauanstalten erfolgt.

Die Oberkante des Tores liegt etwa 0,25 m über Oberwasser. Ein größeres Maß empfiehlt sich nicht, um möglichst kleine Flächen des Tores dem Wechsel von Wasser und Luft auszusetzen. Das Drempelverhältnis beträgt $^1/_5$ bis $^1/_6$ der Schleusenbreite. Die Anschlagshöhe des Tores am Drempel schwankt zwischen 0,15 bis 0,20 cm. Gleich hoch ist der Spielraum zwischen Torunterkante und Torkammerboden.

Die Stärken des Bohlenbelages, der waagerechten Riegel, der Streben und Zugbänder ergeben sich aus der statischen Berechnung, die der Wende- und Schlagsäule aus den Abmessungen von Riegel und *Bohlenbelag* zusammen. Dieser verläuft gleichmäßig über die Riegel und liegt bündig mit den Außenflächen der Rahmhölzer, in die er mit Versatz eingreift. Die Breite der Bohlen wird zweckmäßig nicht größer als 20 cm gewählt, um ein Undichtwerden zu verhindern, das bei breiten Bohlen infolge stärkeren Schwindens leichter eintritt. Zur Dichtung des mindestens 5 cm dicken Belages hat sich halbe Spundung und Kalfaterung nach Abb. 59 bewährt. Die Befestigung der Bohlen erfolgt auf den Riegeln mit Nägeln, an den Enden mit Holzschrauben. Die *Strebe* liegt auf der Oberwasserseite bündig und sonst in gleicher Richtung mit dem Bohlenbelag. Ihr unteres Ende wird in die Wendesäule, ihr oberes in den oberen Riegel mit Versatz und kurzem Zapfen eingesetzt. Die Neigung von Bohlen und Strebe beträgt etwa 30° gegen die Wendesäule; sie ist im übrigen vom Verhältnis Torhöhe zu Torbreite abhängig. Bei langen Riegeln wird deshalb noch eine zweite, kürzere Strebe angeordnet. Die Breite der Strebe ist möglichst groß, ihre Stärke je nach der Dicke des Tores derart zu bemessen, daß sie an den Kreuzungsstellen mit den Riegeln ausgeschnitten werden kann. Die Riegel bleiben am besten ungeschwächt. Werden stärkere Streben notwendig, so sind Strebe und Riegel je zur Hälfte auszuschneiden, gegebenenfalls beiderseits mit Versatzung. Es ist zweckmäßig, alle Riegel gleich stark auszubilden und

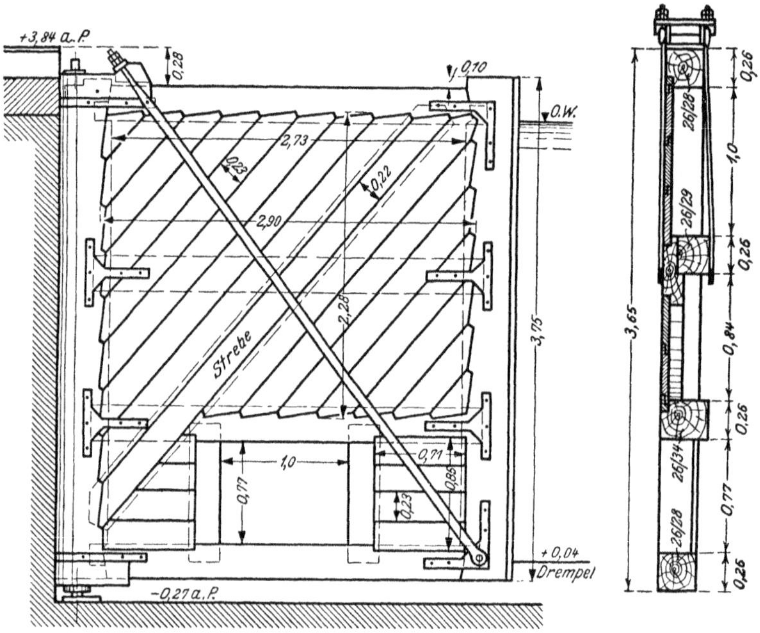

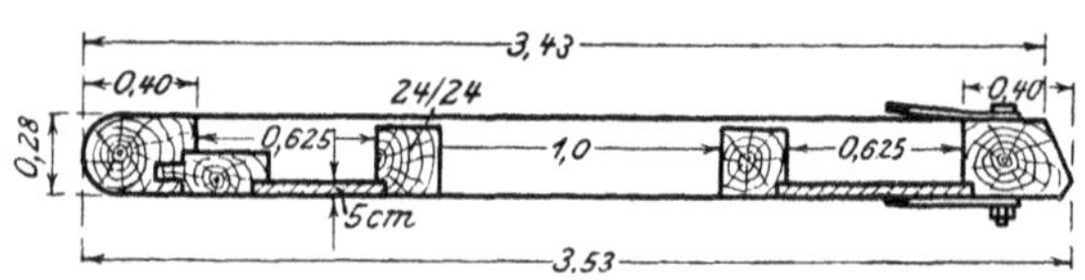

Abb. 58. Hölzernes Stemmtor.

auf ihre ganze Länge mit vollem Querschnitt durchzuführen. Der gegenseitige Abstand der Riegel nimmt dann von unten nach oben zu. Sollten hierbei die Rahmhölzer zu stark werden, so ist eine allmähliche Verjüngung der Riegel nach den Enden statthaft. Auch kommt eine Verstärkung der unteren Riegel durch Auflegen einer Flachstahlschiene vor. Übliche Stärken der Riegel sind 20/22 bis 26/40 cm. Ihre Verbindung mit Wende- bzw. Schlagsäule gibt Abb. 60 wieder. Sie wird überlascht durch stählerne *Eck-* und *Krückständer* von etwa 50 cm Seitenlänge, 6 cm Breite und 1,2 cm Dicke an.

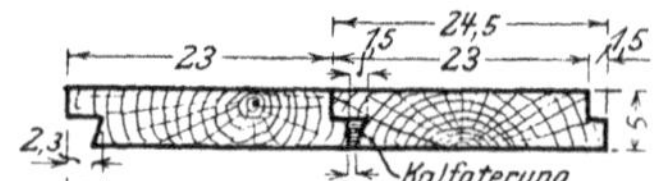

Abb. 59. Kalfaterung des Bohlenbelages.

Die *Wendesäule* muß sich der Form der Wendenische anpassen, in der sie bei geschlossenem Tor voll anliegt. Um zu verhüten, daß beim Öffnen des Tores die Wendesäule mit ihrer Berührungsfläche in der Wendenische schleift und sich dadurch abnutzt, wird die Drehachse C_1 des Tores exzentrisch zum Mittelpunkt C der Abrundung der Wendesäule gelagert (Abb. 61). Der Drehpunkt C_1 wird gefunden, indem man auf der Achse $a—b$ des geöffneten Tores von ihrem Schnittpunkt C mit der Achse $c—d$ des geschlossenen Tores, der zugleich identisch ist mit dem

Mittelpunkt der Wendenische und der Wendesäule beim geschlossenen Tore, das Maß e der *Exzentrizität* als Strecke $C—C'$ aufträgt, in der Mitte dieser Strecke ein Lot auf $a—b$ errichtet und die Winkelhalbierende des Winkels cCb zieht. Der Schnittpunkt dieser beiden Linien ist der Drehpunkt C_1. Bezeichnet φ den Drehwinkel des Tores, so sind in dem gleichschenkligen Dreiecke CC_1C' die Basiswinkel gleich $90 - \varphi/2$ und der Winkel $C'C_1C$ gleich $180 - 2 \cdot (90 - \varphi/2) = \varphi$, das ist gleich dem Drehwinkel des Tores. Der Punkt C wandert also beim Drehen um C_1 von C nach C', d. h. das Tor hebt sich um e von der Wendenische ab. Die Exzentrizität beträgt in der Regel 1,5 bis 2,5 cm. Der Spielraum s_1 ist von der Ausbildung des Tores abhängig. Den Spielraum s_2 wähle man zum Schutz des Tores gegen Beschädigungen durch aus- und einfahrende Schiffe zu 5 bis 10 cm. Die Wendesäule trägt oben den Halszapfen, unten die Spurpfanne. Sie wird mit dem oberen und zweckmäßig auch mit dem unteren Riegel durch in die Wendesäule eingelassene Bügel verbunden (siehe Abb. 58). Die *Schlagsäule*, deren oberwasserseitige Kanten abgephast werden, reicht ebenso wie die Wendesäule zur Sicherung der eingreifenden Verzapfungen über die Endriegel hinaus.

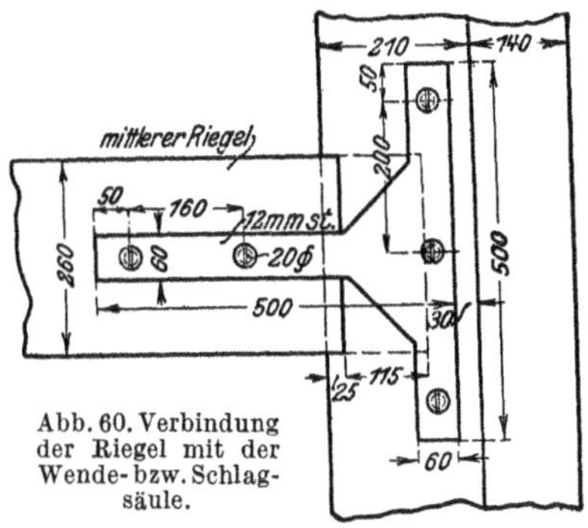

Abb. 60. Verbindung der Riegel mit der Wende- bzw. Schlagsäule.

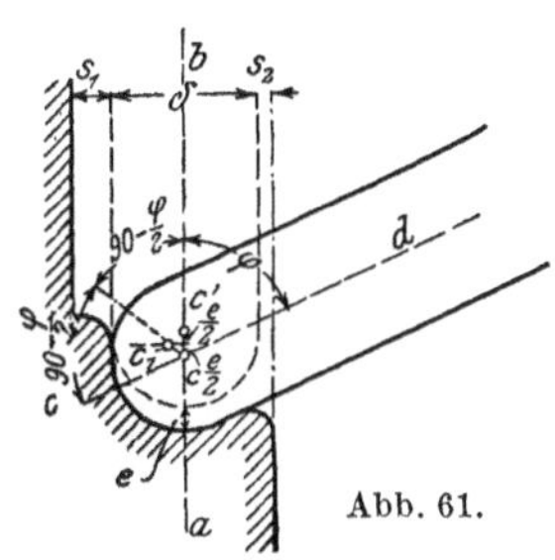

Abb. 61.

Neben der Strebe dient das *Zugband* als notwendiges Bauglied zur Dreiecksverbindung und somit zur Versteifung des Tores. Es wird meistens einseitig, besser aber auf beiden Seiten des Tores angebracht, um unerwünschte Beanspruchungen zu vermeiden. Zur Anwendung kommen Flach- und Rundstähle von den Abmessungen 60/12 bzw. 30/50 mm Durchmesser. Flachstahl ist vorzuziehen, da er sich auf dem Bohlenbelag und den Riegeln besser befestigen läßt. Das Zugband muß unten die Torecke fassen und oben in einer Haube enden. Zum Anspannen dienen Doppelschraubenmuttern. Erfolgen obere und untere Befestigung des Zugbandes über Schraubenbolzen, so werden Spannschlösser eingeschaltet. An der Kreuzung der Zugbänder mit den Riegeln dienen leichte Führungskrampen zum Schutz gegen anfahrende Schiffe.

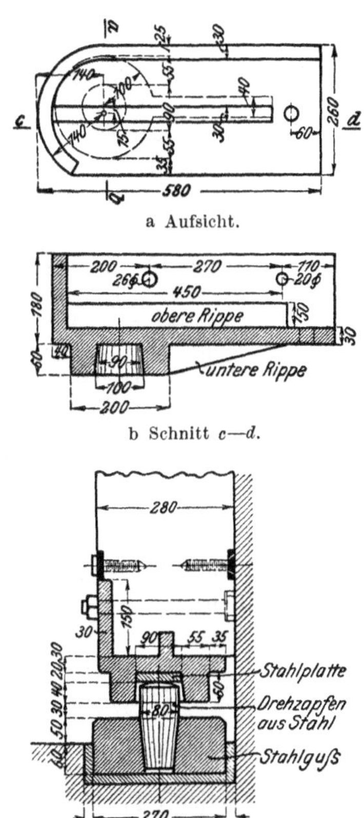

a Aufsicht. b Schnitt $c—d$. c Schnitt $a—b$.

Abb. 62. Unteres Torlager.

Das *untere Torlager* besteht aus der Grundplatte, dem Zapfen und der Spurpfanne, auch Torschuh genannt. Grundbedingung ist, den Drehzapfen mit dem

Drempel zu verbinden, während die Pfanne am Tore befestigt wird (Abb. 62). Man will dadurch vermeiden, daß sich Sandteilchen in der Pfanne ablagern und ein Ausschleifen herbeiführen. Die in das Drempelmauerwerk eingelassene Grundplatte muß bis zur endgültigen Festlegung der Drehachse eine gewisse Beweglichkeit, besonders in waagerechter Richtung, behalten. Sie wird daher allseitig mit einer etwa 2 cm breiten Fuge eingelassen und nach Ausrichten des Tores durch doppelte Stahlkeile unverrückbar festgelegt; alsdann erfolgt das Vergießen. In die Grundplatte ist der aus hochwertigem Stahl hergestellte Zapfen konisch eingeschliffen. Er muß genügende Stärke haben, um den Druck auf die Grundplatte zu übertragen und seitliche Stöße aufzufangen, darf also nicht zu hoch sein.

Das *obere Torlager*, der Halszapfen, wurde früher unmittelbar aus der Wendesäule herausgeschnitten und zum Schutz gegen Ausschleifen durch die Verankerung mit Stahlblech umkleidet. Diese Bauweise führte naturgemäß leicht zu einem Absplittern der Wendesäule. Es wird infolgedessen heute das obere Torlager durch eine gußeiserne oder stählerne Haube nach Abb. 63 gebildet. Sie umfaßt das die Toroberkante um einige Zentimeter überragende Ende der Wendesäule und greift gleichzeitig hinreichend weit über den oberen Riegel, um genügend senkrechte Bolzen anordnen zu können; auf ihnen ruht der Hauptzug. Ein weiterer, waagerechter Bolzen sichert die Verbindung der Haube mit der Wendesäule. Die an die Haube angegossenen beiden Stützen dienen zum Anschluß der Zugbänder. Der eigentliche Drehzapfen sitzt konisch in einer entsprechenden Vertiefung der Haube; um seinen oberen Teil liegt eine Rotgußbuchse.

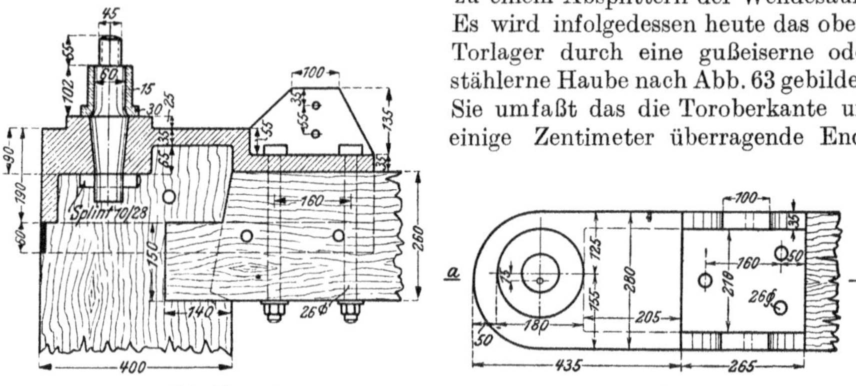

a Schnitt *a—b*. b Aufsicht.

Abb. 63. Oberer Torschuh mit Zapfen.

Bindeglied zwischen dem Halszapfen und der mit dem Mauerwerk zugfest verbundenen Verankerung ist das aus Flachstahl hergestellte Halsband. Es muß von der Verankerung leicht lösbar sein, um bei Ausbesserungsarbeiten das Tor bequem herausheben zu können. Das Halsband besitzt außerdem rückwärtig Stellvorrichtungen, die jederzeit ein Zurückbringen des abgesackten oder verschobenen Tores in seine normale Lage gestatten.

Eine *Halszapfenverankerung* zeigt Abb. 64. Sie besteht aus Rundstählen, die tief in das Mauerwerk hineinreichen. Ein Anker liegt in der Richtung des geschlossenen Tores, der andere möglichst in der des geöffneten Tores, etwa 1 : 10 gegen die vordere Mauerflucht geneigt. Gegen die Lotrechte werden die Anker unter 30 bis 45° verlegt. Erforderlichenfalls sind sie an einer geeigneten Stelle noch steiler anzuordnen, um sie tiefer in das Mauerwerk hineinzuführen. An den Brechpunkten befinden sich Gelenke und Lager. Das untere Ende des Ankers greift hinter eine Platte aus Stahlguß, deren Größe sich aus der Zugkraft und den zulässigen Beanspruchungen des Baustoffes der Mauer bestimmt.

Die Anfertigung hölzerner Tore erfolgt meistens in der Nähe der Schleusenbaustelle auf einem hierzu eingerichteten Schnürboden. Am Verwendungsort werden sie mittels Flaschenzügen sorgfältig, wenn möglich in senkrechter Stellung, herabgelassen und auf den in seiner Lage provisorisch festgelegten Spurzapfen aufgesetzt. Nach genauer Ausrichtung über die nachstellbaren Teile des Halsbandes erfolgt Vergießen des unteren Lagers. Sodann werden

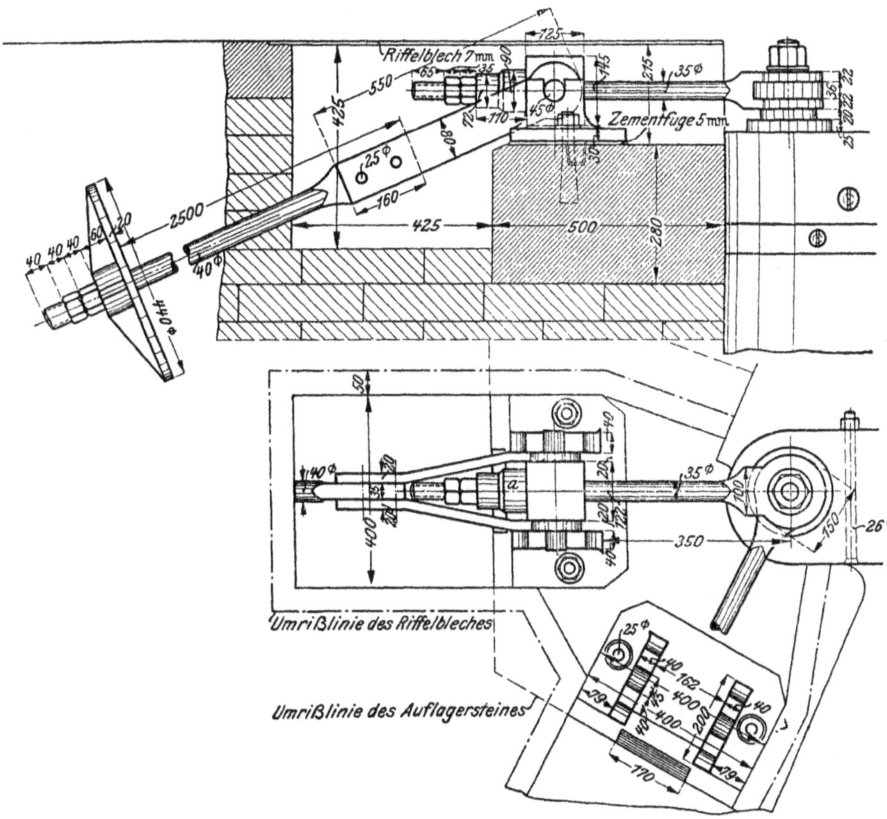

Abb. 64. Halszapfenverankerung.

beide Flügel durch Winden fest zusammengepreßt. Wiederholt auszuführende feine Sägeschnitte längs der Schlagsäulen sorgen zum Schluß für einen guten Sitz sämtlicher Dichtungsflächen.

Stählerne Tore werden aus den im Stahlbau üblichen Elementen, wie I-Träger, U-Baustählen, Blechen usw. unter Anwendung der allgemeingültigen Konstruktionsgrundsätze zur Verbindung dieser Bauelemente durch Nietung oder auch durch Schweißung zusammengefügt. Hierbei kommen zwei grundsätzlich verschiedene Bauformen zur Anwendung; erstens das nach der Holzbauweise entwickelte ***Riegeltor*** bzw. Ständertor und zweitens das nur in Stahl ausführbare Schleusentor mit *gewölbter* Stauwand, bei dem die Torhaut allein den Wasserdruck aufnimmt.

Eine Ausführung der erstgenannten Bauart zeigt Abb. 65. Die Riegel bestehen aus Normalprofilen, auf die sich der Wasserdruck im oberen Teil durch ein 9 mm, im unteren durch ein 12 mm dickes Blech überträgt. Auch Wende- bzw. Schlagsäule sind Normalprofile. Da das Tor eine beträchtliche Höhe aufweist, hat man seine diagonale Aussteifung auf den oberen Teil beschränkt. Die gewählte Riegeleinteilung ergibt sehr unterschiedliche Stemmdrücke.

Größere Stemmtore erhalten Riegel aus vollwandigen Blech- oder nötigenfalls auch aus Fachwerkträgern. Ähnlich erfolgt die konstruktive Durchbildung der die Dichtungsleisten tragenden Wende- bzw. Schlagsäule. Die Tore für die Schleusen der Kachletstaustufe bei Passau sind 13,2 m hohe Riegeltore mit halbtrapezförmigen Grundriß und beiderseitiger, ebener Blechhaut, von der jedoch nur die oberwasserseitige zur Aufnahme des Wasserdruckes dient (Abb. 66). Irgendwelche Diagonalversteifungen haben hier fortfallen können, da die Riegel in lotrechter Richtung zusätzlich durch drei vollwandige Ständer und vierzehn Rahmenständer verbunden sind, zudem eine doppelte Blechhaut vorhanden ist. Zur Entlastung von Spur- und Halslager bilden die unteren drei Riegelfelder auf die ganze Torbreite einen Luftkasten. Der über ihm gelegene Teil steht mit dem Unterwasser in freier Verbindung. Um ein Vollaufen des Luftkastens bei Beschädigung eines Ständerfaches zu verhindern, ist der Luftraum durch Schotten in vier Gefache unterteilt, die durch Mannlöcher zugängig sind.

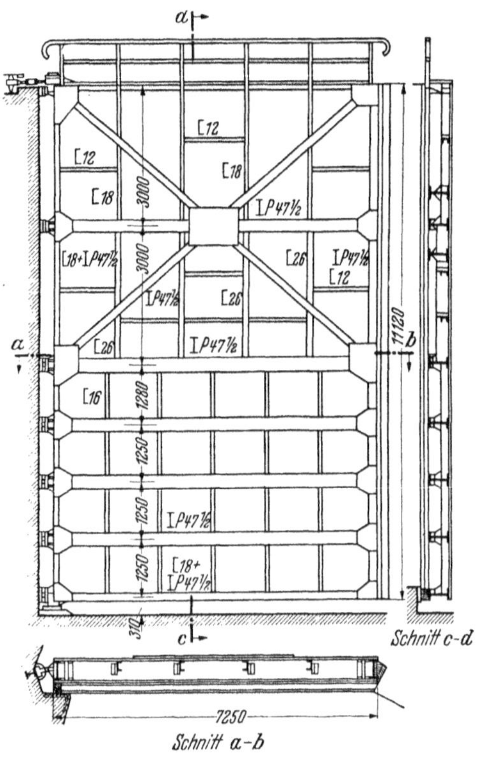

Abb. 65. Stählernes Riegeltor.

Während hölzerne Wendesäulen ihrer ganzen Länge nach am Mauerwerk anliegen, geschieht die Übertragung des Stemmdruckes bei stählernen Toren durch stuhlartige Druckstücke, auch *Knaggen* genannt, die man in Höhe der Riegel auf die Wendesäule aufschraubt. An den Druckübertragungsstellen werden Platten aus hochwertigem Gußeisen oder Stahlguß in das Mauerwerk eingelassen und mit dem Beton durch Rundstähle verankert. Die *Abdichtung* der Tornischen erfolgt durch senkrechte Anschlagsleisten, die auf der Wendesäule in Flucht der Drempelbasis angebracht sind (Abb. 67). An der Schlagsäule dichten je nach Größe des Stemmdruckes ein oder zwei in [- oder L-Stählen gut eingefaßte und genauestens bearbeitete Holzbalken (Abb. 68). Als Material hierfür kommt nur bestes und durch Imprägnierung geschütztes Buchen- und Eichenholz in Betracht. Holz darf unter Wasser nach DIN 1052 nur mit $^2/_3$ der zulässigen Spannung beansprucht werden. Es wird daher zu einer aus statischen Gründen erwünschten geringen Breite der Dichtungsleiste auch auf die Verwendung von Greenhartholz zurückgegriffen, das in wassergesättigtem Zustande höhere Druckfestigkeiten gestattet. Mancher Unfall an einer Schleuse ist auf eine Zerquetschung der Anschlagleisten und dem daraus sich ergebenden Durchschlagen des Stemmtores zurückzuführen.

Für die seitliche und untere Abdichtung hat man neuerdings an einigen deutschen Schleusen mit bestem Erfolg auch Gummi verwandt (Paragummi oder Buna), um die durch mangelhafte Dichtung entstehenden Wasserverluste zu beseitigen. Die am Tor anliegende Seite der Gummileiste wird vulkanisiert

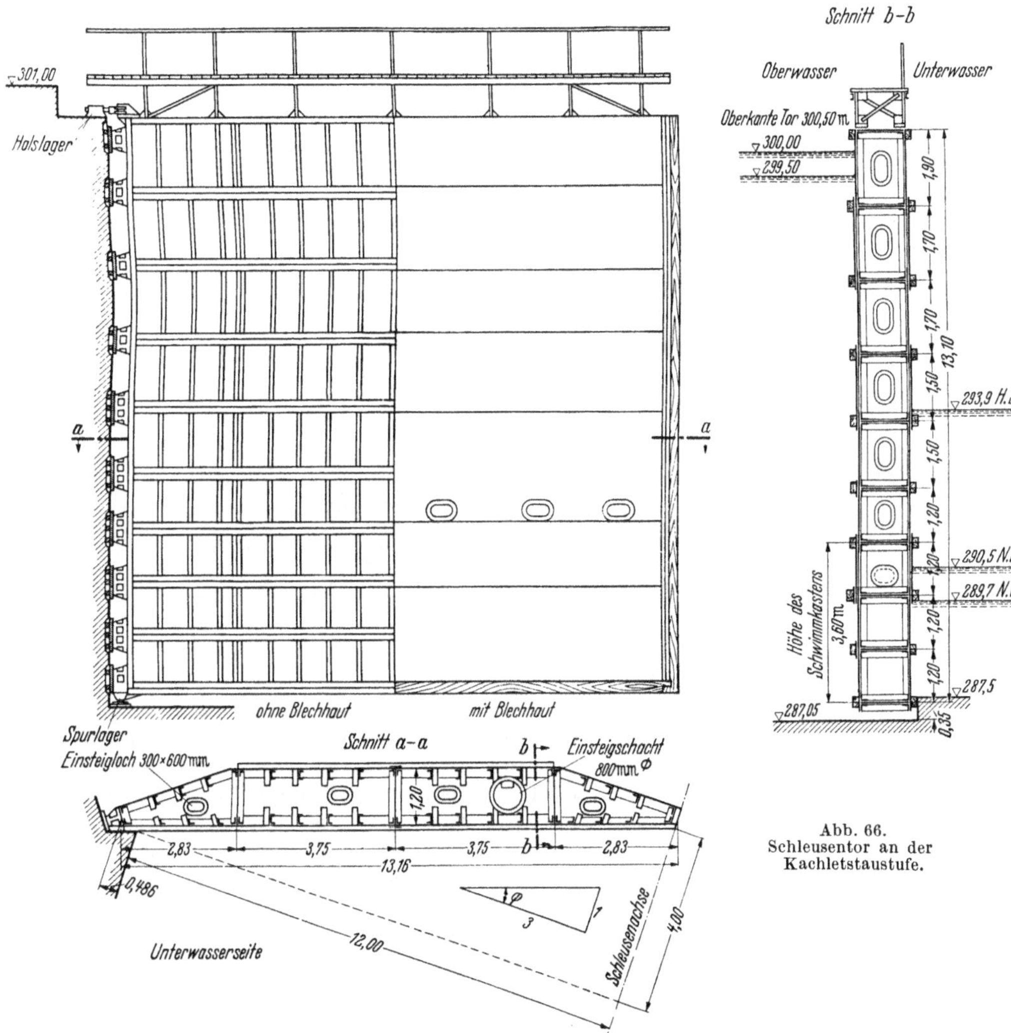

Abb. 66.
Schleusentor an der Kachletstaustufe.

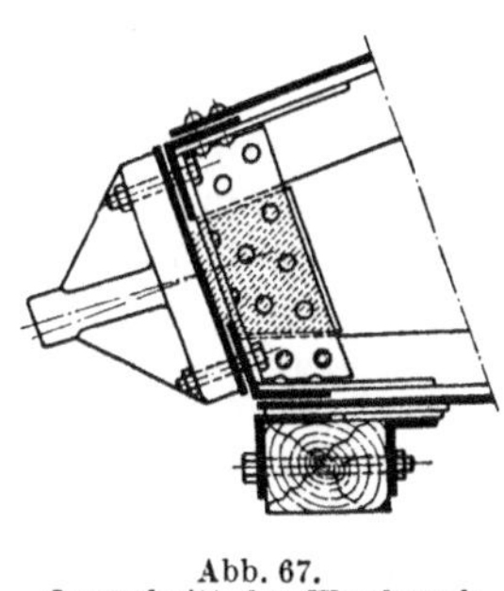

Abb. 67.
Querschnitt der Wendesäule.

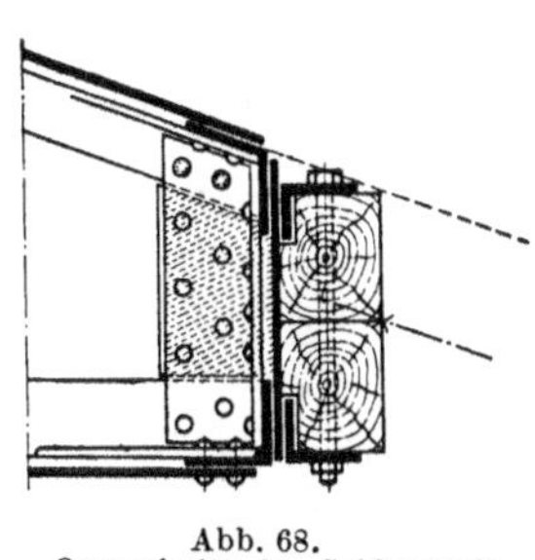

Abb. 68.
Querschnitt der Schlagsäule.

und durch Keilpressen gehalten. Auf der anderen Seite bleibt der Gummi weich; er dichtet hier gegen eine Stahlplattenarmierung der Wendenische und des Drempels.

Stählerne Riegeltore werden leichter im Gewicht, bequemer in der Herstellung, klarer in der Beanspruchung und damit auch am billigsten, wenn man große Riegelabstände wählt. Eine besonders gute Ausnutzung erfahren solche Riegel, die nicht auf beiden Seiten geradlinig, sondern auf der Innenseite

Abb. 69. Doppelschleusen der Kachletstaustufe.

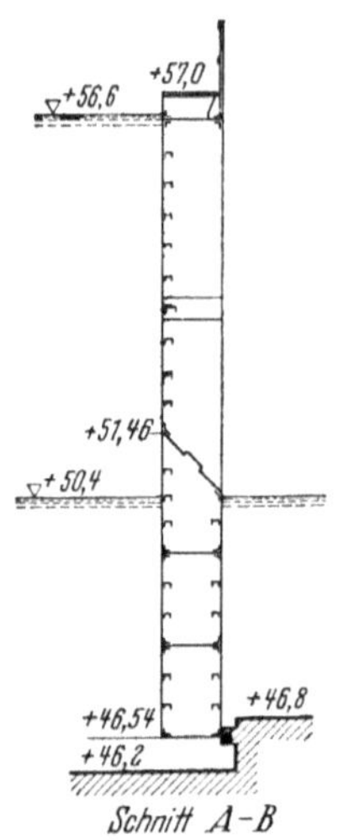

gerade und auf der Außenseite gekrümmt sind, ohne daß hierbei das Tor zum „Gewölbetor“ wird. Diese Bauweise hat aber den Nachteil einer schwer anpaßbaren Form der Tornische; außerdem bereitet sie gewisse Schwierigkeiten beim Einbau von Torschützen, abgesehen von Erschwernissen in der werkstattmäßigen Bearbeitung der Konstruktion. Man bevorzugt aus diesen Gründen heute in Deutschland allgemein das Schleusentor mit ebener Torhaut und nahezu gleich starker Ausbildung der Riegel in Flügelmitte und an Wende- bzw. Schlagsäule.

Das Untertor der 3. Schleuse Münster i. W. ist ein Stemmtor der zweitgenannten Bauart. Man kann es auch als „Gewölbetor“ bezeichnen. Bei ihm bilden die gekrümmten Flügel in geschlossenem Zustand eine Kreiszylinderfläche, in denen der Wasserdruck keine Biegung, sondern nur einen Tangentialdruck hervorruft, wobei die notwendige Sicherheit gegen Ausknicken des Blechmantels durch kleine Spanten erfolgt (Abb. 70). Die eingebauten Schwimmkästen verringern das zu bewegende Gewicht eines Flügels von 22 t auf 3 t. Darüber hinaus bewirken sie durch die doppelte Blechhaut und die erforderlichen Schottwände eine gewisse Aussteifung. Die Dia-

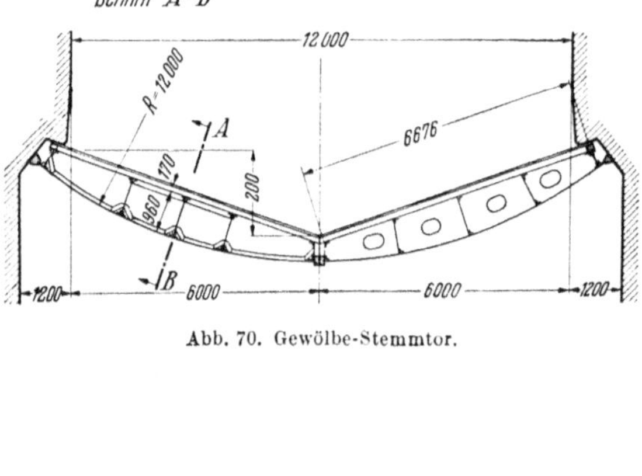

Abb. 70. Gewölbe-Stemmtor.

gonalen laufen infolgedessen nur über das obere Torteil. Das ist allerdings auch schon bei dem Riegeltor der Abb. 65 geschehen. Jedoch weisen im allgemeinen ohne Schwimmkästen ausgeführte Stemmtore gekreuzte Diagonalen auf, die über die ganze Torfläche hinwegreichen. Gelegentlich hat man die Aussteifung von stählernen Stemmtoren auch durch ein in Flügelmitte angeordnetes senkrechtes Rohr vorgenommen, das mit den Riegeln verschweißt wird, um durch seine Torsionsfestigkeit ein Verdrehen und Verziehen der Torfläche zu verhindern. (Schleuse Werries am Kanal Hamm—Lippstadt).

Die Berechnung von Stemmtoren fußt auf der Annahme, daß bei geschlossenen Flügeln der Stemmdruck durch die Mitte der Berührungsfläche der Schlagsäule geht. Dies trifft bei kleineren Toren hinreichend genau zu. Große Stahltore unterliegen aber bei Temperaturwechsel erheblichen Längenänderungen

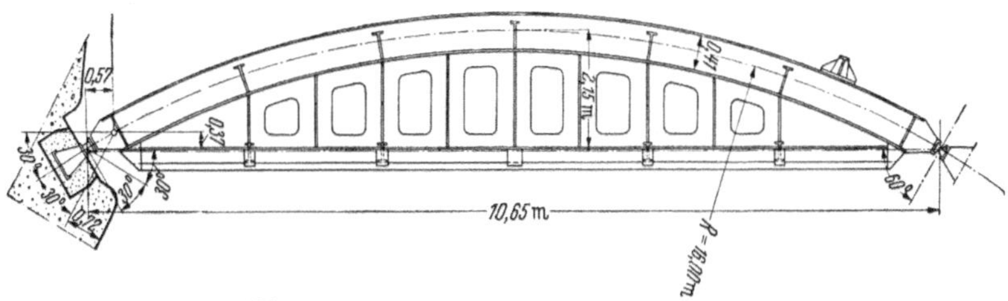

Abb. 71. Torflügel der MacNary-Schleuse (USA.).

der Riegel, so daß die Berührung der Dichtungsfläche an den Schlagsäulen nicht in ganzer Fläche erfolgt. Der Stemmdruck wandert vielmehr von einer Kante zur anderen und geht daher nur gelegentlich durch die Mitte der Berührungsfläche. Hierdurch entstehen andere Spannungen im Torgerippe als die Berechnung ergibt. Man vermeidet dies dadurch, daß man die beiden Schlagsäulen gelenkig zueinander lagert. Der Stemmdruck wird so gezwungen, durch einen bestimmten Punkt hindurchzugehen. Eine solche Anordnung zeigen die 10,65 m breiten Torflügel der Schleuse MacNary, welche ein Höchstgefälle von 28 m aufweist (Abb. 71). Auch hier sind die Riegel nach der Oberwasserseite zu gekrümmt, während der Drempel gerade ist, dessen Neigung ein Viertel der Schleusenbreite beträgt. Da das hohe Gewicht derartiger Stemmtore nicht mehr durch Hals- und Spurlager allein aufgenommen werden kann, schafft man in der Nähe der Schlagsäule unter dem untersten Riegel eine zweite Unterstützung. Sie besteht aus einer Laufrolle, welche sich auf einer konzentrisch zur Drehachse hergestellten viertelkreisförmigen Gleitbahn mit Schiene bewegt.

Die Anschlagshöhe von Stahltoren am Drempel beträgt je nach der Größe des Flügels in Abhängigkeit von dem Gefälle 15 bis 25 cm. Die freie Höhe des Tores über Oberwasser bestimmt sich nach den örtlichen Verhältnissen. Bei Kanalschleusen mit gleichbleibendem Wasserspiegel genügen 30 bis 35 cm während bei Flußschleusen der Wasserstandswechsel entscheidend ist. Es wird hier häufig ein Überströmen bei Hochwasser zugelassen. Bei Seeschleusen ist die Größe des Wellenganges bei den höchsten Wasserständen zu berücksichtigen. Dies führte dazu, das Tor in der Regel 1 m, unter Umständen bis zu 2 m über das höchste H.W. hinausragen zu lassen.

Die *Höhe* des *Drempeldreiecks* schwankt bei Stahltoren wie bei Holztoren zwischen $^1/_4$ bis $^1/_6$ der Schleusenweite. Das letztgenannte Maß dürfte das zweckmäßigere sein.

Die beiden *Torlager* werden bei Stahltoren grundsätzlich genau so ausgebildet wie bei hölzernen Toren, jedoch entsprechend dem größeren Gewicht in stärkerer Ausführung (Abb. 72 u. 73).

Die auf das untere Lager wirkende Horizontalkraft Z führt einen Verschleiß des Spurzapfens und seiner Büchse herbei (Abb. 74). Daher erreicht die in dieser Höhe gelegene Stützknagge ihre in der Wendenische zugehörende Auflager-

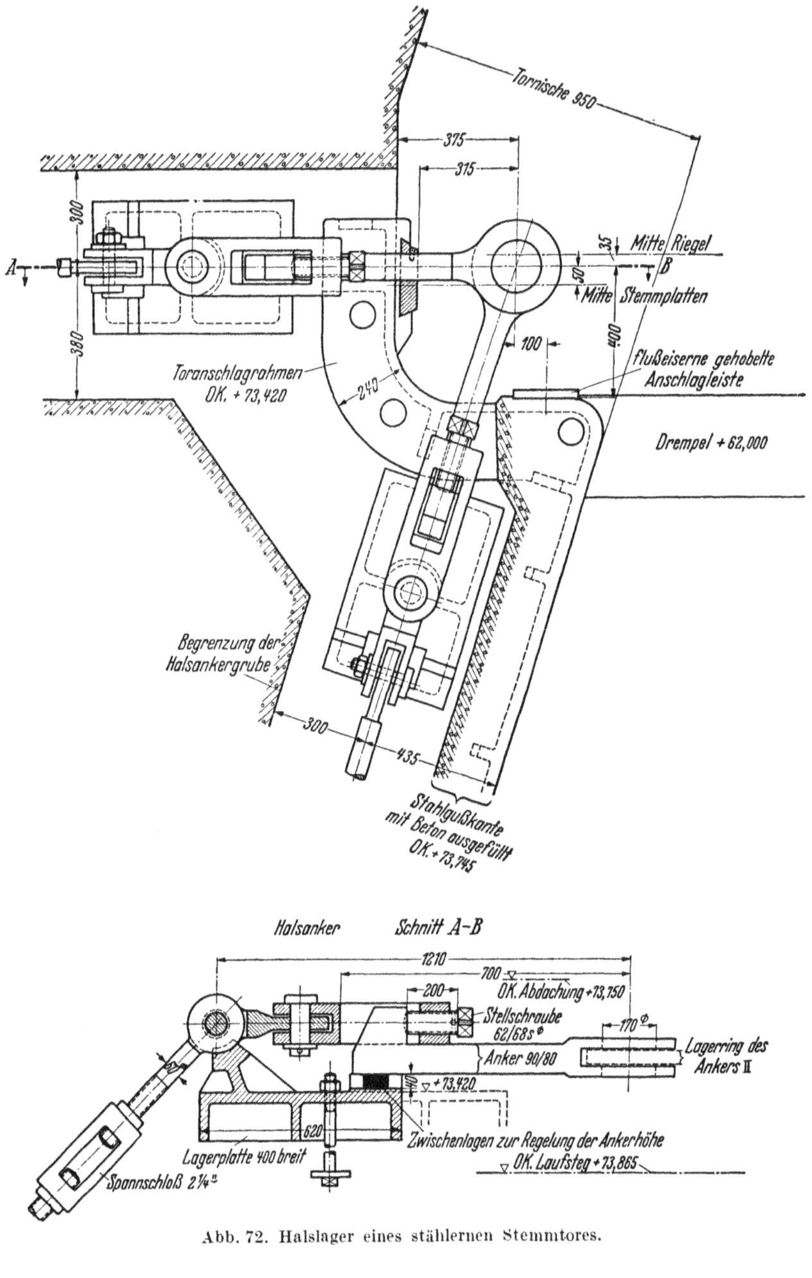

Abb. 72. Halslager eines stählernen Stemmtores.

platte, bevor sich das Tor in seiner Schlußstellung befindet. Die Stützknagge rutscht also beim Weiterbewegen des Tores über die Platte und ruft hier, abgesehen von einer Vergrößerung der Bewegungswiderstände, eine starke Abnutzung der Knagge sowie der Platte hervor. Im weiteren entstehen dadurch Undichtigkeiten und Änderungen in den statischen Verhältnissen des Tores.

Buchholz hat diese Nachteile durch eine patentamtliche geschützte Lagerkonstruktion beseitigt. Das Tor wird auf eine durch Anschläge begrenzte schräge Pendelstütze gesetzt, die in das Tor oder in den Torkammerboden eingebaut werden kann. Letztgenannte Anordnung zeigt Abb. 75. Steht die Stütze lotrecht, so kommt der gesamte waagerechte Schub auf die Knagge. Ist die Schräglage so groß, daß beide Momente einander gleich sind, dann wird der Druck auf die Stützplatte gleich Null. Bei noch schrägerer Lage der Stütze überwiegt das Tormoment. Es entsteht eine von der Wendenische ab-

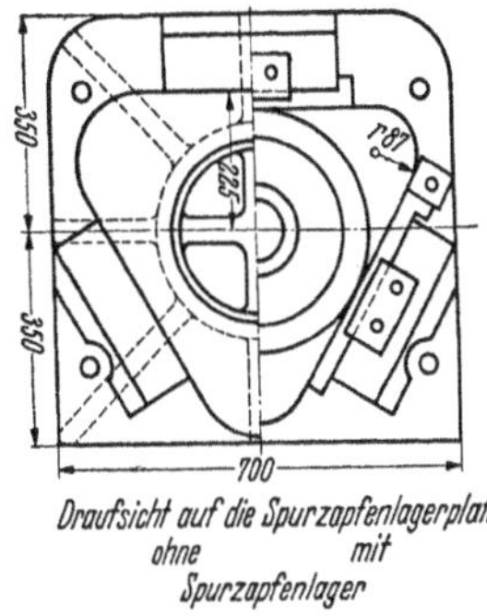

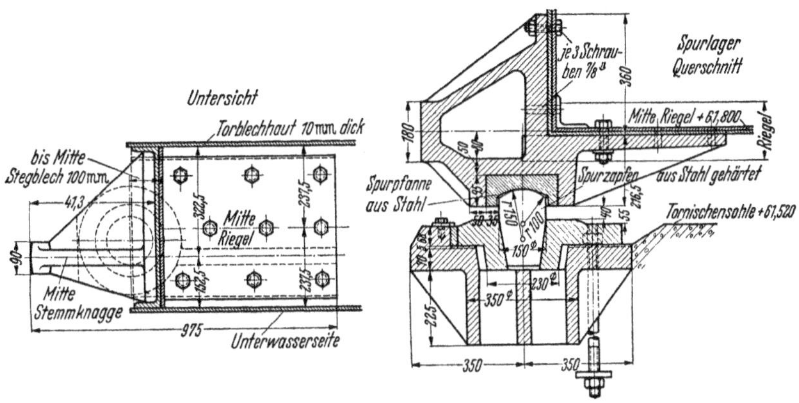

Abb. 73. Spurlager eines stählernen Stemmtores.

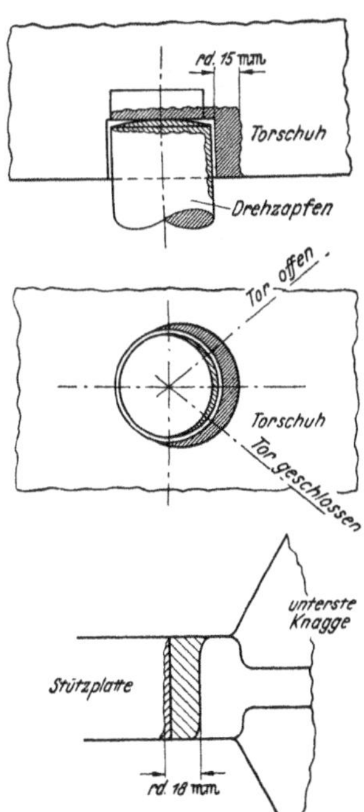

Abb. 74.

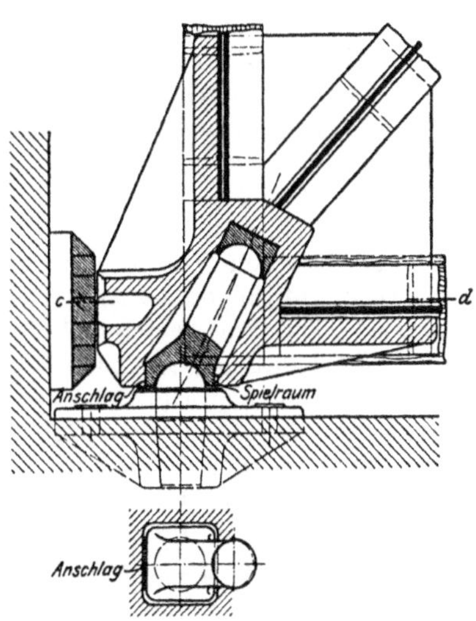

Abb. 75. Buchholz-Lager für Stemmtore.

gewendete Kraft, wodurch die untere Torecke bis zum Anschlag abfällt. Die Größe der Nachgiebigkeit gegen die Druckplatte der Wendenische beträgt 2 bis 5 mm, die gegen die Drempelebene 15 bis 20 mm. Die Pendelstütze legt sich, solange kein Stemmdruck vorhanden ist, gegen den Anschlag. Während der Torbewegung wirken allein die obere oder untere Kugelfläche als Spurlager, jedoch mit dem Unterschied gegenüber festen Lagern, daß kein seitliches Gleiten eintreten kann. Die unterste Knagge geht bis zum vollständigen Torschluß um ein genau zu bestimmendes Maß an der Stützplatte vorbei. Setzt nun der Stemmdruck ein, so werden die Tore und damit die Knaggen gegen die Stützflächen bewegt. Läßt der Stemmdruck nach, so fallen die Tore mit allen Knaggen von den Stützflächen ab, und die Pendelstütze legt sich wieder gegen den Anschlag. Eine solche Torlagerung ist auch möglich, wenn keine Stemmwirkung auftritt. Der Vorteil ihrer Anwendung liegt hier in der Nachgiebigkeit gegen die Dichtungsflächen.

Die *Bewegung* kleiner Holztore erfolgt in einfachster Form durch *Schiebestangen*, mit denen die Flügel von der Schleusenplattform aus zugedrückt oder aufgezogen werden. Diese auch als Staken bezeichneten Stangen sind an einem

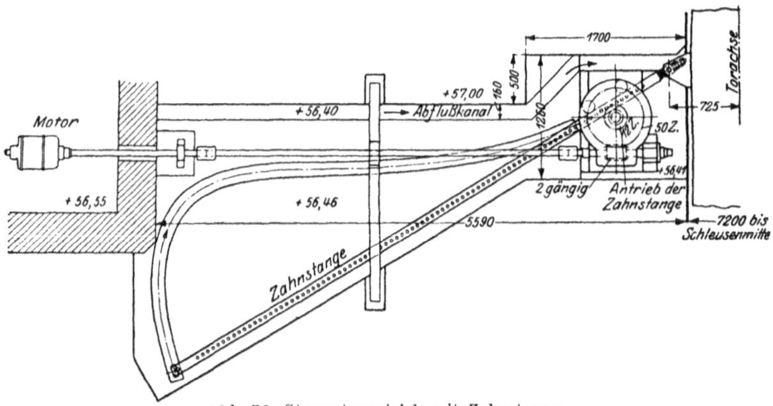

Abb. 76. Stemmtorantrieb mit Zahnstange.

Ende mit einem stählernen Haken versehen, der in eine entsprechende Öse an der Schlagsäule eingreift. Eine gleich einfache Vorrichtung ist die Verlängerung des obersten Riegels über den Halszapfen hinaus und seine Ausbildung als *Drehbaum*. Er wird in der Regel durch Vorwärtsdrücken bewegt. Eine andere Lösung besteht darin, daß man am Ende des Drehbaumes ein Zahnrad mit Kurbel und Vorgelege anordnet, das in einen auf der Plattform des Schleusenhauptes verankerten Quadranten eingreift und auf diesem entlangläuft. Der Drehbaum hat den Vorteil, daß sich auf ihm Gegengewichte zum Ausgleich der Torlast aufbringen lassen. Weitere ältere Antriebsmittel sind der *Schiebebaum* und der *Sprossenbaum*. Bei größeren Stemmtoren dienten früher auch *Seile* als Verbindungsglied zwischen Tor und Triebwerk. Ihre Verwendung hat den Vorzug niedriger Herstellungskosten, ist aber infolge der unvermeidlichen kreuzweisen Anordnung über der Schleusenausfahrt nur möglich, wenn keine Behinderung für den Schiffsverkehr besteht, also bei größerer Fallhöhe und wenig schwankendem Unterwasser.

Moderne Stahltore mit *elektrischer* Kraftquelle haben als Bewegungsmittel heute überall eine *Schubstange*, die in irgendeiner Weise vorwärtsgedrückt und zurückgezogen wird. Sie muß stets federnd gelagert sein, damit für den Motor keine Überlastung eintritt, wenn sich Fremdkörper zwischen Anschlagsfläche und Dichtungsleiste eingeklemmt haben. Abb. 76 zeigt einen Antrieb,

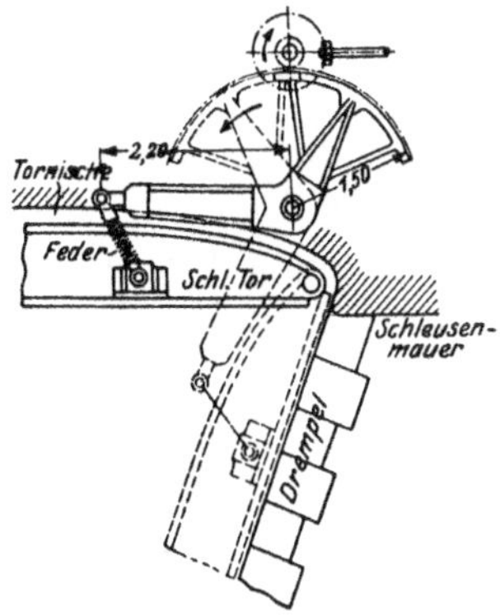

Abb. 77. Kniehebelantrieb.

bei dem die Schubstange als Zahnstange ausgebildet ist. Das Antriebsmittel wird hier so nahe wie möglich an die Tornische herangerückt, damit die stark auf Knicken beanspruchte Schubstange die geringste Länge erhält. Der Weg des mauerseitigen Endes der meist mit Triebstockverzahnung versehenen Schubstange ergibt sich aus der Torbewegung. Bei dem Kniehebelantrieb der Abb. 77 ist der durch das Antriebsritzel zu bewegende Motor unabhängig vom Tor gelagert. Der Kurbelradantrieb der Abb. 78 beruht auf dem Gedanken, die Schubstange in den beiden Endstellungen des Tores so zu legen, daß Angriffspunkt am Tor, Befestigungspunkt auf der Scheibe und ihr Mittelpunkt eine Gerade bilden. Läuft die Scheibe über die Endstellung hinaus, so tritt von selbst eine rückläufige Bewegung ein, wodurch Schäden an der Antriebsvorrichtung sowie am Tor unmöglich gemacht werden. Den gleichen Vorteil des Nichtüberschreitens der Endstellung erreicht

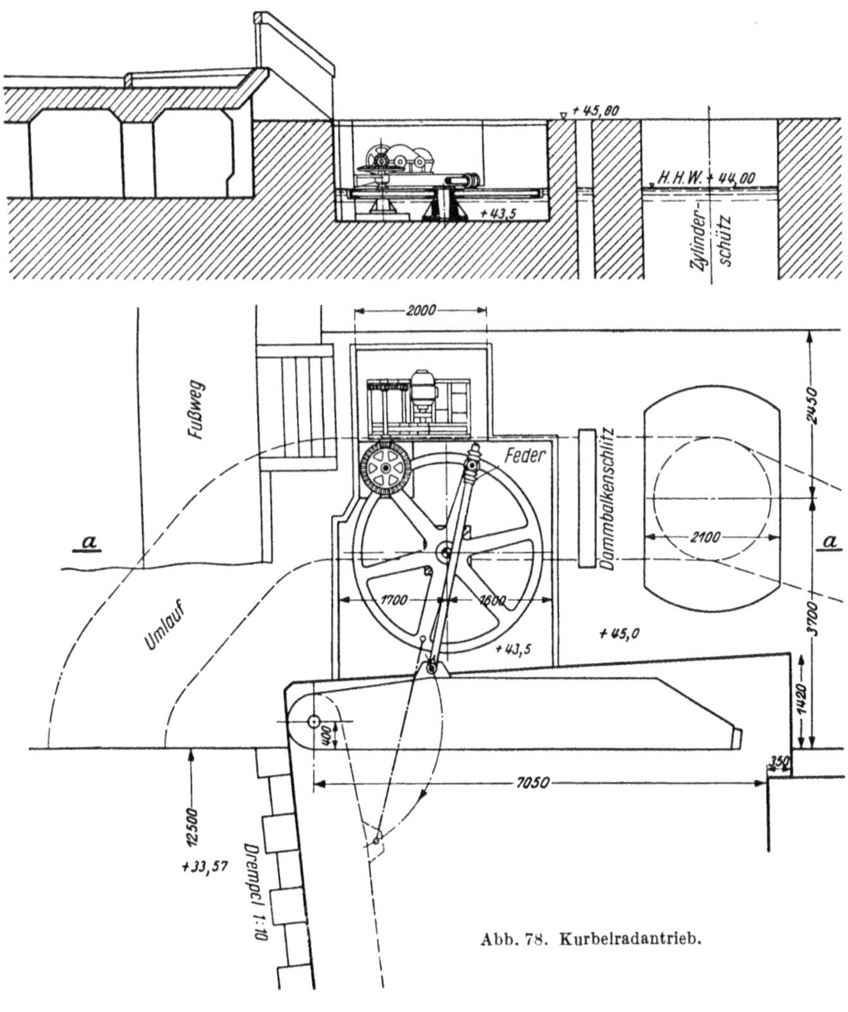

Abb. 78. Kurbelradantrieb.

man mit der Anordnung nach Abb. 79. Hier ist die Schubstange am Tor und an dem Mauerwerk des Hauptes gelenkig befestigt, außerdem mit einem Mittelgelenk versehen, in dem eine zweite durch das Antriebsritzel bewegte Schubstange angreift.

Der Antrieb, welcher sich in der Praxis am besten bewährt hat und daher heute am meisten angewendet wird, ist der Kurbelradantrieb. Man bezeichnet ihn auch als *Segmentantrieb*, da das horizontal liegende Drehrad nur als Drehsegment ausgebildet zu werden braucht (Abb. 80). Dadurch, daß sich die Tor-

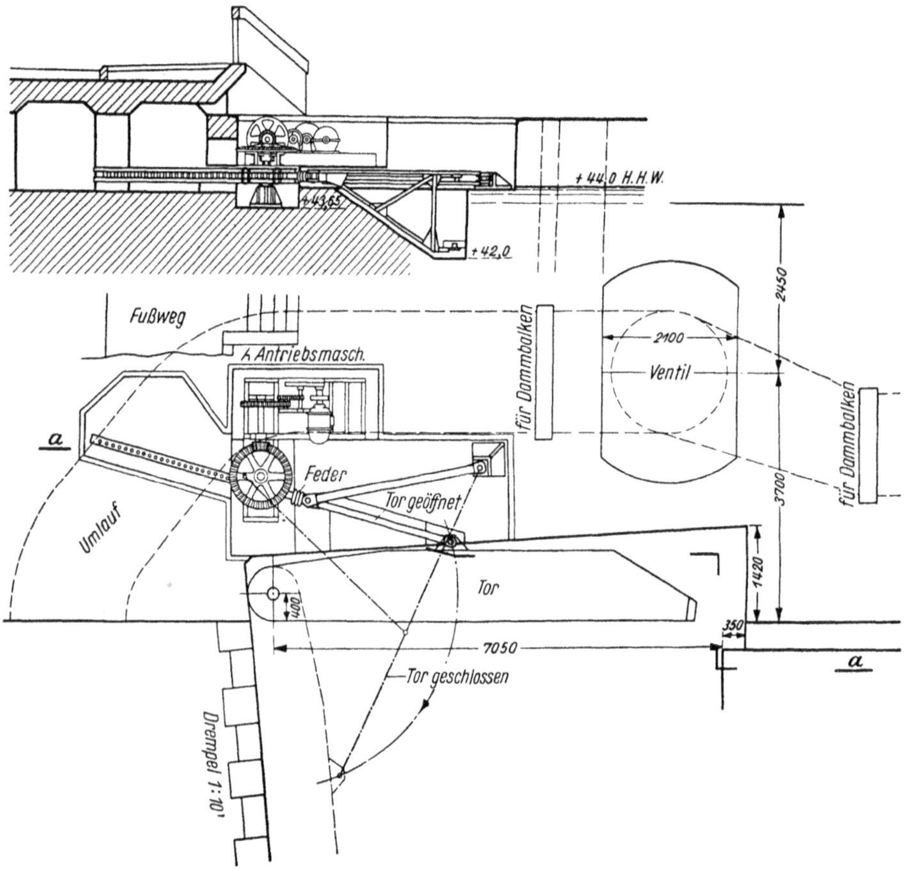

Abb. 79. Gelenkstangenantrieb.

flügel erst langsam, dann schneller und wieder langsam bewegen, ist erreicht, daß in den Stellungen, in denen durch das Öffnen gegen einen Stau und das Herausdrücken des Wasserkeiles zwischen Tor und Mauerwerk große Widerstände entstehen, eine Kniehebelwirkung hervorgerufen wird. Es sind also gerade in den Stellungen des größten Kraftbedarfes die Zahndrücke am geringsten. Die Antriebsmotoren brauchen infolgedessen nur für eine mittlere Leistung bemessen zu werden, denn die am Anfang und Ende der Widerstandsdiagramme liegenden Spitzen erhöhen den Kraftbedarf nicht. Ein weiterer Vorteil des Kurbelradantriebes liegt darin, daß man die Motore nicht so genau ein- und auszuschalten braucht, da in den Endstellungen großen Kurbelwegen nur kleine Torwege entsprechen. An der neuen Schleuse Havelberg werden die Stemmtorflügel durch drucksteife Gelenkzahnstangen Bauart MAN bewegt.

Die dabei erforderliche Antriebsvorrichtung braucht weniger Platz als der Segmentantrieb. Dieser Vorteil rechtfertigte jedoch nicht seine Anwendung, wenn er nicht den weiteren in sich schlösse, die Tore auch gegen geringen Überdruck von Unterwasser her sicher zu halten, was aus örtlichen Verhältnissen heraus gelegentlich notwendig wird.

Es ist unbedingt darauf zu achten, alle Antriebsteile ausreichend kräftig zu konstruieren. Beim Öffnen und Schließen der Tore treten oft unerwartete und kaum vorauszusehende Umstände ein, die eine vorübergehende Überlastung herbeiführen. Eine zusätzliche Sicherheitsmaßnahme ist hierbei die Einschaltung von Rutschkupplungen zwischen *Elektromotor* und dem zur Herabsetzung seiner Drehgeschwindigkeit notwendigen *Vorgelege*.

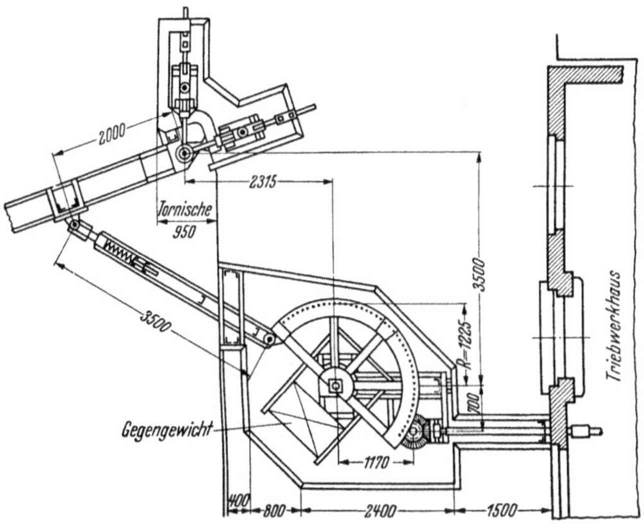

Abb. 80. Segmentantrieb.

Jeder Stemmtorantrieb muß nach Erreichen der jeweiligen Endlage stillgesetzt werden. Dies geschieht durch den Einbau von Bremsen und Endausschaltern. Die Bremsen haben die lebendigen Kräfte der bewegten Masse zu vernichten. Sie werden meist durch Gewichte und Federn angezogen und durch Hubmagnete und Bremslüftmotore gelöst. Durch Verschieben der Gewichte auf dem Bremsgestänge oder durch Veränderung der Federspannung kann die Bremswirkung geregelt werden. Die meisten Schleusenverschlüsse erfordern schnell einfallende Bremsen, um ein zu großes Nachlaufen des Triebwerkes zu verhindern. Der die Bedienung einer Schleuse durchführende Schleusenwärter kann nur selten von der Stelle aus, von wo er die Bedienung wahrnimmt, genau erkennen, wann ein Verschluß voll geöffnet oder voll geschlossen ist. Er ist somit nicht in der Lage, den Elektromotor jeweils so genau auszuschalten, daß das Triebwerk gerade dann stehenbleibt, wenn der Verschluß die richtige Endstellung erreicht hat. Man baut heute allgemein in die Triebwerke Endausschalter ein, die das Stillsetzen der Antriebe im richtigen Augenblick bewirken. Als Endausschalter werden im Schleusenbau Hebel-, Gewinde- und Getriebe-Endausschalter verwendet. Von ihnen haben sich die durch die Siemens-Schuckertwerke entwickelten Getriebe-Endausschalter am besten bewährt.

Die zusätzliche Anordnung eines *Handantriebes* hat den Zweck, bei Ausfall des Stromes oder bei Störungen in dem elektrischen Teil des Antriebes noch Schleusungen durchführen zu können. Der Handantrieb wird in der Regel über eine Klauenkupplung, die durch einen Handhebel in Achsrichtung der Vorgelegewelle ein- bzw. ausgerückt wird, bedient. Um zu verhüten, daß man bei nicht ganz vollendeter Umstellung der Kupplung den elektrischen Antrieb einschaltet, wodurch Beschädigungen des Triebwerkes und Verletzungen der den Handantrieb bedienenden Schleusenwärter durch die dann herumschlagende Kurbel eintreten können, ist mit dem Kupplungshebel zwangsläufig eine Verriegelung des elektrischen Antriebes verbunden.

Abb. 81. Registerschütze.

Die Mehrzahl der mit Elektrizität versorgten Schleusen ist heute an bestehende Netze von Überlandwerken angeschlossen. Die hierbei erforderlichen Transformatorenstationen sollen möglichst in eine Ringleitung eingeschlossen sein. Es wird dadurch verhütet, daß die Stromversorgung unterbrochen wird, wenn eine Zubringerleitung ausfällt. Grundsätzlich werden an neueren Schleusen keine Freileitungen, sondern nur Kabel verlegt, und zwar auf dem Bauwerk selbst in gemauerten Kanälen, so daß sie jederzeit leicht zugänglich sind. Ist ihre Lage in Erdreich neben der Schleuse erforderlich, so sind Kabelmarksteine zu setzen. Eine weitere zweckmäßige Maßnahme besteht in der mehrfachen Anbringung von Steckdosen auf der Schleuse, um für die Ausführung von Instandsetzungsarbeiten, dem Einsatz von Pumpen für die Trockenlegung der Kammern u. dgl. jederzeit den benötigten Strom leicht entnehmen zu können.

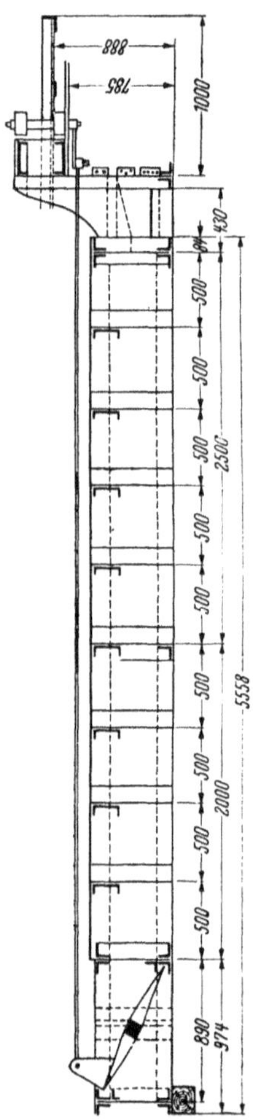

Abb. 82. Schleusentor mit Klappschütze.

Das *Siel-* oder *Schlagtor* ist immer nur da anwendbar, wo sich für das obere Rahmstück ein sicherer Anschlag finden läßt. Den infolge Wegfall der Stemmwirkung zwischen den beiden Mittelsäulen entstehenden Spalt überdeckt ein an dem einen Torflügel angebrachtes Federblech oder ein Lederstreifen. Der Antrieb wird hierbei so eingestellt, daß der die Dichtung tragende Torflügel in seiner Bewegung dem anderen nachfolgt. Infolgedessen preßt der mit Füllen der Kammer eintretende Wasserdruck die Dichtung auf die Mittelsäule des Flügels, welcher zuerst die Schlußstellung erreicht hat.

Es war schon im Abschnitt II dargelegt worden, daß die Anordnung von *Torschützen* die älteste Art des Füllens und Leerens einer Schleusenkammer ist. So weist auch das in Abb. 58 wiedergegebene Holztor zwischen den untersten beiden Riegeln eine durch eine einfache Gleitschütze zu bedienende Öffnung auf. Derartige Zugschütze zeigen erfahrungsgemäß nach verhältnismäßig kurzer Zeit einen starken Verschleiß, wodurch sie undicht werden. Auch erfordern sie infolge der gleitenden Reibung große Kräfte zur Bewegung. Die weitere Entwicklung hat daher zunächst zur Register- oder Kulissenschütze geführt, deren Wirkungsweise im Prinzip Abb. 81 zeigt. Um die Durchflußöffnung freizugeben, bedarf es bei ihr nicht eines Hebens um die volle Höhe der Schütze, sondern nur um die geringe Höhe einer Kulisse. Durch Abrundung der Ecken an den Schützstreifen kann der Abfluß günstig beeinflußt werden. Ein Nachteil liegt jedoch in der großen Anzahl von Fugen sowie in der Vergrößerung der im Tor auszusparenden Öffnung, um den benötigten Durchflußquerschnitt zu erhalten. Die Verwendung von Dreh- oder Klappverschlüssen als Torschützen hat ebenfalls den Vorteil geringer Antriebskräfte, aber den Nachteil, daß auch hier wie bei der Registerschütze ein ungestörter Abfluß nicht vorhanden ist (Abb. 82). Es wirkt nicht nur die mitten durch die Öffnung verlaufende Drehachse, sondern auch die sich in Fließrichtung einstellende Schütze auf den Wasserdurchfluß hemmend. Zudem besteht die Gefahr, daß durch ein „Flattern" der Schütze der Torkörper in Schwingungen gerät, zum mindestens unerwünschte dynamische Beanspruchungen erfährt, was weiterhin Lockern von Nieten oder Reißen von Schweißnähten zur Folge haben kann. Man ist daher neuerdings auf dem Wege zur umlauflosen Schleuse zur Segmentschütze als Torschütze gekommen. Sie hat den Vorzug, daß sie sich ungeachtet der verhältnismäßig geringen Bewegungswiderstände so in den Torkörper einbauen läßt, daß dem Wasserdurchlaß kein Hindernis mehr entsteht. Hierbei sind zwei Bauformen zu unterscheiden: das Stemmtor mit eingebautem Segment und das Stemmtor mit angehängtem Segment.

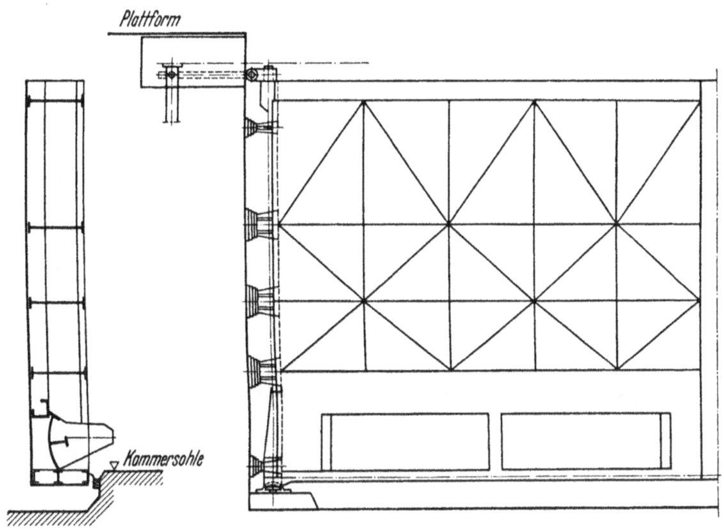

Abb. 83. Stemmtor mit eingebautem Segmentschützen.

Die grundsätzliche Bauweise eines *Stemmtores* mit *eingebauter Segmentschütze* zeigt Abb. 83. Sie ist zum ersten Male an einigen Schleusen des neuen Klodnitz-Kanals angewandt worden, sodann an der neuen Mühlendammschleuse in Berlin. Das Tor der Abb. 83 hat ohne Segmente ein Gewicht von 48 t. Das sind rd. 0,5 t je m^2 Torfläche; mit Segmenten wiegt es 58 t. Das Öffnen der Torschützen erfolgt mit einer Geschwindigkeit von 4 mm/sek, das des Tores in einer Zeit von $1^1/_2$ min gegen einen Überdruck von 10 cm. An der Mühlendammschleuse befinden sich in jedem Torflügel 2 Segmentverschlüsse von je $2{,}10 \cdot 0{,}67 = 1{,}4\ m^2$ Durchflußfläche. Außerdem ist der Raum zwischen dem über den Torschützen vorhandenen und dem nächsthöhergelegenen Riegel als Luftkasten ausgebildet, wodurch das Gewicht der Tore zur Hälfte ausgeglichen wird. Die Öffnungszeit für die Segmentkörper beträgt hier 3,5 min oder 3 mm/sek, die Schließzeit 0,5 min. Die Bedienung erfolgt in der Form, daß zuerst die Segmente geöffnet bzw. geschlossen werden müssen, bevor die entsprechende Torbewegung einsetzt. Es ist hierbei nur eine Schubstange angeordnet, die Schützen und Torflügel bewegt. Jedoch sind zwei Motore vorhanden, die nacheinander auf dasselbe Vorgelege arbeiten. Der die Bewegung des Tores auslösende Motor hat eine Stärke von 0,5 kW, der für die Bewegung der Segmente eine solche von 4,2 kW.

Während sich bei dem *Stemmtor* mit eingebautem Segment unter der Schütze noch ein Hauptriegel befindet, entfällt er bei der Bauart mit *angehängtem Segment* und damit auch ein durchgehender Drempelanschlag (Abb. 85). Der unterste Stemmriegel liegt etwa 1,80 m über dem Torkammerboden, bis zu dem Schlag- und Wendesäule hinabreichen. Sie tragen die Gelenkbolzen für das Segment, das auf die ganze Breite eines Torflügels durchgeht. Da eine solche Ausführung infolge der großen Stützweite der Torschützen eine entsprechend starke Konstruktion erfordert, kann der sonst übliche Segmentquerschnitt mit unterwasserseitigem Drehpunkt nicht mehr angewandt werden. Dieser muß vielmehr auf die Oberwasserseite zu liegen kommen, während das

Abb. 84. Stemmtor mit Segmentschützen.

Antriebsgestänge auf der Unterwasserseite verbleibt. Die Blechhaut ist hierbei so geformt, daß sie in der Höchstlage einen stetigen, nach der Energievernichtungsschwelle gerichteten Durchflußquerschnitt freigibt. Die Teile der Wende- und Schlagsäule, in deren Bereich sich die Auflager der Segmente befinden, sind als Kastenquerschnitte ausgebildet und damit zur Aufnahme der von den Drehgelenken ausgeübten Kräfte hinreichend stark. Eine horizontale Versteifung besteht in der gekrümmten, am unteren Stemmriegel für die Scheiteldichtung der Segmentschützen angeordneten Führungswand. Die Abdichtung erfolgt hier wie an den Seiten durch gewöhnliche Federbleche mit Gummileisten. Den Schluß gegen die Drempelsohle bewirkt ein Holzbalken mit Gummiplatte. Alle Abdichtungen, besonders die seitlichen, sind so konstruiert, daß eine Zusammendrückung des untersten Stemmriegels infolge Wasserdruck keine Verklemmungen bei der Bewegung der Torschütze hervorrufen kann.

Die Kraftübertragung zu den Segmenten geschieht durch zwei unterwasserseitig angeordnete Hängestangen. Sie sind oben als Triebstock ausgebildet. Normalerweise wird der Antriebsmotor für die Schütze auf dem Tor untergebracht, während der Torantrieb wie üblich auf der Schleusenplattform liegt. Wo aber die Schleuse bei Hochwasser überflutet wird, muß auch der Antriebsmotor der Segmente seitlich untergebracht werden. In diesem Fall wird die Antriebskraft vom Motor über eine Kreuzgelenkkupplung am Tordrehpunkt nach dem Vorgelege für die Hubgestänge weitergeleitet. Die Verwendung von polumschaltbaren Motoren gestattet hierbei zweierlei Geschwindigkeiten für das Heben und Senken der Segmente.

Das Entleeren der Kammer erfolgt in der Art, daß zunächst die Segmentschützen mit einer gleichbleibenden Geschwindigkeit von 5 mm/sek in 160 sek angehoben und in der Höchststellung bis zum vollständigen Entleeren der Schleuse gehalten werden. Alsdann werden die Tore in 90 sek geöffnet und bei gehobenen Füllsegmenten gleichfalls in 90 sek geschlossen, worauf sie mit einer Geschwindigkeit von 11 mm/sek in ihre

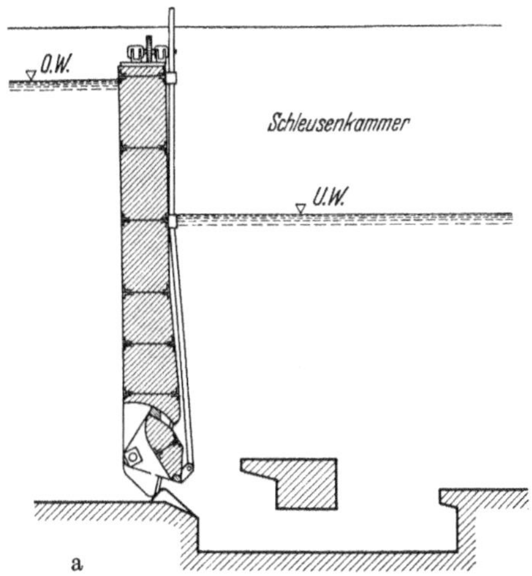

a

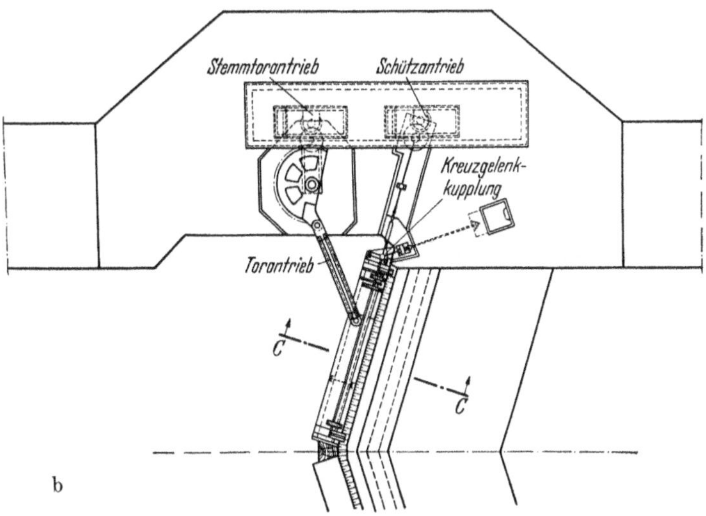

b

Abb. 85 a u. b. Stemmtor mit angehängter Segmentschütze.

Schlußstellung herabfallen. Das Stemmtor mit angehängtem Segment besteht bis heute nur im Entwurf. Es liegen daher noch keine betrieblichen Erfahrungen darüber vor [*230*].

Besondere *Sicherungen* gegen das *Anfahren* von Schiffen werden bei Obertoren von Binnenschleusen nach der Oberwasserseite zu nicht getroffen. Bei Untertoren hingegen hat man gelegentlich (3. Schleuse Münster i. W.) Ketten angeordnet, die von der Schlagsäule zur Seitenmauer verlaufen, wobei Pufferfedern zwischengeschaltet sind (Abb. 86). Allgemein üblich ist jedoch heute, auf die Stemmtorriegel nach der Unterwasserseite zu auf eine Höhe von etwa 2 m über bzw. unter Unterwasserspiegel imprägnierte Holzbalken zur Abdämpfung von Schiffsstößen

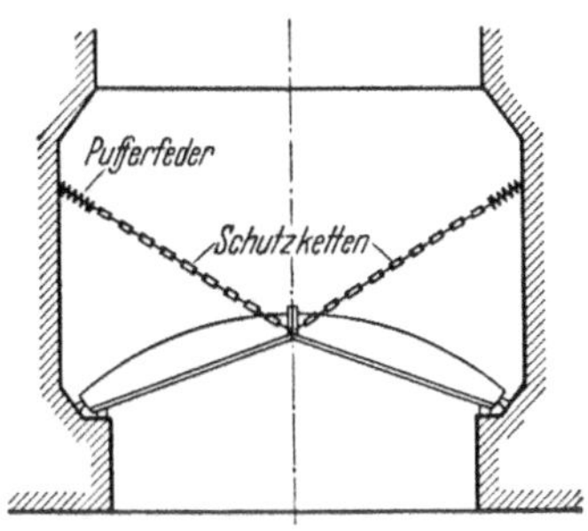

Abb. 86.
Kettensicherung von Stemmtoren.

aufzubringen. Die Anordnung eines zweiten Stemmtorpaares als Sicherheitstor vor dem Ober- bzw. Außentor bleibt auf Sonderfälle bei Seeschleusen beschränkt.

Die *Berechnung* eines *Stemmtores* hat sich auf das geschlossene und geöffnete Tor zu erstrecken. Sie ist verschieden, je nachdem ob es sich um ein Riegel-, ein Ständer- oder ein Tor mit durchgehend gekrümmter Blechhaut handelt. In jedem Falle wirken auf das geschlossene Tor der Wasserdruck, der Auftrieb und der Wellenschlag. Dieser wird in der Regel durch Annahme eines etwa 20 bis 50 cm höheren Oberwasserstandes in Rechnung gesetzt. Das Eigengewicht kann, soweit es die Ausbildung des Torgerippes betrifft, bei kleineren Toren vernachlässigt werden, bei größeren Toren hingegen nicht. Das Gleiche gilt für den Auftrieb. Besondere Verhältnisse ergeben sich naturgemäß, wenn Luftkästen zur Verminderung des Torgewichtes eingebaut werden. Während der Ansatz von Winddruck für den Nachweis der Spannungen in den einzelnen Konstruktionsgliedern eines Stemmtores nicht in Frage kommt, ist er bei der Bemessung der Stärke des Antriebes zu berücksichtigen. Es genügt hier jedoch, einen Wert von höchstens 150 kg/m² in Ansatz zu bringen.

Die Berechnung der *Bekleidung* von hölzernen Toren erfolgt hinreichend genau, indem die Bohlen als Träger auf zwei Stützen angesehen werden. Als Stützweite gilt hierbei, je nachdem, ob es sich um ein Riegel- oder ein Pfostentor handelt, der Abstand der Riegel — in Bohlenrichtung gemessen — bzw. der Abstand der Pfosten. Zur Berechnung der Blechhaut von Stahltoren wird meistens die Bachsche Formel

$$\delta = \frac{b}{2}\sqrt{\frac{2\mu p}{\left[1+\left(\frac{b}{a}\right)^2\right]\sigma_z}}$$

benutzt. Darin bedeuten:

δ die erforderliche Blechstärke in cm,
a die längere und b die kürzere Seite der rechteckigen Blechtafel in cm,
p die Belastung in kg/cm²,
σ_z die zulässige Beanspruchung = 1400 kg/cm²,
μ einen Beiwert, der den jeweiligen Auflagerbedingungen Rechnung trägt. Ein Mittelwert zwischen allseitiger Einspannung und allseitiger Auflagerung ist $\mu = 0{,}94$.

Der senkrecht zur Begrenzungsfläche eines Torflügels anstehende Wasserdruck ist stets ohne entgegenwirkenden Unterwasserdruck anzusetzen, um für das Obertor dem Belastungsfall einer leergepumpten Schleusenkammer, für

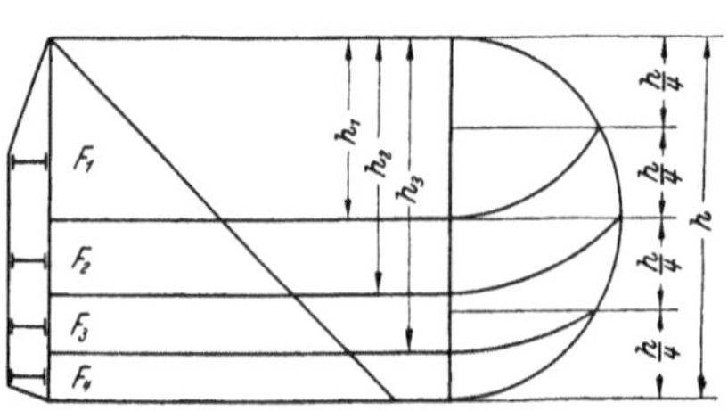

Abb. 87.

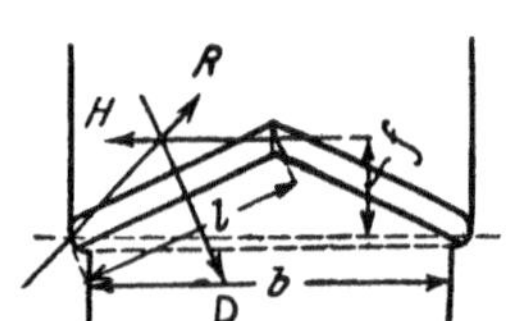

Abb. 88.

das Untertor dem Einbau eines Notverschlusses nach Unterwasser gerecht zu werden. Will man alle *Riegel* eines Stemmtores gleich belasten, so ergibt sich ihre Einteilung graphisch nach Abb. 87.

Der auf einen Torflügel wirkende Wasserdruck D erzeugt zwei Reaktionen H und R, welche als Mittelkräfte der einzelnen auf die Schlag- und Wendesäule übertragenen Kräfte anzusehen sind und in gleicher Höhe wie D liegen (Abb. 88). H steht senkrecht zur Berührungsfläche beider Torflügel und geht durch ihre Mitte, R geht durch die Berührungslinie der Wendesäule mit der Wendenische. Es wird also hierbei angenommen, daß der Drempel keine Belastung erfährt.

Dies ist praktisch natürlich nicht der Fall. Da der auf ihn entfallende Anteil des Wasserdruckes aber einer rechnerischen Erfassung schwer zugänglich ist, wird diese Tatsache vernachlässigt zugunsten einer stärkeren Ausbildung des sonst statisch unbestimmten Riegeltores. Es ist nun

$$H = R = D\frac{l}{2f},$$

und mit

$$D = \gamma l \frac{h^2}{2},$$

$$H = R = \gamma l^2 \frac{h^2}{4f}.$$

Die Kräfte H und R verteilen sich über die Länge der Wende- bzw. Schlagsäule ebenso wie der Wasserdruck D über die gesamte Torhöhe. Ist der Riegel-

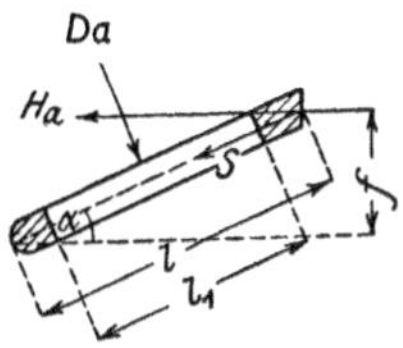

Abb. 89.

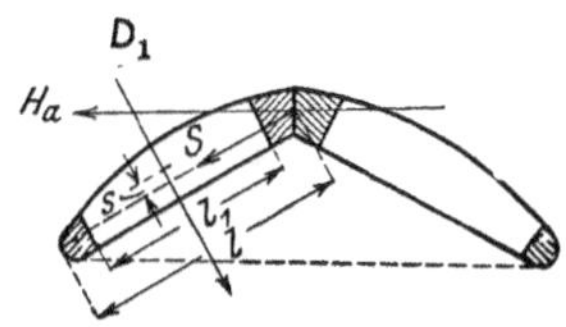

Abb. 90.

abstand a und der Querschnitt eines Riegels auf seine ganze Länge gleich, dann ist der auf ihn entfallende Wasserdruck $D_a = \gamma a\, l\, h_1$. Er erzeugt eine Reaktion

$$H_a = D_a \frac{l}{2f} = \gamma \frac{a\, l\, h_1}{\sin\alpha},$$

von welcher die Seitenkraft S den Stemmdruck darstellt. Es ist $S = H \cos\alpha$ $= \gamma \frac{a\, l\, h_1}{2} \operatorname{cotg}\alpha$ (Abb. 89).

Außer durch die Längskraft S wird der Riegel mit dem Querschnitt F auf seine freitragende Länge l_1 noch durch die Kraft $D_1 = \gamma\, a\, l_1\, h$ auf Biegung beansprucht. Die auftretende Spannung σ ergibt sich daher aus der Beziehung

$$\sigma = -\frac{N}{F} \mp \frac{M}{W}\ (W = \text{Widerstandsmoment})$$

$$\sigma = -\frac{S}{F} \mp \frac{D_1 l_1}{8W}.$$

Setzt man für S und D_1 die obigen Werte ein, so ergibt sich

$$\sigma = -\gamma \frac{a\, l\, h_1}{2F} \operatorname{cotg}\alpha \mp \gamma \frac{a\, l_1^2\, h}{8W}.$$

Riegel, die nach Abb. 90 auf der Außenseite gekrümmt sind, erfahren eine günstigere Beanspruchung, da bei ihnen infolge der exzentrischen Lage der Stemmkraft ein entlastendes Moment auftritt. Während sich die Gesamtbeanspruchung in Flügelmitte zu

$$\sigma = -\frac{S}{F} \mp \frac{D_1 l_1}{8W} \mp \frac{S\, s}{W}$$

ergibt, beträgt sie an der Oberwasserseite

$$\sigma_0 = -\frac{S}{F} - \frac{D_1 l_1}{8W} + \frac{S\, s}{W}$$

und an der Unterwasserseite

$$\sigma_u = -\frac{S}{F} + \frac{D_1 l_1}{8W} - \frac{Ss}{W}.$$

Die günstigsten Riegelquerschnitte werden erzielt, wenn der Ausdruck

$$\left(\frac{D_1 l_1}{8W} - \frac{Ss}{W}\right)$$

ein Minimum wird. Das verlangt sehr starke Krümmungen der Außenflächen, welche häufig wegen der tieferen Tornischen nicht erwünscht sind. Man kann aber eine Vergrößerung des Wertes s erzielen, indem der Riegelquerschnitt durch Auflegen einer oder mehrerer Platten auf der Oberwasserseite unsymmetrisch ausgebildet und dadurch seine Schwerachse nach Oberwasser verschoben wird (Abb. 91).

Abb. 91.

Bei *Ständertoren* wird der von der Torhaut auf die Pfosten übertragene Wasserdruck auf das obere und untere Rahmstück weitergeleitet. Da letzteres aber ganz am Drempel anliegt, ist der gesamte Stemmdruck vom Oberrahmstück aufzunehmen. Dieses wirkt daher als normaler Stemmriegel, während tiefer angeordnete horizontale Aussteifungen nicht stemmen. Das obere Rahmstück ist zu berechnen als ein Balken auf zwei Stützen, der außer dem axial wirkenden Stemmdruck noch die Auflagerdrücke A der lotrechten Pfosten als Einzellasten erhält. Diese ergeben sich nach Abb. 92, wenn der waagerechte Abstand der Pfosten a ist, zu

$$A = D_a \frac{u}{h} = \gamma a \frac{h^3}{6},$$

$$B = D_a \frac{h-u}{h} = \gamma a \frac{h^3}{3}.$$

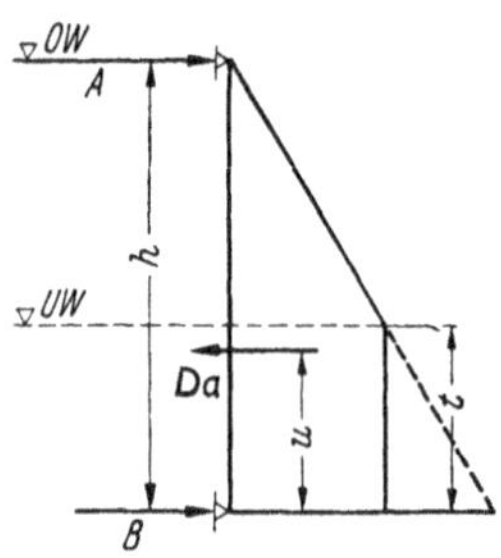

Abb. 92.

Die Übertragung der Auflagerreaktionen B erfolgt unmittelbar auf den Drempel.

Tore, deren Flügel im geschlossenen Zustand eine stetige *Zylinderfläche* bilden und die oben auch als „Gewölbetore“ bezeichnet worden sind — zum Unterschied gegen die Riegeltore mit nach Oberwasser gekrümmten Flügeln — erhalten durch den Wasserdruck eine Beanspruchung in der Blechhaut, die in einer bestimmten, wenn auch beliebigen Tiefe, von der Schlag- bis zur Wendesäule konstant ist. Für einen waagerechten 1 m hohen Streifen in der Wassertiefe x ist bei dem Radius r der Zylinderfläche

$$\gamma x r = \sigma d,$$

woraus Blechstärke

$$d = \gamma \frac{x r}{\sigma},$$

d ist also um so geringer, je kleiner der Halbmesser r ist. Dies würde bedeuten, daß man jeden Torflügel nach einen Viertelkreis krümmen müßte, was zu übergroßen Flügellängen mit hohem Materialverbrauch führt. Der geringste Materialverbrauch ergibt sich bei einem Pfeilverhältnis des Tores von etwa $^1/_3$. Aber auch eine solche Torform hat noch mancherlei Nachteile. Man wählt daher für Bogentore ebenso wie für Riegel- und Ständertore ein Pfeilverhältnis von $^1/_5$.

Ein *geöffnetes* Tor wird durch die in Abb. 93 eingezeichneten Kräfte beansprucht. Das Halslager erfährt einen Zug $Z = \frac{G_g - A_a}{h}$. Ebenso groß, aber entgegengesetzt ist der Druck D, den das Spurlager aufzunehmen hat. Die Zugkraft Z ruft je nach der Torstellung verschiedene Ankerspannungen Z_1 und Z_2 hervor. Es ist nach Abb. 94

$$Z_1 = Z \frac{\sin[90 - (\varphi + \alpha) + \delta]}{\sin\beta}$$

und

$$Z_2 = Z \frac{\sin(\gamma + \varphi + \alpha)}{\sin\beta}.$$

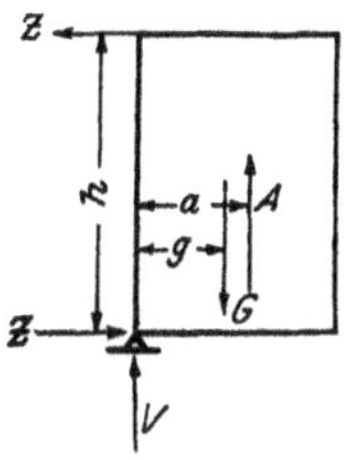

Abb. 93.

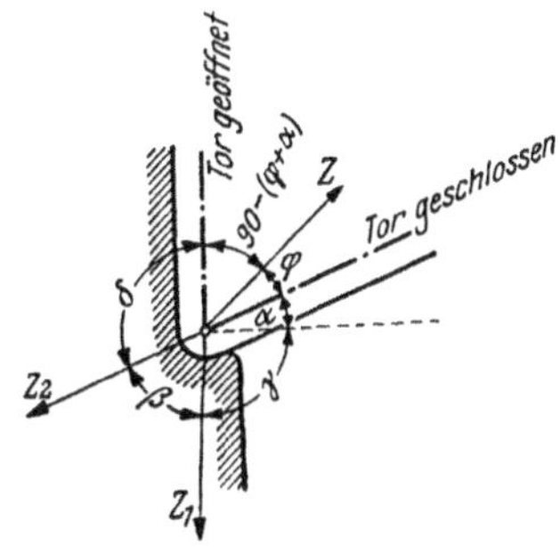

Abb. 94.

Die *Bewegungswiderstände* eines Stemmtores setzen sich zusammen aus:

1. Reibung am Halsband und Spurlager;
2. Beharrungswiderstand des Tores gegen die Beschleunigung;
3. Wasserdruck durch Überstau;
4. Hemmungen durch Eisschollen, Schlickfall und Sandablagerung;
5. Wasserwiderständen: a) infolge Bewegung des Tores mit einer bestimmten Geschwindigkeit; b) infolge Anstau bzw. Absenken des Wassers vor bzw. hinter dem bewegten Tor.

Eine rechnerisch genaue Erfassung all dieser Kräfte ist nicht möglich. Ausgehend davon, daß ein Stemmtor je nach seiner Größe in der Zeit von 60 bis 90 sek geöffnet bzw. geschlossen werden soll, erfolgt die Festlegung der anzusetzenden Motorstärke meist nach Versuchen und Erfahrungswerten. Hierbei ist die Größe der Antriebskraft abhängig von dem Abstand ihres Angriffspunktes von der Drehachse des Tores, nicht aber von seiner Höhenlage. Diese ist nur von Bedeutung für die im Hals- bzw. Spurlager auftretenden Kräfte. In der Regel wird die Aufzugsvorrichtung so angeordnet, daß die Antriebskraft bei halbgeöffnetem Tor senkrecht zur Torfläche steht.

b) Klapptor, Hakenklapptor, Drehtor.

Abb. 95 gibt die Konstruktion eines *hölzernen Klapptores* wieder. Zwischen dem unteren, als Drehsäule dienenden und dem oberen Riegel sind senkrechte Pfosten eingesetzt, welche das Torgerippe bilden. Die Dichtung an den Anschlägen übernehmen die seitlichen Pfosten und die in dem hohl ausgebildeten Drempel liegende Drehsäule. Diese wird genauso exzentrisch gelagert wie die Wendesäule von Stemmtoren. Sie trägt an ihren beiden Enden einfache stählerne Zapfen, welche in entsprechend kräftigen, zweiteiligen Lagern ruhen (Abb. 95b u. c). Der Hohlraum zwischen den beiden Bohlenbelägen wird so weit mit grobem Kies ausgefüllt, daß das Tor mit geringem Übergewicht in der Torkammer aufliegt. Zur Vermeidung von Beschädigungen durch darüber hinwegfahrende Schiffe erhält das umgelegte Tor einen entsprechenden Raum in der Sohle des Hauptes. Über ihn darf kein Torteil hervorstehen. Das geschlossene Tor steht unter 1 : 8 bis 1 : 12 gegen die Lotrechte geneigt.

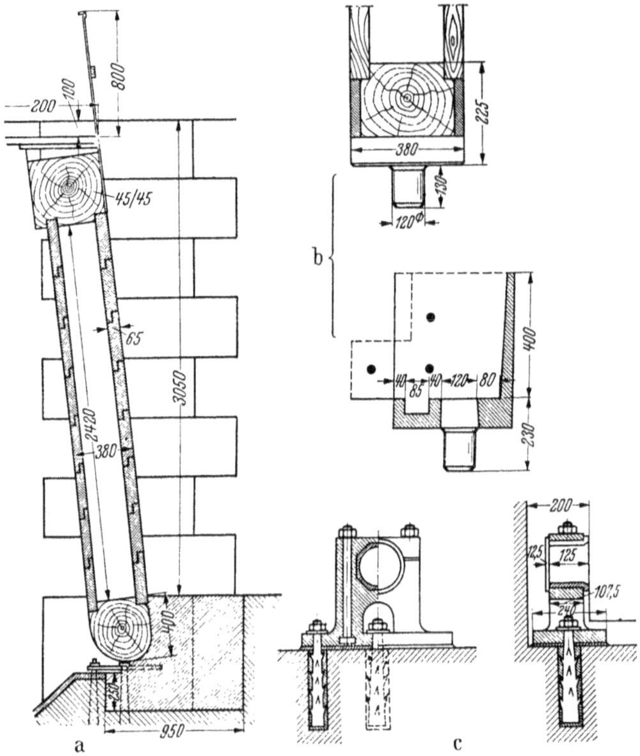

Abb. 95a—c. Hölzernes Klapptor.

Die *Bewegung* einfacher hölzerner Klapptore erfolgt mittels einer endlosen Kette oder eines endlosen Seiles, das unter Zwischenschaltung einer Spannvorrichtung vom oberen Torriegel über eine im Torkammerboden angebrachte Umlenkrolle zu einer auf der Schleusenplattform stehenden Winde und von da zu einem weiteren Befestigungspunkt am oberen Torriegel zurückläuft. Hierbei ist meist zweiseitiger Antrieb notwendig, da die Verdrehungssteifigkeit hölzerner Tore gering ist. Eine andere Art des Antriebs besteht in der Anordnung von Gegengewichten.

Ein *stählernes* Klapptor, wie es am Mittellandkanal mehrfach eingebaut worden ist, zeigt Abb. 96. Zwischen den beiden oberen Riegeln befinden sich Luft- oder *Schwimmkästen*, wodurch das Torgewicht von 20 t für den Betrieb auf etwa 1 t herabgesetzt wird. Zur Erhöhung der Verdrehungssteifigkeit sind in den Feldern unter den Schwimmkästen kräftige Diagonalen angeordnet. Sie ermöglichen

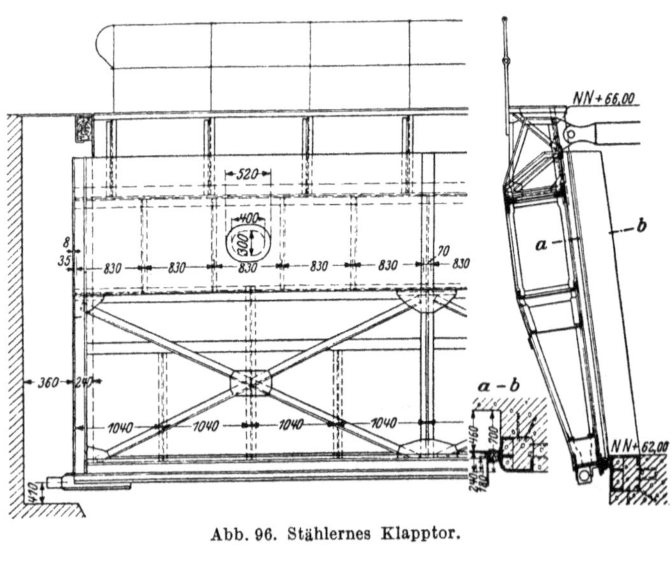

Abb. 96. Stählernes Klapptor.

ungeachtet einer entsprechenden Stärke des Antriebs, daß das Tor gegen einen Überdruck von 20 cm geöffnet werden kann. Die Torhaut liegt nach Oberwasser und geht als 8 mm dickes Blech über Riegel und Pfosten hinweg. Man hat sie gelegentlich auch als Buckelplatten hergestellt. Eine solche Bauweise vermehrt jedoch die Zahl der zu verstemmenden bzw. zu verschweißenden Nähte und ist daher nicht zu empfehlen. Daß die Torhaut aber auch nach Unterwasser verlegt werden kann, zeigt die in Abb. 97 wiedergegebene Konstruktion des Obertores der 3. Schleuse Münster i. W. Eine solche Anordnung

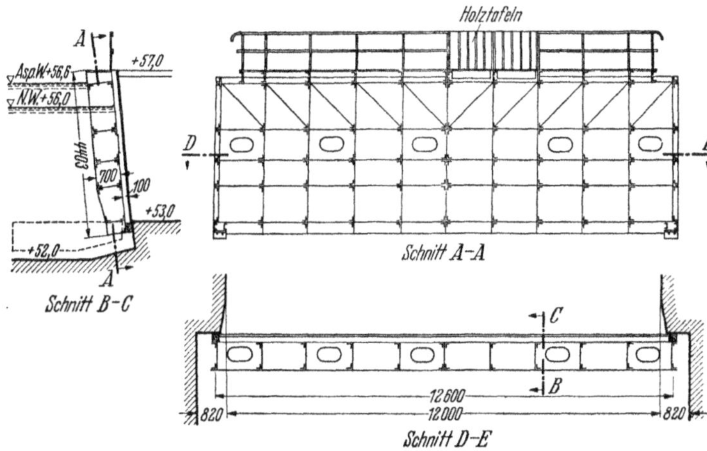

Abb. 97. Klapptor der 3. Schleuse Münster i. W.

hat den Zweck, dem Tor in geöffnetem Zustand eine glatte Oberfläche an der Sohle zu geben, an der sich Anker, Trossen oder ähnliche Gegenstände nicht festhaken und so das Tor und seine Antriebsvorrichtung beschädigen können.

Ist A der Auftrieb, D der Druck auf den Zapfen und G das Gewicht des eingetauchten Tores ohne Auftrieb, so ist $D = G - A$ (Abb. 98). Das Reibungsmoment M_d gegen das Aufrichten hat die Größe $M_d = \mu D r$, wenn r der Zapfenhalbmesser ist. Aus $A a = G g + \mu D r = G g + \mu G r - \mu A r$ ergibt sich $A = \frac{G(g + \mu r)}{a + \mu r}$. Ein Luftkasten ist also möglichst hoch zu legen. Er muß aber selbstverständlich noch so angeordnet sein, daß er sich auch bei niedrigstem Oberwasserstand unter Wasser befindet.

Der schwierigste Punkt bei allen Klapptoren ist eine dem Betrieb gerecht werdende Ausbildung der *Lager*. Bei einfachen, unverrückbaren Lagern bewegt sich der Drehzapfen ohne Spiel in den Lagerfuttern, und der Abstand von der Lagermitte bis zur Dichtungsebene stellt nach fertiggestelltem Zusammenbau ein feststehendes Maß dar. Bei Quellungen der Dichtungsbalken oder Einklemmen von Fremdkörpern zwischen Dichtungshölzern und Dichtungsflächen läßt sich das Tor nicht mehr völlig schließen. Erst bei eintretendem Wasserdruck wird es teilweise oder ganz gegen das Mauerwerk gepreßt. Hierbei treten dann Kräfte im Lager auf, welche die Spannungen über das zulässige Maß steigern und schon häufig Brüche und damit kostspielige und zeitraubende Überholungen veranlaßt haben. Alle Verbesserungen in der Konstruktion der Lager gehen infolgedessen darauf hinaus, eine Nach-

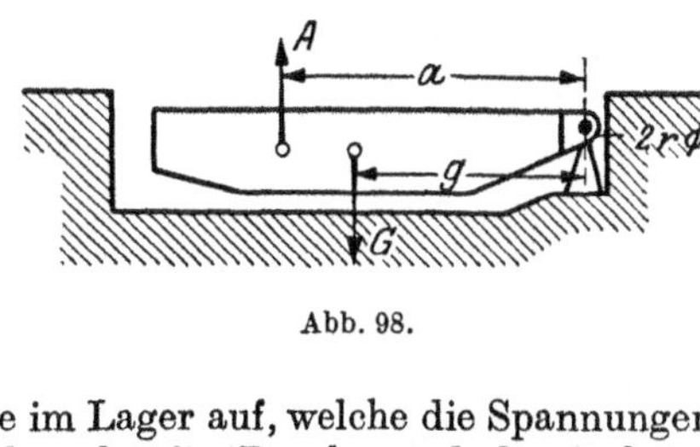

Abb. 98.

giebigkeit des Tordrehpunktes und damit der Dichtungshölzer gegen die Dichtungsebene am Schleusendrempel zu erreichen.

Dies wird bei der Lagerkonstruktion nach Abb. 99 dadurch erreicht, daß das Torlager als Gleitlager ausgebildet ist. Es kann beim Einklemmen von Fremdkörpern zwischen den Anschlägen zunächst um 50 mm und, wenn dies noch nicht genügen sollte, nach dem Abscheren besonders leicht auswechselbarer Anschlagstifte um weitere 70 mm zurückgleiten. Außerdem liegt die Torachse in Kugellagern. Es treten daher bei der Senkung eines Lagers oder bei einer Schrägstellung der Torachse keine Klemmungen und Biegungs-

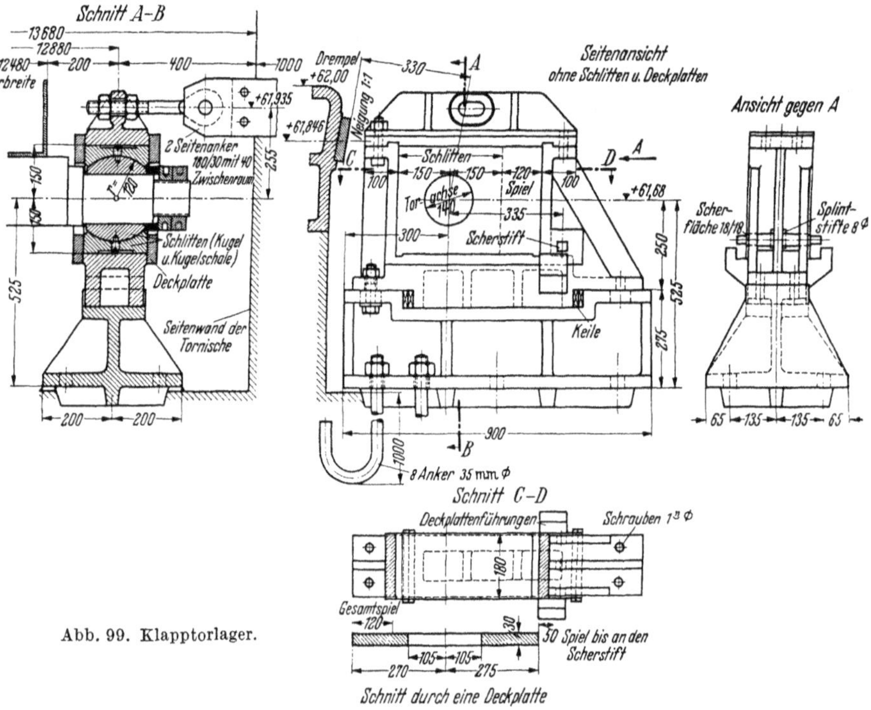

Abb. 99. Klapptorlager.

beanspruchungen auf. Eine noch weitergehende Nachgiebigkeit gestattet das Klapptorlager nach dem Patent Buchholz. Hier wird das Tor in einer Kurbel hängend gelagert, wodurch eine Bewegungsmöglichkeit in Richtung der Schleusenachse gewonnen wird (Abb. 100). Es ist damit der gleiche Gesichtspunkt zum Ausdruck gekommen wie bei den Pendelstützen der Stemmtore. Klemmt sich ein Fremdkörper zwischen Dichtungsholz und Dichtungsebene, so bewegt sich der Drehpunkt von der Anschlagsfläche fort und verhütet, daß zusätzliche Beanspruchungen in das Lager kommen. Buchholz-Lager sind an mehreren Schleusen der Oder—Havel-Wasserstraße eingebaut worden, wo sie sich gut bewährt haben.

Der große Vorteil des stählernen Klapptores liegt in der Möglichkeit einseitigen *Antriebes*. Er ist ohne weiteres gegeben, wenn sich durch Anordnung von Schwimmkästen die zu bewegende Masse auf wenige Tonnen herabsetzen läßt. Ist dies aus irgendwelchen besonderen Gründen nicht möglich, so kann zur Entlastung des einseitigen Antriebes am nichtangetriebenen Ende ein Gegengewicht angeordnet werden. Ältere Stahltore weisen im Anschluß an die oben erwähnte Bewegungsweise hölzerner Klapptore vielfach noch einen Kettenantrieb auf, wobei als Energiequelle schon ein Elektromotor dient.

Diese Art des Antriebs ist jedoch heute zugunsten des Antriebs mittels *Zahn- und Triebstange* verlassen worden, wie ihn Abb. 101 zeigt. In einer Nische unter der Schleusenplattform befindet sich eine auf einem vierrädrigen Führungswagen gelagerte Zahnstange, die von der Antriebsmaschine über ein Ritzel in Bewegung gesetzt wird. Mit ihr ist über einen Kreuzkopf die das Tor be-

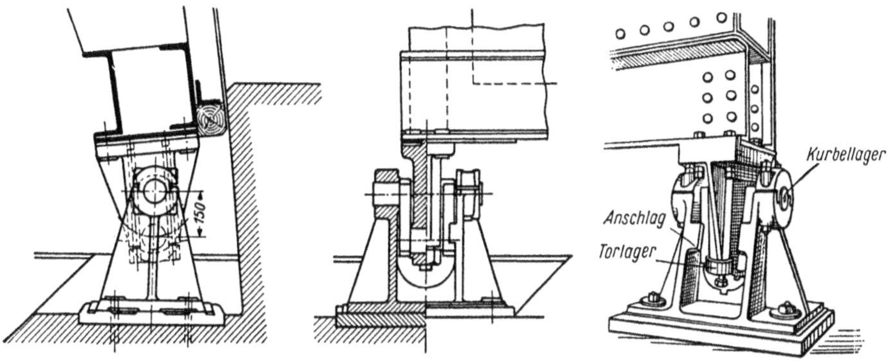

Abb. 100. Klapptorlager nach BUCHHOLZ.

wegende Triebstange gelenkig befestigt. Zwischengeschaltete Federn sorgen hierbei dafür, daß irgendwelche unvermeidlichen Stöße elastisch aufgenommen werden. Da Klapptore in geöffnetem Zustand unter Wasser liegen, also der Sicht entzogen sind, erhält bei ihnen die Bewegungsvorrichtung einen Stellungszeiger, der jeweils die Lage des Tores erkennen läßt. Im übrigen ist die elek-

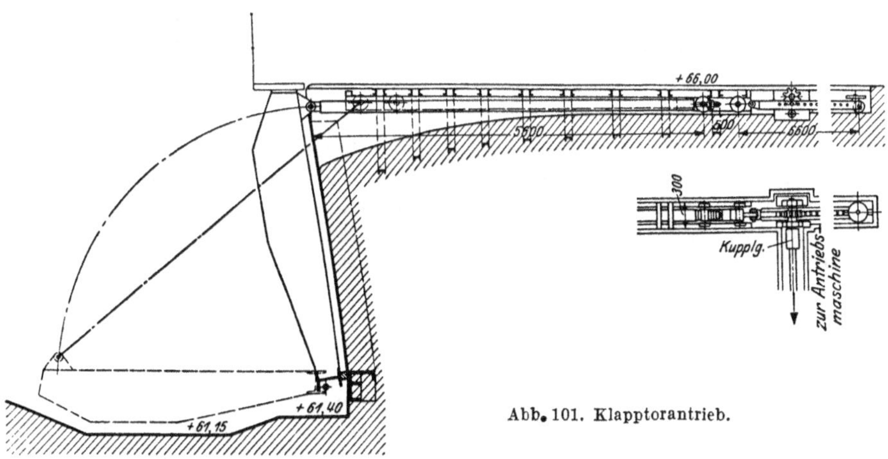

Abb. 101. Klapptorantrieb.

trische Ausrüstung die gleiche, wie sie sich für die Bewegung von Stemmtoren als zweckmäßig herausgebildet hat. Das in Abb. 96 wiedergegebene Klapptor kann bei einem Stau von 0,10 m mit einem 13,5 PS starken Motor in 25 sek, bei Handantrieb von 2 Mann in 7 min umgelegt bzw. gehoben werden, während dieselben Bewegungsvorgänge bei dem um 0,5 m höheren Klapptor der 3. Schleuse Münster i. W. mit einem 10,1 PS-Motor 120 sek erfordern.

Der Umstand, daß sich im Betrieb oft Schäden an Klapptorlagern ergeben haben, deren Beseitigung in der Regel zeitraubende und kostspielige Taucherarbeit erfordert, hat dazu geführt, Klapptore mit *Pendelaufhängung* zu verwenden. Eine solche Konstruktion zeigt Abb. 102 (Schleuse Fürstenberg a. d. Oder). Hier lagert das Tor in langen, dicht unter der Plattform aufgehängten Pendeln. Damit es während des Betriebes in der richtigen Lage gehalten wird, sind beiderseits in den Nischen an den Kammerwänden gefederte Druckstangen angebracht, die unter einem Winkel von etwa 45° vom Drehzapfen des Tores bis dicht unter die Plattform führen. Diese Art der Aufhängung ermöglicht eine Herausnahme des Klapptores, nachdem es im Bereich des oberen Riegels mit dem oberen Lager des Pendels durch einen starken Bolzen verbunden ist. Es erübrigt sich also bei Beschädigungen des Tores usw. der Einsatz von Taucherarbeit oder der Abschluß der Torkammer durch einen Notverschluß.

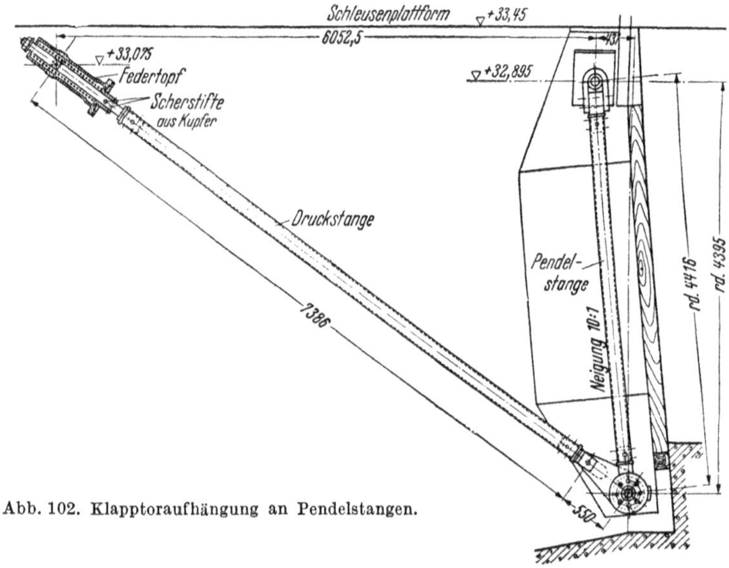

Abb. 102. Klapptoraufhängung an Pendelstangen.

Das Gewicht des Fürstenberger Klapptores beträgt 30 t; es wird ebenfalls durch eingebaute Schwimmkästen auf wenige Tonnen herabgesetzt. Die Dichtung bewirken Holzbalken, die am Tor befestigt sind. Sie legen sich in der Schlußstellung auf einen im Beton verankerten Anschlußrahmen aus hochwertigem Gußeisen mit aufgeschraubter Stahlleiste. Um das Einklemmen von Fremdkörpern am unteren Anschlag zu verhindern, wird der Spalt zwischen Mauerwerk und Tortafel durch Schleppbleche überbrückt. Der Vorteil der Klapptore, daß sie nur einseitig angetrieben zu werden brauchen, ist in Fürstenberg a. d. Oder zu Lasten eines zweiseitigen Antriebes, der aus einem Schneckenvorgelege mit Antriebsmotor und einer Ausgleichmaschine besteht, aufgegeben worden, indem durch die Ausgleichsmaschine eine gleichmäßige Bewegung der beiden zu einer Tortafel gehörenden Antriebe auf elektrischem Wege sichergestellt wird. Eine solche Lösung muß jedoch als überdimensioniert bezeichnet werden, insbesondere, da man bei Bewegung der beiden Antriebsmotoren von je 25 PS noch davon ausgegangen ist, das Tor gegen einen Überdruck von 0,5 m öffnen zu können, was praktisch die Sicherheit der in der Schleuse liegenden Schiffe nicht gestattet.

Das an der neuen Schleuse Lehnitz in ähnlicher Bauweise ausgeführte Obertor ist ein geschweißtes Riegeltor aus St. 37 mit einem Gewicht von 16,5 t. Es kann gegen einen Überdruck von 20 cm in 30 sek geöffnet werden. Der Vergleich des Torgewichts von 30 bzw. 16,5 t zeigt somit schon, welcher Mehrverbrauch an Stahlkonstruktion durch die Bedingung des Öffnens gegen 0,5 m

Überdruck eingetreten ist. Das im Oberhaupt der Schleuse Raffelberg a. d. Ruhr eingebaute Klapptor hat bei einer Schleusenbreite von $L = 13$ m und einer Tiefe vor dem Tor von 5 m ein Gewicht von 54 t. Seine ausnehmend starke Ausbildung als Riegeltor mit stromauf gelegener Abschlußwand ist darauf zurückzuführen, daß hier mit Bergsenkungen gerechnet werden mußte.

Ein Klapptor, das keine Umläufe verlangt und daher eigens als Oberhauptverschluß für umlauflose Schleusen entwickelt worden ist, ist das von der MAN herausgebrachte *Hakenklapptor* (Abb. 103). Es hat die Form eines ungleich-

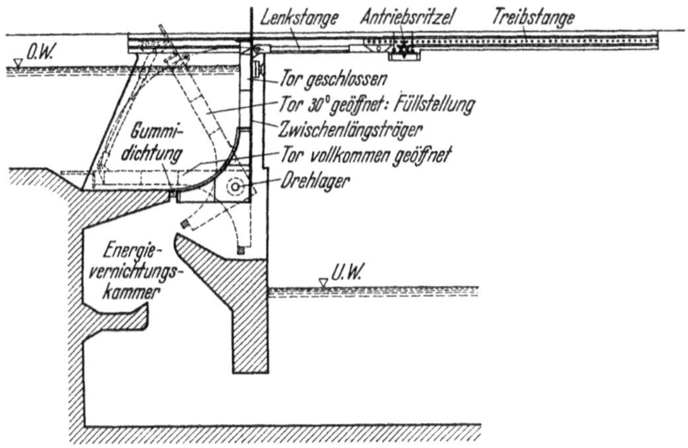

Abb. 103. MAN-Hakenklapptor.

schenkligen Winkels. Sein um die Drehachse liegender Teil ist als Biegungs- und Verdrehungskörper ausgebildet. Er besitzt eine allseitig geschlossene, mit entsprechenden Mannlöchern und Wasserablauflöchern versehene, gegen das Oberwasser hohl nach einem Kreisbogen gekrümmte Blechhaut. Über dem Zwischenlängsträger ist die Blechhaut nach der Unterwasserseite angeordnet. Der Wasserdruck wird in der Schließstellung an vier Punkten auf das Mauerwerk übertragen, einmal oben beiderseits gegen die Nischenwand über entsprechend ausgebildete Lager und ferner unten durch den Biegungs- und Verdrehungskörper über die beiden Drehgelenke. Im übrigen gibt die Blechhaut den Wasserdruck wie bei jedem anderen Tor auf Riegel und senkrechte Spanten ab. Während der Bewegung wird der Wasserdruck und das Antriebsmoment durch den Biegungs- und Verdrehungskörper allein nach den beiden Drehlagern bzw. der Antriebsstange übertragen. Die Drehung des Tores erfolgt in zwei in den Mauerwerksnischen untergebrachten Lagern über in den äußersten Spanten ruhende Achsen. Die Drehlager sind, um Verklemmungen und einseitige Abnutzungen der Lagerteile infolge der Tordurchbiegung zu vermeiden, als sog. Pendelrollenlager konstruiert und neuerdings zugleich als Laufrollenlager ausgebildet, damit das Tor bei ausgespiegelter Kammer ohne Einbau eines Notverschlusses herausgehoben werden kann (Abb. 104).

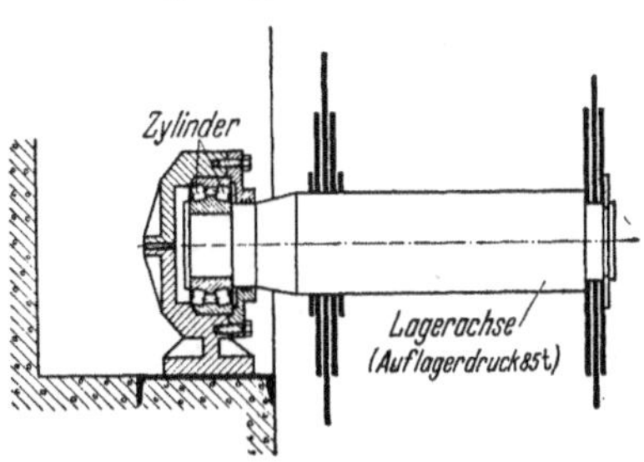

Abb. 104. Lager des Hakenklapptores.

Die Nischentiefen betragen 0,5 m am angetriebenen und 0,15 m am nichtangetriebenen Ende. Beide Schenkel des Hakens stehen in einem solchen Verhältnis zueinander, daß die Resultierende aus den vertikalen und horizontalen Wasserdrücken zusammen mit dem Eigengewicht nächst dem Drehpunkt verläuft. Die auf dem Zwischenlängsträger befindliche Wasserlast lenkt hierbei die Resultierende nach dem Drehpunkt zu ab. Die Drehlager sind bei abgesenktem Wasserspiegel in der Kammer im Trocknen zugänglich. Der *Antrieb* des Tores erfolgt einseitig. Es wird über den ganzen Füllweg hinweg gedrückt. Die dazu erforderliche Gelenkzahnstange hat seitliche Rollen, die sich auf einem besonderen Führungsgestänge bewegen. Sie wird durch ein Ritzel über eine unter der Schleusenplattform liegende Welle und mehrere Zahnradvorgelege, eine Schnecke und ein Differentialgetriebe von einem hochwasserfrei angeordneten Antrieb aus bewegt. Als Kraftquelle dient ein Motor von 4,7 PS für kleine Geschwindigkeit beim Fahren in die Füllstellung und ein Motor von 13,6 PS für das Umlegen des Tores mit größerer Geschwindigkeit. Rutschkupplungen ermöglichen ein Ausweichen des Tores bei Schiffsstößen; außerdem ist in der Antriebsstange noch eine Feder eingebaut. Der Antrieb wird durch Backenbremsen in Verbindung mit Endschaltern stillgesetzt.

Die Dichtung zwischen Tor und Drempel erfolgt durch eine Gummileiste, an den Seiten durch stählerne Winkel, welche beweglich mit der Torkonstruktion verbunden sind und durch Druckfedern an die im Bereich der Füllbewegung vorgesehene Nischenbeplattung gepreßt werden.

Das Öffnen des Tores zum Füllen der Kammer geschieht in folgenden Bewegungsvorgängen:

a) Drehen des Tores aus der Schließstellung gegen das Oberwasser um 30° mit gleichbleibender Geschwindigkeit in 370 sek. Der beim Öffnen des Tores frei werdende Spalt ist hierbei zuerst klein und wächst allmählich auf 0,65 m. Die durchschnittliche Öffnungsgeschwindigkeit beträgt somit 1,8 mm/sek. Bei kleineren und mittleren Gefällen wird mit Erreichen der 30°-Stellung die Kammer gefüllt. Es ist dann kein Anhalten des Tores erforderlich. Vielmehr kann es mit geringem Überfall weiterbewegt werden.

b) Weiterbewegung des Tores aus der 30°-Stellung bis in die tiefste Lage in 60 sek.

c) Bewegung des umgelegten Tores in die Schließlage in einer Zeit von 90 sek.

Die Gesamtheit für das Bewegen des Tores in die Füllstellung und nachfolgendem Umlagen beträgt somit 430 sek und einschließlich Wiederaufrichten in die Schlußstellung 520 sek [*230*].

Ein Hakenklapptor ist an der Schleuse Horkheim der Neckarkanalisierung vorhanden. Hier haben sich jedoch gewisse Schwierigkeiten bezüglich der Eisabführung ergeben. Die rückliegende Betriebszeit dürfte jedoch noch zu kurz sein, um die auf Grund der Modellversuche an das Hakenklapptor gestellten hohen Erwartungen so zu zerstreuen, daß seine Verwendung überhaupt nicht mehr in Frage kommt.

Eine dem Hakenklapptor ähnliche Konstruktion ist das *Drehtor*, welches von der „Gutehoffnungshütte" entwickelt worden ist. Der Torkörper ist nach Abb. 105 von oben bis unterhalb der Drehachse fast gleichmäßig dick und endet in einem schräg nach unten gerichteten Schnabel, dessen Spitze ähnlich der Unterkante des Hakenklapptores gegen die Drempelnase abdichtet. Das Tor wird zur Füllung langsam gedreht, so daß sich an der Drempelnase ein Spalt mit etwa 2 mm/sek Geschwindigkeit öffnet. Durch ihn strömt das Wasser in die Drempelkammer, wobei es durch die Krümmung des Torschnabels längs der unterschrittenen Rückwand geführt wird, bis es in der inneren Ecke auf ihre Sohle trifft. Beim weiteren Abströmen wird es durch die Vorderschwelle zur Bildung einer horizontalen Wasserwalze mit teilweiser Energieverzehrung gezwungen und gelangt dann durch die untere Öffnung der hohen Stoßwand, welche die Drempelkammer gegen die Schleusenkammer abgrenzt, gegen die Endschwelle. Hier wird der Füllstrom nach oben umgelenkt und so ein Schwall vor dem vorderen Kahn gebildet. Bei höherem Füllungsgrad wird der Raum zwischen Drempelrückwand und Stoßwand fast ganz mit Wasser ausgefüllt, wobei die vom Füllstrahl mitgerissene Luft nach oben entweichen kann. Schleusen mit großem Gefälle erhalten eine Stoßwand, die etwa in halber Höhe einen nach der Schleusenkammer zu ansteigenden Schlitz hat. Durch ihn kann im zweiten Teil der Füllung ein Wasserstrom unmittelbar in die Schleusenkammer eintreten mit dem Zweck, dem zu diesem Zeitpunkt entstehenden ungünstigen Sog zum Oberhaupt entgegenzuwirken.

Die Lagerung des Tores erfolgt über zwei Zapfen, welche den gesamten auf den Verschluß wirkenden Wasserdruck aufnehmen können. Im übrigen sind sie so angeordnet, daß bei dem möglichen niedrigsten Wasserstand immer

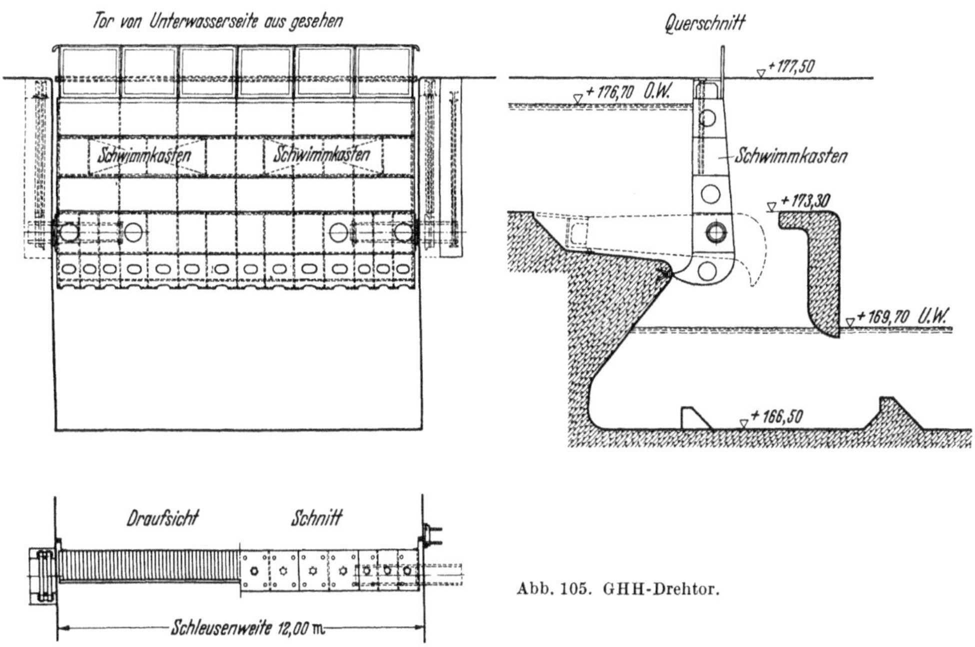

Abb. 105. GHH-Drehtor.

noch ein ausreichendes Drehmoment infolge Wasserdruck verbleibt, wodurch das Tor gegen seine untere Dichtung gedrückt wird. Die seitlichen Abdichtungen bestehen aus Federblechen mit Holzleisten. Das untere Ende des Federbleches ist durch einen Gummiwulst abgeschlossen, während das seitliche Dichtungsholz unmittelbar an die Horizontaldichtung grenzt.

Der Antriebsmechanismus eines Drehtores läßt verschiedene Ausführungen zu. Eine ist die Anordnung einer Zahnstange, ähnlich wie bei einem gewöhnlichen Klapptor. Eine andere besteht darin, daß die Schubstange nicht unmittelbar am Tor angreift, sondern an einer Kurbel, welche die Kräfte über die Drehachse in das Tor leitet. Eine dritte Bauform ist die Anordnung eines Triebstocksegmentes, das sich in einer Nische der Kammerwand befindet und über ein Antriebsritzel bewegt wird (Abb. 106a u. b).

Die Kräfte zum Öffnen des Drehtores sind bedeutend größer als die Kräfte zum Umlegen. Es sind daher im Triebwerk zwei Übersetzungen vorgesehen. Außerdem erfolgt zur Vermeidung von Umschalträdern oder ausrückbaren

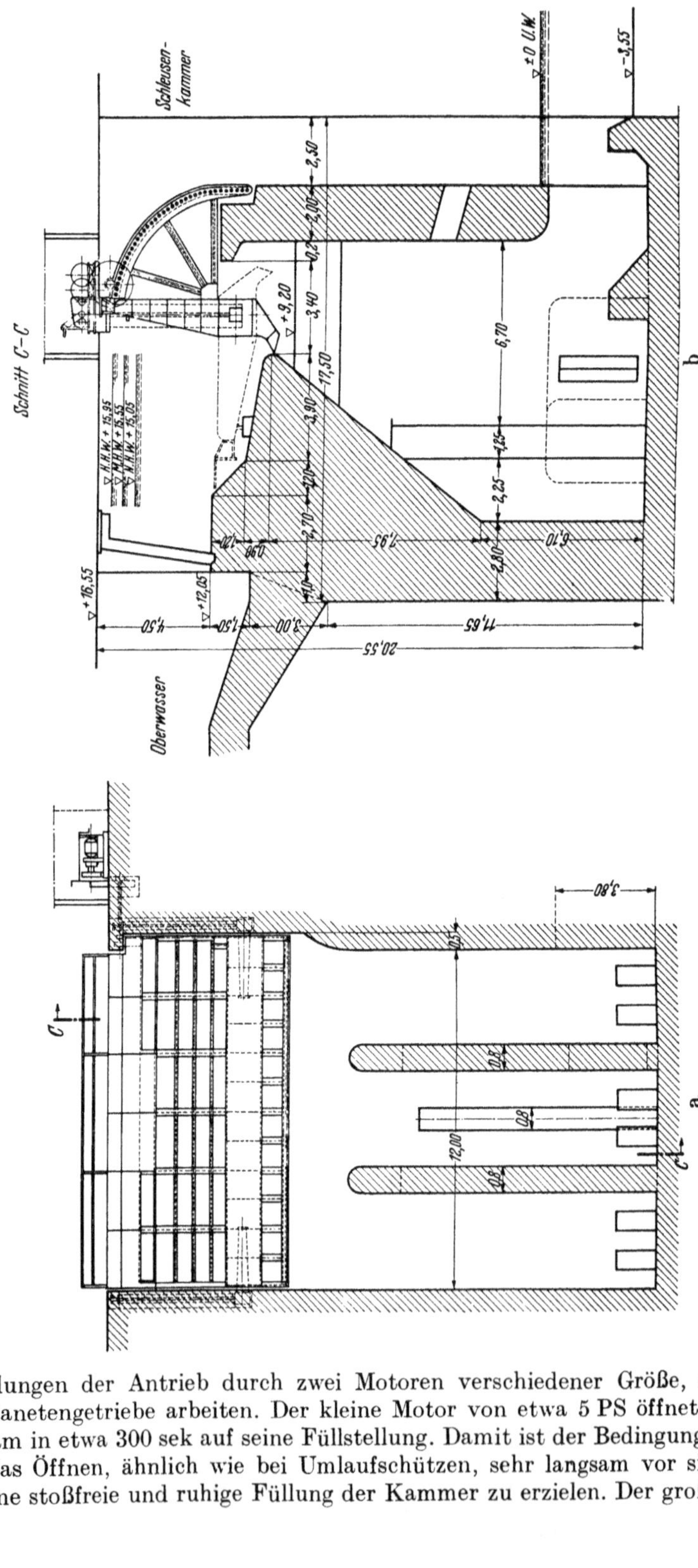

Abb. 106. Drehtor-Antrieb.

Kupplungen der Antrieb durch zwei Motoren verschiedener Größe, die über ein Planetengetriebe arbeiten. Der kleine Motor von etwa 5 PS öffnet das Tor langsam in etwa 300 sek auf seine Füllstellung. Damit ist der Bedingung genügt, daß das Öffnen, ähnlich wie bei Umlaufschützen, sehr langsam vor sich geht, um eine stoßfreie und ruhige Füllung der Kammer zu erzielen. Der große Motor in Stärke eines normalen Klapptormotors steht dabei still. Er läuft erst nach erfolgtem Stauausgleich und legt das Tor in etwa 45 sek um; hierbei steht der kleine Motor still. Beim Schließen des Tores laufen beide Motoren bis kurz vor die Endstellung. Dann schaltet der große Motor ab und der kleine Motor vollendet allein die Bewegung.

Jeder Motor ist durch eine elastische Kupplung, deren eine Hälfte als Bremsscheibe ausgebildet ist, mit dem Antrieb verbunden. Beide Motoren arbeiten auf einen öldicht gekapselten Räderkasten, in dem auch das Planetengetriebe mit einer Übersetzung von 1 : 6 auf den großen Motor eingebaut ist. Der Handantrieb ist mit Lastdruckbremse und doppelter Übersetzung versehen. Beim Umschalten wird ein von Hand betätigter Hebel umgelegt, der gleichzeitig die Motoren blockiert und die Bremse des kleinen Motors lüftet.

Das Drehtor ist zum erstenmal in der Schleppzugschleuse an der Moselstaustufe Koblenz eingebaut worden. Der zeitliche Ablauf der Torbewegung vollzieht sich hier folgendermaßen:

1. Fahren des Tores in die Füllstellung in etwa 7 min;
2. Umlegen des Tores aus der Füllstellung gegen einen Überstau von 20 cm in etwa 35 sek;
3. Schließen des Tores in 1 min.

Die größte Füllmenge beläuft sich hierbei auf etwa 50 m³/sek.

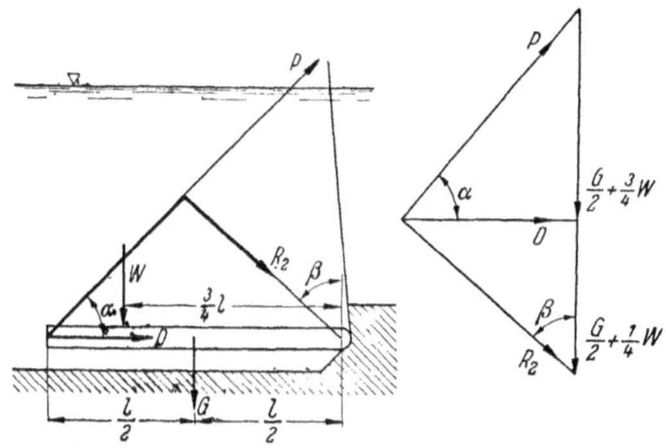

Abb. 107.

Die *Berechnung* von Klapptoren, die Riegel- oder Ständertore sein können, gestaltet sich einfach, da das Tragwerk durch den Wasserdruck nur auf Biegung beansprucht wird. Es sind jedoch hierbei die Zusatzbeanspruchungen zu berücksichtigen, die einmal durch den einseitigen Antrieb, zum andern durch das Öffnen gegenüber 10 bis 20 cm Überdruck entstehen. Die Aufzugskraft P hat ihren Größtwert zu Beginn des Schließens. Sie ergibt sich nach Abb. 107 zu

$$P = \frac{\frac{G}{2} + \frac{3}{4} W}{\sin\alpha} + \frac{\left(\frac{G}{2} + \frac{1}{4} W\right) \mu \frac{d}{2}}{l \sin\alpha \sin\alpha}.$$

Hierin ist

G das Gewicht des Tores unter Berücksichtigung des Auftriebes,
W der Wasserwiderstand rd. $75 \cdot F v^2$,
d der Durchmesser des Torzapfens, und
μ der Beiwert für Zapfenreibung.

Im übrigen gelten bei der Bestimmung der anzusetzenden Motorstärke die gleichen Grundsätze und Erwägungen, wie sie hinsichtlich der Erfassung der Bewegungswiderstände bei Stemmtoren ausgesprochen worden sind. Es ist also auch hier der Antriebsmechanismus reichlich zu dimensionieren, zudem die dadurch entstehenden Mehrkosten sehr gering sind.

c) Hubtor und Versenktor.

Die ersten Hubtore sind in Deutschland, wie eingangs schon erwähnt, bei der Doppelschleuse Klein-Machnow des Teltowkanals gebaut worden, und zwar als Verschlußkörper für beide Häupter (s. Abb. 16). Das Obertor hat hier ein Gewicht von rd. 16 t, das Untertor von rd. 20 t. Es ergibt sich damit ein Einheitsgewicht von 0,50 t bzw. 0,33 t je m² Torfläche. Die den Wasserabschluß bewirkende 10 mm dicke Torhaut, welche gleichzeitig als Diagonalverband dient, überträgt den Wasserdruck beim Obertor auf 4, beim Untertor auf 6 als Fachwerkträger ausgebildete Riegel, die durch leichte senkrechte Verbände untereinander verbunden sind. Die Abdichtung der Tore erfolgt seitlich und unten durch Balken aus Kiefernholz von 20 cm Anschlagsbreite. Zur Führung sowohl in Richtung der Schleusenachse wie senkrecht dazu dienen Rollen. Sie laufen zwischen Führungsschienen, die unter der Schleusenplattform am Mauerwerk, darüber an einer Stahlkonstruktion befestigt sind. Für das Durchziehen eines Treidelseiles sind die Führungsschienen über der Plattform auf 0,70 m unterbrochen. Diese Lücke hat für die Torführung keine Bedenken, weil genügend

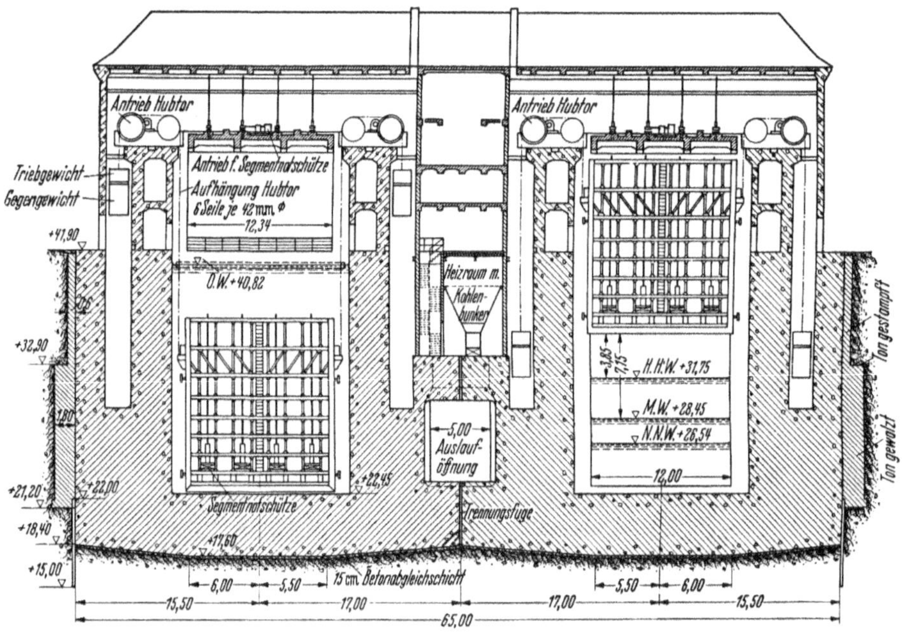

Abb. 108. Schachtschleuse Fürstenberg — Querschnitt durch das Unterhaupt.

Rollen vorhanden sind, um den Toren in allen Stellungen einen sicheren Halt zu geben. Jeder Torkörper ist durch ein Gegengewicht so ausbalanciert, daß er im Wasser noch ein Übergewicht von 1 t besitzt. Die Gegenlast besteht aus einem quer über die Schleuse reichenden und an Ketten aufgehängten geschlossenen Kasten, in dem sich unabhängig voneinander die an Seilen befestigten Einzelgewichte befinden. Reißt ein Seil, so legt sich das an ihm befindliche Gewicht in den Kasten, reißt eine Kette, so legt sich der Kasten auf die Einzelgewichte. Stets bleibt die Ausgleichung des Torgewichtes gewahrt. Befindet sich das Tor oben in seiner End- oder Ruhestellung, so wird sein Übergewicht von 3 t durch eine Bremse gehalten, die bei der Torbewegung durch einen Elektromagneten gelüftet wird, sobald Strom in den Motor eintritt. Damit sich nun im Falle eines Versagens der Bremse das Tor durch das Übergewicht nicht von selbst in Bewegung setzt, ist eine Verriegelung vorgesehen, die in der höchsten Lage des Tores automatisch eingreift. Die erfolgte Verriegelung wird den Schleusenbediensteten durch einen deutlich in die Augen fallenden, auf „freie Fahrt" sich einstellenden Signalarm angezeigt; nach der Schleusenbetriebsordnung ist nur dann das Durchfahren unter den Toren gestattet. Als Antriebskraft dient ein Drehstrommotor von 10, intermittierend 15 PS. Er vermag im Anfang der Aufwärtsbewegung das Übergewicht von 1 t und später von 3 t in der Zeit von 58 sek auf die vorgeschriebene Höhe mit einer Geschwindigkeit von 0,14 m/sek zu heben, und zwar unter Überwindung sämtlicher durch Reibung und durch Winddruck verursachten Widerstände.

Die Gesamtanordnung der Hubtore im Unterhaupt der Zwillings-Schachtschleuse Fürstenberg a. d. Oder zeigt Abb. 108. Die durch die Wahl von Hubtoren bedingten turmartigen Aufbauten sind über beide Schleusenkammern hinweg durch einen Überbau verbunden, in dem die Torantriebe untergebracht sind. Hierdurch wird nicht nur eine übersichtliche Bedienung und Wartung der maschinellen Anlage ermöglicht, sondern auch eine geschlossene architektonische Wirkung des Unterhauptes erreicht. Lastaufnahme und Lastübertragung erfolgen durch Riegel mit von unten nach oben entsprechend dem Wasserdruck zunehmenden Abständen. Die Blechhaut liegt nach der Unterwasserseite zu. Sie wird außer durch die Torriegel durch zwischen ihnen liegende senkrechte Pfosten getragen. Eine weitere senkrechte Versteifung der Riegel nach der Oberwasserseite zu hat die Aufgabe, eine Überbeanspruchung des Torgerippes infolge Anliegens des obersten und untersten Riegels am Anschlag zu vermeiden (Abb. 109). Das Hubtor besitzt zwischen dem zweiten und dritten Riegel von unten vier Segmentschützen, mit deren Hilfe der Schleusenbetrieb auch dann noch aufrechterhalten werden kann, wenn die Umläufe durch Störungen in ihren Verschlußvorrichtungen ausfallen. Die Dichtung des Tores bewirken überall Holzbalken, die sich gegen Anschlagrahmen aus hochwertigem Gußeisen mit darüber befindlichen Leisten aus Flußstahl legen. Jedes Tor hat 4 Laufrollen. Sie sind so abgefedert, daß sich das Tor bei einem Wasserüberdruck von 0,5 m bereits von den Dichtungsleisten abhebt. Man kann infolgedessen mit dem Heben beginnen, bevor der Wasserstand völlig ausgeglichen ist. Gegen Seitenverschiebungen ist das Tor beiderseits durch eine Stirnrolle gesichert. Das Gewicht eines Hubtores beträgt rd. 130 t = 0,74 t/m² Torfläche. Die Aufhängung ist an 12 Seilen erfolgt, von denen je 6 an den beiden Stirnseiten angreifen. Von diesen 6 Seilen führen 4 über lose Rollen zu einem Gegengewicht, das sich in einem Schacht der Seitenmauern bewegt. Die beiden mittleren Seile sind um die Antriebstrommel gewickelt und führen von dort zum Triebgewicht, das sich über dem Gegengewicht befindet. Die beiden zu einer Tortafel gehörenden Antriebstrommeln sind nach Zwischenschaltung von Vorgelegen durch eine Welle starr verbunden, so daß ihr Gleichlauf gesichert ist.

Abb. 109. Hubtor im Unterhaupt.

Als Antrieb dient ein 75 PS-Motor. Durch eine im Notfall einzuschaltende Hilfswelle besteht die Möglichkeit, das Tor der einen Kammer durch den Motor für das Tor der anderen Kammer zu betätigen, so daß bei notwendig werdenden Ausbesserungen an einem Antrieb beide Tore nacheinander gehoben werden können. Diese Maßnahme hat dazu geführt, keinen Handantrieb vorzusehen, was sich bei Durchführung von Überholungsarbeiten nachteilig bemerkbar macht.

Das Untertor der Speicherschachtschleuse Anderten ist ebenfalls ein Riegeltor mit nach Unterwasser zu liegender Torhaut (Abb. 110). Die hier in gleichen Abständen angeordneten Hauptriegel sind nach dem Vorbilde des Untertores

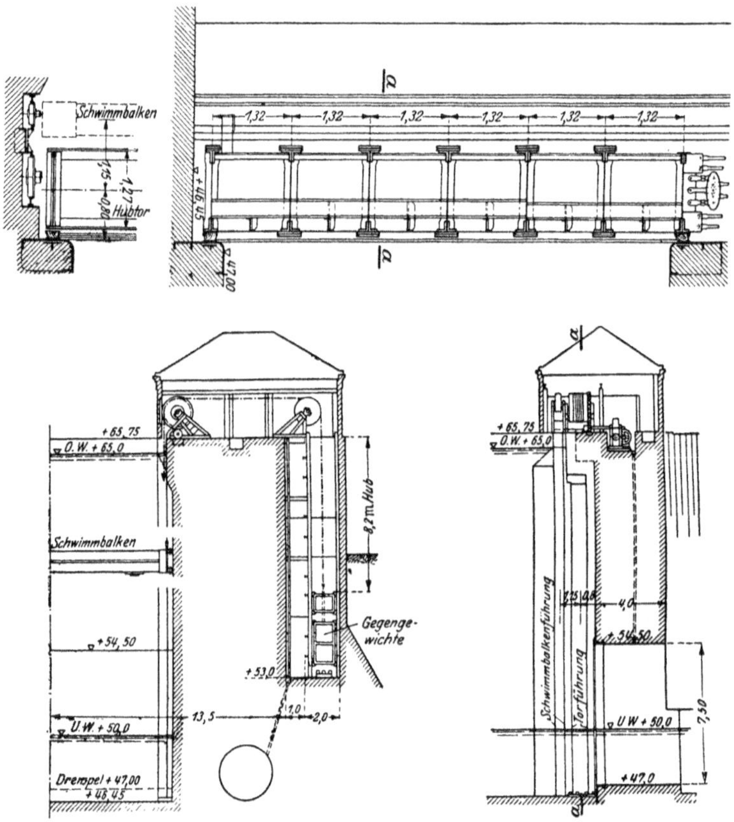

Abb. 110. Untertor der Schachtschleuse Anderten.

der Schachtschleuse Minden durch Zwischenriegel unterteilt, wobei jedoch die die Zwischenriegel tragenden Pfosten mit der Blechhaut nicht verbunden sind. Es soll hierdurch eine Überbeanspruchung der Pfostenanschlüsse vermieden werden. Diese tritt ein, wenn sich die mit den eichenen Dichtungsleisten an den waagerechten Anschlägen anliegenden Riegel nicht in gleicher Weise wie die übrigen Riegel durchbiegen können. Die waagerechten Dichtungsleisten der Tore sind an Federblechen mit 70 bis 80 kg/mm² Bruchfestigkeit befestigt. Sie nehmen die Stelle der Blechhaut in den Randfeldern ein und sind nur an den letzten Zwischenriegeln eingespannt. Damit die Kammer nicht bei einem Bruch der Federbleche unter Gefährdung der in ihr liegenden Fahrzeuge leerlaufen kann, ist vor den Federblechen eine feste Blechwand angeordnet. Darübergesetzte Stahlwinkel schützen die Federbleche gegen Aufstauchen bei der Torbewegung (Abb. 111). Jedes Hubtor hat 4 Führungsrollen, von denen

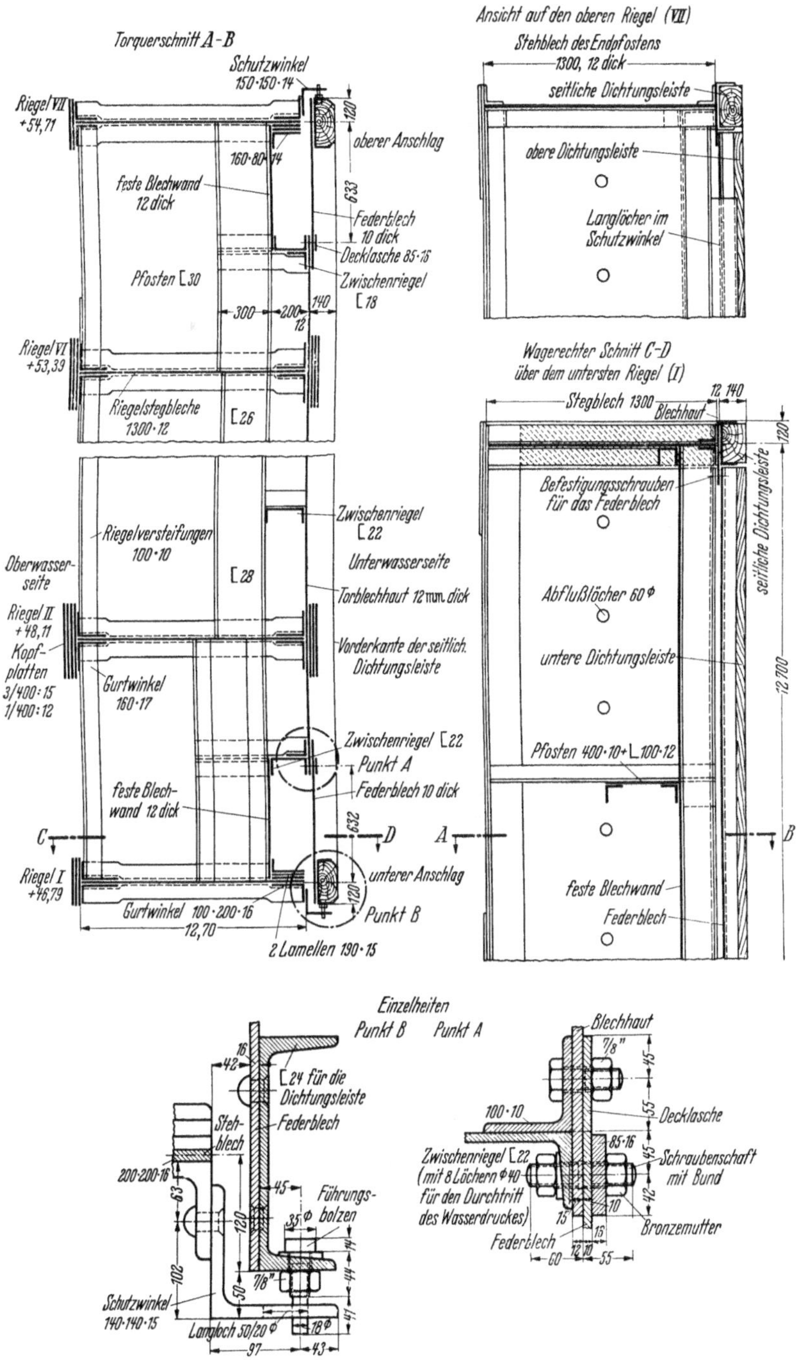

Abb. 111. Federblechanschläge des Hubtores Anderten.

nur die beiden unteren Spurkränze tragen. Die Achsen, auf welchen die Rollen fest aufgezogen sind, sind federnd gelagert und bei Abnutzung der Dichtungsleisten nachstellbar. Sie drücken ebenso wie bei Fürstenberg a. d. Oder das

Tor vom Anschlag ab, jedoch hier erst bei einer Spiegeldifferenz von 0,15 m. Die Achsen können nach Lösung der Feder in das Tor zurückgezogen werden, so daß das Tor bei Ausbesserungsarbeiten in der Tornische verschoben werden kann, ohne daß die Führungsschienen abgenommen werden müssen (Abb. 112). Um ein Aufsetzen von Fahrzeugen während der Schleusung zu Tal auf das Tor zu verhüten, ist vor dem Hubtor ein Schwimmbalken angeordnet. Er wird seitlich durch eine Aufhängung, die über Rollen zu Gegengewichten läuft, gehalten. Außerdem sind Mitnehmer für den Schwimmbalken am Tor angebracht. Auf sie setzt sich der Schwimmbalken mit federnder Lagerung bereits vor

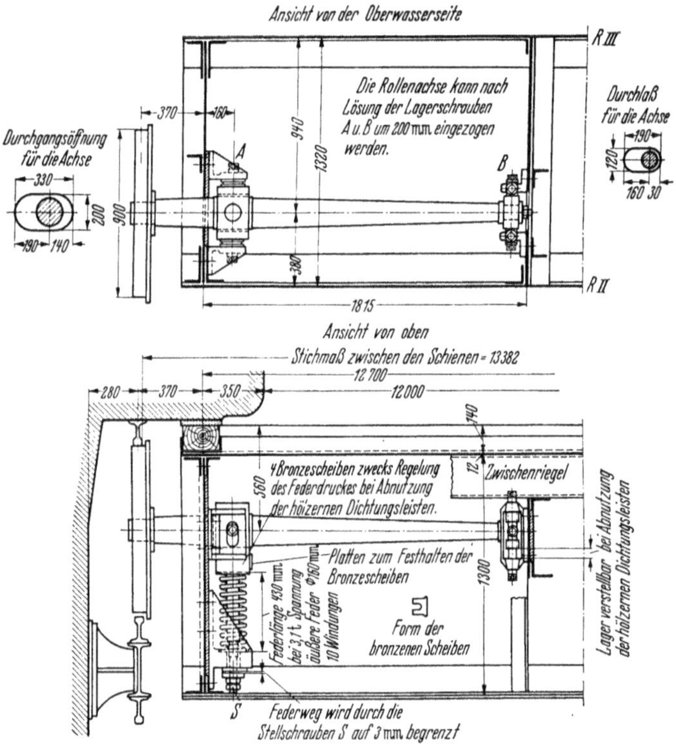

Abb. 112. Untere Laufrollen des Hubtores Anderten.

dem Ausspiegeln der Kammer auf und nicht erst beim Heben der Tore. Es soll dadurch eine stoßweise Belastung des Triebwerks vermieden werden. Die Führungsrollen der Schwimmbalken geben beim Anfahren eines Schiffes federnd nach, so daß sich der recht widerstandsfähige Balken selbst gegen die Führungsrolle legt. Die Hubtore der Schachtschleuse Anderten sind an den Seilen unter Zwischenschaltung von Balanciers aufgehängt, damit das wegen des Spielraums der Führungsrollen mögliche Pendeln des Tores keine Überbelastung einzelner Seile hervorruft. Die 6 je 32 mm starken Seile jeder Torseite sind über eine gemeinsame Antriebstrommel geführt, wobei die beiden mittleren Seile die Trommeln umschließen. Über den Gegengewichtsschächten hat jedoch jedes Seil eine frei drehbare Einzelrolle erhalten. Je 2 Seile tragen ein 13,7 t schweres Gegengewicht. Es hängen damit 3 Gegengewichte im Schacht lotrecht übereinander. Sie sind so aufgehängt, daß sie sich bei Seilbruch gegenseitig abfangen. Die beiden Hauptseiltrommeln werden über 2 Stirnräder und ein Schneckenvorgelege von einer gemeinsamen, auf der Stirnmauer stehenden

Antriebsmaschine bewegt. Diese besteht aus einem 28 kW starken Gleichstrommotor. Der Torhub dauert 75 sek; bei Handantrieb werden 4 Mann für 1 Std. benötigt. In der oberen Endlage erfolgt eine Sicherung der Tore gegen Ablauf infolge falscher Einstellung des Hubes der Magnetbremsen durch eine selbst-

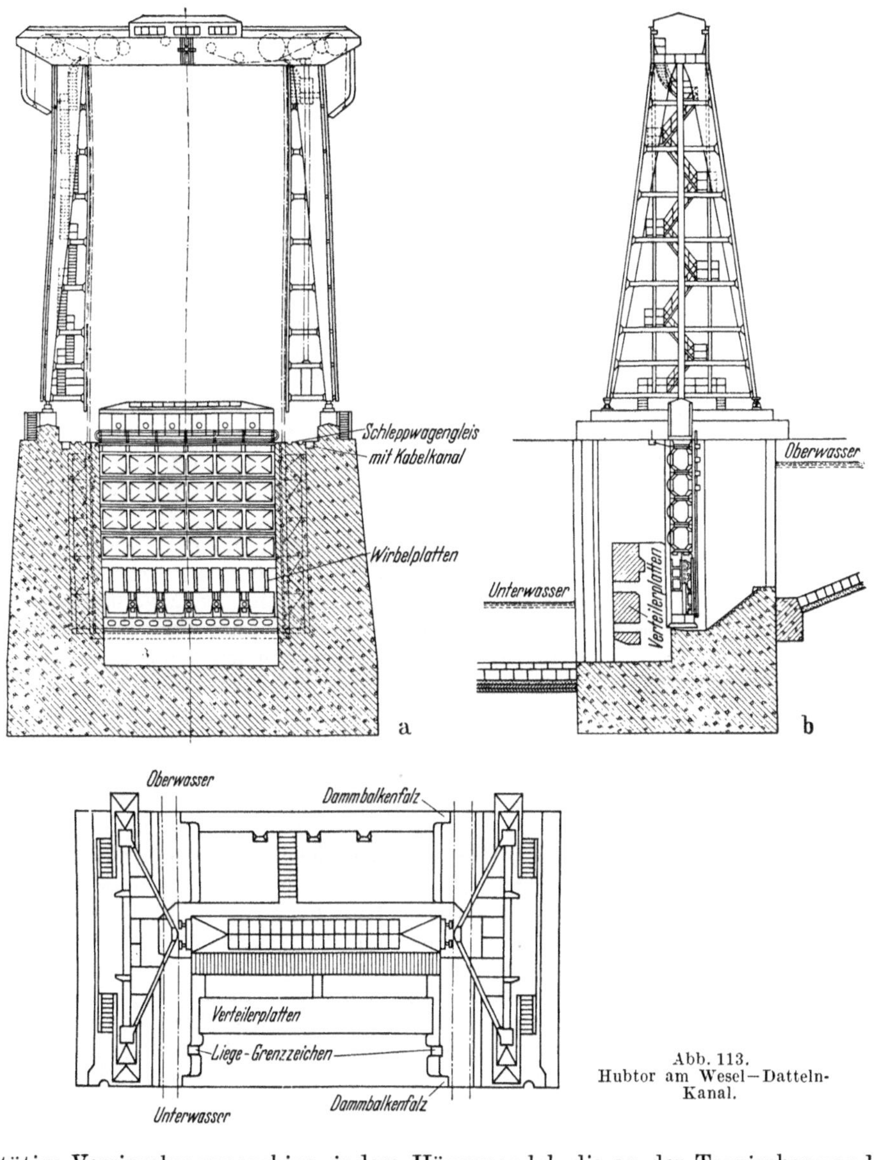

Abb. 113. Hubtor am Wesel—Datteln-Kanal.

tätige Verriegelungsmaschine, indem Hängependel, die an der Tornischenwand gelagert sind, sich unter Riegelknaggen des Torkörpers einschieben. Diese Sicherungen bleiben im Normalbetrieb lastfrei, sind aber so bemessen, daß sie das gesamte Torgewicht tragen können. Das Gewicht eines Tores beträgt einschließlich der Rollen und Dichtungsleisten rd. 78 t = 0,81 t/m² Torfläche.

Der große Vorteil eines Hubtores besteht darin, daß es sehr kurze Häupter gestattet. Dieser Umstand hat dazu geführt, die Schleusen des im Bergbaugebiet liegenden Kanals Wesel—Datteln mit Hubtoren auszurüsten. Sie waren hier trotz der hohen Kosten wirtschaftlich, weil die durch sie ermöglichte Beschränkung auf kleinste Grundfläche große Ersparnisse im Erdaushub und Beton der Häupter mit sich brachte. Insgesamt wurden also die Kosten geringer als für ein mit Schiebetoren ausgerüstetes Haupt, wie wir es an dem ebenfalls im Bergbaugebiet liegenden Rhein—Herne-Kanal vorfinden.

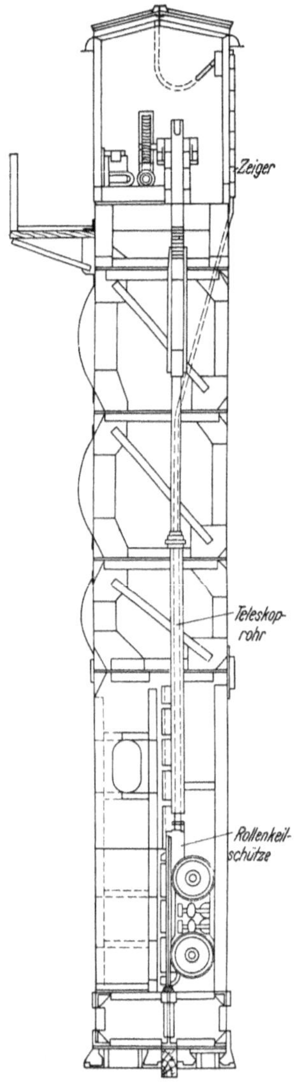

Abb. 114. Querschnitt des Tores.

Die aus Vollwandträgern hergestellten Hubgerüste sind mit Rücksicht auf die Bodensenkungen statisch bestimmt gelagert; und zwar in ihren langen, über die Schleuse hinweggehenden Seiten als Dreigelenkbogen, in ihren kurzen Seiten als Zweigelenkbogen mit Zugband (Abb. 113). Hierbei ist das Scheitelgelenk als Bolzengelenk ausgebildet. Es wird zur Wahrung eines einheitlichen Bildes von mit Langlöchern versehenen Platten überdeckt. Die seitlichen Auflager sind Kugelgelenke. Um die Standsicherheit der Hubgerüste unter allen Umständen auch bei unbelastetem, d. h. von den Hubmaschinen entblößtem Zustande zu wahren, sind sämtliche Lager verankert. Als Winddruck wurde mit 500 kg/m^2 gerechnet.

Die Tore selbst sind Riegeltore. Sie tragen an ihren Enden Doppelpfosten, an denen die Hubseile angreifen. Damit das Torgerippe etwaigen Formänderungen der Häupter infolge unregelmäßiger Bodensenkungen folgen kann, ist von einer Aussteifung durch Diagonalen, Kreuzverbände oder starre Eckausbildung der Pfosten abgesehen worden. In seinem unteren Teil befinden sich die Durchflußöffnungen zum Füllen und Leeren der Kammer. Die ihnen benachbarten Riegel mußten daher wegen des so entstandenen großen Abstandes besonders kräftig ausgebildet werden. Als Sohlendichtung dienen eichene Dichtungsbalken; sie setzen sich auf einen einbetonierten und gut gehobelten Stahlträger (Abb. 114). Der Ausgleich der Torlast erfolgt durch zwei Gegengewichtsgruppen; die von außen sichtbaren Gewichte besorgen den eigentlichen Gewichtsausgleich, die unsichtbar in ihnen laufenden Ausgleichsgegengewichte berücksichtigen den Einfluß des Auftriebes des eingetauchten Tores. Die Hauptgewichte heben die Last des Tores bis auf etwa 30 t auf. Das übrige Torgewicht wird bis auf einen für den Torschließdruck erforderlichen Rest von rd. 6,5 t von den Ausgleichsgegengewichten aufgenommen. Statt einer Aufhängung oder Abstützung der Gegengewichte in der Art, daß vier Seile die eigentliche Last tragen, während die anderen Reserveseile sind — entsprechend der Gegengewichtsanordnung in Klein-Machnow —, wurde aus Sicherheitsgründen die unmittelbare Federaufhängung gewählt. Sie besteht darin, daß die Elastizität der Seile durch untereinander praktisch gleiche Federn künstlich so vergrößert wird, daß die Differenz der Elastizitäten der Einzelseile ohne Bedeutung ist. Für die Federsäulen der Hauptgegengewichte wurden Tellerfedern gewählt, da sie die geringste Höhe ergaben und infolge der Vertauschbarkeit der Teller eine genaue Angleichung der Federn unter sich ermöglichten. Die Bewegung der Tore geschieht mit einer Hubgeschwindigkeit von 0,25 m/sek. Als Kraftquelle dient ein 54 kW-Motor. Von einer Sperrung des Getriebes und von einer Verriegelung des Tores im gehobenen Zustande hat man abgesehen, da seine Last durch die beiden Gegengewichte völlig ausgeglichen ist. Die sechs Windwerke für die Torschützen sind sämtlich auf der Plattform des Hubtores untergebracht. Sie werden von einer gemeinsamen Welle angetrieben, jedoch jedes für sich aus- und einkuppelbar. Die Einrichtungen für die elektrischen Schaltungen befinden sich in der Mitte der Triebwerke. Der Antrieb selbst besteht aus einer Kurbel mit Schubstange. Die Hubgeschwindigkeit der Schütze wird mit Hilfe eines Leonard-Aggregates nach einer besonderen, durch Versuche entwickelten Kurve gesteuert [*228*].

Abb. 115. Untertor der Schleuse Lehnitz.

Die ästhetisch wenig befriedigende Form der Hubportale am Wesel—Datteln-Kanal hat dazu geführt, ihnen neuerdings dadurch ein ansprechenderes Aussehen zu geben, daß man die seitlichen Pfosten als massive oder entsprechend verkleidete Türme ausgebildet hat, eine Forderung, die bei Schachtschleusen, deren Unterhäupter infolge des großen Schleusengefälles ohne weiteres eine obere Querverbindung gestatten, meist ohne Schwierigkeiten erfüllbar ist. Das in Abb. 115 wiedergegebene Untertor der neuen Schleuse Lehnitz kann in dieser Hinsicht schon zur Gruppe der guten Lösungen gezählt werden. Es ist ein geschweißtes Riegeltor von 60,8 t Gewicht, das nach erstmaliger Durchführung einer solchen Betriebsweise an der Doppelschleuse Ladenburg am Neckar (s. Abb. 31) zum Leeren der Kammer herangezogen wird, und zwar mit einem erstem Hub von 600 mm in 180 sek. Nach Ausspiegelung der Wasserstände wird das Tor mit gleichbleibender Geschwindigkeit von 200 mm/sek bis zur vollen Höhe gehoben. Es sind daher zwei Antriebsmotore eingebaut. Die Gegengewichte laufen in den beiden Seitentürmen auf und ab. Als Puffer gegen Beschädigungen des Tores durch anfahrende Schiffe dient hier ein stählerner mit Hölzern ausgekleideter Schwimmträger, der 4,5 tm Arbeit aufnehmen kann.

Die Hubtore der neuen, umlauflosen Saaleschleusen sind Riegeltore mit oberwasserseitiger Blechhaut und drucksteifen Gelenkzahnstangen Bauart MAN als Antriebsorganen. Ein ansprechendes Aussehen hat man bei ihnen dadurch erreicht, daß die breit gehaltenen Seitenstiele mit Stahlblech umkleidet worden sind.

Die nach ihren Abmessungen zur Zeit bedeutendsten Hubtore sind die der Doppelschleuse Magdeburg. Sie überbrücken bei einem mittleren Gefälle von rd. 4,00 m eine Schleusenbreite von 25 m und dienen gleichzeitig zum Füllen und Leeren der Kammern. Die Tore sind regelrechte Rollschützen nach Art der Schützenwehre mit 3 m hohen Fachwerkträgern als Riegel. Die Torhaut befindet sich auf der Oberwasserseite. Die Seitendichtung wird durch Federbleche mit Eschenholzleisten bewirkt, die auf Nickelstahlplatten schleifen. Entsprechend der Höhenlage der Häupter sind die Torhöhen verschieden, desgleichen die Torgewichte. Sie bewegen sich zwischen 100 bis 140 t und werden überall bis auf etwa 2 t durch Gegenlasten ausgeglichen. Nach den an Schützenwehren gemachten Erfahrungen, die auch durch Modellversuche bestätigt worden sind, treten am Sohlendichtungsbalken beim ersten Anheben einer Schütze durch die dabei auftretenden hohen Wassergeschwindigkeiten leicht Sogwirkungen auf, die nicht nur erhöhte Zugkräfte bedingen, sondern auch bei größeren Verschlußkörpern zu unliebsamen Schwingungen Ver-

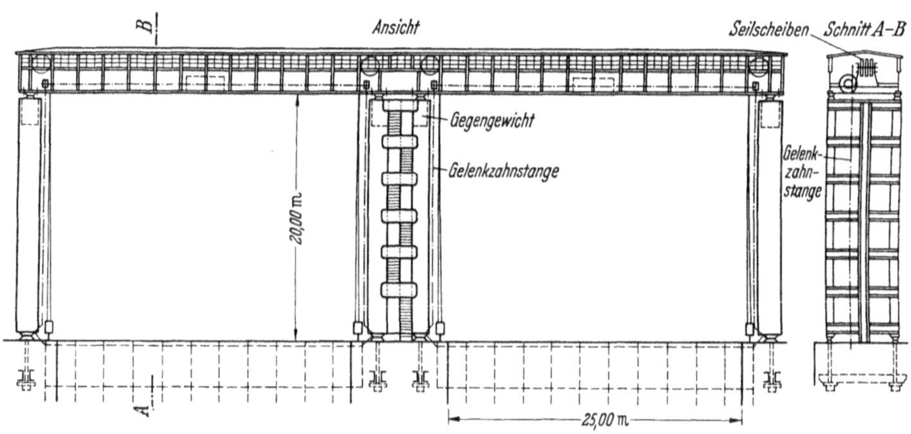

Abb. 116. Hubtorgerüst der Schleuse Magdeburg.

anlassung geben. Absolut schwingungsfrei ist nur eine stählerne Schneide, da sie keine Fläche bietet, an der sich Sogkräfte entwickeln können. Man hat daher beim Bau der Doppelschleuse Magdeburg im Hinblick auf die Zuflußmenge von $Q_{\max} = 70\ \mathrm{m^3/sek}$ den sonst zur Führung des Wasserabflusses bei Hubtoren angeordneten parabolisch geformten hölzernen Dichtungsbalken durch eine winkelförmige Konstruktion mit sehr schmaler Aufsitzfläche ersetzt. Zur Erfüllung der den Toren zufallenden Aufgaben sind auch hier zwei Antriebsmotore für langsames und schnelles Heben vorhanden. Die Bewegung der Torkörper geschieht durch drucksteife Gelenkzahnstangen. Sie sind zwecks Erlangung geringer Anfangs- und Endgeschwindigkeiten in ihrem unteren Teile so geführt, daß sie sich in einem Kreisbogen bewegen. Die Hubportale bestehen aus zwei, die Schleuse überspannenden Vollwandträgern, welche die Windwerke tragen und auf 20 m hohen Stützen ruhen. Diese sind zu viert als Stockwerkrahmen auf der Mittelmauer vereinigt und an den Enden als Pendelstützen ausgebildet (Abb. 116).

Ein Unterhaupt-Hubtor, dessen Halbkreisriegel nur auf Zug beansprucht werden, besitzt die Schleuse Donzère-Mondragon (Abb. 117).

Hubtore von Schleusen mit größerer Fallhöhe verlangen zur Gewinnung der für die Schiffahrt erforderlichen Durchfahrtshöhe oft unerwünscht hohe Portalkonstruktionen. Einen Ausweg bildet das nach Art der Doppelschütze gebaute *zweiteilige* Hubtor. Bei ihm können die Führungs- und Antriebsaufbauten verhältnismäßig niedrig gehalten werden. Das führt bei gleichzeitiger Anordnung eines Wehres neben der Schleuse zu Tortürmen, die in ihrer Höhe nicht über die Wehrpfeiler hinausragen. Ein schwieriger Punkt bleibt, wie auch bei der Doppelschütze, die einwandfreie Dichtung zwischen oberem und unterem Torteil, selbst wenn sie über dem höchsten schiffbaren Wasserstand angeordnet wird, um leicht nachgesehen und unterhalten werden zu können [*230*].

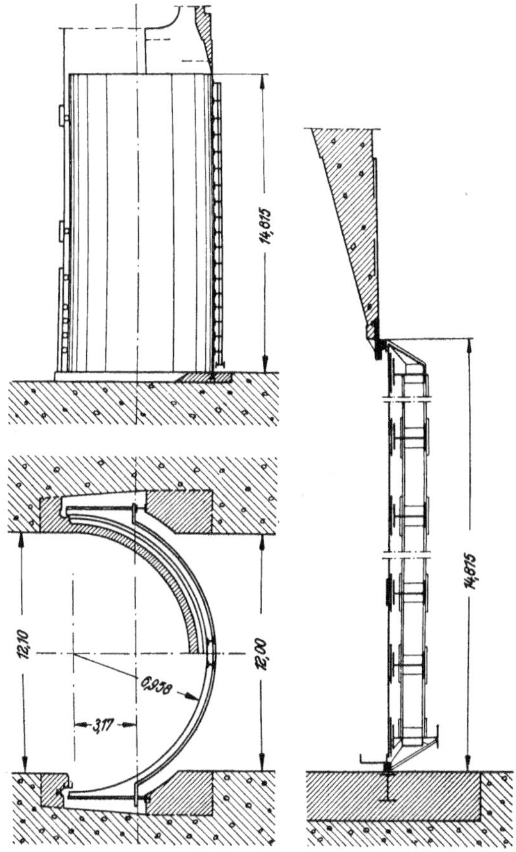

Abb. 117. Hubtor der Rhône-Schleuse Donzère-Mondragon.

Zweiteilige Hubtore sind in Deutschland noch nicht gebaut worden. Entwürfe hierfür sind aber vorhanden. In Holland besitzt die Schleuse Born des Juliana-Kanals ein zweiteiliges Hubtor, welches zur Vermeidung übergroßer Betriebseinrichtungen so konstruiert ist, daß sich ein unterer Teil beim Heben zum Füllen bzw. Leeren der Kammer in den oberen Teil einschiebt, um dann mit diesem nach Ausspiegelung der Wasserstände weiterbewegt zu werden. Zweiteilige Hubtore gewinnen gelegentlich auch da an Bedeutung, wo der Oberwasserstand einem sehr starkem Wechsel unterworfen ist. Man bewegt

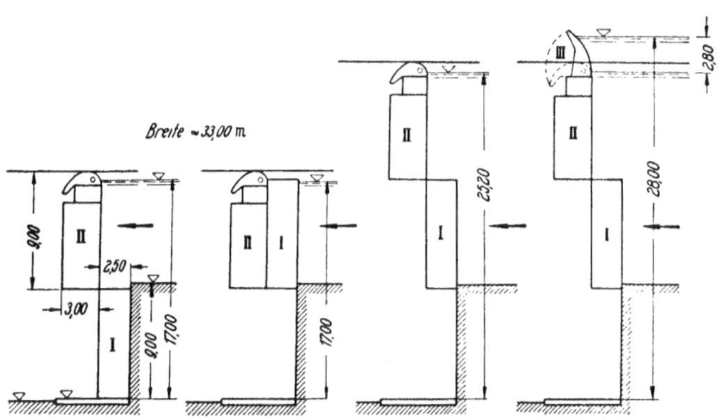

Abb. 118. Zweiteiliges Hubtor einer Mississippi-Schleuse.

dann bei kleiner und mittlerer Wasserführung nur das Oberteil, während das Unterteil in Ruhe hinter dem Drempel verbleibt. Eine solche an einer Mississippi-Schleuse getroffene Anordnung zeigt im System Abb. 118.

Ein Übelstand des Hubtores besteht darin, daß von ihm beim Heben aus dem Wasser ein sanfter Regenguß auf das darunter durchfahrende Schiff herabträufelt, was besonders bei dem Verkehr von Fahrgastschiffen unangenehm empfunden wird. Um diesem Nachteil zu begegnen, bringt man im Bereich des untersten Riegels von der Mitte des Tores ausgehend kleine Rinnen aus U-Stählen an, die das Tropfwasser nach den Tornischen ableiten. Diese Anordnung führt jedoch in winterlicher Jahreszeit leicht zu einem Vereisen der in den Seitennischen befindlichen Schienen. Außerdem wird bei in höherer Lage befindlichem Tor das auf der Schleusenplattform verkehrende Bedienungspersonal durch das infolge Wind zerstreute Tropfwasser belästigt. Man ist daher neuerdings zu einer Konstruktion gekommen, bei der das Tropfwasser

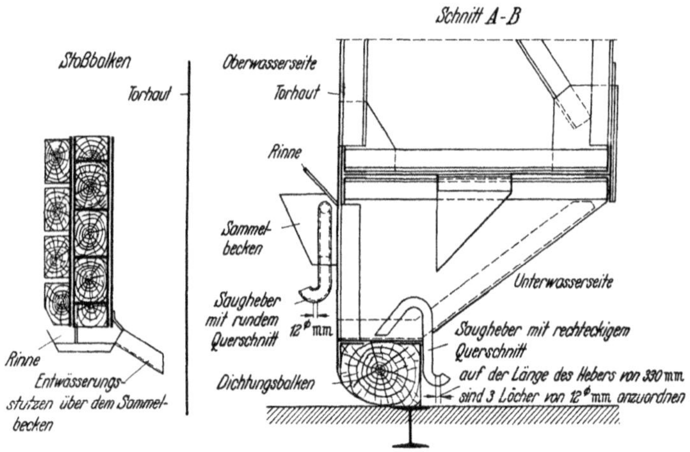

Abb. 119. Tropfwasserrinne für Hubtore.

auf anderem Wege abgeführt wird (Abb. 119). Zwar befindet sich auch hier am untersten Riegel eine Rinne. Sie ist aber seitlich geschlossen und kommt mit dem Heben des Tores gefüllt aus dem Wasser, wird aber, ehe die Torunterkante die Durchfahrtshöhe erreicht hat, durch Heber in die Schleusenkammer entleert, so daß sie dann das ganze restliche Tropfwasser fassen kann, welches bis zum Wiedereintauchen mit dem Senken des Tores in ihr verbleibt [*229*].

Einen weiteren Nachteil des Hubtores kann man darin erblicken, daß seine Bedienung von Hand beim Ausbleiben elektrischer Energie sehr viel Zeit beansprucht, während z. B. die Bewegung eines Stemmtores oder Klapptores mit eingebauten Luftkästen selbst bei Handantrieb noch in einer für die Abwicklung des Schiffahrtsbetriebes erträglichen Zeit vor sich geht. Diesem Notstand kann nur durch Bereitstellung von Hilfsaggregaten begegnet werden.

Das *Versenktor* wird zum Füllen zunächst langsam und nach vollendeter Ausspielung schneller in einen zugleich die Torkammer bildenden Drempel versenkt, wobei die mitgerissene Luft sofort spannungslos entweichen kann (Abb. 120). Die Stauwand der Rollschütze liegt nach Oberwasser. Sie ist in der unteren Hälfte halbkreisförmig gegen das Unterwasser ausgebuchtet und damit zugleich als Füllkanal geformt. Der durch die Höhlung des Tores geführte Strahl liegt dauernd an der unteren Drempelwand an. Das Dichten des Tores gegen den Wasserdruck bewirkt ein am Tor in horizontaler Richtung verschiebbar angebrachter Träger, dessen Dichtungsholz mittels eines Gestänges vom Unterwasser an den Drempel gedrückt wird. Die Feindichtung zwischen ihm und der Schütze stellt eine Gummidichtung her. Die seitlichen Dichtungen liegen in derselben Ebene wie die Drempeldichtung und sind gleichfalls mittels Federn mechanisch andrückbar. Um das Tor nachzusehen und instandzuhalten, kann es nach oben ganz herausgehoben werden. Es wird dann durch besondere

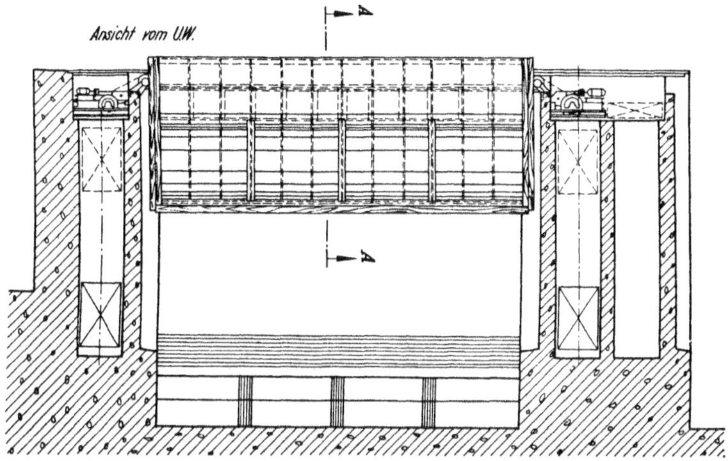

a

Stützen gehalten. Im übrigen ist die Konstruktion des Tores die gleiche wie die eines normalen Hubtores. Der Wasserdruck wird von der Stauwand über vertikale Spanten auf zwei horizontale Träger und von diesen auf die in den seitlichen Nischen angeordneten Laufrollen übertragen. Gegengewichte sorgen für einen Gewichtsausgleich, wobei das gleichmäßige Heben und Senken durch zweiseitigen Antrieb mit elektrischem Gleichlauf erfolgen muß, da die Anordnung einer durchgehenden Welle nicht möglich ist.

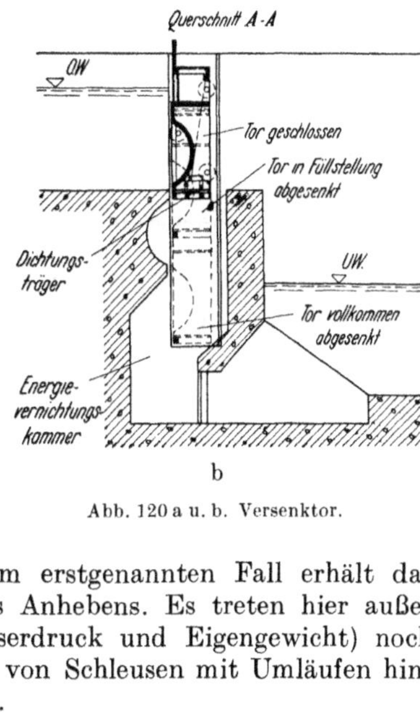

b

Abb. 120 a u. b. Versenktor.

Die *Berechnung* von Hubtoren erfolgt wie die normaler Rollschützen. Sie gestaltet sich verschieden, je nachdem ob der Verschluß zum Füllen und Leeren der Kammer herangezogen wird oder nicht. Im erstgenannten Fall erhält das Tor seine größte Belastung bei Beginn des Anhebens. Es treten hier außer horizontalen und vertikalen Kräften (Wasserdruck und Eigengewicht) noch dynamische Beanspruchungen auf. Hubtore von Schleusen mit Umläufen hingegen erfahren nur eine ruhende Belastung.

d) Schiebetor.

Schiebetore werden, wie oben bereits kurz erwähnt, vornehmlich als Verschlüsse von *Seeschleusen* benutzt. Sie sind stets am Platze, wenn die Schleusenbreite das Maß von etwa 40 m übersteigt. Bei geringeren Weiten kann sich die Wahl eines Stemmtores infolge Wegfall der vom Schiebetor benötigten Tornische billiger stellen. Dies ist allerdings nur dann der Fall, wenn die Schleuse nicht nach zwei Seiten kehren muß. Ist beiderseitiges Kehren erforderlich, so sind die Kosten eines Schiebetores stets geringer als die von zwei Stemmtorpaaren. Hinzu kommen einige andere Vorteile: Schiebetore lassen sich auch noch bei geringer Strömung sicher bewegen, was bei Stemmtoren nur unter besonderen Umständen möglich ist. Sie sind ferner auf Grund ihrer gesamten Bauart wesentlich stabilere Körper als Stemmtore. Außerdem kommt man beim Schiebetor mit einer Antriebsanlage aus, während das Stemmtor stets deren zwei erfordert.

Das Schiebetor ist in seiner Ursprungsform nach dem Patent des englischen Ingenieurs Kinipple ein nach allen Richtungen, auch nach den Stirnseiten geschlossener, ausgesteifter Stahlkasten, der durch Wasserballast den notwendigen „Auflagerdruck" und durch Entfernen dieses Ballastes den gewünschten Auftrieb zum Aufschwimmen erhält. Er bewegt sich auf Kufen oder auf Rädern, die in der Sohle der Torkammer oder am Tor selbst befestigt sind, und zwar durch entsprechende Regelung des Wasserballastes mit einem solchen Gewicht, daß bei geringster Beanspruchung dieser Lagerungsteile noch eine sichere Führung des Tores in der Bewegung gewährleistet ist.

Das auf allen Seiten geschlossene Tor erzeugt naturgemäß beim Einfahren in seine Nische einen beträchtlichen Aufstau. Er führt dazu, daß das verdrängte Wasser mit starker Strömung unter dem Tor abfließt und hierbei eine Spülung und Reinigung des Torkammerbodens bewirkt. Um diesen Vorgang noch zu verbessern, hat man auch den Torkammerboden grabenartig, d. h. dreieck- oder muldenförmig vertieft. Es verbleibt aber immer bei einer derartigen Betriebsweise die Überwindung eines verhältnismäßig großen Wasserwiderstandes. Kinipple versuchte diesen Nachteil dadurch zu beseitigen, daß er die Tornische am hinteren Ende durch einen Kanal mit dem Unterwasser in Verbindung brachte, um eine möglichst glatte Wasserbewegung von und zu der Tornische zu erreichen. Auf der anderen Seite hatte man sich die Eigenheiten des allseitig geschlossenen Tores auch in der Art zunutze gemacht, daß man das Schiebetor unmittelbar durch Wasserüberdruck bewegte. Ein solcher hydraulischer Antrieb bestand darin, je nach dem Gang des Tores nach der Kammer oder nach der Nische den Wasserstand in der Tornische durch entsprechende große Pumpenanlagen zu heben oder zu senken, wodurch sich ein die Torbewegung auslösender Überdruck ergab. (Alte 3. Einfahrt Wilhelmshaven.)

Heute wird allgemein bei Schiebetoren die Bekleidung der Stirn- und Bodenflächen fortgelassen. Damit treten als größere Widerstandsflächen nur noch die Seitenwände des Schwimmkastens auf. Dieser ist stets so anzuordnen, daß der Schwerpunkt des Auftriebes, das Metazentrum, über dem Schwerpunkt des Torgewichtes liegt. Man muß ihn also möglichst hoch anordnen. Andererseits ist für seine Höhenlage der geringste Unterwasserstand maßgebend. Immer dient ein Schwimmkasten gleichsam als besonders starker Riegel den senkrechten Aussteifungen der Haut als Stütze. Seine Größe ergibt sich aus der Forderung, daß ein Tor schwimmend aus dem Haupt herausgezogen und zur Ausbesserung in ein Dock gebracht werden muß. Die Ausmaße der gleichzeitig an seinen Enden zur Aufnahme von Wasserballast eingerichteten Kammern sind durch den beabsichtigten Druck auf die Gleitkufen oder Rollen bestimmt. Um ein Hin- und Herschwanken des Wassers bei Bewegungen des Tores zu vermeiden, wird der Ballastraum durch feste Quer- und Längswände in einzelne Zellen unterteilt.

Damit ein Schiebetor bequem ausgedreht werden kann, ohne die Anschlagskanten stark abrunden zu müssen, hat man neben der Wahrung eines bestimmten Spielraumes zwischen der äußeren und inneren Anschlagsfläche das Tor im Grundriß mitunter auch trapezförmig gestaltet (Abb. 121a). Es wird dann so weit in die Nische gefahren, daß das gegenüberliegende Ende keinen Anschlag mehr hat und ein Drehen um die Kante *a* möglich ist. Dadurch erhält der äußere Teil des Hauptes eine größere Breite als der innere. Eine andere Lösung besteht darin, auf einer Torseite die senkrechte Anschlagsleiste auf Konsolen um 30 bis 40 cm gegen die horizontale Drempelanschlagsleiste vorkragen zu lassen, wobei sich natürlich die Tornischenbreite um dieses Maß erhöht (Abb. 121b). Man vermeidet so die trapezförmige Grundrißform, welche den Nachteil hat, daß ein Schiebetor nur einseitig verwandt werden kann.

Schiebetore werden als Ständer- und als Riegeltore gebaut, jedoch wird allgemein das *Riegeltor* bevorzugt. Der zur Verminderung des Torgewichtes erforderliche Schwimmkasten erhält eine Ausbildung als steifer Kastenträger, so daß er ohne wesentliche Materialvermehrung als Hauptriegel wirken kann. Konstruktiv ist es dabei erwünscht, ihn so tief als möglich zu legen. Man gewinnt dadurch den Vorteil einer Beschränkung in der Anzahl der Riegel, indem dann unterhalb des Schwimmkastens nur noch ein Riegel erforderlich wird. Dieser fällt allerdings verhältnismäßig stark aus, wenn man von dem Bestreben ausgeht, den Drempel von jeglichem Tordruck zu entlasten. Ein anderer Weg besteht darin, den Drempel auf seine ganze Länge nach der Form der Durchbiegungslinie des untersten Riegels auszubilden. Beim Ständertor werden an den Schwimmkasten zur Bildung des Torgerippes senkrechte Ständer angeschlossen. Diese sind unter sich nur durch schwache Riegel verbunden. Der Drempel erhält infolgedessen sehr große Drücke, die eine äußerst sorgfältige Herstellung neben genauer Erfassung der auf ihn wirkenden Kräfte erfordern. Moderne Schiebetore, gleich welcher Art, werden als Trägerroste konstruiert und berechnet.

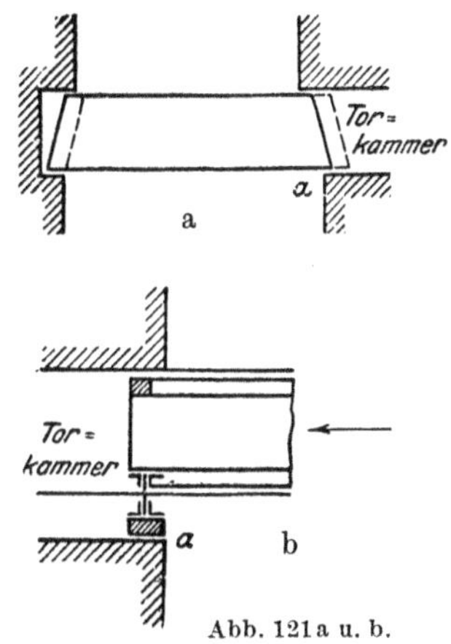

Abb. 121a u. b.

Die Bewegung bzw. Lagerung von Schiebetoren erfolgt auf *Gleitkufen* oder *Rollen.* Die erstgenannte Bauweise vermeidet alle beweglichen Teile unter Wasser, verlangt aber eine vollständig ebene und glatte Bahn. Diese wird aus poliertem Granit oder entsprechend abgeschliffenen und mit dem Unterbeton gut verbundenen Stahlplatten hergestellt. Der Umstand, daß statt rollender Reibung gleitende Reibung auftritt und sich ein starker Verschleiß der Greenhartleisten einstellt, wenn der sonst als „Schmierung" anzusehende Schlick etwas Sand enthält, gibt Veranlassung, heute Gleitkufen nur ausnahmsweise zu benutzen. Hinzu kommt, daß Gleittore zur Herabsetzung der Bewegungswiderstände einen möglichst geringen Betriebsdruck erhalten. Dies wiederum hat zur Folge, daß durch den sich mit der Bildung von Wellen ändernden Auftrieb leicht ein „Hüpfen" der Tore eintritt, was ungleichmäßige Beanspruchungen und damit Überlastungen der Antriebsorgane mit sich bringt. Auf der Sohle angebrachte Rollen verdanken ihre Anordnung dem gleichen Gesichtspunkt, der dazu geführt hat, die Platten der Spurlager von Stemmtoren am Flügel zu befestigen. Diese Bauweise hat den Nachteil einer recht ungleichmäßigen Belastung der einzelnen Rollen, wodurch infolge Überlastung leicht ein Radbruch eintreten kann. Hierbei ist eine Auswechslung der Rollen schwierig. Der nächste Weg ist daher die Lagerung des Tores auf zwei Unterwagen gewesen, die sich mit je zwei Radsätzen unter den Torenden befinden. Um die Zahl der unter Wasser liegenden bewegten Teile noch mehr zu vermindern, wird heute vorwiegend nur ein Wagen unter dem Tor verwandt, während die zweite Lagerung über einen Wagen erfolgt, der sich diametral gegenüber befindet und in Verbindung mit einem konsolartigen Vorbau des Torkörpers auf Schienen läuft, die längs der Torkammer auf dem Schleusenmauerwerk liegen.

Schiebetore müssen sich aber nicht nur sicher an der Anschlagswand und dem Drempel entlang bewegen, sondern sie müssen nach Gewinnen der Schlußstellung unter dem einseitigen Wasserdruck auch ohne Überbeanspruchung der Lagerungskörper allseitig einen einwandfreien Sitz gewährleisten. Dies wird durch eine zweite Rollenlagerung in Richtung Schleusenachse über sog. *Kehrrollen* erreicht.

Die *Bewegung* der Schiebetore geschieht durch Zug- oder Druckglieder, die am oberen Torende angreifen und auf den Seitenwänden der Tornische gestützt sind. Um ein Ecken und Kanten des Tores zu vermeiden, läßt man hierbei die Bewegungsvorrichtungen nicht unmittelbar am Tor, sondern an einem besonderen Waagebalken anfassen. Er besteht in der Regel aus einem auf Schienen laufenden Wagen, der in Achsrichtung mit dem Tor gelenkig verbunden ist und dessen Bewegung durch seitlich angebrachte, horizontal liegende Rollen zusätzlich gesichert wird. Als Bewegungsorgane dienen Gallsche Ketten, starre Zahnstangen und drucksteife Gelenkzahnstangen.

Große Kaiser-Schleuse Bremerhaven (Abb. 122).

Das Tor hat trapezförmigen Grundriß und ist als Ständertor gebaut. Seine Stirnseiten sind bis auf den Luftkasten offen. Dieser taucht nach Leerpumpen bei schwimmendem Tor um 15 cm aus, wodurch das Tor bei mittlerem Hochwasser um 1,50 m aufschwimmt. Die Stahlkonstruktion besteht im wesentlichen aus zwei parallelen Blechwänden, die den auf sie entfallenden Wasserdruck durch Ständer und zwischen ihnen angeordnete Zwischenträger im unteren Teil unmittelbar auf den Drempel, im oberen auf drei über die ganze Torlänge reichende Horizontalträger auf das Mauerwerk übertragen. Von diesen drei Horizontalträgern bilden die beiden unteren zugleich Decke und Boden des Luft-

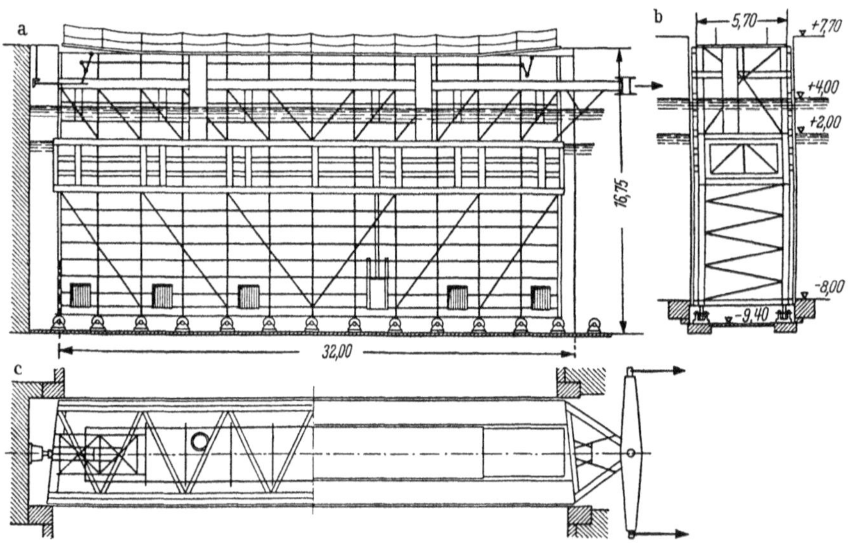

Abb. 122. Schiebetor Große Kaiser-Schleuse Bremerhaven.

kastens, unter dem je zwei gegenüberliegende Ständer durch Diagonalen zusammengefaßt sind. Der oberste Horizontalträger besteht aus Fachwerk und liegt so hoch, daß seine Gurtungen gleichzeitig die aus der Bewegung des Tores herrührenden Kräfte aufnehmen. Der Luftkasten ist durch fünf eingebaute Schotten in sechs wasserdichte Abteilungen zerlegt, von denen die zweiten — vom Ende gerechnet — durch Einsteigeschächte vom Oberdeck aus zugängig sind. Jede Ballastkammer besitzt ein Ventil zum Einlassen von Wasser, ein Luft- und Peilrohr sowie eine Lenz-Pumpe. Im unteren Teil der kammerseitigen Torwand befinden sich sechs Schützöffnungen, die zum Spülen des Drempels und zur Unterstützung der sonst das Füllen und Leeren der Kammer bewirkenden Umläufe dienen. Die Lagerung des Tores erfolgt über feste Rollen in der Sohle des Hauptes mit Schienen am Tor. Der Abstand der Rollen, welche einen Durchmesser von 80 cm haben, ist hierbei gleich dem Abstand der Ständer. Da das Tor zweiseitig dichten muß, besteht eine Querverschieblichkeit von 6 cm. Sie wird dadurch erreicht, daß die Laufschienen seitlich Zwangsschienen haben, welche die Rollen mitnehmen. Es müssen sich also die Zapfen der Tragachsen in ihren Lagern verschieben. Dies ist möglich, weil hier wegen der vorhandenen großen Berührungsfläche geringe Flächendrücke auftreten. Die trapezförmige Form des Tores verlegt in Verbindung mit der ungleichmäßigen Verteilung seiner Ausrüstung den Gesamtschwerpunkt etwas nach der Außenseite. Man hat daher, damit das Tor beim Herausnehmen senkrecht schwimmt, an der größeren Längswand einen Zusatzballast anbringen müssen. Er besteht aus mit Beton umgossenen Stahlschienen und lagert unmittelbar über der Laufschiene. Wenn die hier beschriebene Lagerung eines Schiebetores auf Grund der bereits oben erwähnten Nachteile heute auch nicht mehr angewandt wird, so ist das im Jahre 1897 erbaute Schleusentor zur Zeit doch noch einwandfrei im Betrieb.

Seeschleuse Emden (Abb. 123).

Das Schiebetor ist ein Riegeltor mit fünf Horizontalriegeln, die den Wasserdruck nur auf die seitlichen Anschläge, nicht aber auf den Drempel übertragen. Es läuft auf an ihm selbst befestigten Rädern, die sämtlich ausgeschaltet werden können, wenn ein Radbruch entsteht. Das Tor wird dann auf hölzernen Kufen bewegt. Versuche, die hierzu

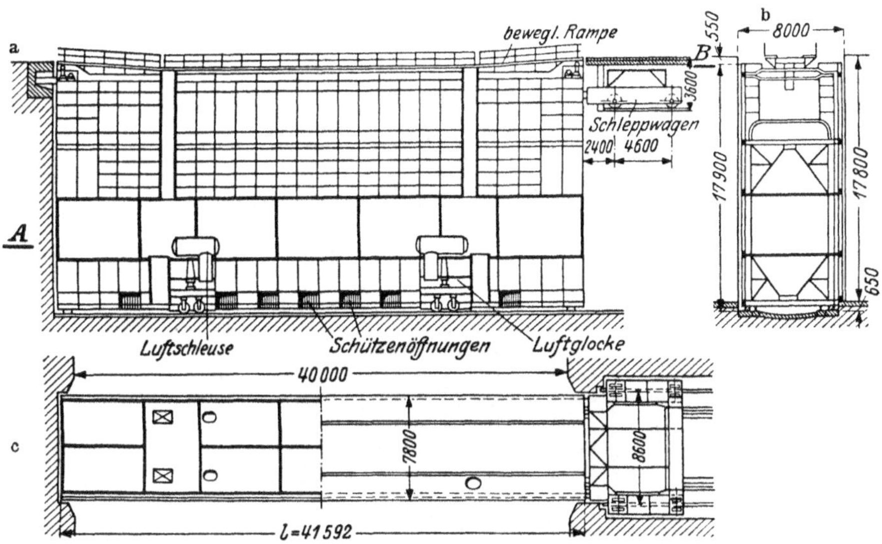

Abb. 123. Schiebetor Seeschleuse Emden.

in Emden gemacht worden sind, haben ergeben, daß bei normalem Betrieb mit 40 Schleusungen im Monat die Greenhartleisten um 1 cm abgeschliffen werden. Der Beiwert für die gleitende Reibung zwischen den Kufen und Granit ist etwa 0,4, liegt aber im Anfahren höher, etwa auf 0,5 bis 0,55. Um eine Ausbesserung der Räder zu ermöglichen, ist für jeden Laufwagen eine Taucherglocke mit in das Tor eingebaut. Die Antriebsquelle, bestehend aus zwei Gleichstrommotoren, ist im Schleppwagen untergebracht, der hier nicht gelenkig, sondern fest mit dem Tor verbunden ist. Seine Bewegung erfolgt in der Art, daß er sich über ein Windwerk auf je zwei auf den Seitenmauern der Tornische befestigten Zahnstangen entlangzieht. Die maschinellen Anlagen für die Pumpen und Kompressoren der Taucherglocken befinden sich in einem Maschinenraum, der einen Teil des Schwimmkastens ausmacht. Dieser weist außerdem in der Mitte sechs Lufträume und an seinen beiden Enden je vier Ballasträume auf. Etwaige Stöße beim Einfahren in die Schlußstellung werden durch beiderseits angeordnete Öldruckpuffer aufgehoben. Die Tore erfordern für die Bewegung auf Kufen etwa 240 PS, für die Bewegung auf Rollen etwa 100 PS. Die Zeit des Öffnens und Schließens beträgt im Durchschnitt 3 min, das ist eine Geschwindigkeit von 0,23 m/sek. Der Widerstand der Laufradreibung beläuft sich am Tor mit einem Betriebsdruck von 50 t auf etwa 1 t, am Schleppwagen mit einer Höchstlast von 125 t auf rd. 1,5 t. Unter Berücksichtigung dieser Widerstände gestattet der eingebaute Motor die Überwindung eines Wasserwiderstandes von etwa 12 t.

Schleuse Bremen-Oslebshausen (Abb. 124).

Die örtlichen Verhältnisse zwangen hier zum Bau eines Schiebetores, das sich auch noch bei einer Strömung von etwa 0,35 m/sek schließen lassen mußte. Ein solches Vorgehen führt gegen Ende der Bewegung zu einem Auflaufen des Wassers, wodurch kurz vor Toresschluß aus dem Unterschied in den Wässerständen ein einseitiger Druck von 20 bis 30 t entsteht. Um diesem zu begegnen, hätte das Tor eine sehr große Breite und damit auch ein großes Gewicht erhalten müssen. Beides ist durch die Anordnung einer fahrbaren Brücke vermieden worden, an der das Tor neben der unteren Führung im Drempel-

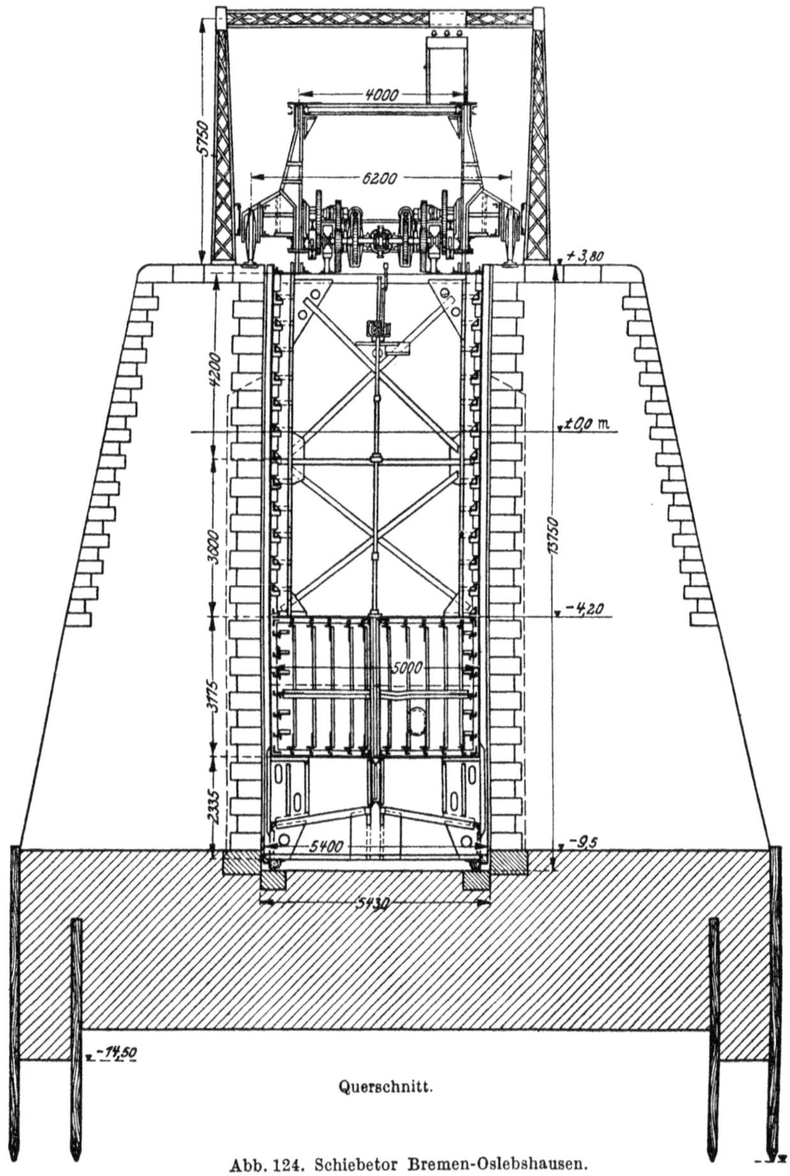

Querschnitt.

Abb. 124. Schiebetor Bremen-Oslebshausen.

schlitz eine zweite obere Führung erhält. Die mit dem Tor in Längsrichtung bewegliche Brücke wird beim Schließen des Tores zunächst über die Öffnung gefahren, sodann wird an ihr das Schiebetor vorgezogen. Beim Öffnen erfolgen die Bewegungen in umgekehrter Reihenfolge (Abb. 125). Tor und Brücke werden über ein gemeinsames Triebwerk durch Elektromotoren bewegt, indem jeweils das eine der beiden Elemente durch Haken festgehalten wird. Brücke und Tor lassen sich in je 2 min mit einer Geschwindigkeit von 0,23 m/sek ein- bzw. ausfahren. Die Aufnahme etwaiger Stöße infolge dynamischer Beanspruchungen erfolgt bei der Brücke und beim Tor durch Pufferfedern. Das Tor selbst ist hinsichtlich Ausbildung seines Schwimmkastens so konstruiert, daß es mit einem zwischen 0 bis 40 t regelbaren Auftrieb über zwei an jedem Ende vorhandene Wagen gegen die Brücke gedrückt wird. Es ist also grundsätzlich ein Anhängen an die Brücke vermieden worden, um die Brückenträger bei einer Beschädigung des Luftkastens nicht zu überlasten. In einem solchen Fall setzt sich das Tor, dessen Gewicht rd. 300 t beträgt, glatt auf den Drempelboden auf. Im übrigen ist der Verschluß im Grundriß trapezförmig als Ständertor ausgebildet. Die in Fachwerkkonstruktion hergestellte Brücke hat zur Aufnahme der lotrechten und waagerechten Tordrücke stark ausgebildete Untergurte, die unten und an den Außenseiten Schienen zur Torführung tragen. Die in Bremen-Oslebshausen angewandte Betriebsweise eines Schiebetores stellt eine Lösung dar, die sich in ihrer Art zwar gut bewährt hat, aber nur unter ganz besonderen Verhältnissen gerechtfertigt ist [232].

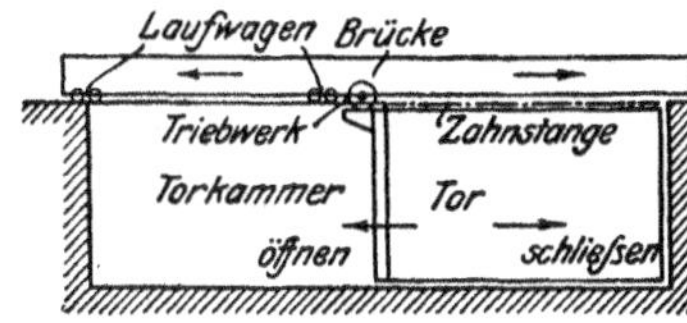

Abb. 125.

Schleusen des Nordostsee-Kanals.

Die Tore der Schleuse Brunsbüttelkoog sind Riegeltore mit einer aus Buckelplatten bestehenden Blechhaut und nach dem „Schubkarrensystem" vorn durch einen unteren Wagen und am anderen Ende durch einen oberen Wagen, der über die Tornische führt, gestützt, jedoch mit dem Unterwagen nicht fest verbunden. Vielmehr hebt sich das Tor beim Hochschwimmen von diesem ab. Die Untersuchung und Wiederinstandsetzung eines beschädigten Unterwagens geht hier also in der Art vor sich, daß nach Aufschwimmen des Tores, was ein vorheriges Lösen des Oberwagens zur Voraussetzung hat, der Unterwagen mittels eines Kranes herausgenommen wird. Nach Einbringen eines Ersatzwagens durch Taucher läßt man dann das Schwimmtor wieder aus der Nische herausfahren und nach Füllen der Ballastkammern absetzen. Der Antrieb besteht aus einem fahrbaren Antriebswagen mit fester Zahnstange. Ein zwischenzeitlicher Betrieb ist auch hierbei über Gleitkufen möglich. Das Schiebetor der Doppelschleuse Holtenau, der zweiten Schleusengruppe des Nordostsee-Kanals, ist auf zwei Unterwagen gelagert. Das in einem Antriebshaus hinter der Torkammer untergebrachte Windwerk umfaßt zwei Windwerksgruppen mit je zwei Motoren von je 90 PS. Die beiden Triebritzel jeder Gruppe greifen in Zahnstangen ein, die federnd an den Waagebalken angeschlossen und knicksicher in Rollenböcken geführt sind. Beim Antrieb durch eine Windwerksgruppe mit zwei Motoren beträgt bei einer Torgeschwindigkeit von 0,39 m/sek der Energieverbrauch während der ersten fünf Meter 166 PS und während der weiteren 43 m rd. 152 PS. Der hierbei zu überwindende Wasserwiderstand beläuft sich auf etwa 18 t.

Nordschleuse Bremerhaven (Abb. 126–128).

Seeschleusen von besonderer Verkehrsbedeutung erhalten im Außenhaupt aus Sicherheitsgründen gelegentlich zwei Schiebetore (s. Abb. 195). Ein anderer Weg besteht darin, ein drittes Schiebetor neben den beiden laufend benötigten Verschlüssen in Reserve zu halten. Diese Maßnahme ist bei der Nordschleuse Bremerhaven getroffen worden. Die drei genau gleichen Tore haben eine Breite von 8,90 m, eine freie Höhe von 19,00 m und eine Länge über alles von 47,20 m. Die Wahl eines Riegeltores ist auch hier aus dem Bestreben erfolgt, eine weitgehende Entlastung des Drempels von dem auf die Torhaut wirkenden Wasserdruck angesichts der sehr schlechten Bodenverhältnisse zu erreichen. Außerdem hat man aus gleichem Grunde die Drempelabdichtungsleiste nicht auf dem untersten Riegel befestigt, sondern an einem federnden Blech, das an einem entsprechend höher gelegenen Riegel hängt. Diese Konstruktion gestattet zugleich eine bessere Durchbildung des Unterwagens, ohne das Stabsystem des untersten Riegels verändern zu müssen.

Das Tor ist nach dem „Schubkarrensystem" auf einem Unter- und einem Oberwagen gelagert. Der bereits mehrfach gestreifte Vorteil dieser Anordnung hinsichtlich geringstmöglichster Unterhaltung aller unter Wasser liegenden Teile liegt zusätzlich in der größeren Querstabilität des Tores während der Bewegung bei Strömung und Wind. Dadurch, daß seine Stützlinie diagonal verläuft, sind die Momente aus Wind- und Wasserdruck wegen der kleineren Hebelarme erheblich geringer. Es kann daher eine ausreichende Querstabilität des Tores mit geringstem Betriebsgewicht erreicht werden. Es ist im vorliegenden Falle unter Ansatz eines Winddruckes von 100 kg/m² und unter Berücksichtigung verschiedener Wasserstände und Torstellungen zu 90 t festgelegt worden. Bei Lagerung des Tores auf zwei Unterwagen wäre unter den gleichen Bedingungen ein Torbetriebsgewicht von 225 t erforderlich gewesen. Die Aufhängung eines Tores über ein Pendel an einen Oberwagen gestattet in einfachster Weise den für das Sperren erforderlichen seitlichen Anschlag des Tores, wobei der Oberwagen selbst an der seitlichen Bewegung nicht teilnimmt. Um ein leichtes Ausdrehen des Schiebetores zu erreichen, sind die beiden lotrechten Anschlagsleisten des Tores an der Torkammerseite um je 0,45 m herausgesetzt worden. Es beträgt infolgedessen die Torbreite an der Torkammerseite, da die Anschlagflächen jeweils um 0,45 m vorspringen, 8,9 + 2 · 0,45 = 9,8 m.

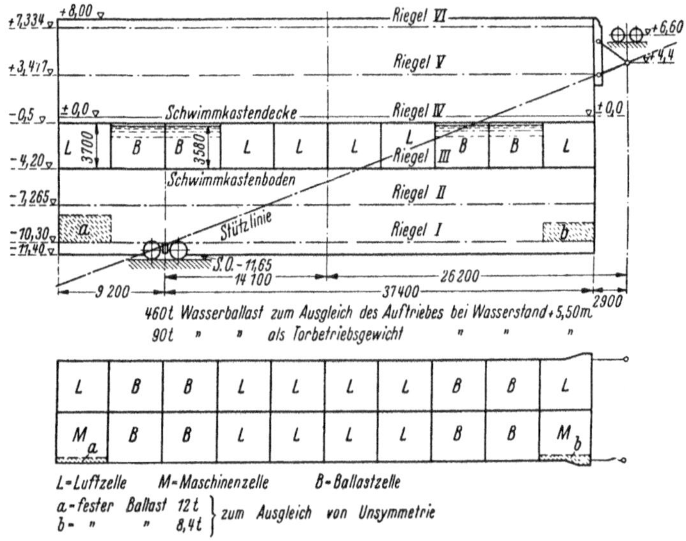

Abb. 126. Ballastplan und Torlagerung (Nordschleuse Bremerhaven).

Mit Rücksicht auf die Schwimmstabilität des Tores ist eine möglichst hohe Lage der Schwimmkastendecke anzustreben, sofern man Hilfsmittel zur Verbesserung der Schwimmstabilität, wie Hilfsschwimmkörper oder toten Ballast, vermeiden will. Da aber die Lage der Schwimmkastendecke nach oben durch den zulässigen Tiefgang des schwimmenden Tores mit Rücksicht auf seine Überführung ins Dock begrenzt ist, ist auf Grund der in Bremerhaven herrschenden örtlichen Verhältnisse die Schwimmkastendecke auf Ordinate − 0,5 gelegt worden. Es wurden hierbei für die Berechnung der Höhe des Schwimmkastens das Gewicht des betriebsfähig ausgerichteten Tores mit 1104 t und als zusätzliche Belastung 75 t Schlickauflast sowie Ausfall zweier Zellen des Schwimmkastens zugrunde gelegt. Danach hat sich die Höhe des Schwimmkastens zu 3,7 m ergeben.

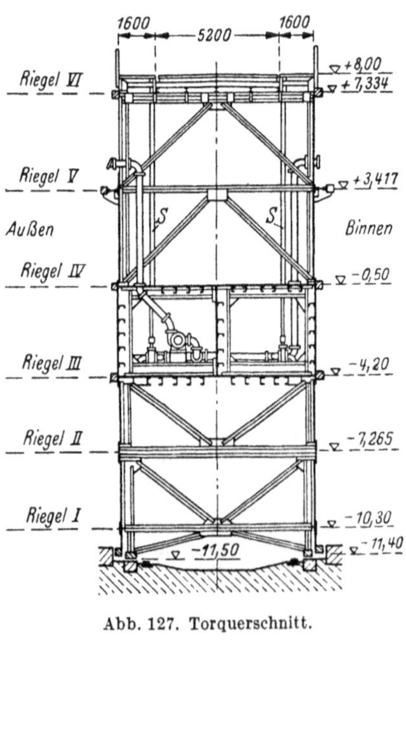

Abb. 127. Torquerschnitt.

Als Baustoff für die gesamte Torkonstruktion ist St 37 gewählt worden, und zwar mit unterschiedlichen zulässigen Beanspruchungen: Riegel I und II = 1000 kg/cm², Riegel VI und Fahrbahn = 1400 kg/cm², alle übrigen Teile 1200 kg/m². Riegel III und IV, welche Boden und Decke des Schwimmkastens bilden, sind Vollwandträger, die anderen Riegel Fachwerkträger. Für die Gestaltung des Stabsystems und der Stabquerschnitte ist der Gesichtspunkt maßgebend gewesen, einen möglichst geringen Wasserwiderstand zu erzielen und geringe Ablagerungsmöglichkeit für Schlick zu bieten. Die Zahl der Querverbände wurde durch die Unterteilung des Schwimmkastens in neun Querschottwände, in deren Ebene die Querverbände an den Schwimmkasten angeschlossen sind, bestimmt. Der Endverband an der Torkammerseite bedurfte hierbei in seinem oberen Teil zwischen den Riegeln V und VI noch einer besonderen Ausbildung wegen des Anschlusses der

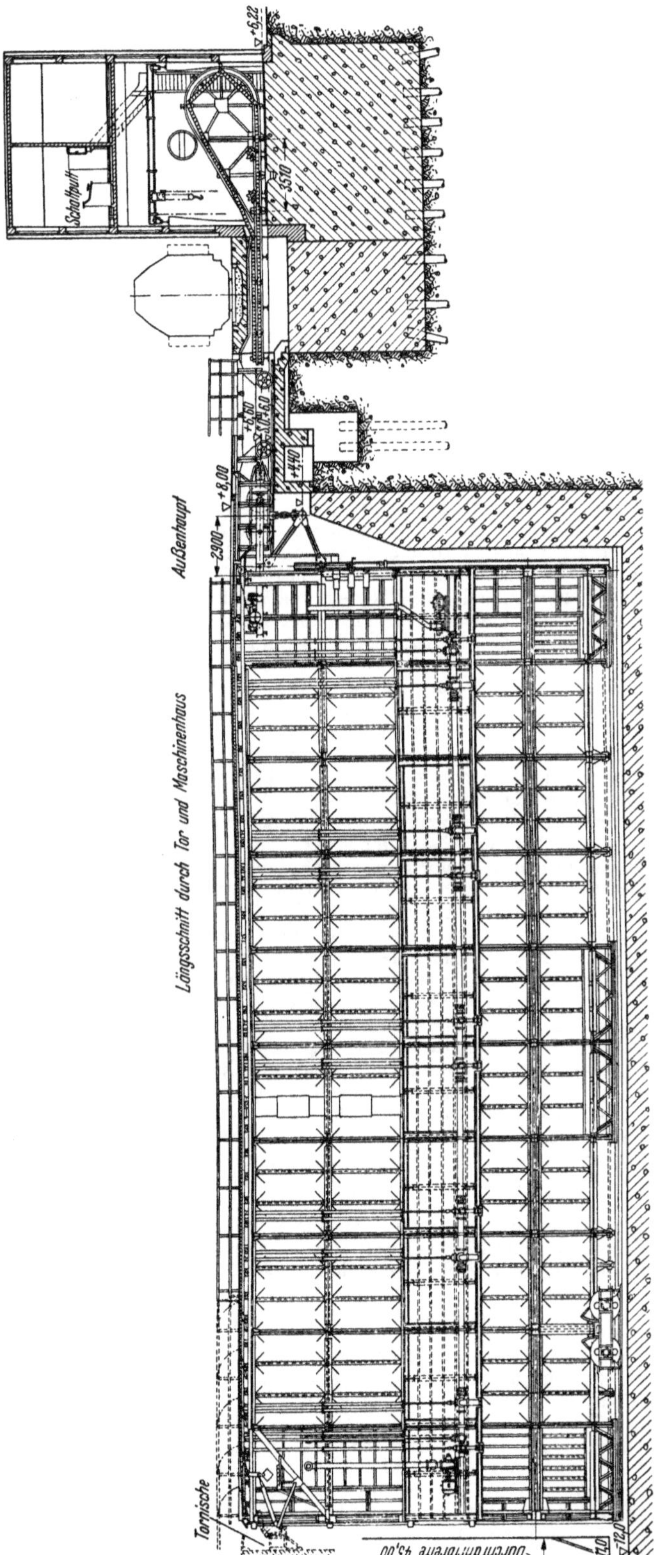

Abb. 128. Längsschnitt durch Tor und Antrieb (Nordschleuse Bremerhaven).

Kragarme, mit denen das Tor am Oberwagen hängt, sowie wegen des Angriffs der Zugstange, über welche die Bewegungskraft vom Oberwagen auf das Tor weitergeleitet wird. Der Schwimmkasten ist durch eine Mittelwand in zwanzig wasserdichte Zellen unterteilt, von denen acht Zellen mit Ballastwasser gefüllt werden. In jeder der beiden Endzellen auf der Außenseite des Tores steht eine elektrische Kreiselpumpe mit einer Fördermenge von 6 m^3/min. Mannlöcher und Querwände sorgen dafür, daß zur Vornahme von Überholungsarbeiten überall eine gute Zugänglichkeit mit entsprechender Belüftung besteht.

Die Plattform des Tores ist als Straßenbrücke I. Klasse (jedoch ohne Belastung durch Dampfwalze) ausgebildet.

Die lotrechten Anschlagsleisten und die Kufen bestehen aus Greenhartholz und sind 0,4 m breit, während für die am Federblech befestigte horizontale Anschlagsleiste von 0,25 m Breite Eichenholz genügt hat. Die Kufen sind auch hier lediglich für den Notfall vorgesehen, außerdem als Auflager im Dock. Sie laufen nicht unter der ganzen Länge des Tores durch, sondern befinden sich nur unter den beiden Endfeldern und unter den beiden Mittelfeldern.

Der an zwei Kragarmen des Torendquerverbandes befestigte Oberwagen kann als größte Belastung 160 t bei Bewegung und 220 t bei Ruhe aufnehmen. Seine beiderseits mit Spurkränzen versehenen Laufräder haben einen Durchmesser von 1,20 m. Sie drehen sich über eine Walzenlagerung auf einer sehr breit gehaltenen Nabe, um geringe Abnutzung und kleinen Bewegungswiderstand zu erzielen. Durch eine Pendelaufhängung kann sich das Tor gegenüber dem Oberwagen nach jeder Richtung ungehindert bewegen. Es hat infolgedessen die Zugstange, die Tor und Oberwagen weiterhin verbindet, an beiden Enden Kreuzgelenke erhalten müssen. Der Unterwagen, welcher für eine größte Belastung von 220 t bei Bewegung und 290 t bei Ruhe berechnet worden ist, ist im Prinzip genau so konstruiert wie der Oberwagen, jedoch mit Rädern von 1,50 m Durchmesser. Zur Querbewegung des Tores sind in der Laufebene der Räder, aber senkrecht dazu, Rollen angeordnet, auf denen das Tor vermittels geschliffener Druckplatten ruht. Eine im Unterwagen eingebaute Federung sorgt hierbei dafür, daß das Tor nach Ausgleich der Wasserstände stets in seine Mittellage zurückkehrt. Der Unterwagen wird vom Tor über auf ihm befestigte Segmentkörper, die man auch als Führungshörner bezeichnet hat, mitgenommen. Diese gehen nach oben etwas auseinander, damit sich das Tor beim Absenken, auch wenn der Unterwagen nicht ganz genau seine Stellung erhalten hat, richtig auf die Kehrrollen aufsetzt.

Das Triebwerk befindet sich am Ende der Torkammer. Diese Lösung ist aus Gründen einer sicheren und übersichtlichen Bedienung dem Einbau im Oberwagen vorzuziehen. Als Kraftübertragungsmittel dient eine drucksteife Gelenkzahnstange Bauart MAN, wie sie schon gelegentlich der Besprechung des Hubtors der Schleuse Magdeburg genannt worden ist. Sie ist im Prinzip eine Kette mit sehr langen Gliedern, die durch entsprechende Führung gegen Ausknicken nach beiden Richtungen gesichert sind, so daß sie nicht nur zum Ziehen, sondern auch zum Schieben eines Tores benutzt werden kann, was zum ersten Male in dieser Form an der Schleuse Wesermünde geschehen ist. An der Nordschleuse Bremerhaven bestehen die Zahnstangen aus Gliedern von 2,40 m Länge. Sie sind entsprechend der Breite des Oberwagens in 12,5 m Entfernung verlegt. Die für sie erforderliche Führungsbahn ist in einer überdachten Nische der Torkammerseitenwand untergebracht. Die Antriebsquelle umfaßt zwei getrennte Windwerke, die je mit zwei Ritzeln in die Zahnstangen eingreifen. Jedes Windwerk hat einen 68 kW-Motor. Der Einsatz der beiden Motoren erfolgt einzeln, in Parallel- oder Reihenschaltung, entsprechend der Größe der zu überwindenden Widerstände. Das Maximum ist ein Bewegungswiderstand von 100 t bei einer Torgeschwindigkeit von 0,1 m/sek. Normalerweise genügen 50 t, um eine Torgeschwindigkeit von 0,2 m/sek hervorzurufen. Jedes Triebwerk besitzt aus diesem Grunde ein umschaltbares Wechselvorgelege für Änderung der Übersetzung im Verhältnis 1 : 2. Die Kuppelungen der beiden Vorgelege sind zwangsläufig untereinander verbunden, so daß Fehlschaltungen ausgeschlossen sind. Immer wird das Tor auf die ersten und letzten 4 m seines Weges selbsttätig stufenweise beschleunigt oder verzögert sowie in der normalen Endstellung automatisch stillgesetzt. Ein Handantrieb ist nicht vorgesehen, da zwei verschiedene Stromquellen zur Verfügung stehen [*236*/*237*].

Schleuse Iymuiden (Abb. 129).

Die Schleuse hat zwei Außentore und ein Binnentor. Alle Tore sind gleich ausgebildet und daher gegenseitig auswechselbar. Jedes von ihnen hat eine Länge von 53,5 m, eine Breite über alles von 8,5 m und eine Höhe von rd. 20 m und wiegt rd. 1175 t. Die Tore sind Riegeltore, bei denen ähnlich wie an der Nordschleuse Bremerhaven der unterste Riegel 90 cm über dem Anschlag liegt, zu dem der Anschluß durch eine federnde Platte erreicht wird. Der größtmöglichste Auftrieb durch die Luftkästen, die sich zwischen den beiden mittleren der fünf Riegel befinden, beträgt 1450 t. Durch Einlassen von Wasser wird ein Betriebsdruck von 80 t erzeugt. Werden die Luftkästen gerammt, so kann sich nur ein Teil von ihnen füllen. Der Druck auf die Rollen steigt dann bis auf 130 t. Die Tore ruhen, wie die der Seeschleuse Brunsbüttelkoog, auf zwei Rollenwagen. Die erforderliche

Querverschieblichkeit von etwa 5 cm wird durch Kehrrollen erreicht. Das Tor wird hier aber nicht, wie an der Nordschleuse Bremerhaven, durch Spannfedern in seine Grundstellung zurückgebracht, sondern dadurch, daß sich die Kehrrollen in flachen Mulden bewegen. Wenn der Wasserdruck ein gewisses Maß überschritten hat, rollt das Tor aus der Tiefe der Mulde heraus so weit zur Seite, bis es wasserdicht schließt. Bei Beschädigung der Rollenwagen oder der Schienenbahnen arbeiten die Tore als Gleittore. Die aus Greenhartholz bestehenden Kufen bewegen sich in normalem Betrieb 5 cm über den Granitquadern. Als Bewegungsmittel des Antriebwagens dienen zwei Zahnstangen, von denen jede mit 25 t beansprucht wird. Sie sind bei einer Länge von 63,5 m in Abständen von 6,5 m auf Leitrollen gelagert. Die Antriebsquelle ist ein Motor von 130 PS, mit dem ein Öffnen des Tores einschließlich Beschleunigung und Abbremsen bei einer Weglänge von 52 m in 170 sek möglich ist.

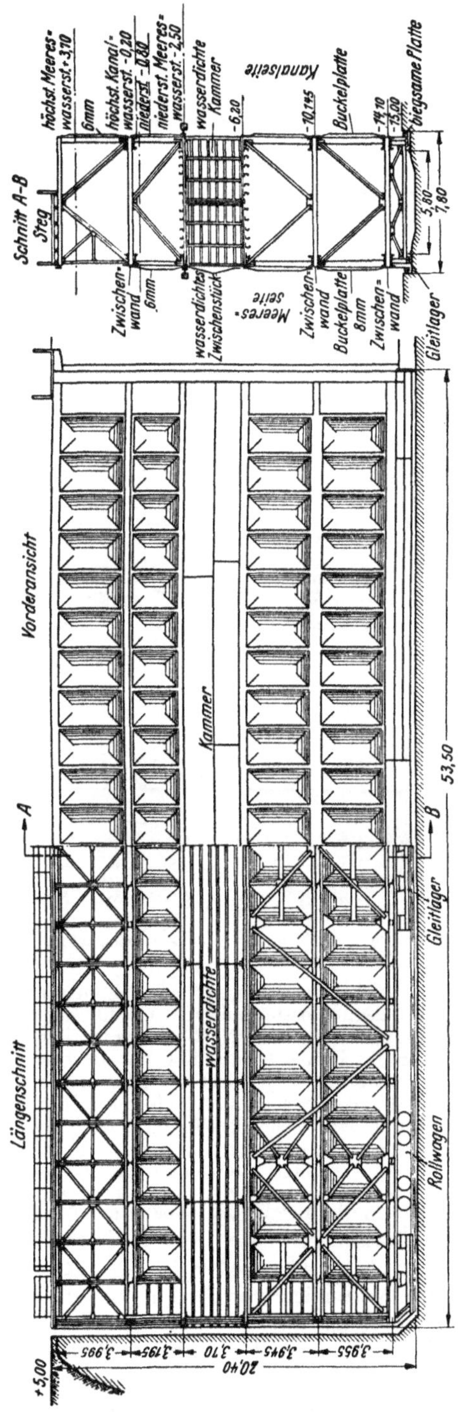

Abb. 129. Schiebetor der Seeschleuse Iymuiden.

Hafeneinfahrten Wilhelmshaven.

Die Tore der nach 1945 gesprengten 3. Schleusengruppe waren ursprünglich Ständertore, die auf Hartholzkufen liefen. Sie sind in den Jahren 1935 bis 1937 unter Aufgabe des bis dahin vorhandenen, oben kurz erwähnten hydraulischen Antriebs in Riegeltore umgebaut worden. Hierbei wurden gleichzeitig die alten Umläufe verlassen und durch drei Tordurchlässe ersetzt. Jeder von ihnen wird durch fünf übereinanderliegende, 1,80 m breite und 1,0 m hohe Klappschützen verschlossen. Die Torbewegung erfolgt unter Zuhilfenahme von zwei Gelenkzahnstangen, die an der Torkammerdecke entlanggeführt und an einen Oberwagen angeschlossen sind. Dabei ruht das Torbetriebsgewicht im ganzen auf den Kufen. Der Oberwagen überträgt die beiden Zahnstangenkräfte auf eine Schubstange, die an dem Tor in der Mittenebene angreift und gegen die Horizontale geneigt ist, wodurch auf dem Oberwagen auch noch Kräfte in vertikaler Richtung, und zwar beim Ziehen nach unten, beim Schieben nach oben, übertragen werden können. Die Antriebe sind für folgende Betriebsverhältnisse bemessen:

1. Bewegen bei 10 cm Überstau und 75 kg/m² Wind durch zwei Windwerke mit einer Geschwindigkeit von 0,20 m/sek, errechneter Bewegungswiderstand beim Anfahren 110 t;
2. Ziehen bei 20 cm Überstau und 150 kg/m² Wind durch zwei Windwerke mit einer Geschwindigkeit von 0,10 m/sek, errechneter Bewegungswiderstand 140 t;
3. Drücken bei 75 kg/m² Wind und Schlickschieben, errechneter Bewegungswiderstand 170 t;

4. Bewegen bei 10 cm Überstau und 75 kg/m² Wind durch ein Windwerk, Geschwindigkeit von 0,10 m/sek, errechneter Bewegungswiderstand 107 t.

Diese verschieden großen Geschwindigkeiten werden auf elektrischem Wege mit Hilfe einer Leonardsteuerung eingestellt. Die Bewegung der Schütze erfolgt durch eine Spindel mit selbstsperrendem Gewinde, wobei für jeden Satz von 5 Durchlaßklappen ein Spindelantrieb vorhanden ist, der mit dem gegenüberliegenden an einem gemeinsamen Windwerk hängt [*133*]. Die Schiebetore der ebenfalls gesprengten vierten Schleusengruppe Wilhelmshaven haben festen Zahnstangenantrieb. Sie sind dadurch bemerkenswert, daß bei ihnen zum Füllen und Leeren der Kammer als Verschlüsse Fischbauchsegmente in die Tore eingebaut worden sind, deren Form und Bewegungsweise durch umfangreiche Modellversuche ermittelt wurde. Es ergab sich hierbei, daß es am zweckmäßigsten ist, zur Schleusenfüllung das unterwasserseitige Betriebssegment aus der Schlußstellung um 60° nach oben zu drehen und in dieser Stellung solange zu belassen, bis das Gefälle auf 1 m gesunken ist. Sodann wird zur Beschleunigung des Füllvorganges das Segment in die Waagerechte gebracht, also ganz geöffnet. Das oberwasserseitige Segment dient nur als Reserveverschluß (Abb. 130).

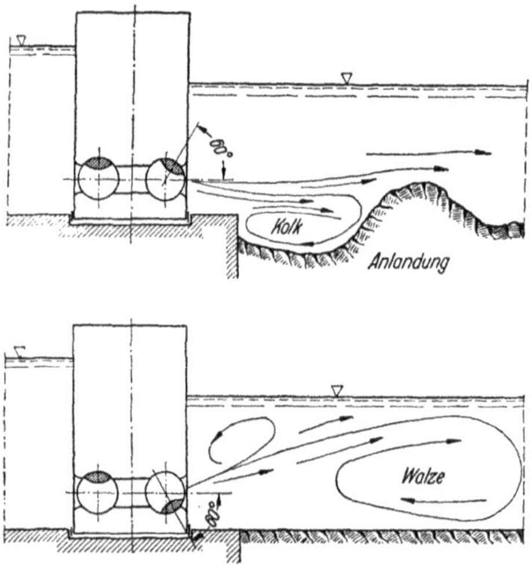

Abb. 130. Schiebetor mit Fischbauchsegmenten.

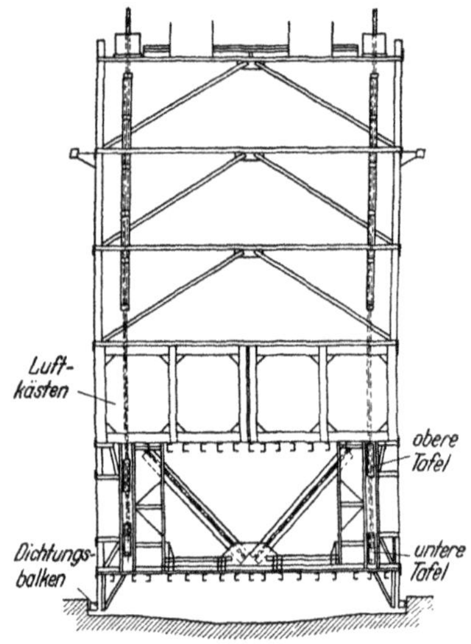

Abb. 131. Schiebetor System Dortmunder Union.

Sowohl bei den Toren mit Klappschützen als auch bei den Toren mit einem aus Fischbauchsegmenten bestehenden Verschluß findet die Vernichtung des ausströmenden Wassers außerhalb der Tore statt. Die eingangs bereits erwähnte Energievernichtung innerhalb der Tore nach einem Vorschlag der Dortmunder Union ergibt eine Torausbildung, wie sie uns Abb. 131 zeigt. Hier befinden sich auf jeder Wandseite des Tores zwei Schütztafeln, die von der Mitte der Durchflußöffnung ausgehend den Querschnitt freigeben. Ein hinter der Ebene der Tafeln befindlicher „Strahlzerteiler“ lenkt die einströmende Wassermenge so, daß sich eine weitgehendste Energievernichtung in dem Raum zwischen Schwimmkasten und unterstem Horizontalriegel vollzieht.

Der Einbau von Schiebetoren in *Binnenschleusen* bleibt auf Einzelfälle beschränkt. Eine erste Lösung dieser Art war die Verwendung eines Schiebetores in der Flußschleuse des Großschiffahrtsweges bei Breslau. Das für eine größte Wassertiefe von 7,20 m gebaute 10 m breite Tor ist mittels zweier oberer Rollwagen an einer ohnehin erforderlichen Brücke aufgehängt, von der aus die Laufschienen seitlich auf das Mauerwerk weitergehen. Auf jedem der beiden Rollwagen befindet sich ein zweiter, dessen kurze Laufschienen senkrecht zu den ersten liegen. Dadurch kann sich das Tor in Richtung der Kanalachse bewegen und den erstrebten dichten Schluß gewährleisten. Als Antrieb dient eine waagerecht liegende Zahnstange. Die Schiebetore in den Unterhäuptern der Schleusen des Rhein—Herne-Kanals hängen an einem einzigen großen Laufwagen, wobei die Tragseile über Rollen gehen, so daß sie in allen Teilen gleichmäßig beansprucht sind (s. Abb. 19). Ein Verdrehen und Überneigen des hängenden Tores wird durch an beiden Enden kreuzweise angebrachte Seile verhütet. Reparaturen an den Toren, die eine Außerbetriebsetzung der Schleuse erfordert hätten, sind niemals eingetreten. Auch bei starkem Eistreiben im Kanal haben die Schiebetore nie versagt. Wenn sich durch den Schleusenbetrieb viel Treibeis in der Tornische angesammelt hatte, so war es ein leichtes, die Nische wieder eisfrei zu bekommen, indem bei geschlossenem Tor und Oberwasser in der Kammer die der Nische gegenüberliegende Schütze geöffnet wurde. Es entstand auf diese Weise eine Strömung, durch die das Eis durch den Zwischenraum zwischen Tor und Mauerwerk der Nische in die Kammer abtrieb. Immer ist es zweckmäßig, den Spielraum unter dem Tor in der Nische möglichst groß zu machen. Hier sammeln sich nämlich Steine, Drahtseile und andere Stahlteile an. Je größer der Spielraum, um so weniger oft wird es notwendig, die Tornische durch Taucher reinigen zu lassen, was immer mit einer Betriebsstörung verbunden ist. Die Schiebetore des Rhein—Herne-Kanals sind Riegeltore und durch Fortlassen von Diagonalen im oberen Teil weich gehalten. Sie bergen im unteren Teil Schwimmkästen, so daß ein Übergewicht von 8 t verbleibt. Als Antriebsquelle dient ein 20 PS-Motor. An der Krapphofschleuse bei Bergedorf sind die in beiden Häuptern angeordneten Schiebetore an zwei Wagen aufgehängt, von denen der eine auf Schienen in einem die Schleusenkammer überspannenden Überbau läuft, während der andere, auf dem der Betriebsmotor untergebracht ist, sich auf Schienen in Plattformhöhe bewegt (Abb. 132). Als Tragorgane sind Hängestangen angeordnet. Eingebaute Federn verhindern hierbei eine Schaukelbewegung des Tores. Diese Betriebsweise soll gegenüber der Aufhängung an Seilen stabiler sein und wird überall da für angebracht gehalten, wo nicht mit einem Nachgeben des Untergrundes zu rechnen ist [*123*].

Es sind im Rahmen der Beschreibung ausgeführter Schiebetore schon verschiedentlich Angaben über die Größe der Fahrgeschwindigkeit und die Größe der Bewegungswiderstände gemacht worden, aus denen für die Planung neuer Tore gewisse Rückschlüsse gezogen werden können. Der für die Bemessung des Windwerkes, der Zahnstangen und der Antriebsmotoren maßgebende *Fahrwiderstand* besteht aus dem Widerstand gegen gleitende und rollende Reibung, aus dem Widerstand infolge Aufstau des Wassers vor dem bewegten Tor, aus einem Strömungswiderstand und schließlich aus einem Widerstand, wenn das Tor gegen Überdruck geöffnet werden soll.

Ist B das Betriebsgewicht des Tores in t, so beträgt der Widerstand eines Tores auf Kufen:

$$W_1 = \mu_1 \cdot B, \text{ wobei } \mu_1 = 0{,}4 \text{ für Stahl auf Stein und}$$
$$\mu_1 = 0{,}6 \text{ für Holz auf Stein.}$$

Läuft das Tor auf Rollen, so ist

$$W_2 = B \frac{f + \mu_2 r}{R}.$$

Hierin ist

R Halbmesser der Rollen in cm,
r Halbmesser der Zapfen in cm,
f Hebelarm der Rollreibung für Übergang von Ruhe zur Bewegung 0,05 bis 0,09 cm, für Bewegung 0,05 cm.
μ_2 0,28.

Der Widerstand infolge Aufstau des Wassers vor dem bewegten Tor ist von dem Strömungswiderstand nicht zu trennen. Er läßt sich mit einiger Genauigkeit nur durch Modellversuche ermitteln. Die vielfach zu findende Formel

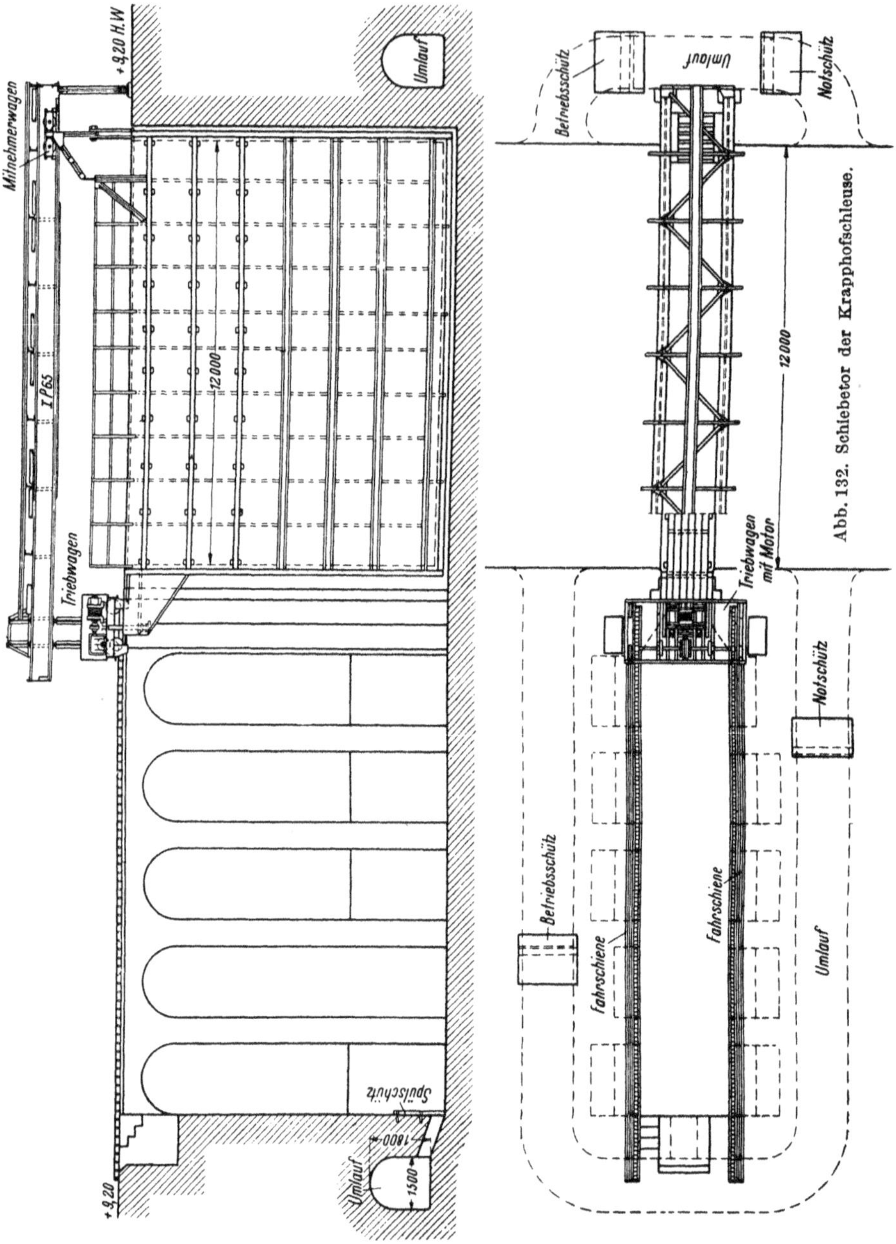

Abb. 132. Schiebetor der Krapphofschleuse.

für den Wasserwiderstand in kg

$$W = 75\,S \cdot v_s^2 + 1000\,S'\Delta h,$$

worin

S der Flächeninhalt aller einzelnen, der Bewegung entgegengesetzten Teile unter Wasser in m²,
S' die Gesamtprojektion der Stirnwand senkrecht zur Bewegungsrichtung in m², und
Δh der Aufstau des Wassers in m

sind, enthält als unbestimmte Werte die Wassergeschwindigkeit v_s, die größer als die Torgeschwindigkeit sein muß, und den Wasseraufstau Δh. Es hat sich daher auf Grund von Erfahrungswerten als notwendig erwiesen, die Rechnungsergebnisse mit 1,5 als „Sicherheitskoeffizienten" zu multiplizieren. Eine für alle Fälle genaue Bestimmung der Größe des Wasserwiderstandes ist nach den GEBERS-ENGELSschen Formeln für den Schiffswiderstand möglich, und zwar unter weitgehendster Berücksichtigung der sich während des Einfahrens der Tore in den Nischen vollziehenden Wasser- und Wellenbewegungen [*234*].

e) Segmenttor.

Der Bau eines Segmenttores ist bereits 1894 für das Oberhaupt der alten Mühlendammschleuse in der Spree zu Berlin empfohlen worden, um sie bei der Enge des vorhandenen Abflußquerschnittes an dieser Stelle als umlauflose Schleuse zur Hochwasserabführung mit heranziehen zu können. Der Vorschlag kam aber nicht zur Ausführung, weil noch keine betrieblichen Erfahrungen mit einer solchen Torart vorlagen, besonders hinsichtlich der Auswirkung unmittelbaren Einströmens und der Zeitdauer der Schleusung. Das erste Segmenttor ist dann nach Bewährung des Segmentkörpers als bewegliches Wehr und als Sicherheitstor am Dortmund—Ems-Kanal an der Rosenthaler Schleuse zur Anwendung gekommen, und zwar als *Hubtor*, während es bei den Schleusen Klodnitz und Sersno des neuen Klodnitz-Kanals als *Senktor* gebaut worden ist.

Das Segmenttor kann ebenso wie das Segmentwehr als Übergangskonstruktion vom Schütz- bzw. Hubtor zu dem nach Art der Walzenwehre vorgeschlagenen Walzentor angesehen werden. Es vereinigt gewisse Vorzüge beider Stautore. Der größte von ihnen ist die Ausschaltung der Reibung infolge des Wasserdrucks, denn die Reibung in den Drehgelenken spielt bei der Bemessung des Antriebsmechanismus nur eine untergeordnete Rolle. Die Form der Stauwand ist statisch und dynamisch gleich günstig. Das gilt sowohl für den Augenblick des Anhebens als auch für den Zustand des nachfolgenden Wasserabflusses. Ein gewisser Nachteil, der sich jedoch konstruktiv meistens beheben läßt, ist die Aufnahme der sich auf einen Punkt konzentrierenden Auflagerkräfte in den Drehgelenken. Weniger leicht gestaltet sich mitunter bei sehr hoch liegenden Drehpunkten die Aufnahme des Horizontalschubs, den der aus Stauwand und Kragarmen gebildete Zweigelenkrahmen hervorruft. Das Segmenttor kann ebenso wie das Hubtor mit einer Aufsatzklappe versehen werden, wie wir sie auf dem Obertor der Doppelschleuse Ladenburg am Neckar finden. Ein weiterer erheblicher Vorteil des Segmenttores besteht darin, daß es infolge Wegfall portalartiger Aufbauten oder Hubtürme nicht den großen Kostenaufwand erfordert wie Hubtore und damit auch keine „ästhetischen Probleme" aufwirft.

Das Obertor der Rosenthaler Schleuse ist ein Pendeltor, dessen Last zwei Gegengewichte an den seitlichen Kragarmen ausgleichen (s. Abb. 42). Es kann gegen einen größten Überdruck von 3,05 m aus seiner Ruhelage auf dem Drempel bis 4 m über den Höchststau, ausnahmsweise auch noch 1,30 m höher, das ist bis 4 m über den höchsten schiffbaren Wasserstand gehoben werden. Der 16,10 m lange und 4,55 m hohe Torkörper besteht aus zwei Fachwerkriegeln, dem sie verbindenden Versteifungsträger, aus 60 cm voneinander entfernten Vertikalspanten und der nach 6 m Halbmesser gekrümmten 8 mm starken Blechhaut. Alle diese Teile bilden zusammen ein steifes Raumfachwerk, das Wasserlast und Eigengewicht des Tores aufnehmen und an die Dreharme abgeben kann. Der Antrieb ist einseitig; er wirkt über einen Zahnkranz, welcher einem Rad mit Speichen und Felgen gleicht, Halbmesser 3,75 m, Breite des Rollzahnkranzes aus Stahlguß 12 cm, Halbmesser der Pendelarme 6 m. Das Antriebsrad ist so hoch gelegt, daß es vom höchsten Hochwasser nicht berührt wird und für den Verkehr auf der Plattform eine freie Höhe von 2,20 m verbleibt. Die Dreharme bewegen sich in 2 m breiten Nischen; die Gegengewichte wiegen 13 t.

Sie können zur Erzielung eines günstigen Massenausgleichs verschoben werden. Dies ist notwendig, weil sich die Schächte für die Gegengewichtsarme nur bis zum Höchststau trocken halten lassen. Die Tore werden bei einem Übergewicht von 1 t auf der Gegengewichtsseite bei normalen Wasserständen mit dem geringen Zahndruck von 1 t, im ungünstigsten Fall mit einem solchen von etwa 4 t, bewegt, Stärke der 3,4 m langen Welle jedes Dreharmes 300 mm bei 2,20 m freier Stützweite. Die Kraftquelle ist ein Drehstrommotor von 6 PS. Ein Abstürzen des Tores ist ausgeschlossen, da immer mehrere Zähne im Eingriff sind und ein Zahn rechnungsmäßig alle Kräfte aufnehmen kann. Das geschlossene

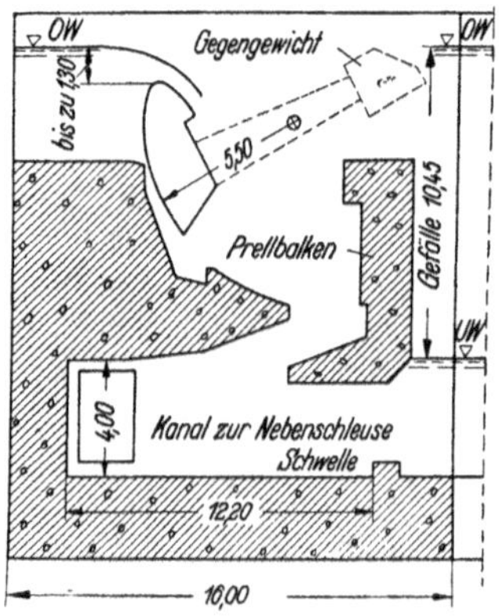

Abb. 133. Segmentsenktor.

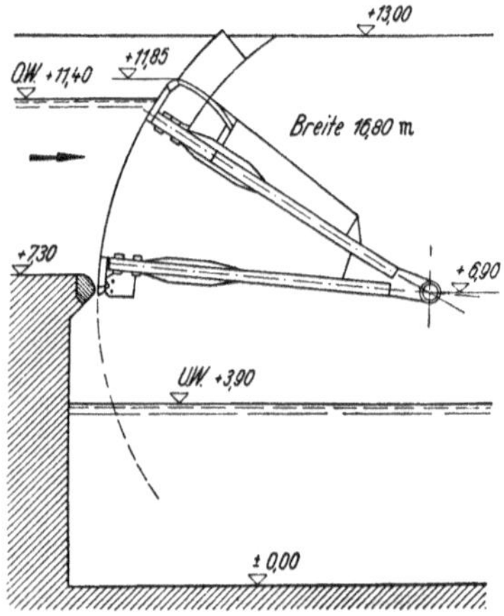

Abb. 134. Segmenttor einer Mississippi-Schleuse.

Tor stützt sich unten mit einer Schwelle aus Eichenholz auf den Drempel und ist an beiden Seiten durch eine besondere, 20 cm hohe Dichtung an die Dreharmnischen angeschlossen, die durch 1,90 m starke Zwischenmauern von der Schleusenkammer getrennt sind. Die Ausprobung des Tores ist auf Grund von Modellversuchen erfolgt. Das Heben des Tores geschieht in 6 min 2 m hoch unter dem Wasser, in weiteren 2 min bis 5 m über Wasser. Das Schließen dauert etwa 2 min. Allgemein hat sich das Tor sehr gut bewährt; auch die Schiffe zeigen während des Schleusens eine ruhige Lage.

Das Segmentsenktor der Schleusen Klodnitz und Sersno ist ebenfalls durch Gegengewicht ausgelastet (Abb. 133). Es besitzt zum Anpressen beim Schließen und zum Lösen beim Öffnen eine Exzenterbewegung von 4 cm. Sie bewirkt, daß kein Schleifen der unteren Gummidichtung während des Senkens stattfindet. Zur sicheren Strahlführung hat das Tor eine gut abgerundete Krone und ferner im oberen Teil der Rückseite eine dichte Blechwand, an welcher der Füllstrahl bis zur rechtwinkligen Ablösungskante voll anliegt. Der Antrieb ist ähnlich wie bei dem Segmenthubtor der Schleuse Rosenthal. Es konnte jedoch hier, da es sich um eine Kanalschleuse handelt, das Antriebsritzel tiefer gelegt werden. Beim Öffnen erfolgt zuerst eine langsame Absenkung des Tores um 1,30 m, wobei die Energie des Füllstrahles durch einen Prellbalken und in einer Toskammer mit Schwelle vernichtet wird. Nach Versuchen in der Berliner Versuchsanstalt bleibt hierbei der Trossenzug unter $^1/_{600}$ des Schiffsgewichtes. Hat sich der Wasserspiegel beiderseits nahezu ausgeglichen, erfolgt weitere schnelle Senkung des Tores in die Toskammer hinein. Die Dauer einer Schleusung beträgt bei Zwillingsbetrieb mit 40 bis 50 m³/sek Wasserzufluß 8 min, bei Einzelschleusung mit 20 m³/sek Wasserzufluß 10 min.

Abb. 134 zeigt das Segmenttor einer Mississippischleuse ($L = 109{,}40$ m, $B = 17$ m, Gefälle $H = 7{,}60$ m). Ihre Füllung erfolgt durch Absenken des

Obertores und gleichzeitig durch Umläufe, die mit Segmentschützen abgeschlossen sind. Ein Schleusenvorgang spielt sich hierbei mit folgenden Zeiten ab: Öffnen der Segmentschütze für die Längsumläufe 2 min, Dauer der Vollabsenkung des Tores 3 min mit einer Geschwindigkeit von 60 cm je Minute, Schließen der Längsumläufe in 4 bis 6 min. Überflutung des Tores auf eine Höhe bis zum Füllen der Kammer von 2,43 m.

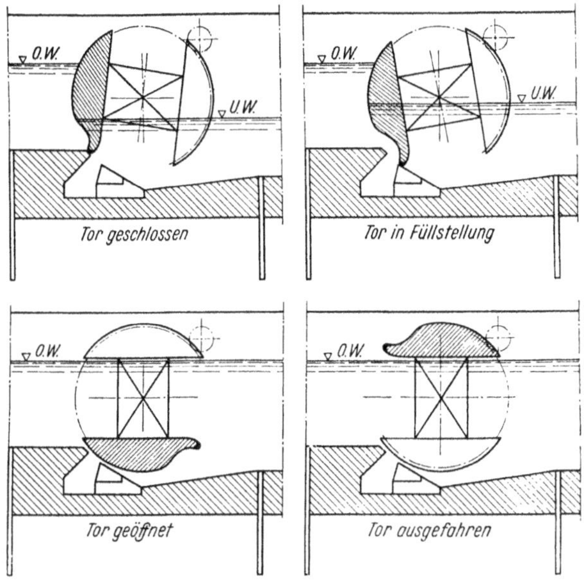

Abb. 135. Segment Drehtor.

Eine Weiterentwicklung des Segmentsenktores ist das Segmentdrehtor, das Abb. 135 in seinen verschiedenen Stellungen wiedergibt. Es ist besonders für Schleusen geeignet, welche gleichzeitig zum Hochwasserabfluß herangezogen werden müssen. Seine Verwendung ist in jeder Art von Häuptern möglich. Ein Segmentdrehtor wird zur Zeit in der neuen Schleuse Würzburg eingebaut.

f) Sonderkonstruktionen.

Von den als Sonderkonstruktionen anzusehenden Torarten sei zuerst das *Sektortor* genannt, das zur Zeit im Ausland mehrfach gebaut wird, nachdem es zum ersten Male an einer Schleuse des Södertälje-Kanals, der südlich von Stockholm den Mälarsee mit der Ostsee verbindet, und dann an einigen Schleusen in den USA verwandt worden ist. Im Bereich Westeuropas befinden sich Sektortore in den Seeschleusen von Saint-Malo und Dieppe, an Binnenwasserstraßen in den Schleusen Flandres bei St. Omer und in der Schleuse Don am oberen Deule, einer Strecke der künftigen Schelde—Seine-Verbindung.

Bauform und Wirkungsweise des Sektortores gehen aus Abb. 136 hervor. Jeder der beiden Torflügel ist ein lotrechter Sektor mit der Drehachse als Zentripunkt. Die Mittelkraft aller auf einen Flügel wirkenden Kräfte geht daher durch die Lager, weshalb das Tor auch unter Druck in stark strömendem Wasser bewegt werden und nach beiden Seiten kehren kann. Bei der Füllung bzw. Leerung der Schleuse strömt das Wasser zwischen die Torflügel hindurch und um sie

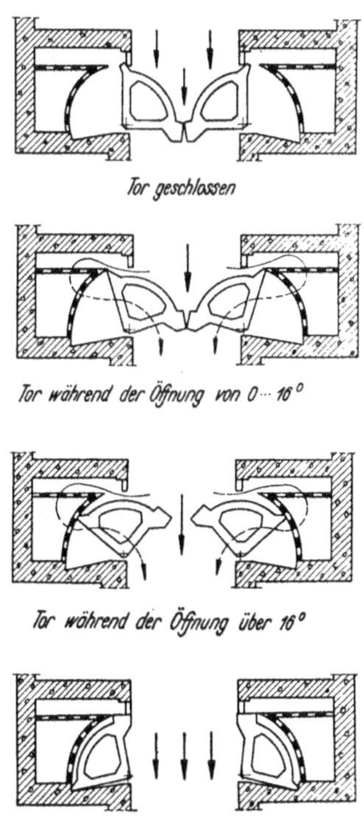

Abb. 136. Wirkungsweise eines Sektortores.

herum durch die Tornischen. Die Tore dienen also auch zum Füllen und Leeren der Kammer. Bei langsamem Beginn des Öffnens fließt etwa ein Drittel des Wassers zwischen den Schlagsäulen hindurch, die übrigen zwei Drittel strömen beiderseits durch die Tornischen und treffen außerhalb des Tores senkrecht aufeinander, wodurch eine ruhige Lage des Schiffes in der Kammer gewährleistet wird.

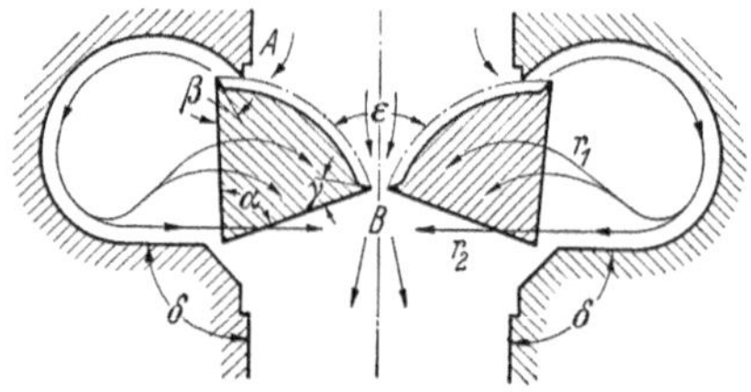

Abb. 137.

Die Grundsätze für die Gestaltung des Sektortores wurden für die Schleuse Hammarby durch Modellversuche im Maßstab 1 : 16 ermittelt. Sie erstreckten sich auf die Festlegung des Zentriwinkels α, auf die Geschwindigkeit für die Bewegung des Tores und damit die Schleusungszeit, auf die Verteilung des einfließenden Wassers nach Menge und Richtung, auf die erforderliche Antriebskraft und schließlich auf die Ausbildung der Nischen. Dabei ergab sich unter Berücksichtigung der Kostenfrage der Winkel α zu 70°, Gleichheit der Winkel β und γ mit je 20° und r_1 nahezu gleich r_2 (Abb. 137). Die Ecken des Tores müssen so gestaltet sein, daß sie das Einströmen des Wassers bei A erleichtern und bei B erschweren.

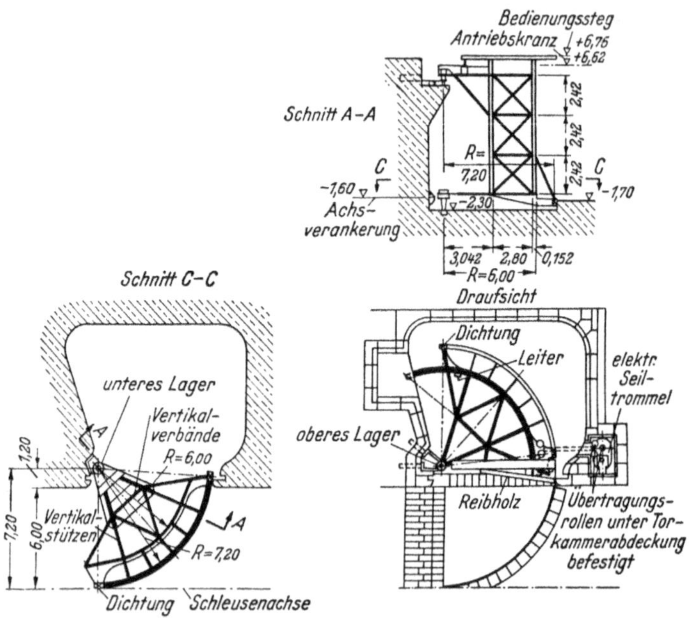

Abb. 138. Sektortore der Schleuse Flandres.

Zur Sicherung gegen Eisbildung kann man die Tore elektrisch erwärmen. Wenn ein Flügel beschädigt ist oder zur Erneuerung des Anstrichs nachgesehen werden muß, wird er in die Tornische eingeschwenkt, die dann nach Vorsetzen eines Abschlußpontons leergepumpt werden kann. Damit aber der Schleusenverkehr keine Unterbrechung erfährt, ist mit dem Abschlußponton ein als Stemmtor wirkendes Ersatztor verbunden, das zu dem anderen Flügel paßt. Die Bewegung des Sektortores erfolgt über Drahtseile mit elektrischem Antrieb.

Die Sektortore der Schleuse von Flandres sind mit ihren Einzelheiten in Abb. 138 bis Abb. 140 wiedergegeben. Jeder Torflügel ruht oben und unten in Drehzapfenlagern. Die aus dem Eigengewicht des Tores sich ergebende Vertikalkraft beträgt 100 t, die Horizontalkraft im oberen Lager 40 t und im unteren Lager 300 t. Die Öffnungsweise des Tores ist unter Berücksichtigung der Größe der Schleuse so festgelegt, daß sich eine Steigegeschwindigkeit von 1,20 m je Minute ergibt, wobei an den Haltevorrichtungen für ein Fahrzeug von 350 t eine Zugkraft von höchstens 2,5 t entstehen soll. Diese Forderung führte zu besonderen „Beruhigungsgittern" in den Torkammern. Es sind dies durchbrochene Wände aus Stahlbeton, deren Durchflußöffnungen etwa 60% der Tormantelfläche ausmachen. Weiterhin dienten die Versuche dazu, den unteren Teil des Tores eine solche Form zu geben, daß die durchfließenden Wassermengen keine störenden Schiffsbewegungen zur Folge haben.

Abb. 139. Nischen für das Sektortor.

Die Abdichtung des Tores ist in Abb. 140 dargestellt. Sie besteht aus wulstartigen Gummileisten, die zwischen Stahlfingern federnd gelagert sind. Das eigentliche Dichtungsband ist 20 cm breit. Die Dichtung wirkt auch noch eine gewisse Zeit während des Öffnens der Tore. Hierdurch soll erreicht werden, daß der vor den Toren liegende Bug der Fahrzeuge nicht überflutet wird. Die Dauer der Wirkung dieser Dichtung erstreckt sich bis zu dem Zeitpunkt, bei welchem der durch die Endfluchten der Torflügel beschriebene Winkel noch etwa 16° ausmacht. Erst dann tritt eine endgültige Lösung der Dichtung ein. Es ist dies zugleich der Augenblick, in dem die um die Tore strömenden Wassermengen mit denen, die in axialer Richtung abfließen, so günstig zusammentreffen, daß keine gefährlichen Strömungen mehr auftreten können.

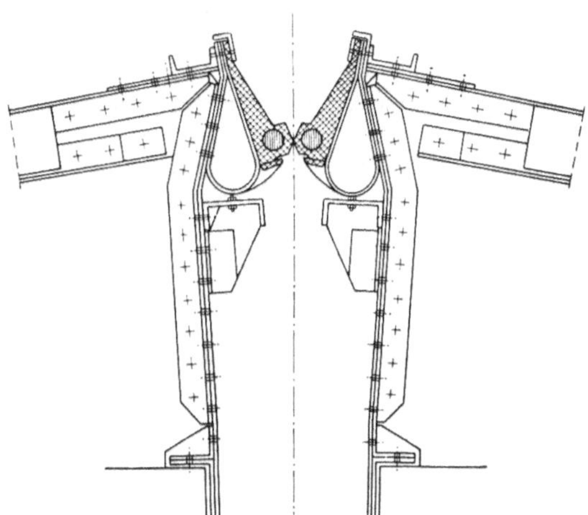
Abb. 140. Dichtung am Sektortor.

Erfahrungsergebnisse liegen über die neuen Sektortore noch nicht vor. Sie dürften den Nachteil haben, daß sie sehr tiefe Tornischen erfordern, deren Ausbildung recht komplizierte Stahlbetonkonstruktionen mit sich bringt. Ihr Vorteil ist ohne Zweifel die günstige Aufnahme der Wasserdruckkräfte und die Vermeidung von Aufbauten über der Schleusenplattform. Man kann in dieser

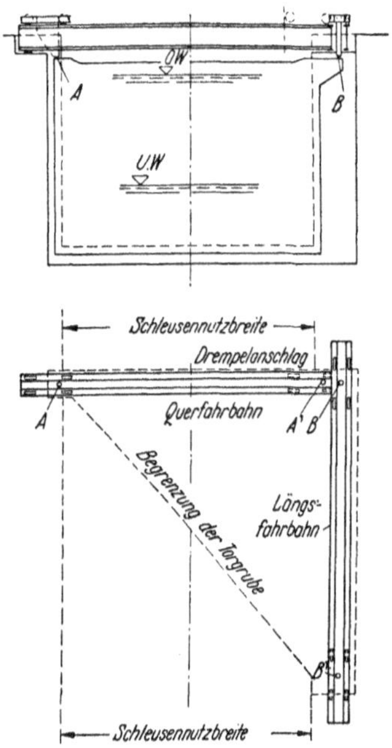

Abb. 141. System des Schwenktores.

Hinsicht das Sektortor als eine Abart des Stemmtores ansehen.

Ein von der MAN in Vorschlag gebrachtes, aber bis heute noch nicht ausgeführtes Tor ist das *Schwenktor* (Abb. 141). Es besteht aus einer Verschlußtafel, die ähnlich wie beim Hub- oder Schiebetor die Schleuse in ganzer Breite überspannt und ihre Auflagerkräfte aus dem Wasserdruck auf den Drempel und die Seitenanschläge abgibt. Das Schwenktor gleicht somit im Prinzip einem aufgehängten Schiebetor, bei dem die Tornische nicht senkrecht zur Schleusenachse, sondern gewissermaßen parallel zur Schleusenachse angeordnet ist, indem das Tor im Zuge der Bewegung um 90° geschwenkt wird. Die Tortafel ist in 2 Punkten A und B aufgehängt, von denen sich der Punkt A senkrecht zur Schleusenachse nach A' bewegt, während der Punkt B eine Bewegung parallel zur Schleusenachse in Richtung B' ausführt. Das Tor schwenkt also um das Heck oder den Bug des in der Kammer liegenden Schiffes herum. Es ist hierzu an zwei kurzen Hängestangen aufgehängt, die an kleinen vierrädrigen Wagen befestigt sind. Von diesen bewegt sich der zur Hängestange A gehörende Wagen auf einer zweischienigen Fahrbahn quer über die Schleuse hinweg, während der zu B gehörende Wagen auf einer parallel zur Schleusenachse angebrachten Fahrbahn rollt. Der Antrieb der Wagen kann durch Seilzüge oder durch Gelenkzahnstangen erfolgen. Der Umstand, daß die unvermeidliche Querbahn $A—B$ die Schleuse kreuzen muß, beschränkt die Verwendung des Schwenktores auf Binnenschleusen. Sein Vorteil liegt wie bei allen aufgehängten Toren darin, daß keine schwer zu unterhaltenden Lager unter Wasser liegen und daß es zur Durchführung von Unterhaltungsarbeiten mittels eines Kranes jederzeit herausgenommen werden kann. Gegenüber dem sonst üblichen Schiebetor hat das Schwenktor den Vorteil des Wegfalls der seitlichen Tornische [*244*].

Eine Torart, die bislang ebenfalls nur als Entwurf besteht, ist das *Walzentor*, dessen Konstruktion und Bewegungsweise nach dem allgemein bekannten Walzenwehr erfolgt. Das Walzentor dürfte gegenüber dem Hubtor den gleichen Vorteil haben wie das Schützenwehr gegenüber dem Walzenwehr. Es ist vor mehreren Jahren als Verschlußvorrichtung für die Schleuse Raffelberg a. d. Ruhr vorgesehen gewesen, jedoch dann aber nicht zur Ausführung gekommen. Nachdem in der Zwischenzeit das Segmenttor mehrfach als Schleusenverschluß angewandt worden ist und sich in dieser Form bewährt hat, hat das Walzentor kaum noch Aussicht auf praktische Verwendung.

Darüber hinaus bestehen noch manche anderen Vorschläge für Schleusentore. Es gilt aber auch hier, wie vielfach im Wasserbau, lieber an und für sich bewährte Konstruktionen zu verbessern als zwar gut durchdachte, aber im Betrieb zu empfindliche Verschlüsse zu verwenden.

12. Arten der Umlaufverschlüsse.

Die heute vorwiegend benutzten Umlaufverschüsse sind die Rollkeilschütze, die Zylinderschütze und die Segmentschütze.

Die *Rollkeilschütze* hat sich über die *Rollschütze* aus der *Zugschütze* entwickelt. Sie wird in größten Abmessungen verwandt (Doppelschleuse Anderten

Durchflußfläche $F = 5{,}8\ m^2$, Zwillingsschleuse Fürstenberg a. d. Oder $F = 7{,}0 m^2$, Seeschleuse Bremerhaven $F = 10{,}3\ m^2$), und zwar zum Abschluß von *horizontal* liegenden Umlaufkanälen. Die Aufnahme des Wasserdruckes erfolgt durch eine auf Rollen gelagerte Tafel, die sich in der Schlußstellung in einen entsprechend geformten *Dichtungsrahmen* setzt. Er bildet in seiner Umgrenzung zusammen mit der darüber befindlichen, und bis zur Schleusenplattform reichenden Aussparung den *Schützschacht*. Vor und hinter dem Schützschacht werden in der Regel kleinere Schächte zum Einsetzen von Dammbalken oder einfachen Gleitschützen vorgesehen. Ihnen fällt als Notverschlüsse die Aufgabe zu, eine Trockenlegung des Hauptschachtes bei Schäden an den Rollkeilschützen zu ermöglichen. Das Gewicht von Rollkeilschützen wird immer durch *Gegengewichte* ausgeglichen, um die Antriebskraft möglichst gering zu halten.

Der Verschluß *senkrechter* und im Grundriß kreisförmiger Umläufe, wie sie sich vielfach aus der Bauform von Schleusenoberhäuptern, besonders aber in den Zuflüssen aus Sparbecken ergeben, geschieht durch Rohr- oder *Zylinderschützen*. Sie bestehen aus einem in senkrechter Richtung beweglichen Stahlblechzylinder, dessen oberer Rand stets über dem höchsten Wasserstand liegen muß. Der große Vorteil der Zylinderschützen liegt darin, daß sich die waagerechten Wasserdrücke bei ihnen aufheben und die senkrechte Wasserbelastung verschwindend klein ist. Es braucht daher kein Reibungsdruck beim Heben zur Gewinnung der gewünschten Durchflußöffnung überwunden zu werden. Der erforderliche dichte Schluß wird durch Übergewicht des sonst durch Gegenlasten, seltener durch Schwimmkästen ausgeglichenen Eigengewichtes erreicht. Man kann zwei Bauarten von Zylinderschützen unterscheiden: die *offene* Bauart, welche in der Regel für Sparbecken in Frage kommt, und die *geschlossene* Bauart, welche nur in Oberhäuptern verwandt wird. Hier schiebt sich ein unten bewegliches Rohrstück beim Öffnen in einen nach oben abgeschlossenen festen Teil.

Segmentschützen arbeiten wie Segmentwehre oder Segmenttore. Die Stauwand ist waagerecht über dem Scheitel des Umlaufkanals drehbar gelagert. Segmentschützen besitzen die Vorteile einfacher Konstruktion, geringer Bewegungswiderstände und guter Wasserführung. Man verwendet sie daher heute in zunehmendem Maße, besonders, wie bereits dargelegt, auch als Torschützen. Ein recht bedeutsamer Nachteil liegt allerdings darin, daß sie als Umlaufverschlüsse dauernd unter dem Unterwasser liegen und damit nur nach Einbau von Notverschlüssen zugängig werden, während eine solche Maßnahme bei Rollkeilschützen und Zylinderschützen infolge der hier vorhandenen Möglichkeit des Heraushebens nicht notwendig wird. Ein weiterer, jedoch geringerer Nachteil der Segmentschützen ist der verhältnismäßig große Querschnitt des Schützschachtes.

Weitere Umlaufverschlüsse sind die *Klappschützen* und die *Drehschützen*. Drehschützen haben eine lotrechte, Klappschützen eine waagerechte Achse. In beiden Fällen liegt die Achse der Verschlußtafel meistens nicht mittig, sondern teilt die Schütze in zwei ungleiche Teile, etwa im Verhältnis 4 : 5, um durch Überlastung eines Teils einen dichten Schluß zu erhalten. Klappschützen und Drehschützen haben den Nachteil, daß die geöffnete Klappe mitten in der Strömung liegt und den Wasserdurchfluß stört. Außerdem sind die Schützen schwer dicht zu bekommen. Sie werden daher heute nicht mehr verwandt. Eine Ausnahme ist die gelegentliche Verwendung von Klappschützen in Schleusentoren; doch auch hier werden sie heute von den Segmentschützen verdrängt, da Klappschützen leicht zu Schwingungen neigen, die den Torkörper unerwünscht beanspruchen.

Sonderkonstruktionen von Umlaufverschlüssen sind die sonst nur in Druckrohrleitungen von Wasserkraftanlagen verwandten Ringschieber und Walzenschieber. Sie haben die Eigenschaft, daß sie nach beiden Seiten kehren können. Von ihnen verdient der Walzenschieber gegenüber dem Ringschieber den Vorzug. Ein Ringschieber und ein Walzenschieber sind zur Verbindung der gegenseitig als Sparbecken dienenden beiden Schleusenkammern der Zwillingsschachtschleuse Fürstenberg a. d. Oder eingebaut worden.

Die einzigen Umläufe, die ganz ohne bewegliche Teile arbeiten, sind die *Heber*. Wir finden sie nach Bauart Hottop an den Schleusen des Elbe—Trave-Kanals, an der Doppelschleuse Klein-Machnow des Teltowkanals und neben Kersdorf und Wernsdorf am Oder—Spree-Kanal auch an der Hafenschleuse Dankersen als Oberschleuse des Südabstieges zu Minden i. W. Vorteile der Heber sind geringe Unterhaltungskosten und einfache Bedienung. Dem steht aber der Nachteil gegenüber, daß sie sehr schnell anspringen und die von ihnen geförderte Wassermenge nicht reguliert werden kann.

13. Konstruktion und Bewegung der Umlaufverschlüsse.

a) Plattenartige Schützen.

Gleitschützen einfachster Art bestehen aus Holztafeln, die aus einzelnen gespundeten Bohlen zusammengefügt die Größe der abzuschließenden Öffnung um die Breite des Anschlages übertreffen. Sie sind uns in dieser Form bereits als Torschützen bekannt (s. Abb. 58). Als Umlaufverschlüsse finden wir sie noch in mancher älteren Schleuse, wo sie sich in Nuten aus Werkstein oder Profilstählen bewegen, welche bis zur Schleusenplattform reichen, so daß die Tafeln nach oben herausgezogen werden können. Kleinere Schützen werden hierbei an einem Punkt gefaßt, größere jedoch an zwei. Dies verlangt, daß die beiden als Hubmittel dienenden Zahnstangen durch eine gemeinsame Welle angetrieben werden. Mit Wachsen des Umlaufquerschnittes hat man auch stählerne Gleitschützen gebaut. Eine Zwischenlösung ist hierbei die Verwendung eines Rahmens aus U-Stählen mit Holzbohlenfüllung. Nachteil aller Gleitschützen ist, daß sie infolge der großen Reibung eine entsprechend hohe Antriebskraft erfordern. Da bei ihnen jedoch im allgemeinen die Bewegung selten und demzufolge auch der Kraftbedarf klein ist, ist es in vielen Fällen richtig, die Schütztafeln möglichst einfach und billig zu bauen, dafür aber etwas höhere Kosten für eine stärkere Antriebsmaschine mit entsprechendem Vorgelege anzugeben. In neueren Schleusen kommen Gleitschützen nur noch als Notverschlußtafeln zur Anwendung.

Die zunehmende Größe der abzuschließenden Umlauffläche in Verbindung mit höherem Gefälle führte dazu, die gleitende Reibung durch die wesentliche geringere Rollen- und Zapfenreibung zu ersetzen. Es entstand die einfache *Rollenschütze*. Sie besteht aus einer durch U-Stähle ausgesteiften Blechtafel, die sich mit 4 Rädern auf 2 Laufschienen bewegt. Der während der Zeit der Bewegung zwischen Schütztafel und Gleitfläche erforderliche Spielraum wird in der Schlußstellung durch Lederstreifen längs der Seiten und der Oberkante der Schütze abgedichtet. Eine andere Möglichkeit besteht darin, in den Laufschienen Ausklinkungen vorzusehen, in welche die Laufräder der Schütze in der Endstellung einfallen, so daß ein dichtes Anliegen erfolgt. Man hat gelegentlich auch die Schütze nicht selbst mit Rollen versehen, sondern zwischen ihr und der Dichtungsfläche eine nach ihrem Erfinder benannte Stoneysche Rollenleiter angeordnet. Diese Bauweise hat jedoch den Nachteil, daß die Druckverteilung auf die Rollen sehr ungleichmäßig ist und die Rollenzüge schwer untergebracht werden können. Man muß sie nämlich nach oben verlängern, da die Rollenleiter bei der Bewegung nur den halben Weg der Schütze zurücklegt.

Der Umstand, daß es vielfach nicht gelang, den Spalt zwischen Schütze und Anschlagrahmen über den Bereich der Laufrollen einwandfrei zu dichten, brachte die Entwicklung der *Rollkeilschütze*. Sie wird in zwei verschiedenen Formen angewendet (Abb. 142). Entweder wird die Schütze im Querschnitt keilförmig gestaltet oder in der Ansicht. Die letztgenannte Ausbildung ist heute die übliche. Beide Anordnungen benutzen eine Gleitbahn, deren Achse gegen die Dichtungsflächen geneigt ist, so daß sich zum Schluß die den Wasserdruck aufnehmende Platte in den Dichtungsrahmen keilförmig einschiebt.

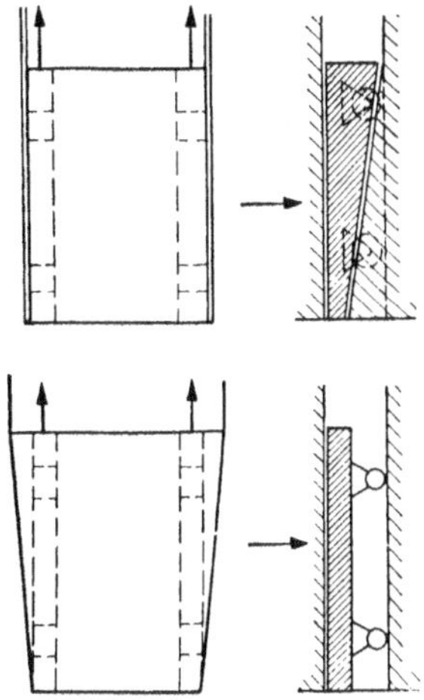

Abb. 142. Bauformen der Rollkeilschütze.

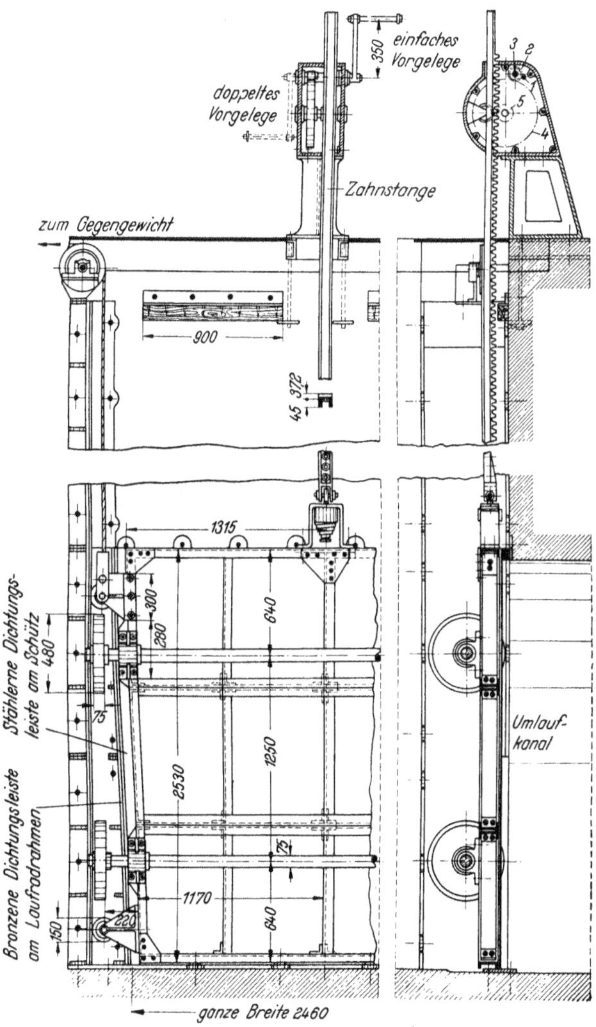

Abb. 143. Rollkeilschütze der Schleuse Rathenow.

Abb. 143 zeigt eine ältere, Abb. 144 eine moderne Rollkeilschütze (Schleuse Bolzum). Der Wasserdruck wird durch die großen Räder aufgenommen, bis die Tafel über die Höhe des Umlaufes gehoben ist. Dann treten die kleinen abgefederten Gegenrollen in Funktion mit der Aufgabe, ein Hin- und Herschlagen der Schütze zu vermeiden. Die Abfederung muß auch hinreichend stark sein, damit die Schütze nicht zum Erschüttern kommt, wenn sich im Zuge des ersten Öffnens irgendwelche Sogwirkungen einstellen, und zwar als Folge von Wasserwirbeln, die auf der Rückseite der Schütze auftreten können. Die eigentliche Verschlußtafel besteht aus einen vorwiegend aus U-Stählen hergestellten und ebenfalls durch U-Stähle ausgesteiften Rahmen, der die abdichtende Blechhaut trägt und an dem seitlich die aus Stahlguß hergestellten Achsträger für die Laufradachsen befestigt sind. Diese werden aus besonders hochwertigem Material gefertigt, da sie recht erhebliche Belastungen erfahren. Die Dichtung findet an den Seiten und unten durch Anlegen an den Keilrahmen statt, oben durch gleichzeitiges Auflegen einer Gummi- oder Bronzeleiste auf das obere Rahmenstück. Alle Rollkeilschütze hängt man elastisch auf, um ein ruckartiges Anheben zu vermeiden. Die Anschlagrahmen bestehen meist aus Stahlguß. Sie werden mit Flachstählen, die an den Rahmenquerrippen angeschraubt sind, im Beton verankert. Die Kanten des Anschlagrahmens sind am Übergang zum Schützenschacht abgeschrägt, um einen möglichst günstigen Durchflußbeiwert zu erhalten und ein Ausschleifen durch den vom Wasser

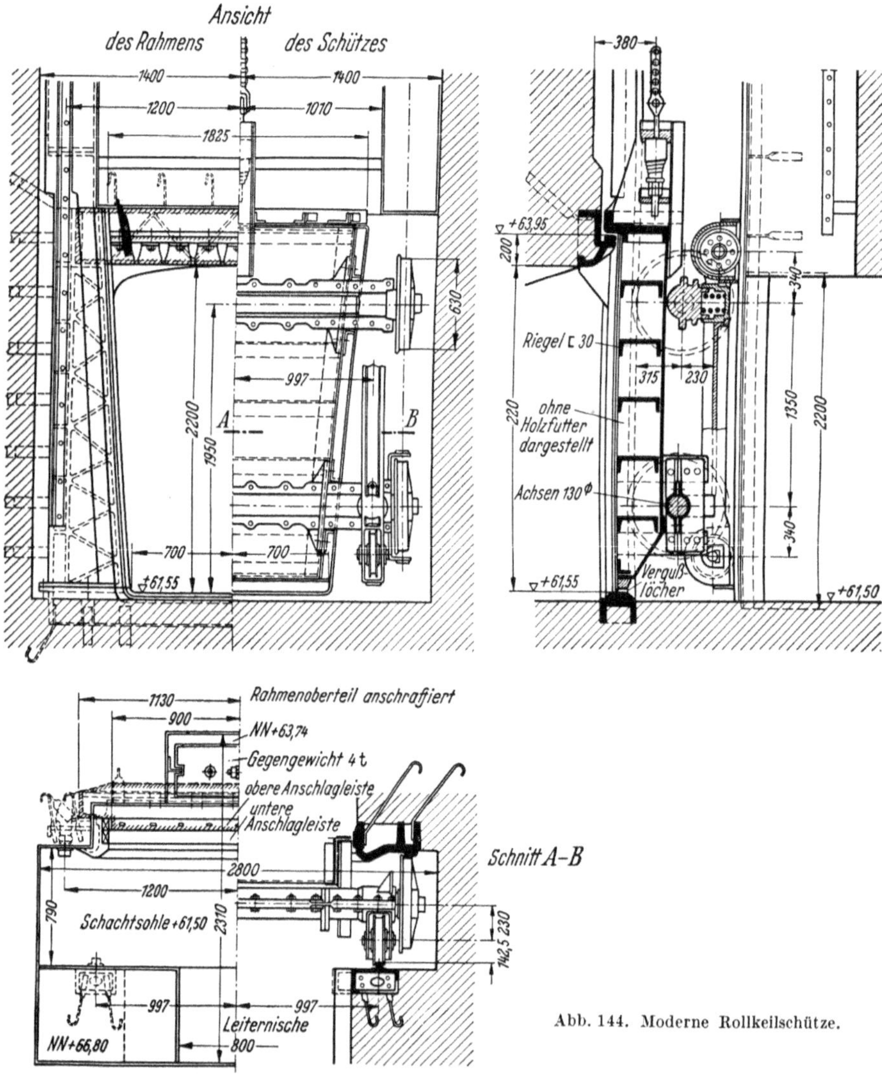

Abb. 144. Moderne Rollkeilschütze.

mitgeführten Sand zu verhindern. Während es sonst bei den Ausrüstungsteilen einer Schleuse üblich ist, sie vor dem Betonieren aufzustellen, erfolgt der Einbau der Rollkeilschützen mit Rahmen in der Regel erst nach dem Betonieren der Häupter in entsprechende Aussparungen, die so gestaltet und bewehrt sein müssen, daß sich die eingegossenen Betonteile in den unvermeidlichen Arbeitsfugen später nicht lockern können.

Die an deutschen Binnenschleusen verwandten Rollkeilschützen weisen je nach den örtlichen Verhältnissen im einzelnen kleine Abweichungen auf. Im allgemeinen kann jedoch die hier beschriebene Bauart der Abb. 144 als Grundform einer neuzeitlichen Rollkeilschütze angesehen werden. Je größer das Gefälle ist, eine um so sorgfältigere Ausbildung müssen natürlich die Einzelteile einer Rollkeilschütze erfahren (Abb. 145).

Abb. 145. Rollkeilschütze für 15 m Fallhöhe.

Die zum Heben einer Gleitschütze erforderliche *Zugkraft* Z ergibt sich aus der Beziehung $Z = \mu \cdot W + G$, wobei W der auf die Tafel wirkende Wasserdruck und G ihr Eigengewicht ist. Die Zugkraft für eine Rollschütze mit Gegengewicht ergibt sich angenähert aus der Beziehung

$$Z \geqq W \frac{t + r\mu_1}{R}.$$

In dieser Formel bedeuten

- t den Hebelarm der rollenden Reibung etwa = 0,0005,
- μ_1 den Wert der Zapfenreibung = 0,2 bis 0,3,
- r den Halbmesser des Zapfens bzw. der Achse,
- R den Halbmesser der Laufräder.

Ist die Last der Schütze G nicht durch ein Gegengewicht ausgeglichen, so vermehrt sich das rechte Glied obiger Gleichung um G.

Es stimmt jedoch nach Versuchen von Winkel nur die Anfangskraft Z_a nahezu mit dem Wert Z überein, solange noch keine merkliche Wasserbewegung eingetreten ist. Der Größtwert $Z_{\max}$ tritt etwa bei einem Schützhub von $^7/_{20}$ der Höhe des Umlaufs auf. In Abb. 146 ist die Hubkraft Z jeweils an der Stelle aufgetragen, welche die Schütze mit ihrer Unterkante erreicht hat. Danach ist $Z_{\max}$ rd. gleich $4 \times Z_a =$ rd. $4\,Z$. Ferner sind in Abb. 146 die durch Messungen ermittelten Höhendruckunterschiede Δ_z vor und hinter der Schütze eingetragen. Sie zeigen, daß ihre flußabwärts liegende Rückseite, soweit sie sich unterhalb der Umlaufdecke befindet, überall einer Sogwirkung ausgesetzt ist, welche recht erhebliche Ausmaße annehmen kann. Man soll daher nie versäumen, sich bei allen größeren Schleusen, deren Umläufe mit Rollkeilschützen verschlossen werden, durch Modellversuche ein einwandfreies Bild von den auf die Schütztafel wirkenden Kraftwirkungen zu verschaffen [247].

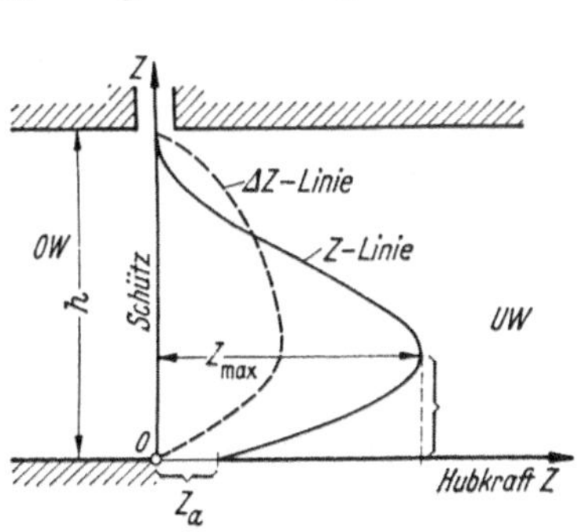

Abb. 146.

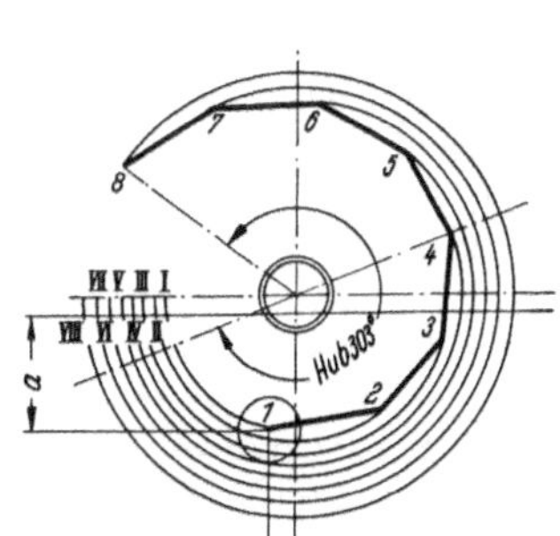

Abb. 147. Kurvenscheibe.

Es war im Abschnitt II bereits eingehend dargelegt worden, daß das Öffnen von Umlaufverschlüssen im Hinblick auf eine sichere Lage der Schiffe während der Schleusung mit Null beginnend stetig langsam wachsend zu erfolgen hat. Diese *Bewegung* kann auf verschiedene Weise erreicht werden. An der Doppelschleuse Fürstenberg a. d. Oder wickeln sich die zum Heben der Schützen dienenden GALLschen Ketten auf eine Kurvenscheibe auf (Abb. 147). An anderen Schleusen wird die Schütze über elektrische Stufenschalter absatzweise gehoben. Diese Lösung ist nicht empfehlenswert, da es nur schwer gelingt, die Schaltstufen so zu wählen, daß ein günstiger Schleusungsvorgang erreicht wird. Man geht bei Flußschleusen mit stark wechselndem Gefälle auch so vor, daß für verschiedene Gefällhöhen verschiedene Hubgeschwindigkeiten gewählt werden. Die Rollkeilschützen im Oberhaupt der Schleuse Drakenburg a. d. Weser (s. Abb. 36) lassen eine gleichmäßige Hubgeschwindigkeit von 7 mm/sek für Gefälle über 4,70 m und eine ebenfalls gleichmäßige Hubgeschwindigkeit von 12 mm/sek für die darunterliegenden Gefälle zu, während man für das Unterhaupt nur eine Hubgeschwindigkeit der Schützen von 7 mm/sek festgelegt hat. An der Schleuse Groß-Wusterwitz dienen zum Antrieb der Rollkeilschützen zwei auf einer gemeinsamen Antriebswelle sitzende Motore, von denen der eine mit 205 Umdrehungen in einer Minute für das langsame Heben und ein anderer mit 1445 Umdrehungen je Minute für das schnelle Senken vorgesehen ist. Eine weitere Vereinfachung und Verbesserung ist bei den Rollkeilschützen der Schleuse Havelberg getroffen worden. Hier ist nur ein Motor vorhanden, der mittels Polumschaltung die beiden Bewegungen, Heben und Senken, im Zeitverhältnis 1 : 8 ausführt. Da sich diese Ausführung bewährt hat, ist sie auch an der neuen Schleuse Lehnitz angewandt worden, jedoch ohne Ausgleich des Schützgewichtes durch ein Gegengewicht. Dies hat den Vorteil, daß der Motor zum schnellen Senken der Schütze nicht mehr zu leisten hat als zum langsamen Heben, denn bei Rollkeilschützen mit Gegengewichten benötigt der Motor zum Senken eine größere Leistung, weil er noch die Gegenlast heben muß.

Alle Rollkeilschützen bedürfen laufend einer guten Wartung und Unterhaltung, da die Laufräder und auch zum Teil die Laufschienen einer verhältnismäßig starken Abnutzung unterliegen.

b) Zylinderschützen.

Die *offene* Zylinderschütze besteht in ihrer Grundform aus einem stählernen, versteiften Blechzylinder, der mindestens bis zu den zu haltenden Wasserständen reichen muß und dessen Durchmesser sich aus der Größe des Umlaufs ergibt. Die zu wählende Wandstärke wird zwar durch den Wasserdruck bestimmt, fällt aber sehr gering aus, wenn man nur die im Blechmantel auftretenden Ringspannungen als Maßstab der Dimensionierung betrachtet. Praktische Erfordernisse zwingen zu einer größeren Blechstärke; sie beträgt im allgemeinen 6 bis 8 mm.

Die als Sparbeckenverschlüsse verwandten Zylinderschützen bewegen sich zwischen einem aus Profilstählen hergestellten Führungsgerüst (Abb. 148). Sie werden hier, im Grundriß gesehen, meist zwischen drei unter 120° versetzten Punkten bewegt, und zwar mittels Rollen, die auf entsprechenden Führungsschienen laufen. Hierbei sind zwei verschiedene Lösungen möglich. Entweder werden die Rollen an der Schütze befestigt und laufen auf Schienen, die am Führungsgerüst gelagert sind, oder die Rollen befinden sich am Führungsgerüst und die Schienen an der Schütze. Die letztgenannte Anordnung hat sich in der Praxis besser bewährt. Stets sind die Führungsrollen mit doppelten Spurkränzen zu versehen, um ein Verdrehen der Zylinder zu vermeiden. Die Beschränkung auf zwei gegenüberliegende Schienen ist nicht ratsam. Es werden hier infolge von Drehbewegungen, die das einströmende Wasser auf die Rohrschützen ausübt, zu starke Seitenkräfte auf die Führungsrollen ausgeübt.

In Schleusenoberhäuptern stellt man die Zylinderventile in eine Aussparung der Torkammernische. Diese muß zunächst so groß sein, daß das Wasser auch nach hinten um das angehobene Rohr herumfließen kann. Da aber hierbei wie bei dem Ablauf einer Badewanne leicht Wirbelströme entstehen, die einmal den Wasserdurchfluß hemmen, zum andern Erschütterungen der Schütze während ihrer Bewegung hervorrufen, ist auf Grund von Versuchen die in Abb. 149 dargestellte Nischenform entwickelt worden. Ihre Eigenart besteht darin, daß die dem Einlauf gegenüberliegende Schützführung den Wasserzuflußraum gewissermaßen in zwei Hälften teilt; infolgedessen kann sich keine Strudelbewegung herausbilden.

Abb. 148. Zylinderschütze mit Führungsgerüst.

Jede Zylinderschütze ruht auf einem mit dem Beton des Unterbaues fest verbundenen stählernen Kranz von gleicher lichter Weite. Beide Sitzflächen werden gut abgedreht und aneinander angepaßt, um einen dichten Schluß zu erzielen. Die untere Aufsitzfläche kann hierbei horizontal oder keilförmig sein (Abb. 150a u. b). Allgemein verdient die keilige Form den Vorzug. Die günstigste Höhenlage für die Unterkante einer Zylinderschütze ist das Maß von 0,8 bis 1,0 m unter dem niedrigsten Wasserstand, damit ein Mitreißen von Luft vermieden wird.

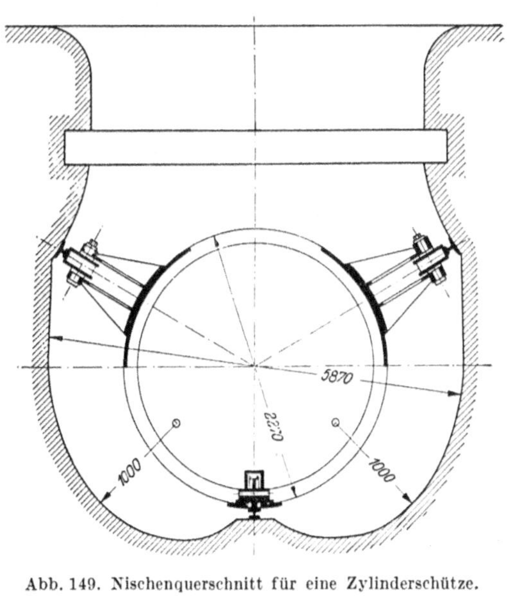

Abb. 149. Nischenquerschnitt für eine Zylinderschütze.

Das Gewicht von Zylinderschützen wird bis auf ein geringes zum Abdichten erforderliches Übergewicht von etwa 300 kg durch eine Gegenlast ausgeglichen. Diese senkt sich beim Anheben in den Innenraum des Rohres. Zylinderschützen mit Schwimmkästen können naturgemäß nur in Oberhäuptern angewendet werden. Sie haben ohne Zweifel den Vorzug, daß durch den Fortfall der Gegengewichte und der dazugehörenden Betriebsteile, wie Ketten, Umlenkrollen usw., die gesamte Einrichtung einfacher und damit auch billiger ist. Der Umstand, daß sich infolge mangelhafter Wartung gelegentlich Schwimmkästen mit Wasser gefüllt haben, hat jedoch dazu geführt, heute von dieser Bauweise Abstand zu nehmen.

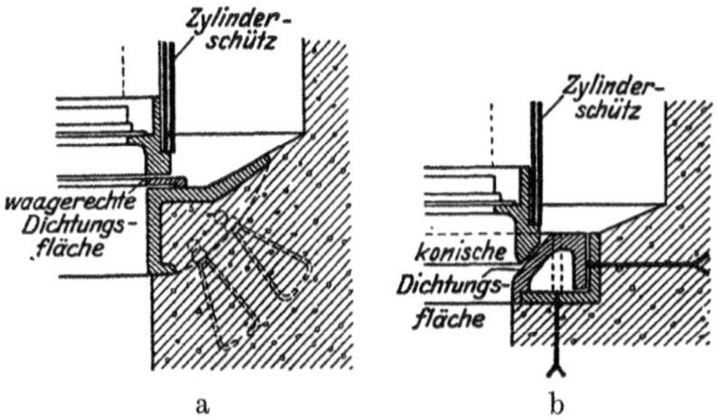

Abb. 150a u. b. Aufsitzflächen von Zylinderschützen.

Zylinderschützen braucht man zur Gewinnung der erforderlichen Durchflußfläche nur um ein geringes Maß zu heben. Es genügt in der Regel ein Hub, der etwa ein Drittel des Durchmessers des Umlaufquerschnittes beträgt. Diese Festlegung ergibt sich wie folgt:

Beim langsamen allmählichen Anheben einer Zylinderschütze von dem Durchmesser D nimmt der Strahl stetig zu, so daß der innere Hohlraum mehr und mehr abnimmt, bis er schließlich ganz verschwindet. Die Hubhöhe, um die der Zylinder in diesem Fall gehoben ist, sei als Grenzwert f_1. Bei einer Hubhöhe $f_2 < f_1$ ist die einströmende Wassermenge

$$q_2 = \pi D \mu \sqrt{2g \frac{h + (h - f_2)}{2}},$$

worin μ bei Zylinderschützen mit abgerundeten Einlaufkanten zu 0,73 angenommen werden kann. Mit diesem Werte wird, da $\frac{f_2}{2}$ gegenüber der Gefällhöhe h vernachlässigt werden kann,

$$q_2 \approx 10 \cdot f_2 D \sqrt{h}.$$

Bei der Grenzhubhöhe f_1 entsteht der volle Strahl. Die durchfließende Wassermenge bestimmt sich dann nach der Gleichung

$$q_1 = 0{,}96 \frac{D^2 \pi}{4} \sqrt{2g}\, h = 3{,}34\, D^2 \sqrt{h}.$$

Für $f_2 = f_1$ ist $q_2 = q_1$ oder $10 \cdot f_2 D \sqrt{h} = 3{,}34\, D^2 \sqrt{h}$, woraus f_1 nahezu $\frac{D}{3}$.

Der Rollkeilschütze mit anfänglichem Dreiecksdurchfluß entspricht als Zylinderschütze die *Zackenschütze*. Bei ihr wird der Zylindermantel unterhalb des Sitzwulstes in den Abfallschacht fortgeführt, aber sägezahnartig ausgeschnitten, wodurch eine ganz allmähliche Freigabe des Durchflusses erfolgt. Derartige Ausführungen finden wir an den Schleusen Bolzum, Hameln und Sülfeld. Bei der in Abb. 151 wiedergegebenen Ausführung (Schleuse Bolzum) bestehen die Schützsitze aus Stahlguß und haben auswechselbare Sitzringe mit ebener Dichtungsfläche. Die Schützschächte sind oberhalb des Einlaufs verengt, so daß alle Führungsschienen unmittelbar auf der Schachtwandung angebracht werden konnten. Am Einlauf hingegen sind die beiden Vorderschienen auf einer Bockkonstruktion befestigt und reichen bis zur Schachtsohle hinab. Sie sollen hier gleichzeitig bewirken, daß sich kein Fremdkörper am Schützsitz fangen kann.

Zylinderschützen neigen bei übermäßiger Strahlbildung leicht dazu, viel Luft mitzureißen. Das führt nicht nur zu unregelmäßigen und unerwünschten Luftausbrüchen an der Mündung der Umläufe in die Schleusenkammer, sondern bei Schleusen mit größerem Gefälle auch zu stoßartigem Entweichen der Luft in die Schütz- und Einsteigeschächte, so daß selbst schwerste Abdeckplatten dieser Schächte hochgehoben und zur Seite geschleudert werden. Um diese

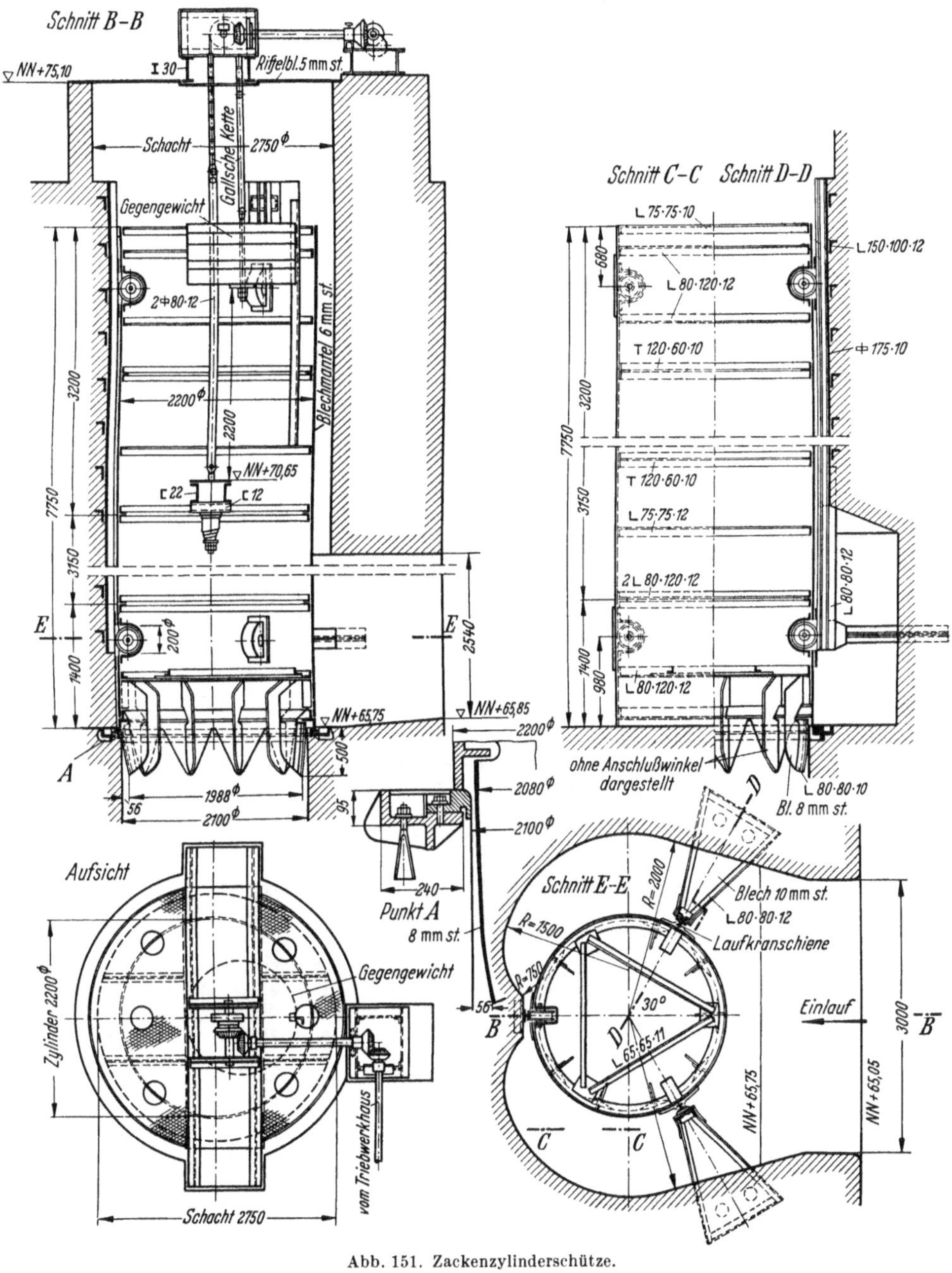

Abb. 151. Zackenzylinderschütze.

Nachteile zu vermeiden, kommen bei Schleusen mit größerer Fallhöhe heute zweiteilige Zylinderschützen zum Einbau. Solche niedrigen oder *geschlossenen* Zylinderschützen sind zum ersten Male an den Schleusen des St. Denis-Kanals und dann an der alten Oderschleuse zu Brieg, daraufhin in der Gatunschleuse des Panamakanals angewendet worden. In Deutschland besitzen geschlossene Zylinderschützen die Schleusen der Kachletstaustufe, die Unterschleuse des Südabstieges zu Minden i. W. und die Schachtschleuse Fürstenberg a. d. Oder.

Abb. 152. Geschlossene Zylinderschütze.

Wie Abb. 152 zeigt, besteht eine geschlossene Zylinderschütze aus einem durch ein Trägerkreuz mit dem Mauerwerk fest verankerten stählernen Deckel, der in der Mitte zur Durchleitung der in einem Rohr geführten Bewegungsstange durchbrochen ist und in den sich der untere Teil des Zylinders einschiebt. Es ist damit nach Hebung der Unterschütze gewissermaßen eine doppelte Rohrwand vorhanden. Diese auch als Glockenschützen bezeichneten Zylinderventile können in jeder Wassertiefe eingebaut werden, ohne daß es sehr hoher Blechmäntel bedarf. Eine gewisse Schwierigkeit bereitet nur die Herstellung einer einwandfreien Dichtung zwischen dem beweglichen und dem festen Schützteil.

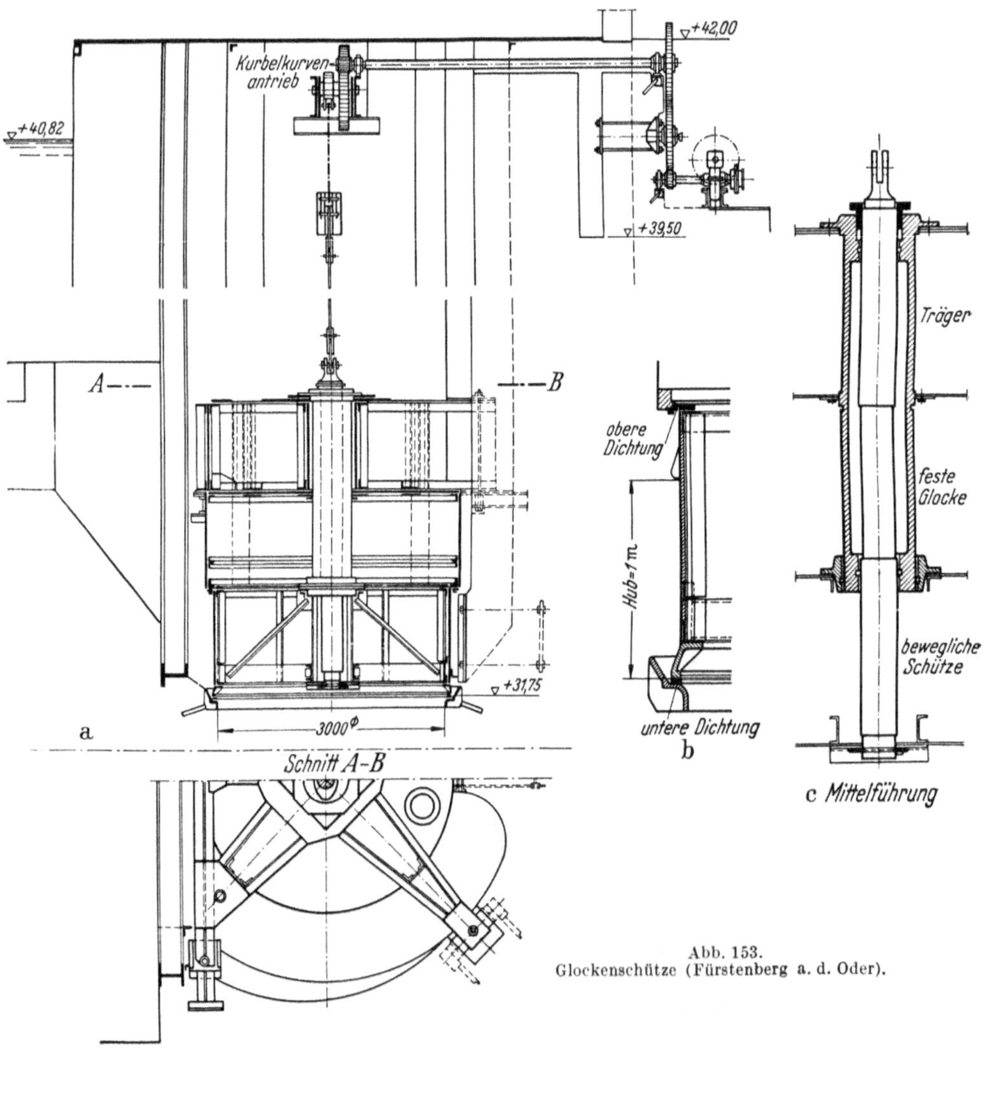

Abb. 153.
Glockenschütze (Fürstenberg a. d. Oder).

Sie besteht in der Regel aus einem an der Glocke befindlichen Flachring aus Gummi, der durch den Wasserdruck an einen entsprechenden Ring des beweglichen Teiles gepreßt wird. Es legt sich also in dem gleichen Augenblick, in dem sich der untere Teil der Schütze aufsetzt, ein an ihr oben angeordneter Wulst auf eine Auskragung der Glocke.

Die in Abb. 153 wiedergegebene Glockenschütze der Schachtschleuse Fürstenberg a. d. Oder zeigte nach kurzer Betriebszeit während des Öffnens starke Erschütterungen. Sie nahmen solche Ausmaße an, daß die Verankerung der schweren Trägerkreuze und die inneren Führungsstangen in den Stopfbuchsen locker geschlagen wurden, außerdem Risse in der Blechwandung der Glocke auftraten. Eingehende Untersuchungen ergaben, daß trotz der geschlossenen Bauart und der tiefen Lage der Schütze immer noch Luft mitgerissen wurde und daß Ursache der Schwingungen das Wasser war, das sich beim Öffnen der Schütze über das Trägerkreuz auf den Glockendeckel stürzte. Man beseitigte diese Übelstände durch Abdecken des oberen Schützteiles mit einer Kugelhaube, wodurch das strömende Wasser eine Führung erhielt. Ferner wurden Entlüftungsrohre auf den Glockendeckel gesetzt und bis etwa 2 m über Schleusenplattform hochgeführt. Aber selbst nach Durchführung dieser Maßnahmen arbeiteten die Verschlüsse noch unruhig. Dies kam daher, daß ihr beweglicher Teil frei an der Mittelführung hing und unten keine Führung hatte. Man baute daher unter dem Sitzring ein unteres Lagerkreuz ein, um der Schütze einen besseren Halt zu geben. Sie wird somit jetzt nicht nur oben, sondern auch unten sicher geführt. Der Erfolg war, daß keine Störungen mehr aufgetreten sind. Das Gewicht der Fürstenberger Glockenschütze beträgt insgesamt 12 t. Als Antrieb dient ein 7 PS-Motor. Ein allmähliches Öffnen wird wie bei den in gleicher Schleuse befindlichen Rollkeilschützen durch Einschalten einer Kurvenscheibe erreicht. Bei den geschlossenen Zylinderschützen der Unterschleuse des Südabstieges zu Minden i. W. hingegen wird das Anheben durch Verbindung einer unstarren Zahnstange mit einem Zahnsegment bewirkt.

Der Gedanke, in hohe Zylinderschütze eine Platte gegen das Ansaugen von Luft einzubauen, hat zu dem Vorschlag geführt, den oberen Rohrteil fortzulassen und den verbleibenden Ring mit einer Doppeldichtung zu versehen (Abb. 154). Es stülpt sich dann die oben durchbrochene Haube auf die Platte und dichtet sie nach unten ab.

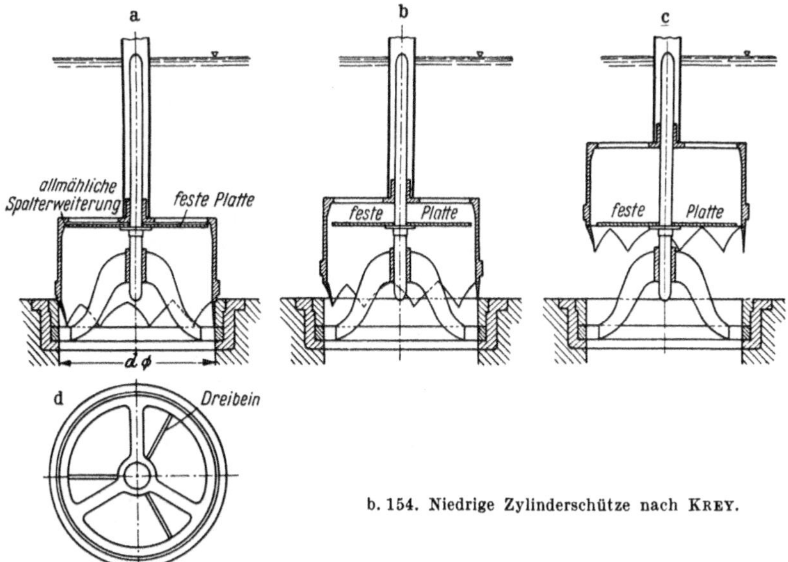

b. 154. Niedrige Zylinderschütze nach KREY.

Eine besondere Bedeutung kommt den Zylinderschützen in Speicherschachtschleusen zu. Es handelt sich hier um offene verkürzte, mehrfach übereinander angeordnete Zylinderschützen. Über ihre Konstruktion und Bewegung werden in Abschnitt IX nähere Ausführungen gemacht.

Zylinderschützen werden ähnlich wie Rollkeilschützen durch eine über eine Windetrommel laufende Kette oder durch eine in Mitte des Zylindermantels befestigte Zahnstange bewegt. Was ihr Heben und Senken betrifft, so gilt hier im Grundsatz das gleiche, was über diesen Punkt in der Besprechung der Rollkeilschützen dargelegt worden ist.

c) Klapp- und Segmentschützen.

Die Bauweise einer einfachen *Klappschütze* zeigt Abb. 155. Sie wird meist durch ein steifes Gestänge mit plötzlichem Übergang von einer Stellung in die andere bewegt. Um sie aber in jeder Lage sicher halten zu können, sind Spindelantriebe zweckmäßiger. Die Hölzer, an denen die Klappe in der Schlußstellung ihr Auflager findet, werden als „Strahlführungshölzer“ ausgebildet, um einen einigermaßen befriedigenden Wasserdurchfluß zu erhalten. Bei älteren Klappschützen greift das Hubgestänge mittels eines Winkelhebels in der Regel am oberen Klappenteil an. Dadurch ist die untere Hälfte der Klappe ohne Auflager. Die Konstruktion der Abb. 155 hat den Vorteil, daß durch die Befestigung des Huborganes am unteren Klappenteil auch dieser einen festen Halt bekommt und somit nicht durch den Wasserdruck abgebogen werden kann.

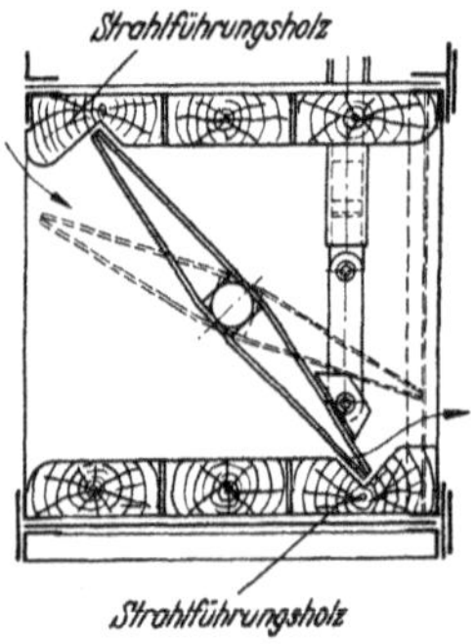

Abb. 155. Klappschütze.

Die ersten *Segmentschützen* sind in Deutschland bei den Schleusen des Großschiffahrtsweges Berlin—Stettin in Plötzensee, Spandau, Lehnitz und Niederfinow eingebaut worden, wo sie sich nach jeder Richtung gut bewährt haben. Auch die Umläufe der Speicherschachtschleuse Minden i. W. sind mit Segmentschützen ausgerüstet.

Die Konstruktion einer Segmentschütze zeigt Abb. 156a—c. Sie wird stets in zwei Stühlen, hinter denen die Betonwand des Schachtes eine entsprechende Armierung erhalten muß, gelagert. Ihre Dichtung erfolgt unten und oben durch gleichzeitiges Aufsetzen, an den Seiten durch besondere Dichtungsleisten aus Bronze. Diese sind am Mauerwerk in einem über den Schützrand vortretenden stählernen Rahmen und am Segment befestigt, müssen also genau ineinander passen. Eine andere Lösung besteht in der Anwendung von Federblechen.

Der Umstand, daß Segmentschützen größte Drücke aufnehmen können und zudem unter Wasser keine empfindlichen Teile besitzen, führt dazu, sie mehr und mehr anzuwenden. Der Nachteil, daß sie sich ständig unter dem Unterwasser befinden und zu einer etwaigen Überholung erst ein Notverschluß eingebaut werden muß, dürfte sich vielleicht dadurch beheben lassen, daß man die Schütze aus dem Lager nach oben herausnehmbar konstruiert. Die Bewegung von Segmentschützen erfolgt durch Ketten oder Seile mittels eines Laufwerks in der allgemein für Umlaufverschlüsse üblichen Ausrüstung und Antriebsweise. Um die Widerstände beim Heben gering zu halten, wird auch bei den Segmentschützen die Eigenlast vielfach durch ein Gegengewicht aufgehoben. Jedoch besteht hier nicht in dem Grade die Notwendigkeit des Gewichtsausgleichs wie bei Rollkeil- oder Zylinderschützen. Zudem sind nur die Reibungswiderstände in den Drehachsen zu überwinden, so daß allen Ansprüchen auf Dichtigkeit und leichte Beweglichkeit, selbst bei hohem Druck und strömendem

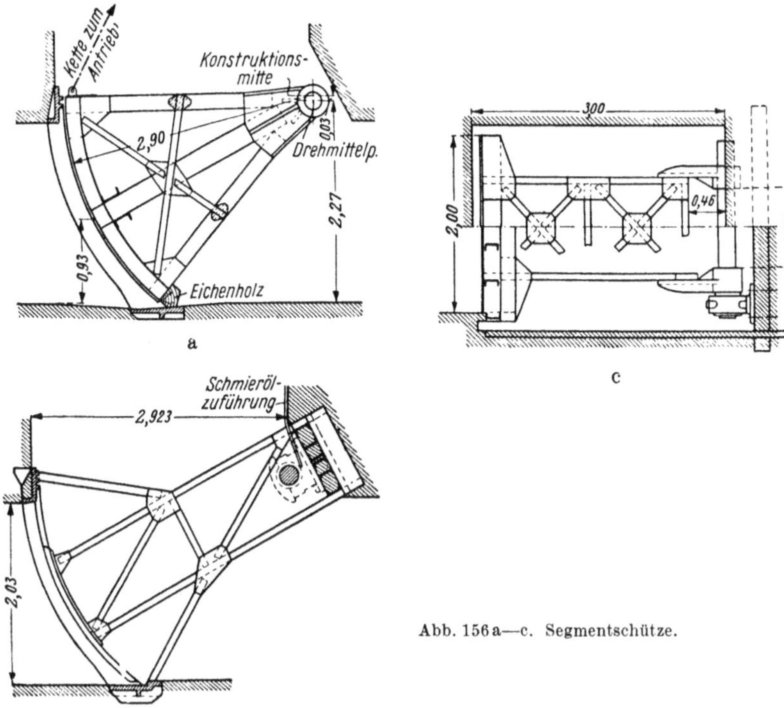

Abb. 156a—c. Segmentschütze.

Wasser, entsprochen wird. Die auf eine Segmentschütze wirkenden Kräfte gehen aus Abb. 157 hervor. In der Regel greifen die Tragketten oben am Schützrahmen an und laufen schräg durch den Schützschacht zum Antrieb. Man hat

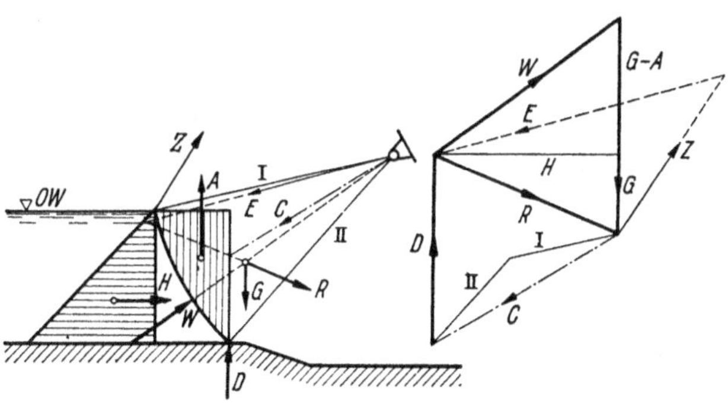

Abb. 157.

aber, um den Schützschacht schmäler halten zu können, die Ketten auch an dem kurz über der Sohlendichtung liegenden Riegel befestigt. Dies verlangt besondere Führungen für die Ketten innerhalb der Schützkonstruktion, wodurch leicht Betriebsstörungen auftreten.

d) Heberanlagen.

Die Wirkungsweise der Hotoppschen *Heber* geht aus Abb. 158 hervor. Ein eiserner Saugkessel, auch Saugglocke genannt, ist im Unterhaupt so aufgestellt, daß seine Oberkante etwas unter dem Oberwasserspiegel, seine Unterkante aber noch über dem Unterwasserspiegel liegt. Von ihm gehen Wasserrohrverbindungen nach dem Ober- und Unterwasser, außerdem Luftrohrverbindungen nach den Heberscheiteln aus. Alle Leitungen können durch Schieber oder Ventile abgesperrt bzw. freigegeben werden. Der Saugkessel *S* wird zunächst aus dem Oberwasser gefüllt, indem man den Schieber *a* öffnet und das Zylinderventil *b* schließt. Hierbei erfolgt das Entweichen von Luft aus der Saugglocke beim Füllen selbsttätig durch ein in die Decke eingebautes Gewichtsventil. Ist die Glocke gefüllt, so wird der Schieber *a* geschlossen und das Ventil *b* geöffnet. Das Wasser in der Saugglocke fällt infolgedessen nach dem Unterwasser. Dadurch entsteht in der Saugglocke ein Unterdruck, denn das Wasser kann aus dem gefüllten Saugkessel nur dann nach dem Unterwasser abfließen, wenn die Saugglocke durch die Rohrleitungen r und r_1 über den Hahn H mit dem Oberheber verbunden ist und Luft aus den Heberräumen in die Saugglocke übertritt. Es steigt also mit Entleerung des Kessels das Wasser in den Heberschenkeln. Dieser Vorgang wird durch Umstellen des Hahnes H unterbrochen, sobald das Wasser den Heberrücken in genügender Menge überströmt. Der Heber saugt sich dann im weiteren aus eigener Kraft vollständig an, und das Füllen der Kammer beginnt. Umgekehrt erfolgt die Entleerung der Schleuse durch den Unterheber mit Hilfe der Rohrleitungen r und r_2.

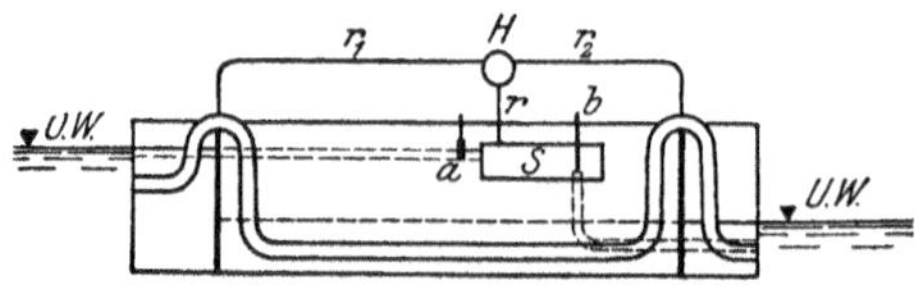

Abb. 158. HOTOPPscher Heber.

Alle Heber, welche nicht im Laufen sind, müssen belüftet sein, um ein selbsttätiges Anspringen zu vermeiden. Die Einrichtung des Steuerhahnes für den Betrieb einer Schleuse mit zwei Ober- und zwei Unterhebern zeigt im Schema Abb. 159. Ein Vierwegehahn bestehend aus einem Rotgußküken H in einem

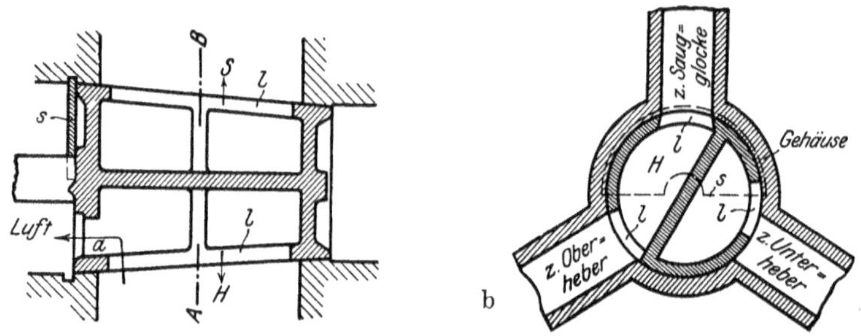

a b

Abb. 159. Steuerhahn für HOTOPPschen Heber. a Längenschnitt, b Schnitt *A*—*B*.

gußeisernen Gehäuse verbindet drei anschließende Saugleitungen, und zwar nach der Saugglocke, dem Ober- und dem Unterheber. Die Verbindung mit der Luft zur selbsttätigen Belüftung der Heber geschieht über einen Ausschnitt *a* in der Vorderfläche der Steueranlage. Um zu verhüten, daß bei entsprechender Hahnstellung in die betriebsfertige Saugglocke durch *a* Luft eindringt und das Wasser in der Saugglocke absinkt, wird vor dem Küken eine mit dem Gehäuse verbundene Klappe *a* angebracht, die der Luftdruck an das Küken preßt und damit den Ausschnitt abschließt. Ist eine Heberschleuse im Betrieb, so kann bei hinreichendem Gefälle der zum Entleeren der Kammer tätig gewesene Unterheber vermöge der in ihm hängenden Wassersäule den Oberheber unmittelbar, also unter Ausschaltung der Saugglocke, ansaugen. Bei der Durchströmung des Heberscheitels stellt sich nämlich infolge der wachsenden Querschnittsverkleinerung ein Unterdruck ein. Er reißt Luft aus dem Kessel in den Heber zurück und damit ins Unterwasser, so daß sich der Saugkessel vom Unterwasser her wieder selbsttätig mit Wasser füllt. Es ist somit nur nach längeren Betriebspausen ein Füllen der Saugglocke aus dem Oberwasser erforderlich.

Die Berechnung der Größe der Saugglocke fußt auf dem MARIOTTschen Gesetz, das in Form der Grundgleichung $V_x p_x + V_y p_y = V_z p_z$ besagt, daß beim Spannungsausgleich zwischen zwei Gefäßen mit verschiedener Spannung die Summe der Produkte aus den Lufträumen mit den Spannungen vor dem Spannungsausgleich gleich dem Produkt aus dem gesamten Luftraum mal Spannungsausgleich ist. Eingehende Darlegungen hierüber finden sich in [*253*] und [*254*]. Allgemein gilt, den Inhalt einer Saugglocke etwa 20% größer zu wählen, als die Lufträume der Heber ausmachen.

Bei der Doppelschleuse Klein-Machnow (s. Abb. 16 u. 17) besitzt jede der beiden Schleusenkammern je zwei Heber am Oberhaupt und Unterhaupt. Ein weiterer ist zum Abschluß des die beiden Kammern zwecks wechselseitiger Füllung vorgesehenen Umlaufs vorhanden, in der Praxis aber nie benutzt worden. Kappen und Schenkel der Heber sind aus schmiedestählernen Blechen hergestellt und durch Anker mit dem sie umgebenden Mauerwerk verbunden, wobei die Stahlbleche bis 10 cm unter den tiefsten Wasserstand hinunterreichen, um einen luftdichten Abschluß zu gewährleisten. Bei den Heberschleusen am Oder—Spree-Kanal ist nur die obere Kappe der Heber bis etwa 1 m unter Oberwasserspiegel als Stahlrohr hergestellt. Der untere Teil ist im Mauerwerk ausgespart, das natürlich vollkommen luftdicht hergestellt sein muß. Die Scheitel der Überfallrücken liegen in Klein-Machnow 2 cm über dem normalen Wasserstand. Diese geringe Mehrhöhe hat bei höheren Oberwasserständen schon dazu geführt, daß die Oberheber von selbst angesprungen sind. Es dürfte daher allgemein zu empfehlen sein, die Rücken höher zu legen. An der Schleuse Kersdorf liegt der Rücken der Oberheber 30 cm über Oberwasser, der Rücken der Unterheber 10 cm.

Der Querschnitt der Heber beträgt bei der Schleusenanlage Klein-Machnow in Scheitelhöhe bei 1,50 m Rückenbreite 1,38 m², der Querschnitt der beiderseits in den Seitenmauern liegenden Umläufe 2,46 m². Stichkanäle sind insgesamt auf jeder Seite 10 Stück vorhanden, von denen der dem Oberheber nächstgelegene Stichkanal 1,28 m² Durchflußfläche hat, die anderen 9 je 0,72 m². Die Einengung der Scheitel führt eine Vergrößerung der Durchflußgeschwindigkeit und damit eine bessere Saugwirkung herbei. Auch wird der Durchflußbeiwert günstiger; er kann im Mittel zu etwa 0,85 angenommen werden. Um das Laufen der Heber jederzeit unterbrechen zu können, befinden sich in ihren Scheiteln Lüftungsklappen, die von Hand bedient werden. Darüber hinaus ist jeder Heber durch Mannlöcher besteigbar. Der Scheitel der Längskanäle steigt von den Abschlußstellen im Ober- oder Unterhaupt zu einer Mauerwerksaussparung etwas an, in der sich die während der Schleusenfüllung mitgerissene Luft sammelt. Von diesem Scheitelraum führt eine kleine Rohrleitung nach oben, welche das Entweichen von Luft aus den Umläufen ermöglicht. Die Steuervorrichtung zur Inbetriebsetzung der Heber und Glocke, bestehend aus dem oben genannten Vierwegehahn, befindet sich mit der Schaltanlage der Tore in dem die Hubtürme des Unterhauptes verbindenden Betriebsstand. Außerdem sind Quecksilberluftverdünnungsmesser angebracht, an denen der Schleusenwärter die jeweilig herrschenden Unterdrücke in der Saugglocke und in den Ober- bzw. Unterhebern ablesen und beobachten kann.

Besondere Versuche sind an den Hebern in Klein-Machnow nicht durchgeführt worden, jedoch an der im Prinzip gleichen Anlage der Schleuse Wernsdorf am Oder—Spree-Kanal, und zwar hinsichtlich der Unterdrücke in den Heberscheiteln. Sie haben ergeben, daß das Maß der Überströmungshöhe, von der an ein sehr rasches, selbsttätiges Nachsaugen des Hebers durch das strömende Wasser eintritt und den Heber mit der ganzen Gefällhöhe zum Laufen bringt, rund die Hälfte der Durchflußhöhe im Heberscheitel beträgt. Die Einzelausbildung einer Heberschleuse (Nordschleuse Wernsdorf) zeigt Abb. 160. Der durch einen Rost aus Rundstählen abgedeckte Einlauf hat einen Querschnitt von rd. 4,6 m². Ihm steht eine Durchflußfläche im Heberscheitel

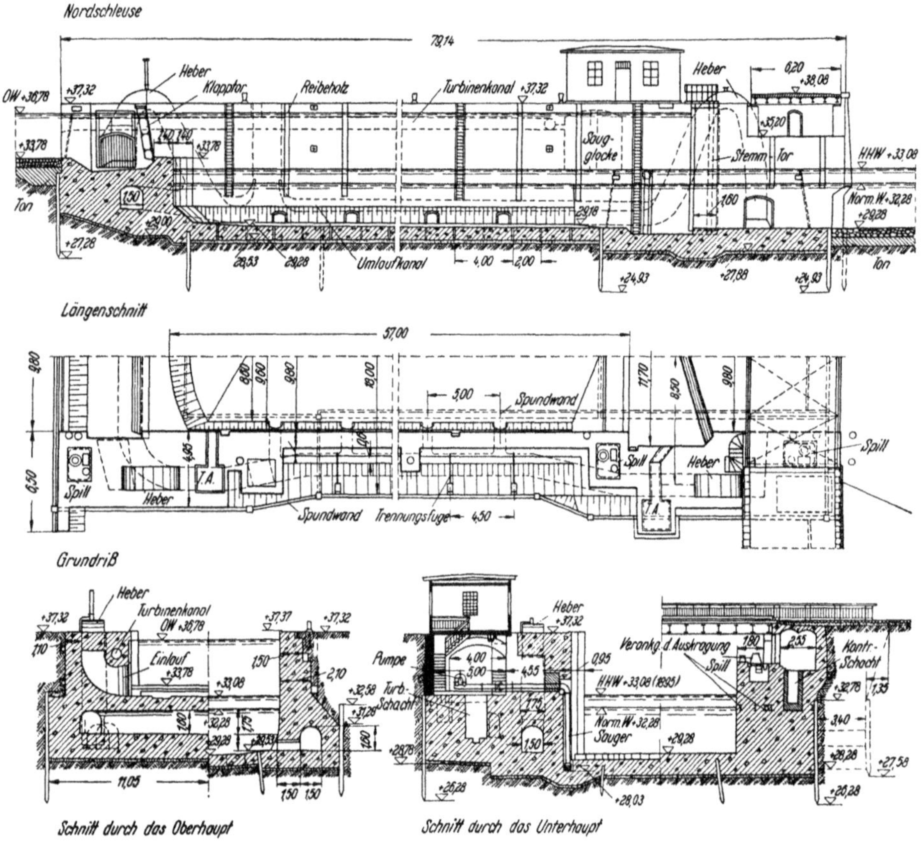

Abb. 160. Heberschleuse Wernsdorf.

von 1,8 m² und ein Austrittsquerschnitt der 9 Stichkanäle von je 0,5 m² gegenüber. Es ergibt sich damit ein Verhältnis der Durchflußfläche vom Heberscheitel zum Eintrittsquerschnitt bzw. zum Austrittsquerschnitt von 1:2,56:2,50. Das Verhältnis der Gesamtfläche der Stichkanäle zur Kammerfläche ist 1:60.

Die Vorteile des Heberbetriebes bestehen in einem vollkommen dichten Abschluß der Kammer gegen Oberwasser und damit der sicheren Vermeidung von Wasserverlusten, den äußerst geringen Betriebs- und Unterhaltungskosten und nicht zuletzt in der Einfachheit der Bedienung. Heberbetrieb kommt allerdings nur dann in Frage, wenn es sich um normale Schleusen mit wenig schwankendem Oberwasser handelt. Bei Schleusen mit sehr geringem Gefälle scheidet Heberbetrieb aus, weil dann die Saugglocke nicht mehr einwandfrei zu arbeiten vermag. Desgleichen kommt Heberbetrieb nicht in Frage, wenn das Schleusengefälle das Maß von etwa 7 m übersteigt.

Die Gründe, warum Heber in neuerer Zeit nicht mehr zur Anwendung gekommen sind, obwohl die Herstellung dichter Wandungen bei der heutigen Betontechnik keinerlei Schwierigkeiten bereitet, sind darin zu suchen, daß die Heber zu plötzlich anspringen und infolgedessen die von ihnen geförderten Wassermengen zu rasch anwachsen, wodurch eine zu hohe Wellenkraft entsteht. Ein Mittel zur Behebung dieses Nachteils dürfte eine Unterteilung des Hebers durch Zwischenwände parallel zur Schleusenachse in Form einer Heberbatterie sein, die ein Nacheinanderanspringen der einzelnen Heber ermöglicht.

V. Gestaltung des Schleusenbauwerks.

14. Allgemeine Gesichtspunkte.

Die drei Hauptfaktoren, welche die Gestaltung eines Schleusenbauwerks bestimmen, sind Beschaffenheit des vorhandenen Untergrundes, Größe der Fallhöhe und schließlich Art und Umfang des laufend mit Sicherheit zu bewältigenden Verkehrs. Je geringer die Fallhöhe ist und je einfacher die Gesamtanlage gehalten werden kann, um so weniger unterscheiden sich in ihrer Ausbildung die Häupter von der Kammer.

Dies tritt besonders bei *hölzernen* Schleusen in Erscheinung. Abb. 161a und b zeigen Aufsicht und Querschnitt eines gänzlich aus Holz hergestellten Schleusenhauptes, das sowohl Ober- wie Unterhaupt sein kann. Der Kammerquerschnitt der gleichen Schleuse ist in Abb. 14a wiedergegeben. Die Pfahlrostgründung erfüllt einen doppelten Zweck: Sie soll das Bauwerk sicher tragen und die Sohle, soweit erforderlich, gegen Auftrieb schützen. Die Pfähle werden daher für diesen Zweck häufig mit dem Zopfende nach oben gerammt. Auf ihnen liegen Grund- und Kaibalken quer zur Schleuse. Sie reichen bei kleineren Kammerbreiten von Seitenwand zu Seitenwand, bei größeren werden sie gestoßen. Der Stoß ist stumpf und stets über einem Pfahl anzuordnen, außerdem ist er seitlich durch Laschen zu decken und wechselnd zu legen. Die Verbindung zwischen Pfählen und Grundbalken stellen Keilzapfen nach

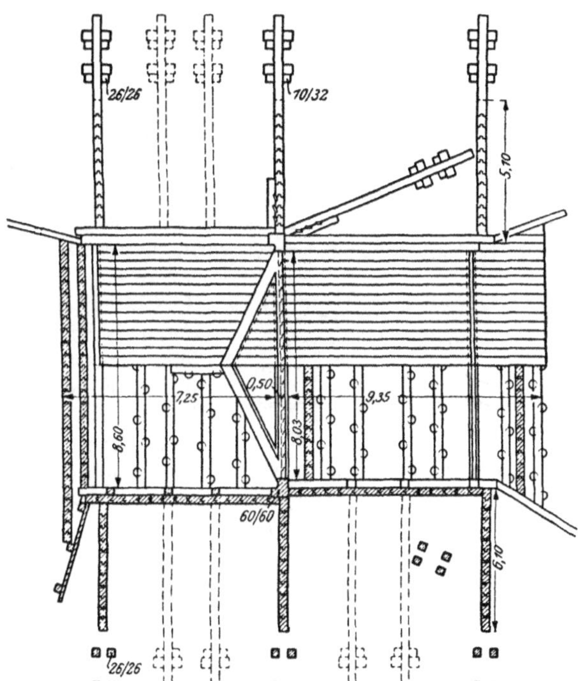

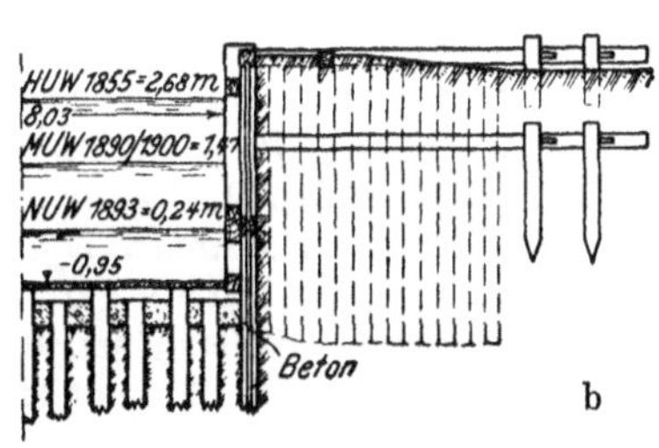

Abb. 161a u. b. Hölzernes Schleusenhaupt. a Aufsicht, b Querschnitt.

Abb. 162a—c her, und zwar als Doppelzapfen, die durch zwei eichene Hauptkeile, nötigenfalls noch durch Seitenkeile auseinandergetrieben werden. Über den Grundbalken liegt parallel zur Schleusenachse ein einfacher oder doppelter Bohlenbelag von 8 bis 12 cm Dicke. Er wird in Linie der Grundbalken gestoßen und möglichst dicht verlegt. Bei größeren Bauwerken ordnet man parallel zur Schleusenachse in etwa 1,50 m Entfernung Zangen von 18 bis 24 cm Stärke an, zwischen die der Bohlenbelag felderweise eingebracht wird. Diese Bauweise hat neben einem leichteren Verlegen des Bohlenbelages den Zweck, eine Verschiebung des ganzen Rostes in sich zu verhüten. Spannbalken werden dort verwendet, wo mit einem besonders hohen Auftrieb zu rechnen ist. Sie liegen stets über den Grundbalken und reichen bis unter die Seitenwände. Hauptglieder jeder Holzschleuse sind die Spundwände. Sie müssen einwandfrei geschlagen und mit der Unterkante des Rostes gut verbunden sein. Ihre Dichtigkeit hängt ab von der Beschaffenheit des Bodens. Feiner Triebsand, Schliefsand und grober Kies machen häufig den erstrebten Schluß der Wand unmöglich. Man ordnet daher in der Regel mehrere Spundwände hintereinander an, so daß jedes Haupt durch je eine Querspundwand oben und unten in sich abgeschlossen ist. Vielfach wird auch noch der wichtigste Bauteil eines Hauptes, der Drempel, durch eine Querspundwand gesichert. Es ist dann mindestens eine der drei Spundwände über die Seitenwände zu verlängern, damit keine Umläufigkeit des Schleusenbauwerks eintritt. Eine besonders sorgfältige Herstellung verlangt der Drempel. Er besteht aus dem Mittelbalken, den Anschlagbalken und dem Herzstück, deren Verbindung durch Bolzen und Klammern erfolgt (Abb. 163). Gewöhnlich liegen die stets aus Eichenholz herzustellenden Drempelhölzer auf dem Bohlenbelag; bei kleineren Schleusen werden sie jedoch auch auf den Spundwänden aufgezapft. Die Höhe der Anschlagbalken über dem Belag beträgt etwa 40 cm. Besonders stabil wird der Drempel, wenn man den dreieckigen Raum zwischen dem Mittelbalken und den beiden Anschlagbalken mit Eichenholzpaßstücken von der Höhe des Drempels dichtschließend ausfüllt. Mittel- und Anschlagsbalken greifen, wenn möglich, unter die Seitenwände.

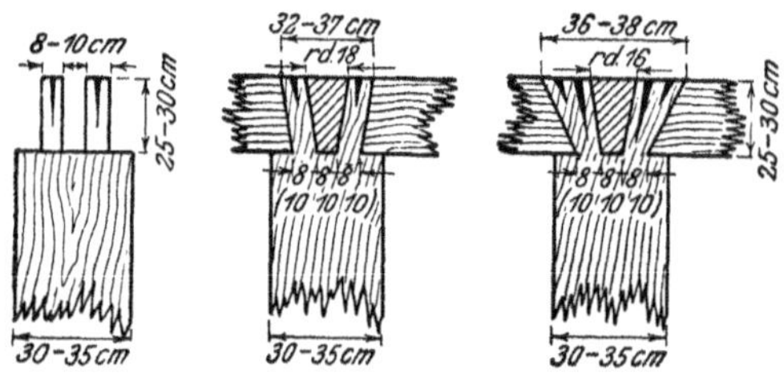

a b c

Abb. 162a—c. Keilzapfenverbindungen.

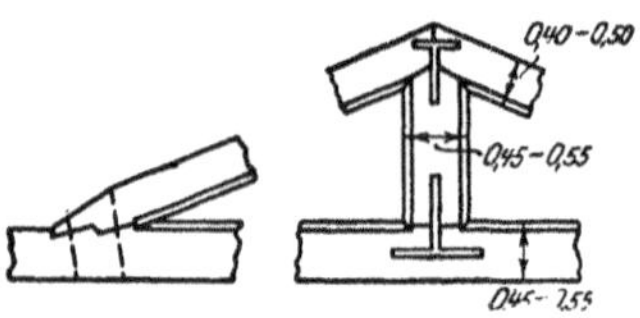

Abb. 163. Drempel aus Holz.

Die *Häupter* einer *modernen* Schiffahrtsschleuse werden stets aus Beton oder Stahlbeton hergestellt. Die Verwendung von Mauerwerk der verschiedensten Art gehört der älteren Zeit an. Allgemein sind Schleusenhäupter mit ihren Verschlußvorrichtungen, den Toren, regelrechte Stauwerke und als solche zu behandeln. Sie werden bei größeren Anlagen stets für sich gegründet, auch wenn eine massive Kammersohle vorgesehen ist. Man kommt damit allerdings zu vier Querspundwänden, die stets bei einer wasserdurchlässigen Kammersohle erforderlich sind (Abb. 164a). Die in Abb. 164b wiedergegebene Bauweise, nach der Häupter und Kammerwände auf einer gemeinsamen Grundplatte ruhen, ist mit Rücksicht auf die Art des Bauvorganges nicht zweckmäßig. Das Oberhaupt vermittelt den Übergang von der Sohle des Oberkanals zur Sohle der Kammer, ferner den Vorgang des Füllens. Da dieser für ein in der Schleuse befindliches Schiff größere Gefahren in sich birgt als das Leeren, bedeutet eine allen baulichen und betrieblichen Erfordernissen entsprechende Ausbildung des Oberhauptes eine umfassendere Aufgabe als die Gestaltung des Unterhauptes, das im Querschnitt und Längsschnitt nur einem verstärkten Kammerblock gleicht. Eine Ausnahme bilden Schachtschleusen, als deren Kennzeichen eine zwischen den beiden seitlichen Wänden bis über den Spiegel des Oberwassers hinaufreichende Quermauer angesehen werden kann (s. Abb. 9). Eigenart aller Unterhäupter ist, daß sie meistens noch zur Überführung von Verkehrswegen, wie Straßen oder Eisenbahnen dienen; die Seitenmauern eines Unterhauptes werden damit gleichzeitig zu Widerlagern einer Brücke.

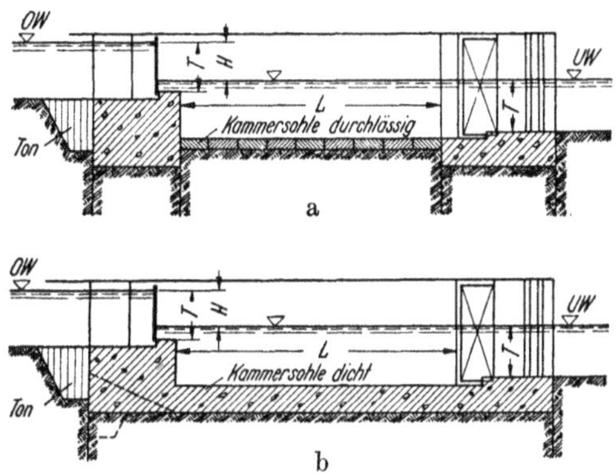

Abb. 164a u. b.

Die Gesichtspunkte, welche die Gestaltung eines Schleusenhauptes bedingen, sind Wahl der Torart, Größe und Form der Umläufe sowie das Vorgehen bezüglich Energievernichtung des ein- bzw. ausströmenden Wassers. Außerdem ist von gewissem Einfluß die Betoneinbringung, insofern es darauf ankommt, die verhältnismäßig großen, mitunter aber stark untergliederten Massen eines Hauptes zu einem möglichst geschlossenen Block zusammenzufügen. Ob ein Haupt mit oder ohne Umläufe zu bauen ist, ist in erster Linie eine Frage der gewählten Torart. Aber auch die Ausbildung der *Kammer* ist hierbei von Einfluß. Schleusen mit geböschten und eingerammten Kammerwänden sowie Schleusenkammern, die als Stahlbetonhalbrahmen ausgebildet sind, gestatten normalerweise keine Längsumläufe. Man muß sich daher in solchen Fällen auf kurze Torumläufe beschränken, sofern ein Haupt ohne Umläufe nicht möglich ist. In der Regel lassen sich Unterhäupter leichter umlauflos ausbilden als Oberhäupter. So sind von den in den Jahren 1920 bis 1945 in Deutschland gebauten 127 Binnenschleusen 45 gänzlich umlauflos, während 7 Schleusen nur umlauflose Unterhäupter aufweisen.

Die Entwicklung des Schleusenbaues in den letzten Jahrzehnten hat eine laufende Vergrößerung der nutzbaren Kammerlänge gezeigt. Es ist daher der höchstwirtschaftlichen und dabei konstruktiv einwandfreien Ausbildung einer Kammer heute mehr Bedeutung zuzumessen als früher. Rechnet man mit einer Schleuse von 5 bis 6 m Gefälle, so beträgt unter Annahme von Kammerstützmauern und Häuptern mit Torumläufen der Anteil der in den Kammerwänden steckenden Masse zu derjenigen der Häupter bei einer 67 m langen Schleuse ohne Sohlenplatte bei Gründung auf Fels etwa das 2,3fache, bei einer 165 m langen Schleuse das 4,1fache, bei einer 225 m langen Schleuse das 5fache, bei einer 350 m langen Schleuse das 7fache und bei einer 800 m langen Schleuse das 13fache. Diese Verhältnisse verschieben sich noch zuungunsten der Kammern bei umlauflosen Schleusen, und zwar entsprechend mehr bei kleineren als bei größeren. Nach der Bauform der Kammern können wir unterscheiden in Schleusen mit geböschten und eingerammten Kammerwänden, Schleusen, deren Kammerwände als einfache Schwergewichtsstützmauern ausgebildet sind und ferner Schleusen, deren Kammerwände zusammen mit der massiven Sohle einen geschlossenen Halbrahmen bilden (Abb. 165a). Alle vier Querschnitte kommen vorwiegend nur für Binnenschleusen in Frage. Seeschleusen, welche sich diesen gegenüber durch ihre hohe Drempeltiefe auszeichnen, erhalten vielfach Kammerwände nach Art der Kaimauern (Abb. 165e). Sie werden als Kammerwände auf hohem Pfahlrost bezeichnet. Welche Bauweise im Einzelfalle die zweckmäßigste ist, ergibt sich ungeachtet der natürlichen Vorbedingungen wie Untergrund und Fallhöhe nur aus eingehenden Vergleichsentwürfen mit Kostenberechnungen.

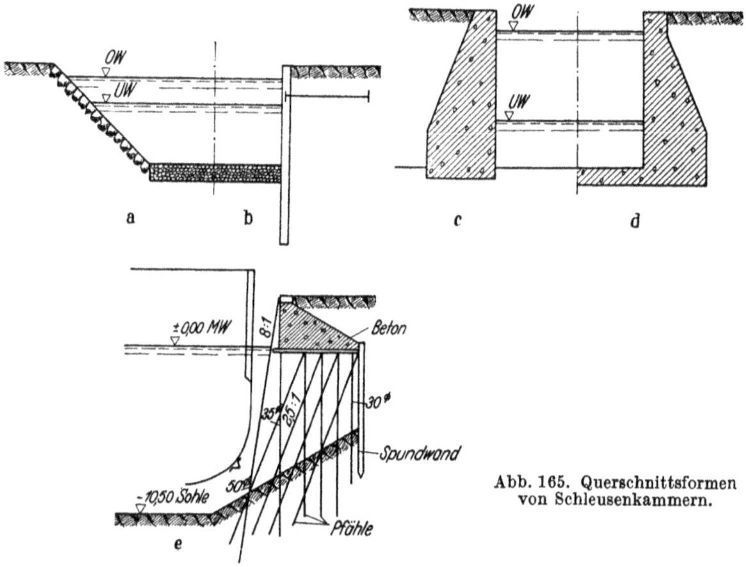

Abb. 165. Querschnittsformen von Schleusenkammern.

15. Ausbildung der Kammer.

b) Geböschte und eingerammte Kammerwände.

Schleusen mit *geböschten* Kammerwänden stellen die älteste Bauform dar. Sie kommen heute nur noch an untergeordneten Wasserstraßen bei geringer Fallhöhe in Frage, wo der Wasserverbrauch keine Rolle spielt. Die Baukosten solcher Schleusen sind im Vergleich zu anderen Kammerbegrenzungen zwar niedrig, jedoch sind verhältnismäßig hoch die Unterhaltungskosten. Dies wird bedingt einmal durch die für den Schiffahrtsbetrieb erforderlichen *Leitwerke*, welche die Kähne bei der Ein- bzw. Ausfahrt und beim Schleusen selbst von den Böschungen abhalten sollen. Zum anderen hat der stetige Wasserstandswechsel leicht Sackungen und damit Beschädigungen der stets erforderlichen Uferbefestigung zur Folge. Kammern mit geböschten Kammerwänden sind in Deutschland u. a. zu finden an der Oder, der oberen Havelwasserstraße und der unteren Ems.

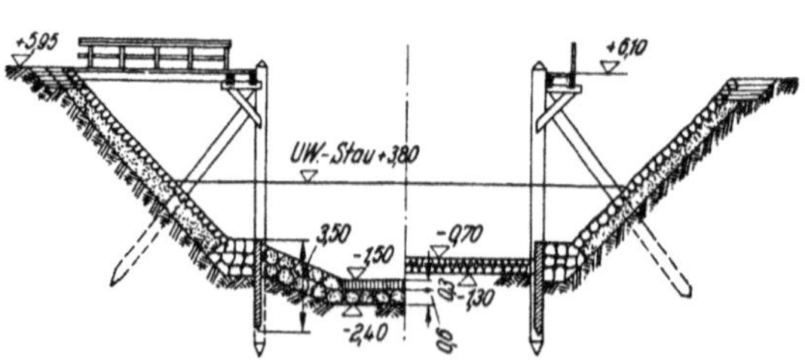

Abb. 166. Schleuse mit geböschten Kammerwänden.

Abb. 166 zeigt den Querschnitt einer Kammer mit unter 1:1 geneigten Böschungen, die durch ein Pflaster aus Basaltsäulen mit offenen Fugen befestigt sind. Der Fuß der Böschung stützt sich mit einer starken Steinschüttung gegen eine Wand aus Rundpfählen. Unter den unten 0,60 m und oben 0,40 m hohen Basaltsäulen befindet sich eine 0,3 m starke Schotterbettung, welche als umgekehrte Filterschicht eingebracht werden muß. Sie hat die Aufgabe, ein Ausspülen des anstehenden Sandbodens zu verhüten. Die zur Führung und zum Verholen der Schiffe benötigten Leitwerke bestehen aus nach hinten abgestützten Holzpfählen. Sie tragen einen etwa 1 m breiten Längssteg, der durch Querstege von der anschließenden Geländeoberfläche aus zugängig gemacht wird. Die in der Mitte um 1 m vertiefte Kammersohle ist mit Senkfaschinen von 60 cm Durchmesser parallel zur Schleusenachse befestigt. Darauf liegt noch eine 30 cm starke

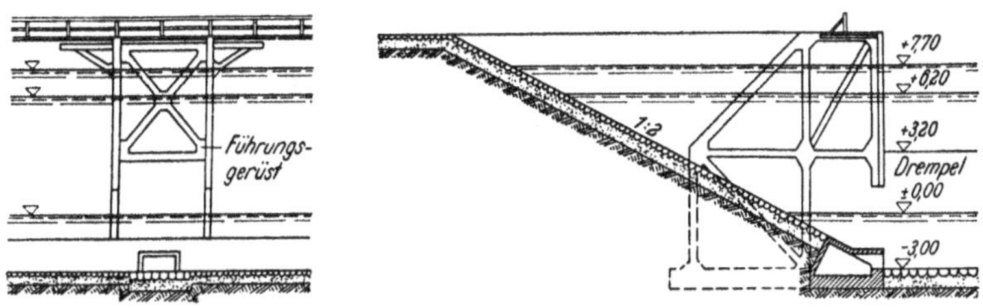

Abb. 167. Schleuse mit Stahlbeton-Leitwerk.

Steinschüttung. Sie hat im Anschluß an das Oberhaupt doppelte Stärke; am Übergang zu der vertieften Kammersohle befindet sich eine Querwand aus Holzrundpfählen.

Die an sich zweckmäßige und im Betrieb auch bewährte Anordnung des hölzernen Leitwerkes hat den Nachteil geringer Haltbarkeit. Man hat deshalb bei einem Schleusenbau im Ausland das Führungsgerüst aus Stahlbeton hergestellt (Abb. 167). Während sonst Schleusen mit geböschten Kammerwänden stets durch Torschützen gefüllt und geleert werden, ist hier ein Längsumlauf in Verbindung mit dem Leitwerk angeordnet worden. Die Ausmün-

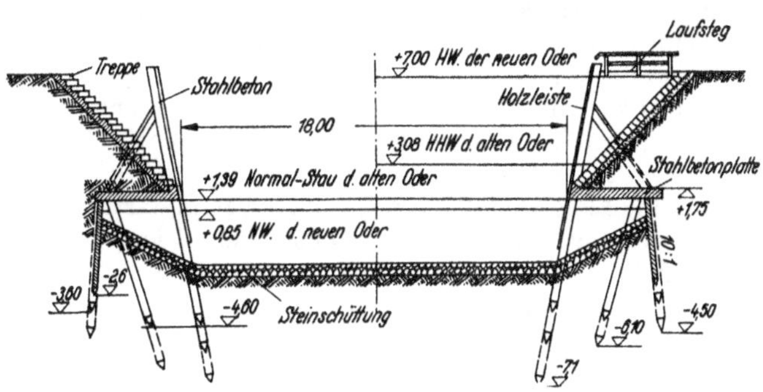

Abb. 168. Ost-Oderschleuse Hohensaathen.

dungen der Stichkanäle sollten zuerst mit der Böschungsebene bündig liegen. Durch Laboratoriumsversuche wurde jedoch die Unzweckmäßigkeit dieser Bauweise festgestellt. Die daraufhin angebauten Mundstücke bewirkten, daß sich die Strömung nicht nach oben, sondern nach der Mitte bewegte.

Je flacher eine Böschung verläuft, um so schwächer kann natürlich ihre Abdeckung gehalten werden. Die zur Gewinnung einer bestimmten *Rutschsicherheit* erforderliche Neigung der Deckschicht läßt sich nach Feststellung der erdstoffphysikalischen Eigenschaften des Untergrundes bestimmen, worüber OHDE eingehende Untersuchungen angestellt hat [*264*].

Eine Bauweise, die man als Übergang von der Kammer mit geböschten Wänden zur Kammer mit eingerammten Wänden ansehen kann, zeigt Abb. 168.

Der mit ausgebreiteten Steinlagen durchsetzte und auch sonst sehr großkiesige Untergrund ließ große Schwierigkeiten in der Rammung hölzerner Spundwände und Pfähle erwarten. Man wählte daher eine Stahlbetonkonstruktion, bei der das Leitwerk mit einer auf Stahlbetonpfählen ruhenden Platte zu einer Art Winkelstützmauer verbunden ist.

Alle diese hier beschriebenen Kammerbegrenzungen kommen heute nur noch ausnahmsweise in Frage, nachdem in der *stählernen Spundbohle* ein auch unter schwierigen Untergrundverhältnissen zu rammendes Bauelement zur Verfügung steht. Die zur Zeit gebräuchlichen Systeme Larssen, Hoesch, Krupp, Klöckner, Peine unterscheiden sich durch Lage und Ausbildung des Schlosses sowie Höhe und Wandstärke der Profile. Hierbei gibt es bei Larssen, Hoesch und Krupp außer den sog. Wellenprofilen noch Kastenbohlen, während das Peiner Walzwerk nur Kastenspundwände liefert. Genaue Auskunft über Abmessungen, Gewichte und Widerstandsmomente geben die von den Herstellerfirmen in bestimmten Zeitabständen herausgegebenen Spundwandkataloge. Die *Lebensdauer* einer stählernen Spundwand kann nach den bisher vorliegenden Erfahrungen zu etwa 100 Jahren angesetzt werden; sie ist damit für eine Schleuse ausreichend. Wie alle anderen im Grund- und Wasserbau verwendeten Baustoffe unterliegt auch eine Stahlspundwand den Angriffen des Wassers und des Bodens. Jedoch sind die Angriffe durch Erdstoffe nahezu bedeutungslos. Es bildet sich eine feste Kruste aus Rost und Bodenteilchen, die stärkere Korrosionen verhindert. Ebenso ist auch in größeren Wassertiefen die Rostgefahr gering, da hier die Angriffsfähigkeit des Wassers infolge des Mangels an aktivem Sauerstoff sehr herabgesetzt ist. Die stärkste Verrostung erfolgt in der dem dauernden Wechsel von Wasser und Luft ausgesetzten Zone. In diesem Bereich schützt man die Spundwand durch einen säurefreien Bitumenanstrich. Einen gewissen Rostschutz bildet bei Stahlspundwänden auch das Vorhandensein eines bestimmten Kupfergehaltes. Es hängt aber die Zweckmäßigkeit der Verwendung von mit Kupferzusatz versehenen Spundwänden sehr von den örtlich vorliegenden Korrosionsbedingungen ab.

Stählerne Schleusenwände, deren Bau zu wesentlichen Forschungen auf dem Gebiet der Erddrucktheorie in Gestalt der Berechnung ein- und mehrfach verankerter Bohlwerke Anreiz gegeben hat, haben den Vorzug *schneller Herstellung* und damit gegenüber Kammermauern auch den Vorteil geringer Kosten. Sie sind besonders am Platze, wenn der Untergrund keine hohen Beanspruchungen verträgt. Da sie keine Längsumläufe mit Stichkanälen gestatten, stehen umlauflose Häupter zu ihnen in einer gewissen Beziehung. Diese Umstände dürfen aber nicht dazu führen, die Kammerbegrenzung aus Stahlspundwänden bei rammfähigem Untergrund als die alleinige Lösung anzusprechen. Es gilt hier noch manche Erfahrung abzuwarten, besonders hinsichtlich der Sicherheit und Dauerhaftigkeit der Verankerungen sowie des Verhaltens der Kammerwände gegenüber Schiffsstößen und der im Grunde dynamischen Beanspruchung durch den laufenden Wasserstandswechsel. Spundwandschleusen erhalten in der Regel keine auftriebssichere Sohle. Als *Sohlenbefestigung* hat sich die Verlegung von Betonprismen oder Packsteinen auf einer umgekehrten Filterschicht eingebürgert und bewährt, wobei die Kammerwände durch Spannbalken und Spannriegel aus Stahlbeton gegenseitig abgesteift werden.

Die erste in Deutschland erbaute Schleuse mit einer aus Larssen-Bohlen hergestellten Kammerwand (einseitig) war die zu Hemelingen an der Weser, kurz oberhalb von Bremen (1909). Ihr folgten nach dem Bau einiger kleinerer Schleusen von 1926 bis 1928 die bereits genannten Schleusen Friedrichsfeld und Hünxe des Kanals Wesel—Datteln. Stählerne Kammerwände haben auch ein Teil der Schleusen des umkanalisierten Untermains sowie sämtliche sechs Schleusen des neuen Klodnitz-Kanals bei Fallhöhen bis zu 10,80 m (Sersno,

Kammerbegrenzung aus Peiner Kastenspundwänden Profil 40 S bzw. 35 M). Weiter finden wir „stählerne Schleusen" zu Lehnitz, Klein-Machnow, Berlin-Mühlendamm, Havelberg, Niegripp, Mirow und Bansern im Bereich zwischen Elbe und Oder, im Westen zu Werries und zu Harburg-Wilhelmsburg (Reiherstieg-Sperrschleusen). Daß man auch Häupter aus stählernen Spundwänden herstellen kann, beweist die Schleuse Norkitten ($L = 45$ m, $B = 8{,}7$ m) der Kanalisierung des Oberpregels.

Von Seeschleusen besitzt die 1937 fertiggestellte Seeschleuse Dünkirchen eine Kammerbegrenzung aus Union-Kastenbohlen; sie tragen oben einen Betonaufsatz und sind dreifach verankert.

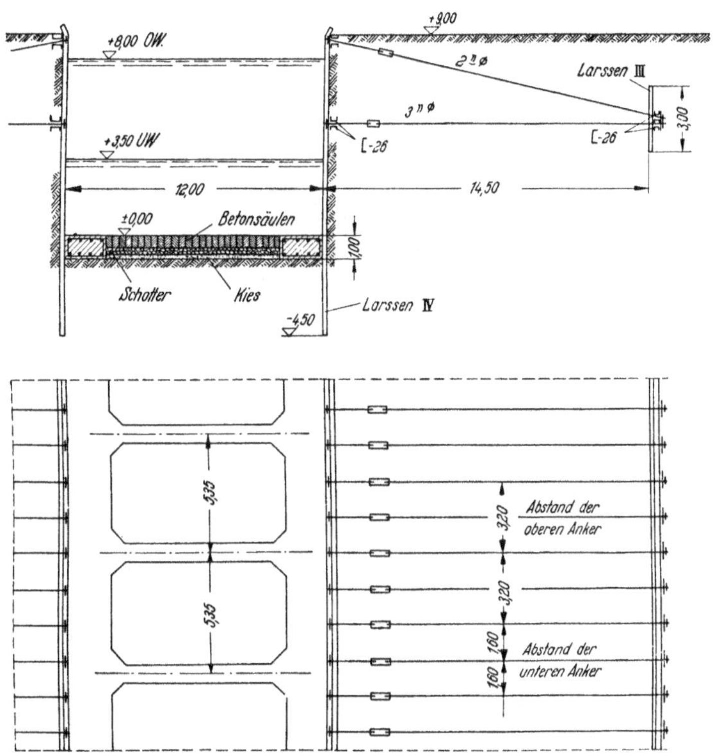

Abb. 169. Schleuse mit verankerten Spundwänden.

Abb. 169 zeigt Querschnitt und Grundriß einer „stählernen" Schleuse. Die mit Rundstahl bewehrten Spannbalken und Spannriegel haben eine Höhe von 1,00 m. Der zwischen ihnen befindliche Raum ist mit 0,50 m hohen Betonsäulen ausgefüllt; sie ruhen auf einer Unterlage von Schotter und Kies. Je nach der freien Höhe der Spundwand ergeben sich ein oder mehrere Ankerlagen. Es ist jedoch im allgemeinen ratsam, stärkere Spundwände zugunsten einer Verminderung der Ankerlagen zu wählen. Die Übertragung der Ankerkräfte geschieht über eine *Gurtung*. Sie besteht in der Regel aus zwei U-Stählen, welche an der Rückseite der Wand eingebaut werden. Man erhält so eine vollkommen glatte Kammerbegrenzung. Die Befestigung der Gurtung mit der Hauptwand erfolgt über kräftige Gurtbolzen. In die *Anker* wird zum Längenausgleich und zum Anspannen stets ein *Spannschloß* eingeschaltet. Dieses ist möglichst nahe an die Hauptwand heranzuschieben; jedoch soll die

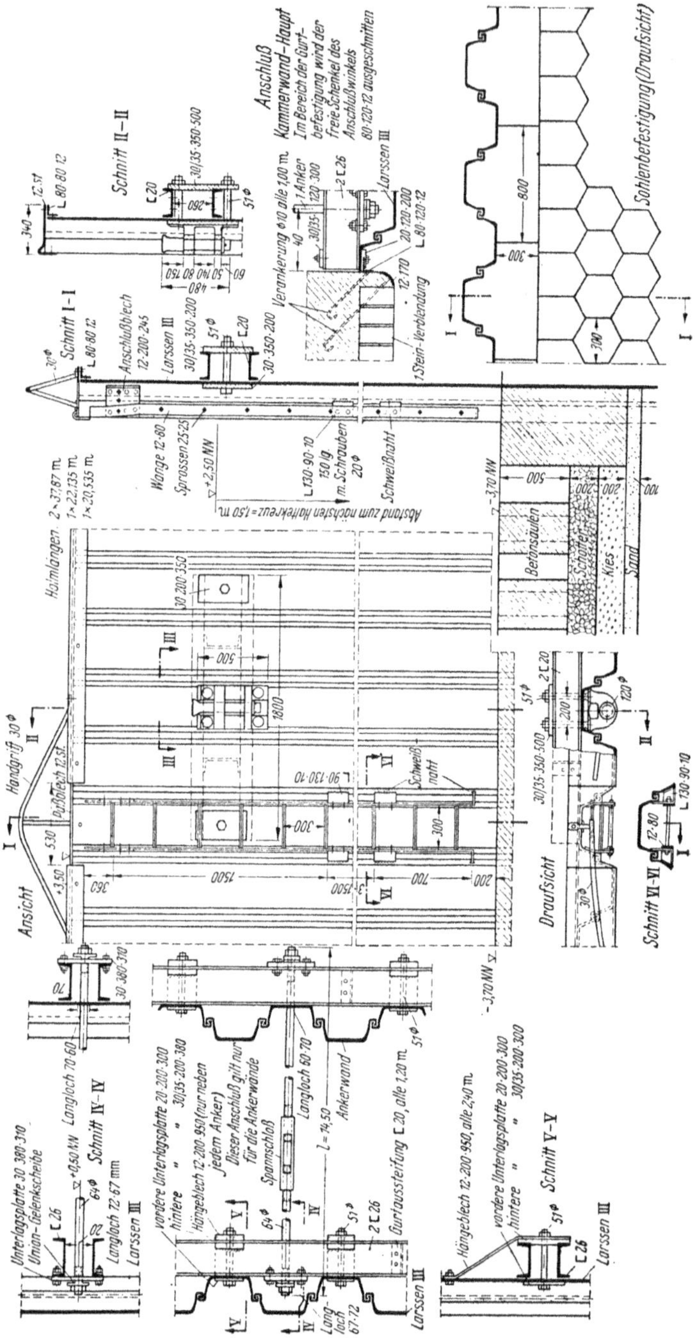

Abb. 170. Gurt- und Ankerausbildung einer Stahlspundwand.

Länge der hinteren Ankerstange das Maß von 12 m nicht übersteigen. Ein wesentliches Moment ist hierbei, daß durch das Spannschloß hinreichend starke Spannkräfte ausgeübt werden, um vor der aus Stahlspundbohlen oder aus einer Stahlbetonwand bestehenden *Ankerplatte* genügend Erdwiderstand zu erzeugen (Abb. 170) [*64*].

Der größte Teil der bislang an Spundwandbauwerken aufgetretenen Schäden ist auf Fehlkonstruktionen in der Verankerung zurückzuführen. Es kommt daher einem einwandfreien Einbau der Anker größte Bedeutung zu. Man muß nämlich damit rechnen, daß die einzelnen Anker infolge Sackung des Hinterfüllungsbodens und infolge Bewegung der Hauptspundwand neben den rechnungsmäßigen Zuspannungen noch erhebliche Nebenspannungen erfahren. Darum ist es erforderlich, die Anker *gelenkig* anzuordnen. Dies ist früher vielfach in der Weise geschehen, daß man hinter der Ankerplatte eine Unterlagsscheibe mit kugeliger Auflage angeordnet hat. Es verbiegt sich jedoch der Anker leicht nach Fertigstellung des Bauwerkes infolge von Bodensetzungen, bevor eine Bewegung der kugelförmigen Unterlagsplatte eintritt. Daher ist es zweckmäßiger, die meist aus Rundstählen bestehenden Anker mittels eines Gelenkes an die Gurtung anzuschließen, wodurch in der Nähe des Anschlußpunktes keinerlei Verbiegungsmomente auftreten können. Um diese Schwierigkeiten zu überwinden, ist man neuerdings auch dazu übergegangen, zur Verankerung Stahldrahtseile zu verwenden.

Schleusenkammerwände aus Stahlspundbohlen verlangen stets eine restlose *Dichtigkeit*, damit kein Wasser aus der Kammer durch die Schloßfugen in den Untergrund, oder umgekehrt Grundwasser in die Kammer eindringen kann, wodurch die Gefahr besteht, daß bei Ausspülen von sehr feinem Sand dieser in die Kammer gelangt und damit Hinterfüllung und Verankerung nachsacken. Im allgemeinen genügt die den Schlössern von stählernen Spundbohlen eigene Dichtigkeit. Reicht sie nicht aus, so läßt sich die erforderliche Dichtigkeit durch Verstemmen der Schlösser mit Werg, Bleiwolle, nötigenfalls auch durch Verschweißen erzielen. Eine besondere Maßnahme stellt in diesem Zusammenhang das Verfahren der Ilseder Hütte, Peine, dar, die Flanschen der Schlösser durch eine besondere Schloßdichtungsmaschine zusammenzupressen.

Die *Berechnung* einer verankerten Stahlspundwand erstreckt sich unter Ansatz der in Betracht kommenden Belastung durch Erd- und Wasserdruck sowie des über die Schiffshaltekreuze oder Poller auf die Spundwand wirkenden Trossenzuges auf die Stärke und Rammtiefe der Hauptwand, die Abmessungen der Gurtung, Höhenlage, Stärke und Länge der Anker sowie Lage und Größe der Ankerplatte. Näherungsmethoden hierfür sind in den üblichen Taschenbüchern und in den Spundwandkatalogen zu finden. Der dabei meist zugrunde gelegte dreieckförmige Erddruckansatz enthält hierbei reichliche Sicherheiten. In Wirklichkeit ist jedoch die Erddruckverteilung ein bis heute noch nicht befriedigend gelöstes Problem, da es sich bei Stahlspundwänden um hochelastische Bauwerke handelt, welche nicht zu übergehende Erddruckumlagerungen zur Folge haben. Genaue Angaben hierüber enthalten [*267* bis *275*]. Die Berechnung von Kammerwänden mit Abstützung durch Spannbalken und Spannriegel geschieht so, daß einmal die Kammerwand in Mittenhöhe des Spannbalkens als eingespannt, zum anderen als frei aufgelagert betrachtet wird, indem man sodann die sich hierbei ergebenden Höchstbelastungswerte der Dimensionierung zugrunde legt.

b) Kammerstützmauern.

Kammerwände als reine *Schwergewichtsstützmauern* sind die naturgemäße Lösung bei *felsigem* Untergrund, wo sich eine besondere Sohlensicherung erübrigt. Man wird allerdings vielfach den anstehenden Fels zum Ausgleich von Unebenheiten mit einer dünnen, mit dem Untergrund verankerten Betonschicht abdecken; besser jedoch sind Steinpflaster oder Betonquader in Sandbettung.

Besteht der Untergrund aus *diluvialen* Schichten, dann tritt im allgemeinen stets die Frage auf, ob für sich gegründeten Seitenmauern mit einer losen Sohlenbefestigung nach Abb. 171a oder Kammerwänden auf durchgehender

Sohlenplatte nach Abb. 171b der Vorzug zu geben ist. Ein Vergleich beider Bauweisen muß folgende Nachteile des Kammerquerschnittes *ohne* Sohlenplatte gegenüber einem solchen *mit* Sohlenplatte herausstellen:

1. Ein Auspumpen der Schleusenkammer ist ohne Grundwasserabsenkung nur bei hinreichend niedrigem Außenwasserstand möglich;

2. die Gesamtbaukosten sind nicht geringer als bei Herstellung einer durchgehenden Sohle, und zwar aus folgenden Gründen: Das Einbringen von Filterschicht und Betonprismen erfordert mehr Aufwand an Material und Arbeitskraft als der Einbau einer massiven Sohle, außerdem fällt durch Rammen einer Spundwand vor der Mauer als unbedingt notwendiger Schutz gegen Unterspülen die sonst auf der Rückseite übliche Spundwand fort, wodurch sich ein größerer Baugrubenaushub ergibt;

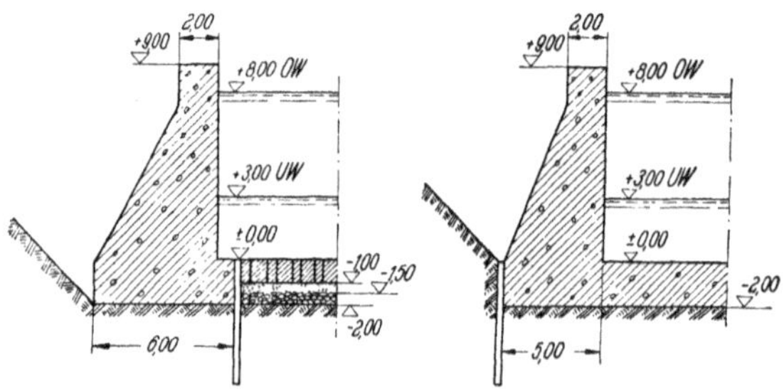

Abb. 171a—b.

3. es besteht immer die Gefahr, daß infolge Sogwirkungen beim Füllen und Leeren der Schleuse oder beim Anhaken von Ankern Prismen herausgeworfen werden und dadurch einer gefährlichen Kolkbildung in der Kammer mit ihren weiteren Gefahren für die Standsicherheit der Seitenmauern Vorschub geleistet wird.

Diese Erwägungen gelten allerdings nur für Binnenschleusen. Seeschleusen erhalten selten eine auftriebssichere Sohle. In der Regel genügt hier, bedingt durch den geringen Unterschied der Außen- und Binnen- bzw. Grundwasserstände, eine Abdeckung der Sohle mit Basaltsäulen oder Betonpflaster.

Querschnittsformen einiger massiver Kammerstützmauern zeigen Abb. 172a bis e. Wie aus diesen Abbildungen hervorgeht, ist es vielfach üblich, den Fuß der Seitenmauern zwecks Herabminderung der Kantenpressungen nach der Kammer etwas vorzuziehen, wobei hinsichtlich Gestaltung der Wände auf die vorherrschende Schiffsform Rücksicht genommen werden muß. Der Querschnitt der Abb. 172c ist aus dem Bestreben erstanden, eine möglichst geringe Sohlenbreite zu erhalten. Bei dem Querschnitt der Abb. 172e handelt es sich um eine auf Fels gegründete Mauer, an die zur Verkleidung eine Betonschürze angehängt worden ist. Die Vorderwand der Mauer wird bei Binnenschleusen heute meist senkrecht geführt. Die in Abb. 172a wiedergegebene Bauweise ist, abgesehen von der bei Kanalschleusen notwendigen Wasserersparnis, nicht zweckmäßig. Es kann leicht vorkommen, daß sich bei der Einfahrt von Oberwasser her zwei Fahrzeuge in Unkenntnis der Verhältnisse nebeneinanderlegen und sich dann bei Absinken des Wasserspiegels gegenseitig verklemmen. Eine Ausnahme bilden die Schleusen in den Landstrichen, welche Senkungen infolge Kohleabbaues unter Tage unterliegen, wie z. B. am Rhein—Herne-Kanal und am Wesel—Datteln-Kanal (s. Abb. 20). Hier haben mit Rücksicht auf Bewegungen der Kammermauerblöcke die Wände einen Anlauf von 30:1 erhalten, damit sie bei Schiefstellungen nicht vornüberhängen. Weiterhin sind die Schleusenmauern um 2 m aufhöhungsfähig, ohne verstärkt werden zu müssen. Ihre Berechnung berücksichtigt den Fall, daß die Wände bei nachträglicher Anordnung von Sparbecken zum Teil frei stehen, und daß die 32 m langen Kammerblöcke, deren Trennungsfugen durch in Bitumen gebettete Bleiplatten von 3 mm Stärke gedichtet sind, als Stahlbetonbalken auch bruchsicher bleiben, wenn sich Hohlräume unter ihnen gebildet haben. Eine reichliche Anzahl senkrechter, von der Mauersohle bis zur Mauerkrone durchgehender Scherbügel stellen hierbei eine Verbindung der oberen und unteren Stahleinlagen her. An der Schleuse Fürstenberg a. d. Oder hat man in Anbetracht des großen Gefälles den Wänden eine Neigung von 100:1 gegeben, um aus psychologischen Wirkungen heraus dem auf der Schleusenplattform verkehrenden Betriebspersonal sowie den Schiffahrttreibenden beim Blick in die Tiefe ein gewisses Sicherheitsgefühl zu geben (s. Abb. 177).

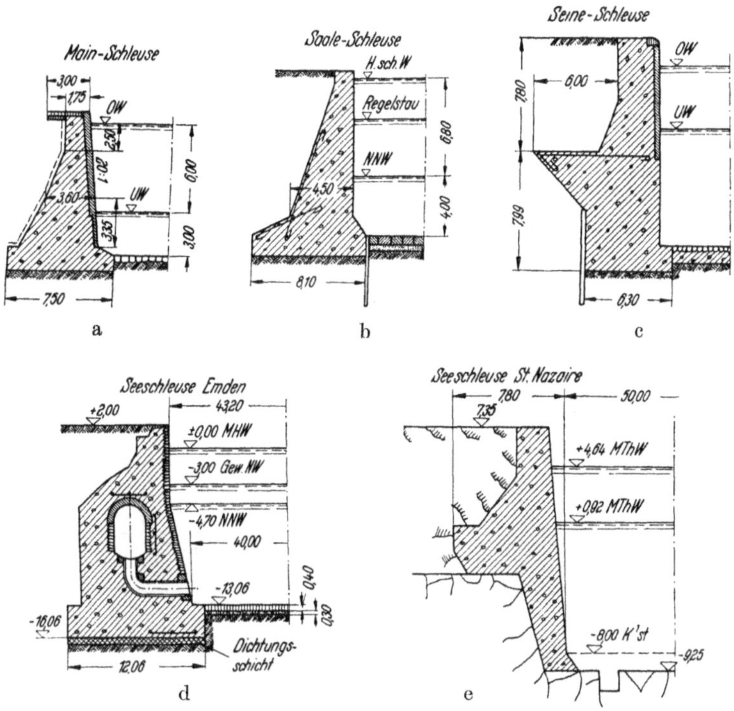

Abb. 172a—e. Querschnittsformen von Kammerstützmauern.

Kammermauern aus Stahlbeton in aufgelöster Bauweise, wie sie Abb. 173 zeigt, sind in Deutschland, mit Ausnahme des einmaligen Baues einer Winkelstützmauer, nicht zur Ausführung gekommen. Man hat sich bei uns von dem Gedanken leiten lassen, daß die Ersparnisse an Beton durch den Mehrverbrauch von Rundstahl und die höheren Schalungskosten ausgeglichen werden und massige Schleusenmauern gegenüber Schiffsstößen unempfindlicher sind. Eine Ausnahme dürfen sehr hohe Mauern bilden, wie sie bei Seeschleusen durch die große Wassertiefe erforderlich werden. Hier kann eine Winkelstützmauer gegenüber einer vollwandigen Kammerwand wirtschaftlicher sein. Die fast in jedem Lehrbuch des Wasserbaues und auch des Stahlbetonbaues abgebildete 9,1 m hohe Winkelstützmauer der Schleppzugschleuse zu Dörverden a. d. Weser hat sich nicht bewährt. Schon nach verhältnismäßig kurzer Betriebszeit konnte festgestellt werden, daß sich ein Teil der Wände nach vorn neigte. Die Ursache hierfür lag darin, daß die Bodenpressungen unter dem nach der Kammerseite reichenden Fuß zu hoch angesetzt waren. Dadurch gab die vor der Mauer befindliche Spundwand nach. Eingebaute Verankerungen vermochten die einmal in Bewegung geratene Wand kaum noch aufzuhalten. Hinzu kam, daß sich in der Sohle mehrere Kolke gebildet hatten. Die 0,40 m hohen Betonprismen, welche auf einer 0,20 m dicken Kiesunterlage von 0,20 m Dicke mit darunter befindlichem Tonschlag (Stärke 0,40 m) ruhten, waren herausgespült worden. Es wurde daher der Einbau einer festen Sohle zwischen den Spundwänden notwendig. Dies geschah nach dem Kontraktorverfahren in einzelnen Streifen von wechselnder Breite, wobei eine Wasserdurchlässigkeit der 1,20 m starken Sohle dadurch gewährleistet wurde, daß jeder zweite Betonstreifen eine Öffnung von 1,50 × 2,30 m erhielt, die man mit lagerhaften Steinen ausfüllte, denn die überaus leichte Bauweise der Kammerwände hätte die Einziehung einer auftriebssicheren Sohle ohne wesentlichen Umbau der Winkelstützmauern nicht gestattet.

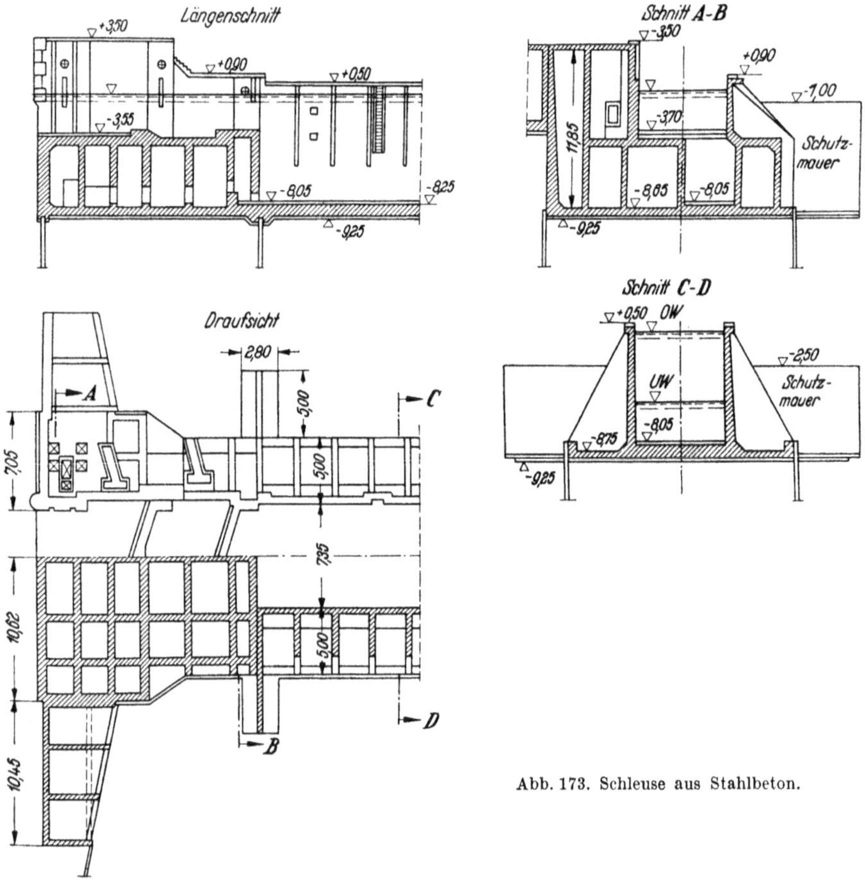

Abb. 173. Schleuse aus Stahlbeton.

Die *Berechnung* von Kammerstützmauern erfolgt wie die gewöhnlicher Futtermauern für die Belastungsfälle der gefüllten und der leeren Kammer. Bei Schleusen mit großer Fallhöhe, deren Seitenmauern zum Teil über dem Gelände frei herausstehen oder von Sparbecken mit mehr oder weniger hohem Wasserstand umgeben sind, werden die Kammerwände bei gefüllter Schleuse durch inneren Wasserüberdruck beansprucht, ohne einen äußeren Gegendruck durch Boden zu erhalten. Der geeignetste Umriß für solche Mauern ist eine dem Querschnitt von Talsperren nachgebildete Form (s. Abb. 199).

Kammerstützmauern werden oft durch *Umläufe* geschwächt. Sind diese klein im Verhältnis zum Querschnitt der Kammermauern, so erübrigt sich ein Nachweis der beiderseitig von ihnen in den Mauerwerksteilen auftretenden Spannungen. Bei Umläufen größerer Abmessungen wird so vorgegangen, daß man das Spannungsbild für einen Horizontalschnitt ermittelt, der im Scheitel des Längskanals liegt (Abb. 174). Sodann teilt man das Trapez vom Scheitel nach beiden Seiten auf unter Ermittlung der für jede Seitenwand des Umlaufs gültigen Resultierenden R_1 und R_2. Es werden damit die linken und rechten Mauerwerksteile berechnet, als ob sie für sich freistehend wären. Unter dem Längskanal erfolgt wieder eine Vereinigung der Einzelresultierenden zu einer Gesamtersatzkraft. Fallen hierbei R_3 und R_4 außerhalb des Kernes, so müssen die Mauern verstärkt werden, es sei denn, daß man die Zugspannungen durch Stahleinlagen aufnimmt. Diese Berechnungsweise ist jedoch im allgemeinen sehr ungünstig. Eine wirtschaftlichere Bemessung ergibt sich, wenn man den Kammermauerteil in einer von dem Verhältnis Umlaufquerschnitt zu Wandquerschnitt abhängigen Höhe oberhalb und unterhalb des Umlaufes als regelrechten Stahlbetonrahmen ansieht. Aber auch ungeachtet der Ergebnisse der oben angeführten Überschlagsrechnung ist es mit Rücksicht auf das Auftreten von Schwindspannungen ratsam, die beiden Kammerwände seitlich des Umlaufes sowohl nach der Innenseite als auch nach der Außenseite zusätzlich mit einer Rundstahlbewehrung zu versehen.

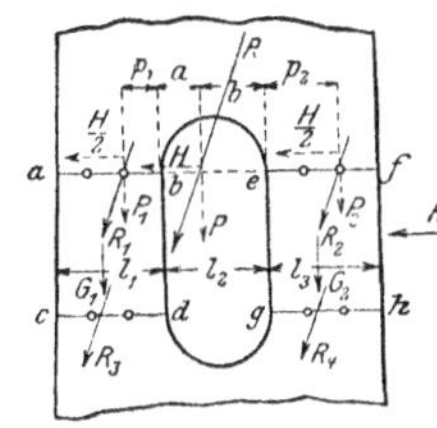

Abb. 174.

Eine besondere Prüfung verlangt bei Gründung der Kammermauern auf Fels stets die Frage, ob *Auftrieb* in Rechnung zu stellen ist oder nicht. Nach Terzaghi zeigen die Ergebnisse der nach dem elektrischen Potentialverfahren ausgeführten Beobachtungen, daß spaltenfreie Gesteinsschichten in der Natur zu seltenen Ausnahmen gehören [277]. Der elektrische Leitwiderstand von Gesteinsschichten liegt auf Grund von Messungen zwischen $0{,}3 \times 10^6$ bis $1{,}0 \times 10^6$ Ohm/cm³, während rissefreie Proben aus diesen Schichten einen Widerstand von der Größenordnung 10^6 bis 10^{14} Ohm/cm³ aufweisen. Außerdem haben Messungsergebnisse gezeigt, daß Gesteinsspalten im allgemeinen viel regelmäßiger über den Gesteinskörper verteilt sind, als man zu vermuten geneigt ist. Der vorsichtige Ingenieur muß daher stets so rechnen, daß die unter einem Schleusenkörper befindlichen Gesteinsfugen mit dem Flußlauf, dem Kanal oder einer grundwasserführenden Schicht derart in Verbindung stehen, daß sie den Sitz von hydrostatischen Druckkräften bilden, da Wasser sogar in Spalten mit einer Weite von weniger als 0,001 mm allen Gesetzen der Hydraulik gehorcht. Dies gilt um so mehr, wenn die Gesteinsfuge eine Tonlage enthält, in welcher der Auftrieb trotz der geringen Sickergeschwindigkeit fast ebenso wirksam ist wie in einer dünnen Zwischenlage aus kohäsionslosem Sand. Die Annahme eines Unterdruckes bei unregelmäßig geklüftetem Gestein gilt heute ausnahmslos als Selbstverständlichkeit, nicht jedoch bei Gründung von Mauern auf waagerecht geschichteten Steinbänken. Nach dem oben Gesagten ist aber auch hier mit Auftrieb oder Sohlenwasserdruck zu rechnen.

c) Massive Kammertröge.

Massive Kammertröge können nach ihrer Bauform in Abhängigkeit von der Art der *Herstellung* in drei Hauptgruppen unterteilt werden, und zwar in *fugenlose* Tröge, in Tröge mit *Sohlenfugen* und in solche, bei denen die Sohle als *umgekehrtes Gewölbe* eingezogen ist.

Kennzeichen aller *fugenlosen* Querschnitte ist, daß die Sohle in einem Stück auf ganze Breite hergestellt und die Seitenmauern dann auf diese aufgesetzt werden, was heute vorwiegend in trockener Baugrube unter Grundwasserhaltung geschieht. Je nach der Stärke bzw. der Elastizität der Sohle und ihrer Heranziehung für die Standfestigkeit der Kammerwände sind hierbei drei Lösungen möglich:

1. Betonsohlen ohne Stahleinlagen mit Schwergewichtsmauern (Abb. 175a);
2. Elastische Stahlbetonsohlen mit Schwergewichtsmauern (Abb. 175b);
3. Biegungssteife Halbrahmen in Stahlbeton (Abb. 175c).

Die erstgenannte Bauweise, welche sich durch eine besonders dicke Sohle auszeichnet, da sie allein durch ihr Gewicht dem Auftrieb entgegenwirken muß, gehört der älteren Zeit an, als es noch nicht möglich war, Grundwasserabsenkungen durchzuführen und die Sohle zwischen hölzernen Spundwänden als Unterwasserbeton hergestellt werden mußte. Das Verhältnis m des

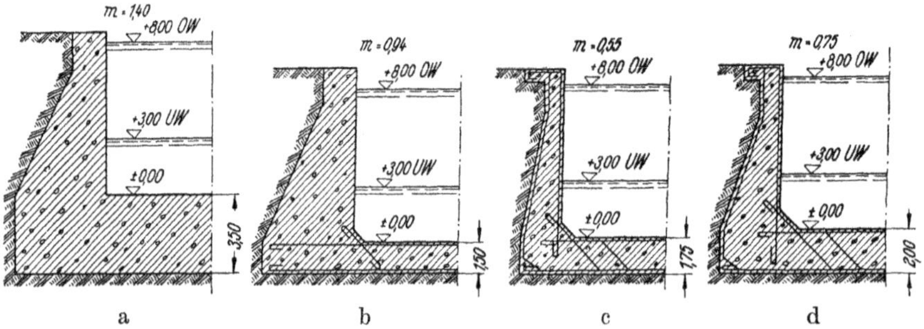

Abb. 175a—d.

Betonquerschnitts zum lichten Schleusenkammerquerschnitt bei Oberwasserstand beträgt bei Schleusen dieser Art etwa 1,1 bis 1,2. Ein Ausführungsbeispiel hierfür gibt Abb. 176a. Eine Schleuse mit Schwergewichtsmauern und elastischer und damit hochbeanspruchter Stahlbetonsohle ist die zweite Schleuse zu Dörverden a. d. Weser. Sie stellt bis heute neben der Schleuse Bolzum im Verhältnis zur Schleusenbreite die Schleuse mit geringster Sohlenstärke dar, indem die zugelassenen Festigkeiten restlos ausgenutzt wurden und so an Gründungstiefe gespart werden konnte (Abb. 176e).

Stahlbetonhalbrahmen erfordern den geringsten Querschnitt, aber etwas größere Sohlenstärke als elastische Sohlen zwischen Schwergewichtsmauern. Der Wert m bewegt sich hier um 0,50 bis 0,65, kann aber, wie Beispiel der Abb. 176h zeigt, bis auf 0,27 heruntergehen. Eine Ausnahme hinsichtlich eines sehr hohen m-Wertes bildet der Querschnitt der Zwillingsschachtschleuse zu Fürstenberg a. d. Oder, der als überdimensioniert angesehen werden kann (Abb. 177).

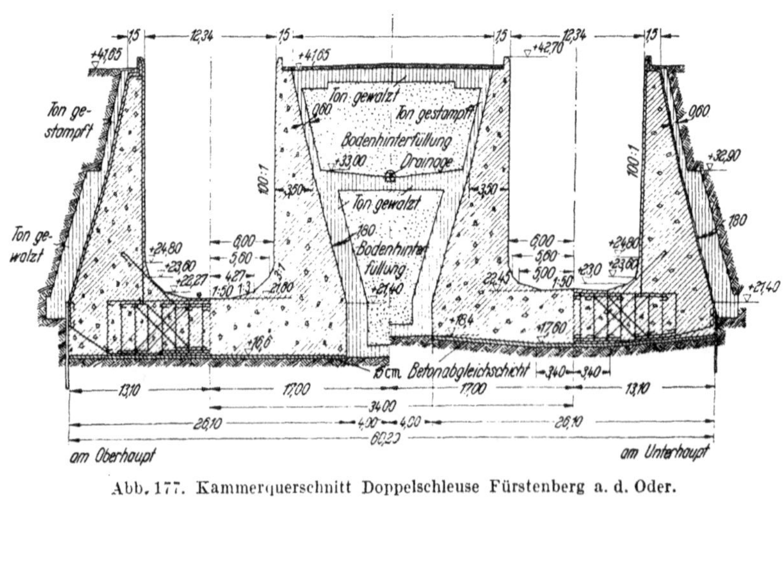

Abb. 177. Kammerquerschnitt Doppelschleuse Fürstenberg a. d. Oder.

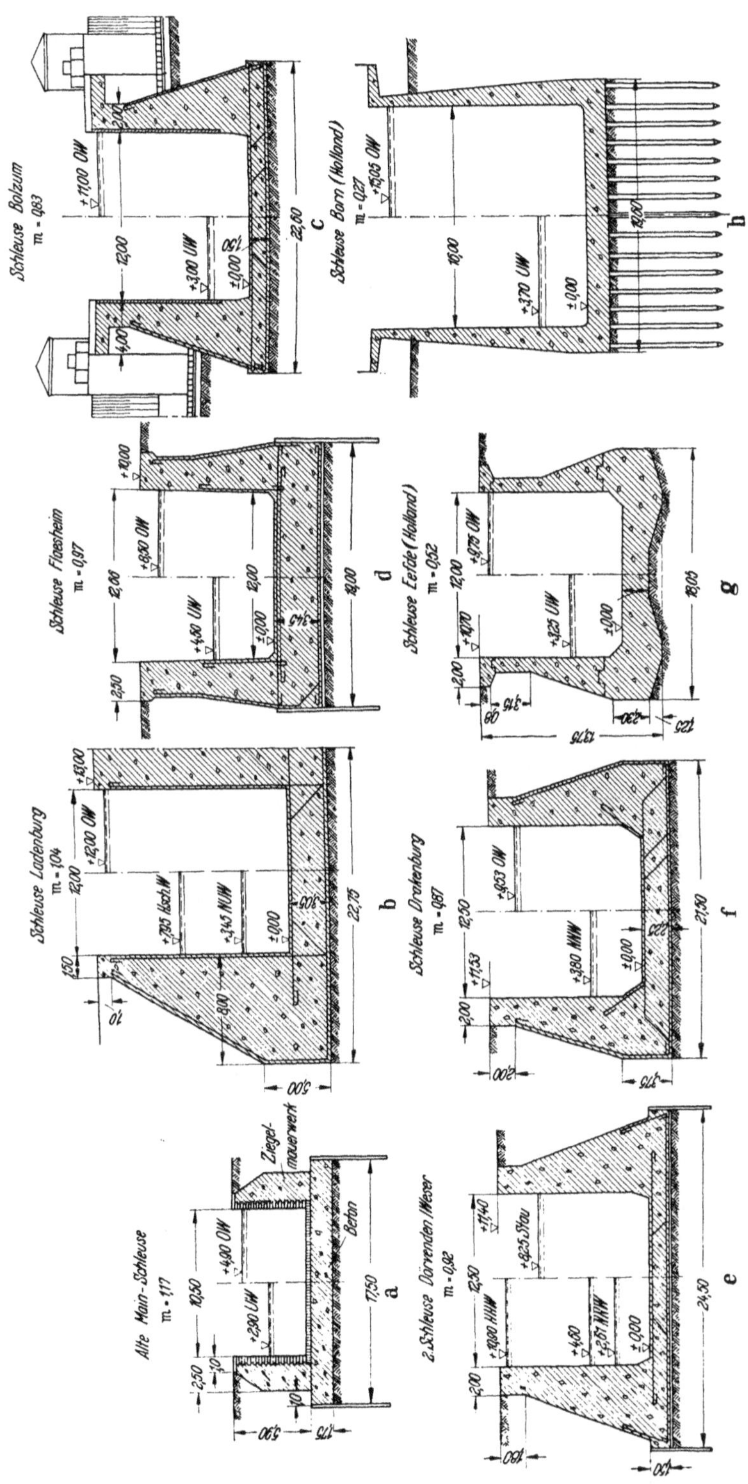

Abb. 176a—h. Massive Schleusentröge ohne Fugen.

Das schwer erfaßbare Kräftespiel zwischen Baukörper und umschließendem Erdreich hat, besonders in Deutschland, dazu geführt, eine Art Gemischtbauweise nach Abb. 176d anzuwenden. Sie stellt ein Mittelding zwischen den Grundformen der Abb. 175a und 175c dar und ist aus dem Bedürfnis entstanden, unbedingt sicher zu gehen.

Der Wert m ist in seiner Höhe selbstversändlich kein absolutes Kriterium der statischen Wertigkeit eines massiven Schleusenkammerquerschnittes, da er Wand- und Sohlenstärke in Abhängigkeit von der Gefällhöhe und Schleusenbreite nicht hinreichend umfaßt. Er gibt aber unter gleichen Belastungsverhältnissen einen guten Anhalt über den Baustoffaufwand je laufenden Meter Schleusenkammer.

Die in den Abb. 176 und 177 wiedergegebenen Kammerquerschnitte sind *vollwandige* Halbrahmen. Man hat jedoch gelegentlich auch Stahlbetonhalbrahmen in *aufgelöster* Bauweise ausgeführt. Ein Beispiel hierfür ist der in Abb. 178

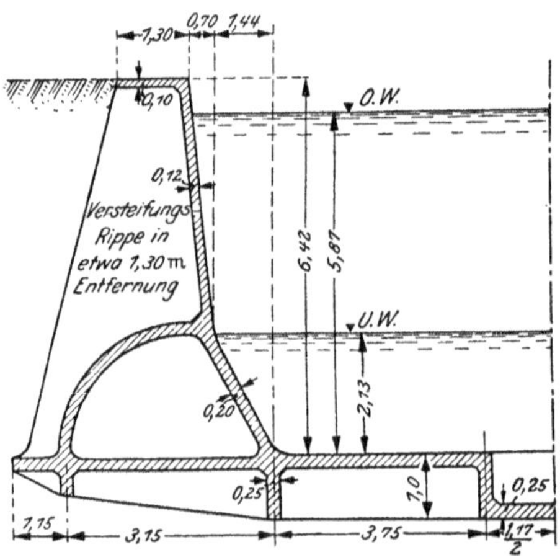

Abb. 178. Schleuse im Tobol—Kama-Gebiet (UdSSR).

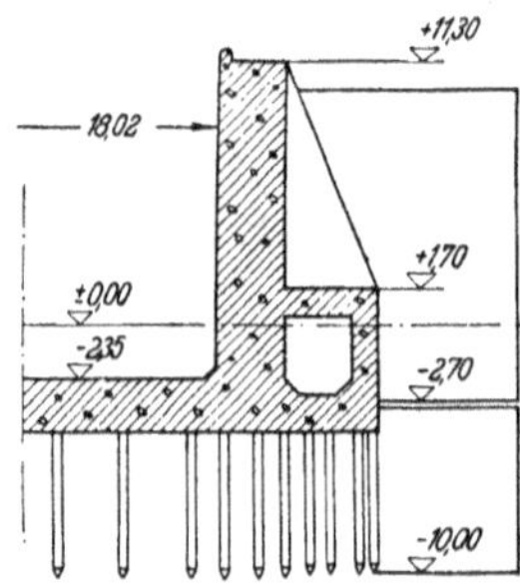

Abb. 179. Schleuse Tiel des Amsterdam—Rhein-Kanals.

dargestellte Kammerquerschnitt einer Schleuse im Tobol—Kama-Flußgebiet (UdSSR). Sie wurde 1907 erbaut und einer im Jahre 1905 am Harmas—Körös-Fluß in Ungarn angelegten Schleuse nachgebildet. Jedoch gilt hier das gleiche, was bezüglich aufgelöster Kammerstützmauern gesagt worden ist. Eine zu feingliedrige Durchführung der Stahlbetonbauweise hat im Schleusenbau keine Berechtigung. Man soll vielmehr auf einfache Baukörper hinstreben, deren Herstellung auch schneller vor sich geht als die von vielen kleinen Balken und Platten mit verwickelter Führung der Rundstahleinlagen. Zudem ist es ratsam, die Abmessungen eines Schleusentroges nicht nur nach statischen Verhältnissen festzulegen, sondern auch nach der Inanspruchnahme durch wechselnde Belastung und durch Schiffsstöße. Der Kammerquerschnitt der Abb. 179 hat sich dadurch statisch gut gestalten lassen, daß in ihm gleichzeitig Längskanäle für eine Wasserableitung vom Oberwasser nach dem Unterwasser untergebracht worden sind. Er ist jedoch in seiner Gesamtausbildung nicht als „reine" Stahlbetonkonstruktion anzusprechen. Einer Wasserdurchströmung hinter den Schleusenmauern und unter der Schleusensohle wirken stählerne Spundwände unter allen Häuptern und an den Stirnseiten von Ober- und Unterhaupt entgegen. Die einzelnen Kammerblöcke sind in üblicher Weise durch Fugen getrennt. Hierbei hat man unter den Sohlenfugen kleine Holzleisten verlegt. Sie sollen den Durchtritt von Wasser verhindern, wenn sich aus einem nicht gleichmäßigen Setzen der Pfähle die Fugen erweitern. Die Kammerwände sind ohne besonderen Schutz gegen Schiffsstöße u. dgl. gebaut. Es war zuerst beabsichtigt, in Abständen von 4 m lotrecht stehende Leitschienen anzuordnen. Dieser Gedanke ist aber wieder aufgegeben worden aus der Erwägung, daß ein guter Beton auch allen Beanspruchungen durch ein in Schleusung begriffenes Schiff standhält und einbetonierte Leitschienen eher einen Gefahrenpunkt für den Beton bedeuten. Die Schleusenplattform ist wie allgemein üblich durch eine stählerne Eckpanzerung gesichert worden, desgleichen alle anderen vorstehenden Betonkanten.

Die statischen Untersicherheiten in der Berechnung fugenloser Schleusentröge hat man dadurch zu überbrücken versucht, daß man die Sohle von den Seitenmauern durch *Fugen* getrennt hat. Dies ist in früherer Zeit durch gleichzeitig als Fugendichtung wirkende, senkrecht oder schräg gerammte Spundwände geschehen (s. Abb. 17). Neuerdings ist man auch zu abgetreppten Fugen übergegangen, wodurch die Sohle mit der Aufnahme des Auftriebes zu einem Balken auf zwei Stützen wird (Abb. 180a). Eine andere Lösung zeigt Abb. 180b. Hier ist die Sohle als scheitrechter Bogen ausgebildet. In beiden Fällen ist die Anordnung von Fugen in starkem Maße von dem Gedanken getragen, keine Risse infolge Schwindspannungen zu erhalten. Der Vorteil aller Kammertröge mit Fugen kann in einer Ausnützung der waagerechten Stützkraft des Gewölbes bzw. einer der Belastung der Stützmauern entgegenwirkenden Auflagerkraft der Sohlenplatte liegen. Es wird jedoch praktisch hiervon oft kein Gebrauch gemacht und die Kammermauer so bemessen, daß sie auch ohne Mitwirkung der Sohle standfest ist.

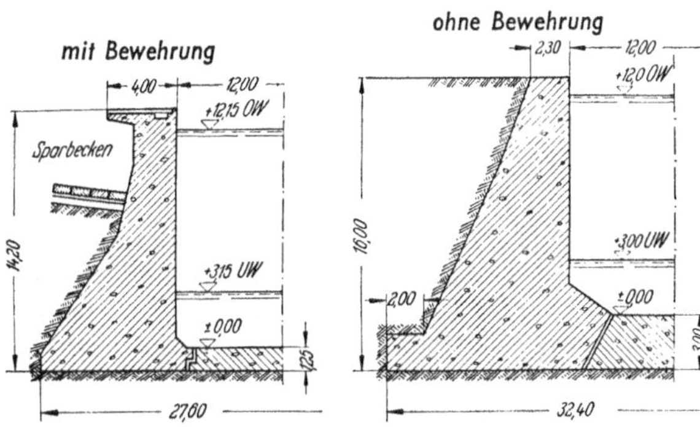

a b

Abb. 180a u. b. Schleusentröge mit Fugen.

Die Ausbildung der Schleusentröge als Stahlbetonhalbrahmen stellt die wirtschaftlichste und sicherste Bauweise dar. Sie gestattet jederzeit ein Auspumpen der Schleusenkammer, außerdem ermöglicht sie gegenüber für sich gegründeten Kammerwänden eine günstigere Lastaufnahme, da eine Verteilung der Bauwerkslast auf eine große Fläche erfolgt. Sie wird daher bei *Binnenschleusen* heute in zunehmendem Maße verwendet.

Seeschleusen erhalten, wie bereits erwähnt, nur ausnahmsweise auftriebssichere Sohlen, da die große Schleusenbreite hier entweder eine sehr starke Sohle erfordern oder Verankerungen der Sohlen notwendig machen würde. Im allgemeinen werden Seeschleusen nur dann mit auftriebssicheren Sohlen versehen, wenn sie noch als Trockendocks verwandt werden sollen. Ein Trockendock ist ein schleusenähnliches Bauwerk, in das ein Schiff zum „Trockenlegen" hineingefahren wird, um nach Leeren der Kammer auf Holzstapel abgesetzt zu werden. Daher haben Trockendocks den vollen Auftrieb aufzunehmen. Querschnitte eines Trockendocks mit Gelenksohle bzw. mit verankerter Sohle sind in den Abb. 181a und b wiedergegeben. Bei dem Bauwerk mit Gelenksohle gehen im Gegensatz zu den fugenlosen Rahmenbauwerken die oberen und unteren Stahleinlagen nicht durch, sondern es wird durch Einbau einer Isolierungsschicht und damit Konzentrierung der Kräfte in einer Art Auflagerplatte die Gelenkwirkung bewußt verstärkt. Der Vorteil dieser Bauweise besteht darin, daß das System statisch besser erfaßt werden kann und außerdem gegen ungleichmäßige Setzungen unempfindlich wird.

Die *Berechnung* von Schleusentrögen, über die im § 17 eingehend gesprochen wird, hat stets für zwei Belastungsfälle zu erfolgen, und zwar für den Belastungsfall „leere Kammer“ und für den Belastungsfall „gefüllte Kammer“. Bei dem Belastungsfall „leere Kammer“ ist für die Bemessung der Sohlenstärke und den Umfang der Stahleinlagen stets der Auftrieb entscheidend. Er ergibt in der Regel eine größere Beanspruchung als der Belastungsfall „gefüllte Kammer“. Es kann jedoch auch vorkommen, daß dieser für die Bemessung der Sohlendicke ausschlaggebend ist.

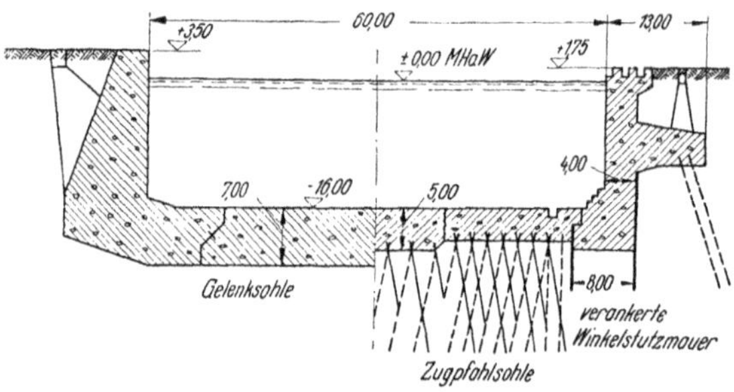

Abb. 181. Querschnitte von Trockendocks.

Der Umstand, daß der Auftrieb für die Beanspruchungen einer Schleusensohle entscheidend ist und damit die Ausmaße des Halbrahmens festlegt, hat zu dem Vorgehen geführt, den Auftrieb durch unter der Schleusensohle eingebaute Draine herabzusetzen. Die Gefahr einer solchen Maßnahme besteht jedoch darin, daß die im Boden verlegten Drainrohre sich im Laufe der Zeit mit Schlamm zusetzen können und dadurch ihre Wirksamkeit verlieren. Infolgedessen tritt der unverminderte Auftrieb wieder ein und die nicht für vollen Auftrieb bemessene Sohle bricht. Es ist daher nach Möglichkeit von derartigen Maßnahmen abzusehen, sofern nicht von Anfang an die unbedingte Garantie gegeben ist, daß tatsächlich kein größerer Auftrieb eintreten kann, als er der Sohlenbemessung zugrunde gelegt worden ist [*279*].

Wird eine Schleusenkammer noch als Dock benutzt, so ist in jedem Fall die Frage zu prüfen, ob die Last des eingebrachten Schiffes größer ist als der Auftrieb, so daß wesentliche Lastanteile durch den Boden aufgenommen werden müssen, oder ob die gesamte Schiffsbelastung durch den Auftrieb unter der Sohle aufgenommen werden kann.

d) Kammermauern auf hohem Pfahlrost.

Kammermauern auf *tiefem* Pfahlrost sind bei vielen älteren Binnenschleusen zu finden, wo schlechter Untergrund und starker Wasserandrang eine Flachgründung nicht gestattet haben (s. Abb. 15). Diese Bauweise kommt jedoch neuerdings kaum noch in Frage, nachdem uns in der Stahlspundwand ein Bauelement zur Verfügung steht, das in Verbindung mit einer Grundwasserabsenkung, besonders ungünstige Bodenverhältnisse ausgenommen, eine billigere und schnellere Herstellungsweise ermöglicht als der hölzerne Pfahlrost. Kammermauern auf *hohem* Pfahlrost sind die heute meist üblichen Kammerbegrenzungen von *Seeschleusen*. Sie haben den Verzicht auf Längsumläufe zur Voraussetzung, entsprechen damit also in ihrer Bauform grundsätzlich den *Kaimauern*.

Als *Rammpfähle* kommen Holzpfähle, Stahlbetonpfähle und Stahlpfähle in Frage. Der mittlere Durchmesser der aus Tanne, Fichte oder Kiefer bestehenden Pfähle beträgt 25 bis 45 cm, ihre Länge bis zu 25 m Die Tragfähigkeit kann bei genügend festem Einrammen in die tragfähige Schicht unter normalen Verhältnissen für Druck bis zu etwa 45 t, für Zug bis zu etwa 30 t angesetzt werden. Die Bewehrung von Stahlbetonpfählen besteht aus 4 bis 8 Rundstählen von 16 bis 30 mm Durchmesser mit Bügeln im Abstand von 0,10 bis 0,30 m. Ihr Querschnitt ist meist quadratisch mit abgeschrägten Ecken bei einer Seitenlänge von 0,3 bis 0,36 m. Die Tragfähigkeit solcher Pfähle stellt sich bei sandigem Untergrund für Druck auf etwa 60 t, für Zug auf etwa 40 t. Außer diesen Stahlbeton*ramm*pfählen kommen gelegentlich auch noch *Orts*pfähle zur Anwendung. Sie werden in der Regel so hergestellt, daß man ein Mantelrohr aus Stahl rammt oder einbohrt und dieses sodann nach teilweiser Herausnahme des Bodens, der durch „Mitziehen“ beim Rammen eine hohe Verdichtung erfährt, mit Beton mit und ohne Rundstahleinlage ausfüllt. Die Tragfähigkeit von Ortspfählen kann in gutem Baugrund bei einem Durchmesser von etwa 40 cm bis zu 80 t betragen. Als Stahlpfähle werden Peinerträger, Kastenspundbohlen, Schraubenpfähle und besonders hergestellte Sonderprofile verwendet. Ihre Tragfähigkeit beläuft sich bis auf 80 t je Pfahl. Genaue Werte über die zulässige Pfahlbean-

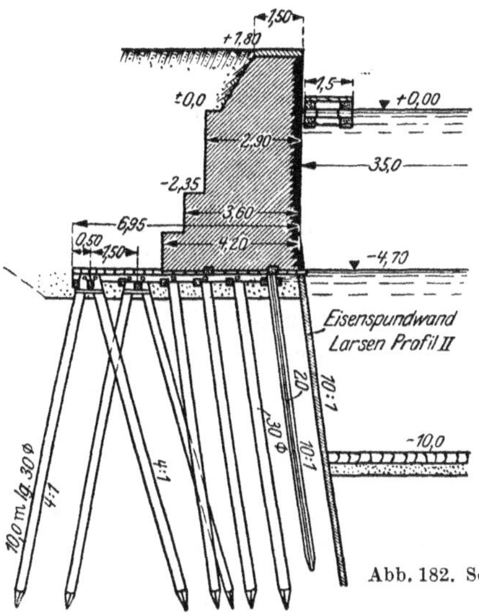

Abb. 182. Schleusenmauer auf hohem Pfahlrost.

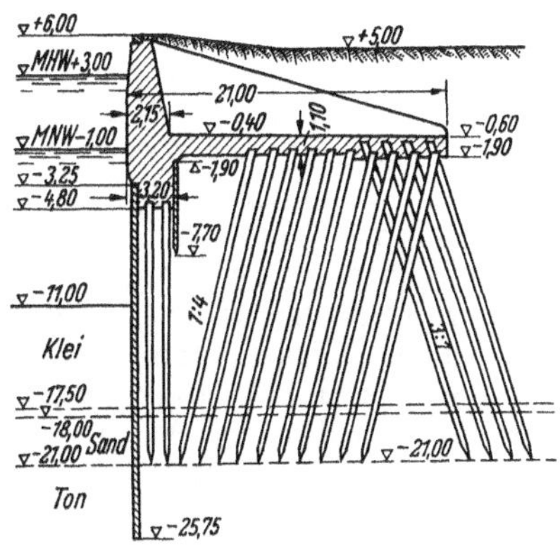

Abb. 183. Kammerwand der Nordschleuse Bremerhaven.

spruchung lassen sich jedoch nur auf Grund von Probebelastungen und Probezugversuchen gewinnen. Diese haben sich nicht nur auf einen Pfahl zu erstrecken, sondern möglichst auf eine Gruppe von mehreren Pfählen, um damit weitgehendst ähnliche Verhältnisse wie später im Pfahlrost zu erhalten und ferner verschieden tief gerammte Pfähle untersuchen zu können.

Eine ältere Ausführung einer Schleusenmauer auf hohem Pfahlrost zeigt Abb. 182. Hier hat man Holzpfähle verwendet, wobei zur Sicherung gegen den Angriff durch den Bohrwurm auf der Vorderseite eine Stahlspundwand gerammt ist. Die Pfähle sind durch Längsholme verbunden, über die in gleichen Abständen Querzangen laufen, welche eine gute Verbindung der geraden und der schrägen Pfähle bewirken. Ein Nachteil dieser Bauweise ist die mit großer Sorgfalt durchzuführende nicht leichte Verzimmerung des Pfahlrostes, außerdem die vor die Flucht der Mauer vorspringende Spundwand. Ein modernes Pfahlrostbauwerk als Schleusenmauer zeigt Abb. 183 (Nordschleuse Bremerhaven). Es besteht aus der Pfahl*rostplatte*, welche die einzelnen Pfahlköpfe zusammenfaßt und die Belastung auf die Pfähle verteilt, der darüber befindlichen Schwergewichts- bzw. Winkelstütz*mauer* und einer in Flucht der Vorderkante der Mauer nach unten gehenden *Betonschürze*, in welche außer den die eigentliche Mauerlast tragenden senkrechten Pfählen die vorn angeordnete Spundwand einbindet. Die Schürze verringert die Knickgefahr für die in ihr eingebundenen Pfähle; sie wird gelegentlich unter Verzicht auf die senkrechten Pfähle auch als Betonmauer zwischen Spundwänden bis zum tragfähigen Untergrund hinabgeführt (4. Einfahrt Wilhelmshaven).

Die wirtschaftlichste Bauweise eines Pfahlrostes ist stets die, bei der die Pfähle und damit der Untergrund möglichst gleichmäßig belastet werden. Hierbei soll man die Dichtigkeit des Pfahlrostes nicht übertreiben, da die Pfähle nicht allein durch die Spitze, sondern auch durch Mantelreibung ihre Last übertragen. Insbesondere nimmt der Bodendruck unter zusammengedrängten Pfahlspitzen so stark zu, daß die Gefahr eines Grundbruches wächst. Wie tief Pfähle und Spundwände einzutreiben sind, hängt ab von der freien Höhe der Schleusenmauer, der Tragfähigkeit des Untergrundes sowie der Möglichkeit, die zu rammenden Bauglieder auch unbeschädigt bis zur gewünschten Tiefe heranzubringen. Abb. 183 zeigt eine vorn angeordnete Spundwand. Diese Bauweise vermindert nicht allein die Knickgefahr für die Pfähle, sondern der Bodenkörper zwischen den Pfählen kann auch noch zur Aufnahme des waagerechten Schubes ausgenutzt werden. Ein gewisser Nachteil ist allerdings die große freie Länge der Spundwand. Man kann sie jedoch, wie bereits erwähnt, durch Herunterziehen des Betonmauerwerks als Schürze verringern. Eine hintere Spundwand hat bei gleichfalls im hinteren Teil der Rostplatte vorhandenen Zugpfählen den Nachteil, daß man diese entweder lotrecht stellen oder aber die Spundwand selbst unter starker Neigung rammen muß. Sie ist daher nur bei bindigen Bodenarten zweckmäßig, wenn die Mauer im freien Wasser bei schon vorhandener endgültiger Sohlenlage errichtet werden soll.

Die in Abb. 183 wiedergegebene Schleusenmauer ist ohne Verblendung hergestellt und oben mit Basaltlavaplatten auf eine Breite von 50 cm abgedeckt, um genügende Rauhigkeit beim Begehen zu erhalten. Das anschließende Gelände liegt in einer Neigung von etwa 1 : 8 nach hinten, wodurch das Schleppen der schweren Verholleinen der Seedampfer erleichtert werden soll. Zum Schutze der Spundwand gegen Beschädigungen ist der Mauerkörper um 0,5 m über die Spundwand vorgezogen, im oberen Teil jedoch wieder um 0,3 m zurückgesetzt. Um die Beanspruchung der Stahlspundwände unter senkrechter Belastung möglichst klein zu halten, werden diese zweckmäßig bis zur beendeten Hinterfüllung verschieblich am Betonkörper angeschlossen. Die großen Kosten einer solchen Schleusenmauer auf hohem Pfahlrost führen dazu, für sie keinen auf ganze Kammerlänge gültigen Querschnitt zu wählen, sondern ihn den wechselnden Untergrundverhältnissen anzupassen und dementsprechend in gewissen Blockabständen zu ändern [*126*].

Die Kammermauern der neuen Seeschleuse Ymuiden mit einer Höhe von Schleusensohle bis Plattformoberkante von 20,50 m weisen im Prinzip die gleiche Bauweise auf wie die der Nordschleuse Bremerhaven, jedoch sind mit Rücksicht auf das Vorhandensein des Bohrwurmes statt der Holzpfähle Stahlbetonpfähle verwandt worden. Die Abschlußmauer selbst ist zur Gewinnung von Masse gegenüber Schiffsstößen sehr kräftig ausgebildet und deshalb unbewehrt. Die 1,60 m breiten, im gegenseitigen Abstand von 5,6 m angeordneten Rippen haben oben eine starke Zugbewehrung, die den oberen Teil der Mauer mit dem hinteren Teil der Rostplatte und den Zugpfählen verbindet. Die Platte ist für ihren hinteren Teil so berechnet, daß sie durch die Rippen nach oben und dazwischen durch den Boden und die Zugpfähle nach unten gezogen wird. An der Vorderseite ist die Platte für entgegengesetzte Beanspruchungen berechnet. Dabei ist angenommen, daß der Füllboden sich durch Gewölbewirkung an den hohen Rippen aufhängt und daher die Platte von den Rippen nach unten und dazwischen von den Druckpfählen nach oben gedrückt wird. Für die Bemessung der Platte ist ferner die Annahme gemacht worden, daß jeweils ein Pfahl nicht trägt und die Last von 15 t/m^2 auf die beiden nächsten Pfähle übertragen werden muß. Die Platte hat auf Grund dieser Annahme oben und unten eine durchgehende Bewehrung von zusammen 95 kg/m^3 erhalten. Die Mauer weist Bewegungsfugen in Abständen von 23,80 m auf. Hierbei wird durch ein- und ausspringende Teile das Zusammenwirken der Blöcke bei Setzungen gesichert und das Ausspülen von feinem Dünensand verhindert.

Die *Berechnung einer* Kammermauer auf hohem Pfahlrost hat sich auf den Nachweis der Standsicherheit des gesamten Bauwerks und auf die Bemessung seiner Einzelteile zu erstrecken. Die erstgenannte Untersuchung soll zeigen, wo im Untergrund die ungünstigste Gleitfuge liegt, und wie groß die Sicherheit gegen Abgleiten auf dieser Fuge ist. Von dem dabei erzielbaren Ergebnis hängen Art, Abmessungen und Tiefenlage des Pfahlrostbauwerkes ab. Man kann hierbei mit Gleiten auf gerader Fläche oder mit Gleiten auf fortlaufend gekrümmter Fläche rechnen. Das Rechnen mit gekrümmten Gleitflächen, die Kreise, Spiralen oder Korbbogen sein können, ist jedoch heute gebräuchlicher. Rechnet man mit Gleitkreisen, so wird die erforderliche Sicherheit als das Verhältnis des statischen Momentes der druckhaltenden Lasten zu dem der abdrückenden Lasten, bezogen auf den Kreismittelpunkt unter Hinweis auf Abb. 184 wie folgt bestimmt:

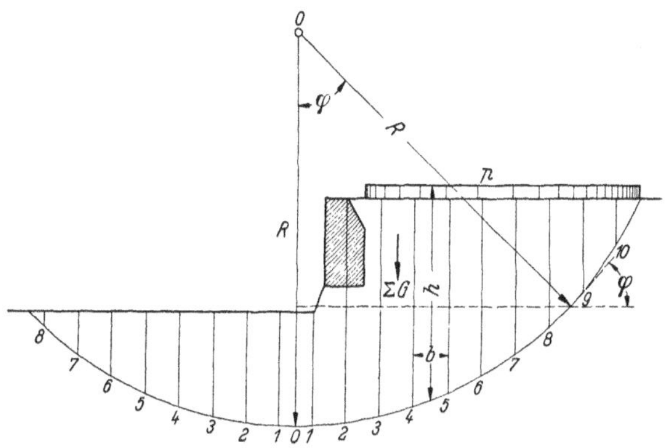

Abb. 184.

Man teilt die Kreisscheibe vom Radius R in senkrechte Streifen von der Breite $^1/_{10}$ R. Der Kreismittelpunkt wird in die Mitte des Streifens 0 gelegt. Dann berechnet man an einer Tabelle für jeden Streifen:

1. Gewicht G des Streifens,
2. Höhe des Streifens h für das Gewicht 1,
3. $\sin\varphi = \dfrac{\text{Abstand der Mittellinie des Streifens von Kreismittelpunkt}}{\text{Radius des Gleitkreises}}$,

   $=$ fortlaufend $\pm$ 0,1, 0,2 0,3 usw.,
4. $h \cdot \sin\varphi$,
5. $\dfrac{h}{\cos\varphi\ \operatorname{cotg}\varrho + \sin\varphi} = \xi$, wobei für ϱ der Reibungswert am Kreisumfang

einzusetzen ist. Die vorhandene Sicherheit ergibt sich daraus zu

$$\eta = \frac{\Sigma\xi + \Sigma h \sin\varphi\,(\text{links})}{\Sigma h \sin\varphi\,(\text{rechts}) + \dfrac{M_w}{b\,R}}$$

In dieser Beziehung bedeutet M_w das Moment des Wasserüberdruckes um den Kreismittelpunkt[1].

Die Berechnung der Einzelteile eines Pfahlrostes, die den Nachweis der Standsicherheit des gesamten Querschnittes zur Voraussetzung hat, hat sich auf die Ermittlung der in den Pfählen auftretenden Kräfte, auf den Nachweis der Spannungen in dem Betonkörper und schließlich auf die Sicherheit der Spundwand und ihrer Verankerung zu erstrecken. Zur Berechnung der Pfahlkräfte stehen mehrere Verfahren zur Verfügung. Das *Spannungstrapez*verfahren fußt auf der Ermittlung der Pfahlkräfte mit Hilfe der Spannungsfläche, die sich aus

[1] Siehe F. Schleicher: Taschenbuch für Bauingenieure, S. 810. Berlin, Göttingen, Heidelberg 1949.

der Lage der auf die Pfahlrostplatte wirkenden Resultierenden ergibt. Es führt zu befriedigenden Ergebnissen, wenn der Pfahlrost vorwiegend aus lotrechten Pfählen besteht und vorwiegend lotrecht belastet wird. Die Ermittlung der Pfahlkräfte durch Zerlegen einer Kraft in drei Richtungen nach dem sog. *Culmann*-Verfahren ist nur bei drei Pfählen brauchbar, die sich nicht in einem Punkte schneiden. Aus ihm hat sich das sog. *Verschiebungs*verfahren entwickelt unter Berücksichtigung der elastischen Pfahllängenänderungen bei Zugrundelegung gleicher Pfahllagerungsannahmen wie bei den Verfahren von Ostenfeld und Nöckentved. Es gestattet in einfacher Weise den Entwurf von ebenen Dreirichtungspfahlrosten, wobei die Rostplatte unter der Belastung wohl eine Verschiebung, aber keine Verdrehung ausführt. Dabei erhalten alle Pfähle der gleichen Gruppe die gleiche Beanspruchung. Die nur zur Nachrechnung geeigneten Verfahren von Ostenfeld und Nöckentved fußen auf der elastischen Längenänderung der Pfähle, die man in der starken Rostplatte und in der Pfahlspitzebene gelenkig gelagert ansieht. Sie liefern im Rahmen dieser Voraussetzungen genaue Ergebnisse auch für Pfahlroste mit mehr als drei Pfahlneigungen. Ihr Nachteil ist der große Rechenaufwand wie überhaupt der einwandfreie Entwurf von Pfahlrosten mit möglichst geringer Pfahlanzahl, Vollausnutzung aller Pfähle und günstigster Pfahlstellung eine auch heute noch sehr schwer zu lösende Aufgabe ist [*280* bis *284*].

Die Berechnung der Rostplatte, welche durch die in sie eingebundenen Pfähle, außerdem durch Erddruck, Wasserdruck, Auftrieb und Auflasten beansprucht wird, erfolgt nach den im Stahlbetonbau üblichen Verfahren. Es ist jedoch bei der Bemessung der Querschnitte zu berücksichtigen, daß durch ungleichmäßige Setzungen der Pfähle und des Untergrundes rechnungsmäßig nicht erfaßbare Kräfte und unregelmäßige Beanspruchungen auftreten können. Man setze daher die zulässigen Spannungen nicht zu hoch an. Die als eigentliche Schleusenmauer in Erscheinung tretende vordere Abschlußwand wird von rückwärts durch den Erddruck der Hinterfüllung nebst Auflast und Wasserdruck, von vorn durch Schiffsstoß belastet. In sie bindet als eingespannter Kragträger die zur Rostplatte führende Rippe ein. Die in dieser auftretenden Beanspruchungen werden aus sämtlichen äußeren Kräften einschließlich der Pfahlkräfte ermittelt, indem man die Momente rechts und links vom jeweils zu untersuchenden Querschnitt ausrechnet. Die in Rostplatte und Abschlußwand eingespannte Betonschürze wird außer durch unmittelbar auf sie wirkenden Erd- und Wasserdruck noch durch die Auflagerkraft der Spundwand beansprucht. Diese ist in ihrer Belastung in hohem Maße von dem dahinterliegenden Pfahlrost beeinflußt. Es spielen hier eine Rolle die Schirmwirkungen der Rostplatte, die Übertragung der Auflasten durch die Pfähle und die Verminderung des Erddruckes durch die den Boden aussteifenden Pfähle. In jedem Falle ist die Gesamtsumme des Erddruckes unveränderlich. Wird also der Erddruck infolge des Pfahlrostes oben ermäßigt, dann erhöht er sich unten infolge der von den Pfählen ausgehenden Kräfte. Liegt die Spundwand hinter dem Pfahlrost, so wird umgekehrt der Erdwiderstand in erheblichem Maße durch den vor der Spundwand stehenden Pfahlrost erhöht.

16. Ausbildung der Häupter.

a) Bauformen des Oberhauptes.

Bei Schleusen mit geringer Fallhöhe, bis etwa 2 m, werden vielfach beide Häupter vollkommen gleich ausgebildet. Der Vorteil einer solchen Bauweise liegt darin, daß, abgesehen von Vereinfachungen in der Entwurfsarbeit, überall dieselbe Torkonstruktion verwandt werden kann, so daß man, wenn dies aus örtlichen Umständen heraus für erforderlich gehalten wird, nur einen Torflügel als Reserve für beide Häupter zu beschaffen braucht. Es liegt dann der dem Oberhaupt eigene Drempelabfall nicht hinter, sondern vor dem Tor. Ein Oberhaupt dieser Bauart ist in Abb. 185 wiedergegeben. Die Sohle bildet mit den Seitenmauern einen massiven Halbrahmen, der durch Rundstahleinlagen seiner Beanspruchung entsprechend bewehrt ist. Nach der Oberwasser- sowie nach der Kammerseite zu sind zur Trockenlegung des Schleusenhauptes nadelwehrartige Verschlüsse vorgesehen. Poller und Steigeleitern vervollkommnen die Ausrüstung; außerdem befindet sich nach dem Vorhafen zu auf der Plattform des Hauptes ein Spill zum Hinein- bzw. Herausziehen der Schiffe. Der im Vorboden vor dem Oberhaupt befindliche Kasten ist als sog. Trossenfang gedacht. In ihm sollen sich verlorengegangene Schiffsausrüstungsteile usw. ansammeln, damit sie nicht durch die beim Füllen und Leeren der Kammer entstehende Strömung in die Torkammer weiterwandern. Die Praxis hat gezeigt, daß Tornischen vielfach

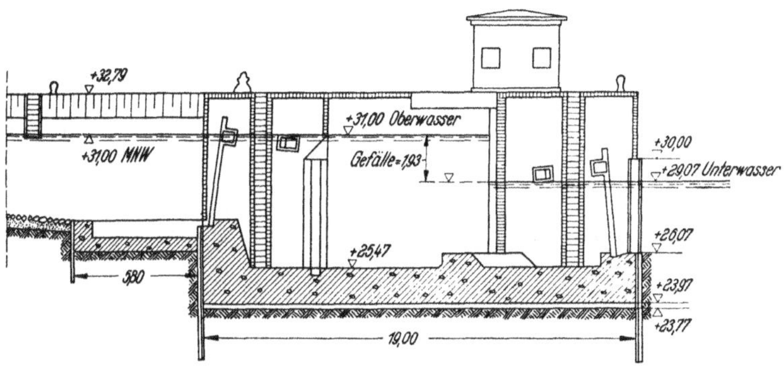

Abb. 185. Einfaches Schleusenoberhaupt.

zu klein gehalten sind. Dadurch staut sich das Wasser beim Öffnen der Torflügel in den Tornischen und erschwert den Bewegungsvorgang. Diesem Umstand ist bei dem in Abb. 185 wiedergegebenen Haupt dadurch entsprochen worden, daß man die Tornischen nach der Oberwasserseite zu trompetenartig erweitert hat. Diese Erweiterung reicht von der Sohle bis zur Höhe des Oberwassers; darüber ist die Nische rechtwinklig hochgeführt.

Eine gleiche Ausbildung von Oberhaupt und Unterhaupt ergibt sich bei Schleusen, die nach zwei Seiten kehren müssen, z. B. bei der neuen Schleuse Niegripp (Abb. 186). Sie vermittelt an der Kreuzung des Mittellandkanales mit der Elbe östlich Magdeburg den Übergang vom Kanal zur unteren Elbe und umgekehrt. Ihre Fallhöhe beträgt 1,54 m gegen die Elbe bei höchstem schiffbarem Wasserstand der Elbe. Das gegen die Elbe gelegene Außenhaupt gilt somit als Oberhaupt. Es hat eine 4,0 m starke Sohle mit Spundwandumschließung. Der Untergrund besteht aus Kiessand, auf dem sich eine 1 bis 2 m hohe Schlickschicht befindet, darunter Geschiebemergel. Bemerkenswert ist die Bauausführung ohne Grundwasserabsenkung zur Vermeidung von Landeskulturschäden. Der Sohlenbeton wurde als Traßzementbeton im Kontraktorverfahren mit stählernen Fachwerkträgern als Bewehrung eingebracht, die über Wasser zusammengebaut und dann als Ganzes verlegt wurden. Dieser Bauvorgang gestattete keine Vertiefungen für Stemm- oder Klapptore, zudem waren beiderseits kehrende Tore erforderlich. Es wurden daher Hubtore gewählt, die wie bei den Saale-Schleusen mit Holzbalken auf glatter Sohle abdichten. Sie hängen in stählernen, als doppelwandige Zweigelenkrahmen ausgebildeten Hubgerüsten. Die 10 mm starke Torhaut liegt nach der Elbe zu und wird von 5 geschweißten vollwandigen Riegeln von 1,3 m Bauhöhe getragen, deren senkrechte Abstände nach oben zu zunehmen. Eine Zwischenversteifung erfolgt durch teils aufgeschweißte, teils aufgenietete Blechstreifen. Die senkrechten Endschotten bestehen aus geschweißten, vollwandigen Trägern von 1,3 m Breite. Den beiderseits möglichen Wasserdruck übertragen hölzerne Anschläge. Sie dienen bei dem geringen Innendruck gleichzeitig als Seitendichtung. Bei dem häufigsten Wasserdruck von der Elbe her wird das Abdichten durch Holzleisten an Federblechen bewirkt. Da auch Stoßschwellen zur Energievernichtung über die Oberhauptsohle nicht hinausragen durften, bedingt durch die Art des Bauvorganges und die doppelseitige Aufgabe der Schleuse, kam Füllung und Entleerung unmittel-

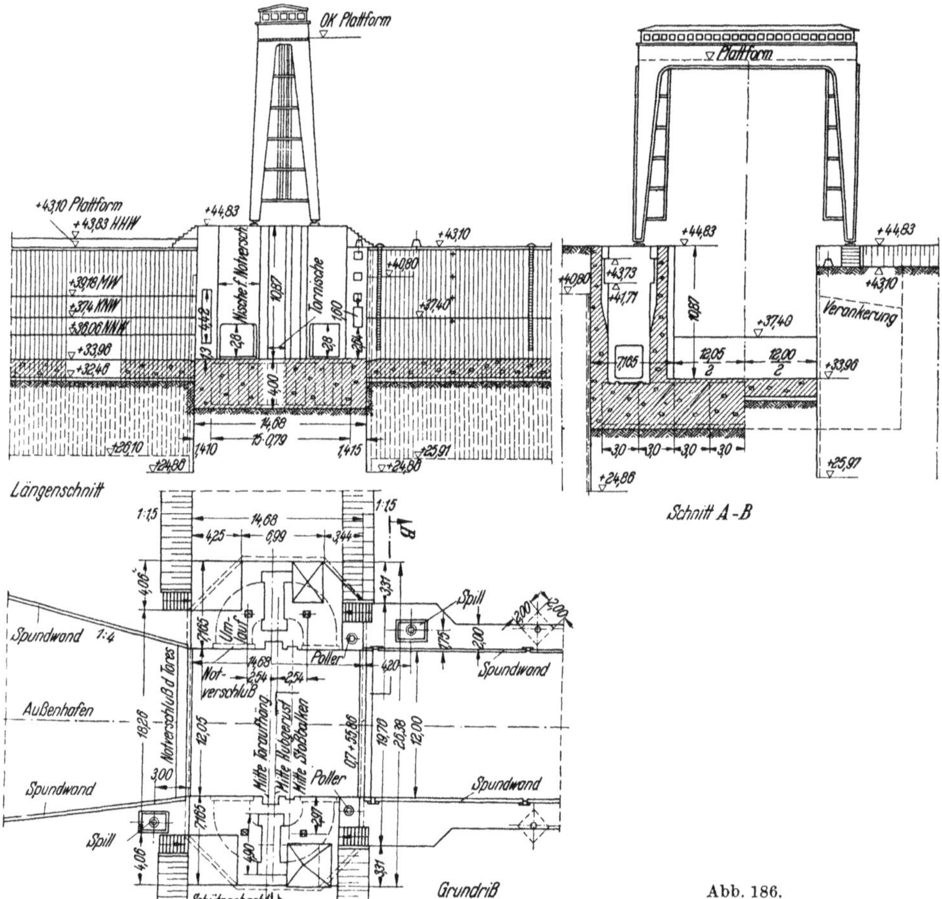

Abb. 186.
Außenhaupt der Schleuse Niegripp.

bar durch Torhub nicht in Frage. Es wurden daher kurze Torumläufe angeordnet, die mit Rollkeilschützen verschlossen werden. Ihre Bewegung erfolgt mit drucksteifen Gelenkzahnstangen, die eine Schließung der Schütze auch gegen den Druck strömenden Wassers mit Sicherheit ermöglichen. Die Umläufe sind nach den Erfahrungen an ähnlichen Schleusen so geführt, daß die Mündung ein wenig gegen das Tor gerichtet ist, wodurch man zu erreichen sucht, daß die lebendige Energie des Wassers besser vernichtet wird. In der Nähe der Häupter sind zwischen den Leitwerken und in der Kammer sog. Vorböden aus Beton hergestellt, da in diesem Bereich starker Wasserbewegung als Sohlenschutz eingebrachte Schüttsteine leicht in Bewegung geraten können. Der Beton dieser 20 bis 30 m langen Vorböden wurde ebenfalls nach dem Kontraktorverfahren eingebracht. Die Kammer selbst ist von verankerten Spundwänden begrenzt, welche im Hinblick auf die oben beschriebene Art der Bauausführung aber nicht durch Spannbalken und Spannriegel haben abgesteift werden können. Es ist daher hier die Sohle der Kammer bei einer freien Spundwandhöhe von 9,14 m und einer Rammtiefe der Spundwände von 8,05 m als umgekehrter Filter aus Kiesschotter und Steinen ausgebildet; und zwar liegen Bruchsteine in einer Stärke von 0,70 m auf einer 0,35 m starken Schotterschicht. Darunter befindet sich auf 0,35 m grober Kies, welcher auf einer Decke von 0,30 m feinem Kies ruht.

Das in Abb. 35 wiedergegebene Oberhaupt der zweiten Schleuse Dörverden/Weser ist ebenfalls für sich gegründet und von der Kammer durch eine Fuge getrennt. Sein Verschlußkörper ist ein Stemmtor mit ebener Blechhaut. Die Umläufe beginnen an der Stirnseite des Oberhauptes, wodurch sich, wie bereits in § 4 dargelegt, eine gute Wasserführung ergibt. Sie münden in einer Torkammer unter dem Drempelboden. Diese wird durch drei Zwischenwände getragen, von denen die seitlichen noch kleine Öffnungen aufweisen. Eine dieser Bauweise ähnliche Ausbildung finden wir an der 3. Schleuse in Klein-Machnow am Teltow-Kanal.

Die Stauanlage Drakenburg (s. Abb. 36) ist eine der Gefällstufen der Kanalisierung der Mittelweser von Minden bis Bremen, welche ihre Entstehung zwei Gesichtspunkten verdankt, 1. der Gewinnung einer zu allen Jahreszeiten hinreichenden Fahrwassertiefe für den Verkehr vom Ruhrgebiet über den Mittellandkanal nach Bremen und 2. der Möglichkeit der Entnahme von Wasser aus der Weser für die Speisung des gesamten Mittellandkanales. Die Plattform des Oberhauptes liegt 0,50 m über HHW, der Oberdrempel 2,10 m unter erhöhtem mittlerem Kleinwasser der Weser. Der Übergang von der Plattform des Oberhauptes zu der tiefer gelegenen Schleusenplattform erfolgt durch Rampen mit Neigung 1 : 12. Die Oberhauptverschlüsse sind Stemmtore mit ebener Torhaut. Hierbei wurde die Plattform des Hauptes so ausgebildet, daß für die Torbewegung Kurbelantriebe eingebaut werden konnten. Die Umläufe haben ihre Eintrittsöffnung von den Tornischen aus. Das Schleusungswasser läuft durch stark abfallende Kanäle zunächst nach dem Oberwasser zu und trifft unter Umlenkung um etwa 90° in den Beruhigungsraum unter dem Torkammerboden von beiden Seiten her aufeinander, wobei der Wasserstrom gleichzeitig durch drei Längszwischenwände zerlegt und nochmals in Richtung der Schleusenachse um 90° umgelenkt wird.

Das gesamte Bauwerk der Zwillingsschachtschleuse Fürstenberg a. d. O. ist in fünf Teile aufgelöst, in die beiden getrennt gegründeten Kammern (s. Abb. 177), in die beiden durch eine Fuge getrennten Unterhäupter und in das auf gemeinsamer, durchgehender Platte stehende doppelte Oberhaupt (Abb. 187). Diese Zusammenfassung der beiden Oberhäupter ergab sich aus Rücksichtnahme auf die hier liegenden Kanäle nebst Verschlußvorrichtungen zum Verbinden der zwei Schleusenkammern. Vor dem Klapptor befindet sich eine 3 m tief in den Drempel eingelassene Rinne, von der aus das Wasser nach den beiderseits abzweigenden Umlaufkanälen läuft. Diese sind so durch das Mauerwerk des Drempels geführt, daß sie von oben her mitten in die Decke des Drempelhohlraumes münden, von wo aus das Wasser in die Schleuse tritt. Hier enden auch die drei Verbindungskanäle, die zum Wasserausgleich beim Zwillingsbetrieb dienen. Zwei von ihnen sind kurz vor der Einmündung in den Drempelauslauf zu einem Kanal zusammengefaßt. Nach den in der Versuchsanstalt zu Berlin angestellten Modellversuchen war bei der gewählten Anordnung der Kanäle und bei dem in breitem Strom erfolgenden Austritt des Wassers vom Drempel her eine günstige Wasserführung und ruhige Lage der Schiffe in der Schleuse zu erwarten. Ursprünglich hatte man zur Verbindung der beiden Schleusenkammern vier Verbindungskanäle vorgesehen. Es sind jedoch nur drei zur Ausführung gekommen, die sich als hinreichend erwiesen haben. Zwei von ihnen werden, wie bereits früher erwähnt, durch Ringventile, der dritte durch einen Walzenschieber abgeschlossen. Die Verschlüsse liegen in einem in der Mittelmauer zwischen den Oberhäuptern ausgesparten Raum, durch den die Kanäle mittels stählerner Rohre hindurchlaufen. Für jeden der drei Schieber sind zu

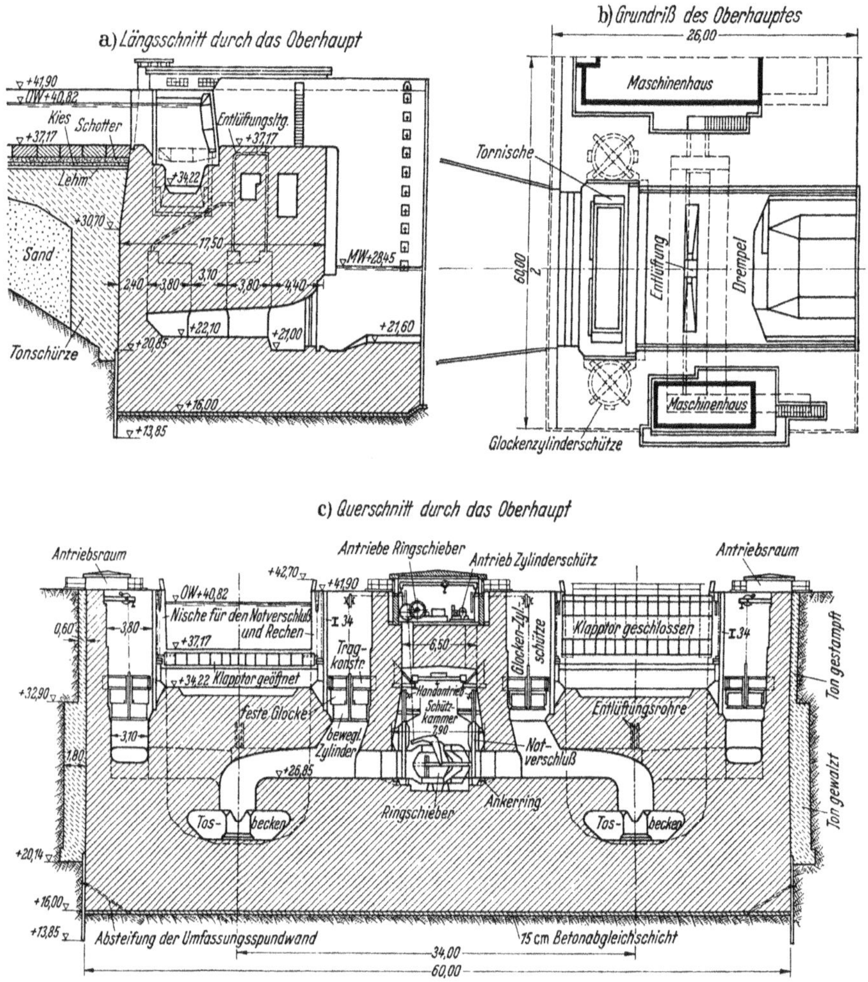

Abb. 187a—c. Oberhaupt der Doppelschleuse Fürstenberg a. d. Oder.

beiden Seiten Notschieber vorgesehen. Sie gestatten, jeden einzelnen Hauptschieber abzusperren. Der Raum der Ausgleichsschieber enthält auch die Pumpenanlage zum Trockenlegen der Schleuse. Sie liegt nicht, wie sonst üblich, am Unterhaupt, da die Kammersohle nach dem Oberhaupt entsprechend dem Verlauf der Tonschicht, auf die das Bauwerk gegründet ist, abfällt und man ein Abgraben dieser Tonschicht vermeiden wollte. Besonders bemerkenswert an dem Oberhaupt der Zwillingsschachtschleuse Fürstenberg ist die gewaltige Betonmasse, an der bei besserer Gliederung wesentlich hätte gespart werden können. Dies tritt besonders insofern in Erscheinung, als sich der Drempelabfall erst rd. 10 m hinter dem Klapptor befindet, wodurch zur Gewinnung der erforderlichen Kammerlänge das gesamte Bauwerk außerordentlich lang geworden ist.

Das Oberhaupt der Doppelspeicher-Schachtschleuse Anderten (s. Abb. 25) ist zugunsten der in den Kammermauern liegenden Wasserspeicher mit einer Länge von 19 m sehr kurz gehalten. Seine Rückfläche ist abgeschrägt, damit beim Setzen des Tones keine Wasseradern entstehen. Zur Feststellung der günstigsten Form der Umläufe sind in der Versuchsanstalt für Wasserbau und Schiffbau zu Berlin Modellversuche durchgeführt worden. Es wurde danach der Einlauf in die Tornischensohle verlegt und der Schacht senkrecht bis zur Tiefe der Kammersohle hinabgeführt, wo er sich in die beiden Umläufe teilt. Als Verschlüsse dienen Rollkeilschützen. Sie haben eine freie Durchflußfläche von 5,8 m², welche schon vor den Notschützenschächten aus einem kreisförmigen Querschnitt von 2,62 m ∅ in eine Trapezform mit gewölbter Decke ohne Einschnürung übergeht. Da die Oberhauptschützen sich wegen ihrer tiefen

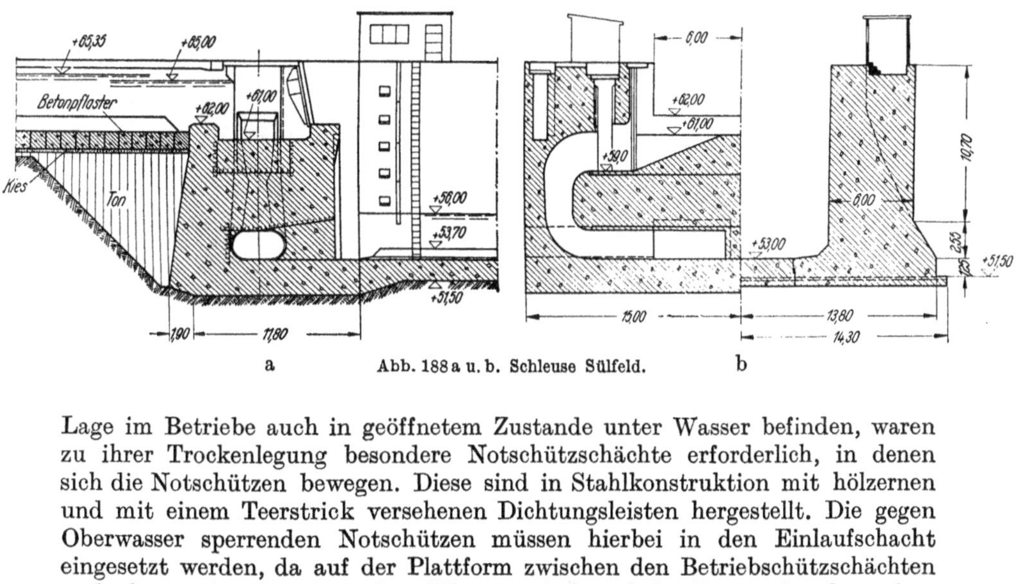

a Abb. 188 a u. b. Schleuse Sülfeld. b

Lage im Betriebe auch in geöffnetem Zustande unter Wasser befinden, waren zu ihrer Trockenlegung besondere Notschützschächte erforderlich, in denen sich die Notschützen bewegen. Diese sind in Stahlkonstruktion mit hölzernen und mit einem Teerstrick versehenen Dichtungsleisten hergestellt. Die gegen Oberwasser sperrenden Notschützen müssen hierbei in den Einlaufschacht eingesetzt werden, da auf der Plattform zwischen den Betriebschützschächten und den weit einspringenden Klapptornischen kein Raum für besondere Notschützschächte verfügbar gewesen ist. Zur Erleichterung dieser Arbeit sind in dem Bogen der über das Oberhaupt führenden Brücke in genauer Lage über den Notschützsitzen Haken für das Einhängen eines Flaschenzuges vorhanden. Ferner ist zum Trockenlegen des Rollkeilschützschachtes eine feste Saugrohrleitung im Oberhaupt eingebaut, die in 2 m Höhe über Unterwasser durch den Beton des Hauptes nach der Schleusenkammer mündet, wo ein Pumpenschiff angeschlossen werden kann. Die über die Oberhäupter führende Straßenbrücke ist für den Schleusenbetrieb dadurch nutzbar gemacht worden, daß man an ihre Zwischenpfeiler Treppenaufgänge angebaut hat, die über den Schleuseneinfahrten durch eine vom öffentlichen Verkehr abgetrennte Verbreiterung des südlichen Fußweges verbunden sind. Auf diese Weise ist auch bei offenem Obertor der Übergang über die Schleuse möglich.

Die Form des Oberhauptes der Schleuse Sülfeld am Ostabstieg des Mittellandkanals ergab sich aus dem darin vorgesehenen Klapptor und den seitlich angeordneten Einläufen zu den Schützen mit Ausmündungen unter dem Drempel (Abb. 188a u. b). Ursprünglich waren Zylinderventile vorgesehen, jedoch wurden später Rollkeilschützen mit einer Durchflußfläche von 5,62 m² je Schütze angeordnet. Die Rollkeilschützen liegen auf der Unterwasserseite. Es bleiben daher die Umläufe gefüllt, auch wenn die Kammer auf Unterwasser steht. Um im Falle einer Trockenlegung der Schleusenkammer ein schlagartiges Auslaufen der Oberhauptumläufe zu verhüten, ist ein Belüftungsrohr vom Umlaufscheitel zum Kettenschacht der Rollkeilschützen hochgeführt, das oben durch eine aufgeschraubte Kappe, die man vor einer Trockenlegung der Kammer abnehmen muß, verschlossen wird. Das Belüftungsrohr dient zugleich als Einsteigschacht zur Rückseite einer Rollkeilschütze. Diese hätte bei Anordnung nach Oberwasser zu im Hinblick auf die geringe Druckbelastung schwächer ausgebildet werden können. Die Leistungsfähigkeit der Umläufe wäre jedoch erheblich geringer gewesen; auch hätte sich das Ansaugen von Luft durch den Schützschacht kaum

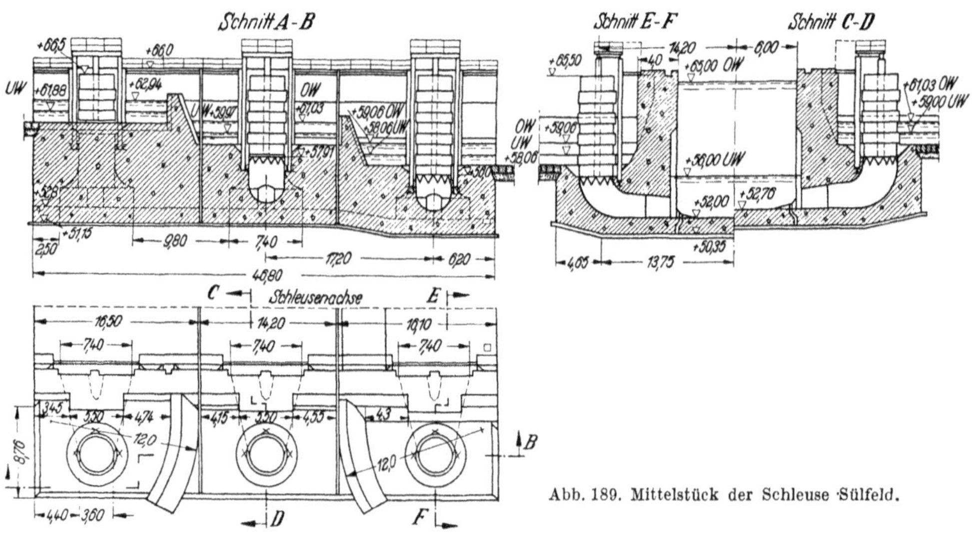

Abb. 189. Mittelstück der Schleuse Sülfeld.

vermeiden lassen. Nach dem Oberkanal zu hat das Haupt eine schwache Neigung erhalten, um einen guten Anschluß des Tonkeiles zu erreichen, der den Baugrubenzwickel ausfüllt. Desgleichen sind auch die beiden seitlichen Baugrubenzwickel mit Ton ausgefüllt, der mit seiner Oberkante bis über Oberwasserspiegel reicht. Zur Verhütung von Schwindrissen, die sich anderswo in Schleusenhäuptern gezeigt haben, ist das Haupt längs und quer zur Schleusenachse kräftig bewehrt. Der Untergrund besteht aus festgelagertem Geschiebemergel. Die Zuführung des Wassers aus den seitlichen Sparbecken in die Kammer erfolgt hier nicht, wie sonst meist üblich, mittels Längsumläufen und Stichkanälen, sondern über ein in Mitte der Kammer angeordnetes Schleusenmittelstück (s. Abb. 27). Dieses Schleusenmittelstück hat an der Rückseite einen breiten Mauersockel in verschiedener Höhenlage für die Anordnung der Sparkammerventile (Abb. 189). Seine Form hat sich auf Grund von Versuchen ergeben. Der Vorderteil des Auslaufs nach der Kammer zu ist durch eine Mittelwand in zwei Teile geteilt. Sie hat an ihrer Hinterkante, wo das von den Sparbecken eintretende Wasser anprallt, eine Abrundung mit 1 cm starker Stahlblechpanzerung erhalten. Die Einläufe in den Sparbecken sind trichterförmig ausgebildet. Hierbei befindet sich der Sitzring der Zackenschütze 1 m unter der Sparbeckensohle. Der Auslauf für das unterste Sparbecken ist nach der Kammer 0,80 m tiefer gelegt, damit das Wasser frei einströmen kann, ohne daß das in ihr liegende Schiff von der Strömung nachteilig beeinflußt wird. Diese Anordnung der Wasserzuführung über ein Schleusenmittelstück hat sich nicht sonderlich bewährt. Die Schiffe „tanzen" während des Füllens auf dem entstehenden Wasserschwall und werden in Längsrichtung der Schleuse immer hin und her bewegt. Diesem Umstand glaubt man auf Grund von Modellversuchen dadurch begegnen zu können, daß man außer einer genauen Steuerung der Schützen nach einer bestimmten Öffnungslinie zusätzlich Leitwände ähnlich der Art, wie wir sie in Turbinenkanälen finden, anordnet.

Die Schleusenanlage Sülfeld ist auch Vorbild gewesen für die zwei Gefällstufen Wedtlenstedt und Üfingen des Stichkanals vom Mittellandkanal nach Hallendorf, für dessen Bau einschließlich der Vorarbeiten nur zwei Jahre zur Verfügung gestanden haben. Es wurden aber hier zur Verringerung des Bauumfanges die drei seitlichen Sparbeckenpaare weggelassen und dafür ein leistungsfähiges Pumpwerk mit fünf Pumpen zu je 3,7 m^3/sec errichtet, um den gesamten Wasserverbrauch auch bei stärkstem Verkehr wieder nach oben fördern zu können. Hierbei konnte nach schnellen Modellversuchen im Maßstab 1 : 25 die Gestaltung der Umläufe noch verbessert werden. Sie führen wie an der neuen Schleuse Lehnitz aus den Seitennischen des Klapptores in halbkreisförmiger Krümmung, die in einer senkrechten Ebene quer zur Schleusenachse liegt, nach unten in die geräumige Drempelkammer, wo die von beiden Seiten eintretenden Füllströme durch drei Leitwände aufgefangen werden und dadurch einen Teil ihrer Strömungsenergie verlieren. Eine Sohlschwelle grenzt den Drempelraum gegen die Schleusenkammer ab. Sie bewirkt durch ihren Aufstau eine gleichmäßige Verteilung des Füllstromes sowie einen Schwall dicht an der Drempelwand vor dem vorn liegenden Schiff, so daß besonders im ersten Teil der Füllung der ungünstige Sog zum Oberhaupt hin vermieden wird. Die Erfahrungen des Schleusenbetriebes haben die Richtigkeit der Modellergebnisse bestätigt. Die Häupter der beiden in sich gleich ausgebildeten Schleusenanlagen Üfingen und Wedtlenstedt liegen in einer Flucht im Achsabstand von 50 m. Sie sind mit stählernen Spundwänden eingefaßt. Der Baugrund war guter Diluvialsand. Die Wasserhaltung bestand aus Großfilterbrunnen mit eingehängten Unterwasserpumpen.

Von umlauflosen Häuptern verdient zunächst die Doppelschleuse Ladenburg erwähnt zu werden (s. Abb. 31). Sie war neben der Rosenthaler Schleuse (s. Abb. 42) die erste deutsche Schleuse, bei der die Füllung der Schleusenkammer durch unmittelbares Anheben des Obertores unter Einbau einer Energievernichtungsanlage erfolgte.

Die Schleusen des Lippe-Seitenkanals Wesel—Datteln, der auf seiner ganzen Länge von rd. 60 km unter der Einwirkung des Bergbaus liegt, sind mit Ausnahme des Unterhauptes der Schleuse Friedrichsfelde, das auf einem Luftdrucksenkkasten ruht, als Flachgründungen konstruiert und dabei so bemessen, daß sie nach Absinken um 2 m aufgehöht werden können. Für das in Abb 113a bis c dargestellte Oberhaupt mit Hubtor hat man eine zulässige Beanspruchung des Untergrundes von 6 kg/cm^2, für außergewöhnliche Belastungen von 12,6 kg, zugelassen. Das Oberhaupt ist als oben offener Halbrahmen ausgebildet, dessen Seitenwände mit der biegungsfesten Sohle verbunden sind, so daß die Hubtore auch bei Verkantungen der Häupter einen sicheren und dichten Schleusenverschluß gewährleisten. Die auf den Schenkeln des U-förmigen Troges ruhenden Sockel des Hubgerüstes sind 2 m hoch und werden bei Aufhöhung der Schleusenplattform einbetoniert; es stehen also dann die Hubgerüstbeine unmittelbar auf der Schleusenplattform. Die Innenwände des Oberhauptes haben ebenso wie die Kammermauern eine Neigung von 30 : 1 erhalten. Der Auftrieb wurde bei der statischen Berechnung der Häupter in ganzer Höhe unter der Sohle eingesetzt. Mit Auftrieb in den Fugen des Mauerwerks ist nicht gerechnet worden, da man infolge des Ausschlusses von Zugspannungen die Bildung von klaffenden Rissen nicht annimmt. Als zulässige Spannungen für den Stahlbeton wurden festgelegt:

Betondruck	ohne	Unterhöhlung	33 kg/cm²
desgl.	mit	Unterhöhlung	66 kg/cm²
Betonzug	ohne	Unterhöhlung	0 kg/cm²
desgl.	mit	Unterhöhlung	0 kg/cm²
Betonschub	ohne	Unterhöhlung	4 kg/cm²
desgl.	mit	Unterhöhlung	8 kg/cm²
Stahlzug	ohne	Unterhöhlung	1200 kg/cm²
desgl.	mit	Unterhöhlung	2400 kg/cm²
Stahlhaft	ohne	Unterhöhlung	4,4 kg/cm²
desgl.	mit	Unterhöhlung	9,0 kg/cm²

Die Form des Vorbodens ist bei den Oberhäuptern sämtlicher Schleusen zur Vermeidung von luftsaugenden Wirbeltrichtern so ausgebildet, daß nirgends ein Teil der Sohle über eine Linie hinausragt, die von der oberwasserseitigen Sohlenkante der Torschützöffnungen in der Neigung 1 : 2,5 nach Oberwasser

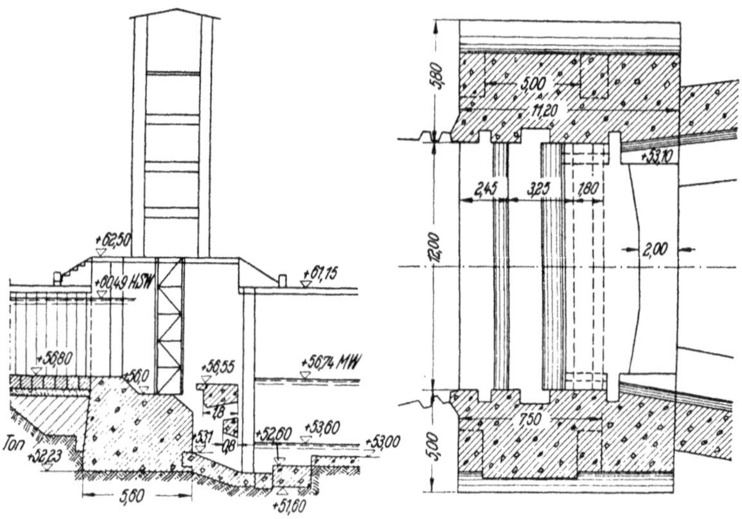

Abb. 190. Schleuse Bernburg a. d. Saale.

gezogen ist. Um zu verhüten, daß sich Schiffe infolge Unachtsamkeit ihrer Besatzung auf die Verteilungsplatten (s. Abb. 32) des Oberhauptes aufsetzen, befinden sich hinter diesen Wasserberuhigungseinrichtungen in jeder Seitenmauer gußeiserne Tafeln mit der Aufschrift „Achtung Drempel". Von ihnen an rechnet damit die nutzbare Länge der Kammer [*88*].

Die Oberhäupter zweier neuerer Flußschleusen ohne Umläufe zeigen Abb. 190 und 191. Das Oberhaupt der Schleuse Bernburg a. d. Saale ist ebenso wie das der Schleuse Magdeburg auf Fels gegründet. In beiden Fällen erfolgt das Füllen und Leeren der Kammer durch Hubtore, wobei die Schleuse Bernburg zwei Stoßbalken aufweist, während die anderen Saale-Schleusen mit kleinerem Gefälle nur einen Stoßbalken besitzen. Bei der Doppelschleuse Magdeburg geschieht die Energievernichtung durch einen Stoßbalken, dessen Oberkante als durchlaufender Träger über vier Öffnungen 0,5 m höher liegt als der Torkammerboden.

Abb. 192a und b zeigen im Längsschnitt die Oberhäupter von zwei holländischen Kanalschleusen, ebenfalls wieder mit Füllen und Leeren der Kammer durch ein Hubtor. Bei der in Abb. 192a wiedergegebenen Konstruktion

(Schleuse im Bossschen Veld am Juliana-Kanal) stürzt das Wasser durch einen auf ganzer Schleusenbreite vorhandenen Abfallschacht in die Kammer. In diesen Schacht ragt eine an dem unteren Torende angebrachte Schürze 85 cm tief hinein. Sie soll beim Heben des Tores ein direktes Einströmen in die Kammer vermeiden und ein allmähliches Zunehmen der Wassermenge bewirken. Hierbei ergaben sich gegen Ende der Füllzeit sehr hohe Trossenkräfte. Dieser Nachteil wurde dadurch behoben, daß man den Oberteil des Abfallschachtes hinter der Schürze nach der Kammer hin erweiterte. Es gelangt so ein Teil des Wassers um die Schürze herum von oben in die Kammer. Das erforderliche ruhige Einströmen erfolgt über einen den Wasserstrahl zerteilenden Holzbalken. Durch diese Maßnahme ist erreicht worden, daß bei einem Gefälle von 3,60 m und einer Füllzeit von 6 min, d. h. bei einer Hubgeschwindigkeit von 5 mm/sek die Vordertrossen eines 1200 t-Kahns nur mit 1350 kg und die Hintertrossen nur mit 800 kg belastet werden. Die Schleuse Eefde des Twenthe-Kanals hat einen massiven Kammertrog (s. Abb. 176g). Der Untergrund besteht in den Oberlagen aus feinem Sand, der nach unten in gröberen Sand übergeht. Die Anordnung einer massiven Kammersohle ist hier von dem Grundsatz bestimmt, daß die Sickerlänge nicht weniger als den 15fachen Wasserspiegelunterschied zwischen Ober- und Unterwasser betragen darf. Die zweckmäßigste Form des Wassereinlaufs wurde durch Versuche geklärt, wobei man von der Forderung ausging, daß bei einer Hubgeschwindigkeit von 6 mm/sek und damit einer Füllzeit der Kammer von 7 min die Trossenzüge das Maß von $^1/_{600}$ des Schiffsgewichtes nicht überschreiten sollen. Auch hier weist das Obertor eine in den Abfallschacht hineinragende Schürze auf. Jedoch ist von einer oberen Abschrägung mit Anordnung eines Verteilungsbalkens Abstand genommen worden. Das Unterhaupt der gleichen Schleuse hat

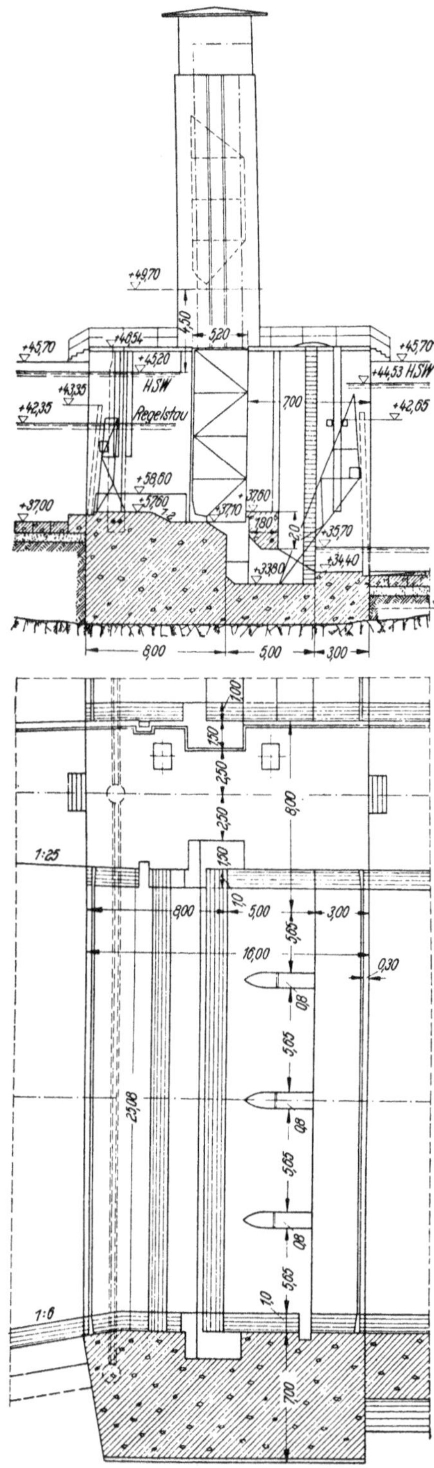

Abb. 191. Doppelschleuse Magdeburg.

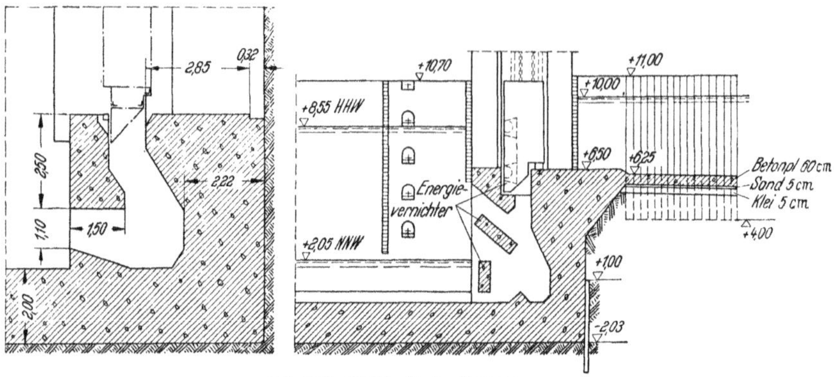

Abb. 192. Holländische Schleusen.

ebenfalls ein Hubtor. Die zur Energievernichtung vorgesehenen Stoßbalken sind im Gegensatz zu der sonst üblichen Bauweise schräg zur Schleusenachse angeordnet, damit die an der Einfahrtseite anlegenden Schiffe in keiner Strömung liegen, die durch die gewählte Lage der Stoßbalken nach dem entgegenliegenden Ufer abgelenkt wird.

Das Außenhaupt der Nordschleuse Bremerhaven ist ein zusammenhängendes Sohlenbauwerk von rd. 110 m Länge und 30 m mittlerer Breite. Es wurde

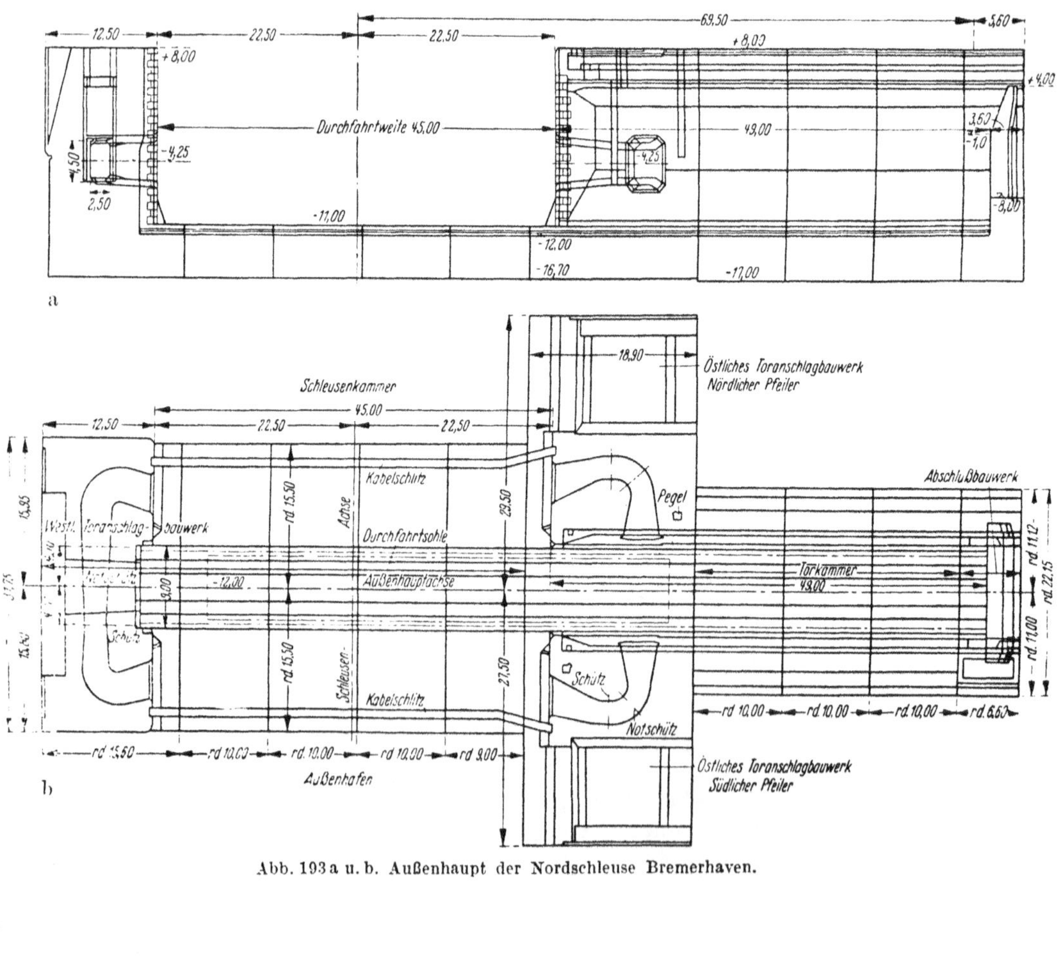

Abb. 193a u. b. Außenhaupt der Nordschleuse Bremerhaven.

in einer Tiefe von 22 m unter Geländehöhe in trockener Baugrube hergestellt und, wie aus Abb. 193a und b hervorgeht, durch Umfassungs- und Querspundwände in 10 Blöcke aufgeteilt. Die Stärke der Sohle konnte durch die Verwendung von Stahlbeton auf rd. 6 m beschränkt werden, während ein erster Entwurf, der das Einbringen von Kalktraßbeton im Unterwasserschüttverfahren wie bei anderen früher durchgeführten Seeschleusenbauten vorsah, eine Sohlenstärke von etwa 9 bis 10 m erfordert hätte. Die Umläufe sind auf Grund von Versuchen in der Berliner Versuchsanstalt durch die Torkammer hindurchgeführt. Es ist damit eine gleiche Lösung getroffen worden wie in dem Binnenhaupt der Seeschleuse Ymuiden, jedoch mit dem Unterschied, daß hier zwei Kanäle parallel nebeneinander verlaufen. Um günstige Strömungsverhältnisse zu erzielen, sind die Umläufe nach den Öffnungen zu trompetenförmig erweitert. Die zum Schleusenhaupt gehörende Torkammer ist als trogförmiges Bauwerk

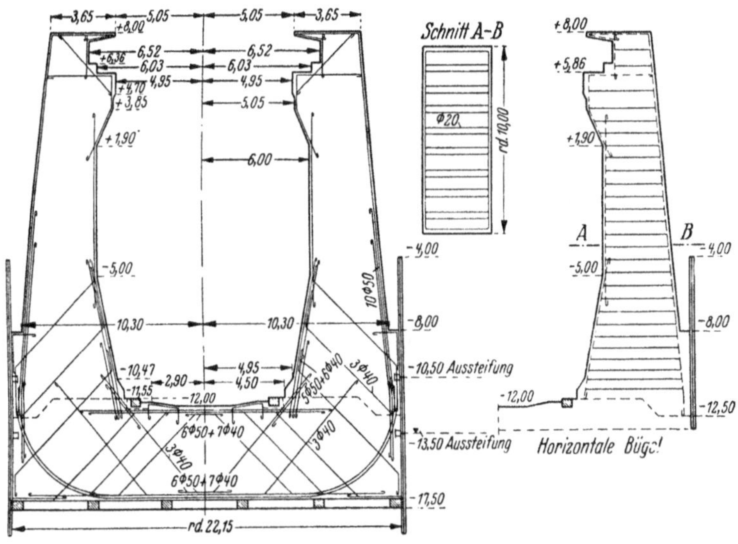

Abb. 194. Torkammerquerschnitt.

berechnet und bemessen (Abb. 194). Da bei den verschiedenen Teilbauwerken des Schleusenhauptes Bewegungen infolge des schlechten Untergrundes auftreten können, und die wirkliche Größe der angreifenden Kräfte nicht einwandfrei festliegt, das Bauwerk aber auch schon während der Herstellung, abgesehen vom Betrieb, stark wechselnden Belastungen unterworfen ist, wurden die zulässigen Beanspruchungen für Beton nur zu 25 bis 30 kg/cm² und für Rundstahl nur zu 800 bis 1000 kg/cm² angesetzt. Die Größe der Spundwandzellen lag bei den Toranschlagbauwerken durch die Umlaufführung und die mit rd. 5 kg/cm² zugelassene Bodenbeanspruchung fest. Durchfahrtsohle und Torkammer hingegen konnten infolge ihres gleichförmigen Bauwerksquerschnittes zur Vereinfachung der Ausführung in gleich große Blöcke unterteilt werden. Nicht zu vermeidenden Setzungen hat man bezüglich der Bewegung des Schiebetores dadurch Rechnung getragen, daß ihr Einfluß auf die Fundierung der unteren und oberen Torlaufschienen durch Anordnung besonderer Fugen-Überbrückungsschienen ausgeschaltet worden ist. Der in Abb. 194 wiedergegebene Torkammerquerschnitt ist ein Halbrahmen. Es ist jedoch bei anderen Seeschleusen neuerdings die Torkammer auch als Vollrahmen ausgebildet worden, dem der Vorteil einer günstigeren konstruktiven Ausbildung zukommt (3. und 4. Einfahrt Wilhelmshaven).

Das Außenhaupt der Seeschleuse Ymuiden ist bemerkenswert durch die Anordnung von zwei Schiebetoren, wobei zwei Umläufe um die Torkammern herumgehen (Abb. 195). Der gesamte Baukörper ist mit Rücksicht auf die vorhandenen Bodenverhältnisse auf Pfählen gegründet. Die Aufnahme der über die Toranschläge auf den Untergrund zu übertragenden horizontalen Kräfte erfolgt

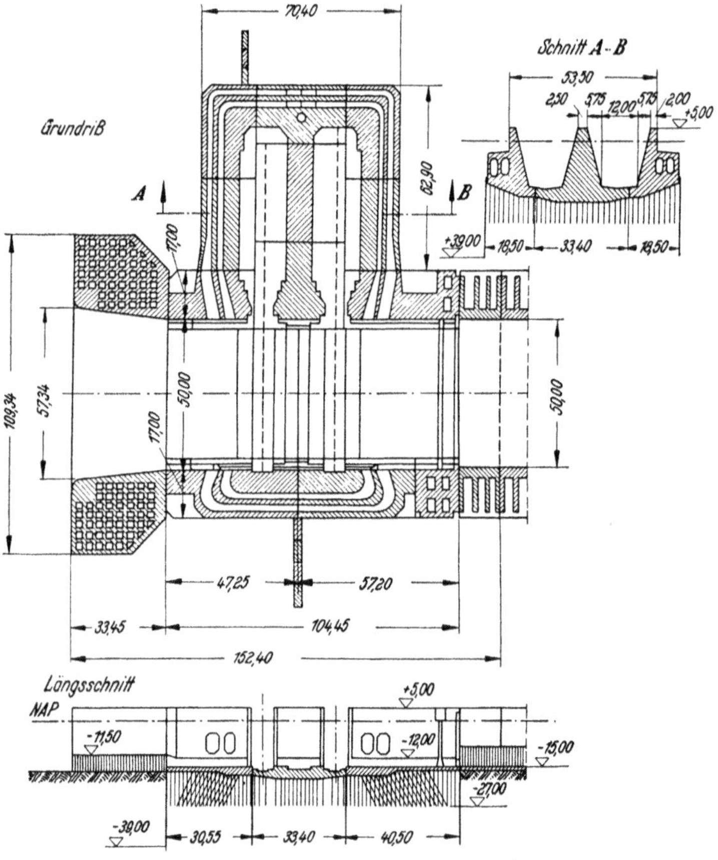

Abb. 195. Außenhaupt der Seeschleuse Ymuiden.

durch eine größere Anzahl von Schrägpfählen. Der Querschnitt der Umläufe wird von insgesamt 26 m² an den Schützen auf das $2^1/_2$fache an den Ausläufen trompetenförmig erweitert. Diese sind gegen die Tore gerichtet, so daß das Wasser erst in sekundärer Strömung über einen größeren Querschnitt verteilt in die Kammer gelangt. Alle Teile des Hauptes sind, ebenso wie bei der Nordschleuse Bremerhaven, in unverkleidetem Beton hergestellt.

b) Bauformen des Unterhauptes.

Als Normalausbildung des Unterhauptes einer Flußschleuse mit Umläufen kann das in Abb. 196 dargestellte Unterhaupt der Schleuse Drakenburg a. d. Weser angesehen werden. Es ist mit einer Länge von 20,0 m nur 1,05 m länger als das in ihr befindliche, sonst aber gleich ausgebildete Zwischenhaupt. Der Drempel des Unterhauptes liegt 3,50 m unter dem niedrigsten Unterwasser, damit der Bewegungswiderstand der Fahrzeuge beim Ein- und Ausfahren möglichst gering ist. Hierbei fällt die Schleusensohle von den Außenhäuptern zum Zwischenhaupt hin um je 0,30 m. Die Verschlußkörper des Zwischen- und Unterhauptes sind ebenso wie im Oberhaupt normale Stemmtore, und zwar Riegeltore mit ebener Torhaut. Als Umlaufverschlüsse dienen in allen Häuptern Rollkeilschützen. Die größte Wassermenge bei Entleerung der gesamten Schleuse darf bei niedrigstem Unterwasserstand, d. h. bei etwa 6 m Gefälle, nicht mehr als 40 m³/sek betragen. Es ist daher nach längeren Versuchen für das Unterhaupt eine Rollkeilschütze mit 3,03 Hubhöhe und 5,98 m² Durchflußfläche ohne dreieckförmige Einbauten gewählt worden, wobei der Auslauf in das Tosbecken nach der Breite bis auf 2 m eingeschränkt wird, damit möglichst keine Ablösungen des Wasserfadens in der Krümmung eintreten. Mit 3,30 m Höhe ist dann der Auslaufquerschnitt von 6,60 m² noch um 10% größer als der Schützquerschnitt. Dadurch, daß der Auslauf auf der Sohle einer 0,5 m betragenden Vertiefung des Tosbeckens mündet, bleibt seine Oberkante noch um 1,3 m unter dem niedrigsten Unterwasserstande (N.N. + 14,77) gegenüber der ursprünglichen Entwurfsannahme von nur 0,7 m. Diese Bauweise trägt neben der Anordnung einer Verteilungsschwelle im Tosbecken, die sich auch im Mittelhaupt befindet, wesentlich zur Energievernichtung bei, so daß trotz der geringen Länge des Tosbeckens eine Steinschüttung von 25 bis 30 cm Stückgröße in 80 cm Höhe auf 40 cm dicker Kiessandfilterschicht zur Sicherung des Sturzbettes ausreicht.

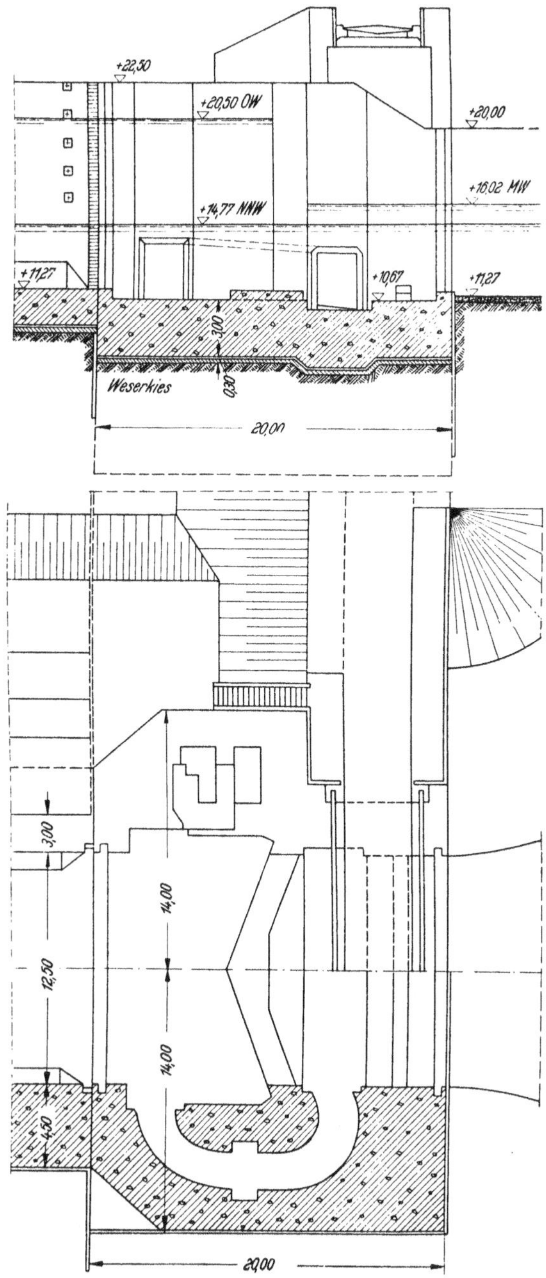

Abb. 196. Unterhaupt der Schleuse Drakenburg.

Flußschleusen gestatten im allgemeinen bezüglich der nach Unterwasser abzuführenden Wassermenge eine größere Beweglichkeit als Kanalschleusen. Ein Beispiel hierfür ist das in Abb. 197 wiedergegebene Unterhaupt der Schleuse

Lauffen a. Neckar. Bei ihr wird das Entleerungswasser durch einen kurzen Auslaufkanal unmittelbar in den daneben liegenden Fluß geleitet, um eine für die Schiffahrt nachteilige Schwallbildung in dem engen Unterwasserkanal, durch den eine Flußschleife abgeschnitten wird, zu vermeiden[1].

Die zur Verbindung der Stadt Mühlheim a. d. Ruhr mit dem Rhein erforderliche Schleuse Raffelberg a. d. Ruhr ist bis heute die einzige Flußschleuse, welche im Oberhaupt ein Klapptor aufweist. Im Unterhaupt ist ein Schiebetor vorhanden, das sich in allen Schleusen des Rhein—Herne-Kanals bewährt hat (s. Abb. 19). Die Umläufe werden hierbei um die Tornische herumgeleitet (Abb. 198). Das 100 t schwere Schiebetor ist ein Riegeltor mit Schwimmkasten

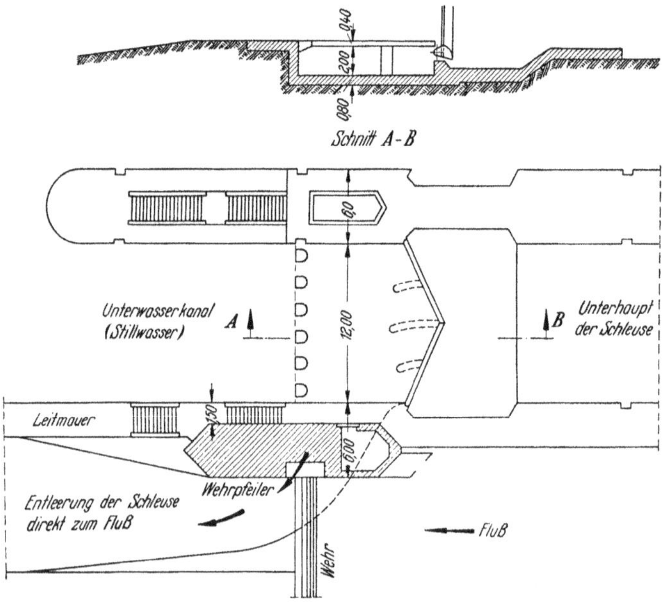

Abb. 197. Unterhaupt der Schleuse Lauffen am Neckar.

zwischen den drei untersten Riegeln. Die Dichtungswand aus Buckelblechen und ebenen Blechen liegt auf der Unterwasserseite. Das Torgewicht ist durch Auftrieb des Schwimmkastens bis auf rd. 12 t Aufsetzdruck ausgeglichen. Es hängt mittels Drahtseilen an einem Wagen, der innerhalb einer festen Brücke bewegt wird. Dieser Überbau besteht aus zwei Blechträgern, welche die Schleuse und die Torkammer überspannen und die Laufbahnen des Oberwagens tragen. Mit der Brücke ist das Fahrwerk fest verbunden. Das Antriebritzel greift in eine auf dem Wagen befindliche Zahnstange ein und schiebt den Wagen nebst angehängtem Tor hin und her. An beiden Enden des Tores sind Federpuffer vorhanden [*89*].

Abb. 199 zeigt die Gesamtanlage der Sparschleuse Bolzum an der Abzweigung des vom Mittellandkanal nach Hildesheim führenden Stichkanals. Die Schleuse besitzt beiderseits zwei offene Sparbecken von je 1570 m² Fläche = $1^1/_2$fache Kammerfläche. Die Gründung der Schleuse ist auf Muschelkalk erfolgt. Die Sparbecken haben Betonumfassungsmauern mit außen umlaufenden Drainageleitungen und Sohlen aus Pflaster auf Tondichtung. Das Oberhaupt besitzt ein Klapptor. Das 12 m hohe Untertor ist als Riegeltor mit gekreuzten Diagonalen

---

[1] Siehe A. Schäfer: Hydraulik und Wasserbau auf neuen Grundlagen, S. 141. 1950.

ohne Schwimmkasten gebaut. Es war hierbei auch erwogen, das Untertor als Sieltor auszubilden. Dies hätte jedoch als Verbindung mit der vorhandenen Straßenbrücke eine etwa 4 m hohe Stirnmauer als oberen Anschlag erfordert. Als Vorteil dieser Bauweise würde infolge der Verspannung, welche die Stirnmauer den beiden Schleusenmauern bietet, eine schwächere Bewehrung der Unterhauptsohle möglich gewesen sein. Die kurzen Torumläufe sind in ihrem Querschnitt so bemessen, daß die für die Kanalhaltung zulässige Durchflußmenge auch bei voller Öffnung der Verschlüsse nach Ausspiegelung der Sparbecken nicht überschritten wird.

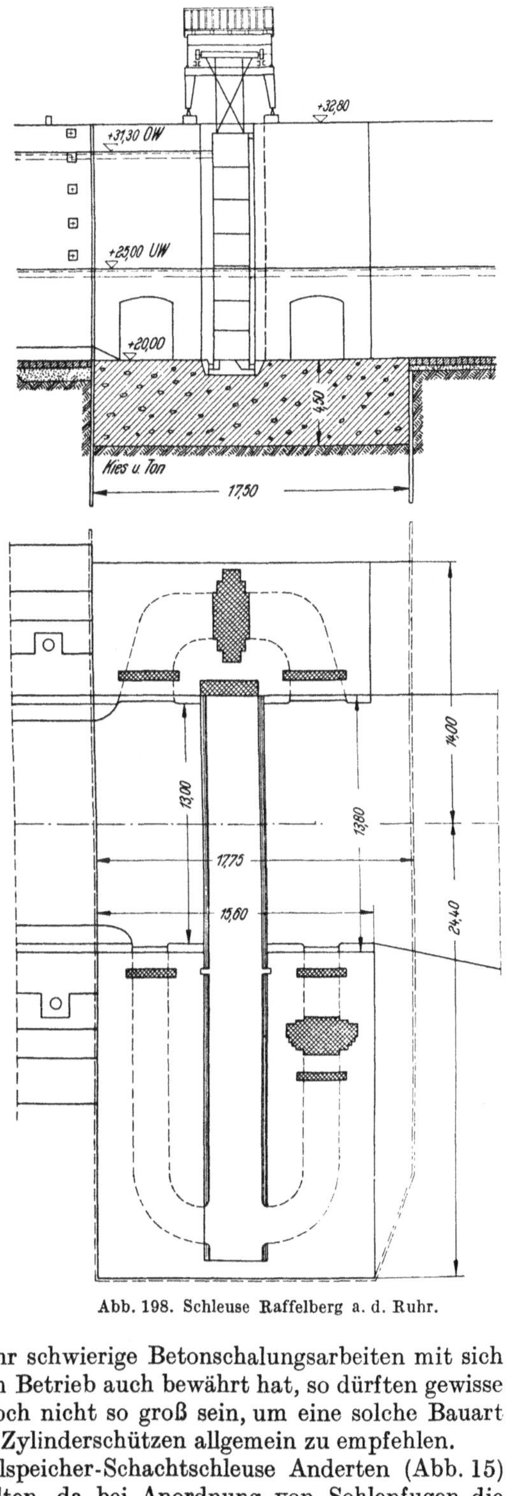

Abb. 198. Schleuse Raffelberg a. d. Ruhr.

Die in ähnlicher Form wie die Sparschleuse Bolzum mit Sparbecken ausgerüstete dritte Schleuse Münster i.W. (Abb. 23) ist dadurch bemerkenswert, daß man hier auch für das Unterhaupt statt der sonst üblichen Rollkeilschützen auf Zylinderschütze zurückgegriffen hat, denen man eine größere Betriebssicherheit zusprechen zu können glaubte. Es ergibt sich daraus für die kurzen, um die Tore herumführenden Umläufe eine eigenartige Ausführung (Abb. 200). Ein mit der Sohle auf N.N. + 48,30 liegendes und 2,0 m hohes, flaches Maulprofil führt horizontal bis zum Zylinderschacht, wo die Schütze gegen den nach unten dükerartig gebogenen Umlauf abschließt, dessen tiefster Punkt bei 2,5 m Umlaufhöhe auf N.N. + 45,00 liegt, um dann bis zur Mündung auf N.N. + 46,80 anzusteigen. Diese Bauart hat sehr schwierige Betonschalungsarbeiten mit sich gebracht. Wenn sich die Anlage im Betrieb auch bewährt hat, so dürften gewisse Nachteile der Rollkeilschützen doch nicht so groß sein, um eine solche Bauart zur Verwendungsmöglichkeit von Zylinderschützen allgemein zu empfehlen.

Die Unterhäupter der Doppelspeicher-Schachtschleuse Anderten (Abb. 15) haben eingespannte Sohlen erhalten, da bei Anordnung von Sohlenfugen die

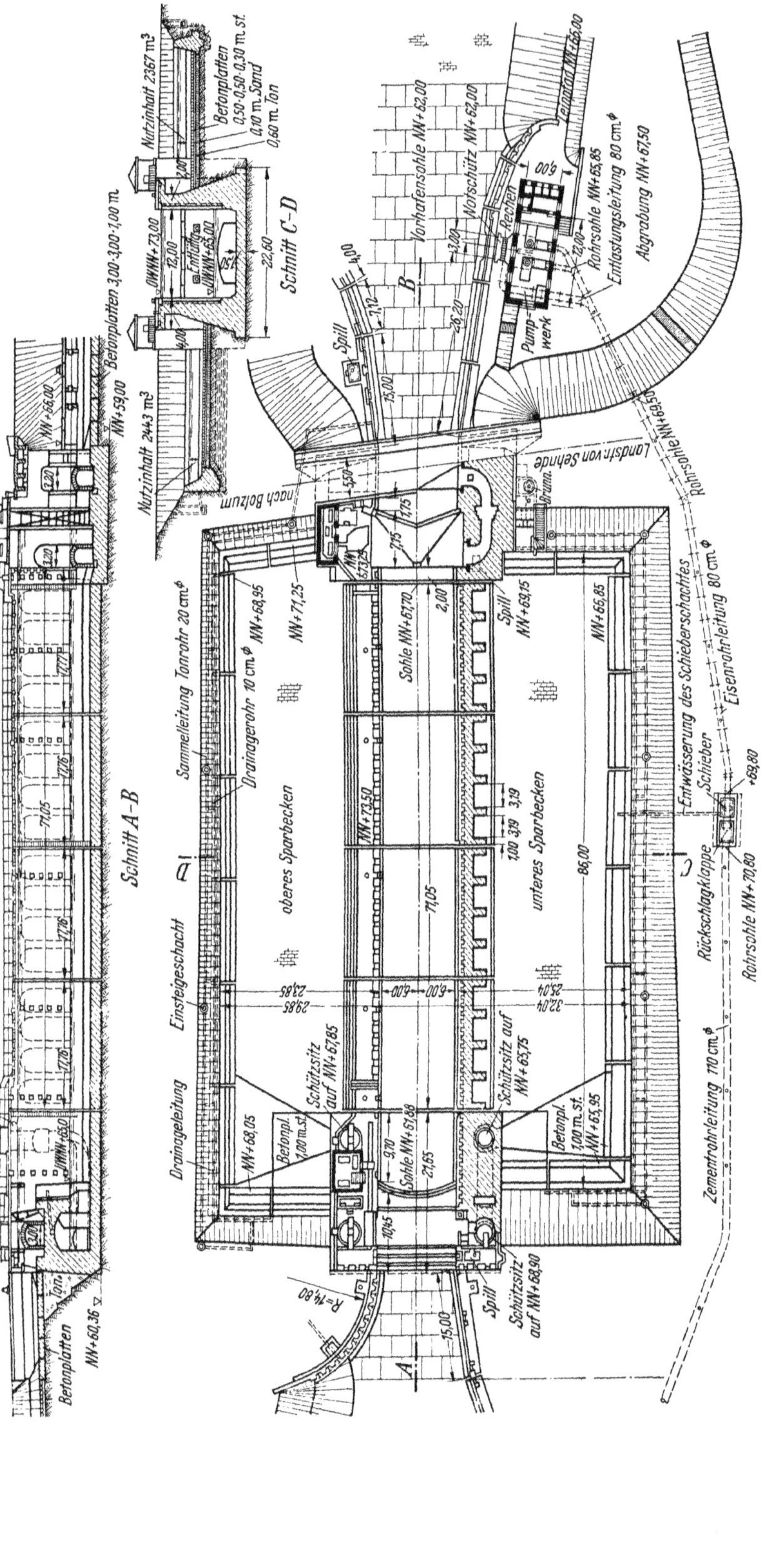

Abb. 199. Sparschleuse Bolzum.

erforderliche Wasserdichtigkeit des Drempels nicht zu gewährleisten ist. Der auf die Kammerlängsmauern von außen wirkende Wasser- und Erddruck wird in der Nähe des Drempels von der als Verspannung wirkenden Stirnmauer über den Untertoren aufgenommen. Die Längsmauern der Häupter haben daher hier verhältnismäßig schmal bemessen werden können, wodurch sich das Gesamtgewicht eines Hauptes sehr verringert hat. Zur besseren Aufnahme des vom Kammerwasserdruck gegen die Stirnmauer verursachten, auf Kippen in der Längsrichtung wirkenden Moments, d. h. zwecks Erzielung eines gleichmäßigen Bodendrucks unter den beiden Unterhäuptern, sind die Zwischenpfeiler der angrenzenden Straßenbrücke einschließlich ihrer Fundamente bis zur Kämpferhöhe der Brückenbogen mit den Häuptern zusammengebaut und entsprechend kräftig ausgebildet worden. Trotz dieser Maßnahmen hat sich für die Unterhauptsohlen noch eine um 0,85 m größere Dicke ergeben als für die Kammersohle. Die Rundstahlbewehrung der Sohle ist somit unter die aufgehenden Mauern der Häupter verlängert, daß der auf diese untergreifenden Sohlenstrecken wirkende Bodendruck dem Einspannungsmoment das Gleichgewicht hält. Besondere Vorsicht hat die Herstellung der Stirnmauern über den Untertoren verlangt, da sie unbedingt rissefrei bleiben müssen. Sie sind mit dem aufgehenden Beton der Häupter in einzelnen Abschnitten der Höhe nach ausgeführt. Dabei wurden die Lehrgerüste in den Einfahrtsöffnungen nur für das Gewicht des untersten 3 m hohen Abschnitts bemessen. Die Last der weiteren Abschnitte wurde dann von den vorher betonierten und inzwischen erhärteten, außerdem entsprechend bewehrten Abschnitten getragen, ohne daß die Lehrgerüste eine Mehrlast haben aufnehmen müssen. Die Stirnmauern besitzen, da sie keiner Abnutzung unterworfen sind, keine Verblendung wie die Seitenwände der Schleuse, sondern sind nur mit Torkretputz versehen.

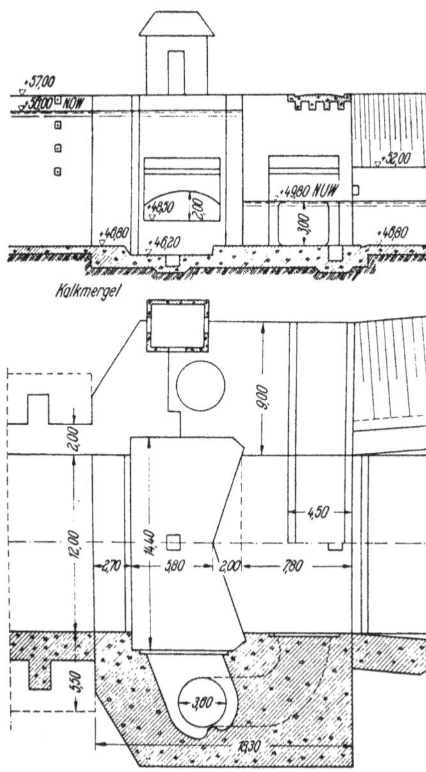

Abb. 200. Unterhaupt der 3. Schleuse Münster i. W.

Die Ausbildung der Unterhäupter der Doppelsparschleuse Sülfeld (Abb. 201) ist durch die notwendige Überführung einer Reichsbahnstrecke stark beeinflußt worden. Da die Spannweiten der Eisenbahnbrücken möglichst beschränkt gehalten werden sollten, mußten die Unterhäupter dicht an die Bahnlinie herangezogen werden. Dies ist soweit geschehen, daß die freie Durchgangsbreite an der nordöstlichen Ecke des Unterhauptes zwischen dem Beton und dem Bahnkörper nur noch 2 m beträgt. Sämtliche Einzelblöcke des Unterhauptkörpers sind mit stählerner Schalung in je einem durchgehenden Arbeitsgang von der Sohle bis zur Plattform betoniert worden, um waagerechte Arbeitsfugen zu vermeiden. Dabei wurden alle einzubetonierenden Teile, wie Schützrahmen, Leiterstützen, Haltekreuze, Scheuerleisten, Kantenschutz, Fugendichtungen u. dgl., vor Beginn des Betonierens an der Innenseite der Stahlschalung aufgehängt. Beim Bau der Schleuse Anderten, wo die Stirnmauern mit dem Mauerwerk der Häupter in Höhenabschnitten ausgeführt wurden, ist eine rissefreie Herstellung bei der Westschleuse nicht gelungen. Bei einem plötzlichen Temperaturabfall um 20°, der kurze Zeit nach der Betonierung auftrat, bildete sich in der Mitte des in den Seitenmauern fest eingespannten Riegels trotz der sehr starken Zugbewehrung ein lotrechter Riß. Diese Erfahrung führte dazu, in Sülfeld ein besonderes Betonierverfahren anzuwenden. Nach Herstellung der Sohle wurden zunächst in einem Arbeitsgange eine Seitenmauer und der ganze Querriegel einschließlich des in die gegenüberliegende Seitenmauer eingreifenden Teiles betoniert. Dabei war der Anschlagrahmen des Untertores vorher aufgestellt und mit der Schalung fest verbunden worden. Erst nach dem Abklingen der Abbindewärme des Betons, wobei sich der Riegel um 3 mm verkürzte, wurde die andere Seitenmauer hochgeführt.

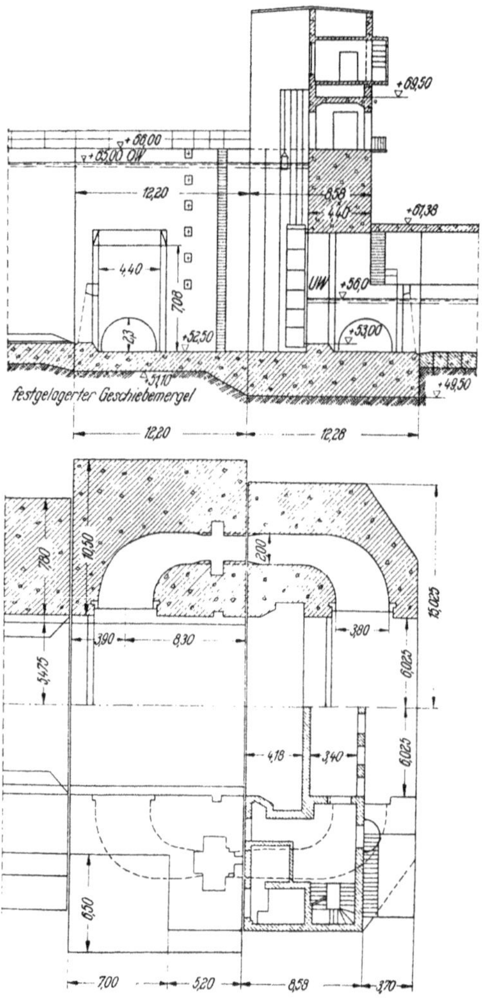

Abb. 201. Schleuse Sülfeld (Unterhaupt).

Die Schleuse Lehnitz gehört mit der zweiten Schleuse zu Dörverden a. d. Weser und der dritten Schleuse in Klein-Machnow am Teltow-Kanal zu den Schleusen, bei denen die Oberhäupter mit Umläufen, die Unterhäupter hingegen ohne Umläufe gebaut worden sind (Abb. 202). Die Unterhauptsohle der Schleuse Lehnitz ist bei 16 m Länge zwischen Spundwänden eingefaßt; und zwar wurde Larssen-Profil III verwendet. Der Anschluß nach der Kammer, deren Wände aus stählernen Spundbohlen bestehen, geschieht auf 11 m durch eine Tonschürze, die sich noch unter dem die Betonsäulen tragenden Schotter hinzieht. Vor und hinter dem Tor ist je ein Pumpensumpf vorgesehen. Der zum Trockenlegen des Unterhauptes dienende Notverschluß ist ebenso wie der des Oberhauptes eine nadelwehrartige Konstruktion. Die Energievernichtung des unter dem Hubtor in das Unterwasser strömenden Schleusungswassers erfolgt durch einen Stoßbalken, dessen Lagerung und Querschnitt aus Abb. 203 ersichtlich ist. Im weiteren dient der Energievernichtung der schräge Anlauf der Unterhauptsohle nach dem Unterwasser, der in einer kleinen Schwelle seinen Abschluß findet und zugleich das untere Auflager der Nadeln des Notverschlusses bildet. Eine ähnliche Stoßbalkenkonstruktion wie in Lehnitz finden wir im Unterhaupt der Mühlendammschleuse in Berlin. Der Verschlußkörper ist hier ein als Riegeltor gebautes Stemmtor mit Torschützen. Infolgedessen ist der Stoßbalken bei der Mühlendammschleuse im Grundriß nicht geradlinig wie in Lehnitz, sondern in Parallelführung zum Stemmtordrempel geknickt.

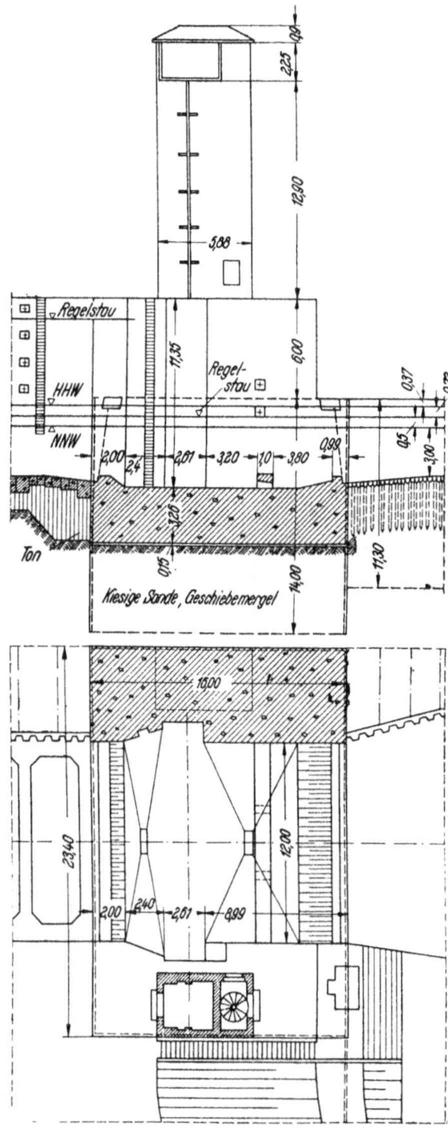

Abb. 202. Unterhaupt der Schleuse Lehnitz.

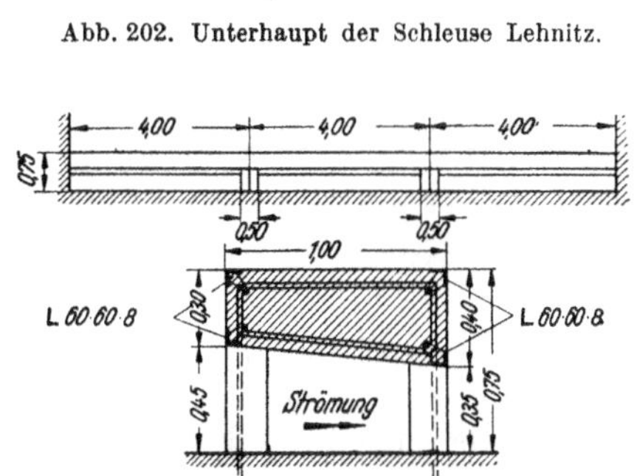

Abb. 203. Stoßbalken im Unterhaupt.

Bei der Doppelschleuse Magdeburg liegt die Plattform beider Unterhäupter auf gleicher Höhe wie die der Kammern, d. h. bei der Westkammer auf N.N. + 45,70 und bei der Ostkammer auf N. N. + 43,40 (Abb. 204). Auch die Unterhäupter haben keine Umläufe. Die Kammern werden durch Anheben der Tore entleert, wobei die lebendige Kraft des Wassers in einem Tosbecken, das durch eine 1 m hohe Schwelle abgeschlossen ist, vernichtet wird. Zwischen der Schwelle und dem Untertor liegt auf der Sohle noch eine Zahnschwelle. Form und Abmessungen dieser Energievernichtungsanlagen sind nach Versuchen in der Versuchsanstalt zu Berlin festgelegt worden. Im Gegensatz zum Oberhaupt ist das Unterhaupt auf Kies gegründet. Es kam in Frage, den Baukörper als Halbrahmen mit biegungsfester Sohle auszubilden. Bei der großen Ausdehnung der Häupter war aber kaum damit zu rechnen, daß der Rahmen trotz stärkster Bewehrung ohne Zugrisse bleiben würde. Es wurde daher die Sohle als getrennter Bauteil hergestellt, obwohl dadurch ein größerer Betonaufwand erforderlich war. Die Sohle ist durch Dehnungsfugen von den Seitenwänden getrennt und greift zur Sicherung gegen Auftrieb bei leergepumpter Torkammer kragartig unter die Seitenwände. Dabei sind die Seitenmauern als Schwergewichtsmauern so ausgebildet, daß sie bei den gewöhnlichen Belastungen für sich standfest sind. Die Biegungsspannungen der Sohle werden durch Rundstahleinlagen aufgenommen. Für die Berechnung der Sicherheit gegen Auftrieb wurde die halbe Breite der Mittelmauer in Rechnung gestellt; die Masse der niedrigeren Ostmauer ist etwa gleich groß. Die Dehnungsfugen zwischen der Sohle und den Seitenblöcken sind durch einen Bleiwollekeil und einen Teerstrick gedichtet. Die übrige bauliche Ausbildung gleicht der des Oberhauptes. In derselben Art wie das Unterhaupt ist das Zwischenhaupt der westlichen Schleusenkammer ausgeführt. Es dient nur als Unterhaupt der kleinen Kammer und soll nicht als Oberhaupt für den längeren

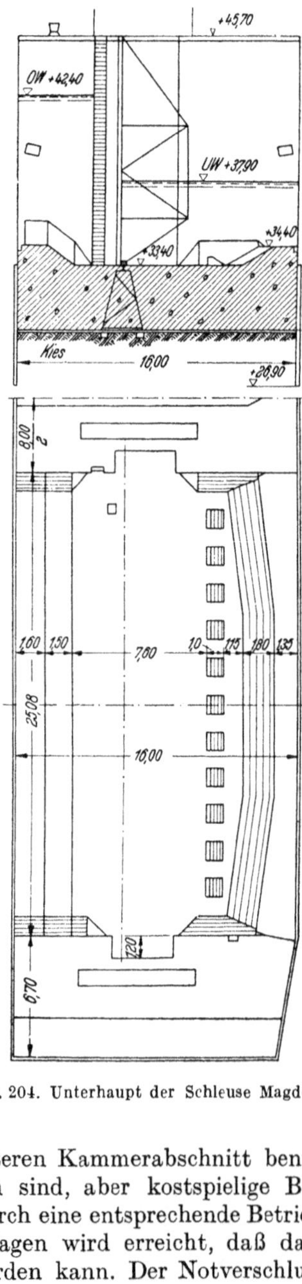

Abb. 204. Unterhaupt der Schleuse Magdeburg.

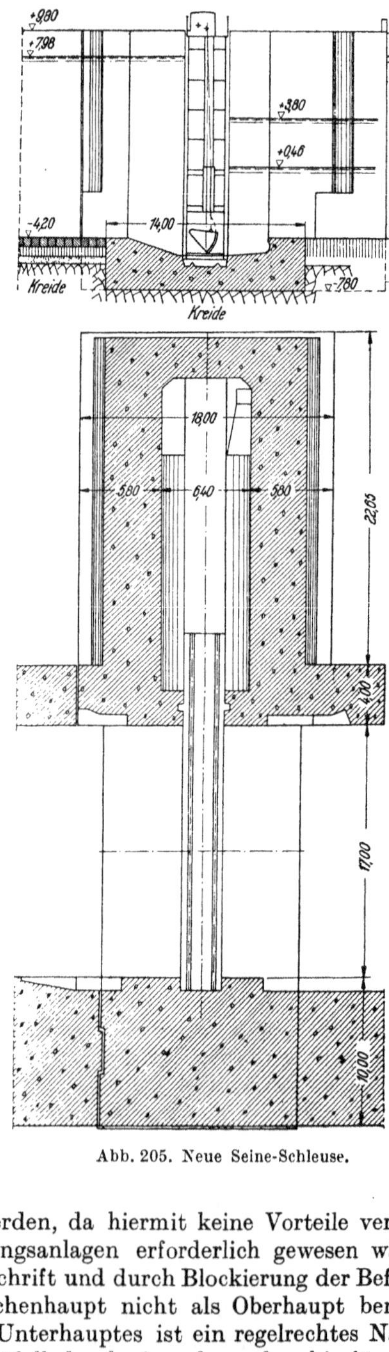

Abb. 205. Neue Seine-Schleuse.

unteren Kammerabschnitt benutzt werden, da hiermit keine Vorteile verbunden sind, aber kostspielige Beruhigungsanlagen erforderlich gewesen wären. Durch eine entsprechende Betriebsvorschrift und durch Blockierung der Befehlsanlagen wird erreicht, daß das Zwischenhaupt nicht als Oberhaupt benutzt werden kann. Der Notverschluß des Unterhauptes ist ein regelrechtes Nadelwehr mit Nadelwehrböcken, die im Notfall durch einen besonders hierfür konstruierten Schwimmkran eingesetzt werden. Die Oberkante des Notverschlusses liegt 0,50 m über Mittelwasser der Elbe.

Die im Zuge der Umkanalisierung der unteren Seine ausgebaute Schleusenanlage Amfréville les Poses besteht aus einer neuen Schleuse und dem Umbau einer alten Schleuse. Das Unterhaupt der neuen Schleuse ist ähnlich wie das Oberhaupt mit einem Schiebetor als Verschlußkörper ausgerüstet, jedoch ohne Umläufe, indem das Schiebetor zum Leeren der Schleuse mit drei Segmentschützen von je etwa 5 m² Durchflußfläche versehen ist. Die Unterhauptschwelle besitzt eine durch Spezialgußeisen gepanzerte hohlkehlförmige Bremskammer, welcher die Aufgabe zufällt, die Energie des aus den Segmentschützen ausströmenden Wassers zu vernichten. Der wasserseitige Torpfeiler und die Unterhauptschwelle wurden einzeln in besonderen Baugruben ausgeführt, dagegen der landseitige Torpfeiler im Zusammenhang mit der Torkammer in einer gemeinsamen Baugrube. Der wasserseitige Torpfeiler besteht aus einem einzigen Block von 10 m Breite und 14 m Länge. Er ist auf feste Kreide gegründet und in aufgelöster Bauweise ausgeführt. Die Unterhauptschwelle ist ein Stahlbetonblock von 14 m Breite und 17 m Länge mit einer größten Dicke von 3,5 m und auf die ganze Breite durchgehend mit einer Aussparung von 4,65 m Breite und 86 cm Tiefe versehen, die zur Aufnahme der Torschienen dient. Das Untertor kann nach beiden Seiten kehren und lehnt sich hierbei gegen schwere Rahmen aus Spezialgußeisen mit gehobelten Anschlagflächen. Die Länge des landseitigen Torpfeilers und des die Torkammer umfassenden Blockes beträgt 26,65 m, die größte Gründungsbreite 18 m. Auch dieser Bauteil ist auf feste Kreide gegründet. Das Mittelstück der Torkammersohle wurde zur Herabsetzung der Biegungsbeanspruchungen erst nach Fertigstellung der Trogmauern betoniert. Die Torkammersohle hat eine Stärke von 1,75 m. Sie ist zur Sicherung gegen Auftrieb keilförmig zwischen die vorspringenden Füße der Torkammerlängswände eingefügt. Bei der Ausführung der Torkammermauern wurden im beschränkten Umfange Rundstahleinlagen zu Hilfe genommen, um die Betonabmessungen in mäßigen Grenzen zu halten. Besonders stark hat der stromabwärtige Teil des landseitigen Torpfeilers ausgebildet werden müssen, da er bei gefüllter Schleuse die Auflagerdrücke aus dem Untertor aufzunehmen hat. Die Torkammer kann durch stählerne Dammbalken abgeschlossen werden. Zu ihrer Trockenlegung ist in einer Ecke ein Pumpensumpf angeordnet.

17. Berechnung halbrahmenartiger Schleusenkörper.

a) Allgemeines.

Halbrahmenartige Schleusenkörper haben wir in Form der in § 15c beschriebenen Kammertröge, der in Abb. 194 und Abb. 195c dargestellten Schiebetornischen, bei fast allen Schleusen aber in den aus Torkammerboden und Seitenwänden bestehenden Häuptern. Als Grundform eines halbrahmenartigen Schleusenkörpers kann der in Abb. 206 wiedergegebene Querschnitt angesehen werden, auf den im Bauzustand die eingezeichneten Kräfte wirken. Seine Berechnung als *fugenloser* Trog umfaßt bei kleinen Bauwerken oder als allgemeine Voruntersuchung für größere Kammern außer dem Nachweis der Standsicherheit der Seitenwände die Ermittlung der Spannungen, welche in der Mitte der

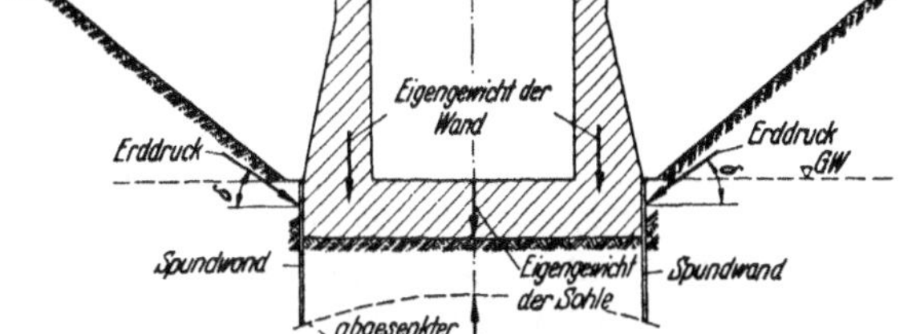

Abb. 206.

Sohle — Mittelfuge — und an den beiden Punkten ihres Überganges in die Kammermauern — Seitenfugen — auftreten. Für einen genauen Spannungsnachweis sind jedoch Querschnitte der Wände und der Sohle streifenweise zur Festlegung der erforderlichen Rundstahlbewehrung zu prüfen. Jegliche Aufgabe dieser Art steht in Wechselwirkung mit der Bestimmung der unter der Fundamentsohle auftretenden *Bodenpressungen.*

Hierbei muß stets mit zwei *Hauptlastfällen* gerechnet werden, erstens dem Belastungsfall „*Leere* Schleuse" und zweitens dem Belastungsfall „*Gefüllte* Schleuse". Der Belastungsfall I bestimmt im allgemeinen unter Annahme des höchstmöglichen Außen- bzw. Grundwasserstandes die Stärke und Bewehrung der Wände und der Sohle, der Belastungsfall II unter Annahme des niedrigsten Grundwasserstandes die größte Höhe der unter dem Bauwerk sich ergebenden Bodenpressungen.

Welche *Außenwasserstände* auftreten können, ist bei Flußschleusen von der Lage der Schleuse zum Wehr abhängig. Es wird hierbei in der Regel nicht erforderlich sein, von den höchsten Wasserständen auszugehen, da man ein Leerpumpen der Häupter bzw. der Kammer nicht gerade zu diesem Zeitpunkt vornehmen wird. Bei Kanalschleusen, die in diluvialen Schichten eingebettet sind, ist der Auftrieb auf die Sohle des Oberhauptes gleich dem hydrostatischen Druck des Oberwassers zu setzen. Der Auftrieb auf die Sohle des Unterhauptes hingegen ist abhängig von der Länge der Kammer und der Bauart des Unterhauptes insofern, ob sich ein von Oberwasser nach Unterwasser abfallender Grundwasserstrom ausbilden kann. Dies ist z. B. nur in beschränktem Maße der Fall, wenn das Unterhaupt beiderseits Flügelspundwände aufweist, die auf größere Strecke ins Erdreich einbinden. Daher verlangt die Festlegung des für das leergepumpte Unterhaupt maßgeblichen Grundwasserstandes stets eingehende Prüfung. Er wird nur unter besonders günstigen Umständen gleich dem hydrostatischen Druck des Unterwassers anzunehmen sein. Man kann dann den Auftrieb auf die Kammersohle vom Oberhaupt nach dem Unterhaupt entsprechend der Blockeinteilung der Kammer stufenweise abnehmend in Rechnung stellen. Diese Festlegungen schließen immer eine gewisse Sicherheit in sich. Praktisch tritt durch die die Häupter umschließenden Spundwände eine Verringerung des Wasserüberdruckes ein, da sie eine Verlängerung des Sickerweges zur Folge haben.

Der Ansatz des *Erddruckes* hat stets auf Grund von genauen Untersuchungen zu erfolgen, durch welche die Zahlenwerte für Raumgewicht und innere Reibung festgelegt werden. Seine Größe wird im allgemeinen auch heute noch nach dem COULOMBschen Verfahren ermittelt, das auf der Bildung ebener Gleitflächen fußt. Das COULOMBsche Dreieck ergibt den unteren Grenzwert des Erddruckes, den sog. aktiven Erddruck. Er ist der kleinste Erddruck, der nach entsprechenden Bewegungen einer Wand bei voller Mobilisierung der inneren Reibung überhaupt möglich ist. Dieser aktive Erddruck kann aber bei halbrahmenartigen Schleusentrögen infolge der hohen Stabilität der Seitenwände nicht auftreten. Vielmehr tritt hier ein als „Ruhedruck" bezeichneter Erddruck ein, der in seiner Wirkung um einen in seinem Wert noch nicht erkannten und von der Art der Einbringung des Bodens abhängigen „Einstampfdruck" um ein geringes erhöht wird. Die durch den Ruhedruck auftretenden seitlichen Belastungen sind abhängig von der Einbringungs- und Lagerungsart des Bodens, der Wandreibung, der Größe der Auflasten, Wasserstandsänderungen und schließlich auch von der Zeit. Es hat sich nämlich gezeigt, daß bei unnachgiebigen Stützwänden eine allmähliche Erddrucksteigerung eintritt, die durch Kornumlagerungen infolge von Erschütterungen oder infolge Eindringens von Niederschlagwasser hervorgerufen wird. Nach Meßergebnissen und der hiermit übereinstimmenden Theorie erreicht der Ruhedruck den $1^1/_2$- bis 2fachen Wert des COULOMBschen aktiven

Erddruckes [285]. Man tut daher gut, ohne sich einer übertriebenen Sicherheit hinzugeben, in der Praxis mit dem 1,5fachen des sich nach COULOMB ergebenden aktiven Erddruckes zu rechnen. Dabei wird eine dreieckförmige Erddruckverteilung nach der Tiefe angenommen, ein Vorgehen, das bei unnachgiebigen Stützmauern wie bei massiven Schleusenwänden volle Berechtigung hat. Man wird allerdings auch hier nach den Querschnittsformen unterscheiden müssen, wie sie in Abb. 175a—d dargestellt sind. Je mehr sich ein halbrahmenförmiger Schleusenkörper der in Abb. 175c wiedergegebenen Form nähert, um so mehr besteht die Notwendigkeit, den auftretenden Erddruck nach Größe und Verteilung genau zu erfassen. Die Ermittlung der horizontalen Kräfte verlangt eine Trennung von Erddruck und Wasserdruck, wenn man als Hinterfüllungsboden groben Sand oder Kies verwendet. Hier verhält sich das Wasser, als ob es frei wäre. Der Erddruck ist unter Abzug des Auftriebes für eine unter Wasser angenommene Gleitfläche für sich und ebenso der Wasserdruck für sich anzusetzen. Bei feinen Sanden hingegen wird das Wasser durch kapillare Kräfte festgehalten und belastet das Erdkorngerüst mit seinem vollen Gewicht. Es ist damit gezwungen, sich bei Bewegung der Wand in der gleichen Art zu verhalten wie der ihm als „Stütze" dienende Boden.

Die sich so aus Eigengewicht des Bauwerkes, Wasserlast und Wasserdruck, Erddruck, Auftrieb und Bodengegendruck ergebenden Belastungen sind für den Belastungsfall I „Leere Schleuse" und für den Belastungsfall II „Gefüllte Schleuse" in den Abb. 207a und b dargestellt. Danach entsteht bei gefüllter Kammer und niedrigem Grundwasserstand in den Wänden unter Umständen Zug auf der Innenseite, während in der Sohle die Zugzone unten oder oben liegen kann. Bei leerer Kammer und hohem Grundwasserstand außerhalb liegt in den Wänden die Zugzone außen; in der Sohle können sich Zugspannungen oben oder unten befinden.

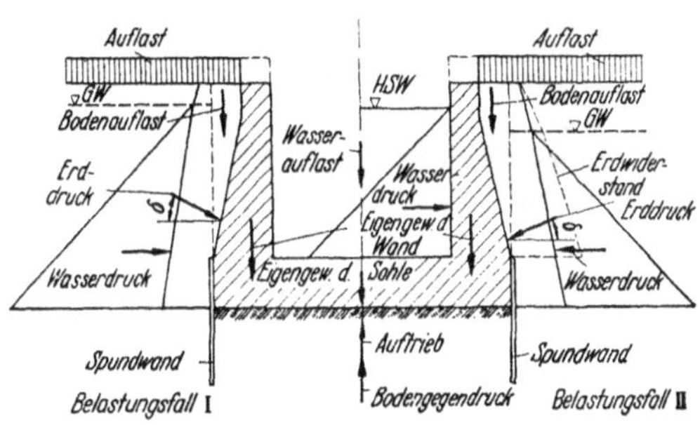

Abb. 207.

Soweit eine Schleusensohle nicht als auftriebssichere Schwergewichtssohle nach Abb. 175a ausgebildet ist oder künstlich durch eingerammte Zugpfähle gehalten wird (s. Abb. 176h), wird der gesamte *Auftrieb* über die als eingespannte Platte oder als Gewölbe wirkende Sohle auf die Seitenwände und von da auf das dahinterliegende Erdreich übertragen. In jedem Falle muß $\sum V = 0$ sein, d. h. alle von oben her wirkenden Kräfte müssen durch gleich große von unten her aufgenommen werden. Die Lastaufnahme unter der Schleusensohle ist also gleich dem Unterschiede aus dem Gewicht des Schleusenkörpers, der Wasserfüllung, etwaiger senkrechter Komponenten des Erddrucks und dem Auftrieb von unten. Ebenso ergibt sich, daß die in der Schleusensohle auftretende Horizontalkraft gleich sein muß der Summe der von außen auf die Seitenwände wirkenden Kräfte des Erd- und Wasserdruckes, bei gefüllter Kammer vermindert um den von ihr aus nach außen wirkenden Wasserdruck.

Man kennt also die Summe der unter der Schleusensohle auftretenden Bodenpressungen, aber nicht die Art der *Bodengegendruckverteilung.* Sie ist ein bis heute noch nicht völlig gelöstes Problem, obwohl gerade die Festlegung der wirklichen Lastaufnahme für die Konstruktion und Berechnung und damit wirtschaftliche Gestaltung von halbrahmenförmigen Schleusenkörpern besondere Bedeutung hat. Es ist durch Versuche erwiesen, daß eine gleichmäßige Verteilung des Druckes in der Berührungsfläche zwischen Last und Boden nicht eintritt. Die Bodenpressung $p = \frac{V}{F}$ ergibt ebenso nur einen großen Schwankungen ausgesetzten rechnerischen Mittelwert, wie z. B. die Wassergeschwindigkeit $v = \frac{Q}{F}$.

Näherungsverfahren zur Berechnung der in einem halbrahmenartigen Schleusenkörper auftretenden Spannungen bestehen darin, die Lastaufnahme unabhängig von den tatsächlichen Formänderungen der Sohle unter ihr nach gewissen Annahmen festzulegen und sodann als äußere Kraft zur Berechnung der Biegungsmomente einzusetzen. Man hat sie in der Praxis vielfach angewandt, ohne daß Mißerfolge bekanntgeworden sind. Es dürfte leicht einzusehen sein, daß solche Näherungsverfahren nur bei starren Grundkörpern, wie wir sie allerdings meistens in den Sohlen der Schleusenhäupter mit Rücksicht auf die Unterbringung der Tore und Umläufe, ferner die Anordnung von Tosbecken vorfinden, eine gewisse Berechtigung haben. Bei Kammerquerschnitten mit elastischen Sohlen, also solchen, deren Bauhöhe im Verhältnis zur Schleusenbreite geringer ist als etwa 1 : 6, ist diese Methode nicht mehr anwendbar. Hier wird man den tatsächlichen Verhältnissen nur dadurch gerecht, daß man die Verbiegungen der Sohle in Auswirkung der den Schleusenkörper beanspruchenden äußeren Kräfte des Erd- und Wasserdruckes sowie der Eigenlasten ermittelt und sodann entsprechend der Beschaffenheit des Untergrundes quantitativ und qualitativ zu den Bodenpressungen in Beziehung setzt.

Eine „Ausweichlösung" besteht darin, die Halbrahmen *mit Sohlenfugen* herzustellen, wodurch die sonst vorhandene statische Unbestimmtheit aufgehoben wird. Dieses Verfahren soll zunächst besprochen werden.

b) Schleusentröge mit Sohlenfugen.

Schleusentröge mit Sohlenfugen werden in der Regel so hergestellt, daß man zuerst die Seitenwände aufführt und dann die Sohle dazwischen einsetzt. Es ist hierbei gleichgültig, ob die Fugen senkrecht, abgetreppt oder schräg sind (Abb. 208). Eine weitere Unterscheidung ergibt sich, je nachdem, ob man die Seitenwände noch *vor* oder erst *nach* erfolgter Einziehung der Sohle hinterfüllt. In jedem Falle wird, auf die ganze Bauwerksbreite gesehen, eine ungleichmäßige Verteilung der Bodenpressungen schon dadurch hervorgerufen, daß sich der Baugrund unter den Seitenmauern stärker zusammendrückt als unter der Sohle. Wenn auch die Seitenwände erst nach dem Einziehen der Sohle hinterfüllt werden, so ist es doch ratsam, sie derart auszubilden, daß sie auch ohne Mitwirkung der Sohle den durch die Hinterfüllung auftretenden Horizontaldruck aufnehmen können. Man kann hierbei den Bauvorgang in der Richtung abstellen, daß die Seitenmauern bei noch laufender Grundwasserhaltung gegenüber dem Erddruck trockenen Bodens standsicher sind und nur für den Belastungsfall „Leere Kammer" im Betrieb, also mit Wasserüberdruck von außen, zur Gewinnung der erforderlichen Standsicherheit die ihnen von der unter Auftrieb stehenden Sohle zukommende Auflagerreaktion zu Hilfe nehmen. Es ergibt sich damit als erster Gang der statischen Untersuchung der Nachweis der Standsicherheit einer Seitenwand als reine Schwergewichtsmauer mit trockener Erdhinterfüllung vor Einziehung der Sohle, wobei auch die Sicherheit gegen Gleiten und Grundbruch festzustellen ist. Sind letztgenannte beide Forderungen

Abb. 208.

nicht zu erfüllen, so ist die Hinterfüllung der Seitenwände erst nach Einbringen der Sohle möglich. Die Ermittlung des Bodengegendruckes unter der Mauer erfolgt hierbei genau genug nach dem Spannungstrapez unter Ausschluß von Zugspannungen.

Alle weiteren Untersuchungen sind von der Gestalt der *Sohlenfuge* abhängig. Ist die Sohlenfluge *senkrecht*, so entstehen für den Belastungsfall I theoretisch keine Auflagerreaktionen der Sohle gegenüber den Seitenmauern. Praktisch ist dies jedoch nicht der Fall. Die auf die Seitenmauern wirkenden Horizontalkräfte rufen, wenn auch noch so kleine Bewegungen hervor, wodurch die Sohle „eingeklemmt" wird, was wiederum zu gewissen Auflagerreaktionen führt. Diese Bewegungen der Bauwerksteile gegeneinander lassen sich jedoch schwer erfassen. Sie können für Schleusenbauten an Binnenwasserstraßen als belanglos, zum mindesten die Sicherheit erhöhend vernachlässigt werden. Die Sohle muß aber eine solche Stärke haben, daß sie durch ihre Last dem Auftrieb widersteht. Das bedeutet nach Abb. 209 bei einem Eigengewicht unbewehrten Betons von 2,2 t/m³ eine Mindeststärke von 0,83 *h*, wobei *h* die Höhe des Außen- oder Grundwasserstandes über Oberkante der Kammersohle ist.

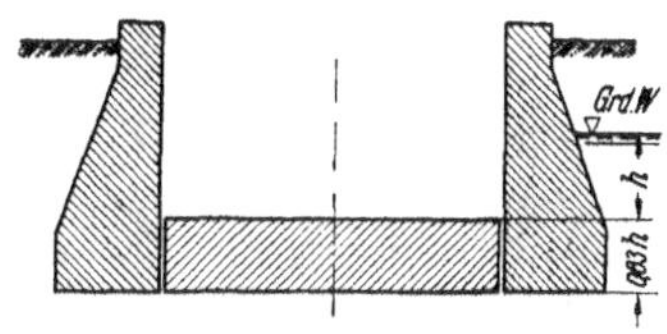

Abb. 209.

Mit *abgetreppten* Fugen gelenkig eingehängte Sohlen haben den Vorteil klarer Kraftübertragung. Dies setzt allerdings voraus, daß auch die Möglichkeiten hierzu geschaffen sind. Sie bestehen in der Bereitstellung einer verhältnismäßig schmalen Auflagerfläche, die mit Rücksicht auf die dabei auftretenden Scherspannungen eine starke Bewehrung erhalten muß. Die Berechnung der Sohlenplatte selbst erfolgt als beiderseits frei aufliegend. Die sich hierbei für den Belastungsfall „Leere Kammer" ergebende Auflagerreaktion *P* wirkt dann entlastend für die Seitenmauer. Das ursprünglich allein durch *R* sich ergebende Spannungstrapez *a—b—c—d* verwandelt sich unter Einwirkung von *P* in das Spannungstrapez *a—b—e—f* (Abb. 210). Der Belastungsfall II ist wie bei der Anordnung senkrechter Fugen für die Bemessung der Seitenwände in der Regel ohne Bedeutung. Eine Ausnahme kann sich ergeben, wenn die Seitenwände durch das Vorhandensein von Sparbecken nicht hinterfüllt sind.

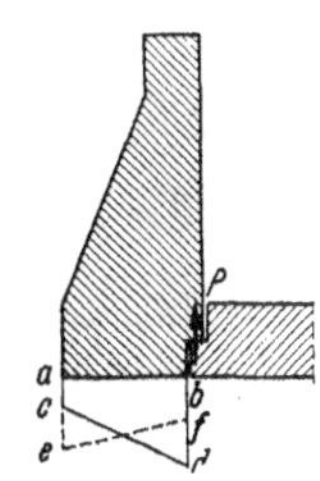

Abb. 210.

Schräge Sohlenfugen, die zweckmäßig unter einem Winkel von 75 bis 80° verlaufen, führen zur Ausbildung der Sohle als scheitrechtes Gewölbe, wenn die Sohle die Form einer horizontal liegenden Platte erhält, sonst zum normalen Gewölbe (Abb. 211). Dieses gestattet die geringsten Sohlenstärken. Schwer erfaßbar ist jedoch auch hier die durch die Bewegungen der beiden Bauwerksteile, Seitenwand und Sohle, bedingte Lage der angreifenden Horizontalkräfte. Geht man wieder davon aus, daß die Seitenwand auch ohne Inanspruchnahme des Gewölbes standsicher sein muß, so tritt in gleicher Weise wie bei dem eingelegten Balken mit abgetreppter Fuge für den Belastungsfall I eine Entlastung der Seitenwand durch den Kämpferdruck ein. Die Stärke des Gewölbes ergibt sich aus der Lage der Stützlinie, ihr Verlauf aus der Belastung durch den Auftrieb

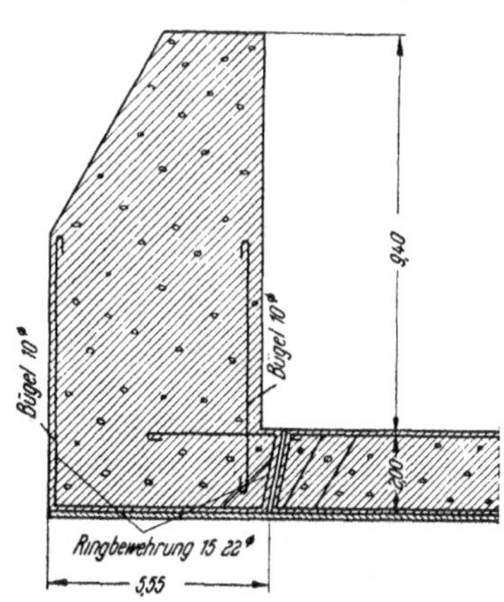

Abb. 211.

abzüglich Eigengewicht des Gewölbes. Scheitrechte Bögen kann man als Gewölbe ansehen, die oberhalb zur Gewinnung einer horizontalen Schleusensohle mit Beton ausgefüllt sind und unterhalb zur Gewinnung einer horizontalen Bauwerkssohle beiderseits auf Betonzwickel ruhen (Abb. 212). Man erhält damit eine Bogenstärke je nach der Neigung der Sohlenfuge von etwa $^2/_3$ der Dicke des scheitrechten Gewölbes in Schleusenmitte. Da aber bei Binnenschleusen als scheitrechte Bögen eingebrachte Sohlen meist nicht die Aufgabe haben, die Kammerwände gegenseitig abzusteifen, sondern nur das Trockenlegen der Schleusenkammer zu ermöglichen, genügt es, sie als Balken auf zwei Stützen zu bewehren. Dies ist stets dann berechtigt, wenn durch Verlegen einer Isolierschicht und Einbau einer Dichtung in Fugenmitte bewußt eine Gelenkwirkung hervorgerufen wird. Es empfiehlt sich jedoch, daneben den Einfluß der waagerechten Seitenkräfte auf die Betondruckspannungen zu untersuchen.

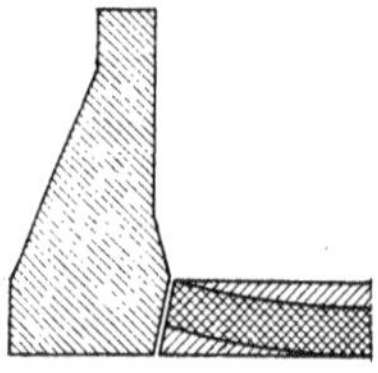

Abb. 212.

c) Schleusentröge ohne Sohlenfugen.

α) Angenommene Lastaufnahme. Das Verfahren, die Lastaufnahme unter einem trogförmigen Schleusenkörper unabhängig von den tatsächlichen Formänderungen der Sohle vorweg anzunehmen und die Schnittkräfte in der Sohle hiernach zu ermitteln, ist, wie bereits oben dargelegt, nur bei verhältnismäßig dicken Sohlenplatten statthaft. Es sind hierbei drei Berechnungsweisen gebräuchlich, je nachdem eine gleichmäßige, eine doppeltdreieckseitige oder eine hohlparabelförmige Lastverteilung angenommen wird (Abb. 213).

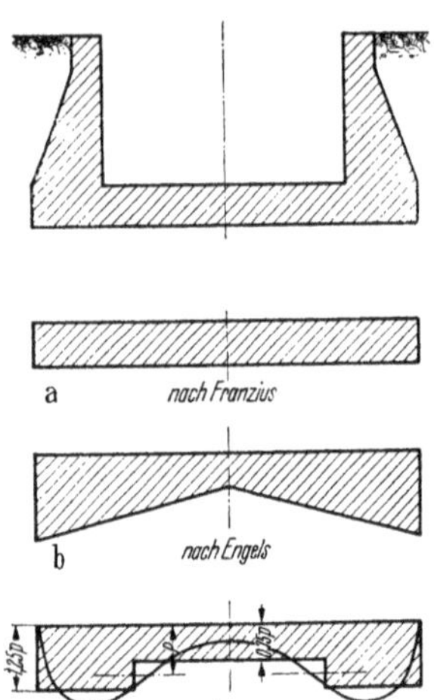

Abb. 213a—c.

Vertreter der Annahme *gleichmäßig verteilter* Lastaufnahme war FRANZIUS [*286, 287*]. Er ist bei seinen Untersuchungen von dem Verlauf der Stützlinien in der Sohle ausgegangen, die er zunächst einmal für verschiedene Wasserstände innerhalb und außerhalb der Kammer ermittelt hat. Dann wurde von ihm untersucht, wie sich Veränderungen in der Lastaufnahme bei sonst gleicher Beanspruchung durch die seitlichen Erd- und Wasserdruckkräfte auf den Verlauf der Stützlinie auswirken. Die daraus gewonnenen Erkenntnisse veranlaßten zu der Folgerung, „daß bei einheitlicher Sohlenverbiegung die Spannungen in der Sohlenplatte ihren größten Wert bei gleichmäßig verteiltem Unterdruck annehmen".

ENGELS beseitigte die statische Unbestimmtheit der Lastverteilung durch die Annahme, daß bei Schleusen auf Grundwasser führenden Bodenschichten sowohl bei leerer wie bei gefüllter Kammer die Sohlenpressung in Schleusenachse mindestens gleich dem vollen Auftrieb sein muß. Der dann noch verbleibende Rest der Bauwerkslast, bestehend aus Eigengewicht abzüglich Auftrieb, wird je auf halbe Bauwerksbreite *dreieckförmig* verteilt (Abb. 213b). Es nehmen also die Bodenpressungen von Sohlenmitte zu den Außenkanten des Bauwerks als Höchstwerte geradlinig zu. Ist kein Grundwasser vorhanden, so wird der statischen Berechnung die Annahme zugrunde gelegt, daß sowohl bei leerer wie bei gefüllter Kammer die durch die seitlichen Erd- und Wasserdruckkräfte hervorgerufene Gegenkraft durch die Mitte der Sohlenfuge hindurchgeht.

Starre Bauwerke müssen bei zentrischer Belastung unter dem Fundament überall gleiche Senkungen hervorrufen. Unter der Annahme elastischer Formänderungen des Baugrundes erreichen dabei die Pressungen am Fundamentrand einen unendlich großen Wert. Es tritt jedoch in Wirklichkeit durch plastischen Spannungsausgleich eine gewisse Abminderung ein. Wie groß diese auch sein mag, immer wird der Randdruck noch erheblich über dem rechnungsmäßigen Mitteldruck liegen, während die Pressungen im mittleren Bereich der Fundamentfläche unter diesem liegen. Biegsame Bauwerke hingegen werden sich der durch die Drucküberlagerung in Bauwerksmitte zu erwartenden Senkungsmulde anpassen und daher eine nahezu gleichmäßige Lastaufnahme auslösen. Man kann somit bei Schleusen, die in der Regel auf Bodenschichten gegründet werden,

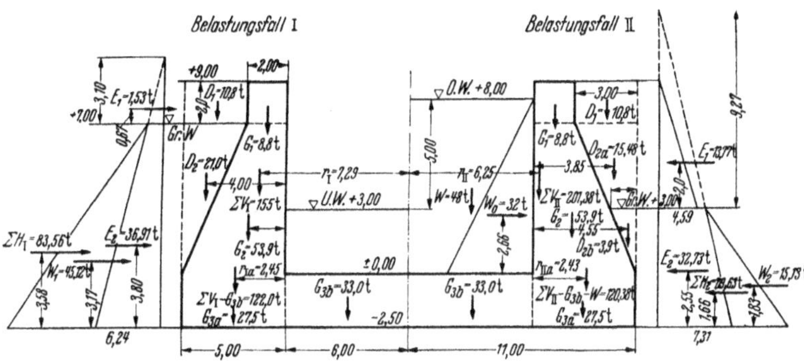

Abb. 214.

die durch frühere Überlagerung stark verdichtet sind, wodurch weiterhin eine seitliche Ausweichmöglichkeit ausgeschlossen ist, mit größeren Randpressungen und geringeren Drücken in Bauwerksmitte gegenüber dem Mitteldruck rechnen. Es ergibt sich damit eine Lastaufnahme etwa nach der in Abb. 213c dargestellten Kurve, die man als *Hohlparabel* bezeichnet. Siemonsen hat vorgeschlagen, die Hohlparabel vereinfacht durch eine rechteckige Lastaufnahme zu ersetzen, deren Werte nach den Rändern zu auf je $^1/_4$ der Sohlenbreite das 1,25fache, in der mittleren Strecke auf die halbe Sohlenbreite das 0,75fache des mittleren Druckes betragen [*292, 293*].

Alle drei Verfahren sollen nachstehend zwecks Anstellung von Vergleichen für eine Schleuse von 12 m Kammerbreite, 3 m Wassertiefe und 5 m Gefälle mit dem in Abb. 214 dargestellten Querschnitt durchgerechnet werden. Die Sohle ist mit 2,50 m Stärke, also einem Verhältnis zur Schleusenbreite von 1 : 4,8 als starr anzusehen.

Alle Berechnungen erstrecken sich auf den Belastungsfall „Leere Schleuse" mit einem Grundwasserstand von 1,00 m unter Oberwasser und auf den Belastungszustand „Gefüllte Schleuse" mit einem Grundwasserstand in Höhe des Unterwassers als Grenzwerte.

A. Vertikale Kräfte.

Betonlasten

$\gamma = 2{,}2\,\text{t/m}^3$

$$G_1 = 2{,}0 \cdot 2{,}0 \cdot 2{,}2 = 8{,}80\,\text{t}$$
$$G_2 = \tfrac{1}{2}(2{,}0 + 5{,}0) \cdot 7{,}0 \cdot 2{,}2 = 53{,}90\,\text{t}$$
$$G_{3a} = 2{,}50 \cdot 5{,}00 \cdot 2{,}2 = 27{,}50\,\text{t}$$
$$G_{3b} = 2{,}50 \cdot 6{,}00 \cdot 2{,}2 = 33{,}00\,\text{t}$$
$$\sum G = 123{,}20\,\text{t}$$

Erdlasten

γ_E (über Wasser) $= 1{,}8\,\text{t/m}^3$

γ_{EW} (unter Wasser) $= 2{,}0\,\text{t/m}^3$

Belastungsfall I

$$D_1 = 2{,}0 \cdot 3{,}0 \cdot 1{,}8 = 10{,}80\ \mathrm{t}$$
$$D_2 = \tfrac{1}{2} \cdot 3{,}0 \cdot 7{,}0 \cdot 2{,}0 = 21{,}00\ \mathrm{t}$$
$$\sum D_{\mathrm{I}} = 31{,}80\ \mathrm{t}$$

Belastungsfall II

$$D_1 = 10{,}80\ \mathrm{t}$$
$$D_{2a} = \tfrac{1}{2} \cdot (3{,}0 + 1{,}30) \cdot 4{,}0 \cdot 1{,}8 = 15{,}48\ \mathrm{t}$$
$$D_{2b} = \tfrac{1}{2} \cdot 1{,}30 \cdot 3{,}00 \cdot 2{,}00 = 3{,}90\ \mathrm{t}$$
$$\sum D_{\mathrm{II}} = 30{,}18\ \mathrm{t}$$

Wasserlast

$$W = 8{,}00 \cdot \tfrac{1}{2} \cdot 12{,}00 = 48{,}00\ \mathrm{t}$$
$$\sum V_{\mathrm{I}} = 123{,}20 + 31{,}80 = 155{,}00\ \mathrm{t}$$

Abstand $\sum V_{\mathrm{I}}$ zur Schleusenachse $r_{\mathrm{I}} = \frac{\sum V r}{\sum V_{\mathrm{I}}} = \frac{1130{,}27}{155{,}0} = 7{,}29$ m

$$\sum V_{\mathrm{I}} - G_{3b} = 155{,}0 - 33{,}0 = 122{,}0\ \mathrm{t}$$

Abstand $\sum V_{\mathrm{I}} - G_{3b}$ zur Seitenfuge $r_{\mathrm{I}a} = \frac{299{,}07}{122} = 2{,}45$ m

$$\sum V_{\mathrm{II}} = 123{,}20 + 30{,}18 + 48{,}00 = 201{,}38\ \mathrm{t}$$

Abstand $\sum V_{\mathrm{II}}$ zur Schleusenachse $r_{\mathrm{II}} = \frac{1257{,}70}{201{,}38} = 6{,}25$ m

$$\sum V_{\mathrm{II}} - G_{3b} - W = 201{,}38 - 33{,}0 - 48{,}0 = 120\ 38{,}\mathrm{t}$$

Abstand $\sum V_{\mathrm{II}} - G_{3b} - W$ zur Seitenfuge $r_{\mathrm{II}a} = \frac{292{,}42}{120{,}38} = 2{,}43$ m

B. Horizontale Kräfte.

Wasserdruck

$$W_0 = \tfrac{1}{2} \cdot 8{,}00^2 = 32{,}00\ \mathrm{t}$$
$$W_1 = \tfrac{1}{2}\ (7{,}00 + 2{,}50)^2 = 45{,}12\ \mathrm{t}$$
$$W_2 = \tfrac{1}{2}\ (3{,}00 + 2{,}50)^2 = 15{,}13\ \mathrm{t}$$

Erddruck

Die Seitenwände werden als starr angesehen. Infolgedessen können sich keine Gleitflächen in der Hinterfüllung ausbilden. Somit ist „Ruhedruck" als Seitenkraft anzusetzen.

$$\gamma_e = 1{,}700\ \mathrm{t/m^3}, \quad \gamma_{ew} = 1{,}100\ \mathrm{t/m^3}$$

Ruhedruck nach Ohde = 45% der Auflast, also $\lambda_0 = 0{,}45$.

Belastungsfall I

$$e_1 = 2{,}00 \cdot 1{,}70 \cdot 0{,}45 = 1{,}53\ \mathrm{t/m^2}$$
$$E_1 = \tfrac{1}{2} \cdot 1{,}53 \cdot 2{,}00 = 1{,}53\ \mathrm{t/m}$$

$$h' = 9{,}50 + 2{,}00 \frac{1{,}70}{1{,}10} = 9{,}50 + 3{,}10 = 12{,}60\ \mathrm{m}$$
$$e_2 = 0{,}45 \cdot 12{,}60 \cdot 1{,}10 = 6{,}24\ \mathrm{t/m^2}$$
$$E_2 = \tfrac{1}{2} \cdot (1{,}53 + 6{,}24) \cdot 9{,}50 = 36{,}91\ \mathrm{t/m}$$
$$\sum H_{\mathrm{I}} = 1{,}53 + 36{,}91 + 45{,}12 = 83{,}56\ \mathrm{t}$$

$$h_{\mathrm{I}} = \frac{298{,}83}{83{,}56} = 3{,}58\ \mathrm{m}$$

Belastungsfall II

$$e_1 = 6{,}00 \cdot 1{,}70 \cdot 0{,}45 = 4{,}59 \text{ t/m}^2$$

$$E_1 = \tfrac{1}{2} \cdot 4{,}59 \cdot 6{,}00 \quad = 13{,}77 \text{ t/m}$$

$$h'' = 5{,}50 + 6{,}00 \frac{1{,}70}{1{,}10} = 5{,}50 + 9{,}27 = 14{,}77 \text{ m}$$

$$e_2 = 0{,}45 \cdot 14{,}77 \cdot 1{,}10 = 7{,}31 \text{ t/m}^2$$

$$E_2 = \tfrac{1}{2}(4{,}59 + 7{,}31) \cdot 5{,}50 = 32{,}73 \text{ t/m}$$

$$\sum H_2 = 13{,}77 + 32{,}73 + 15{,}13 - 32{,}0 = 29{,}63 \text{ t}$$

$$h_{\mathrm{II}} = \frac{49{,}31}{29{,}63} = 1{,}66 \text{ m}$$

Diese Werte werden den nachfolgenden Berechnungen zugrunde gelegt.

a) Gleichmäßige Lastverteilung nach FRANZIUS (Abb. 215).

Belastungsfall I

$$P_{\mathrm{I}} = \frac{155}{11} = 14{,}1 \text{ t/m}^2$$

und nach dem Abzug des Auftriebes die wirkliche Bodenpressung 14,1 − 9,5 = 4,6 t/m² = 0,46 kg/cm².

Mittelfuge:

Lastaufnahme $P_{\mathrm{I}} = \sum V_{\mathrm{I}} = 155$ t, $\sum H_{\mathrm{I}} = 83{,}56$ t

Die Lage der Gegenkraft $\sum H$ ergibt sich aus der Beziehung:

$$x_{\mathrm{I}} = \frac{\sum V_{\mathrm{I}}\, s_{\mathrm{I}}}{H_{\mathrm{I}}} = \frac{155 \cdot 1{,}79}{83{,}56} = 3{,}32 \text{ m}$$

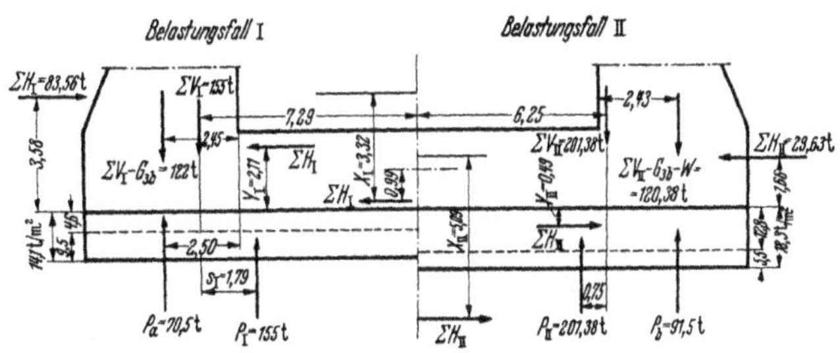

Abb. 215.

Abstand der Druckkraft von Fugenmitte:

$$3{,}32 - 3{,}58 + \frac{2{,}50}{2} = 0{,}99 \text{ m}$$

$$\sigma = \frac{83560}{250 \cdot 100}\left(1 \pm \frac{6 \cdot 99}{250}\right) = 3{,}34\,(1 \pm 2{,}38)$$

$$\sigma_{\mathrm{I}} = 3{,}34 \cdot (-1{,}38) = -4{,}61 \text{ kg/cm}^2 \text{ (oben Zug)}$$

$$\sigma_{\mathrm{II}} = 3{,}34 \cdot 3{,}38 = +11{,}29 \text{ kg/cm}^2 \text{ (unten Druck)}$$

Seitenfuge:

Der auf den Bereich der Seitenmauer entfallende Lastaufnahmeteil ist

$$P_a = 14{,}1 \cdot 5{,}00 = 70{,}5 \text{ t}; \qquad \sum V_{\mathrm{I}} - G_{3b} = 122 \text{ t}$$

Dann gilt:

$$H_{\mathrm{I}} \cdot (3{,}58 - y_{\mathrm{I}}) + P_a \cdot 2{,}50 - (\sum V_{\mathrm{I}} - G_{3b}) \cdot 2{,}45 = 0$$

$$83{,}56\,(3{,}58 - y_{\mathrm{I}}) + 70{,}5 \cdot 2{,}50 - 122 \cdot 2{,}45 = 0$$

$$y_{\mathrm{I}} = 2{,}11 \text{ m}$$

Abstand der Druckkraft von Fugenmitte:

$$2{,}11 - \frac{2{,}50}{2} = 0{,}86 \text{ m}$$

$$\sigma = 3{,}34\left(1 \pm \frac{6 \cdot 86}{250}\right) = 3{,}34\,(1 \pm 2{,}06)$$

$$\sigma_{\mathrm{I}} = 3{,}34 \cdot 3{,}06 = +10{,}22 \text{ kg/cm}^2 \text{ (oben Druck)}$$

$$\sigma_{\mathrm{II}} = 3{,}34\,(-1{,}06) = -3{,}54 \text{ kg/cm}^2 \text{ (unten Zug)}$$

Belastungsfall II

$$p_{\mathrm{II}} = \frac{201{,}38}{11} = 18{,}30 \text{ t/m}^2$$

und nach Abzug des Auftriebs die wirkliche Bodenpressung 18,30 — 5,50 = 12,80 t/m² = 1,28 kg/cm².

Mittelfuge:

Lastaufnahme $P_{\mathrm{II}} = \sum V_{\mathrm{II}} = 201{,}38$ t; $\sum H_{\mathrm{II}} = 29{,}63$ t

Die Lage der Gegenkraft $\sum H_{\mathrm{II}}$ kann verschieden sein, je nachdem die von außen wirkenden Horizontalkräfte $E_1 + E_2 + W_2$ größer oder kleiner sind als der von innen wirkende Wasserdruck W_0. Es sinkt nämlich mit wachsender Füllung der Kammer die Gegenkraft $\sum H_{\mathrm{II}}$ immer tiefer, bis zu dem Augenblick, in dem die von außen und innen wirkenden Horizontalkräfte gleich sind. Dies ist der Fall bei $E_{\mathrm{I}} + E_{\mathrm{II}} + W_2 = W_0$.

$\sum H_{\mathrm{II}}$ liegt dann im Unendlichen, ohne daß dabei die Spannungen in der Mittelfuge gleich Null werden. Mit $E_1 + E_{\mathrm{II}} + W_2 < W_0$ kehrt $\sum H_{\mathrm{II}}$ aus dem Unendlichen auf der anderen Seite, also von oben her, zurück und bewegt sich mit umgekehrtem Vorzeichen von oben nach unten auf die neutrale Faser der Schleusensohle zu.

Im vorliegenden Falle ist $E_{\mathrm{I}} + E_2 + W_2 = 13{,}77 + 32{,}73 + 15{,}13 = 61{,}63$ t > > als $W_0 = 32$ t. Somit liegt die Gegenkraft $\sum H_{\mathrm{II}}$ unterhalb der Schleusensohle. Ihr Abstand von der von außen wirkenden Kraft $\sum H_{\mathrm{II}}$ ergibt sich aus der Beziehung:

$$x_{\mathrm{II}} = \frac{201{,}38 \cdot 0{,}75}{29{,}73} = 5{,}09 \text{ m}$$

Abstand der Druckkraft von Fugenmitte:

$$5{,}09 - 1{,}66 + 1{,}25 = 4{,}68 \text{ m}$$

$$\sigma = \frac{29630}{250 \cdot 100}\left(1 \pm \frac{6 \cdot 468}{250}\right) = 1{,}18\,(1 \pm 11{,}24)$$

$$\sigma_{\mathrm{I}} = 1{,}18 \cdot -10{,}24 = -12{,}08 \text{ kg/cm}^2 \text{ (oben Zug)}$$

$$\sigma_{\mathrm{II}} = 1{,}18 \cdot 12{,}24 = +13{,}44 \text{ kg/cm}^2 \text{ (unten Druck)}$$

Seitenfuge:

Der auf den Bereich der Seitenmauer entfallende Lastaufnahmeteil ist

$$P_b = 18{,}30 \cdot 5{,}00 = 91{,}50 \text{ t}; \quad V_{\mathrm{II}} - G_{3b} - W = 120{,}38 \text{ t}$$

Dann gilt:

$$\sum H_{\mathrm{II}}(1{,}66 - y_{\mathrm{II}}) + P_b \cdot 2{,}50 - (\sum V_{\mathrm{II}} - G_{3b} - W) \cdot 2{,}43 = 0$$

$$29{,}63(1{,}66 - y_{\mathrm{II}}) + 91{,}50 \cdot 2{,}50 - 120{,}38 \cdot 2{,}43 = 0$$

$$y_{\mathrm{II}} = -0{,}49\ \mathrm{m}$$

d. h. die Gegenkraft $\sum H_{\mathrm{II}}$ liegt mit 0,49 m Abstand unterhalb der Bauwerksohle.

Abstand der Druckkraft von Fugenmitte $0{,}49 + 1{,}25 = 1{,}74$ m

$$\sigma = 1{,}18\left(1 \pm \frac{6 \cdot 174}{250}\right) = 1{,}18(1 \pm 4{,}18)$$

$$\sigma_{\mathrm{I}} = 1{,}18(-3{,}18) = -3{,}75\ \mathrm{kg/cm^2}\ \text{(oben Zug)}$$

$$\sigma_{\mathrm{II}} = 1{,}18 \cdot 5{,}18 = 6{,}11\ \mathrm{kg/cm^2}\ \text{(unten Druck)}$$

b) Doppelt-dreieckseitige Lastverteilung nach ENGELS (Abb. 216).

Die Lastaufnahme unter der Mitte der Sohle wird im Belastungsfall I gleich dem vollen Überdruck des Grundwassers angesetzt. Im Belastungsfall II kommt zu dem Überdruck des Grundwassers noch die auf die Sohlenbreite bezogene Wasserlast hinzu.

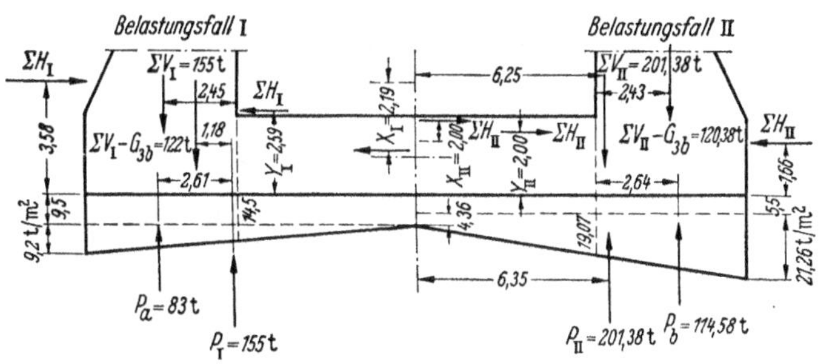

Abb. 216.

Die größte Bodenpressung unter den Außenkanten ergibt sich dann zu

Belastungsfall I

$$p_{m\,\mathrm{I}} = \gamma h = 9{,}5\ \mathrm{t/m^2}$$

$$\tfrac{1}{2}\, p_{\mathrm{I}} \cdot 11 + 9{,}50 \cdot 11 = \sum V_{\mathrm{I}} = 155\ \mathrm{t}$$

$$p_{\mathrm{I}} = 9{,}2\ \mathrm{t/m^2}$$

Belastungsfall II

$$p_{m\,\mathrm{II}} = \gamma h + \frac{W}{a} = 5{,}5 + \frac{48}{11} = 5{,}5 + 4{,}36 = 9{,}86\ \mathrm{t/m^2}$$

$$\tfrac{1}{2}(p_{\mathrm{II}} + 4{,}36) \cdot 11 + 5{,}5 \cdot 11 = \sum V_{\mathrm{II}} = 201{,}38$$

$$p_{\mathrm{II}} = 21{,}26\ \mathrm{t/m^2}$$

Damit gilt bei Belastungsfall I:
Mittelfuge:

$$x_1 = \frac{155 \cdot 1{,}18}{83{,}56} = 2{,}19\ \mathrm{m}$$

Abstand der Druckkraft von Fugenmitte:

$$3{,}58 - 2{,}19 - 1{,}25 = 0{,}14\ \mathrm{m}$$

$$\sigma = 3{,}34\left(1 \pm \frac{6 \cdot 14}{250}\right) = 3{,}34(1 \pm 0{,}34)$$

$$\sigma_{\mathrm{I}} = 3{,}34 \cdot 1{,}34 = +4{,}48\ \mathrm{kg/cm^2}\ \text{(oben Druck)}$$

$$\sigma_{\mathrm{II}} = 3{,}34 \cdot 0{,}66 = +2{,}20\ \mathrm{kg/cm^2}\ \text{(unten Druck)}$$

Seitenfuge:

$$P_a = \frac{1}{2} \cdot (18{,}7 + 14{,}5) \cdot 5{,}00 = 83\ \text{t}; \quad V_{\text{I}} - G_{3b} = 122{,}0\ \text{t}$$

$$83{,}56\,(3{,}58 - y_{\text{I}}) + 83{,}0 \cdot 2{,}61 - 122{,}0 \cdot 2{,}45 = 0$$

$$y_{\text{I}} = 2{,}59\ \text{m}$$

Abstand der Druckkraft von Fugenmitte:

$$2{,}59 - 1{,}25 = 1{,}34\ \text{m}$$

$$\sigma = 3{,}34\left(1 \pm 6\,\frac{134}{250}\right) = 3{,}34\,(1 \pm 3{,}22)$$

$$\sigma_{\text{I}} = 3{,}34 \cdot 4{,}22 = +14{,}09\ \text{kg/cm}^2\ \text{(oben Druck)}$$

$$\sigma_{\text{II}} = 3{,}34\,(-2{,}22) = -7{,}41\ \text{kg/cm}^2\ \text{(unten Zug)}$$

Belastungsfall II

Mittelfuge:

$$x_{\text{II}} = \frac{201{,}38 \cdot 0{,}10}{29{,}63} = 0{,}68\ \text{m}$$

Abstand der Druckkraft von Fugenmitte:

$$1{,}66 + 0{,}68 - 1{,}25 = 1{,}09\ \text{m}$$

$$\sigma = 1{,}18\left(1 \pm \frac{6 \cdot 109}{250}\right) = 1{,}18\,(1 \pm 2{,}62)$$

$$\sigma_{\text{I}} = 1{,}18 \cdot 3{,}62 = +4{,}27\ \text{kg/cm}^2\ \text{(oben Druck)}$$

$$\sigma_{\text{II}} = 1{,}18\,(-1{,}62) = -1{,}91\ \text{kg/cm}^2\ \text{(unten Zug)}$$

Seitenfuge:

$$P_b = \frac{1}{2}\,(26{,}76 + 19{,}07) \cdot 5{,}00 = 114{,}58\ \text{t}$$

$$V_{\text{II}} - G_{3b} - W = 120{,}38\ \text{t}$$

$$29{,}63\,(1{,}66 - y) + 114{,}58 \cdot 2{,}64 - 120{,}38 \cdot 2{,}43 = 0$$

$$y_{\text{II}} = +2{,}00\ \text{m}$$

Abstand der Druckkraft von Fugenmitte:

$$2{,}00 - 1{,}25 = 0{,}75\ \text{m}$$

$$\sigma = 1{,}18\left(1 \pm \frac{6 \cdot 75}{250}\right) = 1{,}18\,(1 \pm 1{,}80)$$

$$\sigma_{\text{I}} = 1{,}18 \cdot 2{,}80 = +3{,}30\ \text{kg/cm}\ \text{(oben Druck)}$$

$$\sigma_{\text{II}} = 1{,}18\,(-0{,}80) = -0{,}94\ \text{kg/cm}\ \text{(unten Zug)}$$

c) Hohlparabelförmige Lastverteilung nach SIEMONSEN (Abb. 217).

Lastaufnahme nach der Hohlparabel unter Anwendung der abgestuften Rechtecksverteilung als Vereinfachung ergibt folgendes:

Belastungsfall I

$$p_{\text{I}} = \frac{155}{11} = 14{,}1\ \text{t/m}^2$$

$$p_{\text{I}}\max = 1{,}25 \cdot 14{,}1 = 17{,}6\ \text{t/m}^2 = 1{,}76\ \text{kg/cm}^2$$

$$p_{\text{I}}\min = 0{,}75 \cdot 14{,}1 = 10{,}6\ \text{t/m}^2 = 1{,}06\ \text{kg/cm}^2$$

$$p_{\text{I}} = 5{,}50 \cdot 17{,}6 + 5{,}50 \cdot 10{,}6 = 97 + 58 = 155\ \text{t}$$

$$a_{\text{I}} = \frac{97 \cdot 8{,}25 + 58 \cdot 2{,}75}{155} = 6{,}19\ \text{m}$$

Mittelfuge:

$$x_{\mathrm{I}} = 155\frac{(7{,}29 - 6{,}19)}{83{,}65} = 2{,}04 \text{ m}$$

Abstand der Druckkraft von Fugenmitte:

$$3{,}58 - 2{,}04 - 1{,}25 = 0{,}29 \text{ m}$$

$$\sigma \;\; = 3{,}34\left(1 \pm \frac{6 \cdot 29}{250}\right) = 3{,}34\,(1 \pm 0{,}70)$$

$$\sigma_{\mathrm{I}} \;= 3{,}34 \cdot 1{,}70 = +5{,}68 \text{ kg/cm}^2 \text{ (oben Druck)}$$

$$\sigma_{\mathrm{II}} = 3{,}34 \cdot 0{,}30 = +1{,}00 \text{ kg/cm}^2 \text{ (unten Druck)}$$

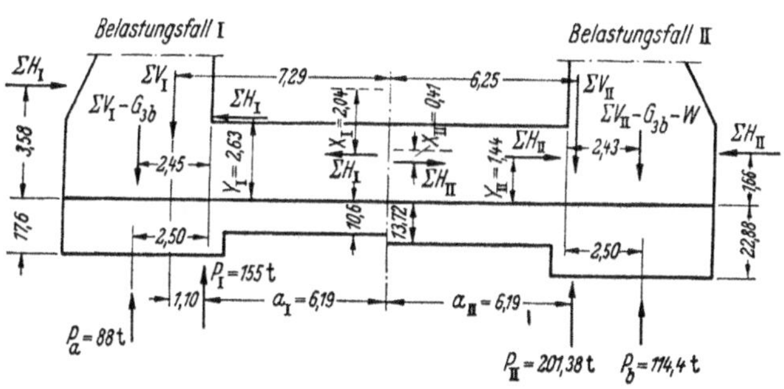

Abb. 217.

Seitenfuge:

$$Pa = 5{,}0 \cdot 17{,}6 = 88{,}0 \text{ t}$$

$$83{,}56\,(3{,}58 - y_{\mathrm{I}}) + 88{,}0 \cdot 2{,}50 - 122 \cdot 2{,}45 = 0$$

$$y_{\mathrm{I}} = 2{,}63 \text{ m}$$

Abstand der Druckkraft von Fugenmitte:

$$2{,}63 - 1{,}25 = 1{,}38 \text{ m}$$

$$\sigma \;\; = 3{,}34\left(1 \pm \frac{6 \cdot 138}{250}\right) = 3{,}34\,(1 \pm 3{,}31)$$

$$\sigma_{\mathrm{I}} \;= 3{,}34 \cdot 4{,}31 = +14{,}39 \text{ kg/cm}^2 \text{ (oben Druck)}$$

$$\sigma_{\mathrm{II}} = 3{,}34\,(-2{,}31) = -7{,}71 \text{ kg/cm}^2 \text{ (unten Zug)}$$

Belastungsfall II

$$p_{\mathrm{II}} = \frac{201.38}{11} = 18{,}3 \text{ t/m}^2$$

$$p_{\mathrm{II}} \max = 1{,}25 \cdot 18{,}3 = 22{,}8 \text{ t/m}^2$$

$$p_{\mathrm{II}} \min \; = 0{,}75 \cdot 18{,}3 = 13{,}7 \text{ t/m}^2$$

$$p_{\mathrm{II}} = 5{,}50 \cdot 22{,}8 + 5{,}50 \cdot 13{,}7 = 126 + 75{,}4 = 201{,}4 \text{ t}$$

$$a_{\mathrm{II}} = \frac{126 \cdot 8{,}25 + 75{,}4 \cdot 2{,}75}{201{,}4} = 6{,}19 \text{ m}$$

Mittelfuge:

$$x_{\mathrm{II}} = \frac{201{,}38\,(6{,}25 - 6{,}19)}{29{,}63} = 0{,}41 \text{ m}$$

Abstand der Druckkraft von Fugenmitte:

$$1{,}66 - 0{,}41 - 1{,}25 = 0{,}00\ \text{m}$$

$$\sigma_{\text{I}} = +1{,}18\ \text{kg/cm}^2\ \text{(oben Druck)}$$

$$\sigma_{\text{II}} = +1{,}18\ \text{kg/cm}^2\ \text{(unten Druck)}$$

Seitenfuge:

$$P_b = 5{,}0 \cdot 2{,}88 = 114{,}4\ \text{t}$$

$$29{,}63(1{,}66 - y_{\text{II}}) + 114{,}4 \cdot 2{,}50 - 120{,}38 \cdot 2{,}43 = 0$$

$$y_{\text{II}} = 1{,}44\ \text{m}$$

Abstand der Druckkraft von Fugenmitte:

$$1{,}44 - 1{,}25 = 0{,}19\ \text{m}$$

$$\sigma = 1{,}18\left(1 \pm \frac{6 \cdot 19}{250}\right) = 1{,}18(1 \pm 0{,}46)$$

$$\sigma_{\text{I}} = 1{,}18 \cdot 1{,}46 = +1{,}72\ \text{kg/cm}^2\ \text{(oben Druck)}$$

$$\sigma_{\text{II}} = 1{,}18 \cdot 0{,}54 = +0{,}64\ \text{kg/cm}^2\ \text{(unten Druck)}$$

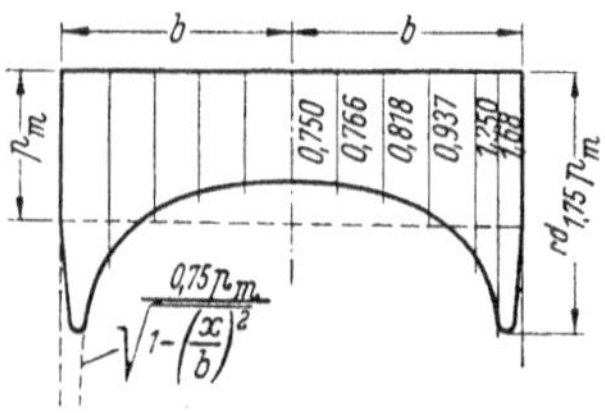

Abb. 218.

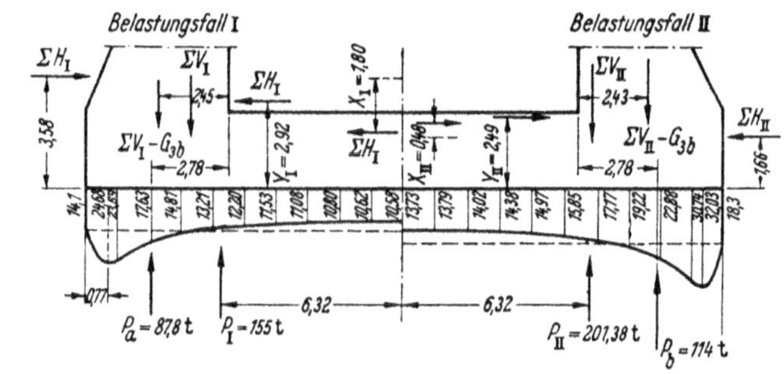

Abb. 219.

Auf Grund der Untersuchungen von SCHLEICHER hat OHDE für die Lastaufnahme unter starren Fundamenten die in Abb. 218 skizzierte Sohldruckverteilung festgelegt. Sie besitzt allerdings nur Gültigkeit, wenn die Bodenpressungen nicht größer sind als etwa ein Viertel der Grenzbelastung. Dies dürfte bei Schleusenböden auf sandig-kiesigem Untergrund in der Regel der Fall sein. Die Lastenaufnahme nach SCHLEICHER-OHDE ergibt unter Hinweis auf Abb. 219 folgende Werte:

Belastungsfall I

$$p m_{\text{I}} = \frac{155}{11} = 14{,}1\ \text{t/m}^2$$

$$a_{\text{I}} = 6{,}32\ \text{m}$$

Mittelfuge:

$$x_{\text{I}} = \frac{155(7{,}29 - 6{,}32)}{83{,}56} = 1{,}80\ \text{m}$$

Abstand der Druckkraft von Fugenmitte:

$$3{,}58 - 1{,}80 - 1{,}25 = 0{,}53\ \text{m}$$

$$\sigma = 3{,}34\left(1 \pm \frac{6 \cdot 53}{250}\right) = 3{,}34(1 + 1{,}27)$$

$$\sigma_{\text{I}} = 3{,}34 \cdot 2{,}27 = +7{,}58 \text{ kg/m}^2 \quad \text{(oben Druck)}$$

$$\sigma_{\text{II}} = 3{,}34(-0{,}27) = -0{,}90 \text{ kg/m}^2 \quad \text{(unten Zug).}$$

Seitenfuge:

$$Pa = 87{,}8 \text{ t}$$

$$83{,}56(3{,}58 - y_{\text{I}}) + 87{,}8 \cdot 2{,}78 - 122 \cdot 2{,}45 = 0$$

$$y_{\text{I}} = 2{,}92 \text{ m}$$

Abstand der Druckkraft von Fugenmitte:

$$2{,}92 - 1{,}25 = 1{,}67 \text{ m}$$

$$\sigma = 3{,}34\left(1 \pm \frac{6 \cdot 167}{250}\right) = 3{,}34(1 \pm 4{,}00)$$

$$\sigma_{\text{I}} = 3{,}34 \cdot 5{,}00 = +16{,}70 \quad \text{(oben Druck)}$$

$$\sigma_{\text{II}} = 3{,}34(-3{,}00) = -10{,}02) \quad \text{(unten Zug)}$$

Belastungsfall II

$$P_{m\text{II}} = 18{,}3 \text{ t/m}^2$$

$$a_{\text{II}} = 6{,}32 \text{ m}$$

Mittelfuge:

$$x_{\text{II}} = \frac{201{,}38(6{,}32 - 6{,}25)}{29{,}63} = 0{,}48 \text{ m}$$

Abstand der Druckkraft von Fugenmitte:

$$0{,}48 + 1{,}66 - 1{,}25 = 0{,}89 \text{ m}$$

$$\sigma = 1{,}18\left(1 \pm \frac{6 \cdot 89}{250}\right) = 1{,}18(1 \pm 2{,}14)$$

$$\sigma_{\text{I}} = 1{,}18(3{,}14) = +3{,}71 \quad \text{(oben Druck)}$$

$$\sigma_{\text{II}} = 1{,}18(-1{,}14) = -1{,}35 \quad \text{(unten Zug)}$$

Seitenfuge:

$$P_b = 114 \text{ t}$$

$$29{,}63(1{,}66 - y_{\text{II}}) + 114 \cdot 2{,}78 - 120{,}38 \cdot 2{,}43 = 0$$

$$y_{\text{II}} = 2{,}49 \text{ m}$$

Abstand der Druckkraft von Fugenmitte:

$$2{,}49 - 1{,}25 = 1{,}24 \text{ m}$$

$$\sigma = 1{,}18\left(1 \pm \frac{6 \cdot 124}{250}\right) = 1{,}18(1 \pm 2{,}98)$$

$$\sigma_{\text{I}} = 1{,}18 \cdot 3{,}98 = +4{,}70 \text{ kg/cm}^2 \quad \text{(oben Druck)}$$

$$\sigma_{\text{II}} = 1{,}18 \cdot (-1{,}98) = -2{,}34 \text{ kg/cm}^2 \quad \text{(unten Zug)}$$

Die sich nach dem Musterbeispiel für die einzelnen Lastaufnahmen ergebenden Spannungen sind nachfolgend in Tabelle 9 zusammengestellt.

Tabelle 9. *Vergleich der auftretenden Spannungen* (+ Druck, — Zug).

Art der Lastaufnahme	Belastungsfall I				Belastungsfall II			
	Mittelfuge		Seitenfuge		Mittelfuge		Seitenfuge	
	oben	unten	oben	unten	oben	unten	oben	unten
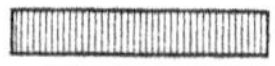	— 4,61	+ 11,29	+ 10,22	— 3,54	—12,08	+ 14,44	— 3,75	+ 6,11
	+ 4,48	+ 2,20	+ 14,09	— 7,41	+ 4,27	— 1,91	+ 3,30	— 0,94
	+ 5,68	+ 1,00	+ 14,39	— 7,71	+ 1,18	+ 1,18	+ 1,72	+ 0,64
	+ 7,58	— 0,90	+ 16,70	—10,02	+ 3,71	— 1,35	+ 4,70	— 2,34

Sie zeigen zunächst, von welchem großen Einfluß die Art der Lastaufnahme ist, wenn auch den vorliegenden Zahlenwerten auf Grund des gewählten Beispieles nur spezielle Bedeutung zukommt. Größere Kammerweiten, geringere Wasser- und Erddrücke führen nicht nur zu anderen Spannungen absolut gesehen, sondern auch zu anderen Momenten.

Man tut daher gut, bei jeder genaueren Schleusensohlenberechnung die verschiedensten möglichen Lastzustände zu untersuchen und sich nicht nur auf die Ermittlung der Spannungen für die beiden oben genannten Grenzwerte zu beschränken. Ein solches Vorgehen allein gibt Fingerzeige, nach welcher Richtung man die Berechnungen betreiben muß.

Sieht man eine Schleusensohle als *starr* an, so müssen überall gleiche Senkungen unter ihr eintreten. Die Pressungen am Fundamentrand erreichen dann theoretisch unter der Voraussetzung rein elastischer Formänderungen unendlich große Werte. In Wirklichkeit tritt durch plastischen Spannungsausgleich eine gewisse Abminderung ein. Wie groß sie auch sein mag, immer werden die Bodenpressungen an den beiden Rändern der Platte noch über dem rechnungsmäßigen Mitteldruck liegen, während die Bodenpressungen im mittleren Bereich der Fundamentfläche unter dem Mitteldruck zurückbleiben. Es ist daher die Lastaufnahme nach Siemonsen oder Ohde als maßgebend anzusehen.

Der Sinn der Berechnung einer Schleusensohle besteht darin, entweder mit einer geringsten Sohlenstärke zur Verminderung der Gründungstiefe auszukommen oder bei Festlegung einer bestimmten Sohlenstärke die hierfür erforderliche Bewehrung festzulegen. Geht man aber dazu über, zur besseren Ausnützung der Betondruckspannungen, nötigenfalls unter Vermehrung der Rundstahleinlagen, die Sohlenstärke zu beschränken, so nähert man sich mehr und mehr der *elastischen* Sohle. Sie paßt sich der durch die Drucksummierung in Bauwerksmitte zu erwartenden Senkungsmulde an und löst infolgedessen eine nahezu gleichmäßige Sohlenpressung aus, wobei sogar eine größte Pressung in Bauwerksmitte eintreten kann.

Man wird daher jeweils untersuchen müssen, ob die gewählte Sohle mit ihren Rundstahleinlagen auch eine gleichmäßig verteilte Lastaufnahme „im Notfall" vertragen kann. Allerdings sollte man sich möglichst von dem Grundastz leiten lassen, entweder eine Sohle vollständig starr oder vollständig elastisch zu konstruieren. Die wechselnde Beanspruchung einer Schleusensohle durch die Belastungsfälle I und II führt an und für sich schon dazu, stets eine doppelte Bewehrung einzubauen. Man bemißt somit zweckmäßigerweise bei Binnenschleusen mit beschränkter Kammerweite die doppelte Bewehrung unter Zugrundelegung einer Lastaufnahme mit Druckanhäufung an den Sohlenkanten, um sodann festzustellen, ob auch bei gleichmäßiger Lastaufnahme die Bewehrung für den Fall der Annahme einer biegsamen Sohle ausreicht.

Hierbei ist hinsichtlich der Querschnittsabmessungen und Umfang der Stahleinlagen zu unterscheiden zwischen kleiner Außermittigkeit und großer Außermittigkeit. Die kleinere Außermittigkeit ist gegeben, wenn die Druckkraft den Kern oder wenig außerhalb angreift. Die Durchführung der Bemessung, wofür Bemessungstafeln wie die von MOERSCH und LOESER bestehen, soll von dem Bestreben geleitet sein, die Druckbewehrung so niedrig wie möglich zu halten und dafür eher eine Vergrößerung des Betonquerschnittes vorzunehmen. Eine im Verhältnis zur Zugbewehrung zu hohe Druckbewehrung ist konstruktiv nicht günstig. Es sei die Zugbewehrung F_e zur Aufnahme der Zugspannung aus dem Biegemoment möglichst nie kleiner als $^1/_2$ bis $^1/_3$ der Druckbewehrung F'_e.

β) Errechnete Lastaufnahme. Die Berechnung von Schleusensohlen als elastische Gründungskörper ist ein bis heute noch nicht völlig gelöstes Problem. Alle Wege hierzu gehen davon aus, die konstruktiv möglichen Durchbiegungen der Sohle, herrührend aus Seitenkräften und Eigengewichten, zu den untergrundmäßig möglichen Durchbiegungen in Beziehung zu setzen. Da normalerweise vorausgesetzt werden kann, daß die Fundamentplatte überall auf dem Baugrund aufliegt, muß seine Verformung unterhalb der Schleusensohle in jedem Punkte ihrer Biegelinie entsprechen. Diese wiederum hängt entscheidend von dem Grad der Nachgiebigkeit des Untergrundes, d. h. der Elastizitätszahl des Bodens, ab. Es gilt also, die Biegelinie der Sohle mit der Senkungslinie des Untergrundes zur Deckung zu bringen.

Die Elastizitätszahl des Bodens kann selbst bei gleichmäßiger Schichtung auf größere Tiefe nur ungefähr ermittelt werden. Man hat daher gelegentlich ein Annäherungsverfahren gewählt, das darin besteht, die tatsächlichen Durchbiegungen als zwischen zwei möglichen Grenzfällen liegend anzunehmen. Ist der Baugrund starr, wie z. B. Fels, so sind keine Durchbiegungen der Sohle unter lotrechter Belastung möglich; sie sind also in diesem Fall gleich Null. Ist der Baugrund dagegen sehr nachgiebig wie eine Art Flüssigkeit, so können sich die Durchbiegungen δ_1 ungehindert entwickeln. Die wirklichen Verhältnisse werden zwischen beiden Grenzfällen liegen, indem die tatsächlichen größten Durchbiegungen nur den Wert $\delta_2 = k\delta_1$ erreichen.

Bei älteren Schleusenbauten ist die Starrheit bzw. Nachgiebigkeit des Bodens in der Form berücksichtigt worden, daß die tatsächlichen Durchbiegungen zu einem geschätzten Bruchteil der bei völlig nachgiebigem Untergrunde errechneten Durchbiegung angesetzt worden sind. So hat man z. B. bei der Doppelschachtschleuse Anderten die Durchbiegung bei einem aus Felsmergel bestehenden Untergrund mit $33^1/_3\%$ der bei völlig nachgiebigem Untergrund auftretenden Durchbiegungen festgelegt. Ein gleiches Verfahren ist bei der Schleppzugschleuse Drakenburg der Weserkanalisierung angewendet worden [*102*]. Hier wurden jedoch die den Beiwert k bestimmenden Bodenarten nach der Einteilung der Bodenarten gemäß DIN 1962 ,,Technische Vorschriften für Bauleistungen — Erdarbeiten —", Abschnitt A, abgestuft; und zwar in folgender Weise:

Bodenarten	Beiwert k
a) Schlammiger Boden, Triebsand nur mit Schöpfgefäßen zu beseitigen	1,0
b) Leichter Boden, Muttererde, Sand mit Schaufel oder Spaten lösbar	0,8
c) Mittlerer Boden, festgelagerter Lehm, kiesiger Lehm, leichter Ton mit Spitzhacke, Breithacke oder Spaten lösbar	0,75 bis 0,65
d) Fester Boden, schwerer Lehm, fester Ton, grober Kies, durch Keile oder Sprengungen lösbar	0,40
e) Fels, nur durch Sprengen mit Sprengstoff lösbar	0

Da bei diesem Verfahren von den elastischen Durchbiegungen der Sohlenplatte auf die Sohlendruckverteilungen geschlossen wird, ist es erforderlich, für die ungünstigsten Belastungsfälle zunächst unter Annahme gleichmäßig verteilter Lastaufnahme die Differentialgleichungen der elastischen Linien gemäß der hierfür allgemein geltenden Gleichung $\frac{d^2 y}{d x^2} = - \frac{M}{E J}$ aufzustellen. Hierbei bedeuten y die Durchbiegungen, M die Biegungsmomente und J die Trägheitsmomente der Sohlenplatte in den jeweiligen Abständen x von Außenkante Bauwerk, ferner E das Elastizitätsmaß für Stahlbeton. Eine zweimalige Integration der Differentialgleichung ergibt dann die analytische Gleichung der Biegungslinie. Mit Hilfe der so in Schleusenachse gefundenen Durchbiegungen $y = \delta_1$ und $\delta_2 = k \delta_1$ kann daraufhin durch Versuchsrechnungen festgestellt werden, welche Sohlendruckverteilung bei den einzelnen zu untersuchenden Belastungsfällen den jeweiligen Durchbiegungen δ_2 in Schleusenachse entspricht. Hierbei werden zur Vereinfachung der Rechnung die Trägheitsmomente der Schleusenmauern bezogen auf die Höhe der Schleusenachse als unendlich groß angenommen, so daß die Biegelinie der Sohle unter dem Querschnitt der Kammermauern geradlinig verläuft. Der weitere Rechnungsgang mit der endgültig gefundenen Bodendruckverteilung vollzieht sich in der gleichen Weise wie der oben dargelegte bei angenommener Lastaufnahme.

Ein ähnliches Verfahren war bereits vorher anläßlich des Baues der Schachtschleuse Fürstenberg a. d. O. von ELLERBECK entwickelt und dann von PIETRKOWSKI ausgearbeitet worden [*294*]. Die Lastaufnahme wird hier wie bei ENGELS für jede Hälfte der Bauwerksbreite als trapezförmig verteilt angesehen, indem die zunächst für gleichmäßige Lastverteilung berechnete Durchbiegung f um ein bestimmtes Maß μf zurückgeht. Der sog. „Reduktionsfaktor" μ ist nach dem örtlichen Befund des Baugrundes und der Wertigkeit der erbohrten Erdproben zu schätzen. Darin liegt natürlich eine große Unsicherheit. Sie ließe sich bis zu einem gewissen Grade beseitigen, indem man aus den erdstoff-physikalischen Eigenschaften des Untergrundes die Werte μ, die nach dem Berechnungsverfahren Drakenburg dem Wert $(1 - k)$ entsprechen, mindestens so genau ermittelt, wie es die Gewinnung der Bettungszahl C ist.

Wir kommen damit zu dem *Bettungszifferverfahren.* In der Lehre vom Eisenbahnoberbau wird das Verhältnis der Belastung p der Bettung durch die Bahnschwelle zu ihrer Senkung y als Bettungsziffer C bezeichnet. Es gilt also die Beziehung $p = C y$, wonach der Druck p auf eine beliebige Stelle der Gründungssohle der Einsenkung y dieser Stelle im Baugrund proportional ist. Diese Beziehung wird auch im Grundbau verwendet. Während aber für die begrenzten Lasten und die stets gleichen Lastflächen der Eisenbahnschwellen die Bettungsziffer für einen bestimmten Bettungsstoff konstant ist, muß bei ihrer Anwendung in grundbaustatischen Untersuchungen beachtet werden, daß die Beziehung $p = C y$ dem wirklichen Verhalten des Untergrundes nicht gerecht wird. Einmal ist die Einsenkung y an einer beliebigen Stelle der Baugrundsohle nicht nur von dem Sohldruck p an dieser Stelle, sondern auch von den benachbarten Spannungen und damit von der Verteilung des Sohldruckes insgesamt abhängig. Zum anderen spielen abgesehen von Art, Schichtung und Lagerungsdichte des Untergrundes auch Größe und Form der Lastfläche eine entscheidende Rolle. Die Bettungsziffer schwankt somit bei demselben Erdstoff sehr erheblich, so z. B. nach den Untersuchungen von SCHEIDIG bei einer Lastfläche von 1000 cm² für ziemlich lockeren und ziemlich dichten Sand zwischen 0,4 und 15 kg/cm². Für andere Größen der Lastfläche gelten andere Werte, ebenso für andere Gründungstiefen. Einigermaßen genaue Werte für die Bettungsziffer lassen sich daher immer nur durch Probebelastungen, deren Ergebnisse auf Bauwerksgröße umgerechnet werden müssen, sowie durch die Berechnung der mittleren Bauwerkssetzung auf Grund sorgfältiger Erdprobenuntersuchungen gewinnen. Allerdings erhält man dann immer nur untere Grenzwerte von C.

Für die Abweichungen der Sohlspannungen p von ihrem Mittelwert p_m ist eine größere Bettungszahl maßgebend als für p_m selbst, weil die Unterschiede $p - p_m$ wegen ihrer geringeren Breitenausdehnung geringer in die Tiefe wirken als die Gesamtlast. Wenn trotzdem das Bettungsverfahren vielfach angewandt worden ist, so hat dies seinen Grund darin, daß es bei gleichbleibendem Trägheitsmoment des Grundkörpers, was bei Schleusensohlen in der Regel der Fall ist, eine einfache Berechnung gestattet. Dies wird allerdings hinfällig, wenn der Gründungskörper veränderliche Trägheitsmomente aufweist.

Die ersten richtungweisenden Berechnungen einer starren Gründungsplatte hat ausgehend von Sohldruckmessungen unter einem Pfeiler der Rheinbrücke zwischen Ludwigshafen und Mannheim, wobei sich die größten Pressungen an den Rändern ergeben haben, SCHLEICHER aufgestellt [297]. Er berechnet zunächst die Einsenkungen für die Belastung nur einer Teilfläche mit $q = 1{,}0$. Die sich hierfür ergebende Senkungsmulde ist die Einflußfläche für die Gesamtsetzungen. Diese werden dann durch Summieren der Einflüsse aller Einzelflächenlasten erhalten. Auf diese Weise lassen sich für jede beliebige Verteilung der Pressungen die zugehörigen Einsenkungen ermitteln. Die zu einem starren Gründungskörper gehörende Sohldruckverteilung wird dann durch die Bedingung erhalten, daß die Senkungen φ der einzelnen Sohlpunkte sämtlich in einer Ebene liegen. Der Rechnungsgang nach SCHLEICHER erfordert die Auflösung von n-Gleichungen für die unbekannten q-Werte der n-Einzelflächen.

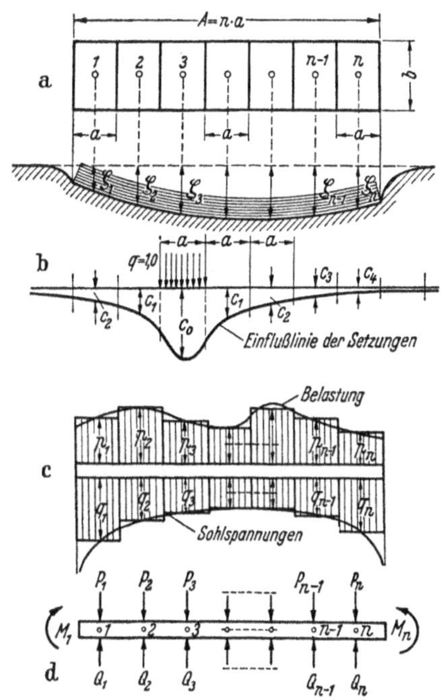

Abb. 220.

Dieses Verfahren ist dann von OHDE aufgegriffen und in dem Sinne erweitert worden, daß er nicht die Differenzengleichung der elastischen Linie benutzt, sondern die Dreimomentengleichung des durchlaufenden Trägers für ungleiche Stützensenkungen [299]. OHDE geht hierbei wiederum von der Setzungslinie der Baugrundsohle unter einer rechteckig verteilten Kurzstreckenlast *1* aus, die gleichzeitig die Einflußlinie für die Setzungen infolge einer beliebigen Streckenlast ist. Hierbei muß zur Bestimmung der Setzungslinie die Bodenelastizität auf Grund von Versuchen bekannt sein. Nachdem diese bestimmt ist, wird mit den gegebenen Größen der Last des Bauwerkes und der Steifigkeit seiner Sohle die Sohlfläche des Gründungskörpers von der Länge $l = na$ und der Breite nach Abb. 220a in n gleiche Einzelflächen ab aufgeteilt. Die Mittelpunkte dieser einzelnen Flächen seien mit 1, 2, 3,..., n und deren Setzungen mit $\zeta_1, \zeta_2, \zeta_3, \ldots, \zeta_n$ bezeichnet (Abb. 220b). Denkt man sich nun eine Einzelfläche ab mit den Sohlspannungen $q = 1{,}0$ gleichmäßig belastet und berechnet für diesen Sonderfall die Senkungslinie des Untergrundes (Abb. 220c), so ist diese Linie die Einflußlinie für die Ermittlung der Gesamtsetzungen. Die Einsenkungen für die Belastung einer Einzelfläche werden hierbei nach SCHLEICHER durch folgende Ansätze wiedergegeben:

$$\zeta_{x=0} = c_0 \frac{qa}{E'}; \quad \zeta_{x=a} = c_1 \frac{qa}{E'}; \quad \zeta_{x=2a} = c_2 \frac{qa}{E'} \text{ usw.}$$

Hierbei ist

$$E' = \frac{m^2}{m^2 - 1} \overline{E},$$

wenn $\overline{E}$ die Elastizitätszahl und m die Querdehnungszahl des Untergrundes bedeuten. Die unbenannten Beiwerte c_0, c_1, c_2 usw. entsprechen der Senkungslinie für $q = a = E' = 1{,}0$. Die innerhalb jeder Einzelfläche als gleichmäßig verteilt angenommenen Sohldrücke seien $q_1, q_2, \ldots, q_n$ und die äußeren Belastungen $p_1, p_2, \ldots, p_n$ (Abb. 220d). Die Belastungen $p \cdot ab$ und die Sohlkräfte $q \cdot ab$ können nun durch Einzelkräfte P und Q ersetzt werden, die in der Mitte jeder Teilfläche angreifen (Abb. 220e). Bei gleichzeitiger Wirkung sämtlicher Sohlspannungen erhält man durch Überlagerung der Einzelwirkungen für die einzelnen Setzungen ϱ_1 bis ϱ_n folgende Gleichungen:

$$\zeta_1 = (c_0 q_1 + c_1 q_2 + c_2 q_3 + c_3 q_4 + \cdots + c_{n-1} q_n) \frac{a}{E'}$$

$$\zeta_2 = (c_1 q_1 + c_0 q_2 + c_1 q_3 + c_2 q_4 + \cdots + c_{n-2} q_n) \frac{a}{E'}$$

$$\zeta_n = (c_{n-1} q_1 + c_{n-2} q_2 + \cdots + c_1 q_{n-1} + c_0 q_n) \frac{a}{E'}$$

Dieselben Einsenkungen ζ gelten auch für die Verformung des Gründungskörpers, so daß man, wenn zunächst gleichbleibendes EJ des Fundamentes vorausgesetzt wird, für die Punkte 2, 3, 4 usw. folgende Dreimomentengleichungen aufstellen kann:

$$M_1 + 4\,M_2 + M_3 = (-\zeta_1 + 2\zeta \;\; - \zeta_3) \frac{6\,EJ}{a^2}$$

$$M_2 + 4\,M_3 + M_4 = (-\zeta_2 + 2\zeta_3 - \zeta_4) \frac{6\,EJ}{a^2} \cdots \text{usw.}$$

Für die einzelnen Momente hat man nach Abb. 220e:

$$M_2 = M_1 + (Q_1 - P_1)\,a$$

$$M_3 = M_1 + (Q_1 - P_1)\,2a + (Q_2 - P_2)\,a$$

$$M_4 = M_1 + (Q_1 - P_1)\,3a + (Q_2 - P_2)\,2a + (Q_3 - P_3)\,a$$

$$M_5 = M_1 + (Q_1 - P_1)\,4a + (Q_2 - P_2)\,3a + (Q_3 - P_3)\,2a + (Q_4 - P_4)\,a$$

$$M_6 = \cdots \text{usw.}$$

Nimmt man noch die beiden Gleichgewichtsbedingungen hinzu:

$$\sum Q = \sum P \quad \text{oder} \quad q_1 + q_2 + q_3 + \cdots + q_n = p_1 + p_2 + p_3 + \cdots + p_n$$

und

$$2 \sum M = 0$$

oder

$$(n-1)(q_1 - p_1 - q_n + p_n) + (n-3)(q_2 - p_2 - q_{n-1} + p_{n-1} + $$

$$+ (n-5)(q_3 - p_3 - q_{n-2} + p_{n-2}) + \cdots + R = 0$$

mit

$$R = 1 \left(\frac{q_n}{2} - \frac{p_n}{2} - \frac{q_{n+1}}{2} + \frac{p_{n+1}}{2} \right)$$

für gerades n und

$$R = 2 \left(\frac{q_{n-1}}{2} - \frac{p_{n-1}}{2} - \frac{q_{n+1}}{2} + \frac{p_{n+1}}{2} \right)$$

für ungerades n, so hat man damit alle Gleichungen zur Hand, die zur Berechnung der unbekannten Sohldrücke q benötigt werden.

Von diesen Grundgedanken ausgehend werden sodann von OHDE für eine Sohlfläche von 10 Quadraten mit $a = b$ und $b = 10a$ für verschiedene Lastfälle und verschiedene Steifigkeit der Grundplatte nach Ermittlung der Senkungslinie für eine quadratische Lastfläche nach den Formeln von SCHLEICHER [*296*] die q-Werte ermittelt (Abb. 221).

Es ist bei *gleichmäßig verteilter* Belastung und *elastischem* Grundkörper, bestimmt durch das Kriterium $\alpha = \frac{a^3 b}{J} \frac{E'}{E} = 1{,}0$

$$q_1 = 1{,}062\,p,\quad q_2 = 0{,}940\,p,\quad q_3 = 0{,}983\,p,\quad q_4 = 1{,}004\,p,\quad q_5 = 1{,}011\,p$$

und bei *starrem* Grundkörper, bestimmt durch das Kriterium $\alpha = \frac{a^3 b}{J} \frac{E'}{E} = 0$

$$q_1 = 1{,}318\,p,\quad q_2 = 0{,}975\,p,\quad q_3 = 0{,}923\,p,\quad q_4 = 0{,}898\,p,\quad q_5 = 0{,}886\,p.$$

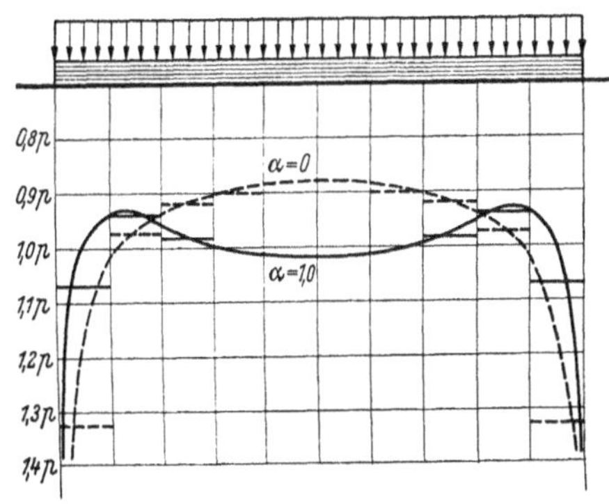

Abb. 221.

Der Nachteil des OHDEschen Berechnungsverfahrens besteht darin, daß es ziemlich viel Rechenarbeit erfordert, da die elastischen Eigenschaften des Bauwerkes und des Baugrundes nicht als Faktoren herausgestellt werden können, sondern in einer Summe stehenbleiben. Sein Verfasser hat daher kürzlich für die Berechnung biegefester Schleusensohlen ein vereinfachtes Verfahren entwickelt, und zwar durch Annahme einer nicht mehr abgetreppten, sondern stetig verlaufenden Sohlpressungslinie, die aus zwei oder mehr stetig verlaufenden Einzelfunktionen so zusammengesetzt wird, daß die Verformungsbedingungen des Untergrundes hinreichend erfüllt sind [*300*]. Dieses Verfahren soll in Anbetracht seiner Bedeutung für den Schleusenbau im folgenden in seinen wesentlichen Grundzügen erläutert werden (Abb. 222).

Die Sohlpressungen p ergeben sich unter der Annahme einer sattel- oder hohlparabelförmigen Sohldruckverteilung für eine starre Sohle innerhalb des Bereiches $x < 0{,}9\,l$ aus der Beziehung

$$p = p_g + \frac{0{,}75\,p_1}{\sqrt{1 - \frac{x^2}{l^2}}} + 0{,}5\,p_2\left(3\frac{x^2}{l^2} - 1\right).$$

Diese Formel besteht aus drei Teilen: Der *erste* Anteil p_g stellt die aus dem Eigengewicht der Sohle herrührende Belastung dar, soweit sich Setzungen aus dieser Last sofort nach dem Betonieren einstellen können. Das ist der Fall, wenn sich der Untergrund aus nichtbindigen Sanden oder Kiesen zusammensetzt. Der Anteil p_g ist dann statisch unwirksam, weil sich die Setzungen aus dem Eigengewicht schon einstellen, bevor der Sohlenbeton hart geworden ist. Der Anteil p_g

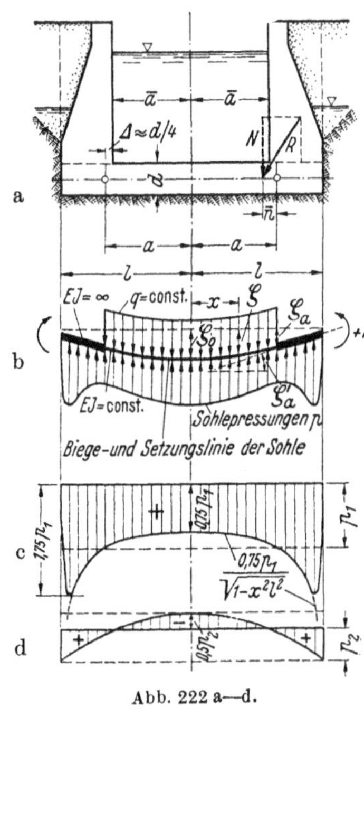

Abb. 222 a—d.

braucht also bei der weiteren Berechnung nicht berücksichtigt zu werden. Bei vollbindigem Untergrund hingegen, wie bei Anstehen von Ton, bei dem sich die Setzungen erst nach geraumer Zeit einstellen, ist $p_g = 0$ zu setzen, dafür aber das Eigengewicht der Sohle den übrigen lotrechten Kräften zuzuschlagen.

Der *zweite* Anteil

$$\frac{0{,}75\,p_1}{\sqrt{1-\frac{x^2}{l^2}}}$$

stellt den sattelförmig verteilten Sohldruck dar, wie er sich bei starrer Sohle einstellt. Hierbei ist $p_1 = \frac{P}{l}$ mit P als Summe aller lotrechten Kräfte für die halbe Schleuse. P umfaßt also das Gewicht der Seitenmauern, die Wasserfüllung der Kammer, den Auftrieb sowie die senkrechten Komponenten des Erddruckes, jedoch nicht die Lastaufnahme des Untergrundes oder das Eigengewicht der Sohle, falls diese statisch unwirksam ist (Abb. 222c).

Der *dritte* Anteil berücksichtigt den Biegeeinfluß der Sohle. Hierfür werden zusätzliche Spannungen eingesetzt in Form einer Parabel, deren positive und negative Flächen sich gegenseitig ausgleichen (Abb. 222d). Die Konstante p_2 dieser zusätzlichen Spannungen ergibt sich aus der Beziehung

$$p_2 = \frac{d_1\,p_1 - d_0\,q - \overline{m}}{d_2 + k}\,.$$

Hierin bedeutet q die gleichmäßige Belastung durch die Wasserfüllung der Schleuse als $+q$ oder durch den Auftrieb als $-q$.

Ferner ist:

$$d_0 = \frac{1}{24}\,(6{,}4\,l - 3a)\,e',$$

$$d_1 = \left[l\left(0{,}8\,\frac{l}{a} - \frac{1}{2}\right)\left(0{,}9460 - 0{,}5140\,\frac{l}{a}\right) - a A_1 - (0{,}8\,l - a)\,A_2\right] e'$$

und

$$d_2 = \frac{1}{8}\,[(0{,}8\,l - 0{,}5\,a)\,l^2/a^2 + (4\,l/_{25} - a/_6)\,a^2/l^2 - (8\,l/_{15} - a/_2)]\,e',$$

wobei

$$e' = (1 + 2{,}4\,d^2/a^3)\,a^3/EJ.$$

A_1 und A_2 können aus folgender Zusammenstellung entnommen werden:

$a/l =$	0,50	0,55	0,60	0,65	0,70	0,75	0,80
$A_1 =$	0,03152	0,03158	0,03165	0,03173	0,03181	0,03190	0,03200
$A_2 =$	0,12666	0,12703	0,12745	0,12793	0,12846	0,12906	0,12973

E und J bedeuten Elastizitätszahl und Trägheitsmoment der Schleusensohle von der Dicke d.

Der Wert $\overline{m}$ berücksichtigt den Momenteneinfluß der Seitenmauern auf die Sohle. Es ist

$$\overline{m} = \left(0{,}8\,\frac{l}{a} - \frac{1}{2}\right)\frac{\overline{n}\,N}{a}\,e',$$

wobei das Vorzeichen von $\overline{n}$ nach Abb. 222a zu beachten ist. N ist die lotrechte Teilkraft der Mittelkraft R für den Sohlenquerschnitt im Abstand a von der Schleusenachse. Hierbei wird a um $d/4$ größer als die halbe Kammerbreite gewählt, um die etwas elastische Einspannung der Sohle in die Seitenmauern zu berücksichtigen.

R setzt sich zusammen aus dem Eigengewicht der Seitenmauer, und zwar bis zur Höhe der Kammersohle für eine statisch unwirksame Sohlenplatte und bis zur Gründungssohle bei vollbindigem Untergrund, aus der Wasserlast in der Schleusenkammer, aus dem Außendruck des Grundwassers bis zur Bauwerksohle, aus dem Auftrieb des Grundwassers unterhalb der Sohle für die Außenstrecke $l - a$, aus dem Erddruck E_0 auf die Seitenmauer bis zur Bauwerkssohle und der lotrechten Zugkraft $q(a - \bar{a})$ längs der Strecke $(a - \bar{a})$ in Höhe der Kammersohle, weil in der Entwicklung der Formeln die Wasserbelastung q für die Strecke a eingesetzt ist, in Wirklichkeit aber nur längs der Strecke $\bar{a}$ wirkt, somit also für die Strecke $(a - \bar{a})$ wieder abgezogen werden muß.

Der Erddruck E_0 ist in Anbetracht der Unnachgiebigkeit der Seitenmauern als Ruhedruck anzusetzen; und zwar

$$\text{bei Sand oder Kies mit } \lambda_0 = 0{,}45,$$
$$\text{bei Ton oder Lehm mit } \lambda_0 = 0{,}60.$$

Die Verformung des Untergrundes wird durch den Faktor k berücksichtigt. Er ergibt sich aus den bodenphysikalischen Eigenschaften des Untergrundes und einer Setzungsberechnung, die unter der vereinfachten Annahme einer gedachten Erdschicht von der Dicke z_0 unter der Bauwerkssohle mit der mittleren Verdichtungszahl V_m als Zusammendrückungszahl für verhinderte Seitenausdehnung durchgeführt wird, wobei hinsichtlich der Gewinnung des Wertes k aus der Beziehung

$$k = k' \frac{z_0}{V_m}$$

auf die in der genannten Veröffentlichung angegebenen Tabellen verwiesen werden muß.

Diesen Rechnungsgang auf den in Abb. 214 dargestellten Schleusenquerschnitt angewandt ergibt mit

$$\bar{a} = 6{,}00\,\text{m}, \quad a = 6{,}00 + \frac{2{,}50}{4} = \text{rd. } 6{,}60\,\text{m}, \quad l = 11{,}00\,\text{m}$$

und $J = \frac{1}{12} \cdot 2{,}5^3 + 10\%$ für Bewehrung $= 1{,}43\,\text{m}^4$ folgende Werte:

$$e' = \left(1 + 2{,}4 \frac{2{,}50^2}{6{,}60^2}\right) \frac{6{,}60^3}{EJ} = 1{,}345 \frac{6{,}60^3}{2100000 \cdot 1{,}43} = 1{,}29 \cdot 10^{-4}\,\text{m}^2$$

$$d_0 = \frac{1}{24}(6{,}4 \cdot 11{,}00 - 3 \cdot 6{,}60)\,1{,}29 \cdot 10^{-4} = 2{,}11 \cdot 1{,}29 \cdot 10^{-4} = 2{,}712 \cdot 10^{-4}$$

$$d_1 = \left[11{,}00\left(0{,}8 \frac{11{,}00}{6{,}60} - \frac{1}{2}\right)\left(0{,}9460 - 0{,}5140 \frac{11{,}00}{6{,}60}\right) - 6{,}60\,A_1 - \right.$$
$$\left. - (0{,}8 \cdot 11{,}00 - 6{,}60)\,A_2\right] 1{,}29 \cdot 10^{-4}.$$

Für $\frac{a}{l} = \frac{6{,}60}{11{,}00}$ ist $A_1 = 0{,}03165$ und $A_2 = 0{,}12745$.

$$d_1 = [0{,}82 - 6{,}60 \cdot 0{,}03165 - 2{,}20 \cdot 0{,}12745]\,1{,}29 \cdot 10^{-4}$$
$$= [0{,}82 - 0{,}2089 - 0{,}2810]\,1{,}29 \cdot 10^{-4} = 0{,}3305 \cdot 1{,}29 \cdot 10^{-4}$$
$$= 0{,}426 \cdot 10^{-4}\,\text{m}^3/\text{t}$$

$$d_2 = \frac{1}{8}\left[(0{,}8 \cdot 11{,}00 - 0{,}5 \cdot 6{,}60)\frac{11{,}00^2}{6{,}60^2} + \left(4 \frac{11{,}00}{25} - \frac{6{,}60}{6}\right)\frac{6{,}60^2}{11{,}00^2} - \right.$$
$$\left. - \left(8 \frac{11{,}00}{15} - \frac{6{,}60}{2}\right)\right] 1{,}29 \cdot 10^{-4} = \frac{1}{8}[15{,}29 + 0{,}2376 - 2{,}57]\,1{,}29 \cdot 10^{-4}$$

$$d_2 = 1{,}62 \cdot 1{,}29 \cdot 10^{-4} = 2{,}09 \cdot 10^{-4}\,\text{m}^3/\text{t}.$$

Belastungsfall I (Abb. 223)

$\sum G$ ohne G_{3a} und G_{3b}, da Sohle schlaff eingebracht $= 62{,}70$ t
$\sum D_{\mathrm{I}}$ $= 31{,}80$ t
Auftrieb $A_{\mathrm{I}} = 9{,}50(11{,}00 - 6{,}60)$ $= 41{,}80$ t

$$E_1 = 1{,}53\ \mathrm{t}, \quad E_2 = 36{,}91\ \mathrm{t}, \quad W_1 = 45{,}12\ \mathrm{t}.$$

$$N\bar{n} = 83{,}56(3{,}58 - 1{,}25) - 122\,(2{,}45 - 0{,}60) + 27{,}50(2{,}50 - 0{,}60) + \\ + 41{,}80 \cdot 2{,}20 = 194{,}7 - 225{,}8 + 52{,}2 + 92{,}0 = 113{,}1\ \mathrm{tm}.$$

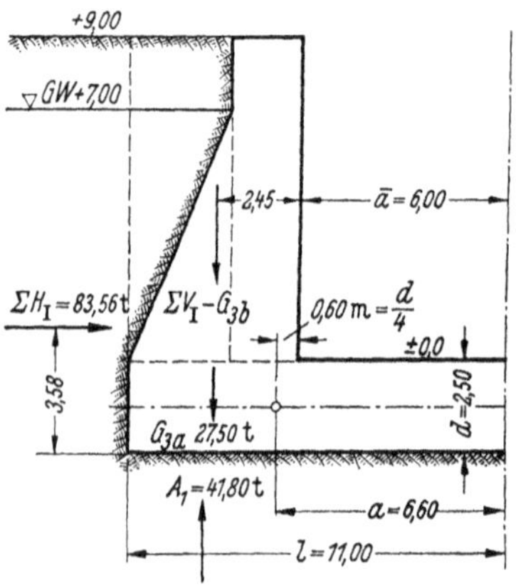

Abb. 223.

Die zusätzliche mittlere Pressung p_1 über das Eigengewicht der Sohle hinaus ist

$$p_1 = \frac{62{,}70 + 31{,}80 - 9{,}5 \cdot 11{,}00}{11{,}00} \\ = -0{,}91\ \mathrm{t/m^2} = -0{,}091\ \mathrm{kg/cm^2}.$$

D. h. es tritt keine zusätzliche Pressung ein, vielmehr wird die Sohle durch den Auftrieb hochgehoben. Dies ist auch noch der Fall, wenn man die Eigenlast der Sohle mit

$$2{,}2 \cdot 2{,}5 = 5{,}5\ \mathrm{t/m^2} = 0{,}55\ \mathrm{kg/cm^2}$$

in Ansatz bringt. Das Berechnungsverfahren Ohde ist daher in der vorliegenden Form für den Belastungsfall I nicht anwendbar, sondern nur für den

Belastungsfall II (Abb. 224)

$\sum G$ ohne G_{3a} und G_{3b} $= 62{,}70$ t
$\sum D_{\mathrm{II}}$ $= 30{,}18$ t
Auftrieb $A_{\mathrm{II}} = 5{,}50(11{,}00 - 6{,}60) = 24{,}20$ t

$$E_1 = 13{,}77\ \mathrm{t}, \quad E_2 = 32{,}73\ \mathrm{t}, \quad W_0 = 32{,}00\ \mathrm{t}, \quad W_2 = 15{,}13\ \mathrm{t}$$

$$N\bar{n} = +29{,}63\,(1{,}66 - 1{,}25) - 120{,}38\,(243 - 0{,}60) + 27{,}50(2{,}50 - 0{,}60) + \\ + 24{,}20 \cdot 2{,}20 + 48{,}0 \cdot 3{,}60 - (8{,}0 - 5{,}5) \cdot 0{,}6^2/2 = +69{,}9\ \mathrm{tm}.$$

Die zusätzliche mittlere Pressung p_1 über das Eigengewicht der Sohle hinaus ist

$$p_1 = \frac{62{,}70 + 30{,}18 + 48{,}00 - 5{,}5 \cdot 11}{11} = 7{,}31\ \mathrm{t/m^2} = 0{,}73\ \mathrm{kg/cm^2}.$$

Das Eigengewicht der Sohle bedingt eine gleichmäßige Pressung von $2{,}2 \cdot 2{,}5 = 5{,}50\ \mathrm{t/m^2} = 0{,}55\ \mathrm{kg/cm^2}$. Die Steigerung dieser Belastung von $0{,}55\ \mathrm{kg/cm^2}$ um $0{,}73\ \mathrm{kg/cm^2}$ auf $1{,}28\ \mathrm{kg/cm^2}$ möge nach einer Setzungsberechnung eine Setzung von $\zeta_0 = 2{,}0$ cm ergeben haben. Hierbei ist mit Rücksicht auf die geologische Vorbelastung des Baugrundes mit einer Schwellzahl des Kiessandes von $S = 600\ p^{2/3}$ in $\mathrm{kg/cm^2}$ gerechnet worden. Dieselbe Schwellzahl soll nun auch gelten für eine Tiefe von $\frac{l}{2} = \frac{11{,}00}{2} = 5{,}50$ m unter Gründungssohle. Rechnet man in diesem Bereich mit einem mittleren Raumgewicht von $1{,}7\ \mathrm{t/m^3}$, so ist die Erdauflast

$$\bar{p} = 5{,}50 + 1{,}7 \cdot 5{,}50 = 14{,}85\ \mathrm{t/m^2} = 1{,}485\ \mathrm{kg/cm^2}.$$

Daher

$$V_m = S_m = 600 \cdot 1{,}485^{2/3} = 600 \cdot 1{,}302 = 781{,}2 \text{ kg/cm}^2.$$

Weiter ist

$$\frac{V_m}{p_m}\,\frac{G_0}{l} = \frac{781{,}2}{0{,}73}\,\frac{2}{1100} = 1{,}95.$$

Unter Benutzung der Tabellen 1 oder 2 aus der Veröffentlichung von OHDE ist bei

$$\frac{z_0}{l} = 2{,}0\,, \quad \frac{z_0}{l} = \frac{1{,}95}{0{,}880} = 2{,}22\,,$$

$$\frac{z_0}{l} = 2{,}2\,, \quad \frac{z_0}{l} = \frac{1{,}95}{0{,}861} = 2{,}27\,,$$

$$\frac{z_0}{l} = 2{,}3\,, \quad \frac{z_0}{l} = \frac{1{,}95}{0{,}852} = 2{,}29\,.$$

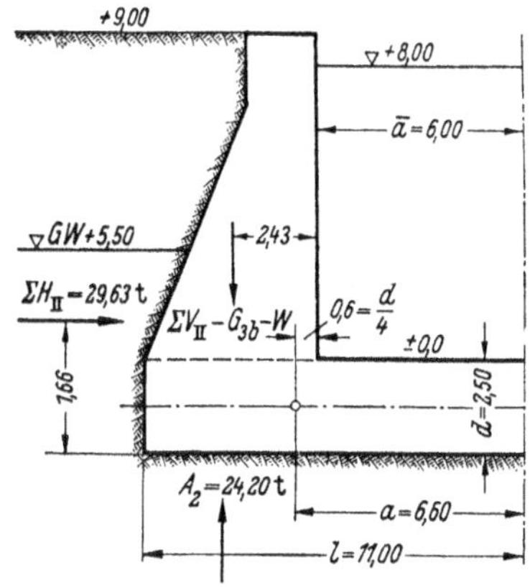

Abb. 224.

Man kann somit hinreichend genau $\frac{z_0}{l} = 2{,}3$ setzen und damit nach Tabelle 3 des Aufsatzes OHDE $k' = 0{,}3512$. Dann ist

$$k = \frac{z_0}{V_m}\,k' = \frac{2{,}3 \cdot 11}{7812}\,0{,}3512 = 0{,}00114 \text{ m}^3/\text{t} = 11{,}4 \cdot 10^{-4} \text{ m}^3/\text{t}.$$

Mit

$$\overline{m} = \left(0{,}8\,\frac{11{,}00}{6{,}60} - \frac{1}{2}\right)\frac{69{,}9}{6{,}6}\,1{,}29 \cdot 10^{-4} = +\,11{,}40 \cdot 10^{-4}$$

wird

$$p_2 = \frac{0{,}426 \cdot 10^{-4} \cdot 7{,}31 - 2{,}72 \cdot 10^{-4}\,(8{,}0 - 5{,}50) - 11{,}40 \cdot 10^{-4}}{2{,}09 \cdot 10^{-4} + 11{,}4 \cdot 10^{-4}} = \frac{-15{,}10}{13{,}49}$$

$$p_2 = -\,1{,}12 \text{ t/m}^2 = -0{,}112 \text{ kg/cm}^2.$$

Moment in Sohlenmitte

$$M_0 = N\overline{n} + (C_1 l - C_2 a)\,p_1 l + q\,\frac{a^2}{2} + p_2\,\frac{l^2}{8}\,.$$

In dieser Formel sind $C_1 = 0{,}514$ und $C_2 = 0{,}946$ konstante Werte. Damit wird mit $q = (8{,}0 - 5{,}5)$

$$M_0 = +70{,}3 + (0{,}514 \cdot 11{,}0 - 0{,}946 \cdot 6{,}60)\,7{,}31 \cdot 11 + +(8{,}0 - 5{,}5) \cdot 6{,}6^2/2 - 1{,}12 \cdot 11{,}0^2/8 =$$

$$M_0 = +70{,}3 - 47{,}4 + 54{,}5 - 17{,}0 = +60{,}4 \text{ tm}.$$

$$\sigma = \frac{29{,}63}{2{,}5 \cdot 1{,}0} \pm \frac{60{,}4}{\frac{1}{6} \cdot 1{,}0 \cdot 2{,}5^2} = 11{,}8 \pm 58{,}0$$

$$\sigma_{\text{I}} = 69{,}8 \text{ t/m}^2 = 6{,}98 \text{ kg/cm}^2$$

$$\sigma_{\text{II}} = -46{,}2 \text{ t/m} = -4{,}62 \text{ kg/cm}^2.$$

Die Ermittlung der Spannungen an der Einspannstelle im Abstand $\frac{d}{4}$ von der Kammerwand nach der von OHDE angegebenen Formel von M_a ist rechnerisch sehr umständlich. Man kommt daher leichter zum Ziel, indem man in die Gleichung

$$p = \frac{0{,}75\,p_1}{\sqrt{1 - \frac{x^2}{l^2}}} + 0{,}5\,p_2\left(3\,\frac{x^2}{l^2} - 1\right)$$

die für p_1 und p_2 ermittelten Werte einsetzt, die Strecke l in mehrere Teilabschnitte zerlegt und hierfür jeweils den Wert p errechnet. Die so erhaltene

Kurve gibt dann die Form der Lastaufnahme wieder. Man braucht somit zur Ermittlung des Momentes M_a nur die Lastaufnahme unter der Strecke $l - a$ als Inhalt der Fläche zu erfassen und daraufhin als äußere Kraft den anderen Momenten zuzuschlagen, indem man also das gleiche Verfahren anwendet, wie es bei den Rechnungsbeispielen mit angenommener Lastaufnahme geschehen ist.

Das Verfahren OHDE setzt voraus, daß die Baugrubensohle in ihrer natürlichen Lagerung nicht gestört wird, denn ein Ausgleich übertiefer Aushubstellen durch aufgeschütteten Boden sowie vorübergehende Teilbelastung bedingen beträchtliche Abweichungen von der angenommenen Lastaufnahme.

VI. Bauausführung von Schleusen.

18. Gründung und Wasserhaltung.

Wie schon mehrfach betont, bestimmt die *Beschaffenheit des Untergrundes* in entscheidendem Maße die Bauweise einer Schiffahrtsschleuse. Man kann auch hier, in großen Zügen gesehen, wieder deutlich zwischen Fluß-, Kanal- und Seeschleusen unterscheiden. *Fluß*schleusen an Flachlandflüssen sind vorwiegend auf feinen und mittleren Sanden zu gründen, an Mittelgebirgsflüssen auf grobem Kies, wenn nicht sogar felsiger Untergrund in erreichbarer Tiefe ansteht. Sie kommen damit also auf guten Baugrund zu stehen. *Kanal*schleusen erhalten entsprechend der Höhenführung einer künstlichen Wasserstraße ihren Standort in der Regel an Gefällbrüchen im Gelände, um einen tiefen Einschnitt für den unteren Vorhafen und künstliche Dichtungen für einen im Auftrag liegenden oberen Vorhafen zu vermeiden. Hierbei zeigen sich sehr unterschiedliche Verhältnisse. Man kann Fels oder wasserundurchlässigen Ton und Mergel antreffen, der sich nach Abräumen der oberen, verwitterten Schichten unmittelbar als Bauwerkssohle benutzen läßt und bei dem weder eine Grundwasserabsenkung noch eine Einfassung der Baugrube durch Spundwände notwendig wird. Man kann aber auch auf stark zerklüftete und verworfene Schichten stoßen, die Gefahren der verschiedensten Art in sich bergen. Das Antreffen schlammiger, mooriger oder anderer nicht tragfähiger Böden ist bei Binnenschleusen selten; hingegen zeigen sich recht ungünstige Untergrundverhältnisse vielfach bei *See*schleusen. Sie müssen oft in tiefliegenden Marschen mit schwammigem Untergrund erbaut werden. Die Marsch, deren Entstehen in erster Linie auf die Gezeitenwirkung zurückzuführen ist, da die Flut mehr Schwebestoffe bringt als die Ebbe mitnimmt, besteht aus einer mehrere Meter starken Kleischicht, unter der sich zusammengepreßter Moorschlamm und Dargboden als äußerst humusreicher Schilfschlick befinden. Obwohl die Bauwerkssohle einer modernen Seeschleuse im Durchschnitt 18 bis 22 m unter mittlerem Hochwasser liegt, erreicht sie also vielfach noch nicht den erwünschten tragfähigen Untergrund. Es kommt daher einer genauen Erfassung der Untergrundverhältnisse bei Seeschleusen schon von vornherein eine größere Tragweite zu als bei Binnenschleusen, abgesehen davon, daß diese hinsichtlich Wahl der Baustelle in der Regel eine größere Freiheit gestatten als Seeschleusen.

Schiffsschleusen gehören nicht zu den „Alltagsbauten". Diese Tatsache zwingt dazu, einmal bei der Vornahme von *Bodenuntersuchungen* die „Richtlinien für bautechnische Bodenuntersuchungen" genauestens zu beachten, ferner danach zu streben, durch weitgehendste Auswertung der Bodenuntersuchungsergebnisse sich nicht an die in „DIN 1054, Zulässige Belastung von Flächen- und Pfahlgründungen" festgelegten *zulässigen Bodenpressungen* zu halten, sondern soweit wie möglich darüber hinauszugehen, denn nur so kann an Material und Arbeitsaufwand und damit an Baukosten gespart werden. Von den beiden

Bodengruppen der bindigen und nichtbindigen Böden umschließt die Gruppe der bindigen Böden die größeren Probleme hinsichtlich zulässiger Belastung und konstruktiver Gestaltung des Schleusenbauwerks. Es gilt hier, nicht nur unzulässige Setzungen, sondern auch ein Verkanten der Kammermauern, insbesondere aber der die Verschlußvorrichtungen tragenden Häupter zu vermeiden. Zur Förderung unserer teilweise noch recht lückenhaften Kenntnisse auf diesem Gebiet kann nicht genug empfohlen werden, eine Schleuse auch nach ihrer Inbetriebnahme hinsichtlich ihres Verhaltens zum Baugrund noch weitgehendst zu beobachten. Messungen der senkrechten und horizontalen Bewegungen der Kammerwände und der Häupter, der sich wechselnd einstellenden Grundwasserstände und, wenn es sich irgend einrichten läßt, auch der unter den einzelnen Bauwerksteilen auftretenden Bodenpressungen, gestatten Rückschlüsse auf die Zweckmäßigkeit der angewandten Berechnungsverfahren. Sie allein geben die Möglichkeit, die zulässige Beanspruchung der Baustoffe und des Baugrundes im Interesse einer Verbilligung des gesamten Unternehmens besser auszunutzen.

Man muß immer danach trachten, eine Schleuse in trockener Baugrube, im sog. *Trockenbauverfahren*, herzustellen. Es garantiert kostenmäßig und konstruktiv die zweckmäßigste Ausführung für ein Betonbauwerk. Seine Anwendung ist von Natur aus ohne weiteres gegeben, wenn man mit einer offenen Wasserhaltung für die Abführung geringer Sickerwassermengen ,und der Niederschlagswässer auskommt, also nicht mit einem Zustrom von Grundwasser zu rechnen braucht. Auch bei der Gründung von Schleusen in freiem Wasser, wie bei der Anlage von Flußschleusen auf felsigem Untergrund, ist die Bauausführung in offener Baugrube meistens die wirtschaftlichste Lösung. Jedoch bereitet hier die Herstellung der sodann erforderlichen Fangedämme, da das Rammen stählerner Spundwände nur sehr schwer oder überhaupt nicht möglich ist, große Schwierigkeiten. Man ist dann zur Anlage von Beton-Fangedämmen gezwungen, bei denen nicht allein die Herstellung, sondern auch die spätere Beseitigung einen erheblichen Geldaufwand erfordert, abgesehen davon, daß ein dichter Anschluß zwischen Fangedamm und Flußsohle nicht leicht zu erreichen ist (Abb. 225). Das Trockenbauverfahren läßt sich ferner stets durchführen, wenn die Bodenverhältnisse eine entsprechende Senkung des Grundwasserspiegels gestatten.

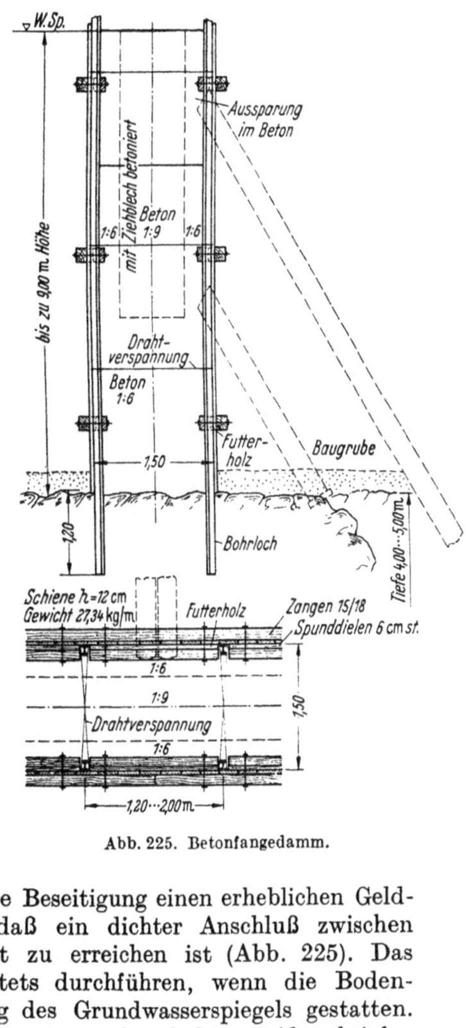

Abb. 225. Betonfangedamm.

Das Verfahren der *Grundwasserabsenkung* ist praktisch bis zu Absenktiefen von etwa 30 m möglich. Dieses Maß stellt insofern eine gewisse Grenze dar, nicht weil mit zunehmender Absenkungstiefe die zu bewältigende Wassermenge wächst, sondern weil dann die zur Durchführung der Absenkung erforderliche Zeit stark zunimmt, was mit Rücksicht auf den Bauzeitplan oft nicht erwünscht ist. Grundsätzlich läßt sich das Grundwasserabsenkungsverfahren bei allen Arten nichtbindiger Böden anwenden. Bemerkenswert ist dabei, daß feine Schichten, besonders wenn der Boden nicht gleichmäßig ist, trotz des wesentlich geringeren Wasseranfalles schwieriger zu behandeln sind als grobe Kiesböden. Die Beseitigung des in kiesigen Schichten anfallenden Wassers ist nur eine Frage der Pumpengröße. Es läßt sich im allgemeinen mit genügend großen Wasserförderanlagen die gewünschte Absenkung ohne Schwierigkeiten erzielen. In sehr feinen oder gar tonigen Bodenschichten muß dagegen das Hauptaugenmerk auf die Ausbildung der Brunnen gerichtet werden. Sie müssen imstande sein, das hier nur in sehr geringer Menge anfallende Wasser an den am besten geeigneten Stellen zu entnehmen, ohne daß die Brunnen mehr oder weniger schnell durch die feinen Bodenbestandteilchen zugesetzt werden. Größe und Art der Brunnen hängen ab von der zu entwässernden Bodenart, der Anordnungsmöglichkeit der Brunnen im Hinblick auf die Gesamtlage der Baustelle, von der zur Wasserförderung vorgesehenen Art der Pumpen und schließlich ganz allgemein von dem verfügbaren Gerät. Früher sind ausschließlich Filterbrunnen von 15 bis 25 cm Durchmesser verwandt worden, in den letzten Jahren jedoch auch Großbrunnen von 1 m Durchmesser und darüber. Eine größere Anzahl kleiner Brunnen ist zweckmäßig bei unregelmäßigen und wechselnden Bodenschichten, insbesondere beim Vorhandensein undurchlässiger Zwischenlagen, während große Brunnendurchmesser nur bei gleichartigen Untergrundverhältnissen empfehlenswert sind. Die Wasserförderung erfolgte in der ersten Zeit der Anwendung des Grundwasserabsenkungsverfahrens ausschließlich durch Kreiselpumpen. Sie haben den Nachteil, daß ihre Saughöhe praktisch nur etwa 7 m beträgt, da völlige Luftleere in der Saugleitung nicht zu erzielen ist. Berücksichtigt man noch den Filterwiderstand, so kommt man zu einer Absenktiefe ab Kreiselpumpenachse von 4 bis 5 m. Man ist daher genötigt, für tiefere Absenkungen staffelweise vorzugehen, d. h. nach erreichter Absenkung durch die erste Staffel eine zweite entsprechend tiefer einzubauen, dann nötigenfalls eine dritte usw., bis die gewünschte Absenktiefe erreicht ist. Diese Nachteile der Kreiselpumpe werden durch die vor etwa 20 Jahren zum ersten Male angewandten Tauchpumpen vermieden, die aus einer Schraubenpumpe mit unmittelbar wasserdicht gekuppeltem Motor bestehen, beliebig tief unter Wasser eingehängt werden können und das Wasser unter Verzicht auf eine Saugleitung nur hochzudrücken brauchen. Dadurch ergibt sich der Hauptvorteil einer Grundwasserabsenkung mit Tiefbrunnen und Tauchpumpen, daß nämlich die gesamte Anlage außerhalb der Baugrube angeordnet werden kann, ohne deren Raum zu beschränken. Man ist ferner vollkommen frei in der Höhenlage, denn die bei Staffelabsenkungen notwendige waagerechte Saugleitung entfällt. Diese Umstände berechtigen aber nicht dazu, eine mit Kreiselpumpen betriebene Staffelanlage als restlos überholt zu betrachten. Sie läßt sich vielfach im Wirkungsgrad den vorhandenen Verhältnissen besser anpassen, hat geringeren Stromverbrauch und bedarf in ihrer Unterhaltung nicht der äußerst sorgsamen Überwachung wie eine Tiefbrunnenanlage. Grundsätzlich verlangt schon der Entwurf der Grundwasserabsenkung für einen größeren Schleusenbau eine gute Planung, die eine genaue Feststellung der Boden- und Grundwasserverhältnisse und auch viel Erfahrung zur Voraussetzung hat. Dies soll an der Durchführung der Grundwasserabsenkung für den Bau der Doppelschleuse Magdeburg als Beispiel erläutert werden [*309*].

Abb. 226 zeigt den Lageplan der Baustelle mit Schutzdeich; sie fällt in ganzer Ausdehnung in das Hochwasserüberschwemmungsgebiet der Elbe. Die Untergrundverhältnisse sind in Abb. 227 im Längenschnitt dargestellt. Danach befand sich die Sohle der Baugrube für die Leitwerke des oberen Vorhafens auf kiesigen Sandschichten, die Strecke vom Oberhaupt bis zum Mittelhaupt auf Fels und der weitere Teil der Schleuse wiederum auf einer kiesigen Sandschicht. Die Nähe der Baustelle am Strom bedingte, daß der Grundwasserstand in ihrem Bereich mit geringer Verzögerung den Wasserständen des Stromes folgte. Die Sohlen der Kammerwände bzw. der Häupter lagen 13 bzw. 10 m unter MHW. Da für die Herstellung der Doppelschleuse mit über $^1/_2$ Million m³

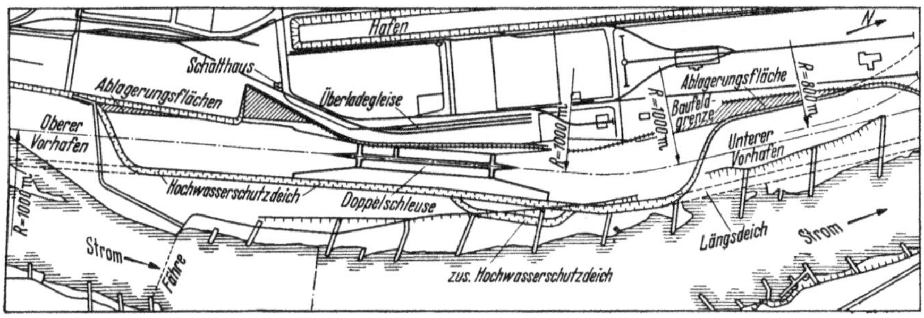

Abb. 226. Lageplan der Staustufe Magdeburg.

Boden- und Felsaushub und 110000 m³ Beton etwa 3 Jahre Bauzeit erforderlich waren, war zuerst die Anlage eines Schutzdeiches notwendig, der die Baustelle auch bei HHW noch sicher gegen den Strom abgrenzte. Bezüglich Anordnung der Grundwasserabsenkung in den durchlässigen Bodenschichten und der offenen Wasserhaltung über der Felsenstrecke wurde so vorgegangen, daß zunächst die Bauverwaltung einen Entwurf aufstellte. Hierbei konnte der erforderliche Geräteeinsatz naturgemäß nur überschläglich ermittelt werden. Er belief sich auf 450 Filterrohrbrunnen, 12 Hauptpumpen von 125 bis 500 m³/h Mindestleistung für die Grundwasserhaltung und von 4 Hauptpumpen von

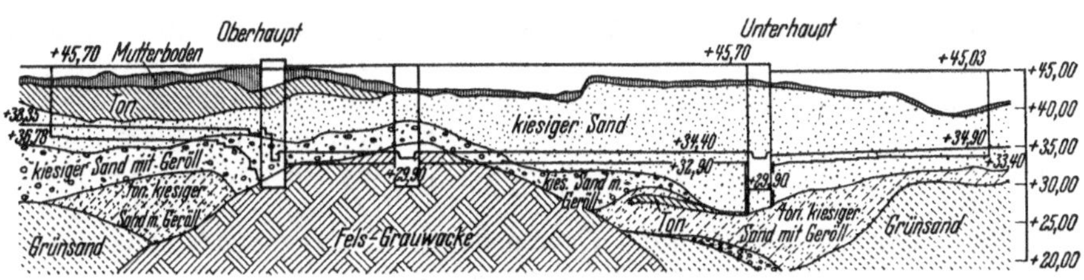

Abb. 227. Geologischer Längenschnitt.

50 bis 225 m³/h Mindestleistung für offene Wasserhaltung, außerdem auf den Einbau von 8 Tiefbrunnen, etwa 20 m lang, mit je einer Tauchpumpe. Die errechnete Nennleistung der vorgesehenen Hauptpumpen betrug 5300 m³/h, die sämtlicher Pumpen 10000 m³/h, ausgehend von einer Wasserförderung bei niedrigen Flußwasserständen von 4000 m³/h und bei Hochwasser von 6000 bis 7000 m³/h. Dieser Entwurf wurde sodann der Ausschreibung der Bauarbeiten zugrunde gelegt. Die Angabe der genauen tatsächlichen Leistung der Pumpen sowie die Art der Antriebsmaschinen blieben dem Anbietenden überlassen. Gleichzeitig blieb ihm überlassen, Vorschläge für eine andere Art der Wasserhaltung zu machen, sofern ihm diese nach seinen Erfahrungen und dem ihm zur Verfügung stehenden Gerät für vorteilhafter erschien. Aus dieser wechselseitigen Zusammenarbeit von Bauherrn und Unternehmer hat sich die in Abb. 228 dargestellte Wasserhaltungsanlage ergeben. Es ist danach zuerst vorwiegend mit Großbrunnen gearbeitet worden, und zwar mit 2 bis 5 Tauchpumpen je Brunnen. Die Großbrunnen bestanden aus Filterrohren von 950 mm innerem

Durchmesser. Ihre Herstellung erforderte bei einer Tiefe von 20 m und doppelschichtigem Betrieb eine Arbeitszeit von etwa 14 Tagen je Brunnen. Die Leistung der Tauchpumpen betrug bei einer Motorstärke von 12 PS im Mittel 70 m³/h. Insgesamt wurden 11 Großbrunnen mit 42 Tauchpumpen eingebaut. Bei der ersten größeren Ausuferung des Stromes zeigte sich jedoch, daß die eingebauten Großbrunnen für den auftretenden Wasserandrang nicht ausreichten. Das Wasser trat offen aus den Baugrubenböschungen heraus. Ihre ausreichende Standsicherheit konnte daher nach der Stromseite nur durch eine gleichmäßige Absenkung mit Staffeln erreicht werden. Dies führte dazu, allgemein zu Filterbrunnen von 150 mm Durchmesser überzugehen, die mit Rohren von 300 mm Durchmesser abgeteuft wurden. Im ganzen kamen 11 Staffeln mit 232 Brunnen

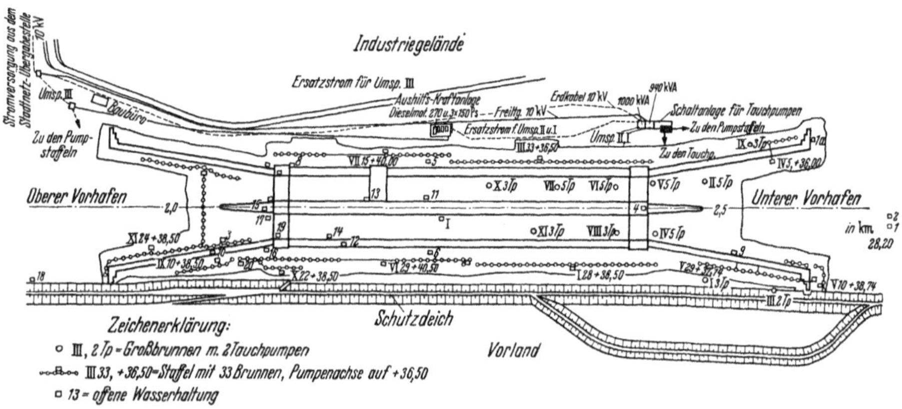

Abb. 228. Lageplan der Wasserhaltungsanlagen.

und 20 Kreiselpumpen zum Einsatz. Wie vorausgesehen worden war, konnte im Bereich der Felsenstrecke das Wasser nur zum Teil durch die über den Felsen geführte Staffel gefaßt werden. Es war hier zusätzlich eine offene Wasserhaltung notwendig. Sie erstreckte sich in der Hauptbetriebszeit auf 21 offene Wasserhaltungen mit 26 Kreiselpumpen und 2 Tauchpumpen. Als die Betonarbeiten weit genug fortgeschritten waren, wurden die an den Baugrubenböschungen stehenden Staffeln von Norden nach Süden schreitend abgebaut. Die Wasserhaltung bewirkten dann nur noch die Großbrunnen, welche aber bei höheren Wasserständen in der Elbe nicht ausreichten. Es mußte infolgedessen zu dieser Zeit ein teilweises Überstauen der Baugrube in Kauf genommen werden, wie es überhaupt darauf ankam, den Betrieb der Wasserhaltung dem stark wechselnden Wasserandrang und hinsichtlich der Absenkungstiefe den jeweiligen Verhältnissen weitgehendst anzupassen. Bei niedrigen Flußwasserständen betrug die durchschnittliche Förderleistung etwa 3000 m³/h, bei ausgeuferten Wasserständen etwa 5000 m³/h und bei Hochwasser etwa 6000 m³/h. Die praktisch erreichbare größte Absenkung hat sich, bezogen auf den Wasserstand der Elbe, auf 12,50 m belaufen. Bei dem Betrieb jeder Grundwasserhaltungsanlage ist es notwendig, ihre Wirkung nicht nur für den Bereich der Baustelle, sondern auch auf größere Weite durch Beobachtungsbrunnen festzustellen, um so unberechtigten Schadenersatzforderungen begegnen zu können. Diese Beobachtungen ergaben im vorliegenden Fall, daß sich die Absenkung nach Westen unter dem Hafenbecken hindurch bis in 1900 m Entfernung ausgedehnt hatte. Nach Osten ging sie nicht über den Strom hinaus, da sein Niedrigwasserbett nicht verschlammt und damit abgedichtet war. Der Hauptstrom für den Antrieb sämtlicher Pumpen bei der Schleusenanlage Magdeburg wurde aus dem städtischen Netz entnommen, und zwar mit 10000 V Oberspannung, die in eigens hierfür erstellten Trafoanlagen auf 220/380 V umgespannt wurde. Die gegenüber dem Plan des Bauherrn vermehrte Verwendung von Tauchpumpen und der Verzicht auf einen unmittelbaren Antrieb der Hauptpumpen der Staffeln durch Kraftmaschinen hat hierbei zur Erhöhung der Betriebssicherheit die Einrichtung einer besonderen Stromerzeugungsanlage auf der Baustelle als Aushilfe für den Fall etwaiger Stromunterbrechungen aus dem städtischen Netz erforderlich gemacht. Und zwar wurden als Kraftquelle 4 Dieselmotoren mit zusammen 750 PS aufgestellt. Die Gesamtkosten der Wasserhaltung haben sich zu rd. 22% der Baukosten der gesamten Schleusenanlage ergeben, wobei die Kosten für die Wasserhaltung mit Staffeln und Großbrunnen für gleiche Leistungen nahezu gleich hoch gewesen sind. Es wurde hierbei auf Grund der gemachten Erfahrungen davon ausgegangen, daß zwei Großbrunnen von je 20 m Länge mit je 5 Tauchpumpen eine Staffel mit etwa 40 Brunnen, ausgerüstet mit einer Haupt- und einer Ersatzpumpe von je 540 m³ Stundenleistung, ersetzen. Der hohe Anteil der Wasserhaltungskosten an den Gesamtbaukosten der beiden Schleusen zeigt, welche Bedeutung einer Wasserhaltung bei der Bauausführung technisch und wirtschaftlich zukommt.

Bevor das Grundwasserabsenkungsverfahren bekannt war, wurden die Sohlen der Schleusenkammern und der Schleusenhäupter als *Unterwasserbeton* hergestellt. Diese geschah in der Weise, daß der Beton mit Hilfe von Schüttrohren oder Kästen mit Bodenklappen eingebracht wurde. Sowohl bei der Verwendung von Schüttrohren, welche waagerecht nach zwei Richtungen hin langsam bewegt werden mußten, als auch bei der Verwendung von Kästen, kam die Betonmischung unmittelbar mit dem Wasser in Berührung. Es ließ sich infolgedessen trotz größter Sorgfalt und strengster Beachtung aller Regeln und Vorschriften nicht vermeiden, daß ein Teil des Zementes ausgespült wurde und damit mehr oder weniger umfangreiche Entmischungen eintraten, wodurch sich als weitere Folge der ausgespülte Zement als Schlämmschicht ablagerte und die nacheinander eingebrachten Betonlagen voneinander trennte. Daher bedeutete es eine grundlegende Neuerung auf dem Gebiet der Betontechnik gerade im Schleusenbau, als zunächst in Amerika und später in Schweden das sog. *Kontraktor*-Verfahren aufkam [*314*]. Nach seiner Einführung und Bewährung in Deutschland hat es entsprechend seiner Bedeutung in den „Bestimmungen des Deutschen Ausschusses für Stahlbeton, Ausgabe 1943, Teil C, Bestimmungen für Ausführung von Bauwerken aus Beton — DIN 1047 —“ Berücksichtigung gefunden, wo es in § 10, letzter Absatz, als Unterwasserbeton mit *ortsfesten Trichtern* bezeichnet wird. Es bietet bei sachgemäßer Durchführung die volle Gewähr, daß der Frischbeton während des Einbringens von jeder unmittelbaren Berührung mit dem Wasser in der Baugrube geschützt und jede schädliche Bewegung des Wassers sowie des eingebrachten Betons selbst vermieden wird. Voraussetzung ist jedoch, daß man die Baugrube durch Spundwände einfaßt. Sind freistehende Mauerkörper zu errichten, so müssen gespundete Schalungen verwandt werden. Immer haben Spundwände und Schalungen solche Abmessungen zu erhalten, daß sie jeder möglichen Belastung standhalten, weder ausweichen noch undicht werden. Das Einbringen des Betons erfolgt über ein Gerüst in Verbindung mit einer Arbeitsbühne (Abb. 229).

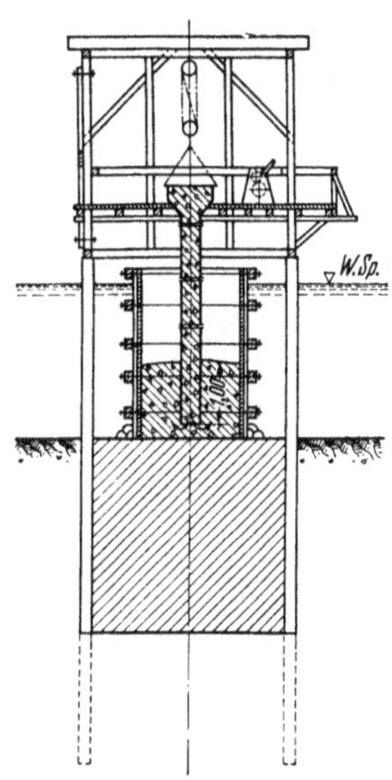

Abb. 229. Einrichtung für Unterwasserbeton mit ortsfesten Trichtern.

Das Gerüst dient zur Hebung des Trichters mit Hilfe eines Flaschenzuges und einer Winde. Beim Beginn des Betonierens wird die im Trichterrohr stehende Wasser- und Luftschicht durch einen Sackpfropfen, auf den die ersten eingebrachten Betonmischungen drücken, herausgepreßt. Hierbei ist wichtig, daß genügend Mischgut bereitliegt, um sofort mit dem Abrutschen des Sackpfropfens nachgefüllt zu werden, damit die Betonsäule im Trichterrohr nicht abreißen und von unten Wasser nachdrücken kann. Das weitere Betonieren vollzieht sich in der Art, daß laufend Beton in den Trichter eingebracht wird. Dieser muß während des ganzen Betonierungsvorganges genügend tief im Beton stecken, und zwar mindestens 1 m. Der Beton soll einen Zementzusatz von mindestens 350 kg pro m³ Fertigbeton haben. Als Zuschlagsstoff dient ein Korngerüst, das unter Einhaltung der für Beton bzw. Stahlbeton festgelegten Sieblinien möglichst geschmeidig ist. Stets darf nur so viel Wasser zugesetzt werden, daß plastischer Beton entsteht. Als Fließweite des Betons ist das Maß von 3 bis 3,5 m, von Rohrmitte an gerechnet, zugelassen. Es können also mit einem Rohr etwa $6 \times 6 = 36$ m² Grundfläche bedient werden. Bei größeren Flächen ist der Einsatz von mehreren Rohren notwendig. Hierbei ist besonders darauf zu achten, daß überall ein gleichmäßiges Ansteigen des Betons erreicht wird. Ist die Herstellung von Stahlbeton erforderlich, so sind die Stahleinlagen vor Beginn des Betonierens zusammenzubauen, abzusenken und nach Höhe und Richtung unverrückbar festzulegen. Das Kontraktorverfahren ist bisher mehrfach beim Bau von Binnenschleusen verwandt worden, so für die Anlage der Molen für die Doppelschleuse Magdeburg und später bei dem Bau der bereits oben beschriebenen Schleuse Niegripp. Für Seeschleusen dürfte es nur gelegentlich zur Verwendung kommen. Sein großer Vorteil liegt darin, daß durch Vermeidung einer in Bau und Betrieb teuren Grundwasserabsenkung trotz gewisser Schwierigkeiten, die auch das

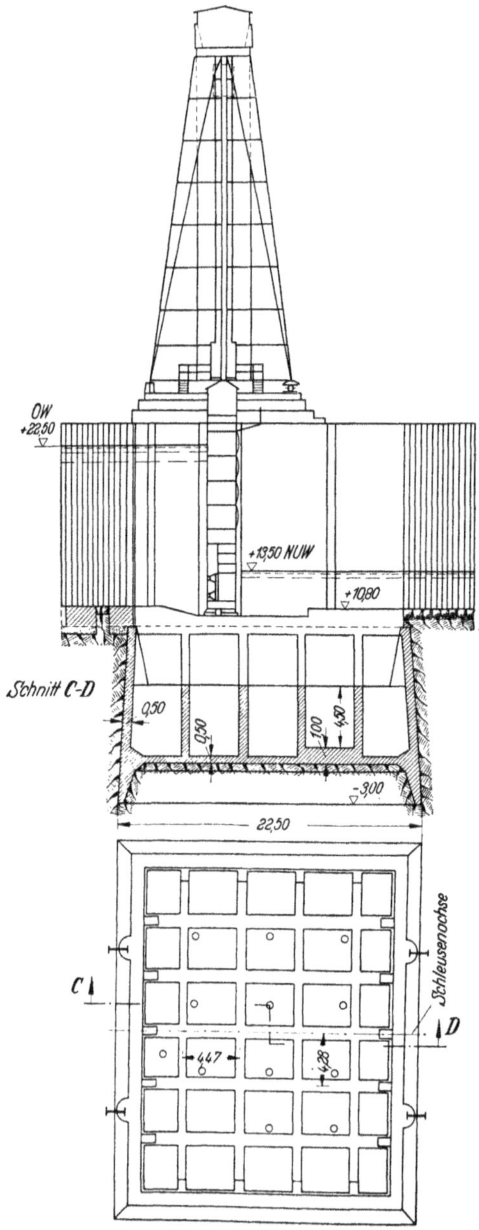

Abb. 230. Unterhaupt mit Druckluftgründung.

Kontraktorverfahren in sich trägt, die Gesamtkosten einer Schleusenanlage niedriger gehalten werden können als wie bei Einsatz einer künstlichen Grundwasserabsenkung, insbesondere wenn mit größeren Grundwasserabsenkungsschäden zu rechnen ist.

Die Gründung mittels *Brunnen* gehört im Schleusenbau zu den Ausnahmen. Sie ist am Platze, wenn die örtlichen Verhältnisse keine Rammarbeiten und keine Grundwasserabsenkung gestatten, tragfähiger Untergrund aber in erreichbarer Tiefe bei Nichtvorhandensein von großen Steinen oder sonstigen Hindernissen anzutreffen ist. Die Anordnung von Brunnen beschränkt sich im allgemeinen auf die Häupter und die Kammermauern, zwischen welche die massive Sohle als Gewölbe eingezogen wird. Als recht schwierige Arbeit verbleibt stets die Herstellung einer dichten Verbindung der einzelnen Brunnen.

Häufiger ist die Gründung mittels *Druckluft*, wobei zu unterscheiden ist zwischen der Gründung mittels schwimmender Taucherglocke, unter der unabhängig von ihr ein Baukörper erstellt wird, und der Gründung mittels verlorener Druckluftkammer, die selbst einen Bestandteil des Schleusenbauwerks abgibt. Das erstgenannte Verfahren ist früher mehrfach angewandt worden. Es hat ungeachtet dessen, daß das gesamte Baumaterial durch die Luftschleuse hindurchgebracht werden muß, um in der Arbeitskammer verbaut zu werden, den Nachteil, daß eine sehr große Anzahl von Arbeitsfugen entsteht und sich der gesamte Baufortgang langsam vollzieht. Weit besser ist das Verfahren, mit verlorener Druckluftkammer zu arbeiten, welche die Grundflächengröße eines Hauptes oder eines Kammerblockes erhält, also von Baukörpern, die teilweise schon mit, sonst nach Absenkung der Druckluftkammer auf ihr hochgeführt werden.

Beispiel für eine solche Gründung ist die Herstellung des Unterhauptes der Schleuse Friedrichsfeld am Kanal Wesel—Datteln, das in seiner Gesamtanordnung in Abb. 230 wiedergegeben ist [*315*]. Der Untergrund bestand hier im oberen Teil aus Kiessand, darunter befand sich breiiger Glimmerton, unter ihm fester Glimmerton. Der breiige Glimmerton konnte, namentlich mit Rücksicht auf später zu erwartende Geländesenkungen und -zerrungen infolge Bergbaues, nicht als einwandfreier Baugrund angesehen werden. Es waren daher die Fundamente des Unterhauptes bis auf den festen Glimmerton, etwa bis Ord. $-3{,}0$ m N. N., hinabzuführen. Eine Pfahlgründung wurde wegen der zu erwartenden bergbaulichen Senkungen nicht für zweckmäßig gehalten. Auch die Herstellung eines bis zum festen Ton hinabreichenden Betonblocks zwischen umschließenden, gegenseitig verspreizten stählernen Spundwänden, mußte man bei näherer Untersuchung aufgeben. Zwar konnte die Grundfläche des Hauptes dank der Verwendung von Hubtoren verhältnismäßig klein gehalten werden, sie betrug aber immer noch rd. 20×25 m. Hieraus ergaben sich bei einer Tiefe des Spundwandkastens von wenigstens 12 m unter Baugrubensohle erhebliche Schwierigkeiten für Konstruktion und Einbau der Aussteifungsrahmen. Außerdem bestand bei dieser Ausführungsart der Nachteil, daß von Anfang an die Tiefe der Gründung festgelegt war und auch dann im wesentlichen festgehalten werden mußte, wenn etwa beim Anlangen auf der beabsichtigten Gründungssohle die Bodenverhältnisse ein noch weiteres Hinabgehen notwendig machten. Es ergab sich daher als zweckmäßigste Lösung die Absenkung eines das ganze Haupt unterspannenden Senkkastens mittels Druckluft. Da der Bau eines stählernen Kastens erhebliche Zeit in Anspruch genommen haben würde und diese Zeit nicht zur Verfügung stand, entschloß man sich zur Ausführung des Kastens in Stahlbeton. Seine Grundfläche betrug $27{,}65 \times 22{,}20 =$ rd. 615 m^2, die Höhe 12,5 m; die Arbeitskammer war 3 m hoch. Bei der statischen Berechnung des Senkkastens wurden mit Rücksicht auf die Verwendung eines

Kiessandbetons im Mischungsverhältnis von mindestens 1 : 5 für die Regelfälle Spannungen von 50 kg/cm² für Beton und von 1200 kg/cm² für Stahl zugelassen, für die kaum zu erwartenden Katastrophenfälle jedoch Spannungen von 80 bzw. 1800 kg/cm². Die Berechnung der Schneidenwände sah zwei Belastungsfälle vor:

a) Senkkasten auf −3 m N. N. abgesenkt, Preßluft entweicht, voller Wasser- und Erddruck wirkt auf die Außenwand;

b) Senkkasten in gleicher Lage, Preßluft entweicht, Kasten sinkt bis dicht unter den Randbalken für die Druckwasserpressen in das Erdreich 2,20 m tief ein.

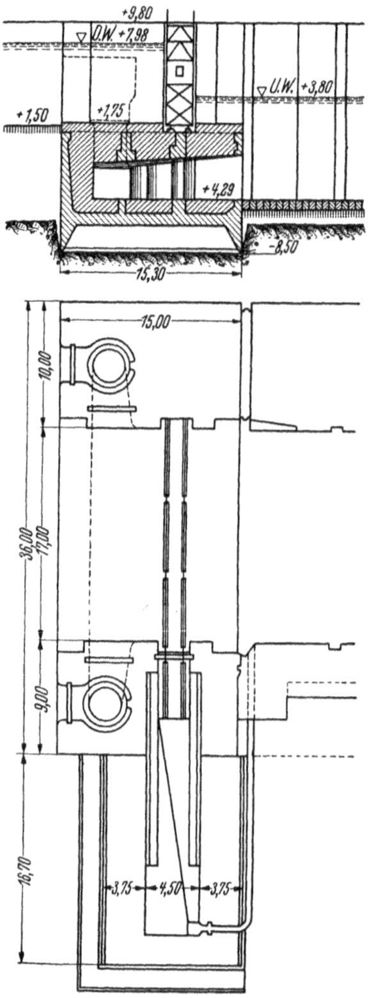

Abb. 231. Schleusenoberhaupt auf Senkkasten.

Die Decke der Arbeitskammer hat eine doppelte Bewehrung. Für die Berechnung der unteren Bewehrung wurde der gesamte Füllbeton mit 5 m Höhe als Auflast eingesetzt. Doch ließ man im Hinblick darauf, daß die unteren Schichten beim Einbringen der oberen schon teilweise erhärtet sind, die Spannungen der Katastrophenfälle zu. Für die Berechnung der oberen Bewehrung war maßgebend, daß der Kasten ohne Füllbeton bis etwa Ord. +3 m N. N. absinken würde. Es war also mit einem Druck von 6,0 m Wassersäule zu rechnen. Der Senkkasten hatte ein Gewicht von 4000 t. Sein Abheben von der Schalung erfolgte durch 22 an eine gemeinsame Druckleitung angeschlossene Druckwasserpressen von je 250 t Tragfähigkeit. Die Preßlufterzeugung besorgten zwei Dampfkompressoren von je 17,5 m³ minutlicher Leistung mit einem Elektromotor als Reserve. Es brauchte jedoch praktisch nur jeweils ein Kompressor zu laufen. Die Absenkungsarbeiten unter Preßluft beanspruchten eine Zeit von 50 Tagen. Die mittlere tägliche Leistung betrug 23 cm Absenktiefe, der mittlere Aushub unter Einrechnung von gelegentlichen Ausfällen 135 m³, der höchste Arbeitsüberdruck 1,0 Atm.

Die Heranziehung einer Druckluftgründung kommt aber nicht nur dann in Frage, wenn die Untergrundverhältnisse sehr schlecht sind, sondern sie kann sich auch aus kostenmäßigen Erwägungen als wirtschaftlich ergeben, wenn sich durch sie schwierige Rammungen und umfangreiche Wasserhaltungsarbeiten vermeiden lassen. Eine Gründung mit verlorener Druckluftkammer hat allgemein den Vorteil, daß sofort mit der Herstellung eines Hauptes oder Kammerblocks begonnen und die weitere Ausbauarbeit schon während der Absenkung mit durchgeführt werden kann. Derartige Gedankengänge sind entscheidend gewesen für die Gründung des in Abb. 231 wiedergegebenen Oberhauptes der Schleppzugschleuse Amfréville les Poses an der Seine. Hier war als Untergrund feste Kreide vorhanden. Das mit einem Schiebetor als Verschlußkörper ausgerüstete Oberhaupt ist in gesamter Breite von 36 m auf einen Caisson gegründet von 15,30 m Breite und 9,50 m Höhe, wobei die Höhe der Arbeitskammer 2,20 m betragen hat. Die Tornische für das Schiebetor ist später angebaut worden, während die Seitenmauern des Hauptes mit dem Caisson als Sohle einen Block bilden. Das Mischungsverhältnis für den Stahlbeton des Senkkastens betrug 350 kg Zement auf 1 m³ fertigen Beton.

Druckluftgründungen werden in der Regel als kostspielige Unterwassergründungen angesehen, die man nur dann anwendet, wenn mit anderen Gründungsarten das erstrebte Ziel nicht erreichbar ist. Ein Teil der Ursachen hierfür liegt darin, daß die beim Absenkbetrieb vorkommenden und die Beanspruchung des Druckluftkastens bestimmenden Belastungsfälle schwer erfaßbar sind. Dadurch besteht die Notwendigkeit, bei Gründungskörpern mit großer Grundfläche und großen Gewichten für vorübergehende, besonders ungünstige Lastfälle hohe Aufwendungen zu machen. Auf der Suche nach Wegen, diese zu beschränken, ist von der Neuen Baugesellschaft Wayss & Freytag A.G., Frankfurt a. M. beim Bau der neuen Seeschleuse in Ostende der *Doppelschneiden*-Senkkasten entwickelt worden. Bei ihm werden die Außenwände der Arbeitskammer als

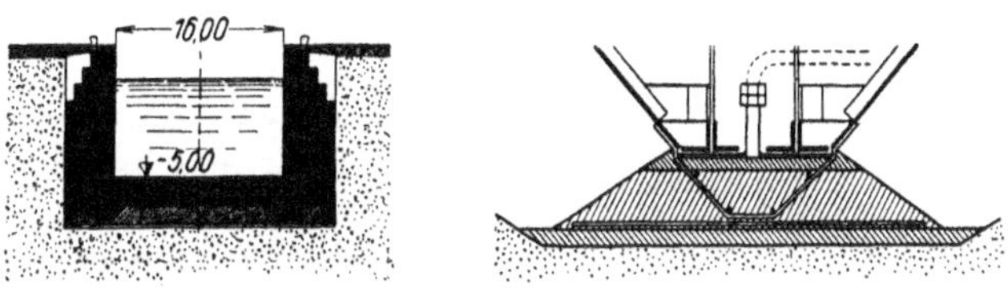

a b

Abb. 232a u. b. Doppelschneiden-Senkkasten.

verhältnismäßig dünne Schirmwände ausgebildet, die nur die Lufthaltung zu ermöglichen haben, während die Übertragung der Lasten auf den Baugrund durch zusätzlich im Innern der Arbeitskammer angeordnete Schneiden erfolgt. Eine solche Bauweise hat mehrere Vorteile: geringerer Spannungswechsel in der Konstruktion, billigere Herstellung des Senkkastens infolge einfacherer Abstützung, Möglichkeit der Schneidenarbeit in der Arbeitskammer an beiden Seiten der Schneiden, außerdem größere Sicherheit zur Erhaltung des Gleichgewichts des umgebenden Erdreichs infolge Übertragung der Stützkräfte innerhalb der Arbeitskammer und nicht an ihrem Rand. Abb. 232a zeigt als Kammerquerschnitt den Doppelschneiden-Senkkasten, Abb. 232b die Tragschneide mit Fundamentschelle zur Stützung des Senkkastens von Beginn der Absenkung. Es wird also hier zunächst ein Betonfundament hergestellt, auf dem die Montage der Stahlkonstruktion für die Senkkastenschneide vor sich geht. Der über die endgültigen Schneidenabmessungen hinausragende Teil der Betonplatte wird mit dem Ausrüsten abgeschlagen. Bei dem Bau der neuen Seeschleuse in Ostende sind jeweils die beiden Häupter auf einen Senkkasten gegründet, die 93 m lange und 16 m breite Kammer auf zwei Senkkästen. Das gesamte Schleusenbauwerk ruht also auf vier Senkkästen mit einem Einzelgewicht bis zu 7000 t, ausschließlich der aufgehenden massiven Wände, bei Einzelgrundflächen von 827 bis 1077 m² [*316*].

Eine weitere Möglichkeit offener Gründung im Wasser, die allerdings nur für Seeschleusen in Frage kommt, wenn die hier sonst am zweckmäßigsten zu wählende Bauweise der Gründung auf hohem Pfahlrost mit Spundwand nicht gegeben erscheint, ist die *Schwimmkastengründung*. Sie besteht darin, daß ein Hohlkasten mit Boden aus Stahlbeton auf fester Unterlage hergestellt wird. Von dieser aus wird er entweder dadurch fortbewegt, daß man ihn nach Ansteigen des Wassers zum Aufschwimmen bringt oder auf einer Helling ins Wasser abgleiten läßt. Die einzelnen Schwimmkästen werden sodann nach schwimmendem Heranbringen an die Verwendungsstelle dicht nebeneinander gesetzt und

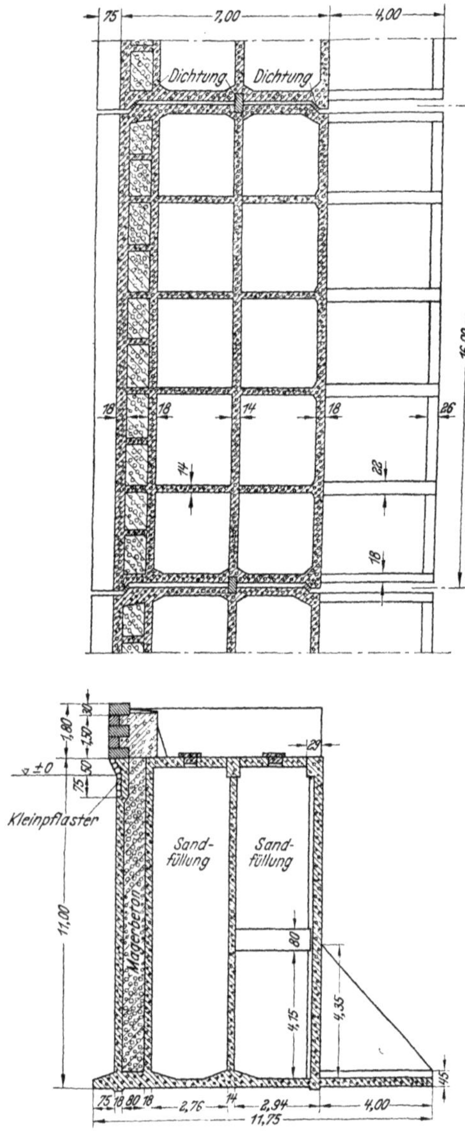

Abb. 233. Schwimmkastengründung.

abgesenkt. Die Form der Schwimmkästen richtet sich nach Art und Aufteilung des herzustellenden Bauwerkes. Ihre Größe ist von der zulässigen Bodenbeanspruchung abhängig. Allgemein kommt die Schwimmkastengründung infolge der schwierigen gegenseitigen Abdichtung der aneinander zu stellenden Kästen nur dann in Betracht, wenn ein anderes Gründungsverfahren nicht auf wirtschaftliche Weise zum Ziel führt oder technisch durchführbar ist (Abb. 233).

19. Betontechnik im Schleusenbau.

a) Allgemeines.

Der in den neueren Schleusen Deutschlands einschließlich ihrer Nebenanlagen wie Molen, Leitwerke usw., seit 1920 verbaute Beton umfaßt rund 5 Millionen m³. Es hat infolgedessen die gesamte Betontechnik durch den Schleusenbau eine nicht zu verkennende Förderung erfahren. So wurde der erste Gußbeton in Deutschland bei dem Bau der Doppelschleuse Geestemünde hergestellt, und zwar noch mit hölzernem Gießturm, auf dem oben die Mischmaschine aufgestellt war. Der erste eiserne Gießturm kam bei der Betonierung der Schleuse Flaesheim des Kanals Wesel—Datteln zum Einsatz. Die Anlage der Doppelschleuse Anderten führte zu grundlegenden Versuchen über Betondichtigkeit, indem hier die gesamte Gestaltung des Bauwerkes von der Erzielung eines wasserdichten Betons abhängig war; jegliche künstliche Dichtungsmaßnahmen entfielen. Man kann daher den Schleusenbau Anderten hinsichtlich der Entwicklung der Betontechnik ebenso als Markstein ansehen wie den Bau der Doppelschleuse Sülfeld, bei der zum erstenmal das Verfahren der Innenkühlung des Betons in Deutschland erprobt worden ist und das darin besteht, durch ein einbetoniertes Rohrnetz Kühlwasser hindurchzuleiten. Die dabei erzielten Erfolge einer erheblichen Verminderung der Abbindewärme und infolgedessen auch der Rißbildung im Beton haben dann zur weiteren Verwendung des Verfahrens beim Bau von Talsperren geführt.

Zwei Umstände rechtfertigen es, von einer besonderen *Betontechnik* im Schleusenbau zu sprechen. Erstens sind Schleusenbauten typische *Wasserbauwerke*; sie stehen entweder im Grundwasser, im Flußwaaser oder im Meerwasser. Dabei haben sie fast immer einen einseitigen, meistens wechselnden und oft sehr hohen Wasserdruck aufzunehmen. Zweitens sind moderne Schleusen stets *Massenbetonbauvorhaben*. Die im Schleusenbau gestellte Aufgabe, die Eigenlasten des Bauwerkes sowie die Kräfte des Erd- und Wasserdrucks mit möglichst geringen Setzungen und Bewegungen auf den Untergrund zu übertragen, dabei unter Wahrung einer Fülle anderer Belange gleichzeitig die notwendige Wasserundurchlässigkeit zu gewähren, gestattet keine beliebige Unterteilung durch Dehnungsfugen. Man kommt unweigerlich zu Baukörpern, die im Bereich der als „Massenbeton" bezeichneten Größenordnung liegen und damit durch Temperatureinflüsse gefährdet sind, welche seiner Eigenheit erwachsen. Die beim Abbinden und Erhärten der Bindemittel frei werdende Wärme bedingt erhebliche Temperaturerhöhungen; sie führen bei der geringen Zugfestigkeit des Betons zur Bildung von Rissen.

Wasserundurchlässigkeit ist ganz allgemein die wichtigste Voraussetzung für den Bestand aller Wasserbauwerke, denn der Angriff von schädigenden Stoffen auf das verwendete Bindemittel ist um so stärker, je tiefer das Wasser in die Poren des Betons eindringen kann. War im Anfang der Entwicklung des Betonbaues die Gewinnung möglichst hoher Druckfestigkeit das Ziel aller Zementfachleute und Bauingenieure, so trat auf Grund der im Laufe der Zeit gewonnenen Erfahrungen die Forderung nach ausreichender Dichtigkeit gleichbedeutend daneben. Man kann sogar sagen, daß im Wasserbau der Dichtigkeit gegenüber der Festigkeit ein gewisser Vorrang gebührt. Er ist vielfach bereits von Natur aus gegeben. Häupter und Kammermauern einer Schleuse erhalten, bedingt durch die zulässigen Bodenpressungen, in der Regel schon Abmessungen, bei denen die wirklichen Betondruckbeanspruchungen weit unter den zulässigen bleiben. Die Erzielung einer möglichst hohen Wasserundurchlässigkeit steht in engem Zusammenhang mit einer guten Verarbeitbarkeit des Mischgutes. Sie ist für den Wasserbau von ganz besonderer Bedeutung, weil es sich hier fast immer um große Arbeitsflächen und geringe Steighöhen handelt. Alle drei Faktoren, ausreichende Festigkeit, weitgehendste Wasserundurchlässigkeit und gute Verarbeitbarkeit sind abhängig von der Art und Menge des Bindemittels, der Art und Körnung der Zuschlagsstoffe und der Größe der Wasserzugabe.

Eingehende Untersuchungen über die im Massenbeton auftretenden *Temperaturschäden* und die Maßnahmen zu ihrer Verhütung sind von Hampe durchgeführt worden [*321—324*]. Portlandzement entwickelt eine Abbindewärme von etwa 120 kcal/kg. Sie führt zu einer Temperaturerhöhung von etwa 17° je 100 kg Zement in 1 m^3 Beton, also bei einem Zementzusatz von 300 kg/m^3 zu einer Temperaturerhöhung von über 50° im Kern großer Blöcke. Dadurch entstehen Temperaturspannungen, die zu mehr oder weniger tiefgehenden Rissen führen. Hampe unterscheidet Schalenrisse, die im allgemeinen in der Außenschicht des Betons liegen, Spaltrisse, die in ganzer Breite durch den Betonkörper gehen und Schäden in den Arbeitsfugen. Schalenrisse entstehen durch zu große Temperaturunterschiede zwischen dem Kern und der Schale des Betonkörpers. Sie sind um so zahlreicher, je massiger dieser ist. Man kann sie nach ihrem Verlauf und ihrer Tiefenwirkung unterscheiden in Flachrisse, die sich netzartig über die ganze Oberfläche in der äußeren Betonschicht ausbreiten, und Tiefrisse, die entsprechend der Form des Betonkörpers tiefer in ihn hineingehen. Flachrisse bilden sich vorwiegend bis zum vierten Tage nach der Betonierung, Tiefrisse nach diesem Zeitpunkt. Die tiefen Schalenrisse liegen je nach den Abmessungen, der Abbindewärme und den Schwankungen der Lufttemperatur allgemein in 4 bis 8 m Abstand voneinander und von den Enden eines Blockes. Sie sind in ihrer Tiefe sehr von seiner Querschnittsform abhängig. So reißen dünnwandige Betonteile, die in fester Verbindung mit massigen stehen, vollständig durch. Spaltrisse entstehen aus Arbeitsfugen oder in der Gründungssohle, wenn beide Teile im Zeitpunkt ihrer Verbindung stark abweichende Temperaturen aufweisen. Die Gefahr ihres Entstehens ist infolgedessen in heißer Jahreszeit am größten bei Aufbringen von Beton auf Fels oder auf Betonplatten, die bereits die Temperatur des umgebenden Erdreichs angenommen haben. Spaltrisse beginnen in geringer Höhe über der Arbeitsfuge, da sie infolge deren Haftfestigkeit nicht unmittelbar darüber entstehen können, erweitern sich schnell und verlaufen allmählich enger werdend nach oben als feine Haarrisse aus. Kennzeichen aller Spaltrisse ist, daß sie in voller Höhe vom Wasser durchdrungen werden. Die Temperaturschäden in den Arbeitsfugen ergeben sich aus der unterschiedlichen Ausdehnung des Betons oberhalb und unterhalb der Fuge, wobei der Abbindevorgang gestört und das Betongefüge unterhalb der Arbeitsfuge nachteilig beeinflußt wird. Hinzu kommt ein Öffnen der Arbeitsfuge durch Verkrümmung des oberen Betonkörpers auf Grund derselben Umstände, die zu Schalenrissen führen. Daher rührt die Erscheinung, daß Arbeitsfugen in massigen Betonkörpern vorwiegend an den Rändern einer Zerstörung unterliegen.

Die Maßnahmen gegen Temperaturschäden im Beton bestehen zunächst in einer Verminderung der Temperaturunterschiede durch zweckentsprechende Auswahl der Bindemittel nach Menge und Art, einer Ermäßigung der Anfangstemperatur des Betons durch Vorkühlung der Zuschlagstoffe und des Anmachewassers sowie einer Entziehung der Wärme im Beton durch Innenkühlung, ferner einer Verminderung der Temperaturunterschiede durch Wärmeschutz der Außenflächen.

b) Gefüge, Herstellung und Einbringen des Betons.

Die bei Wasserbauten erforderliche *Dichtigkeit* des Betons wird heute ohne besondere Zusätze erreicht. Sie ist eine Frage guter Kornzusammensetzung, der Güte und Menge des Bindemittels sowie der Konsistenz bzw. des Wassergehaltes. Als Prüfungsvorschrift zur Ermittlung der Wasserdichtigkeit, die nicht aus dem Dichtigkeitsgrad des Betons errechnet werden kann, gelten die „Bestimmungen für Betonprüfungen bei Ausführung von Bauwerken aus Beton und Stahlbeton DIN 1048". Allgemein wird Wasserdichtigkeit bei Verwendung von vorwiegend rundlichen Zuschlägen mit einer Körnung nahe der Sieblinie E (DIN 1045) bei schwach plastischer Betonsteife sicher erreicht, wenn die Zementmenge etwa 250 kg/m^2 fertigen Betons nicht unterschreitet. Aber auch zu reichlicher Zementzusatz ist nachteilig, weil mit ihm das Schwinden des Betons zunimmt. Die heute von der Industrie hergestellten Zemente besitzen unabhängig von ihrer Festigkeit unterschiedliche Eigenschaften hinsichtlich Eignung für wasserundurchlässigen Beton. Daher ist auch die Auswahl des richtigen Zements von großer Bedeutung. Im großen und ganzen gesehen hat sich Hochofenzement am besten bewährt.

Welche Entwicklung die Betontechnik im deutschen Schleusenbau nach diesen Grundsätzen genommen hat, erhellt aus der beifolgenden Zusammenstellung (Tabelle 10). Es ist hierbei je nach den Angaben in den Bauberichten die Bindemittelmenge in Raumteilen oder in kg/m^3 fertigen Betons angegeben; dementsprechend lauten die Angaben für das Korngerüst.

Als erste Massenbetonbauten neuzeitlichen Stils können die Schleusen des Rhein—Herne-Kanals angesehen werden. Bei ihnen hat man Traß-Kalk-Zementbeton verwandt. Er hat den Vorteil fast völliger Wasserundurchlässigkeit, hoher Elastizität und großer Widerstandsfähigkeit gegen angreifende Wässer. Seiner Elastizität, die rd. 30% größer ist als die von reinem Zementbeton, ist es zu verdanken, daß die den ungünstigen bergbaulichen Einwirkungen ausgesetzten Schleusenmauern des Rhein—Herne-Kanals trotz der großen Blocklänge von 31 m rissefrei geblieben sind. Außerdem weist der Traß-Kalk-Zementbeton infolge des geringeren Gehalts an Zement eine verhältnismäßig niedrige Abbindewärme auf, wodurch die Gefahr der Entstehung von Temperaturrissen stark herabgesetzt bzw. fast ausgeschaltet wird. Es kommt somit dem Traß-Kalk-Zementbeton als Massenbeton eine besondere Bedeutung zu. Das Dreistoffgemisch Traß-Kalk-Zement wird heute fabrikmäßig hergestellt. Es besteht aus

Tabelle 10.

Lfd. Nr.	Ort der Schleuse	Art des Betons	Bindemittel in Raumteilen oder kg/m³	Verhältnis Sand : Kies	Blocklänge in m	Verblendung	Bemerkungen
1	Rhein-Herne-Kanal	Stampfbeton	1 Rt. Portl. Z. 1,25 Rt. Kalk; 2 Rt. Traß	6,75 Rt. Sand 13,5 Rt. Kies	30	mit	
2	3. Schl. Münster i. W.	Gußbeton	1 Rt. P. Z; 0,6 Rt. Traß	9,5 Rt. Kiessand	rd. 15	mit	
3	Flaesheim	Gußbeton	1 Rt. P. Z; 0,6 Rt. Traß	4 Rt. Sand 6 Rt. Kies	30	ohne	
4	Ladenburg	Stampfbeton	1 Rt. P, Z; 0,3 Rt. Traß	1 : 1,3	18	Traßzementputz auf Drahtnetz	
5	Oldenburg	Gußbeton	1 Rt. H. Z; 0,3 Rt. Traß	1 : 2	30	mit	
6	Anderten	Gußbeton	1 Rt. P. Z; 0,33 Rt. Traß	7 Rt. Kiessand	42,3	mit	
7	Fürstenberg/Oder	Gußbeton bis Weichbeton	1 Rt. P. Z; 0,5 Rt. Traß	10/3 Rt. Kiessand 5/3 Rt. Schotter	35	ohne	
8	Dörverden (2. Schl.)	Weichbeton	300 kg H. Z; 75 kg Traß	1 : 1,3	19,75	ohne	
9	Sülfeld	Pumpbeton	300 kg Traß-Z. 30/70	1 : 1	15	ohne	
10	Magdeburg	Pumpbeton	281 kg Traß-Z. 30/70*	1 : 1	15	ohne	* nur für die Häupter. Kammerwände 231 kg TrZ. u. 69 kg Thurament
11	Drakenburg	Weichbeton	250 kg P. Z; 65 kg Traß	1 : 1	12	ohne	
12	Lehnitz (n. Schl.)	Pumpbeton	210 kg P. Z; 100 kg Traß	—	—	—	Kammer mit Stahlspundwänden
13	Geestemünde	Gußbeton	1 Rt. PZ; ½ Rt. Traß (od. 1 Rt. HZ; ⅛ Rt. Traß)	2,5 Rt. Kies 2,5 Rt. Sand	12—16	ohne	
14	Bremerhaven	Weichbeton	286 kg HZ; 41,6 kg Traß	1 : 1	20—25	ohne	

55 Gewichtsteilen Traß, 10 Gewichtsteilen Kalk in Form von trocken zu Kalkhydrat [$Ca(HO_2)_2$] gelöschtem hydraulischem Kalk und 35 Gewichtsteilen Portlandzement [*332*, *333*].

Während die Schleusen des Rhein—Herne-Kanals noch in *Stampfbeton* hergestellt worden sind, ist in den Jahren nach dem ersten Weltkrieg zunächst das *Gußbeton*verfahren herrschend gewesen. Sein Entstehen war auf mehrere Umstände zurückzuführen. Man wollte, abgesehen von der Erzielung eines schnelleren und billigeren Arbeitsfortganges, die trotz bester Stampfarbeit beim Stampfbeton nicht zu vermeidenden Arbeitsfugen, die ihm den Beinamen „Blätterteigbeton" eingetragen haben, vermeiden und in möglichst großen Blöcken einen Beton besonderer Güte herstellen. in dem die einzelnen Bestandteile des Betongemisches unter der Wirkung der Schwerkraft ihre dichteste Lagerung erfahren. Es hat sich jedoch als Nachteil gezeigt, daß der Gußbeton ungeachtet der bei Massenbetonbauten im allgemeinen belanglosen Herabminderung der Festigkeit durch den höheren Wasserzusatz ein Betongefüge abgibt, bei dem der Zementmörtel zuviel Poren enthält und das Gießen des Mischgutes eine zu starke Entmischung des Korngerüstes in feine und grobe Bestandteile mit sich bringt. Ausgehend von der inzwischen gewonnenen Erkenntnis, daß zur Gewinnung eines Betons hoher Festigkeit und Dichtigkeit das Verhältnis Wasser zu Zement, der Wasserzementfaktor, über ein gewisses Maß nicht steigen darf (Mittelwert etwa 0,6), ging man zum sog. plastischen oder *Weichbeton* über, der heute im Wasser- und Massenbetonbau das Feld beherrscht. Er birgt nicht wie der Gußbeton die Gefahr der Entmischung in sich. Auf der anderen Seite ist er noch weich genug, sich teils durch eigenes Schwergewicht, teils durch Nachhilfe mittels Stochern der Schalungsform und den Stahleinlagen anzupassen. Die Entwicklung zum Weichbeton ist unterstützt worden durch das *Pumpverfahren*. Hier wird das Mischgut in den Entnahmebehälter einer Druckpumpe gefüllt und von da durch Stahlrohre nach der Verwendungsstelle gepumpt, wobei sich weite Entfernungen und große Höhenunterschiede ohne übermäßige Schwierigkeiten überwinden lassen. Dieses Verfahren hat gegenüber dem Transport mittels Loren oder Gießrinnen, gelegentlich auch über Förderbänder, den Vorteil, daß beim Pumpen selbst noch ein Durcharbeiten des Betons stattfindet und so eine stets gleichbleibende Steife erreicht wird. Man ist hier also förmlich gezwungen, den dem Weichbeton eigenen Wasserzusatz genau einzuhalten. Die Anwendung des *Rüttelverfahrens*, nach dem der Beton beim Einbringen in die Schalung durch Rütteleinwirkung seine endgültige Lage erhält und verdichtet wird, bleibt im Schleusenbau auf Einzelglieder, wie dünnwändigere Teile der Häupter und Umläufe, beschränkt. Für eigentliche Massenkörper, wie wir sie in den Kammerblöcken haben, dürfte es kaum Anwendung finden, da damit ein Übergang zum erdfeuchten Beton zwecks Ausschöpfung der Wirkung des Rüttelns notwendig wäre, was nach den bisherigen Erfahrungen mit dem Weichbeton nicht erwünscht ist, ungeachtet Fragen wirtschaftlicher Art.

Schon seit vielen Jahrzehnten ist es üblich, bei Wasserbauwerken *Traß* zu verwenden. Dies hat mehrere Ursachen: Traß soll den Beton zur Verarbeitung geschmeidiger und gegen Wasserdurchtritt dichter machen. Er soll ferner den bei Verwendung von Portlandzement während des Abbindevorganges frei werdenden Kalk binden, was bei sulfathaltigen Wässern von besonderer Bedeutung ist. Aus diesem Grunde entspricht auch der Hochofenzement infolge seines geringeren Kalkgehaltes besser den Anforderungen des Wasserbaues als der Portlandzement. Um das sonst erforderliche Vormischen von Zement und Traß zu vermeiden und ein innigeres Zusammenwirken dieser beiden Stoffe zu erwirken, ist der Traßzement hergestellt worden. Außerdem benutzt man als Ersatz für Traß den aus Hochofenschlacke hergestellten Thurament, der ihm jedoch, da er spröder ist, in der Verarbeitbarkeit nachsteht. In jedem Falle können bei der Errechnung des Bindemittelgehaltes die Zusätze von Traß oder Thurament zum Zement mitgerechnet werden.

Eine Verminderung der zu Temperaturrissen führenden Abbindewärme kann erfolgen durch Beschränkung des Bindemittelzusatzes und durch Verwendung von Bindemitteln mit geringer Wärmeentwicklung. Beiden Möglichkeiten sind jedoch natürliche Grenzen gesetzt, weil die erforderliche Güte des Betons eine Mindestmenge an Bindemitteln verlangt, abgesehen davon, daß zwischen Abbindewärme und Festigkeit gewisse Beziehungen bestehen, die sich nicht verändern lassen. Man wählt daher zweckmäßigerweise die Bindemittelmenge bei Massenbeton nicht größer als unbedingt für ein geschlossenes Betongefüge notwendig. Hauptbestandteil für alle Bindemittelmischungen ist bei uns in Deutschland der Portlandzement. Sein Anteil ist bestimmend für das Maß der Erwärmung des Betons. Infolgedessen gilt es, ihn herabzusetzen und eine Ergänzung der Bindemittelmenge durch Zugabe von Traß oder Thurament zwecks geringerer Wärmeentwicklung herbeizuführen. So hat sich gezeigt, daß mit Mischungen von 0,6 Portlandzement + 0,67 Thurament gegenüber reinem Portlandzement eine Verminderung der etwa bis zum 7. Tage frei werdenden Abbindewärme um 30 bis 40% eintritt. Damit kommt Traß bzw. Thurament außer den oben gegenannten Bestimmungen, als Dichtungs- und Schmiermittel zu dienen, eine dritte Aufgabe zu, nämlich als Wärmeentzugsmittel zu wirken.

Das Fehlen von Traß und der Mangel an Zement und Thurament nach 1945 haben Veranlassung gegeben, sog. Mischbinder zu entwickeln, die auf der weitestgehenden Ausnutzung hydraulischer Stoffe beruhen und durch fabrikmäßiges Vermahlen von hydraulischen Stoffen unter Zugabe von Anregern hergestellt werden. Der für den Bau der Talsperre Sosa von der Maxhütte Unterwellenborn hergestellte Mischbinder enthält 75% basische Hochofenschlacke, 15% Bunakalk und 10% Braunkohlenfilterasche. Er besitzt nach 28 Tagen Wasserlagerung eine Mindestdruckfestigkeit von 90 kg/cm² und eine Mindestbiegezugfestigkeit von 25 kg/cm². Die frühestens nach 3 Stunden beginnende Abbindezeit beträgt mindestens 8, höchstens 14 Stunden, die Wärmeentwicklung nur etwa 30% der des Portlandzementes. Der Mischbinder Sosa dürfte daher unter geringer Veränderung seiner Zusammensetzung, um höhere Anfangsfestigkeiten zu erzielen, für Massenbetonbauten insofern eine gewisse Zukunft haben, als bei seiner Verwendung besondere Maßnahmen zur künstlichen Kühlung wie Eiszugabe zum Mischgut anstatt Wasser und Einbau von Kühlrohrsystemen zur Innenkühlung wegfallen können [*342*].

Eine wirksames Mittel zur Verhütung von Temperaturschäden besitzt der Beton selbst in seiner plastischen und elastischen Verformbarkeit. Darüber hinaus gibt es jedoch auch mehrere Maßnahmen zur Ausschaltung von Temperaturschäden. Schalenrisse, die durch zu große Temperaturunterschiede zwischen dem Kern und der Schale eines Betonkörpers entstehen, lassen sich vermindern durch Vorkühlen der Baustoffe in warmer Jahreszeit in Verbindung mit einer Innenkühlung, die stets dann leicht auszuführen ist, wenn aus einer an und für sich schon notwendigen Grundwasserhaltung das erforderliche Kühlwasser entnommen werden kann. Bei Frostwetter ist für guten Wärmeschutz und hinreichende Schalungszeit zu sorgen. Eine konstruktive Maßnahme zur Verhütung von Schalenrissen ist die Vermeidung scharfer Eckübergänge und die Anordnung von Dehnungsfugen allein in dem dünnwandigen Teil, die durch Einlegen einer in Dreikantleisten gehaltenen dünnen Trennschicht aus Pappe oder Blech hergestellt werden (Abb. 234). Schalenrisse, die sich auch nicht durch Stahleinlagen vermeiden lassen, dürfen nicht mit Zementmörtel ausgepreßt werden, da sie sich

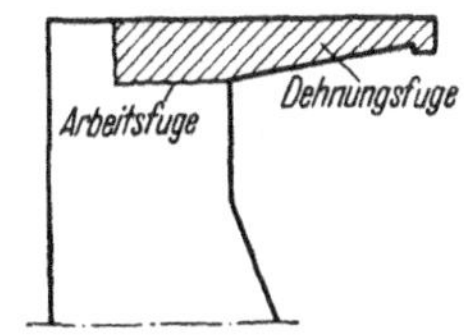

Abb. 234. Dehnungsfuge.

beim Abkühlen wieder schließen, im Gegensatz zu Spaltrissen, die ausgepreßt werden, weil hier tatsächlich Betonmasse fehlt. Im übrigen dienen der Vermeidung von Spaltrissen auch Wärmeschutz und Innenkühlung, ebenso die Anwendung von Dichtungsfugen in etwa 3 m Abstand, wenn ausnahmsweise mit Arbeitsfugen betoniert werden muß. Eine Sondermaßnahme zur Verhütung von Spaltrissen in rahmenartigen Baukörpern ist das Betonieren auf beweglicher Abstützung, wie es bei der Beschreibung des Unterhauptes der Doppelschleuse Sülfeld dargelegt worden ist. Die Verhütung von Temperaturschäden in Arbeitsfugen kann ebenfalls durch Wärmeschutz der Außenflächen, wobei die Schalung zweckmäßig über die Arbeitsfuge nach unten verlängert wird, erfolgen, außerdem durch Innenkühlung. Es sind dann die Kühlrohre möglichst nahe der Arbeitsfuge anzuordnen. Im allgemeinen ist das Betonieren größerer Schleusenhäupter ohne Dehnungsfugen und damit auch ohne Arbeitsfugen schwierig. Hier besteht die Möglichkeit, durch einen Betonierungsvorgang nach Abb. 235 die lotrechten Arbeitsfugen gut zu schließen. Den gleichen Zweck erfüllen auch die Fugen in trogförmigen Schleusenkörpern, abgesehen von der Gewinnung klarerer statischer Verhältnisse. Die Form eines Bauwerkes gestattet vielfach nicht die Vermeidung von Arbeitsfugen. Ein Ausweg ist dann ungeachtet der Anordnung von Dehnungsfugen das Einschalten besonderer Gleitfugen.

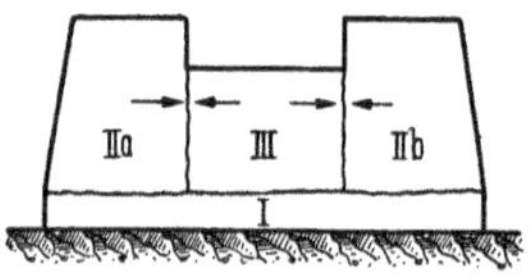

Abb. 235.
Reihenfolge des Betonierens.

Die Größe eines Betonierungsabschnittes wird bestimmt durch die Leistung der Mischanlage. Soweit er sich noch der Höhe bewegt, ist er mit abhängig von dem Betondruck, den die Schalung aushalten kann [*340*]. Allgemein muß eine Betonierungsanlage so leistungsfähig sein, daß bei dem heute üblichen Abbindebeginn eine Steighöhe von etwa 20 cm eingehalten werden kann, sonst besteht die Gefahr, daß im Abbinden begriffene Schichten durch die Verarbeitung frischen Betons gestört werden. Dies wiederum führt bei den im Binnenschleusenbau üblichen Blocklängen der Kammerwände von 12 bis 18 m zu einem Blockinhalt von rd. 1000 m^3, der sich mit Pumpen ohne Unterbrechung in etwa 50 bis 70 Std. einbringen läßt. Die rationelle Gestaltung dieses Bauvorganges setzt ein genaues Durchdenken aller Arbeitsvorgänge voraus, um die zu seiner Ausführung benötigten Arbeitskräfte, Baustoffe und Baugeräte rechtzeitig auf der Baustelle zu haben.

Bei dem Bau von *Seeschleusen* ist von großer Bedeutung, daß Meerwaser infolge seines Gehaltes an Chlormagnesium und Bittersalz einen sehr schädlichen Einfluß auf den Beton ausübt. Es muß daher hier auf völlig wasserundurchlässigen Beton besonderer Wert gelegt werden. Nach Versuchen über das Verhalten von Beton und Zement im Seewasser hat sich außer Tonerdezement, der jedoch für Massenbetonbauten nicht in Frage kommt, Hochofenzement am besten bewährt, und zwar bei 400 kg Zement je m^3 Beton. Aber auch dichter Beton unterliegt einer langsamen Zerstörung, wenn starker Wellenschlag und Eisgang die äußere, chemisch zerstörte Schicht immer wieder angreifen. Man soll aus diesem Grunde frisch abgebundenen Beton möglichst lange der Einwirkung des Meerwassers entziehen. Ferner wendet man bei Seebauten, wie z. B. Molen oder Leitwerken, die Bauweise der Verlegung fertiger Betonblöcke an, die längere Zeit an der Luft gelagert haben. Sind Stahlbetonkonstruktionen nicht zu umgehen, so ist eine möglichst große Überdeckung der Rundstahleinlagen zu wählen. Die gleichen Gesichtspunkte gelten sinngemäß bei der Ausführung von Betonbauten in moorigen Böden.

c) Verblendung, Kantenschutz, Dichtungen.

Bevor sich der Zementbeton zum maßgeblichen Baustoff im Schleusenbau durchsetzte, wurden die Schleusensohlen in Kalk-Traß-Beton unter Wasser eingebracht und die Seitenwände aus Natur- oder Ziegelsteinmauerwerk hergestellt.

Als man dann dazu überging, nicht nur für die Sohle, sondern auch für die Wände den Zementbeton zu verwenden, traute man dem Beton hinsichtlich seines Verhaltens gegenüber Schiffsstößen und Wasserangriff mit vollem Recht nicht viel zu. Man schützte ihn daher in den wasserberührten Flächen durch eine *Verblendung* aus Natursteinquadern oder Klinkern. Gleichzeitig erhielten der Übergang von der Kammerwand zur Schleusenplattform sowie alle senkrechten Kanten an den Einfahrten, Tor- und Leiternischen, Dammbalkenfalzen usw., einen besonderen Schutz durch entsprechend geformte Granitwerksteine oder Eisenklinker. Dieser Kantenschutz wurde schon Ende des ersten Weltkrieges bei alle größeren Bauwerken durch einen stählernen Kantenschutz ersetzt. Es blieb aber noch lange die Verblendung der Kammerwände. An der Schleuse des Südabstieges Minden i. W. ist die Verblendung abwechselnd aus halben und ganzen Klinkern hergestellt worden, welche in der Ansicht nur Kopfflächen zeigen und durch dünne Drahtanker mit dem dahinterliegenden Beton verbunden sind. Hierbei wurde während der Bauausführung von dem zuerst angewandten Verband mit einer Arbeitsschicht von 32 cm Schütthöhe = 4 Schichten Mauerwerk Abstand genommen und zu einem Winkelverband übergegangen, der 1,25 m Schütthöhe zuließ. Die durch die Hochführung einer Verblendung bedingte Verzögerung im Betonierungsvorgang ist beim Bau der Doppelschleuse Anderten dadurch beseitigt worden, daß die sonst senkrecht aufeinanderfolgenden stärkeren und schwächeren Schichten waagerecht nebeneinander verlegt worden sind. Dadurch ist es möglich gewesen, eine Höhe von 2,24 m hintereinander aufzumauern. Man erreichte hierbei gleichzeitig, daß sich die Luft beim Betonieren nicht hinter den Mauersteinen festsetzen, sondern nach oben entweichen konnte. Die 2 Stein starke Verblendung ist im Horizontalschnitt schwalbenschwanzförmig ausgebildet, um eine innige Verbindung mit dem Beton zu erreichen (Abb. 236). Außerdem wurden auf 1 m² Wandfläche 30 Flacheisenanker eingelegt.

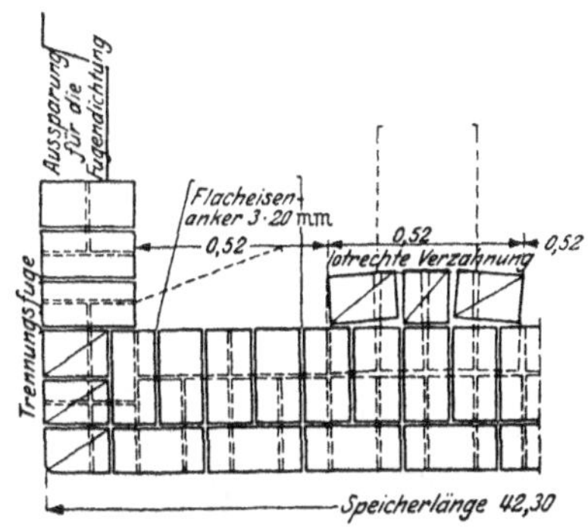

Abb. 236. Kammerwand-Verblendung.

Es sind jedoch im Laufe der Zeit zum Teil recht ungünstige Erfahrungen mit der Verblendung von Schleusenkammerwänden gemacht worden. Die Ziegel platzten im Bereich der Wasserstandsschwankungen in einer Schichtstärke von 4 bis 6 cm ab, da Wasser in die Poren der Steine bis zu einer gewissen Tiefe eingedrungen war und bei Frost zum Gefrieren kam. Man muß also schon Ziegel von besonderer Härte und hoher Dichte wählen. Dabei besteht aber wieder die Gefahr, daß solche Steine bei ihrem Mangel an aufnahmefähigen Poren dem Beton keinen Halt bieten und damit die Verblendschicht zu einem Fremdkörper im Beton wird. Ausgehend von der Erkenntnis, daß Verblendung und guter Beton sich schwer miteinander vereinbaren lassen, hat man in den letzten Jahren fast alle Schleusenbauten ohne Verblendung ausgeführt. Eine sorgfältig hergestellte Schalung mit gehobelten und gespundeten Brettern ist hierbei natürlich Voraussetzung, sofern keine Stahlschalung, die zwar ein gutes äußeres Aussehen verleiht, aber wärmetechnisch für den Beton ungünstig ist, verwendet wird. Damit bleibt die Herstellung einer Verblendung heute auf Ausnahmefälle beschränkt. Ein solcher ist gegeben, wo auf das harmonische Einbinden eines Bauwerkes in eine landschaftlich bevorzugte Gegend Wert gelegt werden muß, um die im Laufe der Zeit auf größere Entfernung fast weiß und daher störend wirkenden Flächen eines Betonbaues zu vermeiden. Dann soll man jedoch auf gute Natursteine zurückgreifen. Daß hier eine bautechnisch einwandfreie Lösung möglich ist, beweisen die zahlreichen Massivbrückenbauten der Autobahn. Selbstverständlich kommen stets nur wasserfeste Gesteine in Frage, wobei man sich mit der Verblendung schon aus Gründen der Kostenersparnis auf die vorwiegend über Wasser gelegenen Sichtflächen beschränken kann. Eine Bearbeitung des Betons durch Spitzen oder Stocken ist bei Schleusen nicht zu empfehlen. Es entstehen hierbei unweigerlich zahlreiche feine Risse, die bei Wasserbauten leicht zu weiteren Zerstörungen führen. Aus diesem Grunde ist auch das Anbringen von Putz, selbst aus Torkretputz zu verwerfen. Die Erfahrung hat gelehrt, daß jeder Putz durch die auftretenden Temperaturunterschiede bald Risse erhält und später abplatzt.

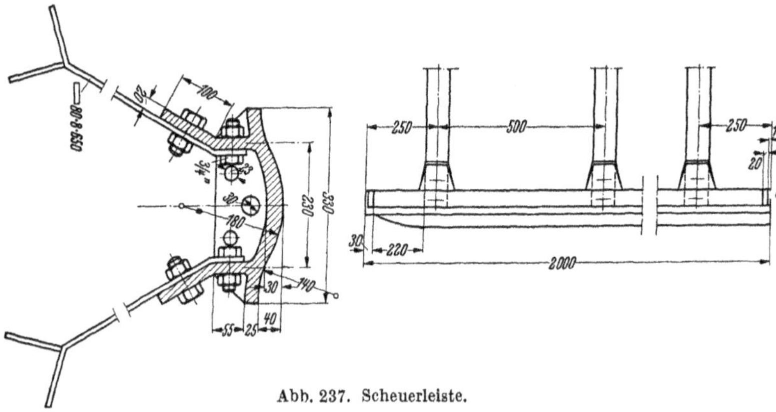

Abb. 237. Scheuerleiste.

Der nicht durch harte Gesteine verblendete Beton würde in Schleusen mit starkem Schiffsverkehr durch das unvermeidliche dauernde Scheuern der Schiffe an den Kammerwandungen leiden. Man ordnet daher heute, nachdem man sich früher schon gelegentlich mit einbetonierten Schienen, Bulbeisen oder mit Holz ausgefütterten I-Trägern geholfen hatte, eigens hierzu angefertigte *Scheuerleisten* von der in Abb. 237 wiedergegebenen Bauart an. Sie haben eine wulstförmige Wölbung von 40 mm, werden aus Grauguß oder gebogenem Stahlblech hergestellt und schließen mit einer Ausrundung an den Plattformkantenschutz an. Die Anordnung dieser Scheuerleisten, welche bis 1,50 m unter den niedrigsten Wasserstand reichen, erfolgt bei Schleusen für den Verkehr von 1000 t-Schiffen in 7,50 m Abstand.

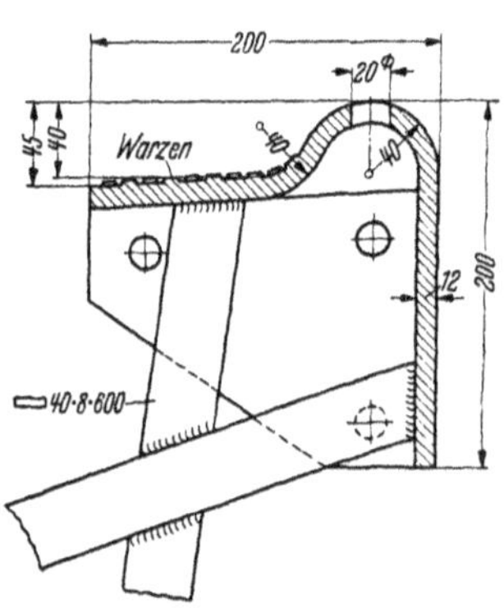

Abb. 238. Waagerechter Kantenschutz.

Selbst der beste Beton besitzt trotz großer „Massenfestigkeit" nur eine geringe „Kantenfestigkeit". Man hat infolgedessen schon seit mehreren Jahren, auch noch bei Anwendung einer Verblendung, eine Sicherung der senkrechten und waagerechten Betonkanten durch abgerundete Panzerungen aus hochwertigem Grauguß oder Stahlguß vorgenommen. Dieser *Kantenschutz* ist für den Fall des Bruchs in auswechselbaren Stücken von etwa 1,50 m Länge mit dem rückwärtigen Beton verankert. Als Plattformkantenschutz soll in Zukunft die in Abb. 238 dargestellte Wulstform an deutschen Wasserstraßen verwendet werden, auf dessem waagerechten, mit Quergefälle angeordneten Schenkel Warzen zur Verminderung der Gleitgefahr vorgesehen sind. Aus gleichem Grunde ist auch auf der Schleusenplattform stets ein rauher Fußwegbelag zu verlegen. Als sehr praktisch hat sich die in Abb. 239 abgebildete Zurückversetzung einer Bauwerkskante in den Schleusenhäuptern und vor den Leiternischen erwiesen; sie läßt sich durch Einbau einer entsprechenden Lehre in die Schalung ohne Schwierigkeiten herstellen.

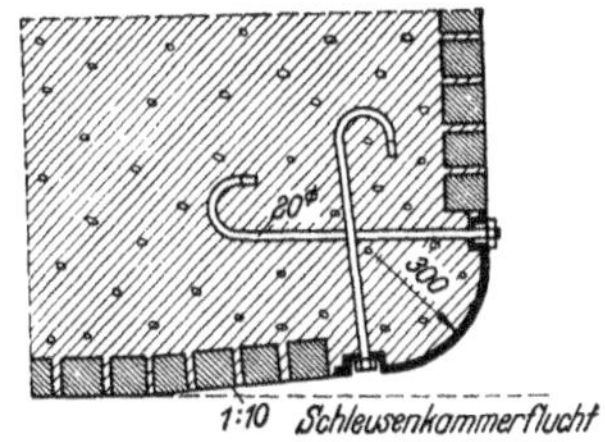

Abb. 239. Senkrechter Kantenschutz.

Ein besonders schwieriger Punkt ist bei allen Schleusen die sichere Abdichtung der Bauwerksfugen, besonders, wenn diese noch von Umläufen durchschnitten werden. Nach [*345*] haben sich Dichtungen mit Teerstricken, Asphaltpappen und auch mit Bitumenbleiplatten vielfach nicht bewährt. Es sind Fälle bekannt, wo eingelegte Filzdichtungen mit der Zeit restlos verrottet sind. Die Gründe dafür sind einesteils darin zu suchen, daß die Blocklängen zu groß waren und infolgedessen eine zu starke Dehnung in den Fugen eintrat. Zum anderen sind die Zerstörungen der Dichtungen auf chemische Angriffe des Wassers zurückzuführen. Die größte Sicherheit dürften Kupferblechdichtungen abgeben, wenn diese noch mit einem bituminösen Anstrich versehen werden, um

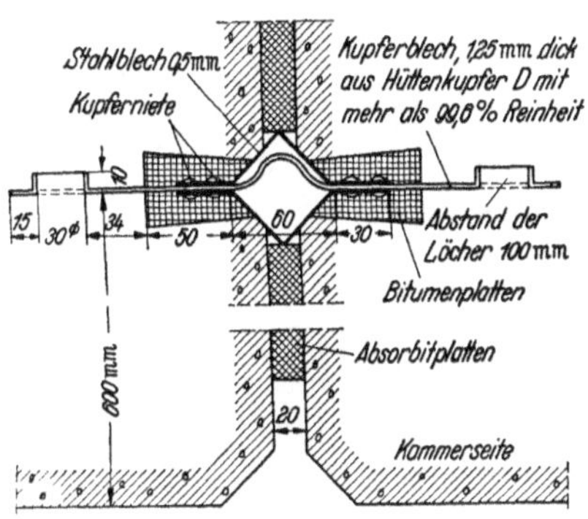

Abb. 240. Fugendichtung Mühlendammschleuse.

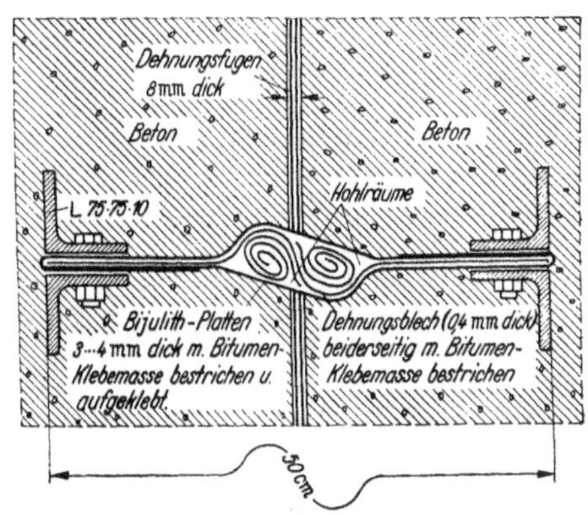

Abb. 241. Fugendichtung Schleuse Hameln a. d. Weser.

sie gegen chemische Angriffe zu schützen. Eine unmittelbare Umhüllung der Bleche mit Bitumen empfiehlt sich nicht, da dieses bei kalter Jahreszeit das Kupferblech an der notwendigen Verformung hindert und damit Anlaß zum Reißen des Bleches an den Einspannstellen geben kann. Abb. 240 zeigt die an der Bootsschleuse der Staustufe Mühlendamm in Berlin verwandte Abdichtung. Bei der Schleppzugschleuse Hameln a. d. W. ist die in Abb. 241 wiedergegebene Dichtung verwendet worden, wobei die Schleusenmauern in Blöcke von 15 bis 16 m Länge aufgeteilt sind. Eine sehr umfangreiche ist bei der Schleuse Bernburg eingebaut worden (Abb. 242). Hier sind nach der Kammerseite zu die Kanten der Blöcke durch Winkelstähle geschützt. Diese Anordnung ist bei vielen Schleusenmauern getroffen worden; neuerdings läßt man jedoch die Winkelstähle auch fort und verhindert ein Abstoßen der Kanten im Bereich der Fuge durch Brechen der Betonkanten mittels Einsatz einer Dreikantleiste in die Schalung. Eine solche Bauweise zeigt die in Abb. 243 wiedergegebene Fugendichtung der Schleuse Drakenburg a. d. W. Sie besteht zur Ersparnis von Kupfer aus einer Welle aus 2 mm dickem Alcutametall, das beiderseits eine Kunstharzschicht, darüber einen doppelten Bitumenanstrich erhalten hat. Der zugfeste Abschluß liegt in einem viereckigen lufterfüllten Schacht. Er ist mit 0,8 mm dickem und mit der Welle verschraubtem Alcutaschalungsblech verkleidet. Diese Schalung wird für den Einbau der Welle in den Beton benötigt, behindert aber später die Bewegungen der Mauerblöcke nicht. Sie kann im übrigen auch reißen, was besonders leicht an den in der Dehnungsfuge angeordneten Schweißstellen eintritt. Die Welle bindet in jeden Mauerwerksblock 42,5 cm tief ein. Hierbei wird die Haftwirkung zwischen Metall und Beton noch durch runde Löcher von 100 mm Durchmesser und Umbiegungen der Wellenenden erhöht. Die Mauerblockfuge selbst ist mit doppelten Lagen von Asphaltpappe ausgefüllt.

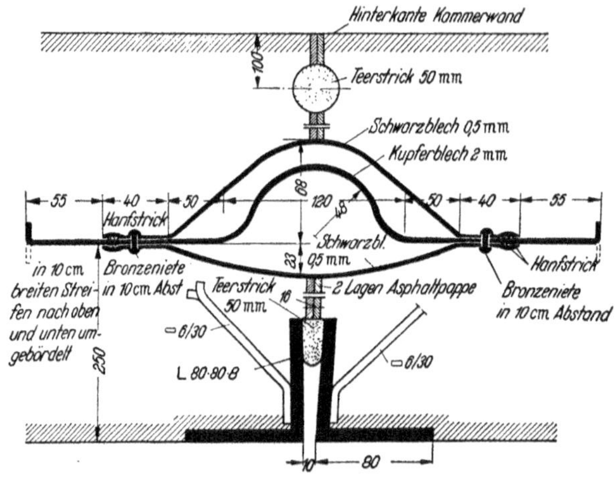

Abb. 242. Fugendichtung Schleuse Bernburg.

Sind Schleusenkammermauern noch von Umläufen durchzogen, so erfordert deren Abdichtung im Bereich der Blockfuge zusätzliche Maßnahmen. Sie ergeben vielfach recht komplizierte Konstruktionen, wie z. B. bei der Doppelschleuse Anderten. Die Umläufe der Doppelschleuse Geestemünde sind nach Abb. 244 abgedichtet. Hier hat man nur in der Waagerechten bituminöse Dichtungsplatten von 2 cm

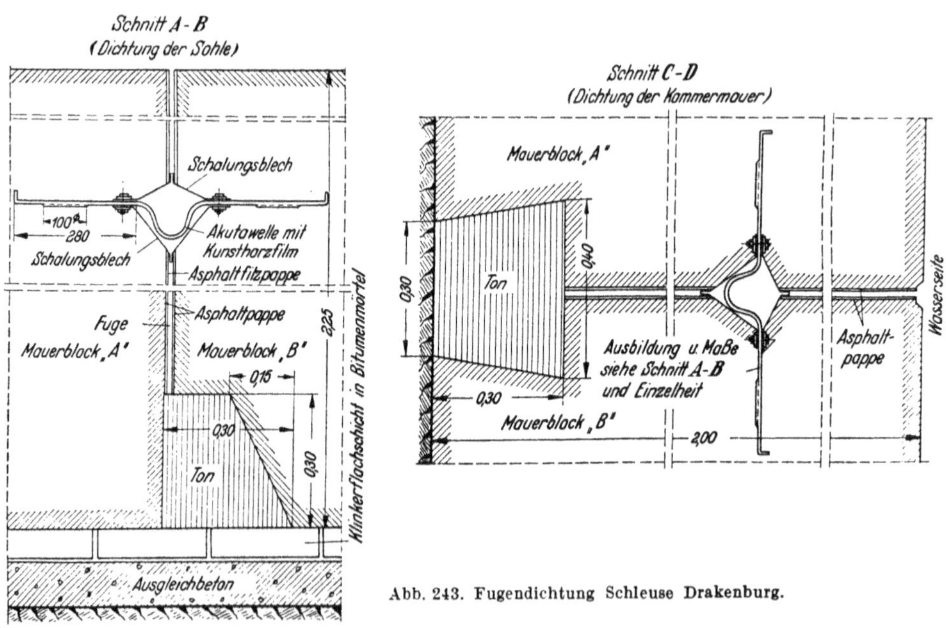

Abb. 243. Fugendichtung Schleuse Drakenburg.

Stärke mit 1 bis 2 mm dicken Bleieinlagen verlegt, während man mit Rücksicht auf Setzungen in der Senkrechten als Dichtung 50 mm starke Teerstricke verwandt hat. Man ging dann beim Betonieren so vor, daß man in dem fertiggestellten Block eine keilförmige Nut aussparte, in welche die Bitumenplatte zwischen zwei mit Goudron getränkten Teerstücken eingelassen wurde, während man gleichzeitig für die lotrechten Teerstricke genau profilierte Rillen frei ließ. War dann auf die gesamte Fugenfläche eine doppelte Lage und mit einem dreifachen Goudronanstrich verklebte Pappe aufgebracht, wurde mit der Betonierung des nächsten Baublocks begonnen. Die Einfassung der Bitumenbleiplatten durch Teerstricke sollte beim Setzen eines Blockes durch möglichst sanftes Abbiegen ein Ab- und Durchreißen der Platten vermeiden.

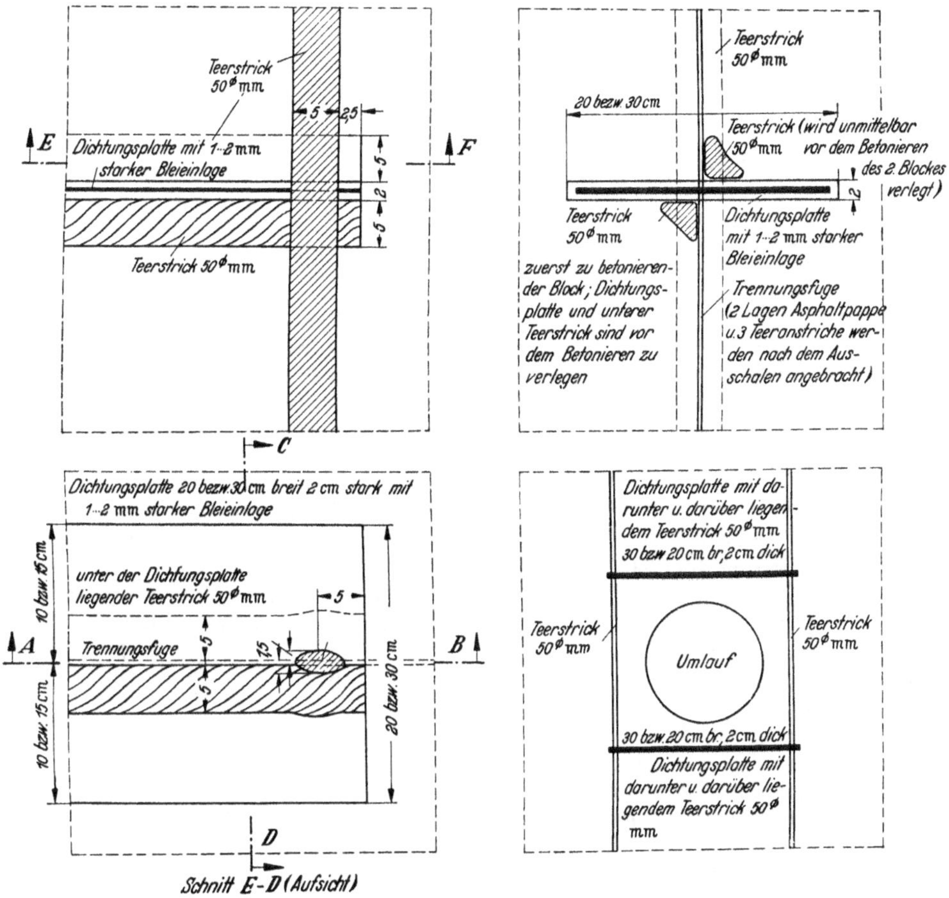

Abb. 244. Fugendichtung an einem Umlauf.

Es ist heute noch vielfach üblich, die Rückenflächen von Schleusenmauern in Erfüllung der Vorschrift des § 9 C 1 der „Vorläufigen Anweisung für Abdichtung von Ingenieurbauwerken" (AIB) der Deutschen Reichsbahngesellschaft durch einen zweimaligen Bitumenanstrich zu schützen. Nach den in den letzten Jahren gewonnenen Erfahrungen ist eine derartige Maßnahme überflüssig. Ist der Beton von sich aus nicht dicht, so erfolgt schon seine Durchdringung von der Sohle her, wogegen die Mauer in erster Linie zu schützen wäre. Ist er aber dicht, was man bei dem heutigen Stand der Betontechnik ohne weiteres erreichen kann, dann bedeutet die rückseitige Abdichtung eine überflüssige Ausgabe, abgesehen davon, daß Beschädigungen des Anstrichs beim Schütten und Verdichten des Hinterfüllungsbodens, selbst wenn der Anstrich noch zusätzlich durch Abdeckplatten geschützt wird, unvermeidbar sind.

VII. Schleusenvorhäfen.

20. Größe und Form der Vorhäfen.

Schleusenvorhäfen haben die Aufgabe, den auf Durchschleusung wartenden Schiffen einen sicheren Liegeplatz zu gewähren, gleichzeitig aber dabei den für Einzelfahrzeuge und Schleppzüge in der Reisezeit unweigerlich auftretenden Verlust auf ein Mindestmaß zu beschränken. Es sind daher Größe und Form der Vorhäfen einer *Binnenschleuse* abhängig von dem Verkehr auf der Wasserstraße und der Art des Schiffahrtsbetriebes.

Die Ansammlung von Schiffen einerseits, rege Schiffsbewegungen vor der Schleusung andererseits, führen um so leichter zu Havarien, je enger ein Vorhafen ist. Wiederum bedingen übergroße Vorhäfen, abgesehen von unnötigen Ausgaben, leicht eine Verwilderung des Verkehrs, der keine „Plätze“ benötigt, sondern straffer Führung bedarf. Die Bewegungen der Schiffe vollziehen sich in den Vorhäfen stets nur mit geringer Geschwindigkeit. Dies hat zur Folge, daß die an und für sich schon unbequemen Wasserströmungen und Seitenwinde hier besonders stark fühlbar werden, wodurch bei der Einfahrt in die Schleuse leicht Havarien durch Anfahren gegen Mauerwerkskanten entstehen. Je nach dem Gefälle einer Staustufe entfallen von der Gesamtdauer einer Schleusung 50 bis 70% auf die Schiffsbewegungen bei der Ein- und Ausfahrt. Eine zweckmäßige Ausbildung der Vorhäfen ist somit von wesentlichem Einfluß auf die Wirtschaftlichkeit des Wassertransportes. Dies hat u. a. seinen Niederschlag gefunden in Richtlinien, die von der ehemaligen Reichswasserstraßenverwaltung herausgegeben worden sind. (Richtlinien für die Ausbildung der Vorhäfen von Schleppzugschleusen in Binnenschiffahrtskanälen und kanalisierten Flüssen, Runderlaß vom 13. VIII. 1938, W. 5. 2748.)

Der Vorhafen einer *Kanal*schleuse erhält im allgemeinen eine *Breite*, welche der Gesamtbreite von drei der größten vorkommenden Schiffe, vermehrt um zwei Spielräume von je 3 m, entspricht. Eine Schiffsbreite dient als Liegestelle für das auf Schleusung wartende Schiff an der Einfahrtseite, eine Schiffsbreite, deren Achse möglichst mit der Schleusenachse zusammenfällt, beansprucht das aus der Schleuse ausfahrende Schiff, eine dritte dient als zweite Liegestelle für Eilschiffe oder sonstige mit Vorrang verkehrende Fahrzeuge. Die Anordnung von Liegestellen zu beiden Seiten entspringt dem Gesichtspunkt, daß das auf Schleusung wartende Fahrzeug seine Lage je nach der Windrichtung selbst auswählen kann, soweit nicht eine Seite für besondere Zwecke frei gehalten werden muß. Ist der Verkehr so groß, daß eine Schiffsliegestelle nicht ausreicht, so muß die Länge des Vorhafens so bemessen sein, daß mehrere Schiffe hintereinander am Ufer anlegen können. Sie rücken dann nach, sobald die vordere Liegestelle frei geworden ist. Die Anordnung von zwei Liegestellen nebeneinander ist nicht ratsam, weil hierbei das nach dem Schleusenrang zunächst zur Schleusung vorgesehene Schiff durch ein danebenliegendes Schiff in seiner Bewegung behindert wird, außerdem schwierige und gefahrvolle Bewegungen durchführen muß. Es ergibt sich also im allgemeinen für Einzelschleusen ein dreischiffiger, für Doppelschleusen ein sechsschiffiger Vorhafen, soweit man hier nicht schon durch einen außergewöhnlichen Abstand der Schleusenkammern zu einer größeren Breite gelangt. Eine Verminderung der Vorhafenbreite auf nur zwei Schiffsbreiten bleibt auf Schleusen beschränkt, an denen der Betrieb gering ist und sehr regelmäßig verläuft. Sie ist ferner statthaft, wenn im Unterwasser einer Flußschleuse die einfahrenden Schleppzüge die Möglichkeit haben, im Strom selbst die Schleusung abzuwarten. Abb. 245 zeigt den Querschnitt des unteren Vorhafens der Weserschleuse Drakenburg. Ihr oberer Vorhafen ist bei

Normalstau ebenfalls dreischiffig, sonst in seiner Querschnittsform aber so ausgebildet, daß er bei abgesenktem Stau noch zweischiffig befahren werden kann. Die *Länge* der Vorhäfen ist je nach dem Umfang des Verkehrs auf zwei bis drei Schleppzuglängen zu bemessen. Das führt bei dem Verkehr von 1000 t-Schiffen im Durchschnitt zu Vorhafenlängen von rund 350 bis 500 m. Im übrigen spielen bei Festlegung von Größe und Form der Vorhäfen auch die örtlichen Verhältnisse eine entscheidende Rolle, wie Kreuzung mit Eisenbahnen und Straßen, Rücksichtnahme auf nicht zu beseitigende vorhandene Bauwerke u. dgl. Am Übergang aus dem Schleusenvorhafen in den Kanal werden die Uferlinien im Verhältnis 1 : 10 gegen die Kanalachse konisch zusammengeführt, entweder beiderseitig, also symmetrisch zur Achse, oder einseitig an der Ausfahrtseite, damit langsam einfahrende Schleppzüge bereits an den ersten Dalben der Vorhäfen festmachen können, ohne Querbewegungen ausführen zu müssen. Die gesamte Hafenanlage soll einschließlich einer Anschlußstrecke von angemessener Länge möglichst geradlinig und zwecks Erhaltung der hier notwendigen Übersichtlichkeit durch Brücken- und Hafenanlagen nicht eingeengt sein.

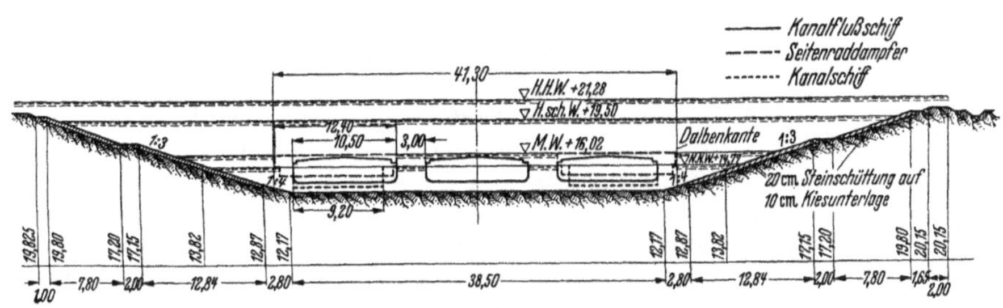

Abb. 245. Vorhafenquerschnitt.

Der Übergang aus dem Vorhafen in die Schleusenkammer erfolgt durch trichterförmige *Leitwerke*. Sie sind früher im Grundriß auf der Einfahrtseite unter 1 : 7 bis 1 : 10, auf der Ausfahrtseite unter 1 : 4 zur Schleusenachse angeordnet worden. Bei dieser Bauweise kann der auf Schleusung wartende Schleppzug ungefährdet neben dem ausfahrenden Schleppzug liegen und nach Freiwerden der Schleusenkammer einlaufen. Neuere Schleusen weisen beiderseits unter 1 : 5 zur Schleusenachse verlaufende Leitwerke auf. Dies hat den Vorteil, daß jede Seite gleichmäßig als Liegestelle benutzt werden kann, außerdem der Abstand zwischen erstem Liegeplatz und Schleuse nicht zu groß wird, da hiervon die Einfahrtzeit abhängt. Rechnet man mit einem Maß von 10 m als Mindestbreite zwischen Festmachevorrichtungen und Verlängerungslinie der Kammerwand, so ergibt sich eine Abstandsweite von 50 m. Die Einfahrt eines Schleppzuges vollzieht sich dann in der Form, daß der Schlepper an dem Leitwerk entlang steuert, die angehängten Kähne lösen sich hierbei nahezu gleichzeitig und parallel von den die Liegestelle seitlich begrenzenden Leitpfeilern oder Dalben, gehen in Richtung auf den Schlepper und bewegen sich gestreckt hintereinander in dem Augenblick, in welchem der Schlepper am Schleusenhaupt angekommen ist (Abb. 246). Bei zweischiffigen Vorhäfen ist oft eine unsymmetrische Lage der Schleuse zur Kanalachse gewählt worden, indem beide Achsen so gegeneinander parallel verschoben sind, daß das auf Einfahrt wartende Schiff in Richtung der Schleusenachse liegt, während das ausfahrende Schiff an ihm seitlich vorbeifährt. Das anhaltende Schiff hat dann nur eine Vorwärtsbewegung auszuführen, denn das aus der Schleuse kommende Fahrzeug besitzt schon eine solche Fahrgeschwindigkeit, daß es gut steuerbar ist und ohne Gefahr der Havarie um das wartende Schiff herumfahren kann.

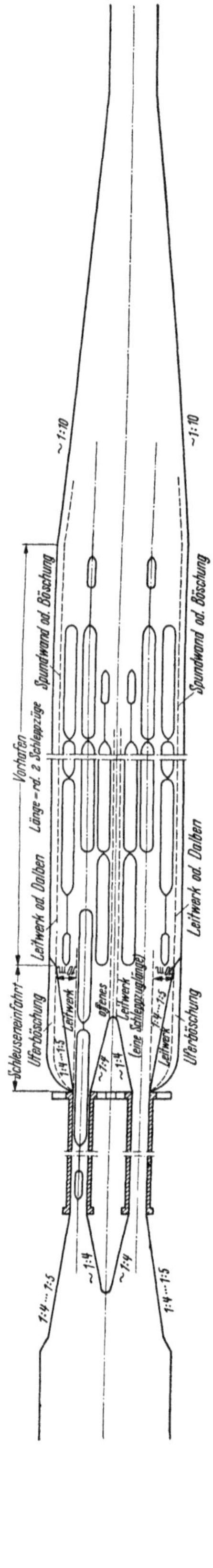

Abb. 246. Grundsätzliche Form eines Schleusenvorhafens.

Die Leitwerke werden als massive Mauern, verankerte Stahlspundwände und als Stahlbetonstege ausgeführt. Für die zweckmäßigste Wahl ist, abgesehen von den Untergrundverhältnissen, die Kostenfrage entscheidend. In jedem Fall muß die Leitwandfläche am Schleusenhaupt ohne jeden waagerechten oder senkrechten Vorsprung mit einer guten Ausrundung in die Kammerwandfläche übergehen, so daß das einfahrende Schiff keine Kanten vorfindet, an denen es sich beschädigen kann. Etwaige Stöße gegen die Leitwerke sind, da sie fast nur unter spitzem Winkel stattfinden, belanglos; sie können außerdem durch Zwischenhalten eines Fenders abgefangen werden.

Bei Doppelschleusen ist vielfach eine Trennung der einzelnen Vorhäfen durch Molen in Gestalt von Erddämmen durchgeführt worden (s. Abb. 23). Neuerdings wird einer aufgelösten Bauweise der Vorzug gegeben, um eine bessere Verteilung der durch den Schleusenbetrieb sich ergebenden Wasserströmungen zu erreichen, wobei jedoch der gegenseitige Abstand der beiden Schleusen eine entscheidende Rolle spielt. Bei dem Oberhafen der Doppelschleuse Anderten (Abb. 247) setzt sich die Leitwerkszunge zwischen den beiden Kammern nach einer Unterbrechung von 30 m für die Durchfahrt von Schleppern in Form eines aus Einzelpfeilern bestehenden Mittelleitwerkes fort, das auf beiden Seiten mit Schwimmflößen ausgerüstet ist. Es hat den besonderen Zweck, das Abtreiben leerer Kähne bei Seitenwind zu verhindern. Daher hat in dem in einem tiefen Einschnitt gelegenen Unterhafen ein kurzes Leitwerk genügt. Die beiden Vorhäfen der Doppelschleuse Magdeburg haben eine Länge von je 1000 m bei 100 m Sohlenbreite. Sie gestatten somit das Begegnen von 2 gekuppelten Schleppzügen von 24 m Breite bei einem Spielraum von je 4 m, wenn an den Ufern je 2 Reihen wartender Schiffe liegen. Die unter 1 : 6 zur Schleusenachse geneigten Leitmauern haben oben und unten eine Länge von 150 m, die Mittelleitwerke eine Länge von je 50 m. Hierbei hat auf Grund von Versuchen das untere Mittelleitwerk drei je 6 m breite Durchlaßöffnungen erhalten, deren Oberkanten etwa in Höhe des niedrigsten Wasserstandes liegen, um eine die Schiffahrt störende Umströmung der Leitwerksspitze zu verhüten (s. Abb. 228).

Besondere Beachtung ist der Anordnung des oberen Vorhafens einer *Fluß*schleuse zu widmen, da die Einfahrt aus dem Strom in das ruhige Fahrwasser des Vorhafens für Schleppzüge mit gewissen Gefahren verknüpft ist. Es werden nämlich seine letzten Anhänge leicht von der Strömung des Flusses mitgerissen und gegen die Trennungsmole am Eingang des Vorhafens abgetrieben. Dieser Vorgang tritt keineswegs nur dann ein, wenn entgegen der Grundregel des Flußbaues der obere Schleusenkanal nicht vom einbuchtenden Ufer abzweigt. Er ist vielmehr eine unvermeidliche Folge des Übergangs aus der Strömung in das Stauwasser. Die dabei für die Schiffahrt auftretenden Schwierigkeiten wachsen mit der Länge der Schleppzüge, der Kürze des Oberkanals, der Strömungsgeschwindigkeit des Flusses, der Schärfe der Krümmung und der Zunahme des Abzweigungswinkels. Allgemein gültige Regeln lassen sich nur in großen Zügen geben.

Die Abzweigung des Oberkanals erfolgt am besten aus einer gut ausgebauten Krümmung, die nicht länger oder schärfer sein soll als für eine gute Führung des Wassers unbedingt notwendig. Um die Querströmungen am Kopf des Trennungsdammes herabzusetzen, ist seine Einfassung mit Spundwänden vorteilhaft. Ebenso kommt auf der anderen Seite für die Einfahrtstrecke die Anordnung einer Spundwand in Frage. Der so vergrößerte wasserführende Querschnitt hat zur Folge, daß die Einfahrtgeschwindigkeit weniger gehemmt wird. Vor allem hat sich bewährt, Öffnungen in der Trennungsmole vorzusehen. Sie gestatten ein Abfließen der durch die Schiffe erzeugten Bugwelle. Außerdem werden die Fahrzeuge durch die so geschaffene Strömung in die Einfahrt hineingetragen. Abb. 248 zeigt die nach diesen Grundsätzen nachträglich umgebaute Einfahrt in den Schleusenkanal zu Dörverden. Sie ist nach Modellversuchen ' entwickelt worden, die in solchen Fällen stets zu empfehlen sind, um Mißerfolge zu vermeiden und spätere Kosten zu sparen [350].

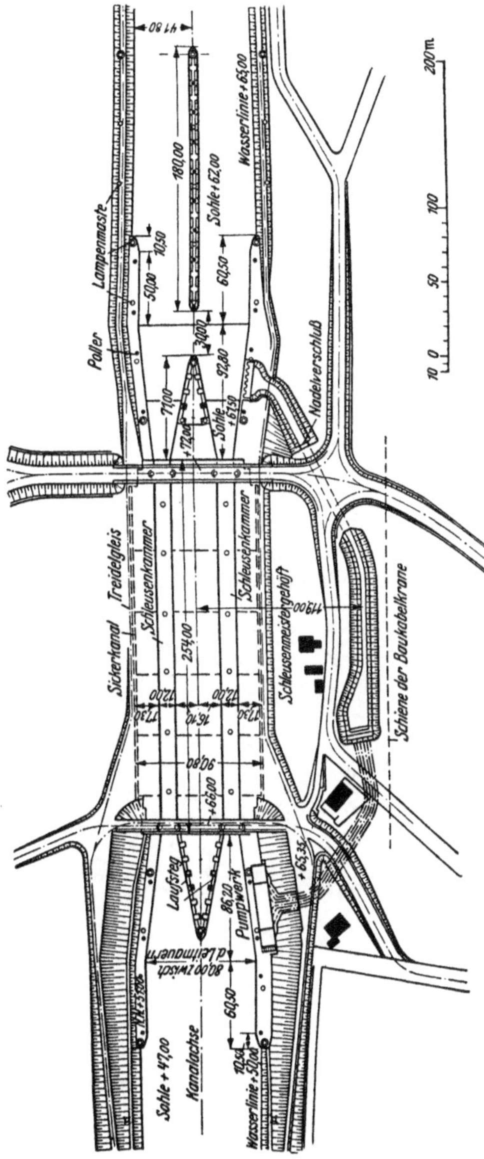

Abb. 247. Lage der Doppelschleuse Anderten mit Vorhäfen.

Bei dem unteren Vorhafen einer Flußschleuse sind besondere bauliche Maßnahmen in der Regel nicht nötig, weil hier die Einfahrt gegen den Strom gerichtet und somit wesentlich einfacher und ungefährlicher ist als die in den oberen Vorhafen. Selbstverständlich muß auch der Unterkanal als Verbindung zwischen unterem Vorhafen und Fluß möglichst tangential an diesen herangeführt werden. Er ist dabei nicht breiter zu halten als unbedingt für die Schiffahrt notwendig. Man wird auch dann noch bei höherer Wasserführung des Flusses mit der Ablagerung von Sinkstoffen und Geschieben in der Hafeneinfahrt zu rechnen haben. Diese müssen durch

Baggerung beseitigt werden, sofern die durch den Schleusenbetrieb entstehende Strömung bei niederen Flußwasserständen zu ihrer Abtragung nicht ausreicht. Deiche, die mit dem Ausbau einer Staustufe durch den Schleusenkanal unterbrochen werden, sind durch Flügeldeiche an höheres Gelände oder an die Schleuse selbst anzuschließen. Brücken über den unteren Vorhafen und über den Kanal sollen im Bereiche von etwa 2 km unterhalb der Schleuse wenigstens 0,50 m höher liegen als sonst für den Schiffsverkehr erforderlich ist, da die Durchfahrtshöhe infolge der beim Leeren der Schleusenkammer entstehenden Wellen zeitweise erheblich eingeschränkt wird und dann die Schiffe Gefahr laufen, gegen die Brückenkonstruktion geworfen zu werden.

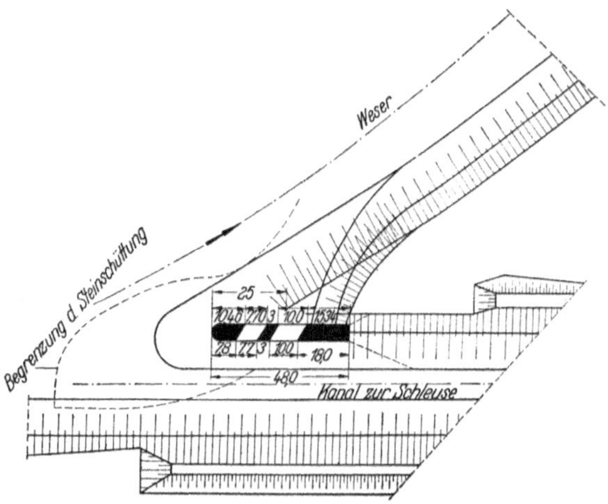

Abb. 248. Einfahrt zu einem Schleusenkanal.

Die Anlage von Schleusenvorhäfen an einer Hauptwasserstraße bedeutet stets einen erheblichen Eingriff in die Landschaft. Auf der anderen Seite besitzen alle Wasserflächen ein verschönerndes und belebendes Element, wobei der Schiffsverkehr in keiner Weise unangenehm zu wirken braucht. Die Erfordernisse

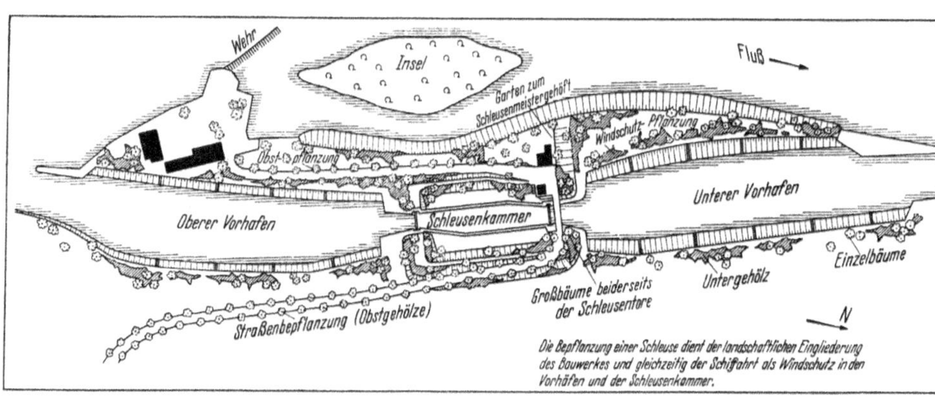

Abb. 249. Windschutzpflanzungen an Schleusenvorhäfen.

der Landschaftsgestaltung und der Schutz des Verkehrs in den Vorhäfen gegen störende Seitenwände begegnen sich daher in der Forderung, die Vorhäfen einer Schiffsschleuse in Abhängigkeit von den jeweils gegebenen örtlichen Verhältnissen mit Baumpflanzungen zu umgeben (Abb. 249).

Die Leitwerke, welche die eigentlichen Schleuseneinfahrten begrenzen, erhalten zu beiden Seiten des Vorhafens auf ganze Länge der Liegeplätze ihre Fortsetzung durch *Dalben* oder *Leitpfeiler*, an denen die auf Schleusung wartenden Schiffe festmachen können. Der Abstand dieser Anlagen muß so bemessen sein, daß jedes der hauptverkehrenden Fahrzeuge, welche Länge es auch haben mag, wenigstens zwei Festmachevorrichtungen zur Verfügung hat. An den neueren Hauptwasserstraßen, auf denen Schiffe aller Größen bis zu 80 m Länge verkehren, hat sich ein Abstand von 35 bis 38 m als zweckmäßig erwiesen. Die weitere Ausrüstung eines Vorhafens umfaßt die Anlage von Treppen in den Böschungen und einer Beleuchtung für den Nachtbetrieb. Treppen sind je nach der Größe des zu erwartenden Verkehrs im Abstand von 35 m oder 70 m anzuordnen und stets zu beleuchten. Sonst ist die Beleuchtung der Vorhäfen schwächer zu halten als die der Schleuse, einmal um ihre Lage besser zu erkennen, zum anderen, um einen Übergang von der dunklen Strecke zu gewinnen. Abb. 250 zeigt die Elbverbindung Niegripp mit den als Außen- und Binnenhafen bezeichneten Schleusenvorhäfen. Die Schleusenbauten im Bergbaugebiet eigentümliche Gestaltung der Vorhäfen geht aus Abb. 54 hervor.

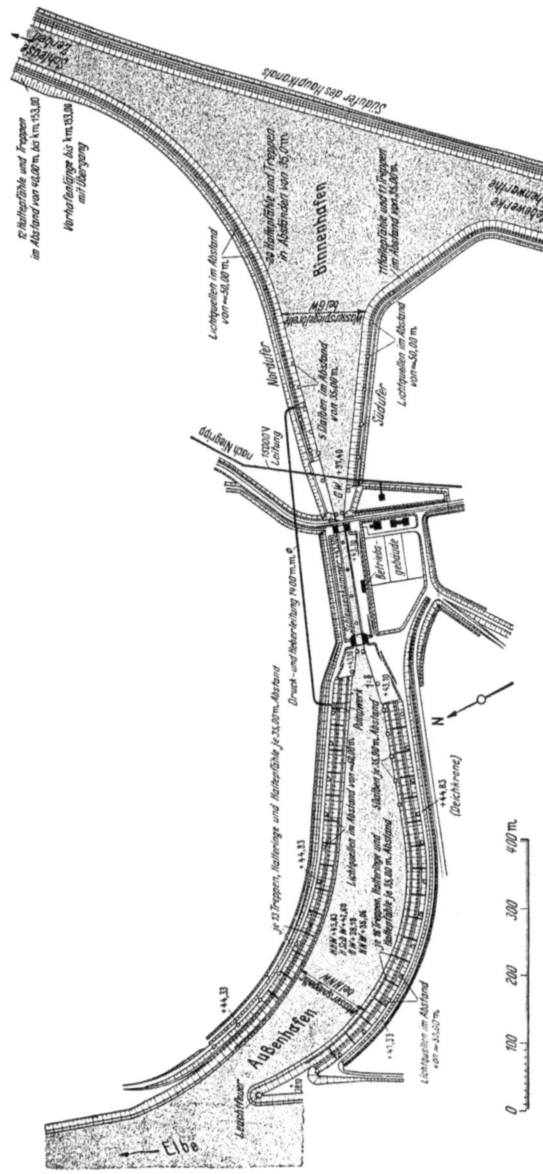

Abb. 250. Neue Schleuse Niegripp mit Vorhäfen.

Bei *Seeschleusen* ergibt sich Größe und Form der Vorhäfen in erster Linie aus den örtlichen Verhältnissen. Liegeplätze für anlegende Schiffe sind nur ausnahmsweise erforderlich, da hier der Betrieb in der Regel so eingerichtet wird, daß ein Warten auf Durchschleusung nicht in Frage kommt. Die stets zur Sicherung der Einfahrt notwendigen Leitwerke sind meistens normale Kajemauern. Ihre Länge wird etwa gleich der nutzbaren Kammerlänge bemessen. Bei Doppelschleusen an der Ein- bzw. Ausfahrt von Seekanälen ist ebenfalls wie bei Binnenschleusen eine Trennungsmole oder ein Zwischenleitwerk anzulegen. Desgleichen ist bei einer Seeschleuse an einem Strom mit Geschiebeführung oder mit Schlickgehalt die Grundrißausbildung des Vorhafens durch Modellversuche zu überprüfen.

21. Leitwerksanlagen.

Die an den Einfahrten von Binnenschleusen zu erbauenden *Leitwerke* werden mit ihrer Oberkante in der Regel 1,00 m über Kanalwasserspiegel bzw. höchsten schiffbaren Wasserstand gelegt und je nach ihrer Länge mit Pollern ausgerüstet. Wählt man eine Massivbauweise, so ergeben sich damit einfache Stützmauern; sie erhalten oben stets einen Kantenschutz. Um anstoßende Schiffe vor Beschädigungen zu bewahren, sind die Mauern früher, sofern sie gekrümmt waren, in ihrem oberen Teil mit einer Panzerung von senkrecht stehenden Rundhölzern versehen worden, die unten in einem gemeinsamen Winkeleisenschuh standen und oben zwecks Auswechselungsmöglichkeit durch vorgelegte Spannbänder gehalten wurden. War die Mauer gerade, so schützte man sie durch ein vorgelegtes Rundholz, das sich zum Nachgeben bei Wasserstandsschwankungen an Ketten oder Seilen auf und ab bewegte, die mittels Gasrohrstutzen durch das Holz hindurchgeführt waren und unten ein Gegengewicht trugen, das sich zum Schutz gegen Anstoß von Schiffen in einer Nische der meist mit einem schrägen Vorsprung versehenen Leitmauer befand. Heute wird jedoch von derartigen Schutzmaßnahmen schon vielfach Abstand genommen. Es genügt, in Abständen von etwa 3 m Scheuerleisten anzuordnen.

Bei den aus stählernen Spundwänden hergestellten Leitwerken hat sich gezeigt, daß die an ihnen anlegenden Schiffe, sofern die Länge des Leitwerks größer ist als die eines Fahrzeuges, nur mit Mühe aus ihrer Ruhelage heraus wieder in Fahrt gebracht werden können. Dadurch entstehen Verzögerungen im Schleusenbetrieb, die im Hinblick auf eine möglichst schnelle Verkehrsabwicklung unerwünscht sind. Die Gründe für diese Erscheinung sind darin zu suchen, daß der Schiffer zunächst mit seinem Staken versucht, das Schiff von der Wand abzusetzen. Dabei entsteht eine kleine, aber doch wirksame Anhebung des Wasserspiegels am äußeren Schiffsbord, während auf der anderen Seite das Wasser etwas absackt. Hierdurch wird das Fahrzeug wieder in seine alte Lage an der Wand zurückgedrückt. Erst wenn es mit dem Bug genügend weit von der Spundwand entfernt ist, wird es frei, um in die richtige Fahrtrichtung zu gelangen. Dieser Vorgang nimmt natürlich um so mehr Zeit in Anspruch, je mehr Schiffe sich im Schlepp befinden. Eine Abhilfe besteht darin, die Spundwand unter der Wasserlinie mit breiten Öffnungen zu versehen und dahinter eine Böschung anzulegen (Abb. 251).

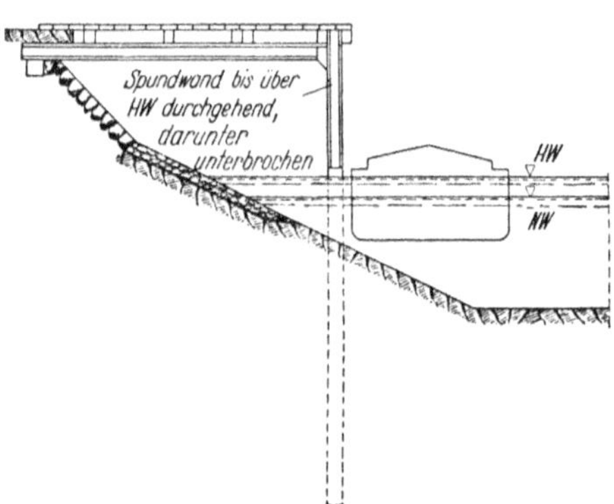

Abb. 251. Spundwand als Leitwerk.

Hölzerne Leitwerke vor einer Uferböschung sind an den Schleuseneinfahrten nicht zu empfehlen, da sie infolge unvermeidlicher, laufender Beschädigung hohe Unterhaltungskosten erfordern, auch wenn sie in der Herstellung billig sind. Sie kommen daher immer nur für Wasserstraßen mit geringem Verkehr in Frage.

Dalben ergeben sich als eine Gruppe von Rammpfählen, die durch Verbände zu gemeinsamer Wirkung zusammengefaßt sind. In *Holz*bauweise sind sie an den Hauptwasserstraßen mehr und mehr im Verschwinden begriffen, wozu bei Dalben als Anlegewerke für Seeschiffe noch der Schutz gegen den Bohrwurm eine ausschlaggebende Rolle spielt. Abb. 252 zeigt die Konstruktion eines 5pfähligen Dalbens, wie er an Wasserstraßen mit Verkehr von 600 bis 700 t-Schiffen verwandt wird. Ist mit größeren Fahrzeugen, 1000 t und darüber, zu rechnen, so sind 9pfählige Dalben erforderlich (Abb. 253). Sie bestehen aus je drei Reihen 30 cm starker und kräftig untereinander verzimmerter Pfähle, die zum Schutz gegen Verschleiß an der Betriebsseite drei bis vier Reibehölzer erhalten. Diese werden zweckmäßig bis 1 m unter Wasserspiegel herabgeführt, damit sich bei vorübergehend abgesenktem Wasserspiegel, wie es bei Kanälen zur Ausbesserung der Uferbefestigung notwendig werden kann, die Schiffe nicht unter den Reibehölzern festklemmen können.

Der Vorteil der Holzdalben ist die Nachgiebigkeit der Pfahlanschlüsse und die hohe Elastizität des Holzes. Ihr Nachteil liegt in dem starken Verschleiß durch anfahrende Schiffe in Verbindung mit einer bald auftretenden Fäulnis, durch welche die ursprünglich festen Verbände gelockert werden und damit das Zusammenwirken mehrerer Pfähle hinfällig wird. Ein Gegenmittel ist das Tränken des Holzes mit fäulniserschwerenden Chemikalien. Die Kosten

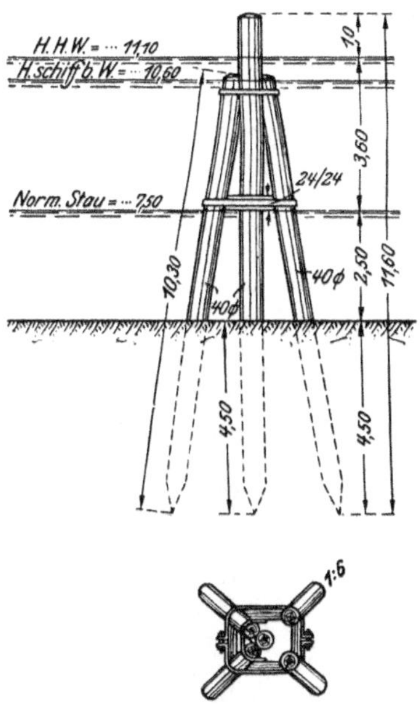

Abb. 252. Fünfpfähliger Holzdalben.

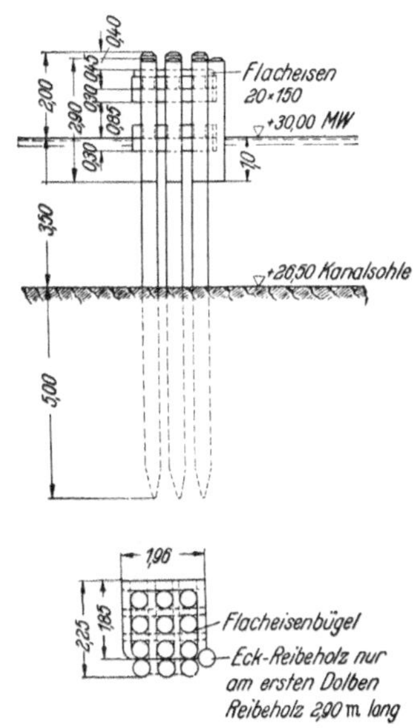

Abb. 253. Neunpfähliger Holzdalben.

hierfür sind aber nicht unbeträchtlich; zudem hat sich gezeigt, daß die Zerstörung der Dalben durch Schiffsstöße meist schneller erfolgt als durch Verfaulen. Man ist daher in den letzten Jahren dazu übergegangen, das Holz der Dalben durch *Stahl* zu ersetzen. Hierbei sind zwei Ausführungsformen zu unterscheiden: Dalben aus einzelnen, in gewissem Abstand voneinander stehenden und mehr oder weniger fest miteinander verbundenen Pfählen, und Dalben, bei denen nur die viereckige, vieleckige oder kreisförmige Umrandung aus Spundbohlen besteht und deren Hohlraum mit Sand oder Beton verfüllt wird. Die letztgenannte Bauart kommt nur im Seebau in Frage, ist verhältnismäßig starr und bedarf daher elastischer Zwischenglieder, wie Reibehölzer, Fender usw. Für die Vorhäfen von Schiffsschleusen ist die erstgenannte Ausführungsart die Regel.

Abb. 254 zeigt im Grundriß die Normalausführung eines aus vier Union-Kastenbohlen hergestellten Dalbens. Die Stahlpfähle sind außen durchlaufend geschweißt, an den Enden innen auf eine Länge von 50 cm. Die Querversteifungen befinden sich in etwa 1,50 m Abstand. Sie tragen je nach Erfordernis noch einen Poller. Zu Anfang der Verwendung von Stahl im Bau von Dalben ist noch eine Verkleidung mit Reibehölzern angeordnet worden. Sie hat sich im

Laufe der Zeit als überflüssig erwiesen und wird daher heute allgemein fortgelassen, es sei denn, daß die Art der verwendeten Spundbohlen eine Holzausfütterung notwendig macht. Abb. 255 zeigt einen aus Peiner Kastenspundbohlen zusammengefügten Dalben.

Die schwächste Kastenbohle oder der schwächste Stahlpfahl besitzt zwar eine wesentlich größere Tragfähigkeit, aber eine bedeutend geringere Durchbiegung als ein gerammter Holzpfahl von etwa 45 cm mittlerem Durchmesser. Will man also eine den Holzdalben gleichwertige Wirkung erzielen, so darf die Durchbiegung von Stahlpfählen nicht durch starre Verbindungen oder mehrfache Verbände gehindert werden. Insofern entspricht die in Abb. 254 wiedergegebene Konstruktion nicht dieser Forderung. Man hat zwar gelegentlich die Verbände von Stahlpfählen in Holz ausgeführt, um eine den Holzdalben ähnliche Beweglichkeit zu gewinnen. Eine solche Ausführung ist aber, ungeachtet einer nicht materialgerechten Konstruktion, mit dem gerade erstrebten Ziel geringer Unterhaltungskosten nicht in Einklang zu bringen. Es bedeutete daher

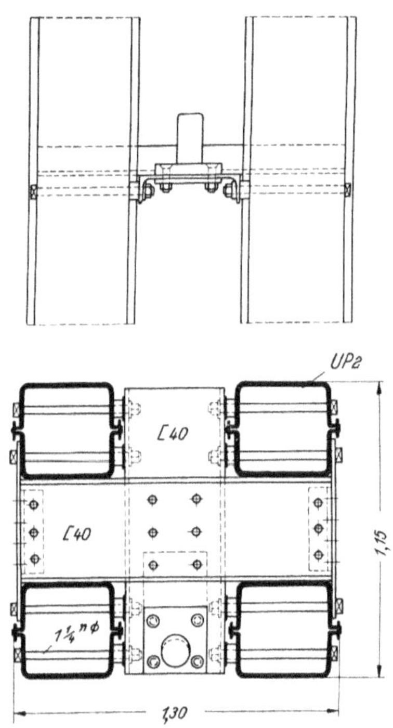

Abb. 254. Dalben aus Union-Kastenbohlen.

einen erheblichen Fortschritt, als man im „Wegener-Dalben“ dazu überging, zwischen die Pfähle in mehreren Verbänden eine in sich bewegliche, scherenartige Konstruktion lose einzulegen, welche den einzelnen Pfählen eine gewisse Durchbiegungsmöglichkeit gewährt. Abb. 256 zeigt einen solchen unter Verwendung von Krupp-Stahlrammpfählen hergestellten 9pfähligen Dalben. Da sich aber wegen Ungenauigkeiten bei der Rammung die aus Walzprofilen herzustellenden Verbände nicht ohne Zwängungen einbringen lassen und eine völlig freie Durchbiegung der von der Schere gefaßten Einzelpfähle nicht möglich ist, ist man zum *Stahlfederdalben* übergegangen. Seine Konstruktion ist von dem Gedanken geleitet, daß sich die vom anstoßenden Schiff zuerst getroffenen Pfähle bis zur zulässigen Größe durchbiegen sollen, während die übrigen Pfähle eine geringere Durchbiegung erleiden und somit auch eine kleinere Kraft aufnehmen als die zuerst getroffenen. Der von Wedekind nach diesem Prinzip konstruierte Stahlfederdalben besitzt als „Querversteifung“ nur eine einzige

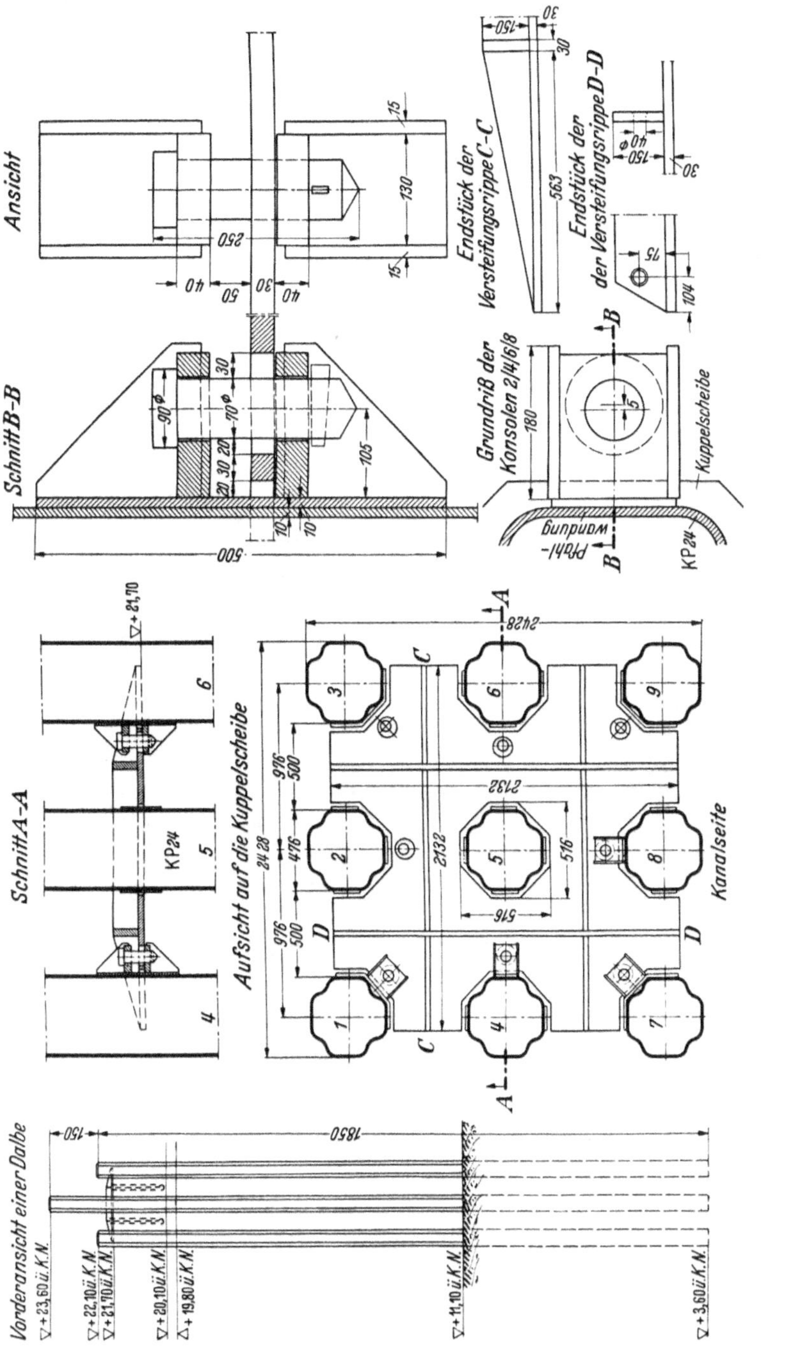

Kuppelscheibe, die zwischen den Pfählen mit Spielraum gelagert und mittels kräftiger Bolzen zwischen zwei an den Pfählen angeschweißte Konsolen aufgehängt ist. Das Bolzenloch in der Kuppelscheibe wird so groß gemacht, daß der Bolzen beim Druck auf den Pfahl niemals zum Anliegen kommt. Der Dalben wirkt nun derart, daß sich der zuerst getroffene Pfahl so weit frei durchbiegen kann, bis die Kuppelscheibe an weiteren Pfählen einen Halt findet und diese zum Tragen heranzieht. Wesentlich ist hierbei, daß die Kuppelscheibe erst nach dem Rammen der Pfähle mit Hilfe einer Schablone hergestellt und eingesetzt zu werden braucht. Abb. 257 zeigt die Konstruktion eines 9pfähligen Stahl-

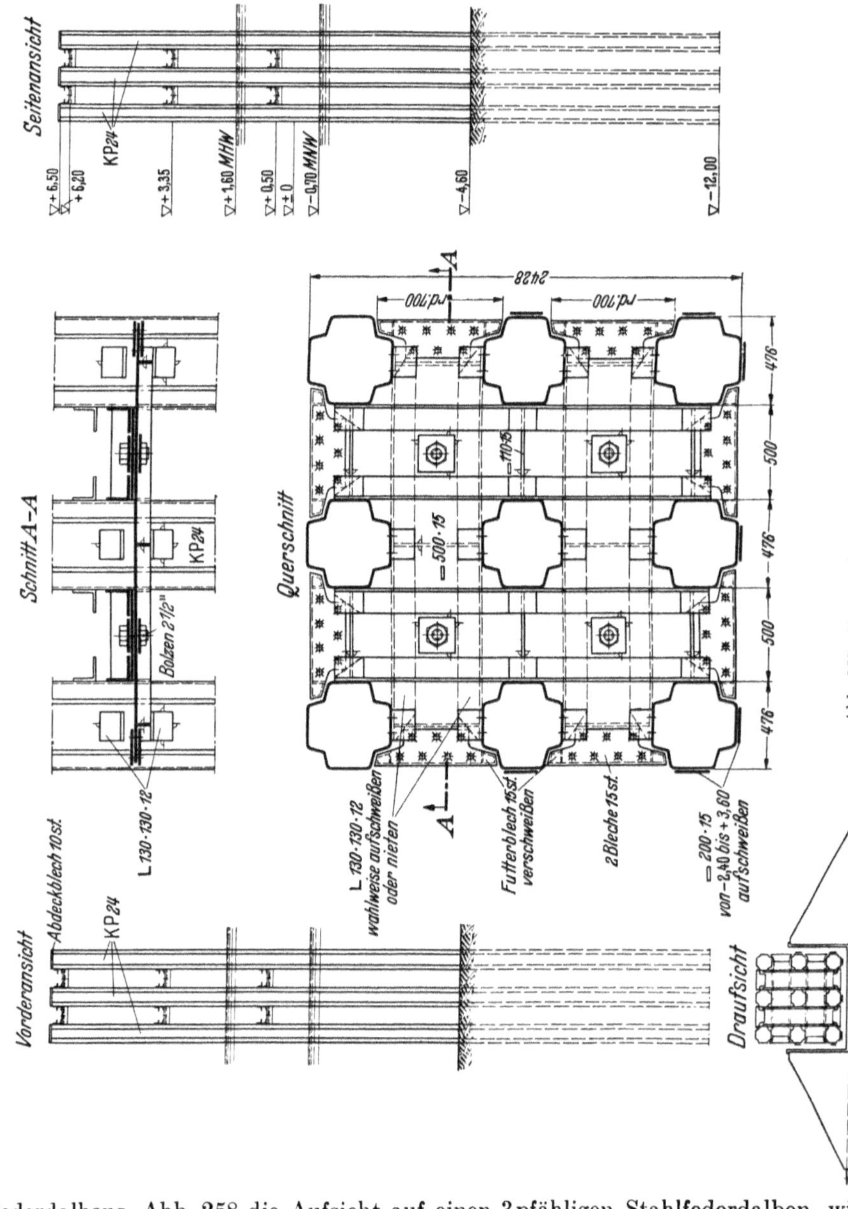

Abb. 257. Neunpfähliger Stahlfederdalben.

federdalbens, Abb. 258 die Aufsicht auf einen 3pfähligen Stahlfederdalben, wie er für Vorhäfen von Binnenschleusen in Frage kommt [*357*]. Eine andere Bauart ist der Leitstabdalben. Bei ihm befindet sich vor den eingerammten Pfählen ein bis zur Höhe des niedrigsten Wasserstandes reichender und aus Profilträgern gebildeter „Leitstab", der über waagerechte Riegel mit entsprechender Eckaussteifung die auf ihn wirkenden Schiffsstöße durch Gelenke auf die Köpfe der Rammpfähle überträgt [*360*].

Die Durchdringung der Dichtungsschicht einer Kanalsohle durch das Einschlagen von Dalben ist ohne schädliche Folgen für die Wasserundurchlässigkeit. Beim Rammen wird die Ton- oder Lehmschicht mit der darüber befindlichen schützenden Kiesabdeckung nach unten mitgezogen. Hierbei entstehen Zwickel, die sich jedoch schnell mit feinen Sinkstoffen anfüllen, wodurch etwaige Risse in der Dichtungsschicht wieder zugestopft werden. Bei offenen Spundbohlen kann dieser Vorgang durch Nachfüllen mit Ton oder Lehm noch unterstützt werden. Bei Kastenbohlen ist dies nicht nötig, da der Boden innerhalb des Kastens beim Rammen nach unten mitgeht und dadurch stark verdichtet und wasserundurchlässig wird.

Abb. 258. Dreipfähliger Stahlfederdalben.

Wo die Rammung von hölzernen oder auch stählernen Pfählen wegen felsigen Untergrundes nicht möglich ist, hat man zum Anlegen von Schiffen massive *Leitpfeiler* gebaut. Derartige Leitpfeiler finden wir im unteren Vorhafen der Schleuse Münster i.W. (s. Abb. 23). Die Anlegepfeiler im oberen Vorhafen der Zwillingsschleuse Fürstenberg sind aus dem Motiv entstanden, stählerne Spundbohlen zu vermeiden, die während der Inflationszeit 1923 im Verhältnis zu den übrigen Baustoffen außerordentlich teuer waren. Jeder Pfeiler besteht aus einer senkrechten 1 m starken Betonmauer von hufeisenförmigem Grundriß, die auf einer Stahlbetonplatte ruht. Damit die Pfeiler-

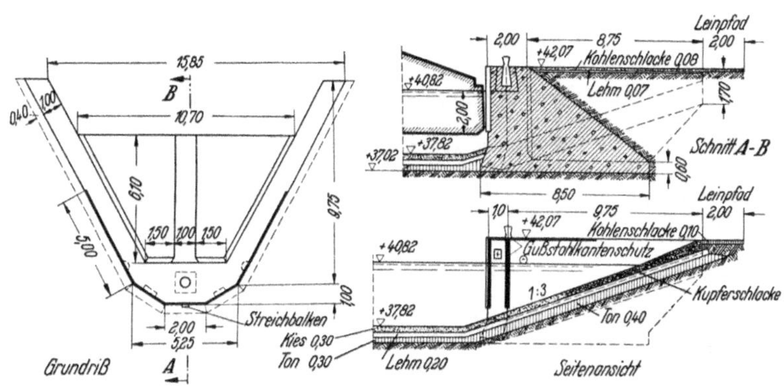

Abb. 259. Massiver Anlegepfeiler.

reihen als einheitliches Uferbollwerk wirken, sind die Abstände von Mitte zu Mitte Pfeiler auf 35 m festgesetzt, so daß auch die kleinsten auf dem Kanal verkehrenden Fahrzeuge, die Finow-Kähne, ohne Schwierigkeit an zwei Pfeilern gleichzeitig festlegen können. Konstruktion und Ausrüstung der Anlegepfeiler mit Pollern, Haltekreuzen und hölzernen Scheuerleisten gehen aus Abb. 259 hervor.

VIII. Ausrüstung und Betrieb der Schleusen.

22. Technische Einrichtungen.

Jede Schleuse bedeutet für die durchfahrenden Schiffe nicht nur einen Zeitverlust, sondern auch einen gewissen Gefahrenpunkt. Sie muß daher so ausgerüstet sein, daß nicht nur ein schnelles, sondern auch ein sicheres Durchschleusen gewährleistet ist. Zu einer ordnungsgemäßen *Schleusenausrüstung* gehören zunächst alle Vorrichtungen zum Festmachen der Schiffe, wie Poller und Haltekreuze, außerdem Steigeleitern; sie haben den Verkehr zwischen dem in der Schleuse liegenden Fahrzeug und der Schleusenplattform zu vermitteln. Ferner bilden einen Bestandteil der Schleusenausrüstung die Beleuchtung für den Nachtbetrieb sowie Signalanlagen, die dem ankommenden Schleppzug dartun, welche Kammer für die gewünschte Schleusung frei ist. Einen besonderen Teil der Schleusenausrüstung machen die Notverschlüsse aus als Vorrichtungen, um eine gelegentliche Trockenlegung der Schleuse oder auch nur der Torkammern zur Vornahme von Ausbesserungsarbeiten durchführen zu können. Grundsätzlich kann bei der Schleusenausrüstung wiederum zwischen Binnen- und Seeschleusen unterschieden werden.

Die Ausrüstung von *Binnenschleusen* mit Pollern, Haltekreuzen, Nischenpollern und Steigeleitern weist in ihrer bisherigen Entwicklung große Unterschiede auf [*366*]. Hierdurch wird die Tätigkeit des Schiffers sehr erschwert, da

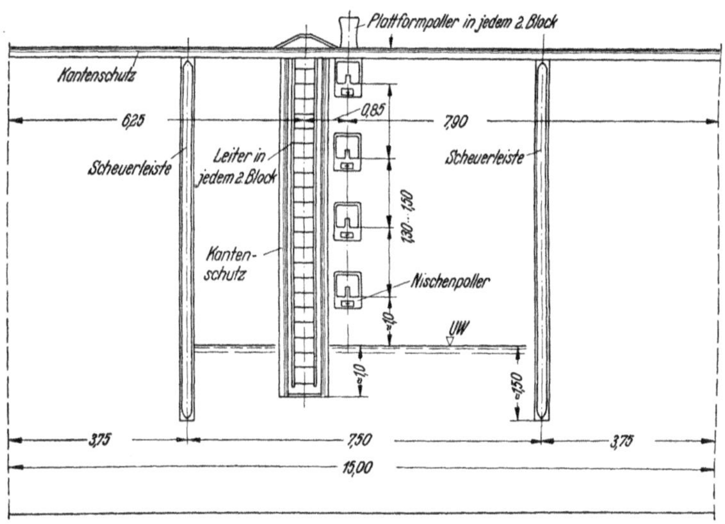

Abb. 260. Ausrüstung eines Regelblocks.

er sich in jeder Schleuse umstellen muß. Ein Durchschleusen erfolgt aber um so schneller, je einfacher und sicherer die Schiffsbesatzung die dabei notwendigen Handgriffe ausführen kann. Man hat daher in den letzten Jahren für die Schleusen an den Binnenwasserstraßen Deutschlands eine gewisse Einheitlichkeit in den Ausrüstungsteilen herbeigeführt mit dem Ziel, zu normenmäßigen Abmessungen zu gelangen. Hierbei wird, um für alle Blöcke einer Schleusenkammer dieselbe Schalung verwenden zu können, nach [*367*] von einer Blocklänge von 15 m ausgegangen. Es sprechen jedoch betontechnische Gründe dafür, diese auf 12 m zu beschränken. Die Ausrüstung eines 15 m-Blockes mit Steigeleitern, Scheuerleisten, Nischen- und Plattformpollern zeigt Abb. 260. Sie gilt grundsätzlich auch für Kammermauerblöcke, die aus besonderen Gründen eine andere Länge als 15 m erhalten müssen.

Steigeleitern sind in allen den Häuptern benachbarten Kammermauerblöcken und in jedem zweiten Kammermauerblock vom Unterhaupt aus gerechnet vorzusehen und bis 1 m unter den Unterwasserstand hinabzuführen. Sie reichen an den Endblöcken und bei längeren Schleusen an einem Block etwa in der Mitte der Schleusenkammer beiderseits bis zur Kammersohle, um sie bei Trockenlegung der Schleuse betreten zu können. Nach Möglichkeit sind alle durch Notverschlüsse abschließbaren Teile der Häupter durch Steigeleitern zugängig zu machen. Die Einzelausbildung einer Steigeleiter geht aus Abb. 261 hervor. Die Breite der Leitersprossen beträgt 45 cm, um auch Tauchern mit breiten Schuhen das Absteigen zu ermöglichen.

Als Festmachevorrichtungen neben den Steigeleitern dienten früher *Haltekreuze*, die in einem starkwandigen Stahlgußkasten einen senkrechten Dorn trugen, der noch durch einen horizontalen Arm gehalten wurde, so daß dadurch

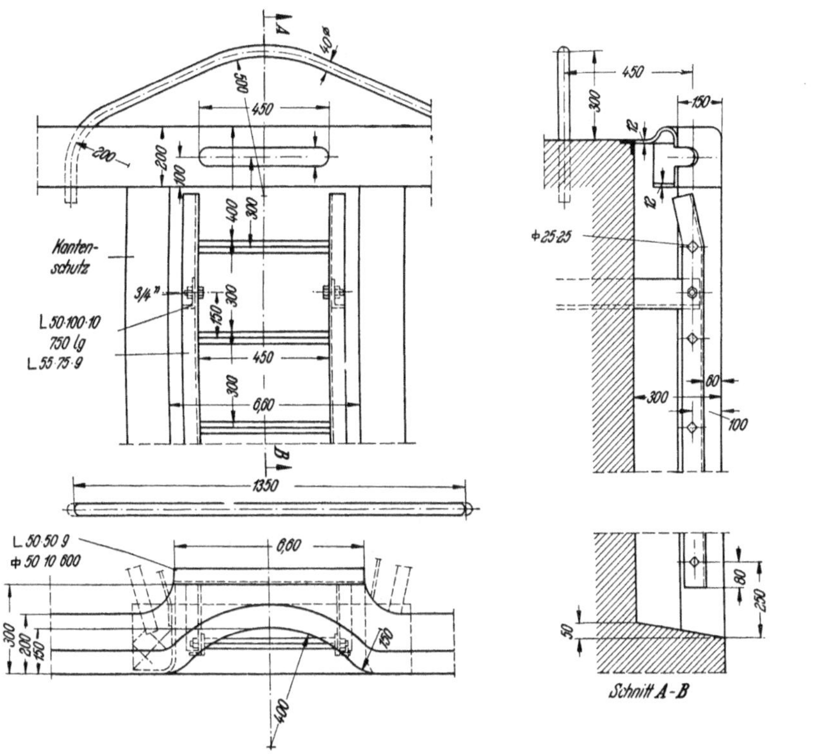

Abb. 261. Steigeleiter.

ein „Haltekreuz“ entstand. Abb. 262 zeigt ein Haltekreuz, wie es an neueren Schleusen vielfach eingebaut worden ist. Die Decke des Kastens ist etwas abgeschrägt, der Boden zur Entwässerung nach vorn geneigt und die Tiefe etwa 30 cm, damit das Haltekreuz auch mittels Staken benutzt werden kann. Die Kreuze selbst sind auswechselbar, d. h., sie sind verschraubt oder durch Keile befestigt, wobei die Schrauben dann unbedingt aus Bronze hergestellt sein müssen, da sie sonst einrosten. Durch Fortfall des horizontalen Armes entsteht der in Abb. 263 dargestellte *Nischenpoller*. Er ist stets rechts neben der Leiter in 0,85 m Abstand von ihrer Achse anzuordnen. Der oberste Nischenpoller liegt unmittelbar unter dem waagerechten Kantenschutz, der unterste rd. 1,00 m über dem Unterwasser. Die senkrechten Abstände der Nischenpoller werden entsprechend der Teilbarkeit des Maßes zwischen dem obersten und untersten Nischenpoller zwischen 1,30 m und 1,50 m gewählt. Falls eine derartige Teilbarkeit nicht gegeben ist, dürfen die vorgenannten Abstände bis zu 0,10 m über- oder bis zu 0,20 m unterschritten werden. Für das Gehäuse ist hochwertiger Grauguß Ge 22.91 und für den Haltebolzen Stahl St 50.11 vorzuschreiben.

An den Schleusen der märkischen Wasserstraßen sind vielfach *bewegliche* Poller verwandt worden. Diese haben den großen Vorteil, daß man während des Schleusens die Trossen nicht umzulegen braucht, was eine ziemliche Ge-

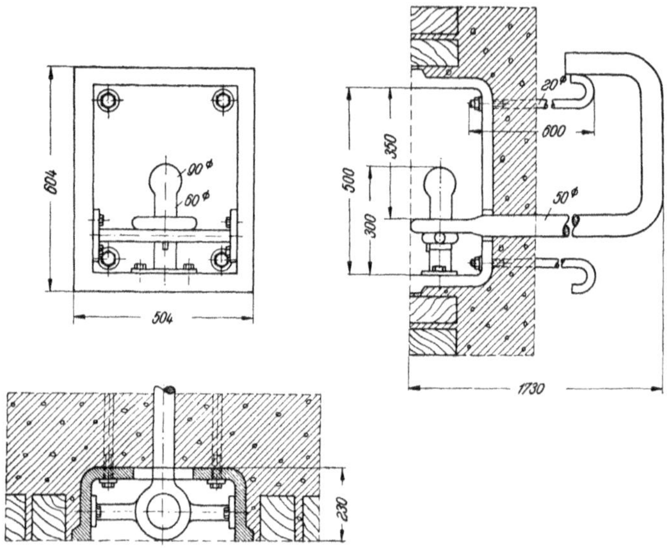

Abb. 262. Haltekreuz.

schicklichkeit des Schiffers erfordert. Es ist bei neueren Schleusen, bei denen das Füllen und Leeren verhältnismäßig schnell vor sich geht, vorgekommen, daß die Schiffer das Umlegen der Trossen nicht schnell genug ausführen konnten.

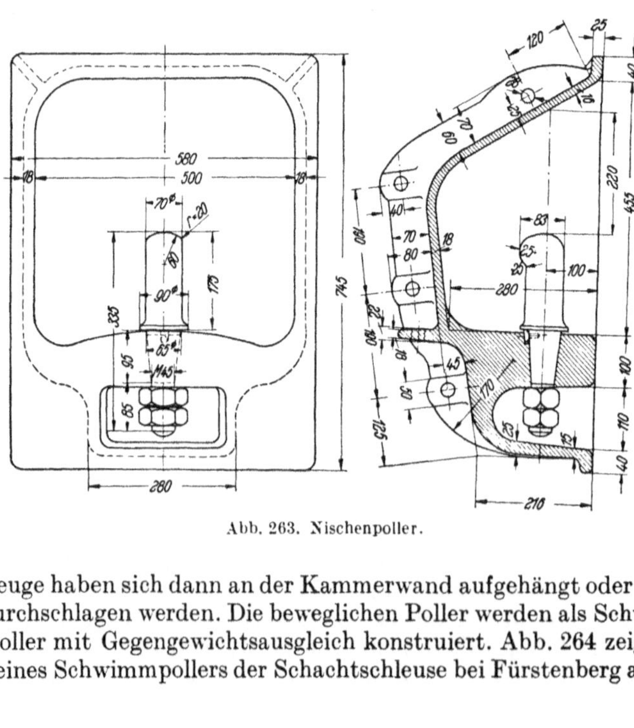

Abb. 263. Nischenpoller.

Die Fahrzeuge haben sich dann an der Kammerwand aufgehängt oder die Trossen mußten durchschlagen werden. Die beweglichen Poller werden als Schwimmpoller oder als Poller mit Gegengewichtsausgleich konstruiert. Abb. 264 zeigt die Konstruktion eines Schwimmpollers der Schachtschleuse bei Fürstenberg a.d.O.[*365*].

Schwimmer und Festmacher sind durch ein Doppelgelenk miteinander verbunden, wodurch dem Schwimmer lediglich die Aufgabe zufällt, den Festmacher über Wasser zu halten. In der Form eines seitlich abgeplatteten, an seinen Stirn-

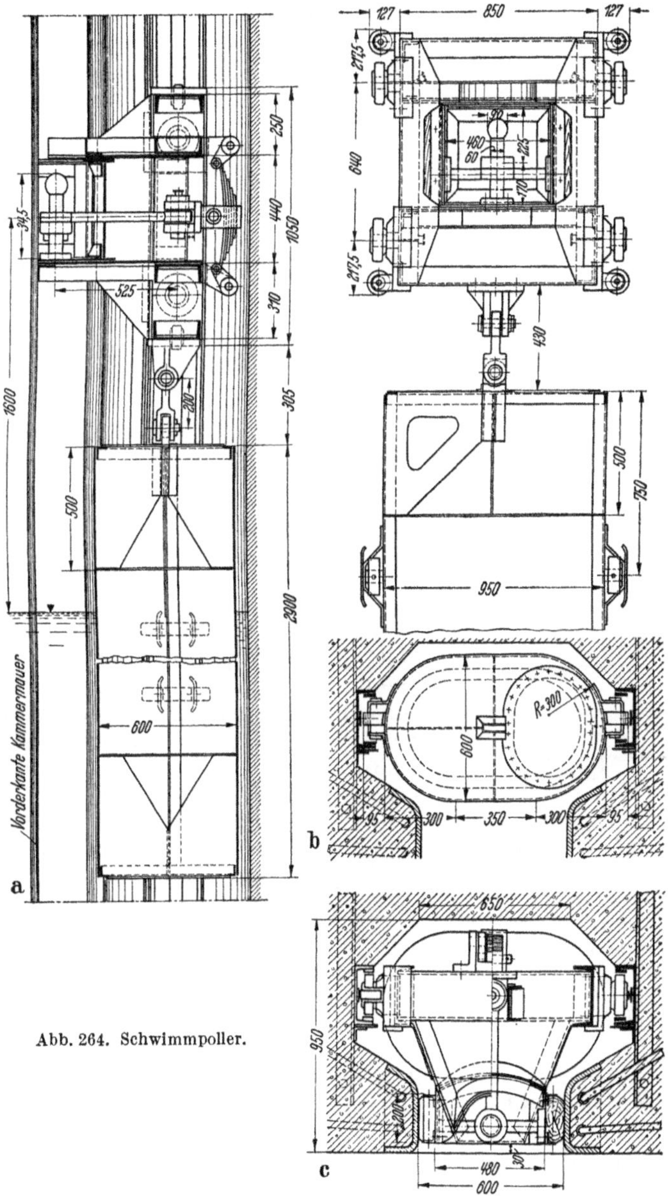

Abb. 264. Schwimmpoller.

flächen besonders verstärkten und oben mit einem Mannloch versehenen Zylinders aus Stahlblech wird der Schwimmer in dem Schacht über stählerne Gleitkufen an den Schmalseiten geführt. Das als besonderes Fahrgestell entwickelte Festmachergerüst besteht in der Hauptsache aus einem starken Rahmen mit seitlichen Doppelrollenführungen, die in entsprechend verankerten [-Stählen des Schachtes laufen. Zwischen zwei übereinanderliegenden, gegeneinander gekehrten Konsolen dieses Rahmens lagert, von den beiden Zungen des Schachtschlitzes geführt, der Haltekreuzkasten. Seine rückwärtige Verankerung mit dem Hauptrahmen ist um eine senkrechte Achse schwingend und derartig federnd ausgebildet, daß sich der Anker erst bei einer Zugwirkung von 3 t mit einem Federweg von 3 cm fest an den Rahmen anlegt. Hierdurch ist auch bei ruckartigem Trossenzug eine weiche Kraftübertragung gesichert. Die aus den Zugkräften der Haltetrosse in der waagerechten Ebene resultierenden Kräfte werden in Richtung der Gleitbacken auf das Mauerwerk der Zungen, senkrecht zur Schleusenachse durch die Zugstange auf den Rahmen und von diesem durch die Rollen auf die verankerten Führungsschienen übertragen. Vertikale Kräfte, die durch das Zurückbleiben des Festmachers infolge erhöhter Reibung durch waagerechten Trossenzug entstehen, wirken immer nur augenblicksweise; sie werden im übrigen durch den Auf- und Abtrieb der Fahrzeuge überwunden. Eine neuere Ausführung stammt von dem Eisenwerk Rexroth in Lohr a. M. Als Schwimmer wird ein allseitig geschlossenes Stahlrohr von etwa 60 cm Durchmesser benutzt, das zu einem Drittel seiner Länge über Wasser hinausragt, mit Eichenholz verkleidet ist und im oberen Teil die Haltevorrichtung trägt. Eine hinreichend lange Röhrenform sichert den Schwimmer, der sich in einem gepanzerten, vorn offenen Mauerschlitz bewegt, vor Verkanten und Verklemmen. Diese Konstruktion besitzt gegenüber der Fürstenberger Bauweise den Vorteil größerer Einfachheit infolge Fortfalls zahlreicher kleinerer Einzelteile.

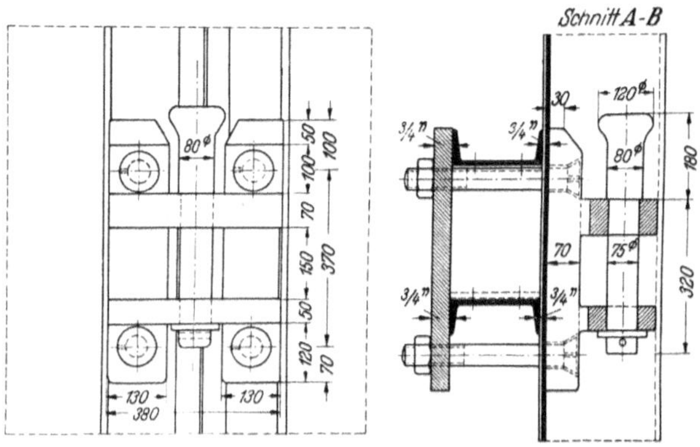

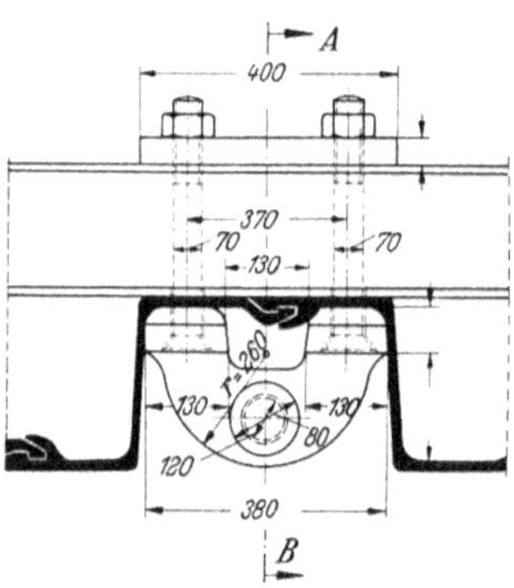

Abb. 265. Nischenpoller in einer Stahlspundwand.

Bewegliche Nischenpoller mit Gegengewichtsausgleich haben beiderseitig an endlosen Seilen zwei Gegengewichte. Ihre Auf- und Abwärtsbewegung erfolgt durch das zu schleusende Schiff selbst; es entfällt hier also der Schwimmer. Für die Sportschiffahrt sind im Bereich der märkischen Wasserstraßen an Stelle der Haltekreuze einfache Gleitstangen in den Leiternischen angeordnet worden. Sie haben ebenfalls den Vorteil, daß ein Umlegen der Bootsleinen und Bootshaken vermieden wird.

Bei Schleusen mit stählernen Kammerwänden werden Haltekreuze und Nischenpoller entsprechend der Form der Spundwand ausgebildet. Abb. 265 zeigt die Konstruktion eines Schiffshaltekreuzes an einer Spundwand System Hoesch.

Plattformpoller dienen im allgemeinen nur den Fahrzeugen, die leer bei Oberwasserstand einfahren. Es genügt daher bei längeren Schleusen die Anordnung eines Pollers auf jedem Block; bei kurzen Schleusen dürfte dies nicht notwendig sein. Stets sollen die Plattformpoller in der Achse der Nischenpollerreihen stehen. Oberhäupter erhalten nach der Kammer zu noch auf beiden Seiten je einen weiteren Poller. Der Abstand der Poller von der Kammerwand ist so zu wählen, daß ein genügend breiter Gehweg frei bleibt. Als Mindestmaß sind hierfür 1,50 m, als erwünschtes Maß 2,00 bis 2,40 m anzusehen. Der in Abb. 266 wiedergegebene Plattformpoller hat eine freie Höhe von 70 cm und bei Verwendung von hochwertigem Gußeisen ein Stückgewicht von etwa 230 kg. Er gestattet eine Zugkraft von 5 t. Ältere Poller sind vielfach zweiteilig ausgeführt worden. Bei ihnen ist der eigentliche Poller auf dem einbetonierten Untergestell aufgeschraubt. Diese Bauweise hat den Vorzug leichter Auswechselbarkeit. Rand- oder Kantenpoller werden heute nicht mehr verwendet, ebenso kurze Poller mit wulstartiger Verbreiterung am Kopf.

Alle Ausrüstungsteile einer Schleuse sind gleichzeitig mit der Betonierung der Blöcke einzubauen. Hierbei muß durch sorgfältiges Verlegen und sichere Abstützung bzw. Aufhängung, ferner durch eine Kontrolle unmittelbar vor dem Betonieren sichergestellt werden, daß die Ausrüstungsteile genau die vorgesehene Stelle einnehmen, so daß über die Betonfläche keine Stahlkanten hinausragen, an denen sich Schiffe beschädigen können. Ein nachträglicher Einbau in hierfür vorgesehene Aussparungen darf nur in besonders begründeten Fällen erfolgen.

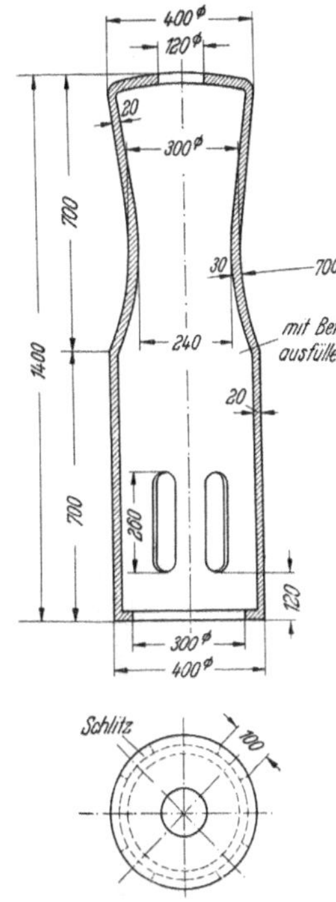

Abb. 266. Plattformpoller.

Beleuchtungsanlagen sind erforderlich, um auch bei Dunkelheit die Sicherheit des Verkehrs zu jeder Stunde zu gewährleisten. In der Regel hängen die Leuchten in Achsmitte der Häupter und der Kammer, so daß dadurch die Schleusenanlage schon von weitem sichtbar ist. Diese Anordnung hat den Vorteil, daß die Seitenwände nicht im Schatten liegen. Ein gewisser Nachteil ist jedoch die dabei erforderliche Drahtüberspannung der Kammer, die leicht von Fahrzeugen mit hohen Masten beschädigt werden kann; ferner der Bedarf besonderer Aufhänge- und Windeseile, um die Lampen zur Vornahme von Überholungsarbeiten herablassen zu können. Dieser Nachteil tritt besonders in Erscheinung, wenn eine Seil-Treidelanlage vorhanden ist, bei der sich die Zugseile ebenfalls in Schleusenmitte befinden. So ist es an der Doppelschleuse Fürstenberg des öfteren vorgekommen, daß die in Bauwerksachse aufgehängten Leuchten durch die Zugseile der Treidelanlage beschädigt worden sind. Man ist daher andernorts dazu übergegangen, die Lampen an hohen Auslegermasten zu beiden Seiten der Kammer aufzuhängen. Sie müssen dann so vor der Plattformkante aufgehängt sein, daß in der Kammer kein Schatten entsteht (Abb. 267). Der Abstand der Leuchten beträgt zweckmäßig etwa 50 m. Am besten eignen sich Tiefstrahler mit Glühlampen von 100 bis 300 W und einem Ausfallwinkel von 120°, wobei der Schirm so geformt ist, daß der Lichtkegel nur auf die zur Beleuchtung vorgesehenen Anlagen fällt. Bei den Häuptern ist die Beleuchtung so anzuordnen, daß der Schiffer erkennen kann, ob die Tore geöffnet oder geschlossen sind. Diese werden zudem vielfach mit weißen Querstreifen oder Diagonalkreuzen versehen, um sie aus der Ferne kenntlich zu machen. Der Nachtbetrieb auf den Wasserstraßen erfordert auch eine Beleuchtung der Vorhäfen. Sie wird wie die der Schleuse zweckmäßig in mehrere Stromkreise unterteilt und von derselben Stelle aus bedient.

Signalanlagen sollen anzeigen, in welche Schleuse ein Schiff einfahren kann bzw. an welchem Ufer es sich zur Einfahrt bereithalten muß. Sie sind damit für eine schnelle Abwicklung des Verkehrs unbedingt notwendig. An manchen Schleusen werden Signalarme wie bei der Eisenbahn verwendet, die nachts entsprechend farbige Lampen zeigen. Bei den Doppelschleusen am unteren Main ist man zu elektrischen Lichtsignalen übergegangen. Sie besitzen gegenüber Formsignalen mit Seilzügen und Gestängen den Vorzug der Einfachheit. Außerdem ist das Signalbild bei Tag und Nacht das gleiche, drängt sich infolgedessen dem Beobachter auch bei bedecktem Himmel und nebligem Wetter mehr auf als ein Formsignal. Mit den an den Schleusen des unteren Mains verwendeten Lampen erzielt man Sichtweiten selbst bei klarem Wetter und vollem Sonnenlicht von über 800 m. An der Doppelschleuse Fürstenberg besteht das Signal aus einem waagerechten, um 180° drehbaren Pfeil, der mit Glühlampen besetzt ist; seine Spitze zeigt jeweils auf die Kammer, welche der Schiffer benutzen soll.

Abb. 267. Schleuse Fürstenberg mit Nachtbeleuchtung.

Als *Notverschlüsse* dienten bei älteren Schleusen vorwiegend Dammbalken, welche in den eigens hierfür vorgesehenen Dammbalkenfalzen ihre Auflagerung fanden. Die Balken haben jedoch den Nachteil, daß ihr Einbringen und Wiederherausnehmen sehr umständlich ist. Aus diesem Grunde und auch wegen der zunehmenden Schleusenbreite ist man später zu Notverschlüssen nach Art der Nadelwehre übergegangen. Die Nadeln legen sich unten gegen einen mit einem Profilstahl besäumten Anschlag und oben gegen einen Stahlträger, der in kastenartigen Aussparungen der Seitenwände lagert und nötigenfalls als Sprengewerk abgestützt wird. Die Aussparungen gehen entweder bis zur Schleusenplattform durch, oder ein Kasten ist derartig vertieft, daß die Nadellehne mit dem einen Ende hinein- und alsdann mit dem anderen in den gegenüberliegenden Kasten zurückgeschoben wird. Vielfach sind die Nadellehnen auch als Schwimmträger ausgebildet worden, die am Einbringungsort nach Füllen mit Wasser abgelassen werden. Sonst erfolgt ihr Einbau mit hierfür besonders konstruierten Gerüstböcken und Flaschenzügen. Neuerdings sind aber auch wieder mit Holzfutter versehene Doppel-T-Träger dort vorgesehen worden, wo von vornherein geeignete Hebegeräte in Gestalt schnell zu montierender Derricks oder schwimmender Kräne zur Verfügung stehen, wie z. B. für die Schleusen der Weser- und Saale-Kanalisierung. Für die Umläufe werden oft hölzerne Schütztafeln oder geschweißte Blechtafeln als Notverschlüsse verwendet. Diese fertigen Tafeln haben den Vorteil, daß mit ihnen der Abschluß eines Umlaufs schneller erfolgen kann als mit Dammbalken. Stets sind hier die Notverschlüsse genügend weit von den Umlaufverschlüssen entfernt anzuordnen, damit die Handwerker bei Ausführung von Reparaturen hinreichende Bewegungsfreiheit haben. Der Einbau eines Notverschlusses in einem Schleusenhaupt erfordert mit den in der Regel unvermeidbaren Nachdichtungsarbeiten 2 bis 3 Tage. Der beste Notverschluß ist aber stets der, welcher trotz verhältnismäßig hoher Anschaffungskosten den geringsten Aufwand an Arbeitskraft und -zeit zum Einbau verlangt. Die Bestrebungen gehen daher dahin, einen Notverschluß zu konstruieren, der sich nach Auftreten von irgendwelchen Havarien an oder in der Schleuse in wenigen

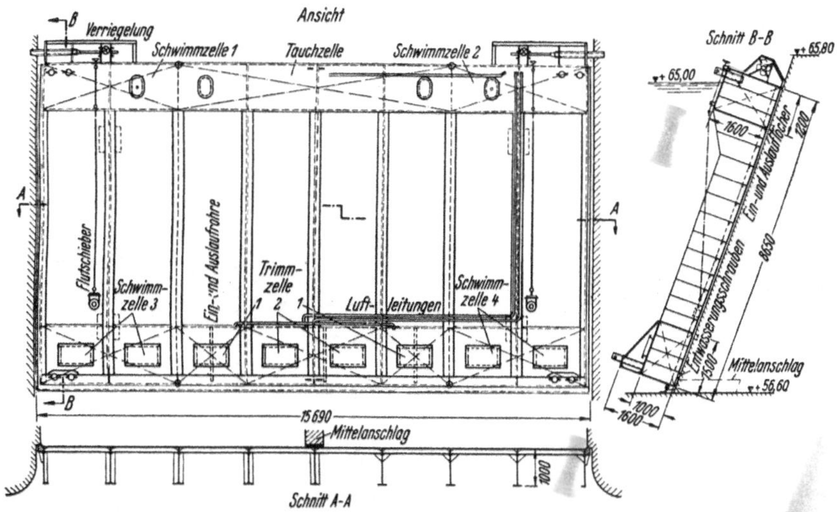

Abb. 268. Notverschluß „Bauart Knoetzelein".

Stunden einsetzen läßt. Als eine neuartige Konstruktion verdient, abgesehen von dem Notverschluß „Bauart Colbus", der Notverschluß „Bauart Knoetzelein" Beachtung. Er gestattet nach Abb. 268, daß innerhalb einer halben Stunde ein aus Schwimm- und Trimmzellen bestehender Stahlkörper schwimmend in die abzuschließende Öffnung gebracht und durch Seitenriegel festgelegt wird. Das Fluten der Trimmzellen läßt sich so steuern, daß die Abwärtsbewegung langsam erfolgt. Bei dem Ausbau des Verschlusses werden die Trimmzellen mittels Preßluft gelenzt, nachdem vorher durch Öffnen von Bodenventilen ein Ausgleich der Wasserstände zu beiden Seiten des Notverschlusses erfolgt ist [*370, 138*].

Als zwar nicht mit dem Bauwerk zu verbindende, aber nicht minder wichtige Ausrüstungsgegenstände einer Schleuse sind anzusehen Pumpen zur Trockenlegung der Häupter und Umläufe, ferner Hebezeuge und sonstige Hilfsgeräte, wie Winden, Hebeböcke, Flaschenzüge, Taue und Seile zur Durchführung von Reparaturen an den Toren und Umlaufverschlüssen. Größere Schleusenanlagen besitzen daher eigene Werkstätten zur Instandhaltung der Betriebseinrichtungen. Auch kommen besondere Werkstattschiffe hierfür zum Einsatz.

An Nebenanlagen bedarf eine Schleuse dem heutigen Stand der Arbeiterfürsorge entsprechend eingerichtete Wohnhäuser für den Schleusenmeister und die Schleusenwärter mit besonderen Räumen für den Dienstbetrieb und Abgabenerhebung, außerdem Schuppen zum Unterbringen der Notverschlüsse und der obengenannten Gerätschaften.

Es gilt heute als selbstverständlich, jede Schleuse an das Streckenfernsprechnetz der betreffenden Wasserstraße anzuschließen. Sie muß aber auch einen

Postanschluß besitzen, damit das Schiffahrtspersonal Gelegenheit hat, Mitteilungen über Angelegenheiten der Schiffahrt weiterzugeben.

Die Ausrüstung von *Seeschleusen* ist im Prinzip die gleiche wie die von Binnenschleusen. Sie wird jedoch entsprechend der wesentlich höheren Beanspruchung der Land- und Nischenpoller bzw. Haltekreuze mit entsprechend stärkeren Abmessungen vorgenommen. Auch hier ist man dabei, eine Normung durchzuführen, damit alle Ausrüstungsstücke fabrikmäßig bezogen werden können anstatt sie jeweils neu zu konstruieren [*372*]. Für die Ausbildung und

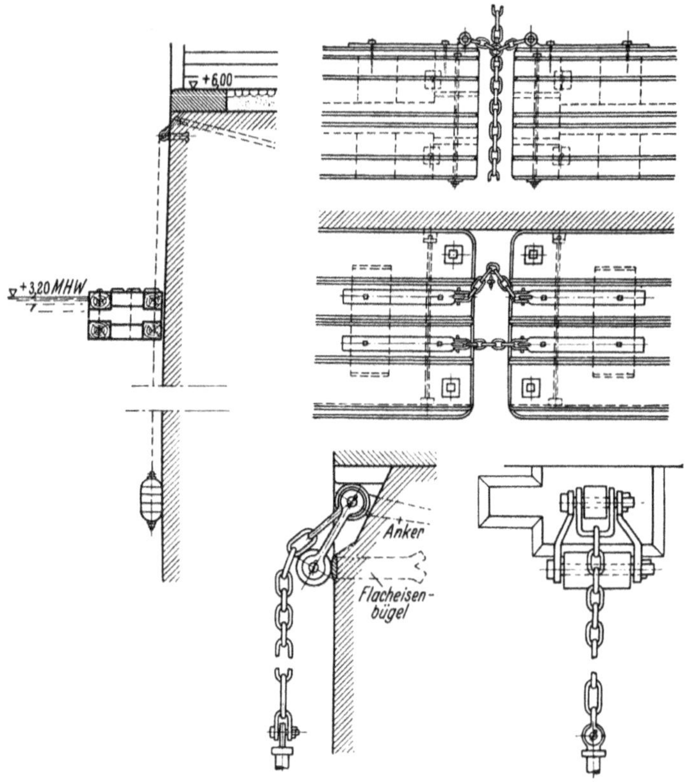

Abb. 269. Schwimmfender.

Lage der Poller ist maßgebend, ob es sich um Festmache- oder Verholpoller handelt. Die Stärke der *Festmachepoller* richtet sich nach der Zerreißgrenze der Haltetrossen, welche die Seeberufsgenossenschaft für die einzelnen Schiffsgrößen vorschreibt. *Verholpoller* sind in der Regel Geländepoller, Festmachepoller stets Kantenpoller. Geländepoller, die bei großen Seeschleusen eine Zugkraft bis zu 100 t aufnehmen müssen, werden etwa 15 bis 17 m hinter der Kammerwand eingebaut. Dieses Maß ergibt sich einmal daraus, daß besondere Fundamente für die Poller zu teuer werden und man sie daher mit der Schleusenmauer zu verbinden sucht. Außerdem ist ein gewisser Mindestabstand durch die Hochbordigkeit der Seeschiffe bedingt. Die Pollerfundamente werden am zweckmäßigsten in der Mitte eines Kammerblocks angeordnet. Dadurch ergibt sich ein gegenseitiger Abstand der Poller von rd. 25 m. Wo Bauwerke durch übermäßig große Pollerbeanspruchungen gefährdet werden können, werden abreißbare Poller eingebaut. Die an Seeschleusen einzubauenden Steigeleitern entsprechen in ihrer Bauweise grundsätzlich den von Binnenschleusen. Jedoch genügt hier ein gegenseitiger Abstand von 50 m. Die dabei ebenfalls stets rechts neben den Steigeleitern vorzusehenden Nischenpoller oder Haltekreuze dienen nur dem Festmachen kleinerer Fahrzeuge.

Eine Eigenheit von Seeschleusen ist die Anbringung von *Fendern* vor den Kammermauern. Diese werden als Schwimmfender und als Hängefender ausgebildet. Schwimmfender haben trotz des Nachteiles, daß sich leicht Eis zwischen ihnen und der Mauer bzw. dem Schiff festsetzt, den Vorteil, daß sie die Schiffsstöße auf eine große Mauerbreite verteilen, ihre Auswechslung bei Beschädigung leicht möglich ist und ihre Herstellung zum großen Teil aus Abfallhölzern erfolgen kann. Die Länge der Schwimmfender schwankt zwischen 10 und 25 m, ihre Breite wird bei Seeschleusen auf 1,30 bis 1,50 m bemessen. Abb. 269 zeigt die Schwimmfender an der Doppelschleuse Wesermünde. Jedes Federteil besteht aus 3 Lagen Hölzer, die dicht an dicht gelegt sind. Zur Verbindung dienen senkrecht und waagerecht verlaufende Bolzen, wobei die waagerechten so tief in das Holz eingelassen sein müssen, daß sie nicht freigescheuert werden können. Das Festhalten der Fender erfolgt mittels Ketten, die an die Schleusenmauer angeschlossen sind. Hängefender bestehen entweder aus 7 durch Drahtseile zusammengebundenen Rundhölzern von etwa 3 bis 4 m Länge, von denen das mittelste über die Außenkante der anderen Hölzer hinausragt und zur Befestigung der Aufhängeseile dient. Eine andere Bauart der Hängefender, die in neuerer Zeit vielfach angewandt worden ist, besteht darin, um einen oder mehrere Rundhölzer, die als Kern dienen, Buschwerk zu packen und mit Draht zusammenzuziehen.

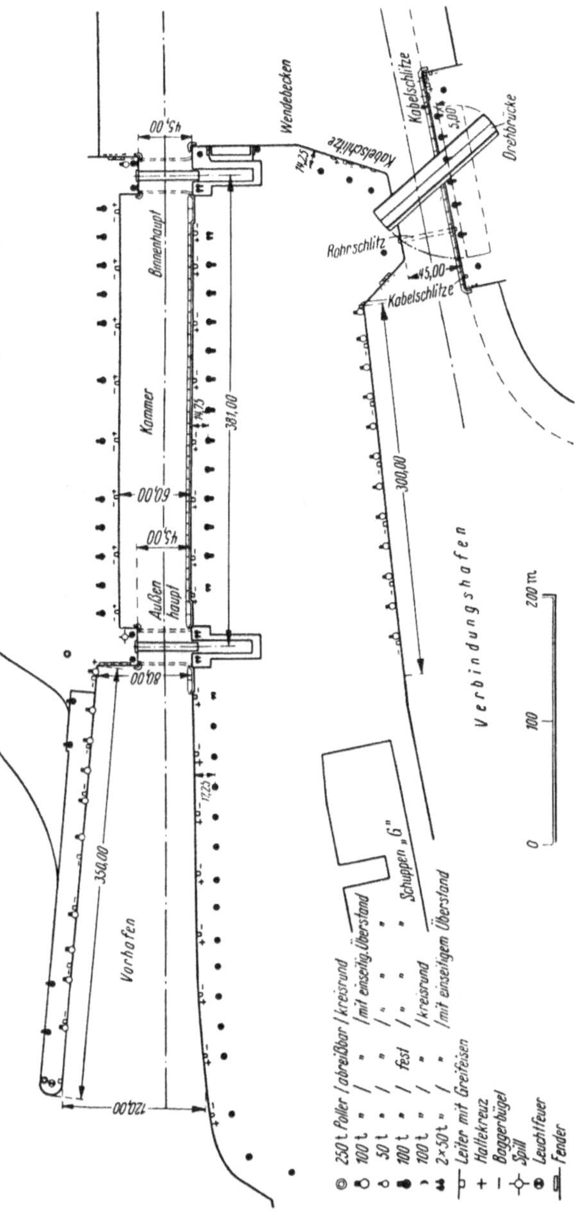

Abb. 270. Ausrüstung einer Seeschleuse.

Derartige im Querschnitt zylinderförmige Fender haben einen Durchmesser von 2 bis 2,50 m bei einer Länge von 5 bis 6 m. Der Schutz senkrechter Kanten an Seeschleusen erfolgt durch Reibepfähle oder durch ihrer Form entsprechend angepaßte Eckfender [*369*].

Die vollständige Ausrüstung einer Seeschleuse mit Festmache- und Verholpollern, Steigeleitern, Fendern und Beleuchtung zeigt Abb. 270 [*126*].

23. Maßnahmen des Schleusenbetriebes.

Der schiffahrtstechnische Betrieb einer Schleuse ist abhängig von der Art des Schiffahrtsbetriebes auf der beiderseits anschließenden Wasserstraße. Die schnellste und sicherste Verkehrsabwicklung ermöglichen Selbstfahrer als Fahrzeuge der Binnenschiffahrt, die Transporte mit eigenem Antrieb ausführen. Eine glatte Verkehrsabwicklung ist auch gewährleistet bei Schleppzügen, die von einem Schlepper durch die Schleuse geleitet werden. Dies setzt voraus, daß die Schleuse hinreichend lang ist und sich ein Auseinandernehmen des Schleppzuges erübrigt. Besondere Einrichtungen sind somit erforderlich, wenn nur eine einschiffige Schleuse vorhanden ist, die von Schleppzügen passiert wird. In der Regel fährt dann der Schlepper mit dem ersten oder entsprechend der Kammerlänge noch zulässigen Kahn durch die Schleuse. Die anderen Fahrzeuge bedürfen eines Zuges vom Lande aus, da eine Fortbewegung durch Staken zu viel Zeit in Anspruch nimmt und daher nur an Wasserstraßen mit geringem Verkehr in Betracht kommt.

Eine Einrichtung, die sich vielerorts bewährt hat, ist das elektrisch betriebene *Spill*. Es wird stets auf den Häuptern der Schleuse aufgestellt und besteht aus einem um eine senkrechte Achse drehbaren Körper, auf dem die zum Heranholen des Schiffes erforderliche Trosse aufgewickelt wird. Die Zugkraft einer modernen Spillanlage beträgt 1000 bis 1500 kg. Sie vermag dem zu bewegenden Schiff eine Geschwindigkeit von 0,5 bis 0,8 m/sek zu erteilen. Ein Nachteil aller Spille ist, daß das Seil zum Heranholen des Schiffes ausgetragen werden muß und dadurch die Entfernung, aus der ein Schiff herangeholt werden kann, auf etwa 80 m begrenzt bleibt. Die zu bedienenden Schiffe liegen zu Beginn des Heranziehens gewöhnlich still. Es muß infolgedessen das in einer oder mehreren Windungen um den Spillkopf geschlungene Seil während der Beschleunigungszeit gleiten. Die hierdurch bedingte Reibungsarbeit führt zu einem starken Verschleiß von Seilen und Spillkopf. Diese unangenehme Erscheinung hat man bei neueren Spillkonstruktionen dadurch beseitigt, daß zwischen Motor und Spillkopf ein Planetengetriebe eingeschaltet ist, durch das über eine Bandbremse die Anfangsgeschwindigkeit des Spillkopfes geregelt werden kann. Eine andere Lösung besteht in der Zwischenschaltung einer Lamellenrutschkuppelung. Damit das von Hand abgezogene Seil auf der Schleusenplattform nicht herumliegt, wodurch viele Verletzungen und Unfälle entstanden sind, verwendet man neuerdings eine Seilabzug- und Aufwicklungsvorrichtung. Sie besteht aus einer um eine waagerechte Achse bewegten Trommel, welche durch ein Gewicht angetrieben wird, dessen Zug gerade noch ausreicht, um das vom Spill ablaufende Seil straff zu halten. Wird nun ein Schiff herangeholt, so hat der Schleusenwärter nur das Zugseil um den Spillkopf zu schlingen und das Spill einzuschalten. Die Trommel mit dem Gewicht übernimmt dann das Abziehen und das Aufwickeln des Spillseiles.

Eine andere Vorrichtung, um Schiffe ohne Triebkraft in eine Schleuse hinein- oder aus der Kammer herauszuziehen, besteht in der Verwendung von *Schleppkatzen*. Eine derartige Einrichtung finden wir an einigen Schleusen des Oder—Spree-Kanals. Hier läuft die Schleppkatze an einer Zahnstange entlang. An der Schleuse Klein-Machnow des Teltow-Kanals war mit Aufnahme der Schiffahrt eine Schleppkatze eingesetzt worden, die auf einer um rd. 2 m hinter der Kammermauerflucht zurücktretenden und in 2,5 m Höhe über der Plattform des Leitwerkes angelegten Schienenbahn vom Schleusenhaupt bis zum Ende des Leitwerkes lief. Diese Anordnung hat sich nicht bewährt und ist später umgebaut worden. Die mit einem 11 PS-Gleichstrommotor versehene Laufkatze, welche ein Gewicht von 2 t hat, läuft heute unmittelbar auf der Plattform mit dem Zugseil an seiner Vorderkante. Sie zieht sich hierbei mit einer Geschwindigkeit von 4 km/h an einer auf dem Leitwerk liegenden Kette entlang. Der Schleusenwärter läuft neben der Katze während ihrer Bewegung, die er jeden Augenblick ändern kann, her, um nötigenfalls auch ein Abbremsen der Schiffsgeschwindigkeit vorzunehmen.

Schlepplokomotiven werden an der Schleusentreppe Niederfinow und an den Schleusen des Rhein—Herne-Kanals verwendet. Da es sich auf der Schleusentreppe Niederfinow bei dem Durchfahren von vier Schachtschleusen um lange Strecken handelt, kamen Spille oder Schleppkatzen nicht in Frage. Die Lokomotiven tragen jeweils eine von besonderem Motor angetriebene Seiltrommel, auf die sich das Zugseil aufwickelt. Dadurch ist es möglich, die Trosse während des Schleppens unter Zug zu kürzen und nach Stillstand der Lokomotive an den Schleusenhäuptern die Schiffe näher an diese heranzubringen. An den Schleusen des Rhein—Herne-Kanals wird ein elektrisch betriebener Schleppwagen verwendet, der auf Schienen auf der Schleusenplattform entlang und über die Leitwerke bis an die Liegestellen der Schiffe heranfährt. Der Treidelwagen hat außer dem Motor für das Ablegen und Einziehen der Schleppseile zwei Fahrmotoren von je 24 PS, die sich jedoch im Betrieb als etwas zu schwach erwiesen haben. Eine elektrische Treidelanlage hat auch die Schleuse Hemelingen a. d. W.

Ein Nachteil der Spille und Schleppkatzen besteht darin, daß diese Zugvorrichtungen die Schiffe bei ihrer Ausfahrt oft nicht genügend weit in den Vorhafen hineinziehen und damit auch nicht mit der erforderlichen Eigengeschwindigkeit versehen können, die notwendig ist, damit die Fahrzeuge allein bis zu der Stelle gelangen, wo sie den Betrieb im Vorhafen nicht mehr behindern bzw. zur Weiterfahrt abgefertigt werden können. Dieser Mangel kann dadurch ausgeglichen werden, daß bei starkem Verkehrsandrang an einer Schleuse ein besonderes Bugsierboot bereitgehalten wird, das die Fahrzeuge aus der Schleuse herauszieht bzw. von den Schleppeinrichtungen übernimmt und bis zur nächsten Liegestelle bringt. Die Praxis hat gezeigt, daß ein geschickter und umsichtiger Einsatz von Bugsierbooten in Verbindung mit Spillen bzw. Schleppkatzen eine recht erhebliche Steigerung der Verkehrsleistungen zur Folge hat.

Ein anderes Mittel zur Durchführung des Schiffahrtsbetriebes an Schleusen ist die Verwendung einer *Seiltreidelanlage*, wie sie an der Doppelschleuse Fürstenberg, an den Schleusen Bischofswerder und Krewelin der oberen Havel sowie am Schiffshebewerk Niederfinow in Betrieb ist. Ihre größte Zugkraft beträgt etwa 4 t, die Zuggeschwindigkeit für 1000 t-Kähne bis 1 m/sek. Die Schiffe werden hierbei entweder durch ein endloses, umlaufendes Zugseil, das von Seilscheiben angetrieben wird, befördert, oder durch ein Zugseil, dessen Enden sich auf Seiltrommeln wickeln. Die Mitnehmerseile, an denen die zu treidelnden Fahrzeuge festmachen, hängen an Federrollen, die sich selbst aufwickeln, wenn sie nicht belastet sind. Eine Seiltreidelanlage bietet gegenüber anderen Treidelanlagen den Vorteil, daß das Zugseil dem Schiffer automatisch zugeleitet wird, der Verkehr auf der Schleusenplattform keinerlei Störung erfährt, Leitwerke auf ein Mindestmaß beschränkt werden können und die Treidellänge wesentlich größer sein kann als bei Spillen und Schleppkatzen. In der Praxis haben sich die Seiltreidelanlagen bislang gut bewährt, wenn es auch eine gewisse Zeit dauert, bis sich Schiffer- und Schleusenpersonal an die neue Einrichtung gewöhnen [*373*].

Grundsätzlich müssen die Einzugsvorrichtungen an Schleusen für ein möglichst „strammes“ Einfahren der Kähne ausgebildet sein, da die Schiffe aus ihrer Ruhelage in dem Vorhafen bis zum Abwurf der Trosse dauernd eine Beschleunigung erfahren sollen. Die Länge des Weges, auf der die Schleppanlage ihre Zugkraft auswirkt, beträgt an Hauptwasserstraßen etwa 80 m. Dieses Maß ergibt sich daraus, daß die auf Einfahrt wartenden Schiffe am Vorhafenufer soweit seitwärts liegen müssen, daß die ausfahrenden Schiffe ohne zu große Schwenkungen die Schleuse verlassen können. Die bei der Einfahrt in die Kammer auftretende größere Geschwindigkeit bewegt sich um 0,8 bis 0,9 m/sek. Sie erreicht damit gerade die Höhe, welche das in die Schleuse einfahrende Schiff bei einer Kammerlänge von 85 m haben muß, um bis zu dem der Einfahrt gegenüberliegenden Tor zu gelangen. Eine Vergrößerung des Raumes zwischen Kahn und Kammerwand ist ohne wesentliche Bedeutung; sie vermindert nur in ganz geringem Umfang die Widerstände, die sich mit der Einfahrt des Kahnes in die Kammer durch die Rückströmung ergeben. Zweckmäßig ist es in allen Fällen, das Heranholen der Schiffe mit möglichst kurzer, steifer Trosse vorzunehmen. Es besitzen daher Seiltreidelanlage und Schleppkatze infolge ihrer geringen Masse zur Erzielung einer hohen Einfahrtsbeschleunigung gewisse Vorteile gegenüber anderen Anschleppvorrichtungen.

Schiffahrtstechnisch gesehen ergibt sich damit etwa folgender Ablauf eines Schleusungsvorganges: Nachdem der Schleppdraht vom Treidelwagen, der Schleppkatze oder dem Spill an einem vorderen Schiffspoller des ersten Fahrzeuges befestigt worden ist, zieht die Schleppvorrichtung an. Der Kahn gleitet darauf mit dem Bug am Leitwerk entlang in die Schleusenkammer. Hierbei steuert der Schiffer das Heck seines Fahrzeuges so, daß die Längsachse des Schiffes parallel zur Schleusenachse verläuft und sich kurz vor der Schleuseneinfahrt in Schleusenachse befindet. Das Festmachen eines Kahnes in der Kammer erfolgt stets mit zwei Trossen. Die vordere dient zur Vermeidung eines weiteren Vorwärtsfahrens des Kahnes; die hintere soll verhindern, daß sich der Kahn beim Füllen oder Leeren der Kammer rückwärts bewegt. Der von den Schiffen von den Toren bzw. vom Drempel zu wahrende Abstand wird durch besondere Marken in den seitlichen Kammerwänden festgelegt. Das Herausziehen der Kähne aus der Schleuse erfolgt über eine Trosse der Schleppeinrichtung, die an einem hinteren Poller des vorderen Kahnes festgemacht wird. Durch diesen Zug versucht der Bug des Schiffes nach der anderen Seite auszuscheren. Der Schiffer muß deshalb das Steuer kräftig ausdrehen, damit sein Fahrzeug geradeaus läuft. Bei Oberwasserstand ist für die Abwicklung des Schleusenvorganges das Auftreten von Winden sehr lästig. Es wird daher bei starkem Wind mitunter notwendig, Leerkähne einzeln herauszuziehen oder zusätzlich die Hilfe eines Bugsierbootes in Anspruch zu nehmen. Das reibungslose Aus- und Einfahren aus der Schleuse erfordert stets die angespannte Aufmerksamkeit der gesamten Schiffsbesatzung. Sie hat beim Schleusen folgende Aufgaben zu erfüllen: Sorgsame Bedienung des Ruders beim Einfahren, damit ein Anfahren gegen Leitwerke und Schleusenmauern vermieden wird; Zwischenhalten von Fendern, um zu verhüten, daß das Schiff die Kammerwände oder sich selbst beschädigt; Abstoppen des Fahrzeuges, um ein Anlaufen gegen das Untertor zu verhüten; bei Schleppzugschleusen Verholen der Schiffe bis auf einen gegenseitigen Abstand von etwa 1 bis 3 m; Festmachen jedes Kahnes mit zwei Trossen; Eindrehen des Ruders; Fieren der beiden Festmachetrossen während des Füllens oder Leerens der Kammer und Abhalten des Schiffes von den Schleusentoren.

Diese Maßnahmen können nur dann ordnungsgemäß durchgeführt werden, wenn die in der Schiffahrtspolizeiverordnung vorgeschriebene Bemannung vollzählig an Bord ist. Dies gilt nicht nur für die Durchfahrt durch die Schleuse selbst, sondern auch während der Zeit, wo ein Kahn am Leitwerk ist, das als ein Bestandteil der Schleuse angesehen werden muß.

Umgekehrt ist es für eine schnelle Abwicklung des Schleusenbetriebes natürlich auch erforderlich, daß genügend Schleusenbedienungspersonal vorhanden ist. Es gehören zu einer modernen einschiffigen Schleuse an Hauptwasserstraßen ein Schleusenmeister, ein Schleusenwärter, ein Maschinen- oder Elektrotechniker und zwei Schleusengehilfen. Bei einer Schleppzugschleuse für zwei Kahnlängen von je 1000 t Tragfähigkeit tritt als weitere Hilfe ein Schleusenwärter hinzu. Dieses Schleusenpersonal, das eingehend mit den Bestimmungen des Schiffahrts- und Schleusenbetriebes vertraut sein muß, erhöht sich je nach Größe der Schleusenanlage um weitere Schleusenwärter und Schleusengehilfen.

Die von der Schiffahrt an Binnenschleusen zu beachtenden Bestimmungen sind festgelegt in der Deutschen Binnenschiffahrtspolizeiverordnung vom 12. 4. 1939, Abschnitt IX „Durchfahren von Schleusen, Hebewerken und Wehren". Sie enthält Angaben über Schleusungszeit, Reihenfolge der Schleusungen, das Verhalten der Fahrzeuge während der Annäherung, Einfahrt und Durchfahrt durch die Schleuse. Außerdem gibt es für jede Schleuse unter Berücksichtigung der örtlichen Verhältnisse, ihrer Bau- und Betriebsweise eine besondere „Schleusenbetriebsordnung". Gleichlaufende Bestimmungen bestehen für Seewasserstraßen und Seeschleusen.

24. Leistungsfähigkeit von Schiffsschleusen.

Unter der *Leistungsfähigkeit* einer Schleuse versteht man die Zahl der Fahrzeuge bzw. die Summe der Ladungstonnen, die in einer bestimmten Zeit geschleust werden können. Sie ist im einzelnen abhängig von der nutzbaren Kammerfläche, dem Schleusungsgefälle, der Art des Füllens und Leerens, der Größe und Form der Vorhäfen, der Art des Schiffahrtsbetriebes an der Schleuse und schließlich dem Anteil der verschiedenen Fahrzeuggrößen am Gesamtverkehr sowie der Auslastung der Kähne. Die wirtschaftlichste Schleuse ist stets die, welche für den vorauszusehenden Höchstverkehr einer Wasserstraße gerade noch ausreicht. Es besteht daher bei der Aufstellung von Schleusenentwürfen die Aufgabe darin, bei gleicher Kammerbreite, welche durch die größten auf der Wasserstraße verkehrenden Fahrzeuge bestimmt wird, die nutzbare Kammerlänge auf die erwünschte Leistung abzustellen. Dies erfordert allerdings zunächst die Annahme einer bestimmten Kammerlänge nach den in § 8 über die Wahl der Schleusenabmessungen aufgezeichneten Grundsätzen. Aus der Zahl der bei Höchstleistung vorzunehmenden Schleusungen ergibt sich nach Festlegung der Kammerlänge gleichzeitig der Betriebswasserverbrauch.

Einen für die Praxis recht brauchbaren Rechnungsgang zur Ermittlung der Leistungsfähigkeit von Binnenschleusen hat Mistol gegeben [*374*]. In Anlehnung an seine Entwicklungen soll im folgenden als Beispiel die Leistungsfähigkeit einer Schleppzugschleuse von 225 m nutzbarer Kammerlänge und 12 m Kammer- bzw. Hauptweite erläutert und berechnet werden. Die Schleuse habe 5 m Fallhöhe, ein Klapptor im Oberhaupt und ein Stemmtor im Unterhaupt. Beide Tore werden ebenso wie die Umlaufverschlüsse elektrisch betrieben. Allgemein muß bestimmt werden, wieviel Tonnen bzw. Fahrzeuge bei einer Schleusung durchgeschleust werden können und wie lange eine Schleusung dauert.

Das *Fassungsvermögen* der Kammer ist abhängig von ihrer Größe und dem Anteil der einzelnen Fahrzeuge am Gesamtverkehr. Grundlage hierfür bilden mehrjährige Aufzeichnungen oder verkehrswirtschaftliche Untersuchungen über den Anteil der Binnenschiffsgrößen am Gesamtverkehr. Er soll im vorliegenden Fall betragen an:

1. Finowkähnen mit $l = 40{,}2$ m und $b = 4{,}60$ m . . . 5%
(Ladefähigkeit 225 t bei 1,80 m Tauchtiefe,
,, 168 t ,, 1,50 m Tauchtiefe)
2. Groß-Plauer Maßkähnen mit $l = 67$ m und $b = 8{,}20$ m 25%
(Ladefähigkeit 760 t bei 1,80 m Tauchtiefe,
,, 600 t ,, 1,50 m Tauchtiefe)
3. Elbeschiffen mit $l = 76$ m und $b = 10{,}50$ m 30%
(Ladefähigkeit 600 t bei 1,80 m Tauchtiefe,
,, 500 t ,, 1,50 m Tauchtiefe)
4. 1000 t-Kähnen mit $l = 80$ m und $b = 9{,}00$ m . . . 20%
(Ladefähigkeit 1000 t bei 2,00 m Tauchtiefe,
,, 690 t ,, 1,50 m Tauchtiefe)
5. Selbstfahrern mit $l = 64$ m und $b = 7{,}80$ m 15%
(Ladefähigkeit 450 t bei 1,50 m Tauchtiefe)
6. Schleppdampfern mit $l = 35$ m und $b = 3{,}90$ m . . 5%

Somit ist das Fassungsvermögen F der Kammer an Fahrzeugen der Klasse

$$1.\ F_1 = \frac{225}{40{,}2}\,\frac{12}{4{,}60} = 5 \cdot 2 = 10 \text{ Kähne}$$

$$2.\ F_2 = \frac{225}{67}\,\frac{12}{8{,}20} = 3 \cdot 1 = 3 \quad ,,$$

$$3.\ F_3 = \frac{225}{76}\,\frac{12}{10{,}50} = 3 \cdot 1 = 3 \quad ,,$$

$$4.\ F_4 = \frac{225}{80}\,\frac{12}{9{,}00} = 2 \cdot 1 = 2 \quad ,,$$

$$5.\ F_5 = \frac{225}{64}\,\frac{12}{7{,}80} = 3 \cdot 1 = 3 \quad ,,$$

$$6.\ F_6 = \frac{225}{35}\,\frac{12}{3{,}90} = 6 \cdot 3 = 18 \quad ,,$$

Die Wahrscheinlichkeit für jeden dieser Werte F_1 bis F_6 wird ausgedrückt durch das Verhältnis $w = p/F$, wobei p den oben angegebenen Anteil der Binnenschiffstypen am Gesamtverkehr in % darstellt. Es ist also

$$w_1 = \frac{5}{10} = 0{,}5, \quad w_2 = \frac{25}{3} = 8{,}33, \quad w_3 = \frac{30}{3} = 10,$$

$$w_4 = \frac{20}{2} = 10, \quad w_5 = \frac{15}{3} = 5, \quad w_6 = \frac{5}{18} = 0{,}28.$$

Bei t Ladetonnen je Fahrzeug beträgt die auf eine Schleusung entfallende Tonnenzahl

$$T = tF$$

und damit die mittlere Tonnenzahl je Schleusung

$$T_m = \frac{\Sigma T w}{\Sigma w}.$$

Weiterhin ist die mittlere Kahnlast $L_m = \frac{\Sigma t p}{100}$ und die theoretisch mittlere Anzahl der Fahrzeuge je Schleusung $F_m = \frac{T m}{L m}$. Hieraus folgt nach einiger Umformung der durch vereinfachte Wahrscheinlichkeitsrechnung gewonnene Wert

$$F_m = \frac{\Sigma T w}{w}\,\frac{100}{\Sigma t p} = \frac{100}{\Sigma w}.$$

Im vorliegenden Fall ist $\sum w = 34{,}11$ und

$$F_m = \frac{100}{34{,}11} = 2{,}95 \text{ Fahrzeuge je Schleusung.}$$

Die praktische Ausnutzung einer Schleuse ist jedoch nie so groß wie der theoretisch ermittelte Wert F_m. Sie ist im allgemeinen um 10% geringer anzusetzen, indem man mit einem Ausnutzungsfaktor von 0,9 rechnet. Damit entfallen auf eine Schleusung $0{,}9 \cdot 2{,}95 = 2{,}67$ Fahrzeuge. Die mittlere Fahrzeuglast L_m ergibt sich bei voller Abladung aller Kähne zu

$$L_m = 225 \cdot 0{,}05 + 760 \cdot 0{,}25 + 600 \cdot 0{,}30 + 1000 \cdot 0{,}20 + 450 \cdot 0{,}15 + 0 \cdot 0{,}05 = \text{rd. } 649 \text{ t/Fahrzeug.}$$

Bei nur 1,50 m Tauchtiefe ist

$$L_m = 168 \cdot 0{,}05 + 600 \cdot 0{,}25 + 500 \cdot 0{,}30 + 690 \cdot 0{,}20 + 450 \cdot 0{,}15 + 0 \cdot 0{,}05 = \text{rd. } 514 \text{ t/Fahrzeug.}$$

Die mittlere Tonnenzahl je Schleusung beträgt

$$2{,}67 \cdot 649 = 1734 \quad \text{bzw.} \quad 2{,}67 \cdot 514 = 1372 \text{ t};$$

sie erreicht damit bei voller Abladung gegenüber der größtmöglichen Belegung der Kammer durch zwei 1000-t-Kähne und ein Elbeschiff mit 600 t 1734 : 2600 = rd. 66% dieser Ausnutzung.

Der zweite wesentliche Faktor zur Ermittlung der Leistungsfähigkeit einer Schleuse ist die Bestimmung der *Schleusungszeit* als Dauer der Förderung eines Schiffes oder eines Schleppzuges von einer Haltung zur anderen. Sie setzt sich zusammen aus den Zeiten für die Torbewegung, einer etwaigen Laufzeit der Schleusengehilfen zwischen den Häuptern und einer etwaigen Kupplungszeit, der Zeit zum Füllen und Leeren der Kammer und schließlich der Verholzeit, die sich aus der Ein- und Ausfahrtzeit der Fahrzeuge zusammensetzt.

Die Zeit für die *Torbewegung* kann bei den mit elektrischem Antrieb ausgerüsteten neueren Schleusen unabhängig von der Torart — Sonderfälle ausgenommen — zu einer Minute angesetzt werden (s. auch § 11.). Sie beeinflußt zudem die Gesamtschleusungszeit nicht entscheidend. Von größerer Auswirkung ist schon die Laufzeit der Schleusengehilfen, die den Weg zwischen den Häuptern zweimal zurücklegen müssen. Die hierfür erforderliche Zeit macht nach Messungen an den Oderschleusen 0,85 L in sek, wenn L die nutzbare Kammerlänge ist, aus, beträgt also bei einer 225 m langen Schleuse über $2 \cdot 3$ min. Sie entfällt jedoch bei allen modernen Schleusen, bei denen die Bedienung der Umlaufverschlüsse stets von dem gegenüberliegenden Haupt aus möglich ist. Eine Kupplungszeit von 2 min ergibt sich, wenn Fahrzeuge ohne Schlepper geschleust werden und nach dem Öffnen des Tores ein Schlepper rückwärts ins Haupt zur Übernahme des Schleppzuges einfahren muß. Sie geht auf 1 min herunter bei Verwendung von Treidelanlagen, die erst nach Öffnen der Tore angesetzt werden können. Die Berechnung der *Füll-* und *Leerzeit* der Kammer erfolgt nach den in § 6 wiedergegebenen Verfahren. Es ergibt sich nach ihnen im vorliegenden Fall eine Füllzeit von 8 min und eine Leerzeit von 6 min.

Am schwierigsten läßt sich die *Verholzeit* ermitteln. Ihre möglichst genaue Erfassung ist aber deshalb besonders wichtig, da sie den Hauptanteil an der gesamten Schleusungszeit ausmacht. Die Verholzeit ist abhängig von der Länge der Ein- und Ausfahrtwege und den dabei auftretenden Geschwindigkeiten, der Art des Schleusenbauwerks und der Vorhafenform. Hierbei muß man zwischen einfachen und doppelten (Kreuzungs-) Schleusungen unterscheiden. Die Einfahrtswege s_e sind in beiden Fällen gleich. Ist a_e der Abstand des ersten Fahrzeuges von der Außenkante des Hauptes und a_a die Strecke, die bei Doppelschleusungen zurückgelegt sein muß, bis die Einfahrt für das entgegenkommende Fahrzeug oder den entgegenkommenden Schleppzug frei ist, so ergeben sich

Tabelle 11.

Nr.	Fahrzeugart	Fahrzeuge je Schleusung	Zahl der Reihen	Einfahrt Weglänge in m	Einfahrt Geschwindigkeit in m/sek	Einfahrt Zeit in min	Ausfahrt bei einf. Schleusung Weglänge in m	Ausfahrt bei einf. Schleusung Geschwindigkeit in m/sek	Ausfahrt bei einf. Schleusung Zeit in min
1	2	3	4	5	6	7	8	9	10
1	Finowkähne	10	2	i.M.350	i. M. 0,45	$2 \cdot 13 = 26$	i.M.250	i. M. 0,75	$2 \cdot 5{,}5 = 11$
2	Groß-Plauer								8
	Maßkähne	3	1	320	0,40	13,3	240	0,50	9
3	Elbeschiffe	3	1	350	0,40	14,6	270	0,50	
4	1000 t-Kähne	2	1	280	0,40	11,7	200	0,50	6,7
5	Selbstfahrer	3	1	315	0,55	9,6	240	0,70	5,7
6	Schlepp-								
	dampfer	18	3	i.M.320	i. M. 0,55	$3 \cdot 9{,}7 = 29{,}1$	i.M.300	i. M. 1,00	$3 \cdot 5{,}0 = 15$

bei z gleich großen Fahrzeugen von der Länge l mit dem gleichen Abstande e der

$$\text{Einfahrtweg } s_e = a_e + z(l + e) - e + h \quad \text{und der}$$
$$\text{Ausfahrtweg } s_a = h + z(l + e) = e(+a_a),$$

worin die Hauptlänge für alle neueren Schleusen zu $h = 15$ m angesetzt werden kann. Die Abstände a_e und a_a sind gleich der größten Länge der an Schleusenverkehr beteiligten Fahrzeuge zu setzen. Es gilt daher heute allgemein $a_e = a_a = 80$ m. Die Abstände e zwischen geschleppten beladenen und leeren Kähnen sind auf den einzelnen deutschen Wasserstraßen verschieden und durch die Binnenschiffahrtspolizeiverordnung festgesetzt. Man darf als für alle Wasserstraßen hinreichend gültige Mittelwerte annehmen:

Schleppzüge mit Leerkähnen:

Abstand des ersten Kahnes vom Schleppdampfer . . . . 30 m,
Abstand der gekuppelten Kähne untereinander . . . . 5 m;

Schleppzüge mit beladenen Kähnen:

Abstand des ersten Kahnes vom Schleppdampfer . . . . 50 m,
Abstand der gekuppelten Kähne untereinander . . . . . 0,6 l bis 0,8 l,

wobei l die Länge des nachfolgenden Kahnes ist.

Die Verteilung der Fahrzeuge in der Kammer ist auf zweierlei Art möglich. Die Kähne fahren entweder hintereinander in die Kammer ein und liegen auch hintereinander, oder sie fahren hintereinander ein, liegen aber in der Kammer je nach ihrer Breite in zwei oder mehreren Reihen nebeneinander. Man spricht dementsprechend von „einfacher Anordnung“ oder „Staffelung“. Dadurch ergibt sich eine sehr unterschiedliche Verteilung der Geschwindigkeiten auf den einzelnen Wegabschnitten der Einfahrt- bzw. Ausfahrtstrecken.

Tabelle 11 enthält für die einzelnen Schiffsgrößen die aus Weglänge und Geschwindigkeit für die Einfahrt, die Ausfahrt bei einfacher Schleusung und die Ausfahrt bei Kreuzungsschleusung errechneten Verholzeiten. Hierbei kommt den Fahrgeschwindigkeiten für Überschlagsberechnungen eine hinreichende Allgemeingültigkeit zu. Die mittlere Verholzeit ist nach der Beziehung $V_m = \frac{\Sigma V w}{\Sigma w}$ für eine

einfache Schleusung $\frac{704}{34{,}11}$ . . . . $=$ rd. 20 min,

Kreuzungsschleusung $\frac{751}{34{,}11}$ . . . . $=$ rd. 22 min.

Tabelle 11.

Ausfahrt bei Kreuzungs-Schleusung			Verholzeit		Wahrscheinlichkeitswerte	Produkt aus Spalte	
Weglänge in m	Geschwindigkeit in m/sek	Zeit in min	b. einfacher Schleusung in min	Kreuzungs-Schleusung in min	*w*	14 und 16	15 und 16
11	12	13	14	15	16	17	18
i. M. 250	i. M. 0,80	2×5,2=10,4	37	36,4	0,5	19	18
320	0,60	8,9	21,3	22,2	8,33	177	185
350	0,55	10,6	23,6	25,2	10	236	252
280	0,55	8,5	18,4	20,2	10	184	202
315	0,80	6,6	15,3	16,2	5	76	81
i. M. 370	i. M. 1,10	3×5,6=16,8	44,1	45,9	0,28	12	13
				Summe:	34,11	704	751

Dauer einer einfachen Doppelschleusung

Torbewegung 4 · 1 . . . . = 4 min,
Kupplungszeit . . . . = 1 min,
Füll- und Leerzeit 8 + 6 . . . . = 14 min,
Verholzeit . . . . = 20 min,

zusammen S_T = 39 min.

Dauer einer Kreuzungsschleusung

Torbewegung 4 · 1 . . . . = 4 min,
Füll- und Leerzeit 8 + 6 . . . . = 14 min,
Kupplungs- und Verholzeit 2 · (1 + 22) . . . . . . = 46 min,

zusammen S_K = 64 min.

Zum Vergleich hierzu sei die Zeitaufteilung für eine Kreuzungsschleusung an den zwei fußtapfenförmig gegeneinander versetzten Schleusen des Rhein-Herne-Kanals mit $L = 165$ und $H = 5$ m angegeben:

a) Hereinschleppen von 2 bis 3 hintereinander fahrenden, beladenen Kähnen in die Kammer mittels Schleppwagen bei einer Wegelänge von 275 m . . . . =	10 min	15 min	29 min
b) Abstoppen, Abstandhalten und Festmachen (gleichzeitig Tor und Schützen schließen) . . . . =	5 min		
c) Absenken des Wasserspiegels um 5 m . . . . . =	7 min	8 min	
Toröffnen . . . . =	1 min		
d) Ausfahren bis zum Freimachen der Schleuse für die Bergkähne . . . . =	6 min	6 min	
e) Hineinziehen von 2 bis 3 leeren Bergkähnen vom Leitwerk in die Schleusenkammer mittels Schleppwagen auf eine Länge von 275 m . . . . =	$6^1/_2$ min	$10^1/_2$ min	25 min
f) Abstoppen, Abstandhalten und Festmachen (gleichzeitig Tor und Schützen schließen) . . . . =	4 min		
g) Hochschleusen um 5 m . . . . =	9 min	$10^1/_2$ min	
h) Toröffnen . . . . =	$1^1/_2$ min		
i) Ausfahren der leeren Kähne . . . . =	4 min	4 min	
		Zusammen	54 min

Die tägliche Schleusenleistung Q beträgt dann, sofern in b Stunden geschleust wird, bei einem Verhältnis von Talverkehr zu Bergverkehr von $m:n$ und bei q_t% beladenen Fahrzeugen von 100% Talverkehr und q_b% beladenen Fahrzeugen von 100% Bergverkehr bei wechselseitigem Tal- und Bergverkehr

$$Q = \frac{b}{(m-n)\,S_T + n\,S_K}\,F_m \text{ Fahrzeuge}$$

$$\text{bzw. } Q = \frac{b \cdot F_m \cdot L_m \cdot \frac{q_t + q_b}{200}}{(m-n)\,S_T + n\,S_K} \text{ Ladungstonnen.}$$

In diesen Beziehungen sei

$b = 14$ Std. die tägliche Betriebszeit,
$m : n =$ Verhältnis von Tal- zu Bergverkehr $= 0{,}6 : 0{,}4$,
$q_t = 100\%$ beladene Fahrzeuge zu Tal,
$q_b = 50\%$ beladene Fahrzeuge zu Berg,
$S_T = 39$ min und $S_K = 64$ min.

Somit folgt:

$$Q = \frac{14 \cdot 60}{(0{,}6 - 0{,}4) \cdot 39 + 0{,}4 \cdot 64} \cdot 2{,}67 = \text{rd. } 67 \text{ Fahrzeuge}$$

$$\text{bzw. } Q = \frac{14 \cdot 60 \cdot 2{,}67 \cdot 649\,\frac{100 + 50}{200}}{(0{,}6 - 0{,}4) \cdot 39 + 0{,}4 \cdot 64} = \text{rd. } 33\,000 \text{ Ladungstonnen.}$$

Die an B Betriebstagen im Jahr sich abwickelnde jährliche Schleusenleistung J ist höchstens $J = 0{,}7 \cdot BQ$, da wegen des nicht gleichmäßigen Verkehrs und der vielfach nicht vollen Ausnutzung der Schleusenkammer die mittleren täglichen Leistungen geringer sind als die Tageshöchstleistungen. Dies ergibt im vorliegenden Fall bei $B = 270$ Betriebstagen eine Jahresleistung von

$$J = 0{,}7 \cdot 270 \cdot 67 \quad = \text{rd. } 12\,600 \text{ Fahrzeugen}$$

$$\text{oder } J = 0{,}7 \cdot 270 \cdot 33\,000 = \text{rd. } 6\,200\,000 \text{ Ladungstonnen.}$$

Die Leistungsfähigkeit einer Wasserstraße ist die Leistungsfähigkeit ihrer Schleusen, die in der Regel wesentlich geringer ist als die der freien Strecke. Letztere kann überschläglich wie folgt errechnet werden: Die im Mittel aus einem Schlepper und drei bis vier Kähnen mit zusammen 2200 t Kahnraum bestehenden Schleppzüge von je 500 m Länge fahren in einer Richtung in einem Abstande von 3000 m. Das bedeutet, daß alle 1500 m ein Begegnen von zwei Schleppzügen stattfindet. Hierbei beträgt die Fahrgeschwindigkeit bei freier Fahrt im Durchschnitt 5 km/h = 1,4 m/sek und während der Kreuzung mit anderen Schleppzügen 3,6 km/h = 1,0 m/sek. Die Strecke von 1500 m unterteilt sich in 1000 m freie Fahrt und in 500 m Kreuzung. Somit beträgt die Fahrzeit für die Strecke von 1500 m $\frac{1000}{1{,}4} + \frac{500}{1{,}0} =$ rd. 1200 sek = 20 min. Es würde also in Abständen von 20 Min an jeder Stelle des Kanals nach jeder Richtung ein Schleppzug mit 2200 t Kahnraum eintreffen, insgesamt 4400 t. Unter Berücksichtigung mehrerer unvermeidbarer Verzögerungen wie schiffahrtsbetriebliche Hemmungen, störende Winde und Wasserströmungen, erhöhe sich die Begegnungszeit von 20 min auf eine halbe Stunde. Damit ergibt sich eine Leistungsfähigkeit des zweischiffigen Kanalquerschnittes von $270 \cdot 14 \cdot 2 \cdot 4400 =$ rd. 33000000 t Kahnraum. Am Kahnraum gemessen würde bei Dauer einer Kreuzungsschleusung von rd. 1 Std. eine Schleppzugschleuse von 225 m Länge in der gleichen Zeit von 270 Betriebstagen je 14 Std. $270 \cdot 14 \cdot 4400 = 16\,000\,000$ t leisten. Es sind also, um die Leistungsfähigkeit der freien Strecke eines zweischiffigen Kanals, dessen Querschnitt für den Verkehr von 100000-t-Schiffen bemessen ist, voll auszunutzen, bei Gefällen von 4 bis 6 m an den Staustufen stets zwei Schleusenkammern von je 225 m Länge erforderlich. Dieser Leistung entsprechen drei Schleusenkammern von je 165 m Länge.

IX. Anlagen zur Wasserersparnis.

25. Zahl, Größe und Anordnung der Sparbecken.

Das Prinzip der *Sparschleuse* ist bereits in § 2 erläutert worden. Es besteht darin, nur einen Teil des Verbrauchswassers aus der oberen Haltung zu entnehmen bzw. nach der unteren abzulassen, die übrige Wassermenge aber in besondere Becken abzuführen, aus denen sie für die nächste Schleusung auf dem gleichen Wege wiedergewonnen wird. Haben Kammer und Sparbecken gleiche *Flächengröße* und sind die *Schichthöhen* gleich groß, so sind, wie aus Abb. 12 hervorgeht, bei n Sparbecken $n + 2$ Schichthöhen in der Kammer erforderlich. Es wird also bei 1—2—3—4 Seitenbecken das 0,33—0,50—0,60 bis 0,66fache der Füllmasse erspart. Mit wachsender Sparbeckenfläche vergrößert sich die Wasserersparnis. Beträgt die Grundfläche eines jeden Sparbeckens das $m$fache der Fläche der Schleusenkammer, wobei bei paarweise zu beiden Seiten der Kammer angeordneten Sparbecken als „Grundfläche" stets die Gesamtfläche der auf gleicher Höhe liegenden Sparbecken gilt, dann ergibt sich eine Ersparnis von

$$\frac{m\,n}{m(n+1)+1} \text{ der Kammerwassermenge.}$$

Es beträgt damit bei Seitenbecken von doppelter Kammerfläche die Ersparnis bei 1—2—3—4 Becken 40—57—67—73%.

Abb. 271 zeigt diese Beziehungen in graphischer Darstellung. Die strichpunktierten Linien verbinden Punkte der Kurven, die zu gleich großer Gesamtfläche der Seitenbecken gehören. Man ersieht daraus deutlich, daß die in der Praxis zu wählende Sparbeckenanzahl nicht zu groß sein darf, selbst wenn nach der Örtlichkeit ausreichend Platz neben einer Schleuse vorhanden ist, und daß die Anordnung mehrerer Sparbecken nur dann einen wesentlichen Vorteil bietet, wenn es sich um sehr große Hubhöhen bei sehr geringem Wasservorrat handelt. Ebenso erkennt man, daß auch die Vergrößerung der Sparbecken über ein Mehrfaches der Kammerfläche nur geringen Gewinn abwirft. 7 Sparbecken von je gleicher Größe wie die Kammer leisten ungefähr dasselbe wie 5 Sparbecken je von 2,5facher Kammerfläche. Da die Kosten der Sparbecken vorwiegend von ihrer Größe abhängen, ist meistens eine große Anzahl von kleinen Becken wirtschaftlicher als eine kleine Zahl großer Becken. Hierbei spielen auch Bauart und Betrieb der Sparbeckenverschlüsse eine gewisse Rolle. Es erfordert daher die Festlegung der zweckmäßigsten Anzahl und Ausdehnung der Sparbecken bei größeren Gefällhöhen stets Vergleichuntersuchungen; diese haben Fragen der Schleusungszeit sowie der Art des Füllens und Leerens der Kammer mit zu berücksichtigen.

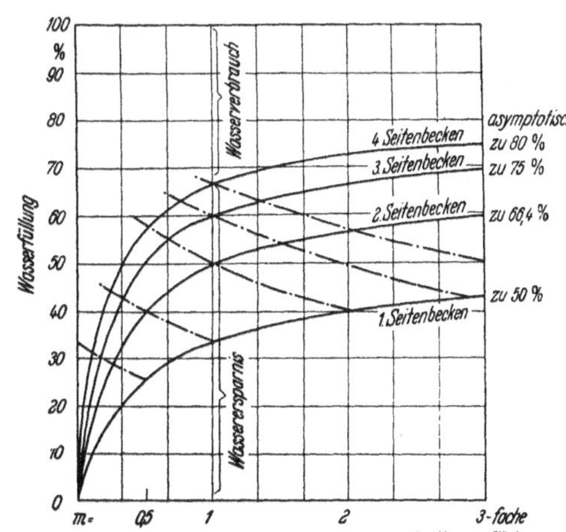

Abb. 271.

Allgemein kommen Sparschleusen erst bei Gefällen von etwa 6 m an in Frage. Als guter Anhalt für die zweckmäßigste Anzahl der Sparbecken gilt die

Faustregel: Gefällhöhe dividiert durch drei! Man wird ferner höchstens bis auf $m = 2$ gehen, in der Regel aber $m = 1{,}5$ nicht überschreiten. Ist nach Abb. 272

F_s die Grundrißfläche der Schleusenkammer,
F_b die der einzelnen Sparbecken,
f_s der Querschnitt der Schleusenumläufe,
f_b der der Füllkanäle nach dem Sparbecken,
μ der Ausflußbeiwert,
H das gesamte Schleusengefälle,
n die Anzahl der Sparbecken,
z die Höhe der Wasserschicht, welche aus der Schleuse in ein Sparbecken abgelassen wird, und
h die anfängliche Druckhöhe für das nach den Sparbecken ausfließende Wasser bei einem Restgefälle h_0 der Wassermenge, welche in der Schleuse verbleibt, sobald alle Sparbecken gefüllt bzw. entleert sind,

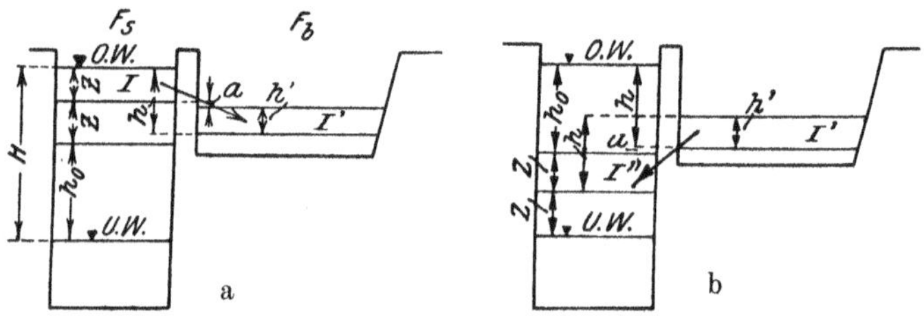

Abb. 272 a u. b.

so ist für das *Entleeren* der Kammer

$$H = nz + h_0 \text{ (Abb. 272a)},$$

für das *Füllen* der Kammer $h_0 = h + a$ und

$$H = nz + h + a \text{ (Abb. 272b)}.$$

Die Dicke der Wasserschicht in den Sparbecken ergibt sich zu

$$h' = h - z - a.$$

Da nun $F_s z = F_b h' = F_b(h - z - a)$ sein muß, so ist

$$z = \frac{F_b}{F_s + F_b}(h - a) = \frac{F_b}{F_s + F_b}(H - nz - 2a)$$

oder, da $F_b = mF_s$

$$z = \frac{m}{1+m}(H - nz - 2a) = \frac{m}{1 + m(n+1)}(H - 2a)$$

und

$$h = H - nz - a.$$

Der Wasserverbrauch einer Sparschleuse ist somit

$$Q = F_s h_0, \text{ und}$$

ihre Wasserersparnis

$$E = F_s nz.$$

Die *Gesamtzeit* T für das Füllen und Leeren einer Sparschleuse setzt sich zusammen aus einer Zeit t_b für das Ablassen des Wassers nach den Sparbecken bzw. aus ihnen nach der Kammer und der Zeit t_s für das Ablassen des Wassers in das Unterwasser bzw. aus dem Oberwasser in die Kammer. Es ist mit den oben bereits gebrauchten Zeichen

$$t_b' = 2\frac{F_b}{F_s + F_b}\,\frac{F_s}{f_b}\,\frac{\sqrt{h}}{\mu\sqrt{2g}}.$$

Diese Festlegung setzt voraus, daß der Querschnitt f_b plötzlich freigegeben wird. Hierzu braucht man jedoch eine Zeit t_1, welche das Heben der Verschlußvorrichtungen erfordert. Umgekehrt beansprucht das Schließen eine Zeit t_2. Unter Hinweis auf die Darlegungen in § 6 kann man angenähert je die Hälfte der Zeit als Verlust und $t_1 = t_2 = t$ setzen. Es dauert somit die Zeit der Wasserbewegung zwischen Kammer und Sparbecken

$$t_b = t + 2\frac{F_b}{F_s + F_b}\,\frac{F_s}{f_b}\,\frac{\sqrt{h}}{\mu\sqrt{2g}}\,.$$

Das Ablassen des Wassers von der Höhe h_0 in das Unterwasser bzw. aus dem Oberwasser in die Schleuse beansprucht die Zeit

$$t_s = \frac{1}{2}t + 2\frac{F_s}{f_b}\,\frac{\sqrt{h_0}}{\mu\sqrt{2g}}\,.$$

Die Zeit t_2 kann hierbei außer Ansatz bleiben, da die Schützen nachträglich geschlossen werden. Sind n Sparbecken vorhanden, und ist die Grundrißfläche eines Sparbeckens m-mal größer als die der Kammer, also $F_b = mF_s$, so ist die Gesamtfüllzeit:

$$T = n\,t + \frac{1}{2}t + 2n\frac{m}{l+m}\,\frac{F_s}{f_b}\,\frac{\sqrt{h}}{\mu\sqrt{2g}} + 2\frac{F_s}{f_s}\,\frac{\sqrt{h_0}}{\mu\sqrt{2g}}\,.$$

Diesen Zeitaufwand kann man erheblich abkürzen, wenn man keine volle Ausspiegelung der Wasserstände zwischen der Kammer, dem Oberwasser und den Sparbecken herbeiführt, sondern ein angemessener Ausspiegelungsunterschied a zwischen Kammer und Sparbecken bzw. a_0 zwischen Kammer und Ober- bzw. Unterwasser verbleibt. Die obige Formel lautet dann:

$$T = n\,t + \frac{1}{2}t + 2n\frac{m}{l+m}\,\frac{F_s}{f_s}\,\frac{\sqrt{h}-\sqrt{a}}{\mu\sqrt{2g}} + 2\frac{F_s}{f_s}\,\frac{\sqrt{h_0}-\sqrt{a_0}}{\mu\sqrt{2g}}\,.$$

Der Ausspiegelungsunterschied a bzw. a_0 bewegt sich zwischen 0,10 bis 0,20 m. Er übt naturgemäß einen ungünstigen Einfluß auf die Größe der Wasserersparnis aus, die durch ihn fast unabhängig von der Beckengröße um 6 bis 8% vermindert wird. Als Vorteil ergibt sich aber infolge Verminderung der Sohlenreibung ein günstigerer Wasserabschluß. Die mitunter vertretene Auffassung, die Anlage von Sparbecken vermehre erheblich die Schleusungszeit, was gelegentlich überhaupt zum Verzicht auf eine Sparschleuse geführt hat, entspricht nicht der Wirklichkeit. Sparschleusen kommen stets nur für größere Fallhöhen in Frage, bei denen, sofern keine Sparbecken angeordnet sind, sowieso der Zu- bzw. Ablauf des Wassers nur ganz allmählich erfolgen kann, während sich bei Sparschleusen durch das Unterteilen der Fallhöhe in einzelne Gefällstufen die dem Füllen und Leeren der Kammern nachteiligen Erscheinungen vermindern, indem die geringeren Druckhöhen durch größere Durchflußflächen in den Zuleitungen ausgeglichen werden. Gleichzeitig wird bei dem Leeren der Kammer durch eine gleichmäßigere Verteilung der Abflußmenge auf die Schleusungszeit ein etwaiger Angriff des Sturzbettes am Unterhaupt gemildert.

Sparbecken können als *offene* Weiher ausgebildet oder bei Platzmangel auch übereinander in Verbindung mit der Schleusenkammer als *überdeckte* Speicher ausgebildet werden. Die Umfassung offener Sparbecken erfolgt in der Regel durch einfache Stützmauern, seltener durch befestigte Böschungen. Stets sind die Sohlen der Sparbecken gut abzudichten und gegen die Angriffe aus der Wasserbewegung durch Natursteinpflaster oder Betonplatten zu schützen, abgesehen davon, daß Sparschleusen durch die Vielzahl der Umlaufverschlüsse leicht zu größeren Wasserverlusten neigen [*380*]. Die Verbindung zwischen Sparbecken und Schleusenkammer erfolgte früher bei der Anlage von mehreren treppenförmig hintereinander gebauten, von Oberwasser nach Unterwasser abfallenden Sparbecken fast ausschließlich in der Form, daß die Sparbecken mit einem Längskanal in der Kammermauer in Verbindung standen, der nach der Kammerseite zu mit je einem Auslauf in der Nähe des Oberhauptes bzw. Unterhauptes oder mit einer Anzahl von Stichkanälen nach der Kammer mündete. Neuerdings ist auch die radiale Anordnung mit Zu- bzw. Abfluß über ein besonderes Schleusenmittelhaupt angewandt worden. Bei Wahl von nur zwei Sparbecken geschieht der Wasserzufluß bzw. Wasserabfluß vorwiegend über das Schleusenoberhaupt.

Die nachfolgende Zusammenstellung gibt einen Überblick über die bedeutendsten in Deutschland erbauten Sparschleusen mit offenen Sparbecken.

Schachtschleusen *Niederfinow* (s. Abb. 11). Schleusentreppe mit 4 Schleusen von je $H = 8{,}93$ m, $n = 3$, $m = 1{,}0$, $E = 60\%$. Paarweise Anordnung der drei Sparbecken beiderseits der Schleuse, Verbindung zur Kammer über Längskanal mit Stichkanälen. Zeitdauer einer Doppelschleusung etwa 42 min, davon 12 min auf Ein- und Ausfahrt und Durchfahrt durch eine Zwischenhaltung, je 6 min auf Entleeren bzw. Füllen der Kammer, weitere 6 min auf Toröffnen und -schließen. Dauer der Durchfahrt durch die ganze Schleusentreppe 84 min.

Schachtschleuse *Henrichenburg* (s. Abb. 24). $H = 14$ m, $n = 5$, $m = 1{,}0$, $E = 75\%$. Paarweise Anordnung der fünf Sparbecken beiderseits der Schleuse, Verbindung zur Kammer über Längskanal mit Stichkanälen. Dauer einer Doppelschleusung einschließlich Ein- und Ausfahrt der Schiffe 50 min.

Hafenschleuse *Linden*. $H = 8{,}25$ m, $n = 2$, $m = 1{,}0$, $E = 48\%$. Wasserzuführung aus den zwei beiderseitig auf halbe Schleusenlänge angeordneten Sparbecken über das Oberhaupt.

2. Schleuse *Münster i. W.* (s. Abb. 23). $H = 6{,}20$ m, $n = 2$, $m = 1{,}0$, $E = 48\%$. Paarweise Anordnung der zwei Sparbecken beiderseits der Schleuse; Verbindung zur Kammer über Längskanal mit Stichkanälen.

Unterschleuse Südabstieg *Minden i. W.* $H_{\max} = 8{,}16$ m, $n = 2$, $m = 1$, $E = 48\%$. Oberes Sparbecken südlich, unteres nördlich der Kammer. Verbindung zur Kammer über Längskanäle mit Umläufen. Verbindung der Längskanäle durch einen Tunnel unter dem Torkammerboden des Oberhauptes.

3. Schleuse *Münster i. W.* (s. Abb. 23 u. Abb. 200). $H = 6{,}20$ m, $n = 2$, $m = 1$, $E = 48\%$. Wasserzuführung aus den zwei beiderseitig auf halbe Schleusenlänge angeordneten Sparbecken über das Oberhaupt.

Schleuse *Bolzum* (s. Abb. 199). $H = 8{,}00$ m, $n = 2$, $m = 1{,}5$, $E = 55\%$. Wasserzuführung aus den zwei beiderseitig der ganzen Schleusenlänge angeordneten Sparbecken über das Oberhaupt.

Doppelschleuse *Sülfeld* (s. Abb. 27 u. Abb. 189). $H = 9{,}00$ m, $n = 3$, $m = 1{,}0$, $E = 60\%$. Radiale und paarweise Anordnung der Sparbecken, Wasserzuführung über ein besonderes Mittelhaupt.

Schon der französische Wasserbauingenieur *Flamant* hatte an Sparschleusen beobachtet, daß der Wasserspiegel der Schleusenkammer beim Öffnen der Sparbeckenverschlüsse höher stieg als der Wasserspiegel des geöffneten Sparbeckens vorher gestanden hatte. Diese Erscheinung ist eine Folge des Schwunges, der dem Wasser durch die Strömungsenergie zuwächst. Das Wasser fließt nämlich durch die Wirkung der lebendigen Kraft über die Ausspiegelung hinaus, bis die Strömungsenergie durch die dann entgegenwirkende Schwerkraft und durch die Widerstände aufgezehrt ist. Bleibt der Verbindungskanal zwischen Schleusenkammer und Sparbecken offen, so tritt nach vorübergehendem Stillstand eine entgegengerichtete Strömung ein. Sie würde nach erfolgter Ausspiegelung wieder umkehren und sich als gedämpfte Schwingung fortsetzen. Schließt man aber das zwischen Sparbecken und Schleusenkammer befindliche Ventil im geeigneten Zeitpunkt, so kommt der Schwung der Kammerfüllung zugute. Derselbe Vorgang läßt sich natürlich auch beim Entleeren der Kammern in die Sparbecken ausnutzen. Eine erste den *Wasserschwall* ausnutzende Vorrichtung war der Ende vorigen Jahrhunderts an der Schleuse zu Aubois in dem Seitenkanal der Loire ausgeführte Umlaufapparat des Grafen Caligny. In der weiteren Verfolgung dieser Idee hat Prof. Proetel, Aachen, die nach ihm benannte *Schwungschleuse* entwickelt. Sie ist eine Schleuse mit Sparbecken, die in besonderer Weise durch einen längeren Kanal, den sog. Schwungkanal, über den Oberdrempel mit der Schleusenkammer verbunden sind.

Abb. 273a zeigt im Schema die Grundrißanordnung und Abb. 273b den Querschnitt einer Schwungschleuse mit 2 Sparbecken. Wenn die Schleusenkammer A mit einem der beiden Sparbecken I und II durch einen genügend

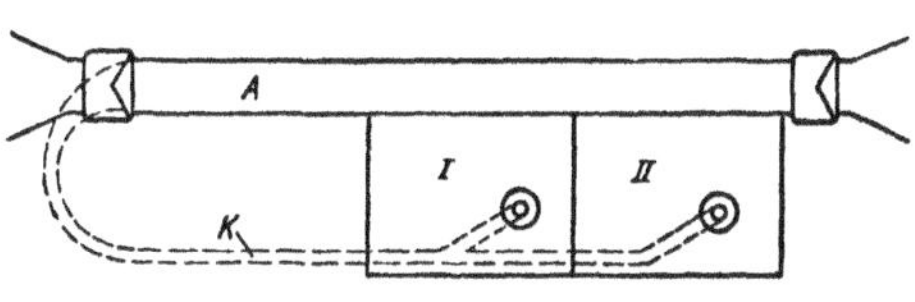

a

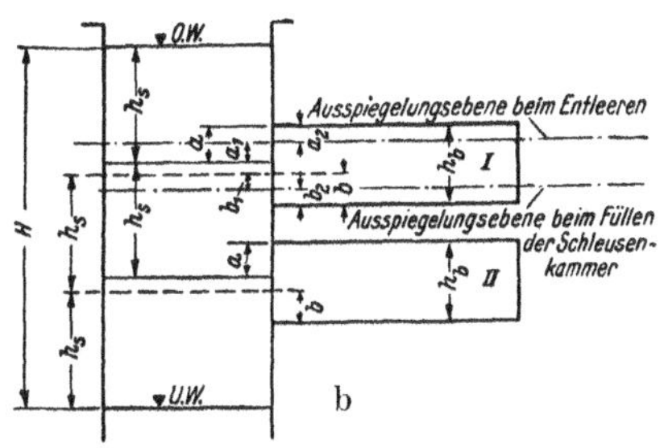

Abb. 273a u. b.

b

weiten Kanal K verbunden ist und die Strömungswiderstände gering bleiben, findet die vorbeschriebene Schwingungsbewegung statt. Beim Entleeren der Schleuse senkt sich dabei der Wasserspiegel in der Kammer nach Abb. 273b bis zu einem Maß a_1 unter die Ausspiegelungsebene, während er gleichzeitig im Sparbecken bis zu dem Maß a_2 über die Ausspiegelungsebene ansteigt. Wird der Schwungkanal zu der Zeit, wo die tiefste Absenkung in der Schleusenkammer erreicht ist, abgeschlossen, so hat man eine Überspiegelung $a = a_1 + a_2$ und damit eine höhere Auffüllung des Sparbeckens erreicht. Beim Füllen der Schleusenkammer aus den Sparbecken sind die Verhältnisse entsprechend umgekehrt; man gewinnt dann eine Überspiegelung $b = b_1 + b_2$ und eine tiefere Entleerung des Sparbeckens. Es wird somit durch höheres Auffüllen und tieferes Entleeren der Sparbecken ihr Speicherraum vergrößert und damit die Wasserersparnis gesteigert. Außerdem soll sich gegenüber gewöhnlichen Sparschleusen das Füllen und Leeren der Kammer vergleichmäßigen und nicht unwesentlich beschleunigen lassen. Hierüber sind umfangreiche Modellversuche ausgeführt worden. Sie haben u. a. ergeben, daß die Schwungwirkung hauptsächlich von der Länge und dem Querschnitt des Schwungkanals abhängt. Man muß daher den Schwungkanal so lang und weit machen, wie die Wirtschaftlichkeit es zuläßt, vorausgesetzt, daß er sich noch ohne Zwang in die Gesamtanlage der Schleuse einfügt und daß beim Füllen und Entleeren der Schleusenkammer keine ungünstigen Einwirkungen auf die Schiffe entstehen. Die bei gewöhnlichen Sparschleusen übliche Aufteilung der Sparbecken in je zwei Halbbecken zu beiden Seiten der Schleusenkammer ist bei Schwungschleusen zwar auch möglich. Jedoch ist die Schwungwirkung ausgiebiger und die Anordnung der gesamten Anlage einfacher, wenn die Sparbecken ungeteilt an eine Seite der Schleusenkammer gelegt werden, so daß man mit einem einheitlichen Schwungkanal auskommt. Dieser mündet am besten am Oberhaupt axial in die Schleusenkammer ein, um eine einseitige Einwirkung des einströmenden Wassers auf die Schiffe zu vermeiden. Damit die Fließgeschwindigkeit beim Eintritt des Wassers in die Schleusenkammer und beim Austritt möglichst gering wird, ist eine allmähliche Erweiterung der gekrümmten Einlaufstrecke des Schwungkanals notwendig.

Die Wasserersparnis einer Schwungschleuse ist genau wie die einer normalen Sparschleuse durch die Anzahl und die Grundfläche der Sparbecken bestimmt, hinzu kommt aber noch der Einfluß der zu erreichenden Überspiegelungshöhen a und b. Ist nach Abb. 273b

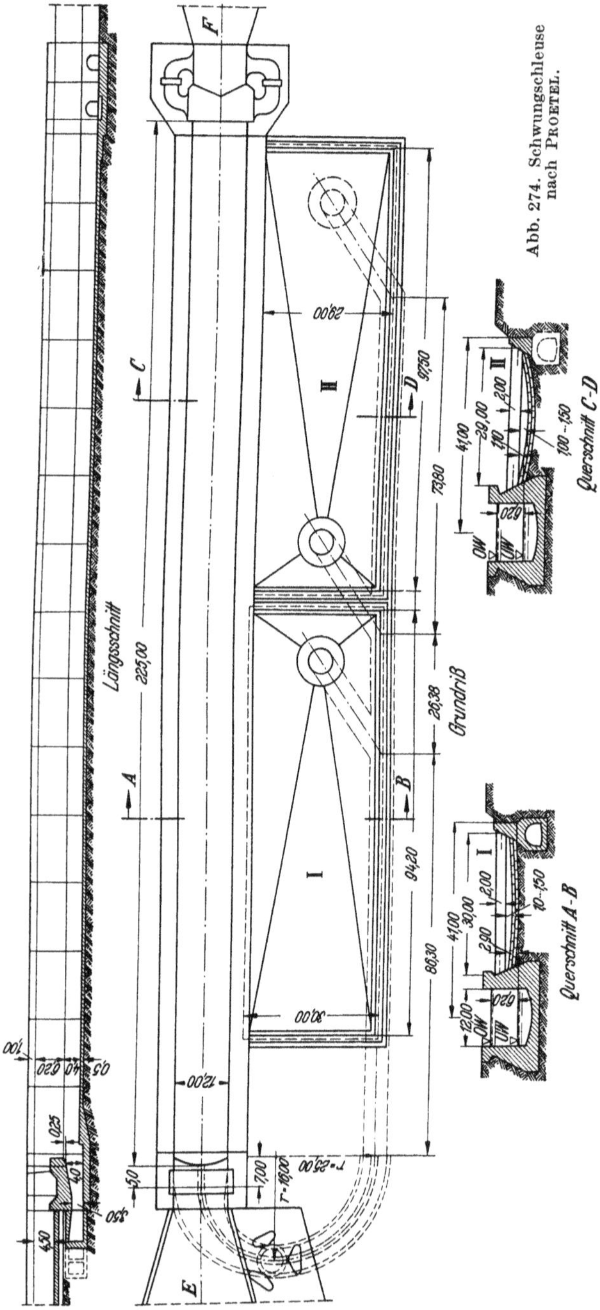

Abb. 274. Schwungschleuse nach PROETEL.

- h_s die Höhe der Wasserschicht, die aus der Schleusenkammer in ein Sparbecken übergeführt wird,
- h_b die Füllhöhe eines Sparbeckens,
- a die Überspiegelungshöhe am Ende des Füllens eines Sparbeckens,
- b die Überspiegelungshöhe am Ende des Entleerens eines Sparbeckens,

so ist, wenn alle Sparbecken gleiche Grundfläche F_b und gleiche Überspiegelungshöhen a und b haben,

$$H = (n + l)h_s + \left(h_b - (a + b)\right)$$

$$F_s h_s = F_b h_b;$$

$$h_b = \frac{F_s}{F_b} h_s = \frac{l}{m} h_s,$$

$$H = (n + l) h_s + \frac{l}{m} h_s - (a + b),$$

$$h_s = \frac{H + a + b}{n + l + \frac{l}{m}},$$

und somit die Wasserersparnis

$$E = \frac{n\, h_s}{H} \text{ Anteile der Kammerfüllung.}$$

Abb. 274 zeigt die konstruktive Durchbildung einer Schwungschleuse von $L = 225$ m und $B = 12$ m bei $H = 6{,}20$ m mit 2 Sparbecken, Abb. 275 die Anordnung des Zylinderventils mit Toskammer für die Füllung von Oberwasser. Während die Wasserersparnis bei einer gewöhnlichen Schleuse mit 2 Sparbecken von je Kammerflächengröße rund 48% beträgt, ergibt sie sich bei einer Schwungschleuse zu 62%. Hierbei ist schon dem Umstand Rechnung getragen, daß die Trossenkräfte das Maß von $^1/_{600}$ des Schiffsgewichtes nicht übersteigen.

Die gegenüber der üblichen Sparbeckenanlage auftretende Mehrersparnis von $\frac{62-48}{100-48} = 27\%$ bedeutet gleichzeitig, daß der Betriebskostenanteil für die hochzupumpende Restfüllung der Schleuse gespart wird.

Schwungschleusen waren früher vorgesehen für die Anlage einer 4. Schleuse bei Münster i. W. und für die vier 6 bis 10 m hohen Gefällstufen des Seiten-

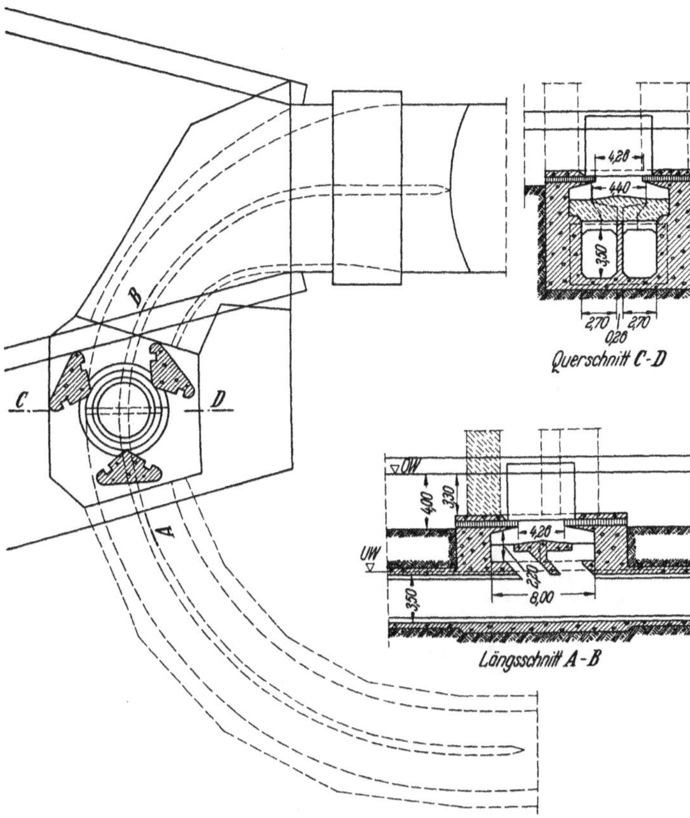

Abb. 275. Zylinderventil im Schwungkanal.

kanals Gleesen—Papenburg als nördlichen Ausbau des Dortmund—Ems-Kanals zur Umgehung der bestehenden Emskanalisierung, ferner für den von PROETEL projektierten Aachen—Rhein-Kanal, der auf eine Strecke von 65,5 km eine Gefällhöhe von 153 m aufweist, die in acht Stufen von 13 bis 23 m bei je vier Sparbecken an einer Schleuse mit je 1,5facher Kammerfläche überwunden werden soll. Die Praxis wird zeigen müssen, ob die baulichen und betrieblichen Mehrkosten einer Schwungschleuse so niedrig gehalten werden können, daß sie sich unter den Mehrkosten für die sonst nur durch Pumpen nach Oberwasser zu befördernde Wassermenge halten [*381* bis *385*].

26. Sparschleusen mit eingebauten Wasserspeichern.

Sparschleusen mit *eingebauten* Wasserspeichern kommen in Frage, wenn die in Aussicht genommene Schleusenbaustelle die Anlage von offenen Weihern nicht gestattet. Solche Fälle haben vorgelegen bei der Schachtschleuse zu Minden i. W. — Weserabstieg — und bei der Doppelschleuse Anderten.

Abb. 276a und b zeigen Grundriß und Querschnitt der *Mindener* Schleuse. Sie besitzt bei $L = 85$ m und $B = 10$ m in 4 Stockwerken 16 Sparkammern, die bei einer größten Fallhöhe von $H_{max} = 14{,}8$ m 71,4% Wasser ersparen. Seinerzeit angestellte Untersuchungen, 5 Stockwerke mit 20 Kammern anzuordnen, die eine Wasserersparnis von 75% ergeben haben würden, hatten kein befriedigendes

a
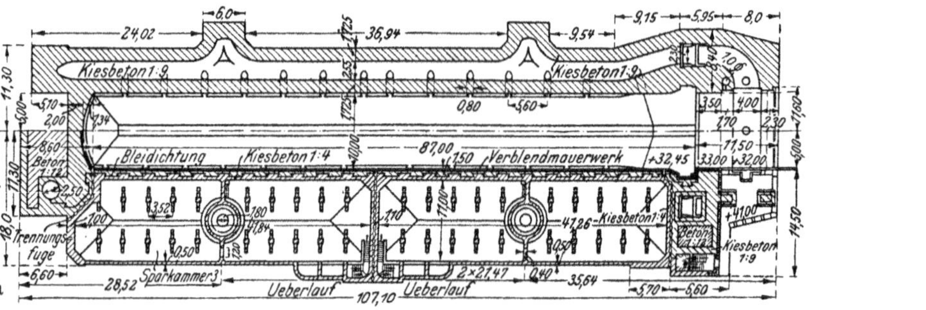

b
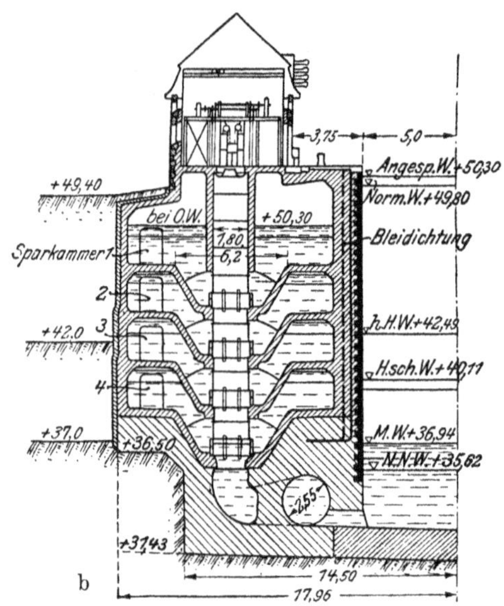

Abb. 276a u. b. Speicherschleuse Minden i. W.

Ergebnis, weil die verminderte Geschoßhöhe die Bauart der Ventile sehr erschwert hätte. Zur Aufnahme der Seitenkräfte aus Wasser- und Erddruck sind in die Speicherkammern mehrere Diagonalen eingezogen. Die Ventiltrichter der Sparkammern gehen möglichst tief nach unten, damit die ausströmenden Wassermassen keine Luft mitreißen, was zu den bereits früher erwähnten unangenehmen Wasseraufbrüchen führt. Jede Sparkammer hat für den Fall eines Ventilbruchs einen Überlauf erhalten. Je breiter dieser ist, desto geringer wird die Stärke der überfallenden Schicht und damit die Zusatzbelastung, die nach Einsatz der Überläufe für die Sparkammerböden entsteht. Man hat aus diesem Grunde die Treppenläufe jeder Sparkammergruppe den Überlaufschächten angegliedert und der Wasserabführung nutzbar gemacht. Die konstruktive Gestaltung der Schleuse ist von dem damals herrschenden Gedanken getragen, daß es einen wasserdichten Stahlbeton nicht gibt. Die Schleusenkammer und die Schützschächte sind daher mit einer bei Untergrundbahnen bewährten Dichtung ausgekleidet worden, bestehend aus drei Lagen Asphaltpappe, die man mit Grudron aufgeklebt, miteinander verklebt und überstrichen hat. Diese Dichtung, vor der die Klinkerverblendung der Schleusenwände auf einer Stahlbetonwand mit schwalbenschwanzförmigen Verzahnungen befestigt ist, hat sich im Verlauf des fast 40jährigen Bestehens des Bauwerkes völlig aufgelöst. Man hat daher neuerdings die alte Verblendung abgenommen und durch eine neue aus wasserdichtem Beton ersetzt, die mit dem Beton der Speicherkammerkonstruktion fest verankert worden ist.

Die nach dem Vorbild der Mindener Schleuse erbaute Doppelschachtschleuse *Anderten* weist in 5 Stockwerken bei 100 Speicherkammern eine Wasserersparnis von 75% auf (Abb. 26). Die gesamten Sparräume eines Stockwerkes haben eine Grundfläche, i. L. zwischen den Umfassungsmauern der Speicher gemessen, von rd. 5900 m², gleich dem 2,1fachen der Kammerfläche. Hierbei nehmen die Stützen, Streben, Mittelquermauern, Treppenhäuser und Überfallschächte eine Grundfläche von etwa ein Drittel der Kammerfläche ein. Da die Ausspiegelung zwischen der Schleusenkammer und den Sparbecken bei 0,15 m Restgefälle unterbrochen wird, ist die Zeit für das Füllen bzw. Leeren einer Sparbeckenstufe auf 75 sek einschließlich von 2 · 10 sek für die Ventilbewegungen beschränkt worden. Der Ausgleich der letzten rd. 3,8 m Fallhöhe zu den anschließenden Kanalstrecken erfolgt mittels einer Abflußmenge auf 40 m³/sek, um zu starke, der Schiffahrt gefährliche Wellenbewegungen in den Haltungen zu verhüten. Beide Schleusen besitzen, wie es durch die Anordnung der Speicher ohnehin bedingt war, Längsumläufe mit Stichkanälen auf die gesamte Kammerlänge. Die Umlaufquerschnitte und die gleich großen Durchflußquerschnitte der Umlaufschützen sind so bemessen, daß sich die Wasserstände in rd. $5^1/_2$ min ausspiegeln. Dabei werden die Umlaufverschlüsse in drei Teilhüben geöffnet. Die gesamte Füll- bzw. Leerzeit bis zu einem Restgefälle von 0,15 m, gegen welche das Tor geöffnet werden kann, beträgt rd. 12 min, die durchschnittliche Hubgeschwindigkeit somit $\frac{15,0}{12} = 1,25$ m/min = rd. 2 cm/sek.

Die Oberhäupter der Doppelschleuse Anderten haben Klapptore, die Unterhäupter Hubtore, während der Abschluß der Umläufe durch Rollkeilschütze geschieht. Das gesamte Bauwerk ist zur Vermeidung von Temperaturrissen in sieben Teile zerlegt. Je eine Fuge trennt das Oberhaupt und das Unterhaupt von der Schleusenkammer; vier Fugen teilen diese in fünf je 42,3 m lange Blöcke. Hierbei ist gegenüber Minden i. W. eine grundsätzliche Änderung insofern getroffen worden, als in Anderten die Überläufe der Becken an besondere Kanäle anschließen, die ins Unterwasser münden. Diese sind so bemessen, daß sie, selbst wenn gleichzeitig zwei der untersten Ventile bei offenem Obertor brechen sollten, die dann unter dem hohen Druck einströmende große Wassermenge von rd. 55 m³/sek ohne Rückstau abführen können. Der Vorteil gegenüber der Mindener Bauweise geht aus Abb. 277 hervor. Eine fehlerhafte Ventilbedienung ist durch elektrische Blockung aller Antriebe und selbsttätige Steuerung der Ventilantriebe ausgeschaltet. Die Überlaufkanten liegen rd. 0,1 m höher als die Beckenwasserstände bei voller Ausspiegelung und bei einem um 25 cm überhöhten Oberwasserstand. Das bedingt für die Sparbeckendecken eine bei Ventilbruch mögliche größte Belastung von rd. 2,9 t/m². Da die Deckenunterzüge über den Speicherwasserständen den zum Abzuge der verdrängten Luft nötigen Zwischenraum freilassen mußten, die hiernach verfügbare Bauhöhe aber nur etwa 40 cm betrug, war die Anordnung kreuzweiser Bewehrung der Decken mit Unterzügen in Längs- und Querrichtung notwendig. Auch die Umfassungswände der Speicher sind kreuzweise und doppelt bewehrt. Zur Gewinnung der Standsicherheit der Speicher, die der wechselnden Belastung durch

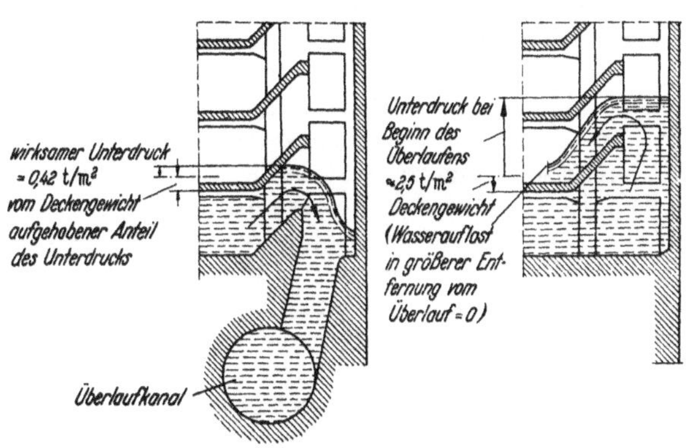

Abb. 277.

Wasserdruck bei voller Kammer und durch Erddruck bei leerer Kammer ausgesetzt sind, sind zwecks Verringerung des bei leerer Kammer wirkenden Kippmomentes an den rückseitigen Speicherwänden begehbare, ins Unterwasser ausmündende Sickerkanäle vorgesehen worden. Sie sollen den Grundwasserstand hinter den Speichern immer auf Höhe des Unterwassers absenken. Die mittleren, zwischen beiden Kammern gelegenen Speicherreihen werden vor einer Belastung der Hinterfläche, die bei Anfüllung der Zwischenfuge mit Wasser bei vollen Schleusenkammern eintreten könnte, dadurch geschützt, daß die Fuge nach den Fallschächten entwässert ist.

Sparschleusen mit eingebauten Speichern kommen infolge ihrer hohen Kosten immer nur da in Frage, wo der zur Verfügung stehende Bauplatz sehr beschränkt ist. Sie verlangen einen verhältnismäßig großen Gesamtaufwand an Bewehrungsstahl. Um ihn möglichst niedrig zu halten, ist eine zweckmäßige Anordnung der Speicherkammern sehr wichtig. So sind bei Anderten auch Untersuchungen dahingehend angestellt worden, die Speicher in der Art anzulegen, daß in der Mittelmauer die zu den beiden Schleusenkammern gehörenden Speicher miteinander abwechseln und jeweils über die ganze Breite der Mittelmauer durchlaufen. Ferner ist die Möglichkeit untersucht worden, den gesamten erforderlichen Speicherraum ungleich auf die Mitte und die Außenspeicher zu verteilen, indem die Mittelspeicher schmaler und die Außenspeicher breiter werden. Beide Bauweisen setzen aber voraus, daß beide Schleusenkammern gleichzeitig gebaut werden. Da dies praktisch in Anderten später zwar geschehen ist, aber ursprünglich nicht vorgesehen war, ist die in Abb. 25 dargestellte Speicherordnung gewählt worden.

Alle wasserberührten Flächen der Sparbecken, Umläufe und Schützschächte haben nach Erhärtung einen doppelten Torkretputz erhalten. Hierbei ist auf der Oberfläche der Speicherdecken und in den Umläufen die zweite Putzlage unmittelbar nach der Herstellung glattgestrichen worden, da die Rauhigkeit des unbearbeiteten Torkretputzes zu ungünstige Durchflußbeiwerte ergeben hätte. Als Betonüberdeckung für die Rundstahleinlagen ist zur Erzielung einer dauernden Rostsicherheit das Mindestmaß von 5 cm festgelegt worden; bei verputzten Flächen ist die Putzstärke in dieses Maß eingerechnet.

Eine besondere Eigentümlichkeit von Sparschleusen mit eingebauten Speichern sind die zur Bedienung der Wasserkammern erforderlichen *Zylinderschützen*. Abb. 278 zeigt den Verschluß für die Schachtschleuse bei *Minden i. W.* Die gußeiserne Schütze ist sehr niedrig gehalten und umschließt den feststehenden, ebenfalls aus Gußeisen bestehenden Teil des Schachtes. Die obere Führung des Schützes findet auf Bronzeleisten am festen Mantel, die untere an Leisten statt, welche in der Öffnung stehen. Die Hubstangen sind außen angebracht, so daß der Schacht frei von eingebauten Teilen bleibt und dem Wasser ungehinderten Durchfluß gewährt. Obere und untere Dichtung müssen nach beiden Seiten abdichten. Sie bestehen daher aus je zwei Leder- bzw. Gummistreifen, die oben die Fuge decken und unten sich gegen eine bronzene Arbeitsleiste legen. In Höhe der Schleusenplattform ist der Schacht durch eine Stahlgußplatte verschlossen, aber mit Entlüftungsrohren versehen, um der beim Wasserdurchfluß entstehenden Preßluft Gelegenheit zum Entweichen zu geben.

Bauform und Wirkungsweise der Sparbeckenventile für die Doppelschleuse *Anderten* gehen aus Abb. 279 hervor. Die durch die Speicher hindurchlaufenden Schachtrohre aus Grauguß und ihre Verschlußdeckel sind wie in Minden ausgebildet, die Schützen dagegen aus Stahlguß hergestellt. Sie haben am unteren Sitz eine verbesserte Dichtung erhalten, die sich nicht festsaugen kann. Außerdem sind die Ventile nicht mehr an drei Punkten ihres Umfanges aufgehängt, sondern sie werden nur durch eine einzige Zugstange mittels eines Hebels bewegt, der die Zylinder gabelähnlich umfaßt. Um ein Festklemmen zu verhüten, haben die Ventile nur oberhalb und unterhalb der Zapfen Führungen erhalten. Dabei stehen die dicht anliegenden Führungsflächen parallel zur Zapfenachse, so daß sie kein Schwingen der Ventile um diese Zapfenachse zulassen. Schwingungen um den hierzu winkelrecht liegenden Durchmesser müssen durch die Steifigkeit des Hebels verhindert werden. Die Anwendung des Gabelhebels hat mit dem

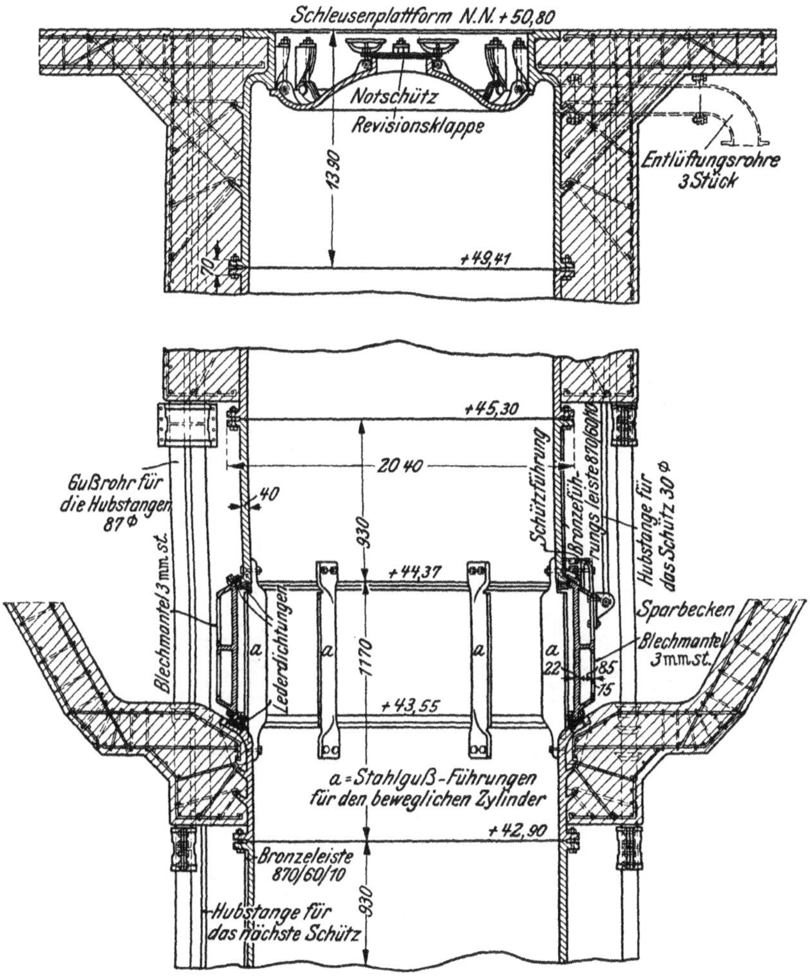

Querschnitt.

Abb. 278. Zylinderschütze der Schachtschleuse Minden i. W.

geringsten Kostenaufwande eine Beschränkung der Zahl der Zugstangenrohre ermöglicht, so daß auch die obersten Ventile gut zugänglich bleiben, vor allem aber die Triebwerke im Vergleich zu Minden einfacher haben gehalten werden können. Die fünf Zugstangen sind um je $^1/_5$ des Kreisumfanges versetzt und konzentrisch um das Schachtrohr herum angeordnet. Hierbei laufen die Zugstangen der unteren Becken zwischen den Gabeln der oberen Becken hindurch.

Der Kontroller für die Sparbeckenventile hat drei Stellungen: „Kammer füllen", „Null", „Kammer leeren". Er kann nur aus der Nullage bewegt werden, wenn alle Tore und Umlaufschütze geschlossen und stromlos sind. Beim Einschalten setzt er einen Automaten in Bewegung, der selbsttätig die Sparbecken in der richtigen Reihenfolge öffnet und nach der für den Wasserausgleich nötigen Zeit wieder schließt. Dieser Sparbeckenwähler besteht aus einer zylindrischen Walze von 650 mm Durchmesser mit Steuernocken, deren genaue Stellung im Betriebe ausgeprobt ist. Die Steuernocken bedienen bei der Umdrehung der Trommel die Schalter von Hilfsströmen, die dann die Ventilmotoren ein-

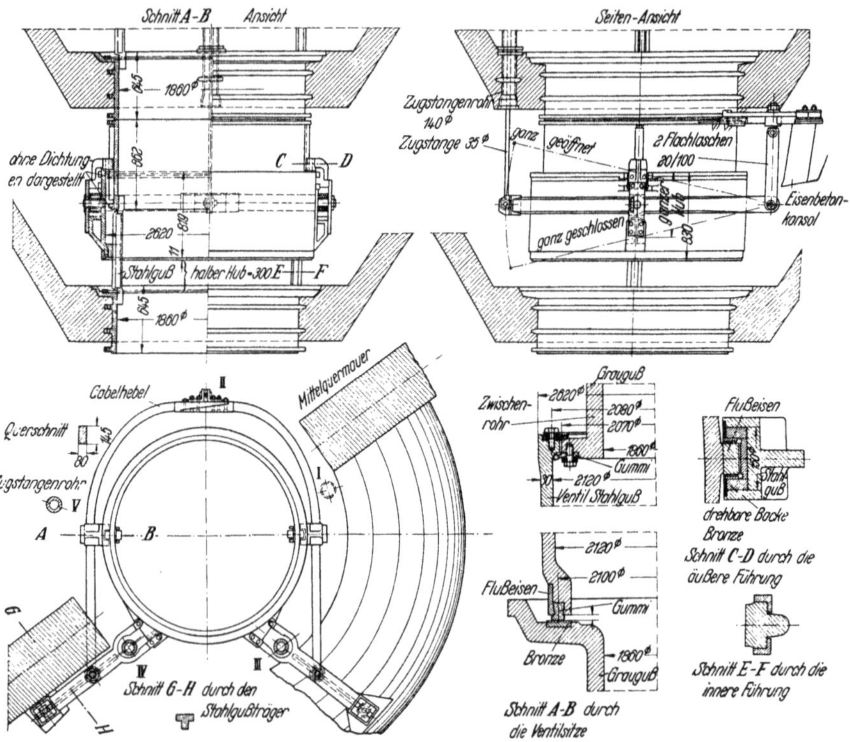

Abb. 279. Sparbeckenventil der Speicherschleuse Anderten.

schalten. Trotzdem kann die Schleusung jederzeit unterbrochen und auch in umgekehrter Richtung fortgesetzt werden. Nach Durchsteuerung der fünf Sparbeckenstufen läuft der Wähler in eine der Endstellungen Oberhaupt oder Unterhaupt ein und gibt damit die Tore des entsprechenden Hauptes und die Umlaufschützen frei. Diese Blockung durch den Sparbeckenwähler ist vervollständigt, indem die Antriebe des Oberhauptes noch einmal elektrisch von denen des Unterhauptes in der Weise abhängig gemacht sind, daß z. B. kein Antrieb am Oberhaupt laufen kann, solange irgendein Verschluß des Unterhauptes offen ist. Abweichend von der normalen Betriebsweise der Schleuse mit Benutzung der Sparbecken kann bei Wasserüberschuß auch ohne Benutzung der Sparbecken geschleust werden. Ein Wechsel der Betriebsweise ist nur möglich, wenn sich der Sparbeckenwähler in einer der Endstellungen befindet und dabei das zugehörige Tor offen, also die Schleuse voll oder leer ist. Auf dem Schaltpult und auf der Schalttafel sind Signallampen eingebaut, welche die Endstellungen des Sparbeckenwählers und die eingeschaltete Betriebsweise anzeigen.

X. Hebewerke.

27. Wesen und Arten der Hebewerke.

Die Überwindung *großer* Fallhöhen erfolgt, wie bereits im ersten Abschnitt dieses Buches dargelegt, durch Schachtschleusen, Kuppelschleusen oder Schleusentreppen. In allen drei Fällen handelt es sich also immer noch um *Kammerschleusen.* Sie sind als einfachste und dauerhafteste Einrichtung zum Heben und Senken von Schiffen stets am Platze, wenn genügend Wasser vorhanden ist. Man wird deshalb im Zuge des Ausbaues von *Flußläufen*, sei es zu Zwecken der Wasserkraftgewinnung oder auch aus anderen Gründen, ausnahmslos ein Schleusenbauwerk wählen, und zwar unabhängig von der Größe der Gefällhöhe. Beispiele hierfür sind die Kuppelschleusen des Bauvorhabens „Groß Wolga" mit $H = 20$ bis 26 m, der Ausbau der Rhône-Staustufe Donzère-Mondragon mit $H = 23$ m und schließlich die nach der Fallhöhe größte Schleuse der Welt an der Staustufe Mac Nary des Columbiaflusses mit $H = 28$ m.

Anders liegen die Verhältnisse bei *Schiffahrtskanälen.* Hier zwingt die Rücksichtnahme auf Wasserersparnis bei großen Fallhöhen auf jeden Fall zu Sparschleusen, wobei vielfach noch die Anlage von Pumpwerken zur Rückgabe des verbrauchten Schleusungswassers notwendig wird. Ein Verfahren zur Beförderung von Schiffen, das kein oder nur verhältnismäßig sehr wenig Wasser benötigt, ist das „mechanische" Heben und Senken der Fahrzeuge von einer Haltung zur anderen durch ein *Schiffshebewerk.* Es besteht im Grundprinzip aus einem wassergefüllten Trog, in den das Schiff einfährt und in dem es schwimmend gehoben und gesenkt wird. Da das Schiff beim Einfahren in den Trog eine seinem Gewicht entsprechende Wassermenge verdrängt, welche beim Ausfahren zurückfließt, ist die Troglast stets gleich groß.

Man kann nach der Bewegungsrichtung des Schiffes unterscheiden *senkrechte* Hebung und Hebung auf *geneigter* Ebene. Leitgedanke bei allen Hebewerken ist, die beim Heben aufgewendete Arbeit abzüglich der Reibungsverluste beim Senken wieder zur Verfügung zu haben. Dies führt zur Anwendung von zwei zwangsläufig verbundenen Trögen oder zur Anwendung von Schwimmkörpern bzw. Gegengewichten.

Die älteste Art der Schiffshebung überhaupt ist die auf *geneigter* Ebene. Von ihr wird Gebrauch gemacht, wenn zwischen zwei in verschiedener Höhe liegenden Kanalhaltungen das Gelände so geneigt ist, daß es sich zur Aufnahme einer Gleisbahn eignet oder mit nicht allzu großen Erdarbeiten entsprechend umgewandelt werden kann. Die Schiffe werden dann auf dieser geneigten Ebene mittels Wagen von der einen zur anderen Haltung befördert, und zwar entweder trocken oder schwimmend. Man spricht daher von *Trocken*förderung oder *Naß*förderung. Im erstgenannten Fall setzen sich die Schiffe unmittelbar auf die Plattform des Wagens auf, im zweiten trägt der Schiffswagen einen mit Wasser gefüllten Trog. Je nach der geringeren oder größeren Neigung des Geländes wird der Wagen längs oder auch quer zur Achse der Haltung bewegt. Der Gewichtsausgleich erfolgt hierbei wiederum entweder durch einen zweiten Wagen oder durch rollende Gegengewichte. Kleine längsgeneigte Ebenen sind die dem Wassersportverkehr dienenden „Bootsschleppen", die vielfach neben den Schleusen an den Staustufen kanalisierter Flüsse und Schiffahrtskanäle angelegt werden.

Die Mehrzahl der bis heute gebauten Hebewerke sind jedoch solche mit *senkrechter* Hebung. Unabhängig davon, ob es sich hierbei um Druckwasserhebewerke, um Hebewerke mit Schwimmern oder um Hebewerke mit Gewichtsausgleich durch Gegenlasten handelt, wird die Kraft zur Einleitung der Bewegung und zur Überwindung von Bewegungswiderständen durch ein Weniger oder Mehr in der Füllung des Schleusentroges beim Heben und Senken erzeugt.

Druckwasser- oder *Preßkolben*hebewerke sind stets *Doppelhebewerke.* Sie wirken nach dem Prinzip der hydrostatischen Waage, wobei eine Bewegung der Tröge eintritt, sobald dem einen Trog eine größere Wasserfüllung gegeben wird als dem anderen. Es wird also in den mit dem Oberwasser in Verbindung stehenden Trog aus der oberen Haltung eine Wasserschicht von der Höhe Δt über die erforderliche Tiefe t eingelassen, die aus dem anderen, gleichzeitig mit dem Unterwasser in Verbindung stehenden Trog in die untere Haltung abfließt, so daß nach Beendigung des Hubes der Wasserspiegel des oberen Troges um das Maß Δt unter dem Oberwasserspiegel und gleichzeitig der Wasserspiegel

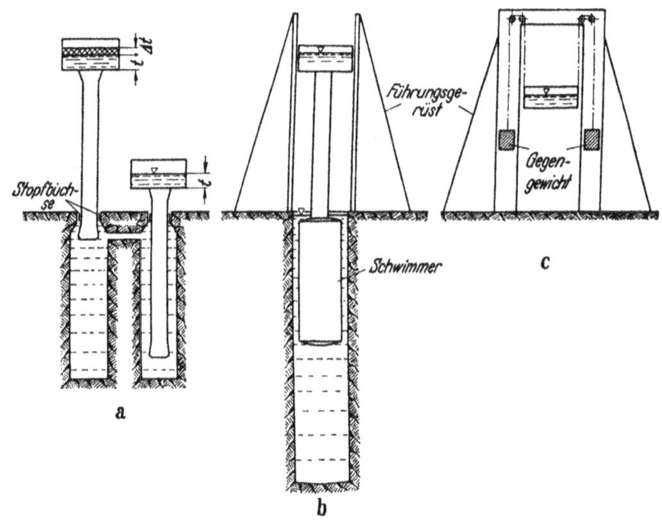

Abb. 280a—c. Arten senkrechter Schiffshebung.

des unteren Troges um das gleiche Maß Δt über dem Unterwasserspiegel liegt. Hierbei erfolgt die Regelung der Bewegung durch ein Steuerventil in der die beiden Preßzylinder verbindenden Leitung. Der Wasserverbrauch bei jeder Schleusung stellt sich somit bei einer Grundfläche F der Tröge auf $F \cdot \Delta t$ (Abb. 280a). Ein großer Nachteil derart gekuppelter Tröge besteht darin, daß der Betrieb der gesamten Anlage gestört ist, sobald man einen Trog zur Schadensbeseitigung stillsetzen muß. Auch ist die Leistung eines gekuppelten Betriebes im Hinblick auf die Unregelmäßigkeit im Verkehr nicht der Leistung zweier getrennter Anlagen gleichzusetzen, abgesehen davon, daß an einer Wasserstraße während der ersten Zeit ihres Betriebes fast niemals gleich zwei Hebewerke zur Bewältigung des Schiffsverkehrs erforderlich sind.

Schwimmerhebewerke brauchen nicht wie Preßkolbenhebewerke als Doppelhebewerke erbaut zu werden. Der Schleusentrog ruht hier über Zwischenstützen auf Schwimmern, die in mit Wasser gefüllte Brunnen eintauchen und durch ihren Auftrieb das Troggewicht tragen. Ist das Troggewicht größer als der Auftrieb der Schwimmer, dann senkt sich der Trog, indem die Schwimmer in die Brunnen eindringen. Auch hier erhält in der Regel der Trog das erforderliche Übergewicht durch Einlassen einer dünnen Wasserschicht aus dem Oberwasser, wobei die Änderung des Auftriebes mit dem Eintauchen der Zwischenstützen berücksichtigt werden muß (Abb. 280b).

Bei *Gegengewichtshebewerken* wird die Last des Troges samt der Füllung durch Gegengewichte ausgeglichen. Es sind somit lediglich die durch Reibung entstehenden Bewegungswiderstände durch Windwerke zu übernehmen. Der Trog ist an einer größeren Anzahl von Seilen aufgehängt, die über Rollen zu Gegengewichten laufen. Seine Bewegung kann auch hier dadurch eingeleitet werden, daß man ihn durch Zuführen oder Ablassen einer dünnen Wasserschicht schwerer oder leichter macht. Gegengewichte sind im allgemeinen die billigste Form von Gegenkräften. Sie gestatten zudem mehrere Angriffspunkte am Trog unter beliebiger Lastverteilung. Hierbei wirkt das Eigengewicht der Seile zu Beginn der Hebung als Widerstand, gegen Ende der Hebung als Triebkraft (Abb. 280c).

Von den insgesamt bis heute in Betrieb befindlichen 13 Schiffshebewerken sind 7 Preßkolbenhebewerke, 2 Schwimmerhebewerke und 4 Gegengewichtshebewerke. Da Preßkolbenhebewerke nur für kleinere Trogabmessungen in Frage kommen, ist bei den zur Zeit in der Binnenschiffahrt üblichen Schiffsgrößen von 1000 bis 1500 t, sofern überhaupt der Bau eines Hebewerkes in den Kreis der Betrachtungen gezogen werden kann, zunächst zwischen einem Schwimmerhebewerk und einem Gegengewichtshebewerk zu entscheiden. Dieser Entscheid ist von einer Fülle von Umständen abhängig. Er kann nur nach eingehender Würdigung aller ihn beeinflussenden Faktoren, wie geologische Verhältnisse der in Betracht kommenden Baustelle, Art des Trogantriebes und der Trogsicherung, architektonische Wirkung der Anlage und schließlich, alles umfassend, nach Höhe der Bau- und Betriebskosten gefällt werden.

Die für die drei deutschen und zugleich drei größten Schiffshebewerke gewählten Bauweisen sind in jahrelanger Arbeit aus einer Unzahl von Vorschlägen und Entwürfen als die einfachsten, sichersten und — bezogen auf die jeweils maßgebenden örtlichen Verhältnisse — wirtschaftlichsten geplant und gebaut worden. Sie haben sich in ihrer Art nach jeder Richtung bewährt. Es liegt daher keine Veranlassung vor, zu gänzlich neuen Konstruktionen zu greifen, die keine Vorteile, jedoch hinsichtlich Sicherheit nicht die notwendige Gewähr bieten. Somit geht heute die allgemeine Entwicklung im Hebewerkbau dahin, die im Grundsätzlichen erprobten Bauweisen — und das sind Schwimmer- und Gegengewichtshebewerke — zu verwenden, indem diese in ihren Einzelheiten auf Grund praktischer Erkenntnisse und vertiefter theoretischer Erwägungen weitere Verbesserungen erfahren. Hierbei spielt die Wahl des die Regelung und Beherrschung der Trogbewegung durchführenden Mechanismus eine entscheidende Rolle. Er hat nämlich drei Bedingungen zu erfüllen:

1. er muß als *Antrieb* den Trog mit der gewünschten Geschwindigkeit gleichmäßig auf- und abführen,
2. er muß als *Geradführung* ein Ecken oder Schiefstellen des Troges und damit ein Festklemmen im Führungsgerüst vermeiden,
3. er muß als *Sperrung* bei Gleichgewichtsstörungen jede Stellung des Troges selbständig beherrschen.

Weitere im Hebewerkbau wichtige Fragen sind die des *Anschlusses* zwischen *Trog* und *Haltung* und die konstruktive Ausbildung der Trog- und Haltungs*tore*. Bei allen deutschen Hebewerken werden die als Hubtore ausgebildeten Trog- und Haltungstore nach Ausfüllen des zwischen ihnen vorhandenen Spaltes mit „Spaltwasser“ gemeinsam gehoben und gesenkt.

Ferner ist die Einbindung eines Hebewerkes in die umgebende *Landschaft* bei der Wahl der Hebewerkart von entscheidender Bedeutung. Es ist nicht leicht, für ein Hebewerk in seiner rein technischen und zum Teil nüchternen Sachlichkeit eine befriedigende *Architektur* zu erzielen. Die Vielheit der Einzelteile, wie Führungsgerüste, Rahmen für die Hubtore usw., führen leicht dazu, daß das Bauwerk nicht als einheitliches Ganzes wirkt, und dies besonders dann, wenn sich der Trog in der unteren Stellung befindet. Infolgedessen muß danach gestrebt werden, dem festen Teil des Hebewerkes Formen zu geben, welche die Geschlossenheit der Anlage einigermaßen herbeiführen.

Eine auch in unseren Tagen gelegentlich wieder auftretende Frage ist die, ob man die Schiffe trocken oder schwimmend heben soll. Die Trockenförderung würde natürlich eine wesentlich schwächere Hubanlage gestatten und damit geringere Baukosten bedingen. Mechanisch ist dies insofern von Bedeutung, als man bei Trockenförderung wie bei einem Kran je nach dem Gewicht des Kahnes mit Ladung verschiedene Hubarbeit aufwenden muß, während es bei Naßförderung einerlei ist, ob der Trog leer fährt oder eine große oder eine kleine Kahnlast trägt. Es hat daher die Frage der *Naß-* oder *Trockenförderung* hinsichtlich der Vor- bzw. Nachteile die Fachwelt lange Zeit stark beschäftigt. In einem von Zentralverein für die deutsche Binnenschiffahrt veranstalteten Preisausschreiben[1] über die Frage: „Sind die zukünftigen Schiffshebewerke, sei es mit lotrechter Hebung, sei es mit Förderung auf geneigter Ebene, für Naßförderung oder für Trockenförderung einzurichten?“ siegte der Gedanke der Naßförderung. Man ist daher auch bei allen neueren Hebewerken bei der Naßförderung verblieben.

Die Frage, von welcher Gefällhöhe an bei einem Schiffahrtskanal die Anlage eines Schiffshebewerkes anstatt einer Schachtschleuse oder einer Schleusentreppe in Erwägung zu ziehen ist, kann nicht allgemeingültig entschieden werden. Einen ungefähren Anhalt bietet hierfür das Maß von etwa 17 bis 20 m. Den für ein Hebewerk sprechenden Gesichtspunkten, wie geringster Wasserverbrauch, schwächere Belastung des Baugrundes, schnellere Abwicklung des Schleusungsvorganges, stehen gegenüber hohe betriebliche Empfindlichkeit, längere Bauzeit und höhere Betriebs- und Unterhaltungskosten. Ein Hebewerk mit seiner Unzahl von hochfeinen Schaltanlagen der verschiedensten Art weist nicht die Robustheit einer Kammerschleuse auf. Andererseits verlangt der Bau von Schleusen für höhere Gefälle fast immer die Anlage von offenen oder verdeckten Sparbecken, besondere Vorkehrungen zur sicheren Führung der Schiffe während des Füllens und Leerens der Kammer, außerdem Pumpwerke zur Rückbeförderung des verbrauchten Schleusungswassers und mit ihnen bauliche Maßnahmen, die zwar nicht unmittelbar zum Schleusenbauwerk gehören, aber bei einem *Vergleich* zwischen *Schleuse* und *Hebewerk* hinsichtlich Auswirkung auf die Schiffahrtskosten mit angesetzt werden müssen. Auch die klimatischen Verhältnisse eines Landes sind bei der Frage, ob eine Schleuse oder ein Hebewerk zu erbauen ist, von wesentlichem Einfluß, desgleichen ob seine Anlage in verhältnismäßig dicht besiedelter oder in abgelegener Gegend erfolgen soll, wie allgemein der Bau eines Hebewerkes stets eine leistungsfähige und hochwertige Maschinenindustrie zur Voraussetzung hat.

28. Senkrechte Hebung.

a) Druckwasserhebewerke.

Das erste Druckwasserhebewerk wurde 1875 nach dem Vorschlag von Edwin Clark durch Sydengham-Duer in England erbaut, und zwar bei *Anderton* zwischen der Weaver und dem Trent-Merseykanal. Es gestattete die Beförderung von 80 t- bis 100 t-Schiffen bei einem Hub von 15,1 m. Seine Kolben hatten einen Durchmesser von 0,90 m. Der dabei auftretende Wasserdruck betrug 37 Atm. Da die Tröge bei der Talfahrt in das Unterwasser eintauchten, mußte die letzte Hubstrecke des aufsteigenden Stempels unter Benutzung von Druckwasser aus einer Motorenanlage zurückgelegt werden. Das Gußeisen, aus dem

[1] Preisausschreiben der Schlichting-Stiftung. Bautechnik 1927, S. 403.

die Preßzylinder hergestellt waren, hatte mehrere Gußfehler. Auch traten häufig Beschädigungen der Stopfbüchse ein. Es wurde daher 1907 unter Aufgabe der Kupplung beider Tröge das Hebewerk in ein Gegengewichtshebewerk umgebaut. Als solches dient es heute noch dem Wasserstraßenverkehr.

Das zweite Doppelhebewerk mit Preßkolben ist 1888 bei *Les Fontinettes* im Kanal von Neufossée (Nordfrankreich) in Betrieb genommen worden. Es hebt mit einem Kolbendurchmesser von 2,0 m Schiffe mit 300 t Tragfähigkeit 13,3 m hoch. Die Preßzylinder befinden sich hierbei unter einem Wasserdruck von 20 Atm entsprechend einer Hubkraft von 785 t. Gegenüber Anderton weist Les Fontinettes den Fortschritt auf, daß sich die Tröge in eine trockene Grube senken, so daß ein Gewichtsausgleich bis zum Ende des Hubes vorhanden ist. Dies hat natürlich den Abschluß der unteren Kanalhaltung durch ein Tor erforderlich gemacht. Die Preßzylinder bestehen aus Stahlringen, die mit zentrierten Falzen ohne Dichtung genau ineinander eingepaßt sind und durch Anker zusammengehalten werden. Als Dichtung der Stopfbüchse dient eine Ledermanschette mit Füllring. Das Hebewerk ist wegen seiner mangelhaften Gründung nach Aufnahme des Betriebes oft ausgefallen. Die tragenden Grundflächen der beiden Preßzylinder waren zu klein, so daß übermäßige Beanspruchungen und dadurch Senkungen des Untergrundes eintraten. Es ist daher später die ganze Gründung unter Benutzung des Gefrierverfahrens neu hergestellt worden.

Die größten bisher ausgeführten hydraulischen Hebewerke sind zwei Anlagen im Zuge des Trent-Kanales zwischen dem Ontario- und dem Huron-See in Kanada. Hier befinden sich zur Überwindung des Gefälles von 180 m auf 300 km Kanalstrecke neben zahlreichen Schleusen ein Doppelhebewerk bei *Peterborough* mit 19,8 m Hubhöhe, erbaut 1903, und ein zweites bei *Kirkfield* mit 14,25 m Hubhöhe, erbaut 1907. Das letztere ist fast in jeder Beziehung seinem Vorläufer nachgebildet. Beide Hebewerke gestatten den Verkehr von 800 t-Schiffen. Die Tröge des Doppelhebewerkes *Peterborough* mit je 1300 t Wasserlast ruhen auf je zwei Fachwerkträgern von 9,70 m größter Höhe, die seitlich in lotrechten Aussparungen an drei massiven, 30 m hohen Türmen und nach der oberen Haltung zu an einer 25 m hohen Stirnmauer geführt werden, um sowohl Einflüssen des Winddruckes als auch ungleichmäßigen Belastungen zu begegnen. Das Gesamtgewicht eines jeden Troges von rd. 1700 t wird durch 2,7 m hohe Blechträger auf eine Kolbenstange von 2,29 m äußerem Durchmesser übertragen, die aus 1,6 m langen Gußeisenringen von 83 mm Wandstärke zusammengesetzt ist. Ähnlich sind auch die aus Stahl bestehenden Preßzylinder von 2,35 m innerem Durchmesser konstruiert. Da der Betriebsdruck 42 Atm beträgt, kann jeder Kolben eine Last von 1714 t aufnehmen. Die Stopfbüchsen haben noch unter einem Druck von 85 Atm dicht gehalten. Die Zylinderschächte sind mit Beton verkleidet und damit nötigenfalls zum Auspumpen eingerichtet. In Anbetracht der geringen Festigkeit des anstehenden Kalksteines wurde am Grunde der Schächte ein Sockel aus Granitquadern mit Einzelgewichten von je 11 t eingebaut. Den Abschluß der Tröge sowie der Haltung bewirken hier entgegen den sonst üblichen Gepflogenheiten nicht Hubtore, sondern Klapptore mit luftgefüllten Zylindern zur Verminderung des Auftriebs. Hierbei werden zunächst die Haltungstore gegen die Haltung geöffnet; sodann kommt das Trogtor in die Haltung zu liegen. Der Trog muß infolgedessen eine kleinere Breite besitzen als das Haltungsende.

Die beiden Tröge des Hebewerkes bei *Kirkfield* vermögen eine Wasserlast von je 1700 t aufzunehmen. Sie werden zwischen drei durch Brücken gegeneinander abgestützten stählernen Türmen geführt. Tragendes Organ ist wieder ein Druckwasserkolben von 2,29 m Durchmesser, der mit 82,5 mm Wandstärke aus gußeisernen Stücken von 1,6 m Länge zusammengebaut ist und sich in

2,59 m weiten Zylindern bewegt, die in 19,5 m Tiefe auf großen Granitpfeilern ruhen. Die sonstigen Einrichtungen weichen grundsätzlich nicht von denen des Hebewerkes in Peterborough ab.

Die einzige Wasserstraße der Welt, an der mehrere Hebewerke, und zwar als Preßkolbenhebewerke, hintereinander betrieben werden, ist der Kanal du Centre in Belgien. Er weist auf eine Länge von rd. 7 km einen Höhenunterschied von 66,2 m auf. Die älteste Anlage ist hierbei das 1888 vollendete Schiffshebewerk von *La Louvière* mit 15,4 Hubhöhe. Ihm folgen die Hebewerke von *Houdeng-Aimeries*, *Bracquegnies* und *Thieu*, die nach Liegenbleiben der Arbeiten am Kanal in den Jahren 1910 bis 1914 während der Zeit des ersten Weltkrieges 1917 von der deutschen Heeresverwaltung fertiggestellt worden sind.

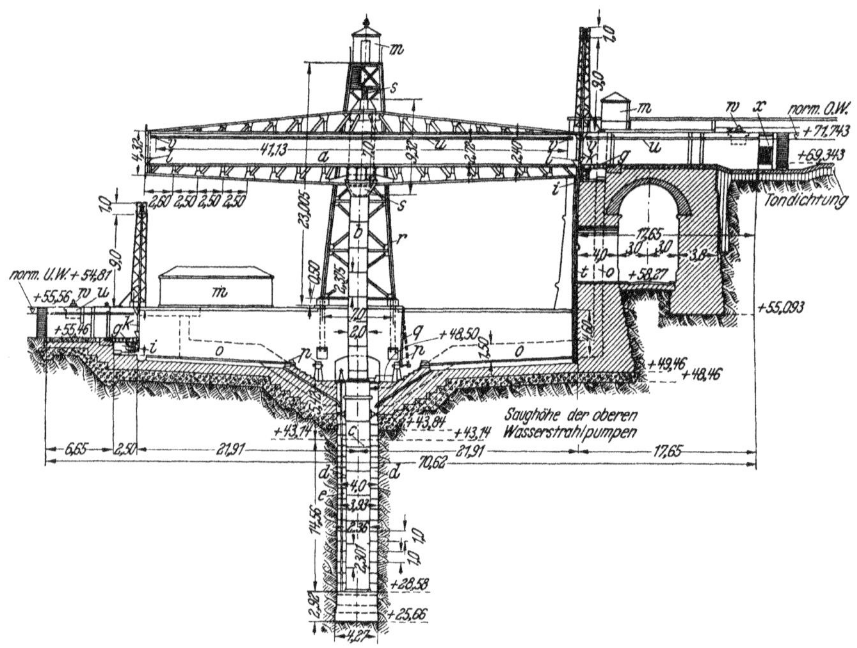

Abb. 281. Preßkolbenhebewerk (Längsschnitt).

a Trog; *b* Trogkolben; *c* Trogpresse; *d* gußeiserne Schachtummantelung; *e* Wasserstrahlpumpen; *g* eiserner Haltungsanschluß; *h* beweglicher Rahmen; *i* Druckwasserpresse des beweglichen Rahmens; *k* Haltungshubtor; *l* Troghubtor; *m* Wärterhäuschen; *o* Schächte für Rohrleitungen; *p* abgefederte Trogauflagerhölzer; *q* Gestänge für die Drosselklappe im Verbindungsrohr der Trogpressen; *r* Trogführungsgerüst; *s* Trogführung im Mittelpfeiler; *t* Trogführung im Oberhaupt; *u* Streichbalken; *v* Stoßbalken; *w* Druckwasserspill; *x* Wasserentnahme für die Turbinen und zur Speisung der unteren Haltung.

Die letztgenannten drei Hebewerke teilen sich in den Höhenunterschied von $3 \times 16{,}93 = 50{,}80$ m. Sie sind konstruktiv alle gleich ausgebildet. Abb. 281 und Abb. 282 zeigen Längsschnitt und Querschnitt eines dieser Hebewerke. Bei ihnen haben Trog und Haltungsstirn jeweils lotrechte Begrenzung. Die Überbrückung des 40 mm breiten Spaltes zwischen Trog und Haltung erfolgt durch einen waagerecht beweglichen Rahmen, der mittels zweier Stangen pendelnd am Torführungsgerüst aufgehängt und durch eine umlaufende Gummimembran an die Stirnseite der Haltung angeschlossen ist. Beim Hebewerk La Louvèire hingegen fahren die Tröge noch gegen keilförmig ausgebildete Halbrahmen, deren nach den Trögen zugekehrte Seiten unter 1 : 10 gegen die Lotrechte verlaufen. Sämtliche Haltungs- und Trogtore sind als Hubtore ausgebildet. Zum Anheben werden sie gekuppelt und über einen umgekehrt wirkenden Flaschenzug durch hydraulische Pressen bedient. Desgleichen werden auch alle anderen

Bewegungen an den neueren Hebewerken durch Preßwasser herbeigeführt. Das gilt sowohl für die Klinkhaken zur Kupplung der Tore als auch für die Bewegung der Spille. Das Preßwasser wird in besonderen, neben den Hebewerken angeordneten Kraftwerken erzeugt, und zwar durch eine von innen beaufschlagte Freitrahlturbine mit waagerechter Drehachse. Die Gesamtdauer der Schleusung eines geladenen Schiffes beläuft sich auf 20 bis 30 min, die eines leeren Schiffes auf 15 bis 27 min. Eine Doppelschleusung mit beiden Trögen dauert etwa 6 min

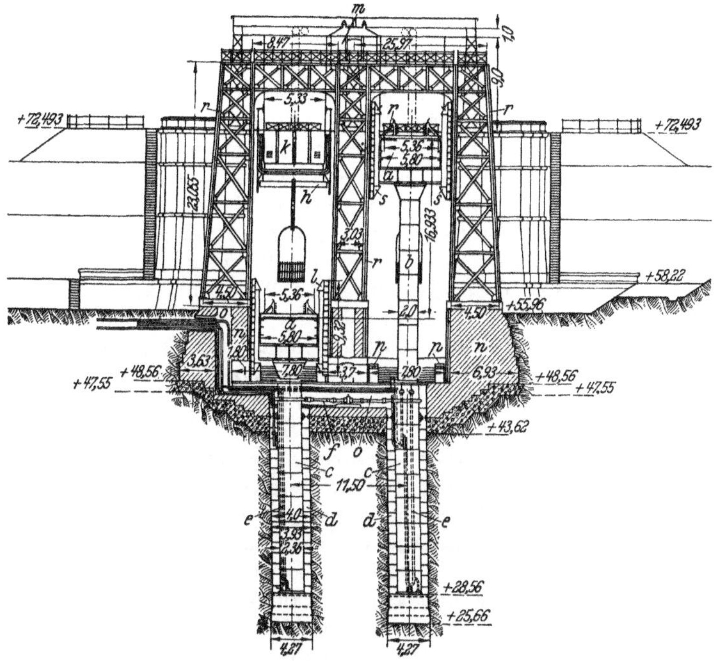

Abb. 282. Preßkolbenhebewerk (Querschnitt).

a Trog; *b* Trogkolben; *c* Trogpresse; *d* gußeiserne Schachtummantelung; *e* Wasserstrahlpumpen; *f* Verbindungsrohr zwischen den Trogpressen mit Hauptschieber; *h* beweglicher Rahmen; *k* Haltungshubtor; *l* Troghubtor; *m* Wärterhäuschen; *n* Querschnitt der Kammermauern unter dem Trogführungsgerüst; *o* Schächte für Rohrleitungen; *p* abgefederte Trogauflagerhölzer; *r* Trogführungsgerüst; *s* Trogführung im Mittelpfeiler.

länger. Bei flottem Betrieb hat sich jedoch eine Doppelschleusung auch schon innerhalb 20 min durchführen lassen. Der Wasserverbrauch für eine einfache oder doppelte Schleusung beträgt rd. 155 m³. Er besteht aus 80 m³ Überlast des niedergehenden Troges, aus 8 m³ Spaltwasser, 2 m³ Verlustwasser, 8 m³ Wasser für Wasserstrahlpumpen und rd. 50 m³ Wasser zur Erzeugung von etwa 1,2 m³ Preßwasser. Vorkehrungen zur Sicherung der Tröge während der Bewegung oder in den Endstellungen sind nicht vorhanden. Man hat jedoch große Umsicht darauf verwendet, die der Trogbewegung dienenden Teile, Apparate und Rohrleitungen besonders sorgfältig auszubilden. Allgemein ist der Hebewerkbetrieb sehr einfach. Er erfordert wenig Betriebstoffe, sehr geringen Energieverbrauch und nur das Verhalten einer verhältnismäßig kleinen Anzahl von Ersatzteilen [*400*].

Druckwasserhebewerke sind, wie die Beispiele der kanadischen Anlagen beweisen, zwar schon für die Beförderung von 800 t-Schiffen gebaut worden. Eine solche Ausbaugröße dürfte aber bereits das Maximum darstellen. Das Heben und Senken größerer Fahrzeuge und damit auch längerer und breiterer

Schiffströge ist, abgesehen von Schwierigkeiten in der Abdichtung der Stopfbüchsen, nur durch Anwendung von zwei oder mehreren Preßzylindern möglich. Dann besteht aber die Gefahr, daß infolge Wärmeausdehnung und durch eine gelegentlich auftretende unterschiedliche Belastung der Kolben Klemmungen und Verbiegungen und als weitere Folge gefahrbringende Brüche auftreten. Diese Gründe haben dazu geführt, Druckwasserhebewerke in neuerer Zeit nicht mehr auszuführen.

b) Schwimmerhebewerke.

Schwimmerhebewerke bieten gegenüber Preßkolbenhebewerken den Vorteil der Loslösung des Hauptteiles der Anlage vom Fundament. Man spricht daher bei ihnen von einem „beweglichen Teil" und einem „festen Teil". Diese Untergliederung des Bauwerks führt dazu, daß Schwimmerhebewerke gegen Bodenbewegungen verhältnismäßig unempfindlich sind. Ein Nachteil sind die Kosten für die *Schwimmerschächte*, die sich *unter*, *neben* und sogar *über* dem Trog befinden können. Bis heute sind zwei Schwimmerhebewerke gebaut worden; und zwar das Schiffshebewerk *Henrichenburg* am Dortmund—Ems-Kanal, in Betrieb genommen 1899, und das Schiffshebewerk *Rothensee* bei Magdeburg, in Betrieb genommen 1938. Beide Hebewerke haben die Schwimmer unter dem Trog.

Das Schiffshebewerk *Henrichenburg* (Abb. 283) fußt in seiner Planung auf einem von JEBENS im Jahre 1892 aufgestellten Entwurf zu einem Schwimmerhebewerk mit Schraubenführung (DRP. 80531). Der Trog hat eine nutzbare Länge von 68 m und eine nutzbare Breite von 8,60 m bei 2,50 m gewöhnlicher Wassertiefe. Er ruht mittels Stützen auf 5 Schwimmern, die sich in untereinander in Verbindung stehenden Brunnen bewegen. Die Hubhöhe der Anlage beträgt in der Regel 14 m. Sie kann aber bei Anspannen der oberen Haltung und Absenken der unteren Haltung bis auf 16 m gesteigert werden.

Die bergmännisch hergestellten Schwimmerschächte von 9,2 m Durchmesser und 29,5 m Tiefe — gemessen von der Sohle der Troggrube — stehen in festem Mergel. Sie sind im oberen Teil mit Beton, im unteren durch gußeiserne, miteinander verschraubte Zylindersegmente ausgekleidet, die man als Tübbinge bezeichnet. Die Sohle der Schächte ist durch kugelförmige Kappen von 80 cm Stärke abgeschlossen. Dicht an ihrem Scheitel sind waagerecht liegende Rohre von Schacht zu Schacht durchgetrieben. Sie sollen bewirken, daß der Wasserstand in den Schächten überall gleich hoch ist. Die Schwimmer haben einen Außendurchmesser von 8,8 m und eine Gesamthöhe von 13,0 m; sie sind somit nur etwa 1,5mal so hoch wie breit. Das Gesamtgewicht, welches die 5 Schwimmer zu heben haben, beträgt 3100 t. Davon entfallen 1540 t auf das Wassergewicht des Troges bei Leerfahrt oder Wasser- und Schiffsgewicht bei Fahrt mit Schiff, 800 t auf das Eigengewicht des Troges und seiner Stützen und 760 t auf das Eigengewicht der 5 Schwimmer. Diese bleiben stets ganz unter Wasser. Ihr Innenraum ist mit Preßluft von 3 kg Überdruck gefüllt, damit bei Undichtigkeiten nicht gleich Wasser eindringen kann.

Der Trog bewegt sich zwischen zwei beiderseits angeordneten und als Gitterwerk konstruierten Führungsgerüsten, die oben zu einem Portal zusammengeschlossen sind. In ihnen befinden sich zur Parallelführung und zur Sicherung des Troges vier Spindeln, auf denen große Muttern, die am Troge befestigt sind, auf- und abgleiten. Alle vier Spindeln werden über ein Verbindungsgetriebe oben angetrieben, drehen sich also sämtlich gleichzeitig mit gleicher Geschwindigkeit. Spindeln und Muttern sind so berechnet, daß sie entweder die ganze Last von 3100 t bei Vollaufen sämtlicher Schwimmer tragen, oder daß sie bei Leerlaufen des Troges die Auftriebskraft von 1500 t nach oben aufnehmen können. In beiden Fällen kommt die Bewegung vorher zum Stillstand. Die Spindeln werden elektrisch angetrieben. Als Antriebskraft dient elektrischer Gleichstrom.

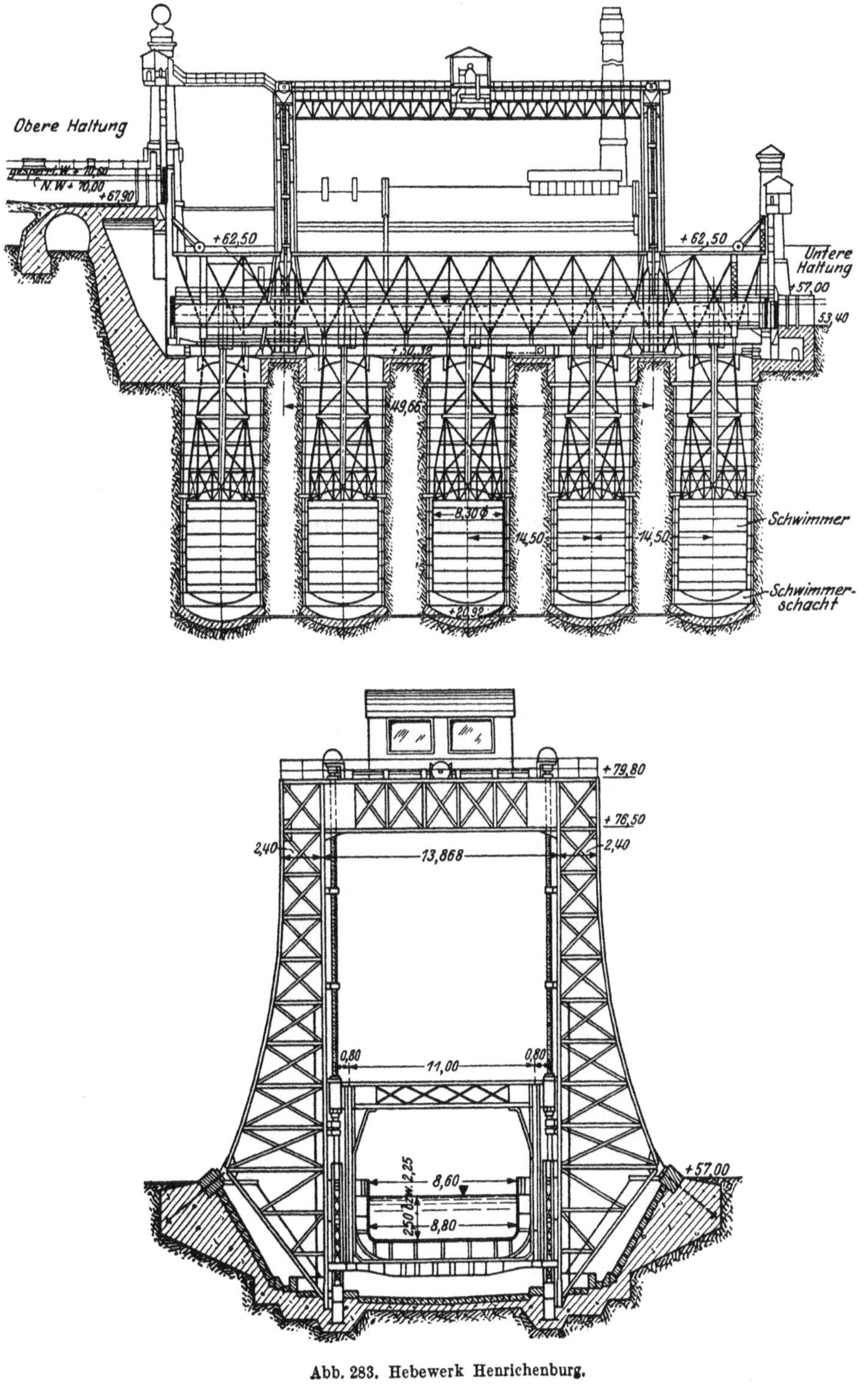

Abb. 283. Hebewerk Henrichenburg.

Die Schraubenmuttern weisen eine Höhe von 800 mm auf und sind aus Bronze gefertigt. Die aus Siemens-Martin-Stahl hergestellten Spindeln haben 24,6 m Länge, 280 mm äußeren und 245 mm Kerndurchmesser. Sie sind zur Kontrolle des Materials auf ihre ganze Länge innen durchbohrt. Außerdem hat man sie oben und unten derart in Halslagern aufgehängt, daß sie nur auf Zug beansprucht werden. Das untere Lager ist durch stählerne Anker in einem 11 m tiefen, mit Beton ausgefülltem Brunnen befestigt, um beim Leerlaufen des Troges den auftretenden Zug von 1500 t aufnehmen zu können. Das Gewinde der Spindeln, die alle 5 m durch Führungslager gegen Schwankungen gesichert sind, ist doppelgängig mit einer Steigung von 7° 40′; es wirkt nicht selbstsperrend. Unter Einschaltung der Reibung in den Spindelspurlagern tritt aber in den meisten Lastfällen Selbstsperrung ein. Eine auf die Motorwelle wirkende Bremse sorgt dafür, daß der Trog sich nicht von selbst in Bewegung setzen kann. Für den Spindelantrieb stehen 70 bis 80 PS zur Verfügung. Es ist aber eine vorübergehende Steigerung bis zu 150 PS möglich.

Die Trogbrücke besteht aus zwei 70 m langen und 9,65 m hohen Hauptträgern. Sie liegen in 11 m Abstand und nehmen durch Längs- und Querträger die Last des Troges zur Übertragung auf die Schwimmer auf. Ihre konstruktive Durchbildung ist unter Berücksichtigung des Lastfalles erfolgt, daß der Trog leer läuft bzw. einzelne Schwimmer undicht werden. Der Trog hängt, um seine Dichtigkeit zu sichern, zwischen den Hauptträgern in vertikalen Zugbändern. Es können sich also Trogbrücke und Trog bei ungleichmäßiger Ausdehnung gegeneinander verschieben. Die Windkräfte werden auf beide Führungsgerüste übertragen, während sich der Längsschub, welcher beim Anfahren des Troges gegen das Haupt der oberen Haltung entsteht und rd. 66 t beträgt, nur auf das dem Haupt zunächst stehende Gerüst auswirkt. Zu diesem Zwecke ist der Trog auf dieser Seite mit dem ersten Querträger der Brücke fest verbunden.

Die als Hubtore ausgebildeten Abschlußorgane des Troges und der Haltung werden bei Gegenüberstehen miteinander gekuppelt und gleichzeitig gehoben. Der Spalt zwischen beiden Toren wird vom Oberwasser her mit Wasser gefüllt. Bei der Bewegung zu Tal fließt das Spaltwasser in die Trogkammer, von wo es in das Unterwasser gepumpt wird. Das Mauerwerk der Haltungen ist durch einen festen, stählernen U-förmigen Schild verkleidet. Die Dichtung zwischen ihm und dem Mauerwerk geschieht durch einen Gummiwulst. Vor dem Schild hängt der ebenfalls U-förmig gestaltete und unter 1 : 13 geneigte stählerne Dichtungskeil, der entsprechend den Schwankungen des Wasserstandes der Haltungen auf 1,50 m Höhe durch Winde und GALLEsche Ketten senkrecht bewegbar ist, und gegen den der an den Enden mit gleicher Neigung versehene Trog, am Oberhaupt von unten nach oben, am Unterhaupt von oben nach unten, anfährt. Der Keil läuft zwischen Führungsrollen und ist federnd aufgehängt, um beim Anfahren nachgeben zu können. Er hat an beiden Seiten Gummiwulste, die sich in der Endstellung gegen Messingstreifen des Mauerschildes und des Troges pressen (Abb. 284).

Die Bewegung des Troges wird durch Einschalten des elektrischen Stromes eingeleitet und durch Ausschalten beendet. Ein Endausschalter sorgt hierbei für die selbsttätige Unterbrechung der Stromzuführung. Schließlich wirkt als weitere Sicherung gegen eine unerwünschte Trogbewegung über die Endstellung hinaus das Vorhandensein des Keildichtungsrahmens, der an den Haltungen angebracht ist und gegen den sich der Trog preßt. Jedes Ausschalten des Fahrstromes hat ein sofortiges Anlegen der Antriebsbackenbremse zur Folge.

Die Hebe- und Senkgeschwindigkeit beträgt 6 m pro min. Es erfolgt also Auf- bzw. Abstieg des Troges in rd. $2^1/_2$ min.

Kein Schwimmerhebewerk gestattet ohne weiteres einen vollständigen Gewichtsausgleich, denn das auf den Schwimmern ruhende Traggerüst verliert für den Trog beim Eintauchen ins Wasser der Schwimmerschächte an Gewicht durch Auftrieb. Stets ist der Trog in der oberen Stellung schwerer als in der unteren. Es wird daher in Henrichenburg der Trog während der Talfahrt mit 3 cm Wasser mehr belastet als bei der Bergfahrt. Das ergibt einen Wasserverbrauch von rd. 18 m³. Der Gewichtsunterschied infolge des vorhandenen oder fehlenden Auftriebes der Troggerüste beträgt 39 t. Damit besteht eine „Kraftdifferenz" von 21 t, die nicht durch das Über- oder Untergewicht der Wasserfüllung auf das bewegliche System ausgeübt wird, sondern durch den Elektromotor, welcher die vier Spindeln in drehende Bewegung setzt. Sollte der Fall eintreten, daß der Wasserstand im Trog vor Beginn der Fahrt nicht genau genug eingestellt ist, so läßt sich die dadurch eintretende Überlastung des Motors während der Fahrt am Ampèremeter feststellen und der gewünschte Zustand erreichen, indem noch nachträglich während der Fahrt Wasser zu- oder abgelassen wird. Auf diese Weise werden Störungen, wie Überanstrengung des Spindelmotors, Heißlaufen der oberen Spindelspurlager usw., vermieden.

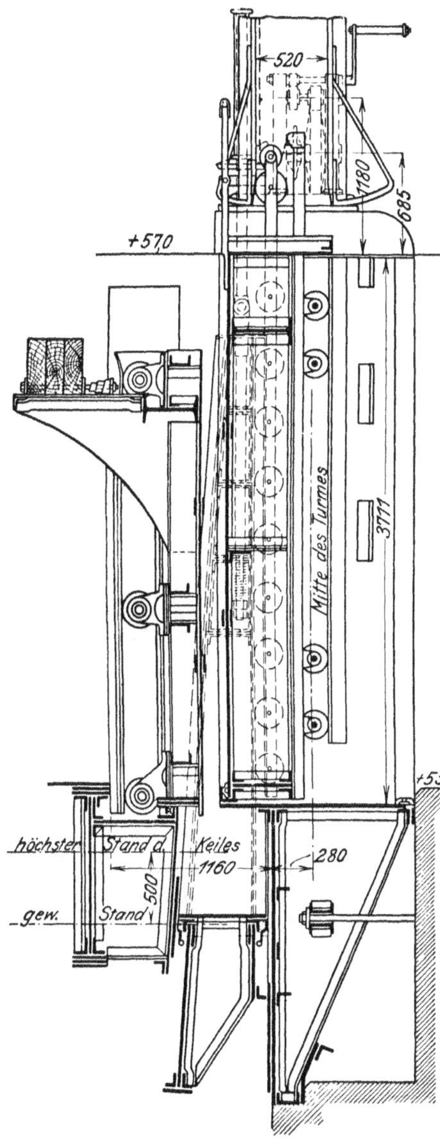

Abb. 284. Verschluß Troghaltung (Henrichenburg).

Das Schiffshebewerk Henrichenburg hat sich in der Betriebszeit von über einem halben Jahrhundert als Gesamtanlage betrachtet sehr gut bewährt, so daß es nach der Ansicht von SCHEUNEMANN auf Grund seines baulichen Zustandes durchaus in der Lage sein dürfte, noch ein weiteres halbes Jahrhundert seinen Dienst als Haupteingangstor zum Hafen Dortmund zu verrichten [*402*]. Es hat bei starker Inanspruchnahme durch stoßweisen Verkehr zwei Kriege mit den durch sie bedingten Einschränkungen in der Unterhaltung überstanden und bis heute schätzungsweise rd. 400000 Hübe ausgeführt. Naturgemäß sind in dem maschinellen und elektrischen Teil viele Alters- und Abnutzungsschäden eingetreten, deren Beseitigung viel Kleinarbeit erfordert. Der bauliche Zustand ist aber nach einer 1939 durchgeführten gründlichen Hauptprüfung nach jeder Richtung hin noch einwandfrei. Die Rostschäden waren im großen und ganzen gering. Lose und herausgesprungene Nieten wurden nur vereinzelt gefunden. Besonders schlecht war der Zustand der Bodenplatten des Troges in den runden Übergängen zur Wandung. Hier hatten die Schiffstrossen tiefe Rillen ausgeschliffen, so daß das stehengebliebene Material in seiner Dicke zum Teil nur Bruchteile von Millimetern ausmachte. Um festzustellen, ob Ermüdungserscheinungen im Material aufgetreten waren, wurden aus einer Trogstütze zwei Fachwerkstäbe ausgebaut und einer eingehenden Werkstattprüfung unterzogen. Diese ergab, daß trotz der langen Betriebszeit keine Versprödung durch Alterung eingetreten war. Die oben erwähnten, in Abständen von 5 m angeordneten Führungslager der Spindeln haben sich nicht bewährt. Sie sind schon 1903 abgenommen worden, so daß das Hebewerk seit dieser Zeit ohne Spindelführung arbeitet, ohne daß sich Nachteile hierdurch ergeben haben. Daß die einem starken Verschleiß ausgesetzten Spindelmuttern öfters haben ausgewechselt werden müssen, ist nicht verwunderlich. Sie erfolgt, sobald das freie Spiel zwischen den Gewindegängen der Spindeln und der Muttern, die sog. „Spindellose", das Maß von 20 mm erreicht hat. Die erste Auswechselung von Muttern, und zwar die der beiden Nordspindeln, fand 1916 nach 76549 Hüben statt. Seit 1935 wird ein stärkerer Verschleiß der Muttern beobachtet. Neue Muttern werden daher heute aus härterem Material hergestellt. Die Materialzusammensetzung aus 85,5% Kupfer, 12% Zinn, 2% Nickel und 0,5% Kobalt ist mit

Abb. 285. Hebewerk Rothensee.

einer Brinellhärte $H = 135$ bei einer Festigkeit von $\sigma_b = 34$ bis 48 kg/mm^2 so, daß hierdurch ein stärkerer Verschleiß der Spindeln mit $H = 200$ nicht eintritt. Der einzig wunde Punkt des sonst so ideal einfachen Hebewerkes ist die hohe Empfindlichkeit gegen zu große Auftriebskräfte. So ist es auch im Laufe der Betriebszeit mehrfach vorgekommen, daß sich der Trog infolge des im allgemeinen herrschenden Auftriebsüberschusses von unten nach oben in Bewegung gesetzt hat. Die Ursache hierfür liegt darin, daß, wie bereits erwähnt, die Spindeln nicht selbstsperrend sind und die einzig vorhandene, auf die Welle des Spindelmotors wirkende, elektromagnetische Bremse nicht ausreicht. Als Abhilfemaßnahmen werden erwogen, Verstärkung der Bremskraft, Anbringung von 4 elektrisch miteinander gekuppelten Bremsen an den 4 Führungsspindeln und Einbau einer Verriegelungskonstruktion zum Festhalten des Troges in der untersten Stellung. Alle darüber hinaus aufgetretenen Mängel, wie Verschlammung der Schwimmerschächte, stärkeres Anrosten der dem dauernden Wechsel von Wasser und Luft ausgesetzten Trogstützen, Verschleiß von Dichtungs- und Klemmleisten sowie von Antriebsteilen an den Toren können nur als ganz normale und unausbleibliche Abnutzungserscheinungen, wie sie jede andere Anlage dieser Art mehr oder weniger aufweisen würde, gewertet werden.

Die Querebenen, in denen die beiden Spindelpaare liegen, befinden sich beim Hebewerk Henrichenburg in der Mitte zwischen dem 1. und 2. und zwischen dem 4. und 5. Schwimmer. Solange der aus Trog mit Schwimmern und Zwischen-

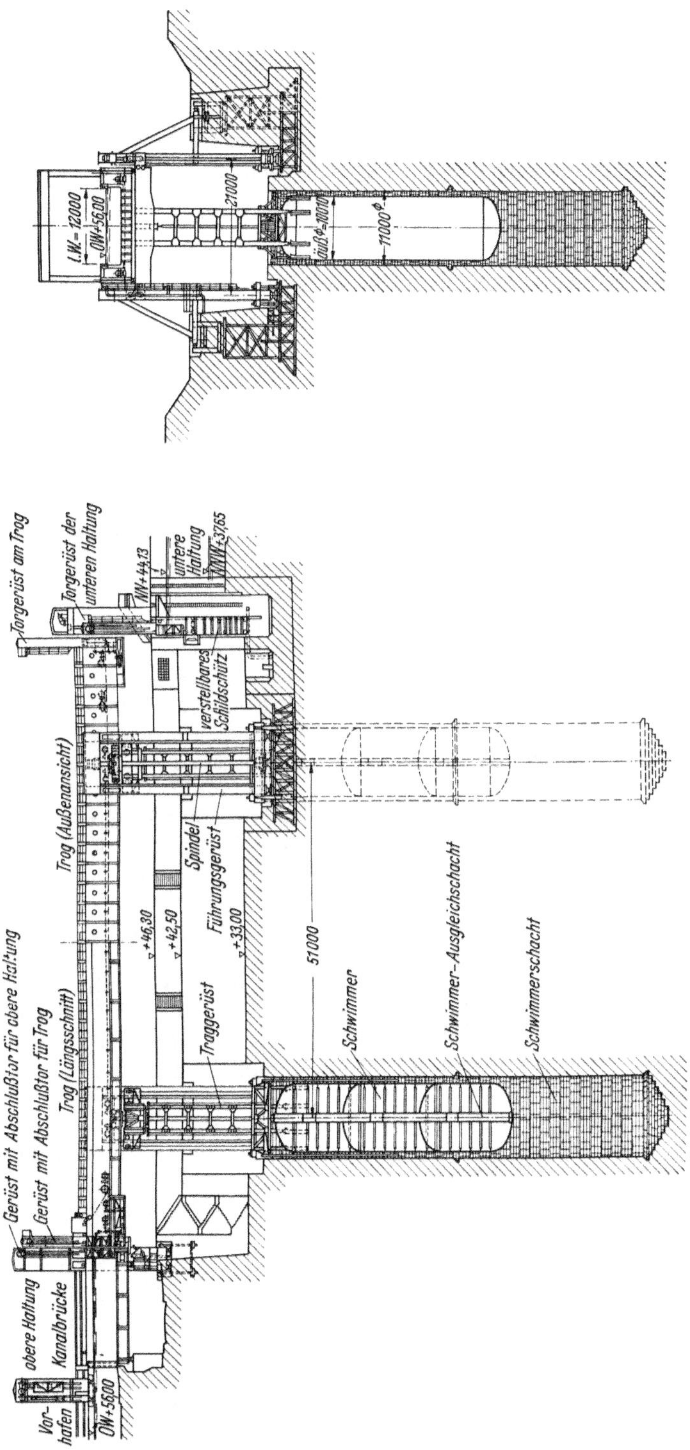

Abb. 286. Hebewerk Rothensee (Längsschnitt und Querschnitt).

stützen „bewegte Teil" ganz oder nahezu im labilen Gleichgewicht ist, sind die Belastungen der Trogwände nicht erheblich. Tritt aber der Fall ein, daß der Trog leer- oder bis zum Rande volläuft oder ein oder mehrere Schwimmer leck werden, so ergeben sich für die Trogwände sehr ungünstige Belastungszustände. Sie haben beim Schiffshebewerk *Rothensee* zur Wahl von nur 2 Schwimmern geführt (Abb. 285). Ursprünglich sollten zum Gewichtsausgleich 4 Schwimmer von je 10 m Durchmesser dienen. Die Baugrundverhältnisse gestatten es aber, die Schwimmerschächte so tief herabzuführen, daß man mit 2 Schwimmern auskam. Hierdurch erreichte man im weiteren eine Baukostenersparnis von 4% und die statisch bestimmte Auflagerung des Schiffstroges auf seinen Auflagern, die von den Köpfen der auf den Schwimmern sitzenden turmartigen Traggerüsten gebildet werden (Abb. 286).

Die Gründung der Schwimmerschächte ist im Gefrierverfahren erfolgt, da der Untergrund bis auf etwa 40 m unter Gelände aus vielfach wasserführenden Bodenarten bestanden und auch die darunter liegende Grauwacke wasserführende Spalten aufgewiesen hat. Bei der Planung war auch eine Gründung mittels Spundwandumschließung und Grundwasserabsenkung erwogen worden. Man nahm jedoch hiervon Abstand, weil mit der großen Tiefe von 70 m unter dem Grundwasserspiegel durch die künstliche Absenkung eine sehr nachteilige Beeinflussung des Wasserhaushaltes der Umgebung eingetreten wäre. Außerdem würde sich eine längere Bauzeit ergeben haben, während das Abfrieren des Gebirges nur etwa 4 Monate dauerte. Der für den Ausbau der Schächte erforderliche Ausbruchdurchmesser betrug 13 m. Um ihn herum wurden auf 2 Kreisen von 16 bzw. 19 m je 30 Gefrierrohre angeordnet, von denen die des inneren Kreises nur bis 1 m tief in die Grauwacke hineinreichten, während die des äußeren Kreises bis 5 m unter die Ausbruchsohle führten. Die Schächte wurden sodann im Schutz der durch die Gefrierrohre erzeugten Frostmauer mit Hacke und Schaufel ausgehoben. Ihr tragender Ausbau besteht aus einer Schale aus gußeisernen Tübbingen von 4 cm Wanddicke, deren Fugen durch 2 mm starke Bleieinlagen gedichtet sind, zusammen mit einem in den weichen Gebirgsschichten 50 cm starken Mantel aus sorgfältig hergestelltem Portlandzementbeton mit je 400 kg Zement auf 1 m³ Beton. Dieser Betonmantel ist nach außen gegen Grundwasserangriffe durch eine 1 bis 2 cm dicke und mit 6 Atm Überdruck bei 170° C aufgespritzte Bitumenschicht gesichert. Sie wurde vor dem Herstellen des tragenden Ausbaues auf die Hohlfläche eines gegen die Schachtwand betonierten Betonzylinders aufgebracht. Da die Temperatur der Schachtwand etwa −10° betrug, wählte man für die 20 cm starke Betonwand als Bindemittel Tonerdezement, und zwar mit 400 kg auf 1 m³ Beton (Abb. 287). Eingehende Versuche an einem 1,8 m × 3,0 m großen Block von der Dicke des Schachtausbaues und unter den Temperaturbedingungen der Gefrierschächte hatten den Nachweis erbracht, daß auch unter diesen erschwerenden Umständen die erforderlichen hohen Festigkeiten und die sonst für die Herstellung nötigen Eigenschaften beider Betonarten erreicht werden konnten. Den Schacht schließt ein Boden ab, zu dem herab sowohl die Tübbingauskleidung wie auch jede der Betonschichten und die Abdichtung hindurchgeführt worden sind.

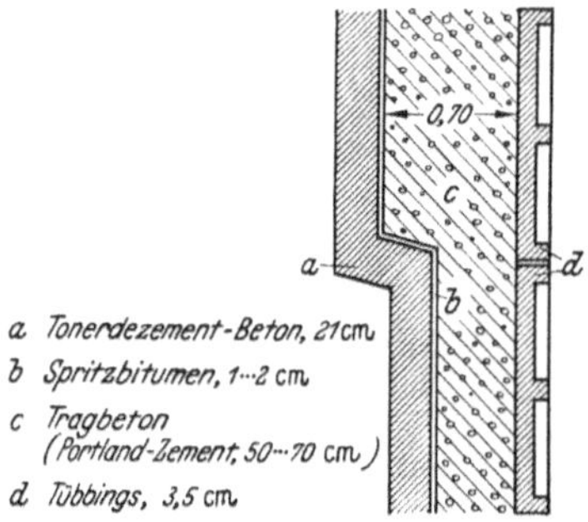

Abb. 287.

Jeder der rd. 36 m hohen und aus St 37 geschweißten Schwimmer von 10 m Durchmesser verdrängt 2700 t Wasser. Er ist durch zwei Zwischenböden in drei

Zellen unterteilt, um bei Leckwerden einer übergroßen Gleichgewichtsstörung vorzubeugen. In Achsmitte befindet sich ein durchlaufender, oben verschlossener, unten offener Schacht von 1,10 m Durchmesser. Er ist mit Druckluft gefüllt, die beim Niederfahren durch den zunehmenden Wasserdruck zusammengedrückt wird und dadurch den Auftrieb nahezu in dem Maße vermindert, wie das Eintauchen der Traggerüste in das Wasser der Schwimmerschächte den Auftrieb vermehrt. Dieser ,,Kniff" gestattet, daß der bewegliche Teil des Hebewerkes in allen Höhenlagen bei einer der Solltiefe im Trog entsprechenden Wasserlast im Gleichgewicht ist. Infolgedessen sind die Antriebsmaschinen des Troges sehr leicht ausgefallen. Es ist sogar möglich, ohne Überlastung der Motore mit einer Über- oder Unterlast von 80 t zu fahren.

Der wassergefüllte Trog hat eine Länge von 85 m und eine Breite von 12 m bei 2,5 m normaler Wassertiefe, er wiegt insgesamt 2500 t. Sein Abschluß an den Stirnenden erfolgt durch Hubtore. Verbindungsglied zwischen Trog und Traggerüst ist die Trogbrücke, auf deren Querträger der Trog aufliegt und von denen die Lasten in 2 vollwandige und rd. 2 m hohe Hauptträger weitergeleitet werden. Die Trogbrücke ist als beiderseits überkragender Balken mit 51 m Stützweite auf den Köpfen der Traggerüste statisch bestimmt gelagert. Als bewegliche Auflage dienen in einem Ölbad liegende Rollenlager. Zwischen den Hauptträgern und den lotrechten Trogwänden liegen rd. 3 m breite Gänge, in denen die maschinellen und elektrischen Anlagen untergebracht sind. Das Gewicht dieser Teile beträgt insgesamt rd. 1300 t, wobei zur Gewichtsverminderung Baustahl St 52 verwendet wurde.

Die Höhe der Traggerüste ist durch das größte Gefälle im Kanal bedingt, da sich die Schwimmer stets unter dem Spiegel ihrer mit Wasser gefüllten Schächte befinden müssen, um in jeder Lage des beweglichen Teiles einen gleichbleibenden Auftrieb zu haben. Baustoff der Traggerüste ist ebenfalls St. 52. Jedes Gerüst besteht aus vier Stielen, die gegeneinander durch Riegel ausgesteift sind und unten auf einem Stern aus vier Trägern aufsitzen, der mit seinen acht Enden auf dem Schwimmer gelagert ist. An den Enden der hammerartigen Kopfträger der Traggerüste sind gefederte Führungsrollen in zwei zueinander senkrechten Richtungen eingebaut. Sie geben die waagerecht an dem beweglichen Teil angreifenden Kräfte an feste Führungsbahnen ab. Außerdem sind an den Enden der Traggerüstköpfe noch die Antriebsmuttern befestigt.

Abb. 288. Spindel mit Mutter.

Das Heben und Senken des beweglichen Teiles des Hebewerkes besorgen 4 Antriebsmuttern, die auf feststehenden Gewindespindeln gleiten. Diese stehen paarweise beiderseits der Schwimmerschächte und sind längsbeweglich in Gerüsten gelagert, die gleichzeitig die Führungsschienen für die bereits erwähnten Führungsrollen tragen und daher auch als Führungsgerüste bezeichnet werden. Jede Spindel ist 27,30 m lang, aus Siemens-Martin-Stahl hohl gebohrt und mit Kugellagerauflagerung an den Köpfen versehen (Abb. 288). Sie hat 420 mm äußeren Durchmesser, ihr viergängiges Flachgewinde eine Steigung von 7° 40'. Um die einwandfreie Beschaffenheit der Spindeln feststellen zu können, ist vor der Fertigbearbeitung ein Kern von 165 mm Durchmesser auf der ganzen Länge herausgebohrt worden. Die Antriebsmuttern sind dreiteilig aus Stahl mit Bronzefutter hergestellt. Mit einer Höhe von 1,95 m tragen sie unten ein Antriebszahnrad, in das 2 Ritzel einander gegenüberliegend eingreifen, um Verdrehungsbeanspruchungen zu verhüten. An den Muttern ist der bewegliche Teil kardanisch aufgehängt. Werkstoff der Spindeln ist ein Stahl mit 50 bis 60 kg/mm² Festigkeit bei einer Streckgrenze von rd. 30 kg/mm² und 30% Dehnung. Die Werkstücke wurden in einer Gußstahlfabrik unter einer Schmiedepresse geschmiedet und nach einer Wärmebehandlung, die den Eigenschaften dieser Sonderlegierung angepaßt war, vorgedreht. Ihre Bearbeitung ist in einer eigens dafür hergerichteten Drehbank erfolgt. Beschädigungen der Spindeln während der Bahnfahrt sowie beim Umladen und Einbau in die Trogführungsgerüste wurden dadurch verhütet, daß sie in besondere Fachwerkgerüste mit Traglagern eingesetzt waren.

Der Spindeltrieb ist zusammen mit seiner Antriebswinde selbstsperrend. Beim Anhalten fallen außerdem Eldrobremsen ein. Entsprechend der Hub- und Senkgeschwindigkeit des beweglichen Teiles von 15 cm/sek, die erst nach 1 m Fahrt erreicht und 1 m vor dem Ende des Hubes abgebremst wird, läuft die Mutter sehr schnell, dafür ist bei der Bewegung der Flächendruck im Spindelgewinde besonders klein. Bei mehr als ± 80 t Belastung aller vier Muttern zusammen, was ± 7 cm Wasserstandsabweichung gegen das Soll im Trog entspricht, genügen die Kräfte des Antriebes nicht mehr zum Verfahren des Troges.

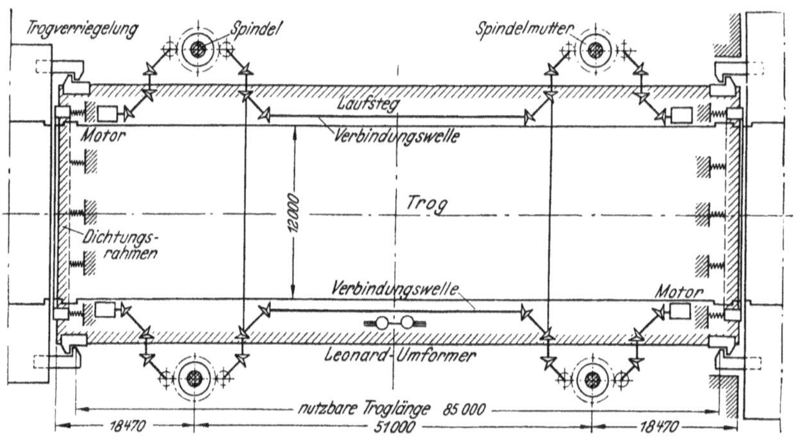

Abb. 289. Ringwellenleitung.

Es muß dann durch Zu- oder Ablassen von Wasser die zum Gleichgewicht erforderliche Trogbelastung wieder hergestellt werden. Die bei groben Gleichgewichtsstörungen am bewegten Teil frei werdenden lotrechten Kräfte gehen durch Mutter und Spindel in das zugfeste Lager der Spindel, von diesem in das Führungsgerüst und durch dessen Zug- oder Druckverankerung in den Grundbau. Die acht Antriebswinden der vier Muttern sind durch die Mutterzahnräder und durch eine Ringwellenleitung verbunden (Abb. 289). Dadurch wird an allen vier Spindeln ein gleichmäßiges Drehen der Muttern und damit gleichmäßiges waagerechtes Verfahren des Troges erreicht. Als Antrieb dienen acht Gleichstrommotoren von je 60 PS, die in Leonardschaltung liegen. Den Gleichstrom empfangen sie von einem im westlichen Maschinengang aufgestellten Leonardumformer, der seinen Drehstrom von 380 V durch Schleifleitungen am nordwestlichen Führungsgerüst erhält. Alle übrigen Motoren des Hebewerks werden mit Drehstrom betrieben. Sämtliche Motoren, sowohl die des beweglichen Teiles als auch die auf den Stahlbauten des festen Teiles untergebrachten, werden von zwei auf dem östlichen Bedienungssteg des Troges an den Trogenden stehenden Steuerschränken aus durch Druckknopfsteuerung und Steuerschütze betrieben. Die Steuerleitungen liegen zwischen Trog und festem Teil in einem beweglichen Kabel.

Zur Überbrückung des im Mittel 12 cm breiten Spaltes, der beim Anfahren des Troges an einer Haltung vorhanden ist, führt die Trogbrücke an jedem Ende einen U-förmig den Trog umgreifenden Dichtungsrahmen mit, der gegen den Trog durch eine Ledermanschette abgedichtet ist und an seiner Stirnseite eine elliptische Gummileiste trägt. Durch 14 Spindeltriebe, die miteinander gekuppelt sind, wird der auf Rollen gelagerte Dichtungsrahmen an den Stirnschild der Haltung angepreßt. In die Spindeltriebe eingeschaltete Federn sorgen für ein allseitiges und gleichmäßiges Anpressen. Der hierbei erforderliche Druck beträgt etwa 30 t. Um die Rollenführungen und Führungsgeräte damit nicht unnötig zu belasten, werden vor dem Vorschieben des Dichtungsrahmens zwei außen zu beiden Seiten der Trogbrücke liegende durch eine Spindel längs verschiebliche Haken leicht an zwei Gegenhalter angelegt, die fest an der Kanalbrücke und am Unterhauptabschluß angebracht sind. Diese Haken wirken zusammen mit dem Andichtungsrahmen wie eine Zange und verriegeln so den beweglichen Teil an dem festen Haupt. Beide Verriegelungshaken sind unter dem Trogboden durch Hebel verbunden und werden gemeinsam von einem Motor angetrieben, während auf die durch eine Wellenleitung verbundenen Vorschubspindeln des Dichtungsrahmens zwei beiderseits des Troges aufgestellte Motoren wirken. Das Wasser zum Füllen des Spaltes wird aus der Haltung entnommen und von einem Sammelrohr aus durch kurze Stichleitungen dem Spalt hinter dem Haltungstor zugeführt. Durch die gleichen Leitungen fließt es beim Entleeren ab. Dann gelangt es durch eine anschließende Leitung ins Unterwasser. Am Unterhaupt läuft das Spaltwasser frei in ein Auffangbecken in der Trogkammersohle, aus dem es von Zeit zu Zeit nach dem Unterwasser herausgepumpt wird. Die drei Ventile — zwei zum Spaltfüllen, eines zum Entleeren — sind mechanisch gekuppelt und werden durch einen Elektromotor angetrieben.

Oberes und unteres Haltungstor sowie die Trogtore sind durch Gegengewichte nahezu ausgeglichene Hubtore. Sie tragen zur Dichtung eine Gummileiste; außerdem werden sie noch mechanisch angepreßt. Die Tore, deren Haut dem Spalt zugewandt ist, hängen an Gelenkzahnstangen. Der Antriebmotor mit der Antriebwelle ist in dem Riegel der Torhubgerüste gelagert. In gehobener Stellung werden die Tore verriegelt.

Alle nacheinander bei einer Durchfahrt durch das Hebewerk nötigen Betätigungen der Anlage sind gegeneinander elektrisch verblockt und werden von den Steuerschränken auf dem Trog aus elektrisch gesteuert. Die Endstellungen oben und unten, bis zu denen der Trog ohne Gefahr für die Anlage fahren kann, sind durch mechanisch betätigte Endausschalter gesichert. Ferner kann der bewegliche Teil in jeder Stellung durch Druckknöpfe an den Steuerschränken und durch eine Anzahl von an den Geländern der Troglaufstege angebrachten Nothaltdruckknöpfen stillgesetzt werden. Beim Anfahren an die Haltung wird, wie bereits erwähnt, von 1 m unter dem betreffenden Haltungswasserstand an die Geschwindigkeit selbsttätig vermindert. Da der Wasserstand sehr stark im Unterwasser wechselt, wird der Umschalter auf verzögerte Geschwindigkeit in Verbindung mit dem augenblicklich herrschenden Wasserstand gebracht. Die jeweiligen Wasserstände der Haltungen in Höhen über N. N. und den jeweiligen Stand des Troges während der Fahrt gegen die Haltungswasserstände kann man an Zeigervorrichtungen, die sich auf den Steuertafeln befinden, ablesen. Damit beim plötzlichen Stromausfall für den Antrieb des Leonardumformers ein hartes Aufsetzen der Muttern auf den Spindeln durch plötzlichen Stillstand der Gleichstrommotoren verhütet wird, ist der Leonardumformer mit einer Schwungscheibe versehen, die einen Auslauf von 4 sek gewährleistet. Dieser Auslauf ist auch beim Anhalten des Troges aus voller Fahrt mit Handausschaltung vorhanden.

Erwägungen hinsichtlich des zeitlichen Ablaufs der Bauarbeiten haben dazu geführt, in der ganzen Höhe zwischen der Trogkammersohle und dem Oberwasserspiegel am Oberhaupt nicht einen einzigen senkrechten Abschluß anzuordnen. Die den Damm des Oberkanals abschließende und die als Stirnwand der Trogkammer dienende Mauer sind voneinander abgerückt und der Abstand durch eine stählerne Kanalbrücke überwunden worden. Dabei konnte gleichzeitig ein die Hebewerkanlage kreuzender Weg mit unterführt werden. Die Kanalbrücke, deren Hauptträger gleichzeitig die Trogseitenwände bilden, ist aus Baustahl St 37 erbaut. Sie lagert auf der Dammabschlußmauer fest auf, an die ihr Trog durch eine Stahlwelle angeschlossen ist. Die beweglichen Brückenauflager liegen auf dem unteren Riegel eines stählernen Stockwerkrahmens, der auf der Trogkammer-Stirnmauer aufgeständert ist, und zwar in der Längsrichtung eingespannt, in der Querrichtung gelenkig. Am oberen Riegel dieses Rahmens ist das Haltungstor aufgehängt. Nach dem Oberwasser zu kann die Brücke für Gefahrenfälle durch ein die Wasserstraße in der Dammabschlußmauer versperrendes Sicherheitstor abgeschlossen werden. Auch dieses Tor ist ein Hubtor mit stählernem Hubgerüst.

Der Abschluß der Trogkammer gegen das Unterwasser wird durch das aus Beton hergestellte Unterhaupt gebildet, dessen Verschlußkörper ebenfalls ein Hubtor ist. Da das Unterwasser zwischen 37,83 und 45,27 über N. N. je nach den Wasserständen der Elbe wechselt und die geringste Fahrtiefe stets 2,50 m betragen soll, liegt die Sohle der Unterhauptdurchfahrt auf + 35,33 über N. N. Unterhalb dieser Höhenlage müßte der Dichtungsrahmen des Troges stets anschließen, auch wenn der Trog mit seinem Wasserspiegel mit dem höchsten Unterwasserstand 45,27 über N. N. gleichgestellt sein würde, wenn nicht ein lotrecht verstellbares Schütz, das sog. Schildschütz, dazwischengeschaltet wäre (Abb. 290). Dieses dichtet gegen den Beton des Unterhauptes und somit abschließend das Unterwasser gegen die Trogkammer ab. In seinem oberen Rand ist die Durchfahrtöffnung, die für sich durch das bereits erwähnte Haltungstor verschlossen werden kann, eingeschnitten. Auf diese Art vermeidet man das sonst notwendige, aber in vieler Hinsicht sehr lästige Tiefliegen des Andichtungsrahmens unter den Trogboden. Es genügt, ihn nur unter die Sohlenschwelle der Durchfahrt im Schildschütz zu legen. Das Schildschütz wird dem Steigen oder

Abb. 290. Schildschütz.

Fallen des Unterwassers entsprechend verstellt, und zwar in Stufen von 1,14 m. Die Wassertiefe in seiner Durchfahrtöffnung besitzt daher gegen die Mindesttiefe von 2,50 m ein Spiel bis zu 1,14 m.

Das Schildschütz, das etwa 300 t wiegt, hängt mit vier Hängestangen aus Flacheisen an zwei Schraubenspindeln, die im Riegel des über die Schildschützkammer gespannten Portals drehbar gelagert sind und von einem gemeinsamen Motor angetrieben werden. Da die Tiefe, bis zu der die Schildschützkammer hinuntergeführt werden kann, durch den Zustand des Baugrundes begrenzt war, mußte das Schildschütz in zwei Tafeln aufgelöst werden. Diese sind bei hohen Wasserständen übereinander angeordnet und zusammengekoppelt, während bei tieferen Wasserständen die untere Schütztafel abgehängt und beiseite geschoben werden muß. Auf diese Weise erhält das dann allein ausreichende Oberschütz den nötigen Platz zum Absenken in die dem tiefsten Wasserstand entsprechende Höhenlage. Um das Verstellen des Schildschützes zu erleichtern, nimmt man den auf ihm lastenden Wasserdruck weg. Hierzu ist ein nach dem Unterwasser zu vorgelagertes Stemmtor eingebaut. Durch eine starke Pumpenanlage wird das zwischen ihm und dem Schildschütz stehende Wasser entfernt. Umläufe sorgen nach dem Umstellen des Schildschützes wieder für den Wasserzufluß. Auf dem Oberschütz ist das Hubgerät für das im Oberschütz sitzende Haltungstor aufgeständert, das mit Gelenkzahnstangen von der in dem Riegel seines Hubgerüstes untergebrachten Winde betrieben wird. Unter der Schifffahrtöffnung des Oberschützes sind in einem wasserdichten Gang die ähnlich wie im Haltungsabschluß der Kanalbrücke ausgebildeten Ventile und Rohrleitungen zum Füllen und Entleeren des Spaltes beim Anfahren des Troges untergebracht.

Das Hereinziehen der nicht selbstfahrenden Schiffe besorgen Spille, deren Zugkraft je nach der Größe und der Beladung der Fahrzeuge geregelt werden kann. Sie sollen den Kähnen auf etwa 100 m Anfahrstrecke eine solche Geschwindigkeit verleihen, daß sie die übrige Strecke ohne Antrieb durchfahren und in ihr auslaufen. Hierzu haben auch die in [*457*] beschriebenen Versuche gedient. Die den Trog verlassenden Fahrzeuge werden durch Verholwinden mit Zugseilen, die über Umlenkrollen geführt und an den Heckpollern befestigt sind, auf etwa 80 m Anfahrstrecke in die nötige Geschwindigkeit gebracht, um bis in die Vorhäfen des Hebewerkes ohne weiteren Antrieb auszulaufen.

Die Umspannanlage für das Hebewerk befindet sich im Untergeschoß eines naheliegenden Betriebsgebäudes. Sie liegt in einer 15 kVA-Schleifleitung des Überlandwerkes. Es sind drei Umspanner zu je 400 kW für Drehstrom 380/220 V für den Kraftstrom vorhanden, außerdem noch Umspanner für Lichtstrom usw. Einer der drei Kraftstromumspanner dient als Aushilfe, die beiden anderen decken zusammen den Strombedarf beim Anlaufen des Leonardumformers; für den Fahrbetrieb genügt ein Umspanner. Die übrigen schalten sich hierbei selbsttätig ab oder um [*403, 404*].

Das Schiffshebewerk *Rothensee* hat sich bis heute — wobei jedoch berücksichtigt werden muß, daß es besonders durch die Nachkriegsumstände nur beschränkt zum Einsatz gekommen ist — gut bewährt. Störungen an den Schwimmerschächten, Schwimmern, Trag- und Führungsgerüsten sowie am Trog selbst sind nicht aufgetreten. Nachteilig hat sich jedoch erwiesen, daß sich auf den vier Spindeln infolge der freien Lage des Hebewerkes in zum Teil wenig bewachsener Gegend viel Sand absetzt, was ein starkes Ausschleifen der Muttern zur Folge gehabt hat. Es sind daher sog. „Abstreifer" als Schutzvorrichtungen konstruiert worden, welche die Spindeln reinigen, bevor die Muttern über sie laufen. Die Abstreifer befinden sich über bzw. unter den Muttern; sie können je nach Bedarf angelegt bzw. losgenommen werden. Welche starke Wirkung die Versandung ausgeübt hat, geht daraus hervor, daß das Gewinde einer Mutter schon 1947 soweit abgenutzt war, daß sie ausgewechselt werden mußte. Auch die anderen Muttern sind nahezu auswechselungsreif. Es ist anzunehmen, daß die Korrosionseinwirkungen durch Sand geringer werden, wenn sich das um das Hebewerk befindliche Gelände stärker mit Grasbewuchs, Büschen und Bäumen überzogen hat. Als ein weiterer Nachteil hat sich die zu hohe Geschwindigkeit in der Bewegung der Halte- und Trogtore gezeigt. Man hat sie in beiden Fällen auf die Hälfte herabgesetzt, da sonst bald mit wesentlichen Störungen infolge zu großen Verschleißes hätte gerechnet werden müssen. Außerdem hat sich der Antrieb der Tore mit Gelenkzahnstangen nicht bewährt. Die gleiche Herabsetzung der Bewegungsgeschwindigkeit ist auch für das Schildschütz erforderlich gewesen. Da sein Umsetzen 3 bis 6 Std. und zum Teil noch länger dauert, muß man die Gesamtkonstruktion des Schildschützes einschließlich Antrieb als eine noch nicht einwandfreie Lösung ansprechen. Auch haben sich die Trog-Füll- und Entleerungseinrichtungen als zu klein erwiesen.

Das 3,5 km hinter der Kreuzung des Mittellandkanals mit der Elbe am rechten Elbufer vorgesehene Hebewerk *Hohenwarte* ist konstruktiv genau so durchgebildet wie Rothensee. Damit sind also im Leistungsvermögen beide Anlagen vollkommen gleich. Gewisse Unterschiede haben sich in der Konstruktion des festen Teiles durch die örtlich bedingten Ufer-, Gelände-, Boden- und Grundwasserverhältnisse und außerdem dadurch ergeben, daß Hohenwarte gegenüber Rothensee ein fast gleichbleibendes Gefälle besitzt. Mit Rücksicht auf die Größe des zu bewältigenden Verkehrs sind in Hohenwarte zwei vollständig voneinander getrennte Hebewerke mit 42 m Achsabstand vorgesehen. Das Doppelhebewerk Hohenwarte hat jedoch infolge des zweiten Weltkrieges nicht mehr vollendet werden können; es sind lediglich die Schwimmerschächte zur Ausführung gekommen.

Stark im Wettbewerb mit dem Hebewerk, das zwei oder auch mehrere Schwimmer *unter* dem Trog aufweist, steht eine Lösung, bei der vier Schwimmer, beim Doppelhebewerk sogar deren acht *seitlich* des Troges angeordnet werden. Eine solche Lösung ist schon um die Jahrhundertwende von JEBENS vorgeschlagen worden, ferner um 1922 von der Gesellschaft *Harkort* für das Hebewerk Niederfinow. In neuester Zeit vertritt besonders *Dr.-Ing.* FAURE die Konstruktion des Schwimmerhebewerkes mit seitlich zum Trog angeordneten Schwimmbehältern. In dem von ihm aufgestellten Entwurf sind die vier Schwimmbehälter ungefähr in den Viertelpunkten des Schiffstroges angeordnet (Abb. 291). Der Verbindung des Schiffstroges mit den Schwimmerstützenköpfen dienen Pendelstäbe. Jeder der vier Schwimmer wird mit seinem Stützgerüst im Schwimmerbehälter in zwei senkrecht zueinander stehenden Ebenen geführt, während der Trog für sich an besonderen Gerüsten, die auch dem Antrieb und der Aufnahme der in Katastrophenfällen auftretenden Kräfte dienen, seinen entsprechenden Halt erfährt. Da der Trog mittels Pendelstäben mit den Schwimmerstützenköpfen verbunden ist, bleiben die Führung des Troges und die Führungen der vier Schwimmer voneinander unbeeinflußt. Diese Art der Verbindung des Troges mit den Schwimmerstützgerüsten gewährleistet eine einwandfreie Führung des beweglichen Teiles des Schiffshebewerkes, wodurch es gegen ungleichmäßige Setzungen verhältnismäßig unempfindlich wird. Ferner läßt sich nötigenfalls ein Schwimmerbehälter unabhängig von den übrigen Bauteilen leicht ausrichten.

Das Hebewerk mit Seitenschwimmern kann nach den Angaben von Dr.-Ing. FAURE in zweierlei Art betrieben werden, und zwar erstens mit mechanischem Antrieb und zweitens mit hydraulischem Antrieb. Bei der Lösung mit *mechanischem* Antrieb ist das Gesamtgewicht der fahrbaren Teile durch stets eingetauchte Schwimmer voll ausgewuchtet, so daß die fahrbaren Teile sich im Schwebezustand befinden. Bei unveränderlichem Wasserspiegel in den Schwimmerbehältern werden die fahrbaren Teile mit Maschinenkraft, welche die Massen-, Reibungs- und Wasserwiderstände zu überwinden hat, von einer Haltung zur anderen gehoben oder gesenkt. Das Hebewerk mit mechanischem Antrieb arbeitet also ohne Wasserverlust. Die Höhe der Wasserspiegel in den Schwimmerbehältern oder die Gründungstiefe der Schwimmerbehälter kann in Abhängigkeit von den jeweiligen Baugrundverhältnissen verschieden gewählt werden. Bei der in Abb. 291 dargestellten Ausführung liegt der Wasserspiegel in den Schwimmerbehältern etwas höher als der Wasserspiegel in der oberen Haltung. Die durch das Eintauchen der Traggerüste in die Schwimmerbehälter entstehende Gleichgewichtsstörung kann man hierbei in ähnlicher Weise beheben wie beim Schiffshebewerk Rothensee.

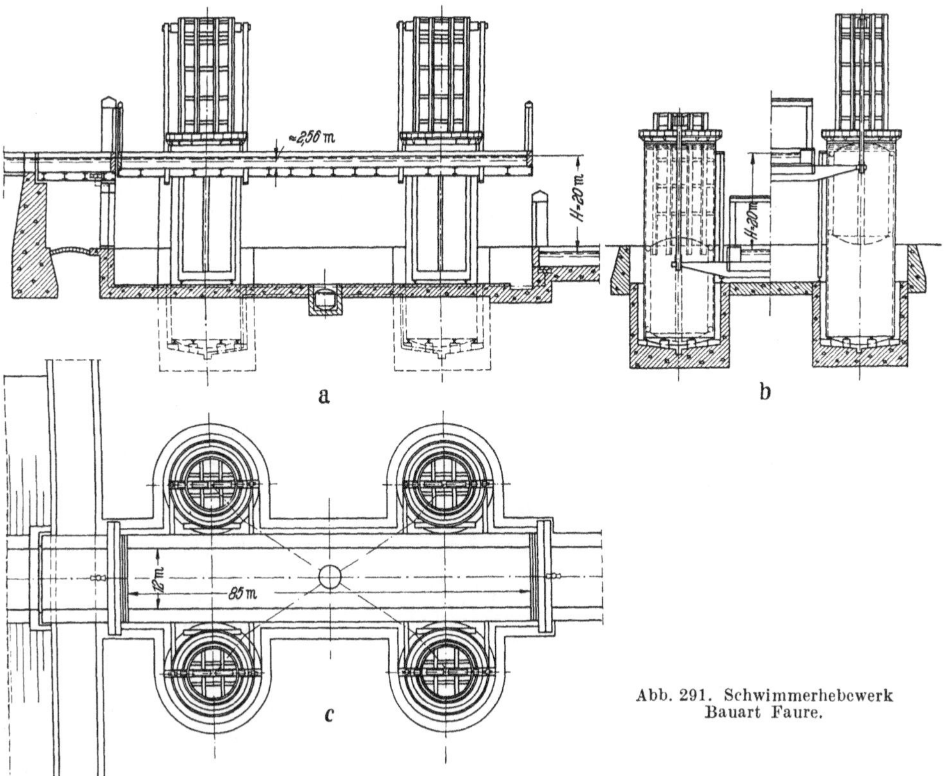

Abb. 291. Schwimmerhebewerk Bauart Faure.

Bei der Lösung mit *hydraulischen* Antrieb wird das Gesamtgewicht des beweglichen Teiles durch das Auftriebsvermögen der Schwimmer ausgeglichen. Die Bewegung des Troges erfolgt ohne Maschinenkraft allein durch das Heben und Senken des Wasserspiegels in den einzelnen Schwimmerbehältern, wobei der ursprüngliche Schwimmzustand in jeder Troglage erhalten bleibt. Man arbeitet hier also mit Wasserverlust. Der höchste Wasserstand in den Schwimmerbehältern liegt auf gleicher Höhe mit dem höchsten Wasserstand in der oberen Haltung und der niedrigste Wasserstand auf gleicher Höhe mit dem niedrigsten Wasserstand in der unteren Haltung. Die Gründungstiefe der Schwimmerbehälter unterhalb des Unterwasserspiegels ergibt sich aus der Höhe des eingetauchten Schwimmerteiles unter Berücksichtigung eines gewissen Spiels zwischen Unterkante des Schwimmers und Schwimmerbehälterboden. Wählt man die Länge der Pendelstäbe so, daß der höchste Wasserspiegel in den Schwimmerbehältern mit dem Wasserspiegel im Trog auf gleicher Höhe liegt, so wird in jeder

Zwischenlage und auch nach der Ausspiegelung des Wassers in den Schwimmerbehältern mit dem Wasser in der unteren Haltung der Wasserspiegel im Trog ebenfalls auf der gleichen Höhe liegen. Zu diesem Zwecke sind die vier Schwimmerbehälter durch Rohrleitungen mit dem Ober- und Unterwasser verbunden. Von der oberen Haltung führt ein Rohrsystem zu einem Verteilungsschacht, der im Symmetriezentrum des Grundrisses der vier Behälter liegt. Von diesem Verteilungsschacht führt je ein Rohrstrang zu den Schwimmerbehältern. Der Verteilungsschacht ist außerdem durch Rohre mit dem Unterwasser verbunden.

Abb. 292. Schwimmerhebewerk Bauart Faure in O.W.- und U.W.-Stellung.

Bei geschlossenem Ventil an der oberen Haltung und geöffnetem Ventil an der unteren Haltung fließt das Wasser aus den Schwimmerbehältern in die untere Haltung ab. Es liegt dann nach der Ausspiegelung der Wasserspiegel im Schiffstrog auf gleicher Höhe mit dem Wasserspiegel der unteren Haltung. Zum Heben der fahrbaren Teile wird umgekehrt das Ventil der unteren Haltung geschlossen und das Ventil der oberen Haltung geöffnet. Der dabei auftretende Wasserverlust ist von der Hubhöhe und dem Durchmesser der Schwimmerbehälter abhängig, die Zeitdauer des Hubvorganges außerdem noch von dem Querschnitt der Füllrohre. Die Hubgeschwindigkeit der fahrbaren Teile ändert sich entsprechend der ab- bzw. zunehmenden Gefällhöhe. Der Erfinder empfiehlt daher, die Ausspiegelung kurz vor den Endlagen des Troges durch Pumpeneinsatz zu beschleunigen. Die Sicherung des beweglichen Teiles gegen Schwimmervollauf oder Trogleerlauf bietet keine besonderen Schwierigkeiten; sie kann wie bei den Hebewerken Rothensee oder Niederfinow erfolgen. Es bedeutet einen nicht zu verkennenden Vorzug der Faureschen Konstruktion, daß das Schwimmerhebewerk mit hydraulischem Antriebe leicht in ein Schwimmerhebewerk mit mechanischem Antrieb oder umgekehrt umzubauen ist, vorausgesetzt, daß beim Hebewerk mit mechanischem Antrieb der Wasserspiegel in den Schwimmerbehältern nur um ein geringes Maß höher liegt als der Wasser spiegel der oberen Haltung [*414*, *415*].

Die Herstellung der Schwimmerschächte macht bei Mittenschwimmern einen sehr erheblichen Teil der Gesamtbaukosten aus, wobei die Errechnung der Kosten für die tiefen Schächte nicht nur sehr schwierig, sondern auch mit erheblichen Unsicherheiten verknüpft ist. Seitenschwimmer hingegen brauchen nur etwa auf die Hälfte der sonst erforderlichen Absenktiefe herabgebracht zu werden. Außerdem besteht die Möglichkeit, die Schwimmerbehälter nicht tiefer als in Höhe des Trogkammerbodens abzusetzen. Diese Gesichtspunkte sprechen für ein Seitenschwimmerhebewerk. Zwar sind auch die Behälter für die Seitenschwimmer nicht billig herzustellen. Es scheiden aber doch mit Fortfall der tiefen Gründung für Mittenschwimmer eine ganze Anzahl von unvermeidbaren Unsicherheiten aus. Gegen die Anordnung von Seitenschwimmern spricht eine gewisse Störung des Landschaftsbildes. Ist der Schiffstrog zur Aufnahme eines 1000 t-Kahnes bemessen, so erfordert das Gesamtgewicht der fahrbaren Teile bei einem Schwimmerdurchmesser von 10 m eine Gesamtschwimmerlänge von 72 m, demnach von 18 m je Schwimmer. Die Schwimmerbehälterunterkante muß dann also rd. 18 m unter der Geländeoberkante liegen. Bei einem Hebewerk mit rd. 30 m Hub befindet sich die Oberkante der Gestänge, wenn die Schwimmerschächte in Höhe der Trogkammersohle gegründet sind, etwa 75 m über Gelände. Dies hat natürlich Veranlassung gegeben, alle möglichen Vorschläge zu machen, um dem Seitenschwimmerhebewerk durch Ummanteln der austauchenden Gestänge mit Stahlblech oder Einhüllen in massive Baukörper ein befriedigendes Aussehen zu geben (Abb. 292).

Sehen wir von dem Entwurf ab, ein Schiffshebewerk mit nur einem senkrechten Schwimmer *über* dem Trog zu bauen, wie er u. a. auch für das Schiffshebewerk Niederfinow vorgeschlagen worden ist und bei dem nach Abb. 293 der Turm 124 m über Unterwasser und 140 m über Fundamentsohle hinausragt und damit im unteren Teil des Schwimmbehälters ein Wasserdruck von $7^1/_2$ Atm. wirkt, so verbleibt noch die Lösung des Baues von Hebewerken mit *liegenden* Schwimmern. Als Schwimmerhebewerk mit Horizontalschwimmern kann die von BÖHMLER konstruierte „Tauchschleuse" angesehen werden (Abb. 294).

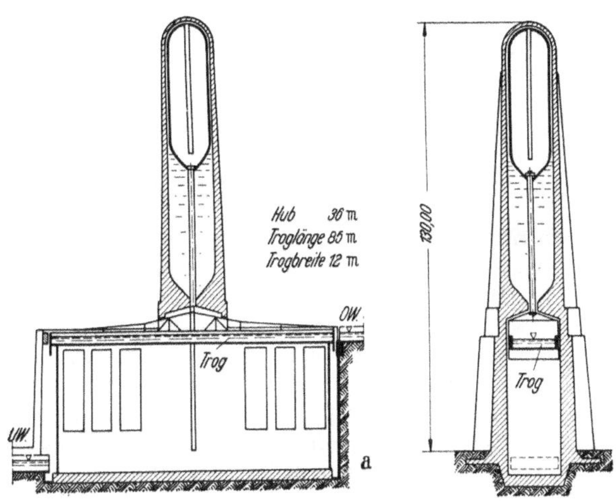

Sie besteht aus einem stählernen Wagen, der zur Aufnahme der Schiffe einen mit Wasser gefüllten Trog trägt und seine Lasten nur zum geringsten Teil auf Rollen oder Räder, sondern in der Hauptsache auf mehrere waagerecht liegende walzenförmige Tauchkörper abgibt. Dadurch ist es möglich, mit einer einfachen Antriebmaschine und mit geringem Kraftaufwande auszukommen. Die Tauchkörper erhalten solche Abmessungen, daß sie voll eingetaucht die Last des bis zur halben Höhe eingetauchten Wagens und des wassergefüllten Troges tragen können. Sie bewegen sich in einem Wasserbecken, dessen Wasserspiegel stets auf gleicher Höhe liegt und dessen Tiefe mit dem Schleusengefälle wächst. Beim Hochfahren aus der Mittelstellung, wobei der Wagen bis zur halben Höhe eingetaucht ist, kommt der bewegliche Teil immer mehr aus dem Wasserbecken heraus. Er verliert dadurch an Auftrieb und erfährt gleichzeitig eine Gewichtsvermehrung. Da diese von den Tauchkörpern nicht mehr aufgenommen werden kann, belastet sie einerseits die Räder des Wagens, anderseits die zum

Auf- und Abfahren dienende Antriebmaschine. In ähnlicher Weise, jedoch mit entgegengesetzter Richtung der Kräfte, wird die beim Abwärtsfahren entstehende Gewichtsverminderung von den Rädern und der Antriebmaschine getragen. Weitere Belastungen, die ebenfalls von den Tauchkörpern nicht aufgenommen werden können, entstehen durch Winddruck auf Trog, Fahrwagen und Schiff, sowie durch Gewichtsänderungen des Troges bei ungenauer Einstellung seines Wasserspiegels. Auch diese Belastungen verteilen sich auf die Räder und die Antriebmaschine, während weitere Kräfte, die beim Fahren des Wagens durch den Reibungswiderstand der Räder und den Widerstand des Wassers gegen die Bewegung der Tauchkörper entstehen, von der Antriebmaschine allein überwunden werden müssen. Ein Verbesserungsvorschlag von Böhmler besteht darin, Schiffstrog und Tauchkörper aus Stahlbeton herzustellen, außerdem Trog und Tauchkörper an einem Führungsturm aus Stahlbeton senkrecht zu bewegen. Die Tiefe des Wasserbeckens ist von der Höhe des stählernen Wagens und dem Durchmesser der Tauchkörper abhängig, die Neigung der Wände von der Bodenart. Damit der Widerstand des Wassers gegen die Bewegung der Tauchkörper im Becken nicht zu groß wird, müssen

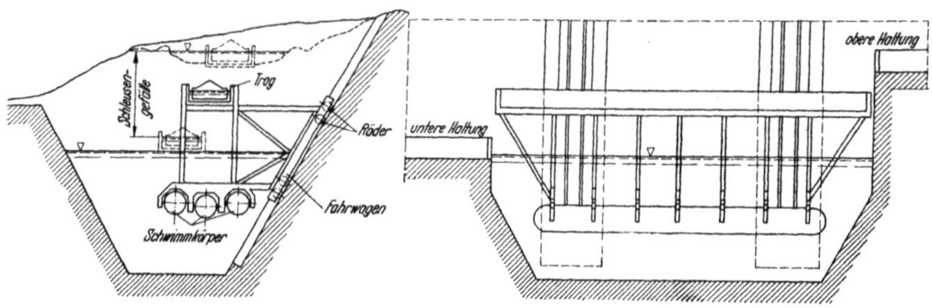

Abb. 294. Tauchschleuse von Böhmler.

zwischen den einzelnen Tauchkörpern selbst und zwischen den äußeren Tauchkörpern und den Beckenwänden nicht zu kleine Zwischenräume vorgesehen werden. Hierdurch wird die Sohlenbreite des Wasserbeckens bestimmt [*417—419*].

Ein anderer Vorschlag zu einem Schiffshebewerk mit horizontal liegendem Schwimmer ist von der DEMAG gemacht worden (Abb. 295). Der ihr durch DRP Nr. 657005 geschützte Schwimmer ist in seiner Breite etwas geringer als der Schiffstrog und bei Beförderung von Kähnen mit 1500 t Ladefähigkeit rd. 7 m hoch. Der Vorteil der Konstruktion besteht auch hier darin, daß die Tiefe der Schwimmergrube sehr viel geringer gehalten sein kann als bei Hebewerken mit senkrechten Schwimmern. Doch dürfte als Nachteil anzusehen sein, daß die nur unter Grundwasserhaltung herzustellende Schwimmerwanne insgesamt mehr Material erfordert als der Bau von zwei senkrechten Schwimmerschächten. Ein kleiner Kreisquerschnitt stellt sich gegen Druckbeanspruchung eben sehr viel günstiger als ein großer Rahmen. Die Schwimmeroberfläche liegt bei gefülltem Trog in der oberen Endstellung etwa 1 m unter dem Wasserspiegel der Schwimmergrube. Damit hebt sich der Trog bei völligem Leerlaufen, sofern sich das Maß der Austauchung des Schwimmers bei vollständig leergelaufenem Trog auf etwa 3,5 m stellt, nur um rd. 4,5 m. Es brauchen also die Führungsgerüste des Troges lediglich für den Katastrophenfall um 4,5 m verlängert zu werden, während unter der Annahme eines Hubes von 20 m bei Hebewerken mit senkrechten zylindrischen Schwimmern die seitlichen Führungsgerüste eine Länge von etwa 23 m haben müssen. Als weiterer Vorteil dieser Hebewerkart wird angesehen, daß der flache und breite Schwimmkörper einer schnellen Aufwärtsbewegung des Troges bei seinem Leerlaufen verhältnismäßig großen Widerstand entgegensetzt, so daß nach Auffassung des Erfinders ein nicht selbsthemmender Antrieb genügt, wodurch sich bei der Verwendung von Zahnstangen und Triebstockritzeln ein erheblich besserer Wirkungsgrad ergeben soll. Die Möglichkeit, den Schwimmer während der Bauzeit der Schwimmergrube und der Trogkammer unabhängig von diesen Arbeiten an Ort und Stelle auf einer Werft fertigstellen zu lassen, ergibt eine wesentliche Verkürzung der Bauzeit. Der Schwimmer wird auch hier aus Sicherheitsgründen durch eine Reihe von Schotten in einzelne kleine Kammern unterteilt. Er bleibt damit beim Vollaufen zweier benachbarter Abteilungen noch schwimmfähig. Um während des Hebens und Senkens des Troges trotz der aus- bzw. eintauchenden Trogstützen immer gleichen Auftrieb zu haben, sind im Schwimmkörper Schächte vorgesehen, in denen sich von einem Hubwerk angetriebene Kolben entsprechend der veränderlichen Wasserverdrängung der aus- bzw. eintauchenden Trogstützen bewegen. Steht der Trog an der unteren Haltung, wobei die Stützen zwischen Schwimmkörper und Trog ganz eingetaucht sind, so stehen die Kolben oben, wodurch

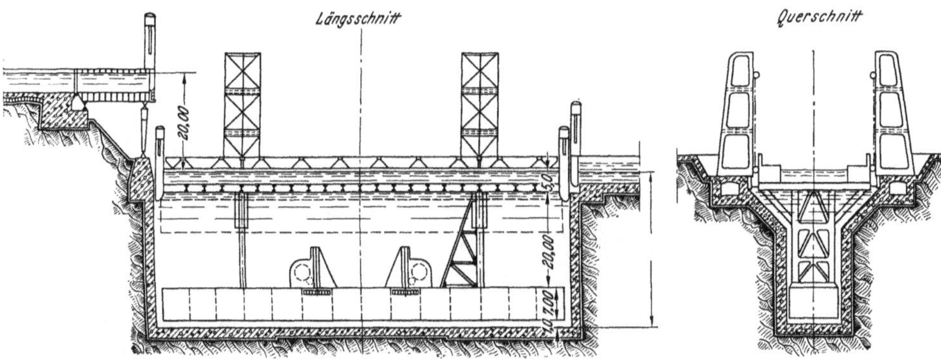

Abb. 295. Hebewerk der DEMAG.

der Auftrieb des Schwimmers entsprechend dem Auftrieb der eingetauchten Stützen verringert ist. Steht der Trog an der oberen Haltung, so stehen die Kolben in ihrer tiefsten Stellung, und der Auftrieb des Schwimmers ist um die Menge des dabei aus den Schächten verdrängten Wassers vergrößert. Die Kolben können auch durch besondere, mit dem Hubmotor gleichgeschaltete Motoren angetrieben werden. Diese Bauweise ist in Abb. 295 angedeutet [*449*].

c) Gegengewichtshebewerke.

Das erste Gegengewichtshebewerk ist das in England nach einem Entwurf von 1796 im Jahre 1838 erbaute Hebewerk im *Grand-Western-Canal*. Es hebt Schiffe von 8 t Gewicht um 14 m, und zwar als Doppelhebewerk mit zwei hölzernen Trögen, die durch GALLsche Ketten miteinander verbunden sind und sich gegenseitig das Gleichgewicht halten. Die Ketten laufen über drei Kettenrollen von je 5 m Durchmesser, von denen die mittlere mit Zahnkranz, Handantrieb und Bremsen versehen ist. Die Kraft zur Bewegung wird durch Wasserüberlast oder Wasserunterlast gewonnen. Der Gewichtsausgleich der laufenden Ketten erfolgt durch Belastungsketten, die an die Tröge angehängt sind. In den Endstellungen treten die Tröge in wasserfreie Kammern. Als Trog- und Haltungsabschlüsse dienen gußeiserne Schützen in gußeisernen Rahmen, zur Dichtung des Anschlusses an die Haltung Flechtwerk aus geteerten Tauen. Dieses wird an der unteren Haltung durch einen Keil selbsttätig angepreßt, an der oberen Haltung durch Schrauben von Hand.

Ist das erste Gegengewichtshebewerk zugleich das älteste Schiffshebewerk, so ist das zweite Gegengewichtshebewerk zugleich das größte Schiffshebewerk der Welt. Das im Jahre 1934 in Betrieb genommene Schiffshebewerk *Nieder-*

Abb. 296. Hebewerk Niederfinow.

finow am Großschiffahrtsweg Berlin—Stettin steht neben der dort vorhandenen Schleusentreppe (s. Abb. 11) für eine Hubhöhe von rd. 36 m (Abb. 296). Seine Planung, die rund ein Vierteljahrhundert in Anspruch genommen hat, fußend auf einer Unzahl von Entwürfen und Vorschlägen, ist die Geschichte des modernen Hebewerkbaues schlechthin. Die zur Ausführung gekommene Anlage fußt auf einem Entwurf der früheren Reichswasserstraßenverwaltung. Er ist unter Verwendung der durch mehrere Wettbewerbe gewonnenen Anregungen entstanden und 1926 fertiggestellt worden. Im Februar 1927 der Akademie des Bauwesens vorgelegt, wurde er von dieser gebilligt und der Ausführung zugrunde gelegt. Seine Einzelheiten sind dann unter reger Mitwirkung der ausführenden Firmen weiter entwickelt worden. Den Grundgedanken des Entwurfs von 1926 hat man jedoch beibehalten. Die danach sich ergebende Gestaltung des Bauwerkes zeigt in den Schnitten Abb. 297. Das Hebewerk als Gesamtanlage besteht aus drei großen Hauptteilen, dem Schiffstrog, dem Hebewerkgerüst und der den Anschluß an die obere Haltung vermittelnden Kanalbrücke.

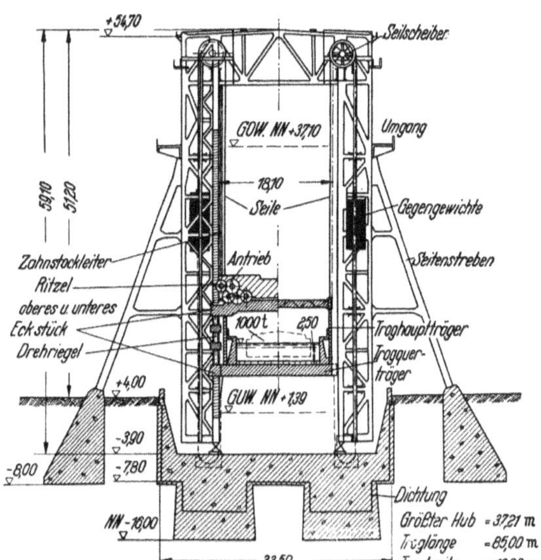

Abb. 297a. Querschnitt des Hebewerkes Niederfinow.

Der aus St 52 hergestellte, im Lichten 85 m lange und 12 m breite Trog des Hebewerks ist beiderseits durch Hubtore abgeschlossen. Er wiegt leer 1600 t, also mit der 2600 m³ betragenden Wasserfüllung 4200 t. Seine Führung erfolgt in der Längs- und Querrichtung durch feste Rollen; in den Endstellungen wird er durch Gegenhalter in waagerechtem Sinne mit den Haltungsabschlüssen verriegelt. Zur Auswuchtung dienen 192 Gegengewichte aus Beton mit Stahlspänen, die durch vorgereckte Drahtseile von 52 mm Durchmesser mit dem Trog verbunden sind. Die Seile sind Rundlitzenseile in Gleichschlag, bestehend aus sechs Litzen zu je 37 Drähten von 2,4 mm Durchmesser mit einer Hanfseele.

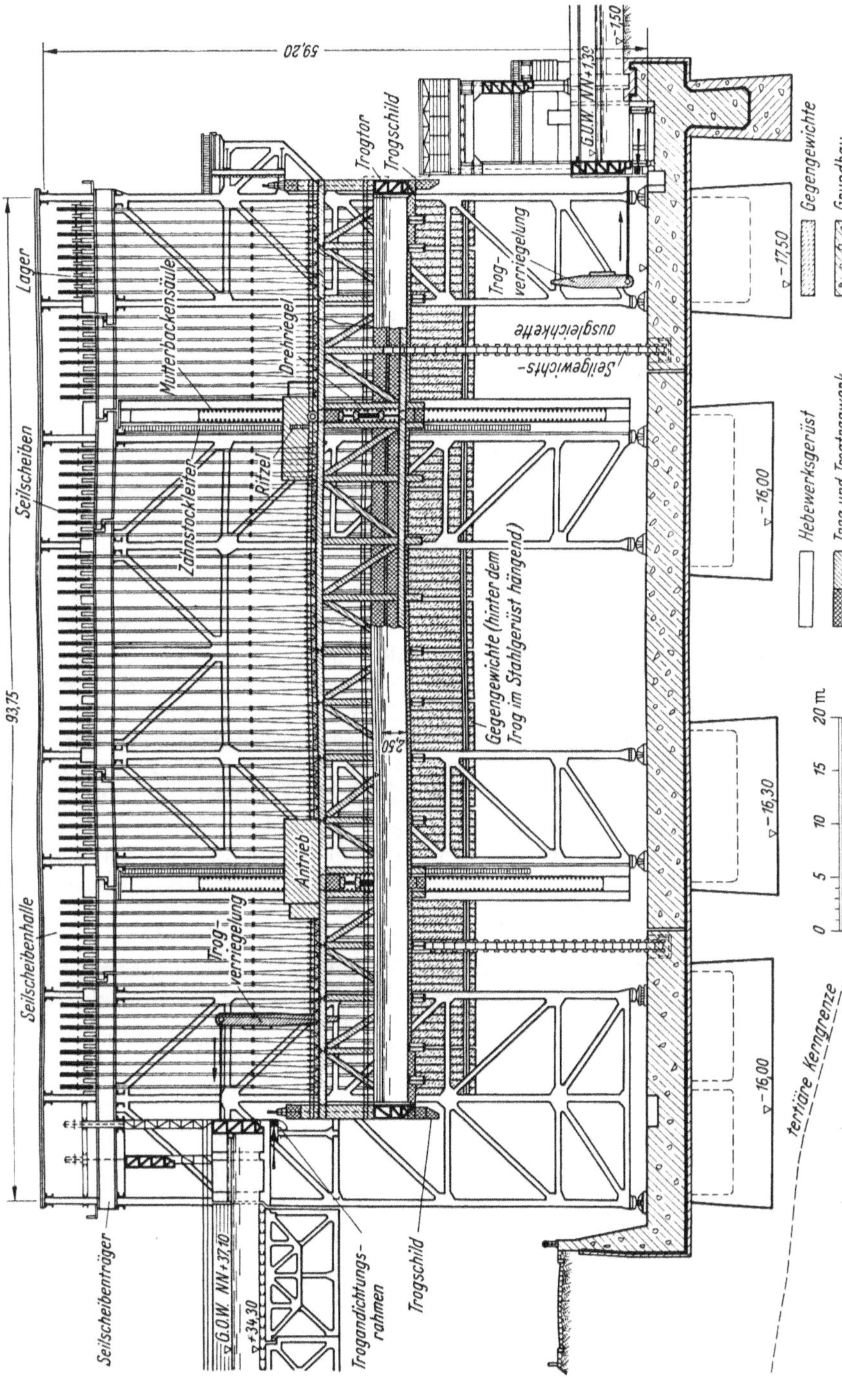

Abb. 297 b. Längsschnitt des Hebewerkes Niederfinow.

Die blanken Gußstahldrähte haben eine Bruchfestigkeit von 150 kg/mm². Je zwei Seile greifen an zwischengeschalteten Waagebalken an. 64 weitere Seile tragen Rahmen, die die Gegengewichte zu Gruppen zusammenfassen und etwa abreißende Gewichte auffangen. Die Drahtseile werden über 128 zweirillige, auf Wälzlagern laufende Seilscheiben von 3,50 m Durchmesser geführt, über jede Scheibe läuft je ein rechts- und ein linksgängiges Seil. Die Seilscheiben befinden sich in den das Bauwerk oben abschließenden Hallen. Zum Ausgleich für das Gewicht der ablaufenden Seile dienen vier mitlaufende Gelenkketten, die einerseits unten am Trog, andererseits an Gegengewichten befestigt sind, und deren Gewicht dem der 256 Seile entspricht. Diese Ausgleichketten laufen von den Gegengewichten aus am Fuße des Hebewerksgerüstes unter Rollen hindurch und wieder hoch bis an den Untergurt des Troghauptträgers heran. Es wandert also dasselbe Seilgewicht, das z. B. bei aufwärts fahrendem Troge oben auf die Seite der Gegengewichte hinüberläuft, unten wieder in Gestalt der Gliederketten dem Troge nach auf die Trogseite, d. h. Trog und Gegengewichte sind in jeder Stellung im Gleichgewicht.

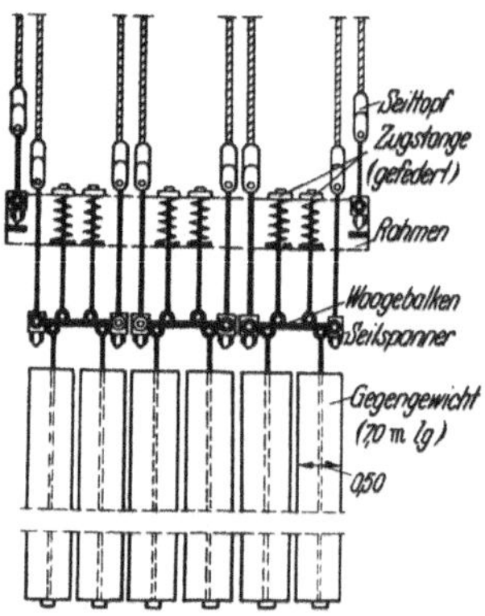

Abb. 298.

Die Gegengewichte sind Scheiben von 7 m Länge und $^1/_2$ m Dicke und aus einem durch Zusatz von Stahlspänen besonders schwer gemachten Beton hergestellt. Sie hängen nicht unmittelbar jedes an einem Drahtseile, sondern zu je zweien zunächst an einem Waagebalken, an dessen Enden erst die beiden zugehörigen Seile angreifen. Der Waagebalken trägt außerdem zwei Zugstangen, die sich mit Federn auf einem Stahlrahmen abstützen. Dieser wird seinerseits von zwei Seilen, den beiden äußeren je einer Gruppe von acht Seilen, getragen. Reißt nun eines der sechs mittleren Seile, so kann das betreffende Gegengewicht nicht mit seiner ganzen Wucht hinabstürzen, sondern es fängt sich mit der federnden Zugstange im Rahmen, und die beiden äußeren Seile teilen sich in seine Last. Es sind also zwar 256 Seile, aber nur $^6/_8$ davon = 192 Gegengewichte vorhanden, und jedes muß $\frac{4200}{192}$ vom Troggewicht = rd. 22 t tragen (Abb. 298).

Die Bewegung des Troges erfolgt durch einen besonderen Antrieb, der an zwei Stellen oben auf dem Trog in zwei Maschinenhäusern untergebracht ist. Diese enthalten zunächst je einen Elektromotor, der über ein Vorgelege je ein kräftiges Zahnrad mit nur 13 starken Zähnen, ein sog. Ritzel, in langsame Drehung versetzt. Die Ritzel ragen etwas über die seitliche Flucht des Troges hinaus und ihre Zähne greifen in die vier sog. Zahnstockleitern als stählerne Leitern mit mehr als armdicken runden Sprossen ein, die am Hebewerkgerüst befestigt sind. An diesen vier Leitern klettert der Trog herauf und herunter, während die Seile mit den Gegengewichten nur mitlaufen. Dabei bewegt sich der Trog mit einer Geschwindigkeit von i. M. 12 cm in der Sekunde, so daß in einer Minute i. M. 7,20 m und die ganzen 36 m in fünf Minuten zurückgelegt werden. Die vier Antriebsmotoren haben zufolge ihrer besonderen Schaltung als sog. Leonard-Schaltung eine zwangsläufig begrenzte Umlaufszahl, so daß nicht einer vorlaufen oder zurückbleiben und dadurch den Trog schief stellen kann. Außerdem sind die vier obengenannten Vorgelege durch lange Wellen, die ein großes waagerecht auf dem Troge liegendes Rechteck bilden, miteinander gekuppelt. Im Falle plötzlicher Störung eines Motors übernehmen die drei anderen Antriebe die Arbeit des vierten mit. Die Ritzel sind derart auf dem Troge gelagert und durch besondere Führungswagen an den Zahnstockleitern geführt, daß ihre

Zähne stets die richtige Eingriffstiefe haben, auch wenn der Trog, etwa bei Windstößen, kleine seitliche Bewegungen ausführen sollte.

Der Trog hat einen Freibord von 0,80 m und eine regelmäßige Wasserfüllung von etwa 2,50 m Tiefe. Läuft diese Wasserfüllung aus, dann tritt ein Ungleichgewicht von 2690 t ein, das den Trog nach oben zu ziehen sucht; läuft der Trog voll, dann tritt ein Ungleichgewicht von 810 t ein, das ihn abwärts zu drücken sucht. Um in diesen Fällen, von denen der Trogleerlauf ersichtlich der schwerere ist, die Überlast sicher aufnehmen und absetzen zu können, ist ein Gesperre eingebaut worden. Es führt den Namen Drehriegel und ist mit dem Antriebe durch eine Vorrichtung nach Patent LOEBELL gekuppelt, bei der das Wesentliche die nachgiebige Lagerung des Antriebsritzels ist. Abb. 299 zeigt den Grundgedanken dieses Gesperres. Auf einer durch vorgespannte Federn in einer mittleren Ruhelage gehaltenen Wiege ist das vom Motor angetriebene Antriebsritzel gelagert, mit dessen Hilfe der Trog an einer Zahnstockleiter auf und nieder bewegt wird. Das gesamte Triebwerk ist in Abb. 299 weggelassen worden, doch ist zu denken, daß das Ritzel sich nicht frei auf der Zahnstange abrollen kann, sondern vom Motor und von den Bremsen her Antrieb, Hemmung oder Behindern jeder Drehbewegung erfährt. Kommt aus irgendeinem Anlaß in das Antriebsritzel ein Zahndruck, der höher ist, als es den vorgespannten Federn entspricht, dann schwingt die Wiege aus, und der Trog setzt sich mit seinen Tatzen T auf feste Widerlager U_1 oder U_2, die auch für die größte Fehllast der Anlage tragfähig sind. Der Ritzelzahndruck wird hierbei nicht höher als es den vorgespannten Federn entspricht. Da der eben geschilderte Vorgang in jeder Höhenlage eintreten kann, sind die Tatzen T als kurze, am Troge befestigte drehbare, vom Ritzelantrieb mitgetriebene Schraubenspindeln ausgebildet, die Widerlager U als durchlaufende geschlitzte Schraubenmuttern.

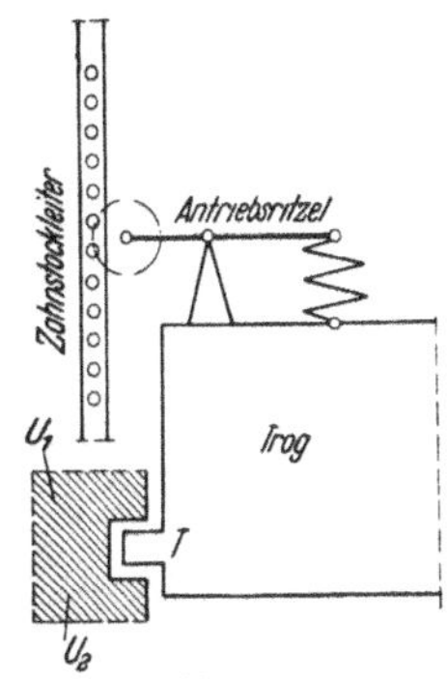

Abb. 299.

Es bewegen sich also die Schraubenspindeln als Drehriegel durch die Windungen einer langen, feststehenden Schraubenmutter. Solche 40 m lange Schraubenmuttern sind am Hebewerksgerüst an vier Stellen, entsprechend der Lage der vier Drehriegel des Troges, angebracht und mit einem Schlitz versehen, damit Drehriegel und Eckstücke in diese Schraubenmuttern hineingreifen können. Die Schraubenmuttern bestehen daher nur aus je zwei Backen mit Muttergewinde, sog. Mutterbacken, die zu je zweien in einer viereckigen hohen Säule aus starkem Stahlbau, der Mutterbackensäule, festgeschraubt sind. Wie Abb. 300 erkennen läßt, schleift der Drehriegel aber nicht wie eine gewöhnliche Schraubenspindel auf dem Gewinde der Mutterbacken, sondern schraubt sich bei der Fahrt des Troges mit allseitigem Spielraum durch sie hindurch. Der Spielraum zwischen den Windungen des Drehriegels und der Mutterbacken beträgt 3 cm. Um zu verhüten, daß sich bei seitlichen Schwankungen des Troges der Spielraum zwischen Drehriegel und Mutterbacken verringert und ein einseitiges Schleifen eintritt, werden die vier Drehriegel durch je zwei Führungswagen ständig genau zentrisch zwischen den Windungen ihrer Mutterbacken gehalten. Ferner sind die lotrechten Antriebswellen der Drehriegel gelenkig ausgebildet, so daß der Trog seitlich schwanken kann, ohne daß die Lage der Drehriegel in den Mutterbackensäulen sich ändert.

Diese technischen Einrichtungen dienen der Sicherung des Troges bei größeren Gleichgewichtsstörungen. Die Gegengewichte zerren dann den immer leichter werdenden Trog mit gleichbleibender Kraft von 4200 t in die Höhe, der Zahndruck auf die Ritzelzähne wird so groß, daß die Federspannung der Ritzellagerung nachgibt und die Ritzel ausweichen. Aber nur 3 cm weit können sie das, dann legen sich die Schraubenwindungen der Drehriegel von unten an die der Mutterbecken fest an und geben den ganzen Zug der Seile an die Mutterbackensäule und damit an das Hebewerksgerüst ab und der Trog steht fest. Die vier Mutterbackensäulen haben dabei im äußersten Falle den Gewichtsüberschuß der Gegengewichte gegenüber dem leergelaufenen Trog, das sind rd. 2600 t, aufzunehmen. Dasselbe Bild ergibt sich umgekehrt, wenn etwa Gegengewichte abreißen oder der Trog infolge einer Undichtigkeit am oberen Haltungstor sich übermäßig mit Wasser anfüllen sollte. Sobald eine größere Gleichgewichtsstörung die gefederten Ritzel zum Ausweichen bringt und der 3 cm-Spielraum zwischen den Gewinden der Drehriegel und Mutterbacken dadurch kleiner zu werden beginnt, schaltet sich selbsttätig der Strom aus; die Bremsen der Triebwerke fallen ein, Ritzel und Drehriegel bleiben stehen, und bei weiterer Änderung des Gleichgewichts setzt sich der Trog in jeder Höhenlage stoßfrei auf die vier Mutterbackensäulen ab. Andere elektrische Schalteinrichtungen setzen aber auch unabhängig vom Ausschwingen des Federhebels bei erheblichen Gleichgewichtsstörungen das ganze Triebwerk still. Sollten alle Schalter versagen, so setzt sich der Trog mit umlaufenden Drehriegeln auf die Mutterbackengewinde ab. Diese haben aber so geringe Steigung, daß infolge der entstehenden riesigen Reibungskräfte alle Sicherungen und bei deren Versagen schließlich die Motoren selbst stehenbleiben. Erst wenn die Gleichgewichtsstörung wieder beseitigt ist, hebt sich der Drehriegel von selbst wieder vom Gewinde der Mutterbackensäule ab und der Trog kann weiterfahren.

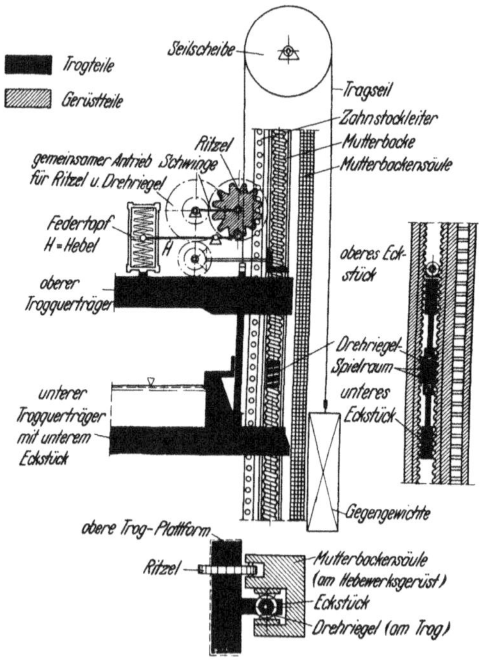

Abb. 300. Antrieb des Hebewerkes Niederfinow.

Die aus großen Stahlgußblöcken herausgearbeiteten Mutterbackensäulen sind recht schwierig herzustellende und nicht minder schwierig einzubauende und auszurichtende Bauteile, die erhebliche Kosten verursachen. Es sind daher neuerdings zur Vereinfachung und Verbilligung Vorschläge gemacht worden, den Drehriegel durch eine Schnecke zu ersetzen. Ein anderer Vorschlag legt die am Trog gelagerte Sperrschnecke waagerecht mit der wesentlichen Vereinfachung, daß hier nur zwei statt sechs Ritzel notwendig sind, da die Antriebsritzel gleichzeitig als Sicherheitsritzel wirken [*157*].

Die Auswuchtung des Troges in Niederfinow durch die Gegengewichte ist so vollkommen, daß vier Motoren von je 75 PS zum Antrieb genügen, denn es braucht zum Bewegen des Troges allein die Reibung in den Seilscheibenlagern und die Steifigkeit in den Seilen, die sich nicht ohne Kraftaufwand um die Seilscheiben biegen lassen, überwunden zu werden. Diese Widerstände sind im Verhältnis zur Masse des Troges und der Gegengewichte von zusammen $2 \cdot 4200 = 8400$ t sehr gering, nämlich nur 20 t. Die Vorspannung der Ritzelfederungen ist sechsmal so groß gehalten, um einen weiten Spielraum für unvorhergesehene Gleichgewichtsstörungen zu erhalten, ehe die Ritzel ausweichen und die Fahrt unterbrochen wird. Die Wasserfüllung des Troges muß genau eingehalten werden, da bei dessen Abmessungen 1 cm mehr schon ein Mehrgewicht von 10 t ausmacht. In der Nähe der Haltungen sind dafür am Hebewerkgerüst Skalen angebracht, auf denen durch Schwimmer bewegte Zeiger stets den augenblicklichen Wasserstand im OW bzw. UW. anzeigen. Die richtige Anfahrthöhe hat der Trog erreicht, wenn eine an ihm angebrachte, den Trogwasserstand darstellende Marke sich mit einem der genannten Zeiger deckt.

Das rd. 60 m hohe, 94 m lange und 27 m breite Hebewerkgerüst, das zur Erzielung größtmöglicher Steifigkeit aus St. 37 hergestellt ist, besteht aus aneinandergereihten, oben durch einen Windverband zusammengehaltenen Zwei-

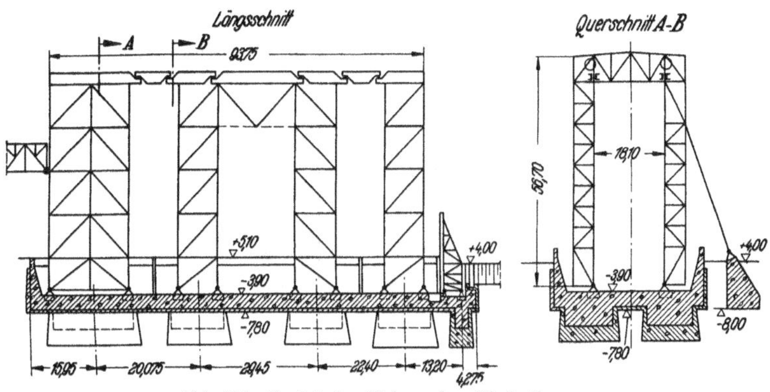

Abb. 301. Gerüst des Hebewerkes Niederfinow.

gelenkrahmen, die sich in drei Teile, sog. Türme, gliedern. Es ist in Abb. 301 im System dargestellt. Der kräftige Weststurm enthält den oberen Haltungsabschluß und nimmt den oben auftretenden waagerechten Wasserdruck auf. Der aus zwei Teilen bestehende Mittelturm trägt die Zahnstockleitern und Mutterbackensäulen; er ist gegen seitliche Bewegungen durch vier Streben gesichert. Der schmale Ostturm trägt in der Höhe der obersten Trogstellung einen erkerartig ausgekragten kräftigen Prellbalken. Dieser soll verhindern, daß das Tor etwa durch ein anfahrendes Schiff herausgestoßen wird. Auerdem soll er auch bei einem etwaigen Bruch des oberen Gegenhalters den Trog gegen Ausschwingen schützen.

Wie bereits eingangs dargelegt, ist eine ästethisch befriedigende Gestaltung von Schiffshebewerken ein nicht leicht zu lösendes Problem. Die Vielheit seiner Einzelteile führt dazu, besonders wenn sich der Trog in unterer Stellung befindet, daß das Bauwerk nicht als einheitlich Ganzes wirkt. Es sind daher viele Versuche vorgenommen worden, Gegengewichtshebewerke in Massivbauweise durchzuführen. Bei früheren Entwürfen dieser Art hängt der Trog an Drahtseilen, die sich beiderseits auf seine ganze Länge verteilen, also wie in Niederfinow Seilscheiben, Gegengewichte und tragende Wände längs des gesamten Bauwerkes erfordern. Ein Gegengewichtswerk kann aber in wirtschaftlicher und technischer Hinsicht günstiger gestaltet werden, wenn man die Anzahl der Gegengewichte nebst Zubehör an bestimmten Punkten des Schiffstroges in einzelnen Türmen zusammenfaßt und die sich beim Gewichtsausgleich ergebenden Kräfte auf dem kürzesten Wege dem Erdreich zuleitet. Ein derartiges Gegengewichtshebewerk ist bereits bei der Entwurfsbearbeitung von Schiffshebewerken für den Oder—Donau-Kanal entwickelt worden (Abb. 302). In diesem Entwurf sind insgesamt 84 Seilscheiben bei einer höchsten Zapfenbelastung von 76 t, die bei dem heutigen Stande der Technik unbedenklich zugelassen werden kann, vorgesehen, während

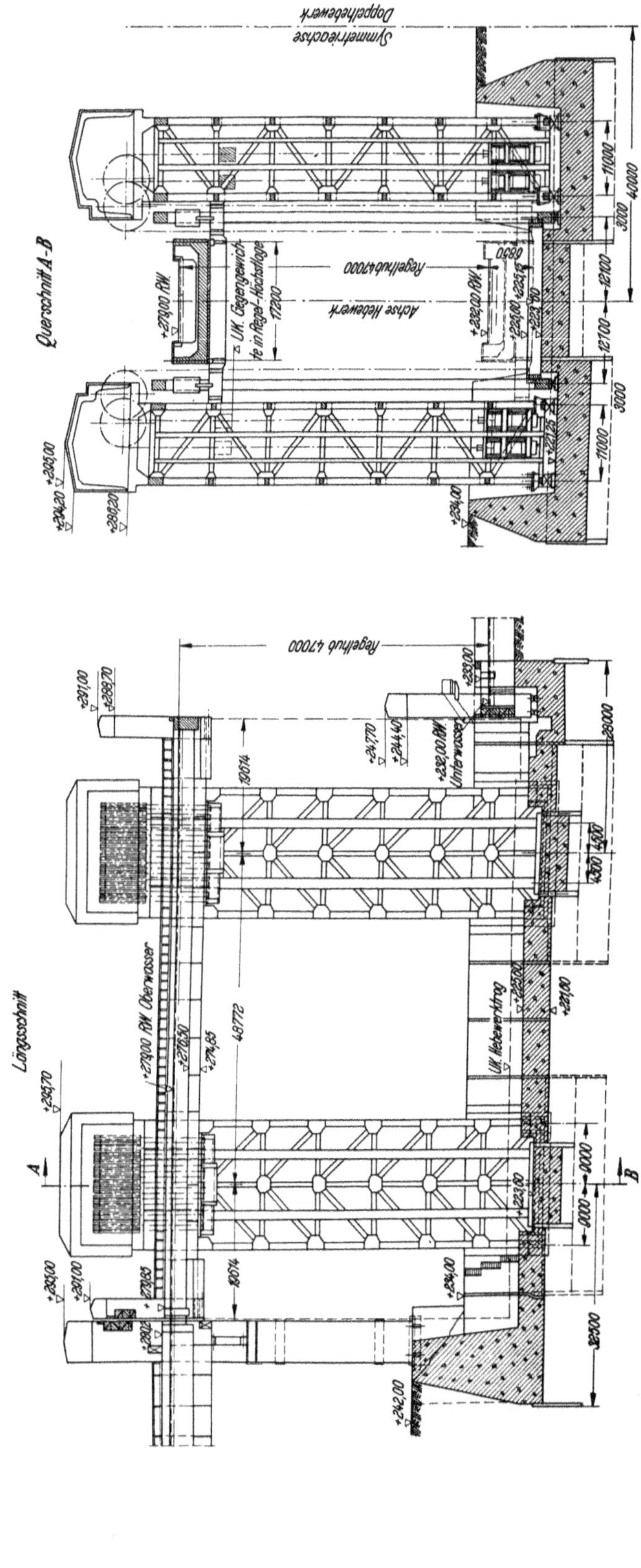

Abb. 302. Gegengewichtshebewerk für 47 m Hub.

das Hebewerk Niederfinow 256 Seilscheibenlager bei einer Zapfenbelastung von 47,5 t je Lager aufweist. Die Abmessungen der 4 Türme sind natürlich von der Unterbringung der Seilscheiben und Gegengewichte abhängig. Der technische und wirtschaftliche Vorteil dieser Bauweise gegenüber der in Niederfinow gewählten ist unverkennbar. Je konzentrierter man die Kräfte auf die 4 Türme überleiten kann, um so geringer ist der Materialaufwand. Erstrebenswert wäre es, das Troggewicht durch nur 4 Gegengewichte etwa in den Viertelpunkten des Troges auszugleichen, denn dann könnten die erforderlichen 4 Gerüsttürme mit den geringsten Breitenabmessungen ausgeführt werden. Die Umlenkung einer so großen Kraft durch eine oder nur wenige Seilscheiben mit den dazugehörigen Lagerteilen ist aber technisch nicht ausführbar. Somit wird die Ausbildung der zwei Türme auf jeder Seite von der Unterbringung der erforderlichen Seilscheiben mit ihren Lagern maßgeblich beeinflußt.

Der dichte Anschluß des Troges an die Haltung erfolgt in Niederfinow durch einen Rahmen, der U-förmig das Ende des Haltungsabschlusses umfaßt und mit dessen Ebene bündig liegt. Soll der Spalt gegen ein Trogende abgedichtet werden, so wird der Rahmen durch 14 gefederte Pressen, die über seine Länge gleichmäßig verteilt sind, um die Spaltbreite aus der Flucht des Haltungsabschlusses herausgehoben (Abb. 303). Der Rahmen trägt auf der Vorderseite eine dicke Gummileiste, die sich gegen einen messingbeschlagenen Schild des Trogendrahmens anpreßt. Damit das Wasser nicht hinter dem Andichtungsrahmen herumlaufen kann, ist die waagerechte Fuge an seinem oberen Rande durch eine beiderseits fest eingespannte lange Gummiplatte abgedichtet, die ohne Spannung allen Bewegungen des Andichtungsrahmens folgt. Die vordere Gummileiste muß, wie die Versuche gezeigt haben, mit etwa 8 kg/cm² gegen den Trogschild gepreßt werden, sonst sickert noch Wasser durch. Das macht bei einer Länge von 25 m einen Druck von 20 t aus. Bei hohem Wasserstand in den Haltungen steht der Trogboden höher als die Sohle der angrenzenden Haltung, da der Trog stets 2,50 m Wassertiefe behalten muß. Sein Endschild muß also so tief hinabreichen, daß ihn der Andichtungsrahmen auch bei höchstem Haltungswasserstande noch trifft. Der Pressendruck des Dichtungsrahmens sucht den Trog von der Haltung fortzudrücken. In demselben Sinne wirken dabei auch noch andere Kräfte, z. B. Wasserdruck im Spalt und gegebenenfalls Windangriff. Sie können zusammen bis zu 24 t betragen. Diese Kraft vermögen die Längsführungen des Troges allein nicht mehr aufzunehmen; der Trog würde sich also von der Haltung lösen. Um das zu verhindern, sind besondere Gegenhalter, ein Paar an jeder Haltung, als sog. Trogverriegelungen eingebaut. Es sind einarmige, rd. 11 m hohe Hebel, die von kleinen Elektromotoren mittels Zugstangen so weit angezogen werden, daß sie sich gegen seitlich am Trogboden angebrachte Druckkörper anpressen und den Trog in seiner jeweiligen Lage am Haltungsabschluß unveränderlich festhalten, bis der Trog die nächste Aufwärts- oder Abwärtsfahrt antritt.

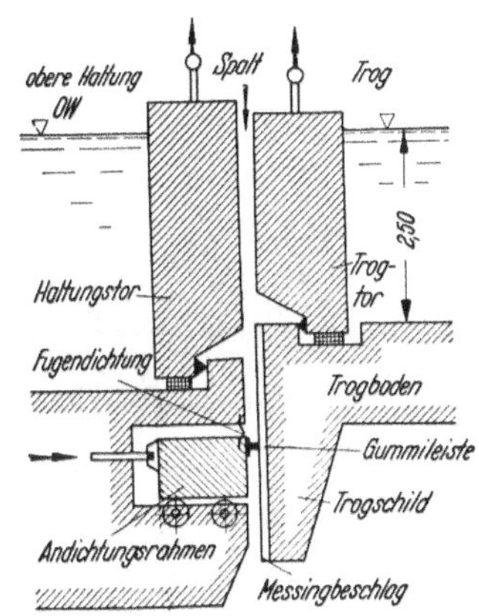

Abb. 303. Abdichtung des Spaltes zwischen Trog und Haltung.

Die den Anschluß des Hebewerks an den Hang vermittelnde stählerne Kanalbrücke besteht teils aus St 52, teils aus St 37. Sie stellt mit 3800 t Stahlgewicht schon für sich ein bedeutendes Bauwerk dar. Die sieben Hauptträger der Brücke sind Gerberträger von rd. 36,1 + 84,3 + 36,6 = 157 m Stützweite. Der Brückentrog ist 28 m breit; seine Tiefe erhöht sich bei Anspannung und Windstau bis auf 3,90 m. Als Nutzlast waren daher für das laufende Meter über 100 t einzusetzen.

Der Hub eines Fahrzeuges von Tal zu Berg wickelt sich folgendermaßen ab: Sobald der Trog zur Aufnahme eines Schiffes frei geworden ist, wird dieses mittels einer elektrischen Seiltreidelanlage aus dem unteren Vorhafen hereingeholt und im Trog festgelegt. Hinter ihm schließen sich Trog und Haltungstor. Sodann wird die Wasserfüllung des Spaltes zwischen den Toren abgelassen, der Andichtungsrahmen zurückgezogen und die Trogverriegelung gelöst. Erst wenn diese Maßnahmen abgewickelt sind, läßt sich infolge der gegenseitigen elektrischen Abhängigkeiten der Trogantrieb einschalten. Mit langsamer Bewegung beginnend, erreicht der Trog nach kurzer Zeit die mittlere Geschwindigkeit von 12 cm/sek, die er kurz vor der Endstellung verlangsamt. Hierauf erfolgt das Anziehen der Trogverriegelung; dann erst läßt sich der obere Andichtungs-

Abb. 304. Hebewerk Niederfinow mit Kanalbrücke.

rahmen verschieben. Nachdem der Spalt gefüllt ist, heben sich Trog und Haltungstor gemeinsam. Das Schiff macht sich von den Festmacheeinrichtungen am Trog los und wird von einer elektrischen Treidelmaschine, die auf dem nördlichen Leitwerk der Kanalbrücke entlangfährt, in den Oberhafen, der eine Länge von 1200 m bei 66 m Wasserspiegelbreite aufweist, hineingezogen. Die Fahrt von Oberwasser nach Unterwasser vollzieht sich entsprechend in umgekehrter und ebenfalls zwangsläufig geregelter Reihenfolge. Eine Durchfahrt durch das Hebewerk einschließlich Ein- und Ausfahren der Schiffe dauert etwa 20 min gegenüber 2 Std. auf der Schleusentreppe des alten Abstieges. Damit ist das Hebewerk unter Berücksichtigung der seinerzeit vorhandenen Schiffsgrößen und der nicht zu umgehenden Schwankungen und Schiffahrtspausen imstande, ohne ausgesprochenen Nachtbetrieb einen Kahnraum von etwa 10 Mill. t im Jahr zu bewältigen.

Die Anlage Niederfinow hat sich in ihrer nunmehr fast 20jährigen Betriebszeit — alles in allem genommen — sehr gut bewährt. Es sind natürlich auf Grund der betrieblichen Erfahrungen an den einzelnen Hebewerksteilen kleine Abänderungen und Ergänzungen der verschiedensten Art vorgenommen worden. Schon im Jahre 1934 zeigte sich, daß das Wasser in dem von allen Seiten frei der Witterung ausgesetztem Trog schneller einfror als das Wasser im anschließenden Kanal. Es mußten daher sofort Maßnahmen getroffen werden, um den Trog vor Frostschäden zu schützen und die Tore und sonstigen Einrichtungen betriebsfähig zu halten. Zu diesem Zweck wurde eine elektrische Heizung eingebaut, die sparsam und zuverlässig arbeitet. Die zweirillig ausgeführten Seilscheiben haben sich nicht als zweckmäßig erwiesen. Da zwei verschieden belastete Seile über eine Scheibe laufen, längen sich die Seile verschieden. Die Folge davon ist, daß das weniger belastete Seil sich auflockert, auf der Scheibe rutscht und früher verschleißt. Entweder dürfen nur gleichbelastete Seile über eine zweirillige Seilscheibe geführt werden oder noch besser jedes Seil über eine besondere Scheibe. Die Seilgewichts-Ausgleichketten liefen in der Gerüstwanne in besonderen Führungsbahnen, um ein Schlagen der Ketten infolge ihrer Bewegung oder infolge Windkräfte zu vermeiden. Nach zehnjähriger Betriebszeit hatten sich die aus starken Winkelstählen bestehenden Führungsbahnen soweit abgenutzt, daß die Schenkel der Winkelstähle stellenweise durchgeschliffen und abgebrochen waren. Als weitere Folge war die Bahn, die ursprünglich genau halbkreisförmig war, kantig geworden. Die Ketten durchliefen nun nicht mehr glatt, sondern ruckartig ihren Weg. Dies führte zu einer ernsten Betriebsstörung, die sogar eine Schiefstellung des Troges mit sich brachte. Die ruckartigen Bewegungen hatten nämlich die Keile an den Vorgelegen der Ringwellenleitung gelöst. Damit war die Sicherheit für die Geradführung des Troges hinfällig geworden. Die Führungsbahnen wurden daraufhin ausgebaut, und zwar ohne Nachteile. Es hat sich gezeigt, daß auch bei starkem Wind kein Schwanken der Ketten eintritt, das den Betrieb des Hebewerkes gefährdet. An den Zahnstockleitern konnte man geringen Verschleiß feststellen. Eigenartigerweise trat der Verschleiß bei 3 Zahnstockleitern auf der oberen Seite ein, bei der vierten hingegen nur auf der unteren Seite. Danach muß angenommen werden, daß der vierte Antrieb nicht richtig eingestellt war. Die Sicherheitsgesperre, die immer leer mitlaufen, sind bisher erst einmal in Wirksamkeit getreten und haben dabei ihren Zweck erfüllt. Die Einrichtungen zur Verriegelung und Andichtung des Troges an die Haltungen, sowie die Rohrleitungen und Schieber zum Spaltfüllen und -leeren arbeiten einwandfrei. Die Gummimembranen und Gummidichtungsleisten sind verschiedentlich beschädigt worden und haben ausgebessert werden müssen. Die Eisenkonstruktion des Maschinenhausaufbaues am Unterhaupt, die frei auskragt, wurde zwischenzeitlich verstärkt, weil bei der Torbewegung Schwingungen auftraten. Es hat sich als sehr zweckmäßig erwiesen, das während der Bauzeit des Hebewerkes errichtete Dieselkraftwerk für ständig als Reservekraftwerk beizubehalten. Ab und zu treten Störungen in der Stromversorgung durch das Überlandwerk ein; dann ist es von Vorteil, die Stromlieferung durch das Kraftwerk, das immer betriebsbereit gehalten wird, sofort aufnehmen zu können. Bei der Ausbildung verschiedener Konstruktionen ist mehr Rücksicht auf äußeres Aussehen als auf Zweckmäßigkeit gelegt worden. Ein solches Vorgehen ist zu vermeiden. Alle Maschinen- und Schaltanlagen müssen so angelegt bzw. konstruiert sein, daß ihre normale Wartung und eine etwa nötige Instandsetzung unbehindert ausgeführt werden können. Es fehlt z. B. ein Verbindungssteg zwischen den Treppenaufgängen an der Westseite unterhalb der Rohrbühne. Unterhaltungs- und Instandsetzungsarbeiten an der Restwasserrinne können daher nur ausgeführt werden, wenn auf den Querträgern im Westturm in Höhe von +26,80 m vorher ein Gerüst errichtet worden ist. Dies erfordert in der Regel erheblich mehr Zeit und Arbeitskräfte als die Ausführung der kleinen Instandsetzungsarbeit selbst, die aber ohne das Gerüst nicht vorgenommen werden kann. Bei dem Schiffshebewerk Niederfinow sind fast alle Maschinenteile zu reichlich bemessen, d. h. die bei den Berechnungen eingesetzten Sicherheitswerte sind sehr hoch angenommen worden. Das ist seinerzeit bewußt geschehen, um bei der neuartigen technischen Durchbildung des Bauwerkes und aller Teile keinen Fehlschlag zu erleiden [*426* bis *445*].

29. Geneigte Ebenen.

Geneigte Ebenen als Schiffshebewerke haben entweder Längsbahnen, bei denen das Schiff *in* seiner Fahrtrichtung oder Querbahnen, bei denen es *quer* zu seiner Fahrtrichtung weiter bewegt wird.

Längsgeneigte Ebenen finden wir in einfachster Form schon um das Jahr 1000 v. Chr. an den alten chinesischen Kanälen, und zwar mit *Trockenförderung* auf einer aus Balken und Bohlen hergestellten Rutschbahn. Mit dem Wachsen der Schiffskörper setzte man den Kahn auf einen mit Rädern versehenen Wagen, der eine gesicherte Führung durch Schienen erhielt. Die ersten zwei längsgeneigten Ebenen mit Trockenförderung sind Ende des 18. Jahrhunderts in England erbaut worden. Hier betrug die zu überwindende Gefällhöhe 22 m bzw. 63 m, die Neigung der Ebenen bei beiden Anlagen 1 : 2,5. Diese Hebewerke waren jedoch nur für sehr kleine Fahrzeuge, 5 bis 10 t, vorgesehen. Eine dritte längsgeneigte Ebene mit Trockenförderung entstand 1825 bis 1831 am *Morris-Kanal* in den Vereinigten Staaten mit Neigung von 1 : 10 und zwei hintereinander folgenden Stufen von 11,0 und 30,4 m zur Beförderung von 35 t-Schiffen. Der Abschluß der oberen Haltung erfolgte dabei durch eine Kammerschleuse.

Die einzige auf dem europäischen Kontinent vorhandene geneigte Ebene ist eine Längsbahn mit Trockenförderung, erbaut zwischen 1845 bis 1860 am *Elbing—Oberländischen-Kanal*. Sie gestattet die Beförderung von Schiffen mit 50 t Ladefähigkeit bei einem Gewicht von Schiff und Wagen von zusammen 84 t. Im ganzen sind fünf geneigte Ebenen „hintereinandergeschaltet", die Höhen von 13,0 m bis 25,0 m aufweisen. Die beiden sich als Gegenlasten ausgleichenden Schiffswagen fahren gleichzeitig und unmittelbar in das Ober- und Unterwasser ein. Während der Fahrt liegt das Schiff auf dem Boden des Wagens, also parallel mit der Bahnneigung. Damit es sich waagerecht auf den Wagen absetzt oder von ihm abschwimmt, wenn dieser sich in der Haltung befindet, sind im Bereich des Überganges Doppelschienen, sog. Differenzschienen, angeordnet, die den Wagen so führen, daß er mit horizontaler Bodenlage ins Wasser eintritt (Abb. 305). Die Neigung der Ebenen beträgt auf der Hauptstrecke 1 : 12. Da anfangs, und zwar so lange der aus dem Oberwasser tretende Wagen noch zum Scheitel ansteigt, beide Wagen mit den daraufstehenden Schiffen gezogen werden müssen, haben die Ebenen für diese Teile gleichmäßig auf beiden Seiten eine Neigung von 1 : 24. Beide Wagen werden, auch wenn nur ein einziges Schiff zu befördern ist, immer gleichzeitig in Bewegung gesetzt. Sie erhalten den erforderlichen Antrieb durch eine Wasserkraftanlage über eine große stählerne Trommel, die abwechselnd in der einen und der anderen Richtung bewegt wird. Zwei Drahtseile, deren Enden an den Wagen befestigt sind, winden sich in entgegengesetzten Richtungen um diese Trommel. Während das eine Seil den ersten Wagen zieht, gibt das andere den zweiten Wagen frei. Um beide Wagen stets bis an das unter Wasser liegende Ende der Bahnen herabzulassen, sind sie unter sich durch ein drittes Seil verbunden, das den abwärts fahrenden Wagen hinreichend weit herabzieht. Dieses sog. Hinterseil zieht auch den zweiten Wagen aus dem Oberkanal bis zum Scheitel, während die Maschine den ersten Wagen aus dem Unterwasser herausholt.

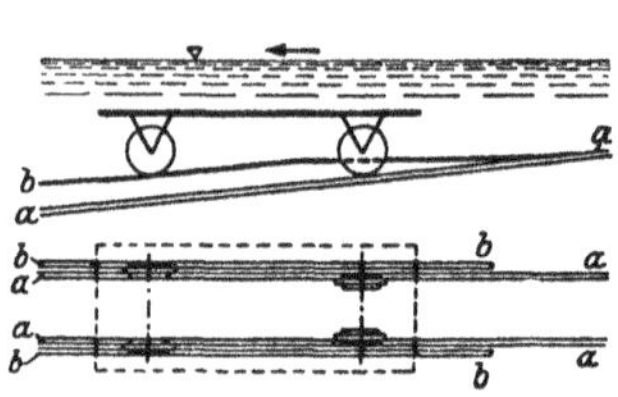

Abb. 305.

Das Schema einer längsgeneigten Ebene mit *Naßförderung* gibt Abb. 306 wieder. Hierbei gelten bezüglich Abschluß des Troges und der Haltung die gleichen Gesichtspunkte wie bei den senkrechten Hebewerken. Eine erste Schiffshebeanlage dieser Art wurde 1839 bei *Glasgow* gebaut, und zwar für 50 t-Schiffe mit Neigung 1 : 10 zur Überwindung einer Fallhöhe von 30 m. Der Abschluß der oberen Haltung erfolgt durch ein Klapptor. Während hier noch 2 Trogwagen vorhanden sind, weist die am *Ohio-Kanal* im Jahre 1876 für 125 t-Schiffe erbaute Ebene nur einen Trogwagen auf, dessen Zug durch 2 Paar Gegengewichtswagen — also Wagen ohne Trog — aufgehoben wird. Die Neigung der Ebene beträgt 1 : 12 bei einem Gefälle von 11,6 m. Die reine Naßförderung ist aber später beschränkt worden, indem man aus dem Trog bei jedem Hubvorgang so viel Wasser abläßt, daß sich das Schiff mit einem geringen Übergewicht auf den Trogboden setzt. Dieser Gedanke der *halbnassen Förderung* ist auch bei dem im Jahre 1906 veranstalteten internationalen Wettbewerb für ein Schiffshebewerk von 36 m bei *Prerau* im geplanten *Donau—Oder-Kanal*, bei dem sich unter 10 ausgezeichneten Entwürfen 5 geneigte Ebenen befanden, zum Ausdruck gekommen. Hierbei ist weiterhin der Vorschlag gemacht worden, zur Unterstützung des Schiffes Längsbalken anzuordnen, die auf Pufferfedern oder Preßluftfedern gelagert sind.

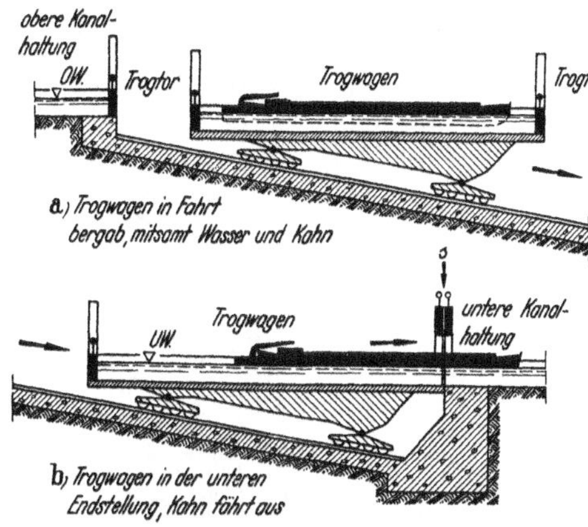

Abb. 306.

Die Gesamtanlage einer längsgeneigten Ebene, wie sie als Projekt anläßlich des Wettbewerbes *Prerau* geplant worden ist, gibt Abb. 307 a—c wieder. Der Entwurf zeigt eine doppelte Längsbahn mit 15 m Achsabstand und einer den Geländeverhältnissen entsprechenden Neigung von 1 : 12. Zwischen jedem der beiden Schienenstränge befindet sich eine Zahnstange. Auf sie wirkt der im Unterteil jedes Trogwagens angeordnete Antrieb. Die beiden Wagen werden elektrisch dadurch im Gleichgewicht gehalten, daß der abwärts gehende Wagen die sonst als Generator wirkende Dynamomaschine zum Motor macht und mit Hilfe dieses Motors die Arbeit unterstützt, welche die Antriebsmaschine für die Bewegung der anderen Dynamomaschine leisten muß. Es ist jedoch auch möglich, jeden Wagen für sich zu betreiben. Der Trog von 10 mm Wand- bzw. Bodenblechdicke ruht auf 104 Laufrädern aus Stahlguß von 1,1 m Durchmesser und 160 mm Flanschbreite. Diese übertragen den Druck auf die Schiene über Federn, was das Auswechseln eines jeden Rades ohne Hebung des Wagens gestattet. Die Fahrgeschwindigkeit des beweglichen Teiles soll im Mittel etwa 0,5 m/sek betragen, d. h. wenn Anfang und Ende der Strecke mit verminderter Geschwindigkeit zurückgelegt werden, ergibt sich eine Maximalgeschwindigkeit von etwa 1 m/sek. Die Dauer eines Hubes von Haltung zu Haltung beläuft sich auf rd. 30 min, einschließlich des Ein- und Ausfahrens der Fahrzeuge auf etwa 42 min. Neben den Laufrädern sind zur Verminderung der Reibung noch Wälzungsrollen nach Abb. 308 vorgesehen. Hierbei werden eine größere Anzahl von Rollen durch Gelenkketten zu einer „Walzenleiter" verbunden, im vorliegenden Falle 196 Rollen zu 5 Gruppen, die an den Enden über bogenförmige Führungsstücke geleitet werden. Die Walzen arbeiten also wie die Kette eines Raupenschleppers.

Die bei geneigten Ebenen schwierigste Aufgabe ist die der gleichmäßigen Verteilung der Last auf die Räder. Um sie zu erreichen, sind eine Fülle von Vorschlägen gemacht worden. So hat man bei einem Entwurf zu einer Längsebene für den Donau—Oder-Kanal zur Abstützung des Troges Drahtseile vor-

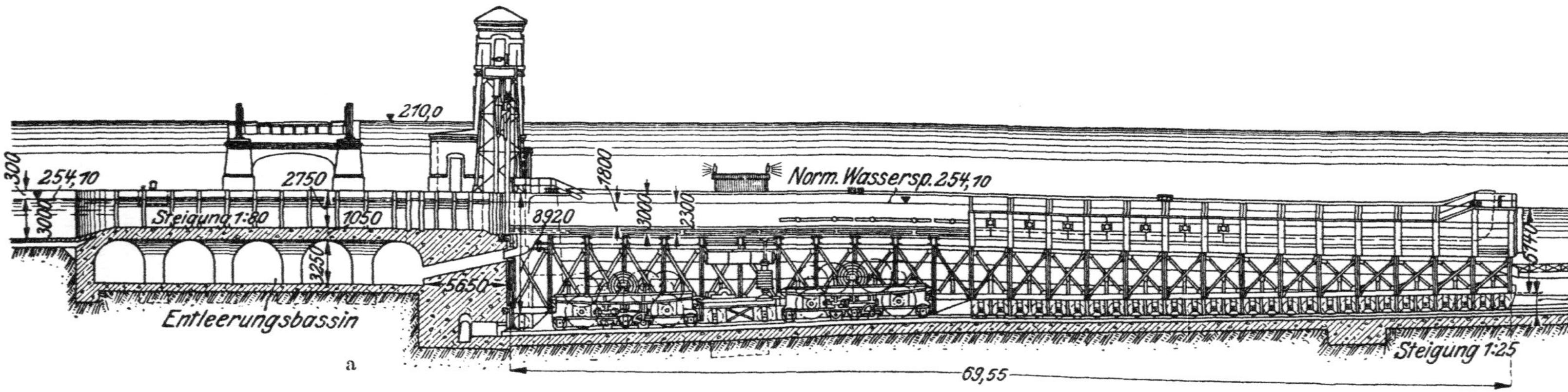

a

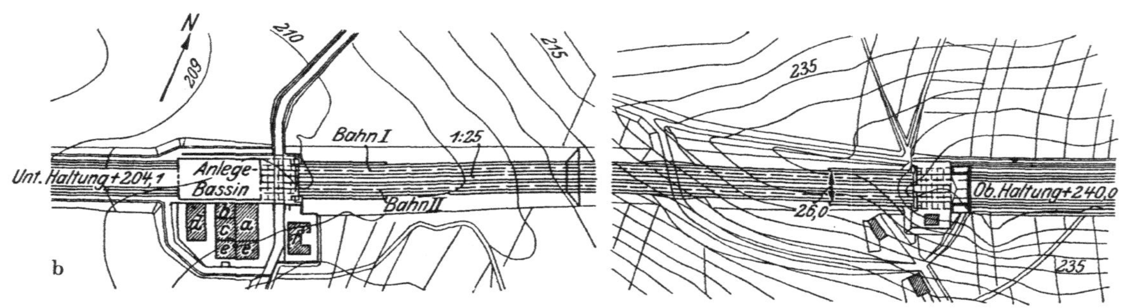

b

Abb. 307a—c.
Längsgeneigte Ebene.

geschlagen, die durch Druckwasser in Spannung gehalten und nach Abb. 309 über Rollen geführt werden, die teils am Trog, teils auf den einzelnen Wagengestellen befestigt sind. Eine andere Lösung besteht darin, den Gewichtsaus-

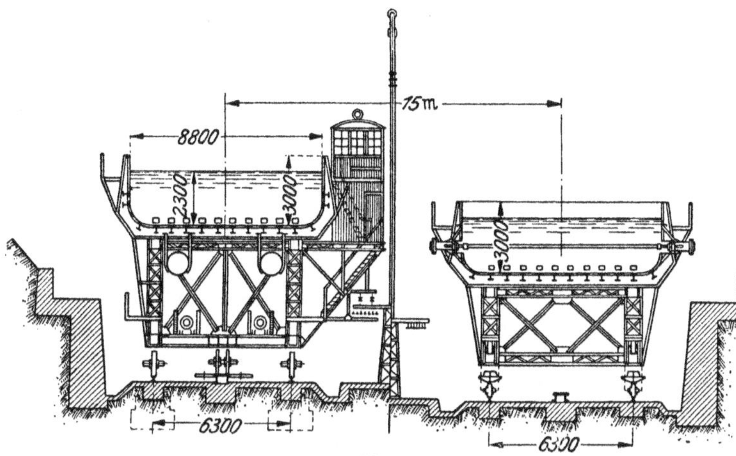

Abb. 307 c.

gleich durch Druckwasserpressen vorzunehmen, die miteinander in Verbindung stehen. Ein weiterer Vorschlag ist, die Räder durch Gleitschuhe zu ersetzen. Hierbei besteht jeder Schuh aus einem unten offenen Stahlkasten, der ringsum

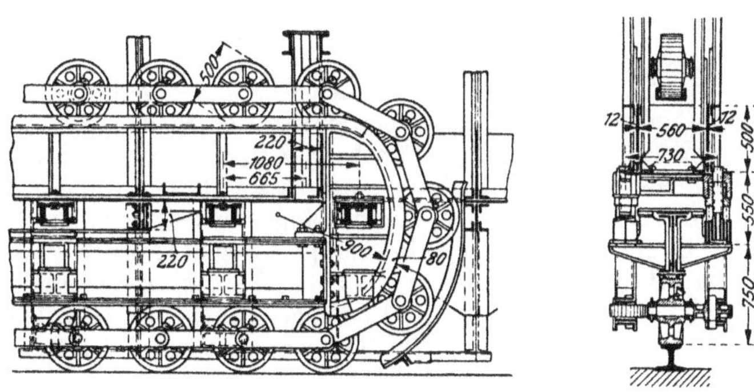

Abb. 308. Wälzungsrollen für den Trogwagen.

durch eine Lederstulpe abgedichtet ist. In ihn wird Wasser mit solchem Druck hineingepreßt, daß dauernd Wasser unter der Lederstulpe hervorquillt. Es läuft damit der Gleitschuh nicht direkt auf dem Schienenkopf, sondern auf einem „Druckwasserfilm". Man gibt an, daß sich nach Versuchen der Reibungswiderstand hierbei auf $^1/_{100}$ bis $^1/_{300}$ vermindern soll. Einem Einfrieren zur Winterszeit wird durch Glyzerinzusatz begegnet. Die große Frage ist jedoch bei dieser Konstruktion, ob es möglich ist, die Gleitbahn so eben und die Abdichtung so einwandfrei herzustellen, daß selbst federnd gelagerte Gleitschuhe nicht stellenweise wasserlos werden.

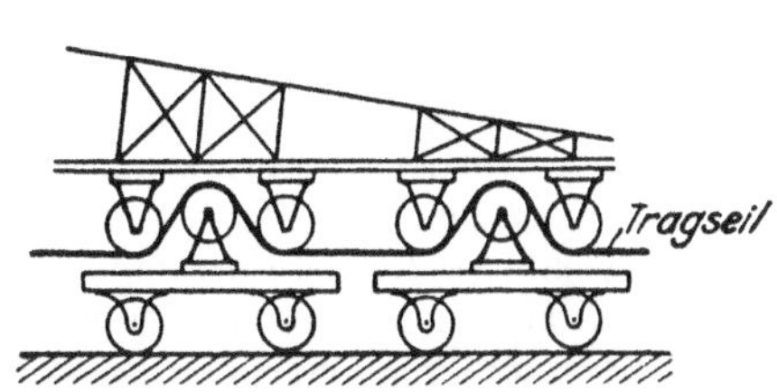

Abb. 309. Seilabstützung des Schiffstroges.

Neuerdings sind noch [11] längsgeneigte Ebenen vorgesehen im Zuge des Bodensee—Donau-Kanals für 104 m Hub bei einer Steigung von 1:48, ferner im Zuge der Neckar-Donau-Verbindung bei Plochingen und Göppingen mit 107 bzw. 100 m Hub bei einer Steigung von 1:21.

Quergeneigte Ebenen besitzen nicht den Vorteil der Weiterbeförderung der Kähne in Fahrtrichtung während des Hebens oder Senkens. Sie gestatten aber ein einfacheres Fahrgestell, da ein für Längsbewegung vorgesehener Schiffstrog bei steiler Neigung an seinem unteren Ende eine entsprechende Höhe erhalten muß. Quergeneigte Ebenen kommen daher vorwiegend in Frage bei stärkeren Geländeneigungen. Bei ihnen ist der Unterbau nur von der an sich geringen Trogbreite abhängig. Die erste quergeneigte Ebene ist um 1900 in England bei Foxton, Grafschaft Leicester, erbaut worden. Sie hat eine Neigung von 1 : 4 und gestattet bei einem Höhenunterschied von 22,9 m die Beförderung von 70 t-Schiffen auf dem Wege der Naßförderung. Die beiden Tröge sind je 24,4 m lang, 4,6 m breit und 1,5 m tief. Sie laufen auf je 4 Doppelschienen und sind durch 4 Drahtseile miteinander verbunden. Die Abschlußtore der Tröge und Haltungen werden hydraulisch bewegt.

In Deutschland ist eine quergeneigte Ebene vorgesehen gewesen für den rd. 62 m hohen Aufstieg von der kanalisierten Werra zur Scheitelhaltung des *Werra—Main-Kanals* südlich des Bahnhofes Ritschenhausen der Strecke Lichtenfels—Meiningen [*71*]. Der Entwurf fußt auf Vorschlägen, die von der MAN-Werk Gustavsburg gemacht und im weiteren von dem früheren Ingenieurbüro Havested & Contag, Berlin, ausgearbeitet worden sind. Das Hebewerk hat einen Trog von 110 m nutzbarer Länge und 12 m lichter Weite bei 2,5 m Wassertiefe. Es besitzt nach Abb. 310 eine ortsfeste Antriebsmaschine, wobei die gesamte zu bewegende Last durch walzenartige Gegengewichte ausgeglichen wird. Die Schienen sind auf durchgehende Betonschwellen gelagert und steigen mit 1 : 10 an, während die Fundamentsohle sich dem Gelände anpaßt. Querschnitt und Sohlbreite dieser Betonkörper müssen daher so gestaltet sein, daß sie den großen Raddruck des wassergefüllten Trogwagens und der nicht minder schweren Gegengewichtswalzen sicher auf den Baugrund übertragen können. Die 620 m lange Fahrbahn endigt oben und unten in trockenen Mauernischen, die durch Hubtorverschlüsse mit den Kanalhaltungen in Verbindung gebracht werden. Der durch Längs- und Querspanten versteifte Trog ruht auf Querträgern, die an die Hauptträger angeschlossen sind. Diese stützen sich mit Hilfe von zwei mehrwandigen Rahmen auf besondere Verteilungsträger, von denen die Last an die Radträger abgegeben wird. Der Abstand der beiden Rahmen voneinander ist 25,6 m und entspricht der Spurweite der Trogschienenbahn. Jeder Rahmen besteht aus vier einzelnen Tragwänden, von denen je zwei zu einem Kastenträger mit einer Entfernung von 3 m von Mitte zu Mitte vereinigt sind. Die gewählte Form der Rahmen ergibt eine geringe Baulänge des Wagens in der Fahrtrichtung. Die mehrwandige Ausbildung der Rahmen bedingt eine Lagerung der Hauptträger in Gelenken. Mittels dieser Gelenkbolzen und durch Verteilungsträger wird eine gleichmäßige Belastung der einzelnen Rahmenträgerwände erreicht. An der Bergseite bildet ein waagerechter Träger den Untergurt der Versteifungsträger. An ihm greifen die Seile der Gegengewichtswalzen an, auch sind an ihm die zwischen den Rahmen liegenden, entsprechend weit vorgekragten Querträger angeschlossen. Diese Anordnung gestattet eine Kräfteübertragung in den großen waagerechten Träger. Sie ist insofern günstig, als der Schwerpunkt des ganzen Trogwagens einschließlich Wasserfüllung in unmittelbarer Nähe des Bodens liegt. Das gesamte Gewicht des betriebsfertigen wassergefüllten Trogwagens beträgt etwa 5000 t, es wird durch Gegengewichte vollständig ausgeglichen. Der portalartige Rahmen, in den der Trog eingebaut ist, lagert auf zwei vierachsigen Wagenuntergestellen, von denen jedes aus einer Plattform besteht, die auf drei zweiachsigen Schemelwagen ruht. Auf den acht Achsen sitzen je zwei Paar Doppelräder, so daß 32 Stützpunkte vorhanden sind, die je 160 t aufnehmen können. Die beiden Doppelschienen bestehen aus schweren Kranprofilen. Alle Achsen des Wagens sowie alle Gelenkbolzen der Verteilungsträger einschließlich der Auflagergelenke der Portale ruhen in Walzenlagern.

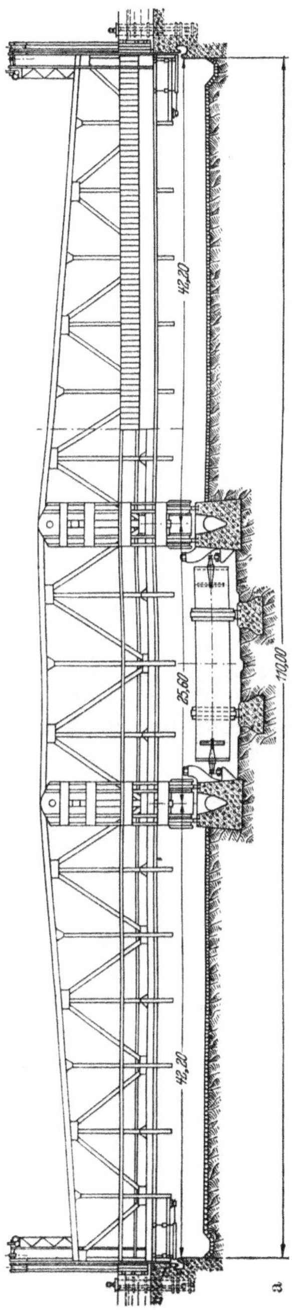

Das in einer Grube zwischen den Schienen für den Trogwagen ebenfalls auf Schienen laufende Gegengewicht besteht entsprechend der Zahl der Wagenachsen aus acht großen Walzen, deren Gesamtgewicht von 5000 t sich wie bei dem Trogwagen auf 32 Auflagerpunkte verteilt. Die Walzen sind aus einem Beton, dessen spezifisches Gewicht durch Beimischung von Stahlbrocken auf etwa 5,0 erhöht wird, vorgesehen. In ihrem Inneren ist ein Stahlgerüst vorhanden, das den Kern der im übrigen auf dem Bauplatz bequem herzustellenden Betonkörper bildet. Die acht Walzen sind untereinander durch Augenstäbe verbunden, die auf die aus ihren Enden hervorragenden Stirnzapfen aufgezogen sind. Bergseitig schließt sich an den letzten dieser Stäbe die Gliederkette an, die das Gegengewicht mit dem Trogwagen verbindet und zu diesem Zweck am Kopfende der Aufzugebene über ein sechseckiges Rad in senkrechter Ebene umgelenkt wird. Auf jede der beiden den Wagen mit seinem Gegengewicht verbindenden Ketten wirken zwei Ritzel, die mittels besonderen Windwerks durch einen besonderen Motor angetrieben werden. Infolge des vollständigen Gewichtsausgleiches sind bei der Bewegung lediglich die auftretenden Reibungswiderstände, Schwankungen des Trogwasserspiegels und der Winddruck von dem Windwerk zu überwinden, und zwar sowohl bei der Bergfahrt als auch bei der Talfahrt. Das Antriebgestänge muß also Zug- und Druckkräfte übertragen können. Die gesamte Leistung der vier Antriebsmotoren beträgt rd. 1900 PS, wobei eine mittlere Fahrgeschwindigkeit von 0,5 m/sek erzielt wird. Die Antriebsmotoren nebst Vorgelegen sowie die Schalt- und Anlaßvorrichtungen sind in zwei am oberen Ende der Trogfahrbahn vorgesehenen Maschinenhäuschen untergebracht. Bei den Fahrgestellen des

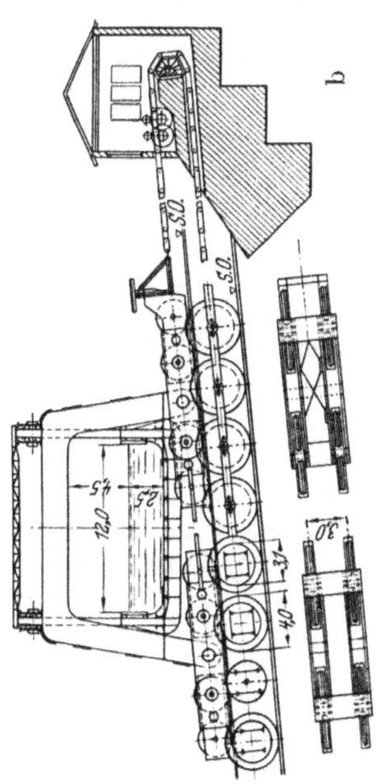

Abb. 310 a u. b. Quergeneigte Ebene.

Trogwagens sind unmittelbar auf die Laufräder wirkende Bremsen angeordnet, die durch Preßluft in Tätigkeit gesetzt werden können. Eine Störung im Betriebe der Windwerke oder eine Beschädigung der Antriebgestänge bedeutet keine Gefahr, weil der Trogwagen durch die Walzen in jeder Stellung im Gleichgewicht gehalten wird. Für beide Fahrrichtungen ist je ein Führerstand auf der entsprechenden Seite des Wagens angeordnet. In ihm sind die Steuerhebel und Ventile sowie die Luftdruckbremsen untergebracht.

Der Trogwagen fährt in den Endstellungen in trockene Gruben vor den Kanalhäuptern an. Dabei ist dem Umstande Rechnung getragen, daß der Wasserspiegel in den Haltungen Schwankungen unterworfen ist, die in der oberen Haltung bis 1 m und in der unteren bis 0,5 m betragen können. Um diese Forderung zu erfüllen, sind in den Kanalhäuptern verschiebbare Abschlußtore vorgesehen, die gleichlaufend und in gleicher Neigung mit der Trogbahn bewegt werden. Die den Spiegelschwankungen entsprechenden Lichtweiten der Kanalhäupter ergeben sich damit für das Oberhaupt auf 22 m und für das Unterhaupt auf 17 m. In dem Schiebetor ist ein dem Trogquerschnitt entsprechender Ausschnitt ausgespart, der durch ein Hubschütz verschlossen wird. Das Tor läuft auf Rollen und überträgt mit diesen die waagerechten und lotrechten Drücke auf das Mauerwerk der Kanalhäupter. Die Dichtung des Tores gegen die Haltung liegt auf der dem Kanal zugekehrten Seite und besteht in der Sohle aus einer versteiften Stahlplatte, die auf einem am Tor vorspringenden Winkel und einem am Kanalhaupt angebrachten stählernen Tragwerk ruht. Durch den Wasserdruck und ihr Gewicht wird diese Platte angepreßt. Anschläge an den Torenden verschieben die Platte bei der Torbewegung, so daß sie auf einer Unterlage am Kanalhaupt gleitet. Die lotrechte Dichtung an den Enden der Torflügel wird durch Eichenholzbalken und Lederstreifen gebildet. Den Spalt zwischen Trog und Schiebetor dichtet ein U-förmiger stählerner Rahmen mit aufgesetzten Holzleisten und Hanfpolstern ab. Sobald der Dichtungsrahmen den Spalt zwischen Trog und Haltung umschließt, wird zunächst das Trogtor etwas gehoben, bis der an ihm angebrachte Mitnehmer einige Knaggen des Kanaltores unterfaßt. Da diese erste Bewegung unter einseitigem Wasserdruck geschehen muß, ist das Trogtor mit Rollen versehen. Das Kanaltor kommt erst in Bewegung, wenn der Spalt gefüllt und Gegendruck hergestellt ist. Ein weiteres Mittel zur Herbeiführung einer guten Abdichtung besteht darin, den Trog im Grundriß an seinen beiden Enden schräg zu gestalten, um an das Haupt der oberen bzw. der unteren Haltung „anfahren“ zu können.

Man hat auch schon den Gedanken erwogen, dem Schiffstrog überhaupt keine Tore zu geben, ihn vielmehr als Tauchtrog so auszubilden, daß er unter das aufzunehmende Schiff fährt und dies beim Auftauchen mit sich nimmt. Dadurch würde eine Anpassung an jeden beliebigen Wechsel der Wasserstände im Ober- bzw. Unterwasser erreicht. Als Nachteil ergibt sich aber, daß beim Eintauchen des Troges, seinem Rauminhalt entsprechend, etwa 3000 m^3 Wasser aus dem Vorhafenbecken verdrängt werden, die zur Bildung einer Wasserwelle Anlaß geben, deren Höhe sich erst allmählich verringert und die den in der Kanalhaltung liegenden Schiffen recht unangenehm werden kann. Es ist somit ein solches Vorgehen nur in Tauchbecken gestattet, die mit einem größeren Fluß oder mit einem See in unmittelbarer Verbindung stehen. Abgesehen hiervon verlangt das Eintauchen des Troges in die obere Haltung noch die Überschreitung des die Trogbahn nach oben abschließenden Sattels und damit die Überwindung eines verlorenen Gefälles, wodurch sich insgesamt eine Verlängerung der Bahn und damit eine Beeinträchtigung ihrer Wirtschaftlichkeit ergibt.

Die bei quergeneigten Ebenen zweckmäßigste Anordnung der Vorhäfen geht aus Abb. 311 hervor. Da der Trog von beiden Seiten zugänglich ist, spielt sich der Betrieb so ab, daß das ausfahrende Schiff in seiner Fahrtrichtung weiterfährt, während das auf „Durchschleusung" wartende Fahrzeug nach Einnahme eines Platzes jenseits der eigentlichen Haltung über das Heck in den Trog hingezogen wird, um dann nach Beendigung des Hub- bzw. Senkvorganges in Fahrtrichtung weiterzureisen. Diese recht zweckmäßige Anordnung bedeutet eine Erhöhung der Leistungsfähigkeit der geneigten Ebenen, wenn auch das Einziehen der Fahrzeuge über den Achtersteven gewisse Unbequemlichkeiten mit sich bringt.

Bei der in Abb. 307a—c dargestellten längsgeneigten Ebene befindet sich die Antriebsvorrichtung im Fahrgestell, bei der in Abb. 310a—c dargestellten quergeneigten Ebene außerhalb des Troges. Man spricht daher bei geneigten Ebenen auch von „Selbstfahrern" oder „Aufzügen". Nimmt man einen Selbstfahrer *ohne* Gegengewichtsausgleich an, der sich auf einer Bahn mit Neigung von 1 : 5 um 0,5 m/sek fortbewegt, so ist bei einem Eigengewicht einschließlich Wasserlast von 5000 t eine Motorleistung von $\frac{5000000 \cdot 0,10}{75 \cdot 0,8} = 8333$ PS erforderlich. Dieser hohe Kraftbedarf wird immer dazu führen, einen Gewichtsausgleich anzustreben, zudem bei neueren Wasserstraßen auch auf Naßförderung nicht verzichtet werden kann.

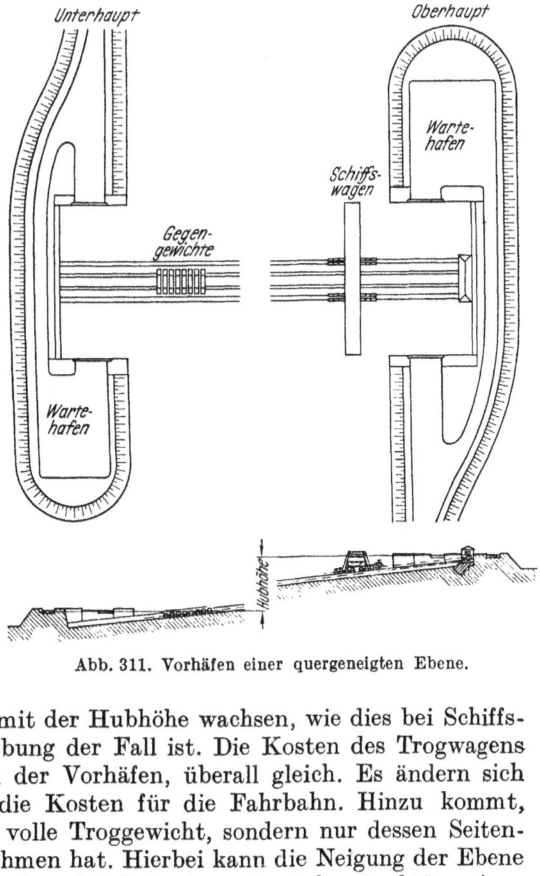

Abb. 311. Vorhäfen einer quergeneigten Ebene.

Die *Vorzüge* der geneigten Ebenen bestehen darin, daß sie die Überwindung größter Hubhöhen gestatten, indem die Kosten der Ausführung, der Unterhaltung und des Betriebes und überhaupt die Probleme konstruktiver Art bei weitem nicht in gleichem Maße mit der Hubhöhe wachsen, wie dies bei Schiffshebewerken mit senkrechter Hebung der Fall ist. Die Kosten des Trogwagens bleiben, ungeachtet der Kosten der Vorhäfen, überall gleich. Es ändern sich mit wachsender Hubhöhe nur die Kosten für die Fahrbahn. Hinzu kommt, daß das Triebwerk niemals das volle Troggewicht, sondern nur dessen Seitenkraft parallel zur Ebene aufzunehmen hat. Hierbei kann die Neigung der Ebene unter Umständen so gewählt werden, daß bei entsprechend konstruktiver Ausbildung eine selbsttätige Bremsung des Schiffswagens eintritt. Außerdem sind alle wichtigen Teile der Hebewerksanlage leicht zugänglich und damit leicht zu unterhalten bzw. auszubessern oder auszuwechseln. Senkrechte Hebewerke erfordern zum Anschluß an die obere Haltung in der Regel, bedingt durch die hohe Belastung, eine sehr schwere Kanalbrücke. Außerdem ist vielfach noch im Übergang an die Kanalbrücke eine künstliche Dichtung des letzten Teiles der oberen Kanalstrecke erforderlich. Und nicht zuletzt entfallen bei einer geneigten Ebene zum erheblichen Teil alle die Sicherheitsvorrichtungen, die bei senkrechten Hebewerken für den Fall eines Trogleerlaufes, eines Versagens der Schwimmer und eines Abreißens der Gegenlasten erforderlich werden. Man bleibt hier eben „auf dem Boden!".

Alle diese Umstände zusammengenommen lassen es wünschenswert erscheinen, sich einmal eingehend des Baues einer geneigten Ebene, sofern eine solche nur irgendwie in den Kreis der Betrachtungen gezogen werden kann, anzunehmen. Sie erscheint gegenüber senkrechten Hebewerken als die „naturhaftere“ Lösung. Die etwa dabei auftretenden Erdbewegungen sind gegenüber den anderen oben erwähnten Vorteilen von untergeordneter Bedeutung. Man kann ihre Kosten selbst bei größeren Massen durch Einsatz neuzeitlicher Fördergeräte auf ein Mindestmaß herabsetzen. Seit der letztmaligen Beschäftigung mit dem Projekt einer geneigten Ebene sind eine Fülle von Erkenntnissen auch auf dem Gebiet des Beförderns schwerer Lasten und der Lastübertragung auf eine größere Anzahl von Rädern gemacht worden. Es sei hierbei nur auf die Schwertransporte auf Landstraßen und Autobahnen hingewiesen. Hinzu kommt, daß sich das Gewicht des beweglichen Teiles durch Verwendung hochwertiger Stähle noch herabsetzen läßt. Ein nicht unerheblicher Vorteil dürfte bei geneigten Ebenen auch darin bestehen, daß sie sich besser in die umgebende Landschaft einbinden lassen, als dies bei senkrechten Hebewerken möglich ist. Bei Hängen, die steiler sind als für die geneigte Ebene zulässig, kann mit Herstellung eines der Ebene entsprechenden Einschnittes und durch Anlage beiderseitiger Waldschutzstreifen auch der Nachteil beseitigt werden, der den hoch empfindlichen Anlagen eines senkrechten Hebewerkes durch vom Wind mitgeführten Sand zuteil wird.

Ob im Einzelfalle einer *Längs- oder Quer*bahn der Vorzug zu geben ist, hängt von den örtlichen Verhältnissen ab. Im allgemeinen hat die Längsbahn gegenüber der Querbahn den Vorteil der geringeren Breite und einer besseren Parallelführung des Trogwagens. Außerdem wird bei der Längsbahn das Fahrzeug mit der Hebung kaum langsamer in Fahrtrichtung befördert als auf freier Strecke. Als Nachteil der Längsbahn muß angesehen werden, daß sie eine größere Bauhöhe des Wagens nach der Unterwasserseite zu verlangt, leicht unangenehme Wasserschwankungen im Trog bei Geschwindigkeitsänderungen auftreten können und die geringere Neigung eine größere Bahnlänge erfordert. Weiterhin wickelt sich bei der Querbahn der Betrieb flotter ab. Es können bei ihr mit Anordnung der Vorhäfen nach Abb. 311 zur Ein- bzw. Ausfahrt beide Trogtore gleichzeitig geöffnet werden, so daß das ausfahrende Schiff gleichzeitig das zur Einfahrt bereitliegende mit in den Trog hineinzieht. Die genaue Einstellung der Schleusentröge bei wechselnden Wasserständen in den Haltungen ist bei der quergeneigten Doppelbahn schwieriger zu erreichen als bei der längsgeneigten Doppelbahn. Dies führt dazu, Querbahnen als einfache Bahnen mit Gegengewichten auszubilden und somit Längsbahnen mit zwei Trögen nur an Wasserstraßen mit von Anfang an hohem Verkehr vorzusehen.

30. Schiffshebeanlagen verschiedener Art.

Der nie einer gewissen „Kühnheit“ entbehrende Gedanke, Binnenschiffe von 1000 bis 1500 t Ladefähigkeit zur Überwindung von Geländesprüngen um 50 m und nötigenfalls noch mehr schnell, sicher und wirtschaftlich zu heben, hat von jeher der Erfinderwelt starken Anreiz gegeben, sich mit diesem Problem zu beschäftigen. So sind bei dem bereits erwähnten internationalen Wettbewerb für ein Hebewerk von 36 m Hub bei *Prerau* nicht weniger als 204 Entwürfe eingegangen. Die Praxis hat jedoch gezeigt, daß aus der Fülle von Möglichkeiten sich nur wenige als wirklich realisierbar erweisen und daß es weiterhin noch jahrelanger intensiver Entwurfsarbeit selbst nach Festliegen der Grundidee bedarf, um ein Hebewerk betriebsfertig herstellen zu können. Somit bestehen außer den bislang beschriebenen Arten der Schiffshebung eine Fülle anderer Vorschläge. Den meisten von ihnen kommt aber heute nur noch „historische“

Bedeutung zu. Einen sehr guten Überblick hierüber vermittelt der von *Dr.-Ing.* Ellerbeck, dem obersten Leiter des Hebewerkbaues *Niederfinow*, am 25. Februar 1927 in der preußischen Akademie des Bauwesens gehaltene Vortrag über die Entwurfsarbeiten für das Schiffshebewerk Niederfinow [*426*]. Es seien jedoch an dieser Stelle noch zwei Lösungen kurz beschrieben, die auf Grund ihrer Originalität die Fachwelt stark interessiert haben und nach einem Gutachten der Akademie des Bauwesens im Jahre 1907 auch für den Bau des Hebewerkes Niederfinow in den engeren Bereich der Betrachtungen gezogen worden sind, und zwar das Trommelhebewerk der MAN sowie das Waagebalkenhebewerk der Firma Beuchelt & Co.

Das Trommelhebewerk der MAN fußt auf einer Idee des Ingenieurs Umlauf aus Wien (Abb. 312). Es besteht aus einem auf dem Unterwasser schwimmenden Hubzylinder, der für den Verkehr von 750 t-Schiffen ein Konstruktions-

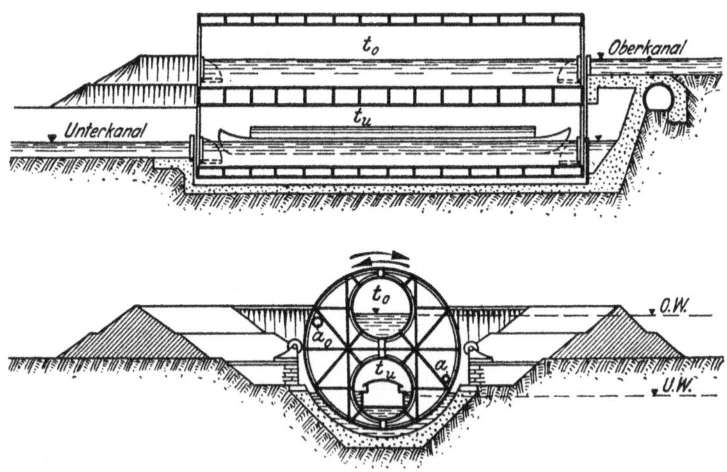

Abb. 312. Trommelhebewerk der MAN.

gewicht von 5400 t bei 10600 t Wasserverdrängung aufweist. Als Schiffströge befinden sich in dem drehbaren Zylinder 2 kleinere Zylinder von etwa 12 m Durchmesser, die beiderseits durch Tore abgeschlossen sind. Die große Trommel dreht sich um 180°, wodurch jedesmal die beiden Schiffströge ihre Lage ändern, so daß gleichzeitig ein Schiff zu Tal und ein Schiff zu Berg bewegt wird. Als Antriebsmittel dienen durch eine Welle miteinander verbundene Ritzel, die an Zahnkranzsegmenten an den Stirnseiten des Zylinders angreifen. Das Trommelhebewerk hat auf Grund seines einfachen Gedankens und seiner zweifelsohne guten Leistungsfähigkeit überall Beachtung gefunden. Es erschien jedoch die Herstellung und Erhaltung einer genauen kreisrunden Form des Zylinders unter dem Einfluß des Gewichtes, des Windes sowie ungleicher Wärmedehnung bei den großen Abmessungen schwierig, so daß keine Gewähr für einen einwandfreien Lauf des Antriebs gegeben war. Der Entwurf wurde daher später verlassen.

Das nach den Ideen von Bruno Schulz und Schnapp von der Firma Beuchelt & Co. konstruierte Hebewerk mit Gewichtsausgleich durch *Waagebalken* ist lange Zeit für den Bau des Hebewerkes Niederfinow in Aussicht genommen gewesen (Abb. 313). Vier doppelwandige Waagebalken von je 60 m Länge sind zu 2 Raumfachwerken zusammengefaßt und in der Mitte auf massivem Unterbau drehbar gelagert. Sie tragen zwei gelenkig angehängte Schiffströge, von denen jedoch nur einer ausgeführt zu werden braucht, indem der andere durch Ballast ersetzt wird. Die technischen Schwierigkeiten dieser Lösung bestehen in der hohen Belastung der Lager, ferner in der großen Masse des schwingenden Waagebalkens und seiner Beanspruchung durch Winddruck. Die beiderseits durch Tore abgeschlossenen Tröge erhalten an beiden Enden Führungsstäbe, um jederzeit ihre senkrechte Stellung während der Bewegung zu sichern. Sie legen sich vor dem Unterwasser in trockene Trogkammern. Ober- und Unterwasser sind gleichfalls durch Tore abgeschlossen. Die eigentlichen tragenden Maschinenteile sind auf einige stark ausgebildete Zapfen beschränkt. Die Sicherung hinsichtlich der Gleichmäßigkeit der Bewegung bewirken vier Bremsplatten, die durch Parallelogrammführung stets ihre waagerechte Lage beibehalten und sich mit geringen Spielräumen in Wasserkammern entsprechend der Hebelwirkung auf und ab bewegen. Die Zeit, welche das Kammerwasser gebraucht, um durch die Spielräume durchzufließen, beeinflußt die Geschwindigkeit der Trogbewegung. Bei Leerlaufen eines Troges setzt sich der überlastende Teil allmählich in seiner Endstellung auf. Der Antrieb, welcher rechnungsmäßig nur 75 PS Kraftaufwand erfordert, erfolgt durch 2 Motoren von je 100 PS. Die Motoren arbeiten auf Zahnsegmente, die an den die Bremsplatten führenden Bremsstäben befestigt sind.

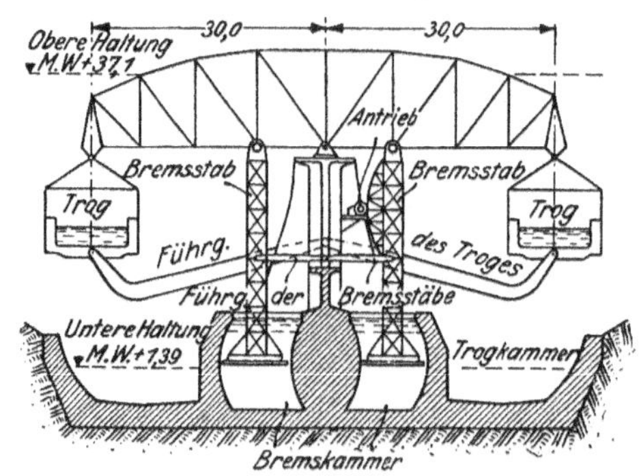

Abb. 313. Waagebalken-Hebewerk.

Andere Vorschläge für Waagebalken-Hebewerke bestehen darin, den Waagebalken auf einem Schwimmer zu lagern, der entweder in einem Behälter im Oberwasser oder auch in einem Behälter im Unterwasser schwimmt. Auch ist die Lösung erwogen worden, zur Vermeidung der vielen Aufhängeseile, wie sie bei einem Gegengewichtshebewerk erforderlich sind, den Trog zwar ähnlich wie in Niederfinow innerhalb eines Hubgerüstes zu führen, aber als Gegenlast einen Waagebalken zu verwenden, der auf Pendelstützen außerhalb des Führungsgerüstes gelagert ist, auf der einen Seite am Trog angreift und auf der anderen Seite ein Gegengewicht trägt. Der Vorteil dieser Konstruktion wird darin gesehen, daß sie auch in Bergsenkungsgebieten Verwendung finden kann, weil eine Senkung der Stützenfundamente die Wirkung der Gegengewichte nicht aufhebt, diese vielmehr nur eine andere Lage einnehmen, abgesehen davon, daß man die Fundamente der Waagebalkenstützen jederzeit wieder hochdrücken und untermauern kann.

Bereits in den Vorentwürfen für Niederfinow ist nach einer Idee von Röder ein Hebewerk mit *Längsförderung* über trockenem Scheitel vorgeschlagen worden. Der Trog taucht in der oberen Lage in das Oberwasser, in der unteren in das Unterwasser ein und wird aus dem Oberwasser über die Wandungen des Oberkanals hinweggehoben, waagerecht in Längsrichtung bewegt und in das Unterwasser hinabgelassen. Der Vorteil dieser Bauart, die gewissermaßen eine große Laufkatze darstellt, an der der Trog als Last hängt, besteht darin, daß Trog- und Haltungstore entbehrlich sind. Später ist dieser Gedanke erneut aufgegriffen worden von der Firma August Klönne, Dortmund, als Schiffshebewerk mit *Trockenförderung* (Abb. 314). Die stählernen Gerüste tragen oben eine Kranbahn, welche die Verbindung der beiden Haltungen herstellt. Auf der Kranbahn läuft eine Katze. Sie verfährt die Plattform zusammen mit dem Schiff, nachdem beide Teile über zwei Traversen, die an Gegengewichten hängen, hochgehoben worden sind. Die Windwerke zum Heben und Senken befinden sich in etwa halber Höhe der festen stählernen Gerüste. Die Antriebseile greifen oben

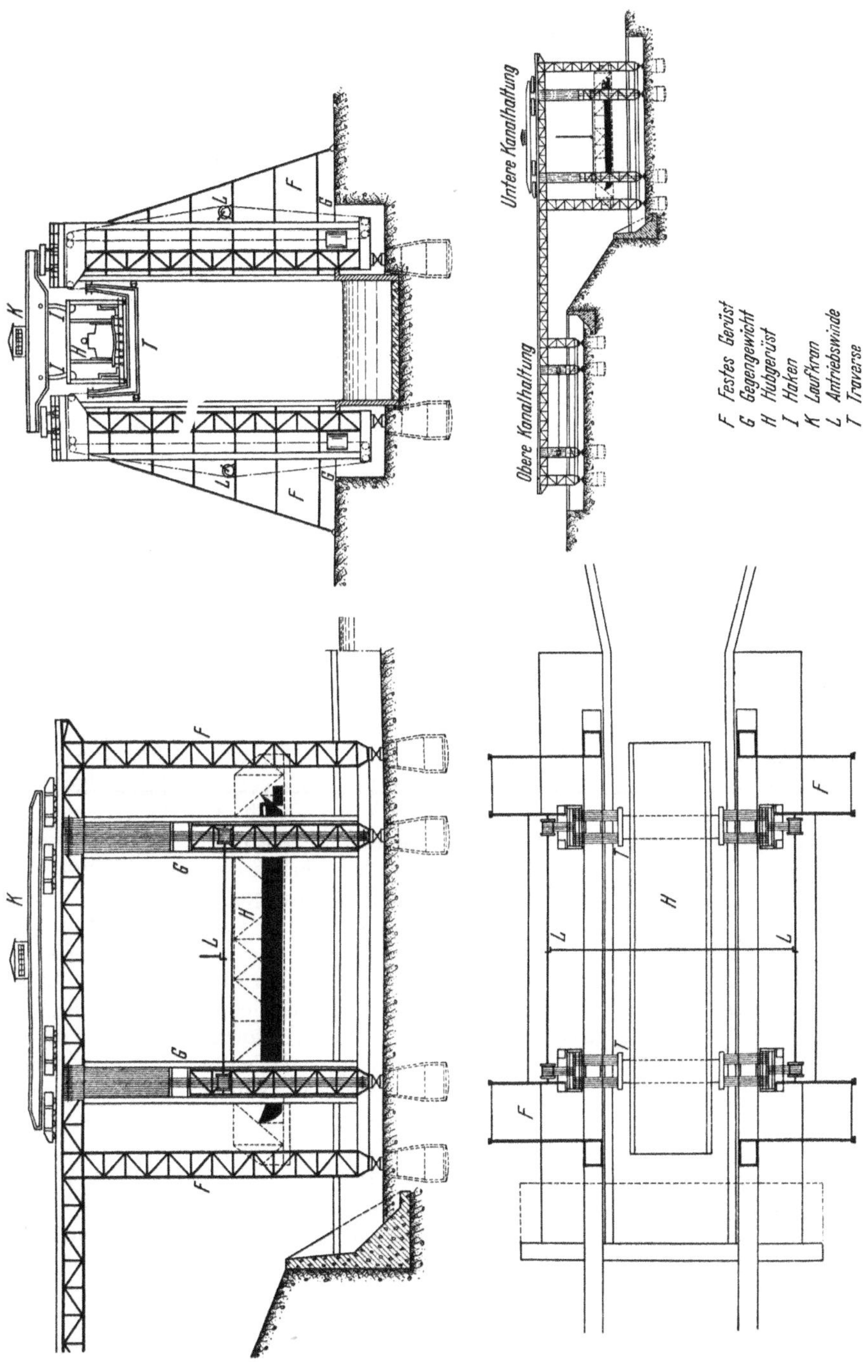

Abb. 314. Hebewerk mit Trockenförderung.

und unten an den Gegengewichten an und sind um Seiltrommeln der Windwerke geschlungen. Sie wirken abwechselnd, je nachdem Über- oder Unterlasten auf der Gegengewichtsseite entsprechend den veränderlichen Schiffslasten auftreten. In dem Entwurfe erfolgt der Gegengewichtsausgleich für die tote Last — Hubgerüst und Traversen — und für ein mittleres Schiffsgewicht. Für die maschinelle

Förderung kommt daher nur der jeweilige Unterschied der wirklichen Schiffslast gegenüber der ausgeglichenen in Frage. Die bei der Trockenförderung auftretende wichtigste Frage ist die nach der Möglichkeit der unschädlichen Trockensetzung der Schiffe. Sie soll im vorliegenden Fall in der Form gelöst werden, daß über die ganze Bodenfläche verteilt eine Anzahl hydraulischer Pressen eingebaut werden, die sich untereinander je nach der Schiffsform einstellen und einen siebartigen Bodenbelag tragen. Seitlich wird das Schiff durch lotrechte Rungen abgestützt, die mittels Spindeln geführt werden und im übrigen so angeordnet sind, daß je zwei von ihnen in einer Querschnittebene zusammenwirken. Als Antrieb dient ein Elektromotor. Ist das Schiff in das Hubgerüst eingeschwommen, dann werden die Rungen an die Schiffsseitenwände herangeführt, um das Fahrzeug während der Trockenstellung festzuhalten. Ein Hubvorgang vollzieht sich hierbei so, daß das festgelegte Schiff allmählich angehoben wird, und damit entsprechend dem Wegfall des Auftriebes seine Last auf das Hubgerüst übergeht. Dann werden Kahn und Plattform auf den Traversen bis zur Kranbahn hochgehoben und mittels Haken an die Katze angehängt, um durch sie zur anderen Haltung zu gelangen.

Der Vorteil dieser Trockenförderung besteht ohne Zweifel in der Vermeidung jeglicher Dichtungen und Verbindungen zwischen Hubgerüst und Haltung sowie in der Unempfindlichkeit gegen wechselnde Wasserstände. Ihre Nachteile sind, daß das Schiff über das Ende der oberen Haltung herausgehoben werden muß und daß die Gesamtanlage eine sehr große Baulänge erfordert. Hierbei schwankt die erforderliche Aufzugskraft bei besetztem oder leerem Trog um das ganze Gewicht eines Lastschiffes. Dies bedingt eine sehr große, nur selten voll ausgenutzte, anderseits aber mit allen Sicherheitseinrichtungen auszurüstende Antriebsmaschine.

Während es sich bei den in Abb. 312 bis 314 wiedergegebenen Sonderkonstruktionen von Hebewerken immer noch um senkrechte Hebung handelt, gehört der in Abb. 315 wiedergegebene Vorschlag in den Bereich der geneigten Ebene. Man hat diese Konstruktion daher auch als *geneigte Schleuse* bezeichnet, obwohl sie ohne Wasserverbrauch arbeitet. In der unteren Neigung 1 : 20 angelegten Schleusenkammer wird beim Heben eines Schiffes ein Wasserkeil, auf dem das Schiff schwimmt, durch ein an Wänden und Sohle der Kammer dicht anschließendes, fahrbares Segmenttor zur oberen Kanalhaltung hochgeschoben. Das Tor bewegt sich elektrisch, während das Schiff durch vier Leitwagen, die auf den Kammermauern entlangfahren, an Trossen in seiner Lage zwischen den Kammerwänden gehalten wird. Abgesehen davon, ob es gelingt, Sohle und Kammerwände so eben und glatt herzustellen, daß das Schubtor ohne allzu große Reibung dicht anschließt, bestehen Bedenken wegen der Sicherheit der Schiffe beim Undichtwerden des Schubtors. Die Leistungsfähigkeit der geneigten Schleuse ist nur gering. Auch sind die Betriebskosten recht hoch, weil die ganze Schleusenfüllung, etwa 6500 t Wasserlast, ohne Gewichtsausgleich immer wieder gehoben werden muß, beim Abwärtsschleusen aber Wasserkraft kaum gewonnen werden kann.

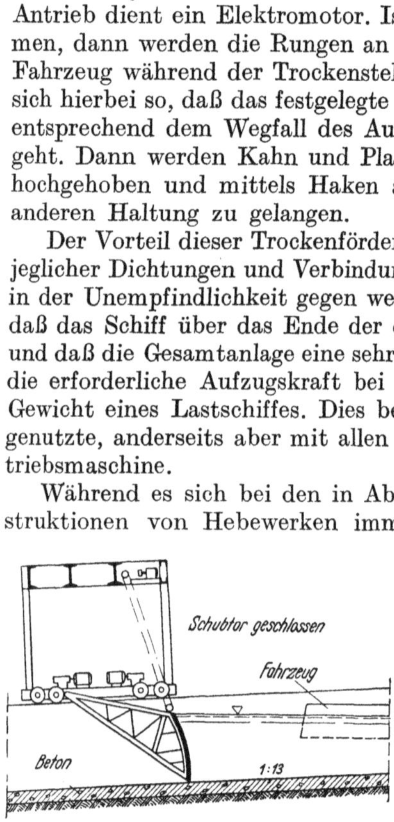

Abb. 315. Schubtor der „geneigten" Schleuse.

Eine Art Übergang von der „normalen" Schiffsschleuse zum Schiffshebewerk stellen außer dieser in Abb. 315 wiedergegebenen Konstruktion alle *Schleusen ohne Wasserverbrauch* dar. Die bei Schiffahrtskanälen mit ihren Schwierigkeiten der Wasserbeschaffung vielfach sehr unangenehm empfundene Tatsache, daß

Schleusen eben Wasser verbrauchen und der Wasserersatz oft erhebliche Kosten verursacht, hat schon seit altersher dazu geführt, auf Schleusen ohne Wasserverbrauch zu sinnen. Das Grundprinzip fast aller diesbezüglichen Konstruktionen besteht darin, das für die Kammer benötigte Füllungswasser einem beweglichen Behälter zur Aufspeicherung zuzuleiten, der entsprechend auf- und abwärts bewegt wird, und zwar hierbei im allgemeinen um das doppelte Maß des Schleusenhubes. Dieser Gedanke ist herrschend bei den *Verdränger*schleusen der Bauweisen SCHNAPP, GERSTENBERGK und SCHNEIDERS. Das Prinzip der Verdrängerschleuse geht aus Abb. 316a—c hervor. In ihr ist *a* der Teil der Schleusenkammer zwischen Oberwasser und Unterwasser, *b* das Aufnahmebecken, *c* der feststehende Verdränger. Die Schleusenkammer *a* steht mit dem Aufnahmebecken *b* durch eine Rohrleitung in Verbindung. Während der Verdränger *c* feststeht und die gleichen Abmessungen hat wie die Schleusenkammer *a*, ist das Aufnahmebecken beweglich aufgehängt und in seinem Gewicht durch

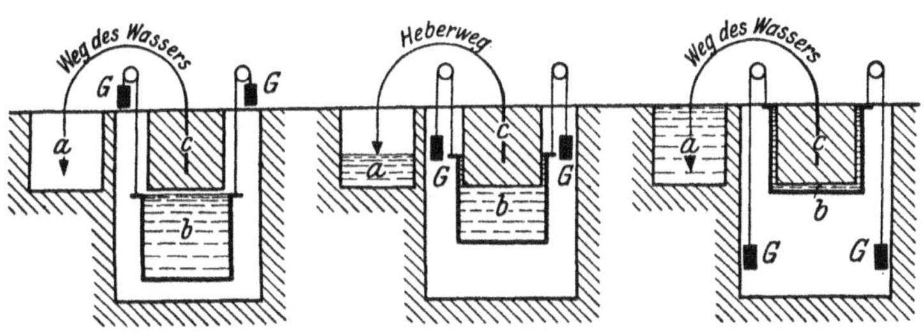

Abb. 316a—c. Verdrängerschleuse.

irgendwelche Gegenlasten ausgeglichen. Abb. 316a zeigt den betrieblichen Anfangszustand. Das Becken *b* ist in der tiefsten Stellung ganz mit Wasser gefüllt und die Schleusenkammer *a* leer. Wird das Becken gehoben, z. B. durch Vergrößerung der Belastung *G*, so taucht der Verdränger *c* ein und verdrängt einen Teil des Wassers. Das Wasser steigt über den Spiegel in der Schleuse und fließt nach dort über. In der Mittelstellung, Abb. 316b, ist der Verdränger *c* halb eingetaucht, die Schleusenkammer *a* halb gefüllt. Infolge des bleibenden Übergewichts *G* bleibt der Spiegel seitlich des beweglichen Beckens dauernd über dem Schleusenspiegel. In der höchsten Stellung des Beckens, Abb. 316c, ist der Verdränger *c* ganz eingetaucht und die Schleusenkammer *a* ist ganz gefüllt. Da der Verdränger *c* einen gleich großen Horizontalschnitt hat, wie die Schleusenkammer *a*, und beide senkrechte Wände haben, so tritt stets ebensoviel Wasser in die Schleusenkammer ein, wie von dem Verdränger *c* verdrängt wird. Die Wasserhöhe im Becken *b* bleibt also in allen Stellungen ungeändert, und da es sich in freier Luft bewegt, so bleibt sein Gegendruck nach unten in jeder Stellung konstant, denn der Wasserdruck auf den Boden des Beckens ist stets der gleiche.

Eine besonders gut durchgearbeitete Konstruktion ist die von Prof. PROETEL, Aachen, erdachte Verdrängerschleuse mit Preßluftbetrieb, deren Wirkungsweise aus Abb. 317a—b hervorgeht. Zwischen den Schleusenkammern a_1 und a_2 befindet sich ein Verdrängerbecken mit den Verdrängern b_1 und b_2. Jeder Verdränger faßt die Hälfte des Schleusungswassers einer Schleusenkammer in drei übereinanderliegenden Behältern (c_1, d_1 und e_1 bzw. c_2, d_2 und e_2). Der Verdränger b_2 ist außerdem mit einer Luftkammer z von solcher Höhe ausgestattet, daß er, je nachdem durch Schieber r und Saugheberleitungen s die Verbindung mit a_1 oder a_2 hergestellt ist, jeweils die obere Hälfte des Schleusungswassers einer Kammer aufzunehmen vermag. Der Verdränger b_1 schwimmt entsprechend tiefer und kann die untere Hälfte des Schleusungswassers der einen oder der anderen Kammer aufnehmen. Ist, wie in Abb. 317a dargestellt, b_1 gefüllt und in tiefster Stellung, dann ist b_2 in Höchststellung gedrückt und entleert, die Schleusenkammer a_1 ist leer, a_2 gefüllt. Die nach b_2 führenden Saugheberleitungen sind gegen a_1 geschlossen, gegen a_2 offen, umgekehrt die Saugheberleitungen

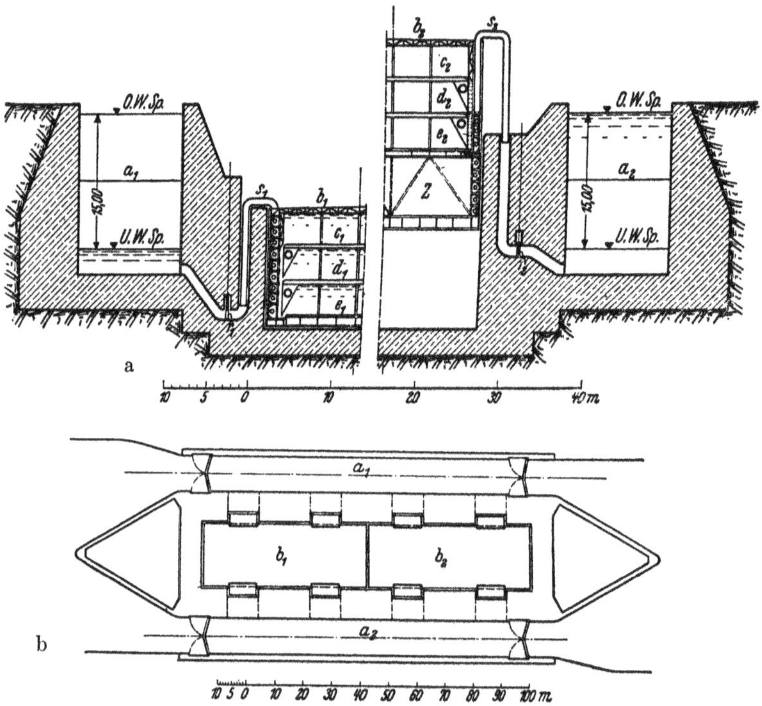

Abb. 317a u. b. Verdrängerschleuse mit Preßluftbetrieb, Bauart PROETEL.

nach b_1. Eine kleine Senkung von b_2 bewirkt Füllung seiner Behälter aus der oberen Hälfte von a_2; gleichzeitig hebt sich b_1 und gibt sein Wasser in die untere Hälfte von a_1 ab. Jetzt werden die Saugheberleitungen zwischen a_1 und b_1 geschlossen und diejenigen zwischen a_2 und b_1 geöffnet, ebenso schließt man die Saugheberleitungen zwischen b_2 und a_2 und öffnet diejenigen zwischen b_2 und a_1. Der Verdränger b_1 senkt sich wieder, nimmt die untere Hälfte des Schleusungswassers von a_2 auf und hebt den Verdränger b_2, damit er seinen Inhalt in die obere Hälfte von a_1 abgeben kann: a_2 ist jetzt geleert, a_1 gefüllt. Die Anordnung der Schleusenkammern, Verdränger und Saugheber im Grundriß zeigt Abb. 317 b.

Eine andere Gruppe von Schleusen ohne Wasserverbrauch sind die sog. *Schwimmtrogschleusen*, bei denen der Schwimmtrog seinen Hub durch eine Fahrt unter Wasser zurücklegt. Zu ihr gehören die Unterwasserschleuse von BÖHMLER, die nicht mit der früher erwähnten Tauchschleuse zu verwechseln ist und die Tauchschleuse nach Bauweise MENICKHEIM. Letztgenannte besteht aus einem oben offenen und im Oberwasser schwimmenden Trog mit Belastungskammern und Ausgleichsbehältern. Als Baustoff ist Stahlbeton vorgesehen. Durch aus dem Unterwasser entnommenes Belastungswasser wird der Trog zum Eintauchen bzw. Niedergehen bis zur Höhe des Unterwasserspiegels gebracht [*446*].

Ein weiterer Vorschlag zu einer Schleuse ohne Wasserverbrauch, der in den letzten Jahren die Fachwelt beschäftigt hat, hat konstruktionsmäßig seinen

Ausdruck gefunden in der nach seinem Erfinder, Prof. ROTHMUND, Stuttgart benannten ROTHMUND*schen Tauchschleuse*. Sie kann in zwei verschiedenen Bauweisen ausgeführt werden; entweder mit Trögen, die im Oberwasser schwimmen (Oberwassertröge) und den Anschluß an die untere Haltung durch Untertauchen und Fahrt unter Wasser gewinnen oder mit Trögen, die im Unterwasser schwimmen (Unterwassertröge) und durch Austauchen und Höhenfahrt in die Ober-

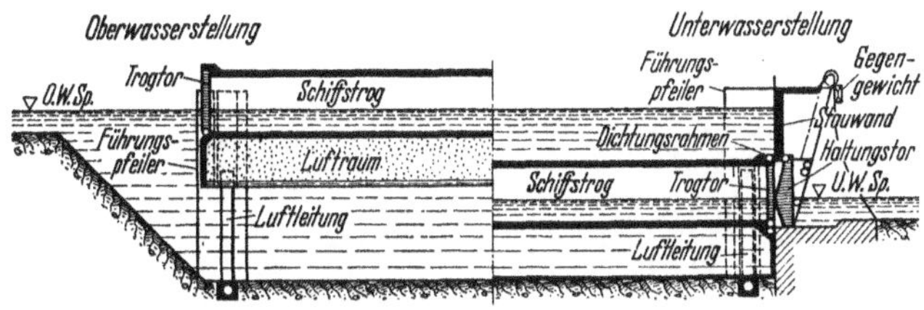

Abb. 318. Tauchschleuse ROTHMUND, Längsschnitt.

wasserstellung gelangen. Das Grundsätzliche des Baues und Betriebes der ROTHMUNDschen Tauchschleuse ergibt sich aus Abb. 318 und 319. Zwei aus Stahlbeton hergestellte Tröge schwimmen in einem Becken, dessen Tiefe durch die Höhe der Gefällstufe bestimmt wird und das in standfestem Fels ziemlich steil, sonst mit geböschten Wänden hergestellt werden kann. Die ersten Vorschläge sahen für den behälterartigen Schiffstrog eine rechteckige Form vor. Sie ist später verlassen und durch einen zylindrischen Druckkörper ersetzt worden, der mit seiner oberen Hälfte ein- und austaucht. Dementsprechend sind unter dem Schiffstrog zwei Viertelzylinder als Luftglocken angeordnet, die in ihrer Größe genau mit dem ein- und austauchenden Teil des Schiffsbehälters übereinstimmen. Das Problem des wechselweisen Ein- und Austauchens der während der Tauchfahrten — und nur während dieser — durch die Luftleitungen miteinander verbundenen Tröge wird dadurch gelöst, daß die Druckluft vom eintauchenden in den austauchenden Trog überfließt. Die Verminderung der Wasserverdrängung durch die aus der Glocke des eintauchenden Troges entweichende Luft wird dabei durch dessen Tauchvolumen ersetzt, während die in den austauchenden Trog überfließende Luft dort die Wasserverdrängung in dem Maße vergrößert, als Trogvolumen aus dem Wasser austaucht. Es bleibt also die Wasserverdrängung der Tröge immer die gleiche; sie befinden sich, ob aus- oder untergetaucht, stets in einer Gleichgewichts-Schwimmlage. Die erforderlichen Luftleitungen können nur bei niedrigen Gefällhöhen und geringen Schwankungen der Wasserspiegel in den anschließenden Haltungen in die Beckensohle eingebaut werden. Bei allen höheren Stufen und größeren Wasserstandsschwankungen wendet man das in Abb. 320a und b dargestellte kombinierte System von festen und beweglichen U-Rohren an. Es besteht darin, daß an allen vier Trogecken auf jede Luftglockenhälfte in eine den Luftabschluß bewirkende Wassertasse (*Wt*) von ihr lösbar ein umgekehrtes U-Rohr (U_1) aufgesetzt

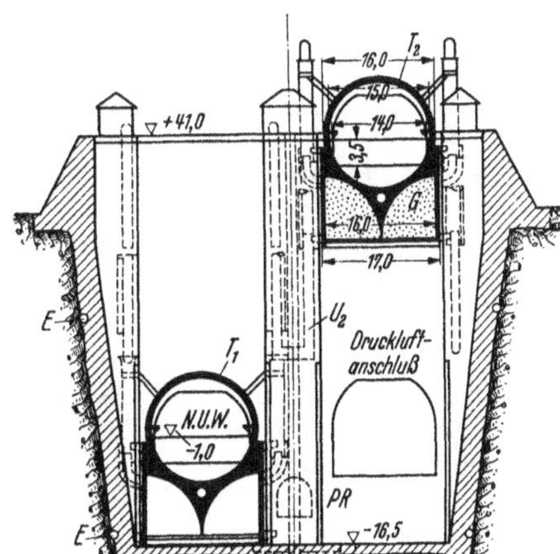

Abb. 319. Tauchschleuse ROTHMUND, Grundquerschnitt.

wird. Außerdem wird zwischen die beiden Tröge in entsprechender Höhe am Oberhaupt und Unterhaupt je ein festes U-Rohr (U_2) eingebaut. Die Verbindung zwischen den inneren Kammern erfolgt dadurch, daß man die umgekehrten beweglichen U-Rohre über die lotrechten Schenkel des Rohres U_2 stülpt. In gleicher Weise werden die Luftglocken an den Außenseiten der Tröge miteinander verbunden. Die waagerechten Schenkel der festen U-Rohre müssen dabei über die ganze Schachtbreite hinweg durch die Auskleidung der beiderseitigen Schachtstirnen hindurchgehen. Die Stülprohre lösen sich von den Wassertassen, wenn der Trog ganz untergetaucht ist, und verbinden sich wieder mit ihnen bei

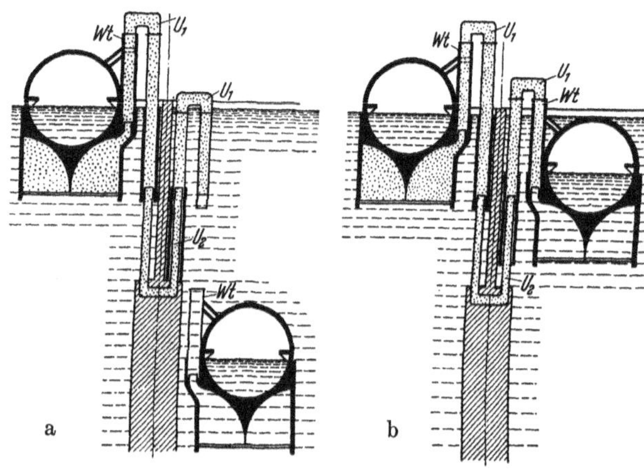

Abb. 320. Tauchschleuse ROTHMUND, Querschnitt durch die Luftleitungen.

der Austauchfahrt. Die Waagerechtführung und Stillsetzung der Tröge bewirken vier an den Trogecken aufgestellte, durch ein mechanisches Wellenviereck miteinander verbundene, kräftige Windwerke. Die Kraftübertragung erfolgt durch Gelenkzahnstangen. Wie die tragenden Kräfte in Form des Auftriebs den Trog an allen Punkten gleichmäßig unterstützen, so sollen auch die Antriebskräfte am Trog in seiner ganzen Ausdehnung gleichmäßig angreifen. Dies wird dadurch erreicht, daß der zu Berg fahrende Trog etwas zu tief, der zu Tal fahrende etwas zu hoch anfährt und dadurch Über- oder Untergewicht erhält.

Eine Schleusung nach Oberwasser vollzieht sich nun in der Form, daß der Trog im Rahmen seiner Führung an die Haltung frei heranschwimmt. Man braucht dann nur das dort vorhandene Klapptor zu öffnen. Nach der Einfahrt des vom Oberwasser kommenden Schiffes werden die Bremsen gelüftet. Der Trog sinkt infolge seiner geringen als Antriebskraft übernommenen Mehrlast wieder ein und ist zur Tauchfahrt bereit. Am Unterhaupt übernimmt der in der Unterwasserstellung angekommene Trog über einen Dichtungsrahmen den Abschluß des Schleusenschachts gegen das Unterwasser. Darauf wird das Spaltwasser zwischen Trog- und Haltungstor durch einen Umlauf in das Unterwasser abgelassen. Als Haltungstor ist ein schwimmendes Drehtor vorgesehen, das sich gegen Sohle und Decke der Trogkammer sprengwerkartig abstützt. Den Abschluß der Torkammer gegen die Tunnelausfahrt bewirkt ein Schützkörper mit vorgelegtem Schutzbalken. Nach vollzogener Unterwasserschleusung werden Trog- und Haltungstor wieder geschlossen. Durch einen Umlauf zwischen Schacht und Spalt wird der einseitige Wasserdruck auf den Trog aufgehoben, der sich infolge seiner Unterbelastung zu heben beginnt und, wenn er mit seinem Scheitel den Oberwasserspiegel berührt, den für die Talfahrt bereitgestellten Trog außerordentlich sanft in Bewegung setzt. Die mittlere Fahrgeschwindigkeit der Tröge ist zu 12 cm/sek vorgesehen, das Durchfahren einer Stufe von 40 m dauert somit rd. 6 min [*447*].

Trotz der entschieden beachtenswerten Gedanken, die in der ROTHMUND*schen* Konstruktion der Tauchschleuse zum Ausdruck kommen, besteht einmal ein wesentlicher Nachteil darin, daß stets die Kupplung von zwei Tauchkörpern notwendig ist. Es liegt hier damit der gleiche Fall vor, wie er hinsichtlich der Nachteile der Preßkolbenhebewerke erläutert worden ist. Zum anderen läßt die Frage der Sicherheit mehrere Antworten offen. Selbst wenn man nicht gerade von dem Katastrophenfall ausgeht, daß ein Tauchkörper plötzlich stark undicht wird, so ist doch damit zu rechnen, daß der Lastausgleich nach Größe und Richtung Schwankungen unterliegt. Dies führt dazu, daß auch für Reparaturen die Möglichkeit bestehen muß, den Tauchkörper endgültig aus dem Wasser herauszuheben oder den Wasserspiegel bis unter die Unterkante der Luftkammer herabzusetzen. Der Platzbedarf einer Tauchschleuse ist bei Anordnung von Becken mit geneigten Böschungen recht erheblich. Bei Anwendung senkrechter Schächte kommt man mehr oder weniger zu Bauformen der Schachtschleuse mit erheblichem Materialaufwand. Die vielleicht unberechtigte, aber aus der Psyche des Menschen nun einmal erwachsende Abneigung, sich bei einer Schleusung wie in einem Unterseeboot eingeschlossen zu fühlen mit der nie zu gebenden unbedingten Sicherheit, daß kein Festsetzen des Tauchkörpers während der Bewegung erfolgen kann, dürfte der tiefste Grund sein, weshalb man sich abgesehen von technischen und wirtschaftlichen „Imponderabilien" scheut, an eine praktische Ausführung heranzugehen. Man kann sich daher der Ansicht nicht verschließen, daß der ROTHMUNDschen Tauchschleuse aller Voraussicht nach das gleiche Schicksal beschieden sein wird wie allen anderen Schleusen ohne Wasserverbrauch, von denen sich bis heute noch keine zur Verwirklichung hat durchsetzen können.

Es ist aber andererseits mit Recht nach Auffassung von ROTHMUND im Zuge des Ausbaues unserer Wasserstraßen in Zukunft öfters mit der Überwindung größerer Gefällhöhen als bisher zu rechnen, nachdem das Wasserstraßennetz der Tiefebenen mehr oder weniger vollkommen geschlossen ist und bei dem nur in Einzelfällen besonders hohe Gefällstufen zu überwinden waren. Die Verbindungen der Donau sowie des Bodensees mit den nord- und mitteldeutschen Wasserstraßen im Zuge des Main—Donau-Kanales, des Neckar—Donau-Kanals, der Werra—Main-Verbindung und nicht zuletzt des Oder—Donau-Kanals werden in erhöhtem Umfange die Frage nach dem zweckmäßigsten Einsatz von nicht wasserverbrauchenden Schiffshebeanlagen stellen. Hierfür sind einmal die vorhandenen Schiffshebewerke durch Erfahrungen geprüfte und bewährte Anlagen. Darüber hinaus sollte, wie bereits im vorigen Abschnitt betont, und zwar bevor an Schleusen ohne Wasserverbrauch dieser oder jener Art herangegangen wird, die Beförderung auf geneigter Ebene zu wählen sein. Ein erster Schritt hierzu ist schon bei der Planung der Wasserstraßen das Heranführen der Trasse an zur Anlage von geneigten Ebenen günstigste Geländepunkte.

Schrifttumverzeichnis.

A. Wasserstraßen und Schleusen.

1. GÄHRS, J.: Die Arbeiten der Reichswasserstraßenverwaltung. Bautechn. 1927 bis 1942.
2. FEYERABEND, A.: Die Arbeiten der Bundeswasserbauverwaltung. Bautechn. 1950, S. 201 u. 259; 1951, S. 152 u. 213; 1952, S. 177 u. 224.
3. AGATZ, A.: Die deutschen Wasserstraßen im europäischen Raum. Hansa, 86. Jg., Nr. 46, S. 1120.
4. PFAUE, TH.: Die Umkanalisierung des Untermains. Dtsch. Wasserw. 1929.
5. PFAUE TH.: Die Umkanalisierung des Untermains. Bautechn. 1930, S. 121.
6. GREULING: Die Kanalisierung des Mains von Offenbach bis Aschaffenburg. Wasserstr.-Jb. 1922.
7. HASSELBERGER: Neueste Bauten der Rhein-Main-Donau-AG. Zbl. Bauverw. 1935, S. 269.
8. DANTSCHER, K.: Die Mainkanalisierung von Aschaffenburg bis Würzburg. Z. VDI 1935, S. 834.
9. DANTSCHER, K.: Großschiffahrtsstraße Rhein—Main—Donau. Z. VDI 1938, S. 954.
10. HOLLEIS P.: Großschiffahrtsstraße Rhein—Main—Donau. Bautechn. 1948, S. 143.
11. JURISCH, G.: Wasserwege zwischen Rhein und Donau. Wasserwirtschaft 40. Jg., Nr. 7 (1949/1950) S. 193; Nr. 8 S. 223.
12. JURISCH, G.: Der Stand der Neckarkanalisierung. Z. Bauw. 1930, S. 81.
13. KONZ, O.: Die Bauten der Neckarkanalisierung. Zbl. Bauverw. 1936, S. 229.
14. BURKHARDT, E.: Der Neckarkanal. Z. VDI 1938, S. 630.
15. OSTENDORF, K.: Erfahrungen über die Unterhaltung und den Betrieb des Rhein—Herne-Kanals. Dtsch. Wasserw. 1926, S. 91, 136, 177.
16. KNIESS, H.: Neuere Erfahrungen über die Unterhaltung und den Betrieb des Rhein—Herne-Kanals. Wasserwirtschaft 1950/1951, H. 8.
17. BOCK: Vom Bau des Lippe-Seitenkanales Wesel—Datteln. Zbl. Bauverw. 1926, S. 106.
18. PAXMANN, W.: Der Lippe-Seitenkanal Wesel—Datteln. Zbl. Bauverw. 1930, S. 388.
19. PLATE, L.: Entwurf für den Hansakanal. Wasserstr.-Jb. 1922, S. 140.
20. PLATE, L.: Der Hansakanal. Z. VDI 1922, S. 518.
21. ODENKIRCHEN, F.: Die Kanalisierung der Mittelweser. Bautechn. 1938.
22. PETZEL, W.: Der Bau des Mittellandkanals. Z. Binnenschiff. Jg. 1935, S. 207.
23. ARP, D.: Der Mittellandkanal. Rückblick und Ausblick. Zbl. Bauverw. 1938, S.1415 bis 1418.
24. ARENS, M.: Großbauwerke am Mittellandkanal bei Magdeburg. Mitteldeutsche Technik, Jg. 1938, März- und Aprilheft.
25. PLARRE K.: Der Mittellandkanal — Südflügel. Z. VDI 1938, S. 1219.
26. STECHER B.: Der Südflügel des Mittellandkanals. Zbl. Bauverw. 1939, S. 304.
27. JORDAN, J. u. G. GERSTENBERGER: Der Südflügel des Mittellandkanals. Bautechn. 1936, S. 524.
28. GREIFF, K.: Die Neugestaltung der Reichshauptstadt Berlin und die Reichswasserstraßen. Zbl. Bauverw. 1938, S. 1207.
29. MATTERN, E.: Der Großschiffahrtsweg Berlin—Stettin. Z. Bauw. 1913, S. 465.
30. MATTERN, E.: Der Großschiffahrtsweg Berlin—Stettin. Z. VDI 1913, S. 1331.
31. OSTMANN, P.: Die Havelregulierungsbauten bei Brandenburg. Z. Bauw. 1915, S. 252.
32. OSTMANN, P.: Der Ausbau des Oder—Spree-Kanals. Bautechn. 1927, S. 619.
33. OSTMANN, P.: Ausbau des Plauer- und Ihlekanals. Z. Bauw. 1930, S. 225.
34. KIESERITZKY u. a.: Die Verbesserung der Vorflut in der unteren Oder nach dem Gesetz vom 4. August 1904. Bautechn. 1938 und 1939.
35. KOENIG, R.: Der Elbe—Havel-Kanal. Bautechn. 1939.
36. WILLECKE, J.: Der Bau des Mirower Kanals. Bautechn. 1938, S. 29.
37. WALTHER, F.: Die Trave als Seewasserstraße. Bauingenieur 1939, S. 167.
38. STICHLING, W.: Der Elbe—Spree—Oder-Kanal. Werft, Reed., Hafen 1929, H. 9.
39. DEHNERT, H.: Der Elbe—Spree—Oder-Kanal. Baupl. u. Bautechn. 1949, H. 6, S. 171.
40. SCHMIDT, G.: Der Ausbau des Oberpregels zwischen Insterburg und Wehlau. Bautechn. 1928 und 1930.
41. SCHMIDT, G.: Ausbau des Oberpregels. Bautechn. 1929, S. 551.

42. ZIEGLER, K.: Der Masurische Kanal. Jb. d. Hafenbautechn. Gesellsch. XIV. Band, (1934/1935) S. 125.
43. BREUER, H.: Die Kanalisierung des Oberpregels. Zbl. Bauverw. 1935, S. 643.
44. GAYE, J.: Der Adolf-Hitler-Kanal. Jb. hafenbautechn. Ges. 1937, S. 1 u. f.
45. KRIEG, E.: Der Adolf-Hitler-Kanal. Z. VDI 1935, S. 1273.
46. SEEMANN, F.: Der Oder—Krakau-Kanal. Bauindustrie 1940, S. 1305.
47. KRIEG, E.: Wasserstraßen im Raum zwischen Oder und Weichsel. Z. VDI 1943, S. 53.
48. VAN RINSUM, A.: Die neuen Wasserstraßen bei Maastricht. Bautechn. 1931, H. 38, S. 556.
49. VAN RINSUM, A.: Der Abschluß und die teilweise Trockenlegung des Zuidersee. Bautechn. 1932, S. 437—440.
50. VAN RINSUM, A.: Die Twenthe-Kanäle. Bautechn. 1933, S. 587.
51. VAN RINSUM, A.: Der Bau des Julianakanals. Bautechn. 1934, S. 212—213.
52. VAN RINSUM, A.: Der Amsterdam—Rhein-Kanal. Bautechn. 1937, H. 15, S. 534.
53. OTTMANN u. G. HAGEN: Kanalisierung der holländischen Maas von Vise bis zur Diepe. Zbl. Bauverw. 1920.
54. C. D.: Die Kanalisierung der holländischen Maas. Bautechn. 1926, S. 27, 313, 525, 745.
55. SCHMID, W.: Die Schiffbarmachung der Mosel zwischen Metz und Thionville. Bautechn. 1931, S. 641—642.
56. MAYER: Der französische Rhein-Seitenkanal von Basel bis Straßburg. Wasserwirtschaft 40. Jg., Nr. 4 (1949/1950) S. 101, Nr. 5, S. 135.
57. CONTAG, M.: Die Wolga—Don-Wasserstraße. Bautechn. 1929, S. 340.
58. SALLER, H.: Die Stauanlagen Uglitsch und Rybinsk der „Großwolga" und Umbau der Marienwasserstraße. Bautechn. 1940, H. 28, S. 327.
59. BRANDT: Die Erweiterung des Södertälge-Kanals. Zbl. Bauverw. 1925, S. 85.
60. ZS.: Der neue Welland. Schiffahrtkanal zwischen Erie- und Ontariosee. Bautechn. 1931, H. 6, S. 78.
61. KRESZNER B.: Der Panamakanal der Zukunft. Bauingenieur 1950, S. 351.
62. BÖHLER, K.: Der Ausbau der Oder zum Großschiffahrtsweg. Bauingenieur 1936, S. 487.
63. MÖHLMANN B.: Die neuen Wasserstraßen im südlichen Holland. Zbl. Bauverw. 1931, S. 800.
64. KRESZNER, B., B. SIEBERT u. H. LAUCHT: Die Abdämmung der Doveelbe. Bauingenieur 1952, S. 313.
65. STALL, J.: Ausgleich der Bergsenkungen am Rhein—Herne-Kanal. Bauingenieur 1952, S. 41 u. 77.
66. DEHNERT, H.: Der Kanal Niederneuendorf—Paretz. Baupl. u. Bautechn. 1952, S. 311.
67. CANISIUS, P.: Das Wasserstraßenkreuz Minden und die Verkehrsumleitung während der Wiederherstellung der Kanalbrücke. Bautechn. 1951, S. 89.
68. KASPAR, A.: Die Rhein—Main—Donau-Großschiffahrtsstraße. Wasserwirtschaft 1948/49, H. 1.
69. DANTSCHER, K.: Die Schaffung der Großschiffahrtsstraßen zwischen Regensburg und Passau. Wasserstr.-Jb. 1924, S. 58.
70. INNECKEN, J.: Die Entwürfe für eine Schiffahrtsverbindung zwischen Weser und Main. Wasserstr.-Jb. 1922, S. 132.
71. CONTAG, M.: Über die Verbindung der Weser mit dem Main-Donau-Gebiet durch einen Werra—Main-Kanal. Bautechn. 1924, S. 446.
72. CONTAG, M.: Die Wolga—Don-Wasserstraße, Bautechn. 1929, S. 340.
73. Eröffnung des Betriebes auf dem W. I. Lenin—Wolga—Don-Kanal. Hydrotechn. u. Meliorationen 1952, S. 10.
74. TWARDISLOFF: Die Betriebstechnischen Verhältnisse auf dem Wolga—Don-Kanal. Hydrotechn. Bauw. 1952/53, S. 6.
75. NAKEL, E.: Die wichtigsten Maßnahmen zur Verbesserung der Fahrwasserverhältnisse auf den Binnenwasserstraßen im Jahre 1952. Wasserwirtsch. u. Wassertechn. 1953, S. 112.
76. BLOSET, M., G. MEO u. J. MOINEAU: Améliorations récentes sur la Basse-Seine. Travaux Bd. 36 (1952) H. 211, S. 220—230.
77. DUMAS, F.: Canal locks of the northern region and the Rhône. Dock Harb. Author. Bd. 31 (1950) Nr. 359, S. 141—146.
78. VISSER, J. G.: Nieuwe entwikkeling in de constructie von sluizen. Polytechn. Tijdschrift Bd. 6 (1951) H. 27/28, Ausg. B.
79. O. V.: Design Characteristics of lock System in the United States. Proc. Amer. Soc. civ. Engrs. New York. Bd. 76 (1950) H. 1, T. 1, S. 3—62.

B. Einzelbeschreibungen von Schleusenbauten.

80. DANTSCHER, K.: Die Kachletstaustufe an der Bayrischen Donau. Bauingenieur 1926.
81. HETZEL, K.: Die Stau-, Schleuse- und Kraftanlage im Donaukachlet bei Passau. Bautechn. 1926, S. 325, 406.

82. Salisko, E.: Die Staustufe Viereth der Großschiffahrtsstraße Rhein—Main—Donau. Bautechn. 1926, S. 464, 481—482.
83. Pfaue, Th., u. Weyand: Die Schleuse Kostheim, ihre Ergänzungs- und Umbauten. Bautechn. 1934, S. 209, 226.
84. Holleis, P.: Staustufe Randersacker der Großschiffahrtsstraße Rhein—Main—Donau. Planen u. Bauern 1950, S. 45.
85. Holleis, P.: Die Stufe Würzburg im Großschiffahrtsweg Rhein—Main—Donau. Bautechn. 1950, H. 12, S. 369.
86. Volk: Einzelheiten der Schleusen des Rhein—Herne-Kanals. Zbl. Bauverw. 1913, S. 307 u. 326.
87. Stecher, B.: Schiffahrtsschleusen im Bergbaugebiet. Dtsch. Bauw. 1925, H. 14.
88. Baertz, R.: Die Schleusenbauten des Lippe-Seitenkanals Wesel—Datteln. Bautechn. 1932, S. 687—699.
89. Bohny, C. M.: Die Raffelbergschleuse der Stadt Mühlheim (Ruhr). Bauingenieur 1935, S. 477.
90. Schneuzer: Bau der zweiten Schleuse bei Münster i. W. Z. Bauw. 1913, S. 83.
91. Struckmann, A.: Neubau der 3. Schleuse Münster i. W. Z. Bauw. 1925, S. 42.
92. Popken: Die Schleuse „Oldenburg" im erweiterten Hunte—Ems-Kanal. Bautechn. 1929, S. 137.
93. Prograsky: Die Kanalanlagen bei Hannover. Z. Bauw. 1920, S. 273.
94. Loebel u. Gerecke: Die Bauten des Ems—Weser-Kanals in der Weserniederung bei Minden i. W. Z. Bauw. 1921, S. 238, 364.
95. Hassenstein, W.: Der Südabstieg des Mittellandkanals bei Minden i. W. Z. Bauw. 1928, S. 193.
96. Goetzke: Die Schleusen bei Anderten und Bolzum und ihre Bedeutung für die Wasserwirtschaft des Weser—Elbe-Kanals. Dtsch. Wasserw. 1927.
97. Goetzke: Die Sparschleuse bei Bolzum. VDI Bd. 2 (1928).
98. Goetzke: Hindenburgschleuse Anderten. VDI Bd. 2 (1928); Bd. 1 (1929).
99. Goetzke: Neuere Erfahrungen bei Erdarbeiten und die Schleusen des Weser—Elbe-Kanals. Zbl. Bauverw. 1928, S. 678, 713.
100. Schonk, E., u. H. Rüttjerodt: Die neuen Schleusen des Mittellandkanals bei Hannover. Bautechn. 1928, S. 345.
101. Thien, K., u. F. Gerhardt: Neubau einer zweiten kleinen Schleuse bei Dörverden. Zbl. Bauverw. 1936, S. 535.
102. Mügge, H.: Bau eines Schleusenkanals der Staustufe einer Flußkanalisierung (Drakenburg). Bautechn. 1940, S. 453.
103. Klaus, O.: Die Staustufe Magdeburg und ihre Bedeutung für den Mittellandkanalverkehr. Bauingenieur 1938.
104. Maaske, H.: Die Schleusen des Mittellandkanals bei Sülfeld. Z. VDI 1938, S. 1214.
105. Petzel, W.: Neue Schleusenbauten im Bereich der Elbestrom-Bauverwaltung. Bautechn. 1939, S. 296, 330.
106. Klaus, O.: Der Bau einer Doppelschleuse an der Staustufe einer zu kanalisierenden Stromstrecke (Magdeburg). Bautechn. 1941.
107. Steinmatz, F.: Die neue Schleuse Niegripp. Bauingenieur 1938, H. 43/44.
108. Appelt, J.: Bau einer Flußschleuse (Bernburg). Zbl. Bauverw. 1939, S. 304.
109. Appelt, J.: Bau einer Flußschleuse (Bernburg). Bautechn. 1940.
110. Engelhard, E., u. Zimmermann: Der Bau zweier Schleusen bei Wernsdorf und Kersdorf (Spree—Oder-Wasserstraße). Z. Bauw. 1909, S. 297.
111. Schneuzer: Die Schleusen für den Großschiffahrtsweg Berlin—Stettin. Z. VDI 1910, S. 954.
112. Schumacher, B.: Entwurf und Bauausführung einer Schiffahrtsschleuse (Lehnitz). Bautechn. 1942, S. 93.
113. Kropp, P.: Umbau einer Staustufe (Mühlendammschleuse Berlin). Bautechn. 1942, S. 354.
114. Möller: Der Bau der Zwillingsschleuse bei Fürstenberg a. d. Oder. Zbl. Bauverw. 1928, S. 139.
115. Möller: Der Bau der Zwillingsschleuse bei Fürstenberg a. d. Oder. Z. VDI 1928, S. 1313.
116. Möller: Betriebseinrichtungen und Bau der Fürstenberger Schleuse. Z. VDI 1928, S. 1381.
117. Sievers, F.: Die Zwillingsschleuse Fürstenberg a. d. Oder. Bautechn. 1936.
118. Thorwest, E.: Der Ausbau dreier Schleusen des Oder—Spree-Kanals für den Verkehr mit großen Schiffen. (Kersdorf, Große Tränke, Wernsdorf.) Bautechn. 1930, S. 4, 37.
119. Schulte u. D. Hillebrandt: Der Bau von Schleppzugschleusen an der oberen Oder von Cosel bis Neißemündung. Z. Bauw. 1914, S. 371.

120. ROGGE, PRENZEL, SCHINKEL, LINNEMANN u. KLATT: Die neuen Ostseeschleusen des Kaiser-Wilhelm-Kanals. Z. Bauw. 1923, S. 187.
121. PETZEL, W.: Neubau der Ernst-August-Schleuse in Wilhelmsburg. Bautechn. 1926, S. 839—840.
122. PETZEL, W., u. E. DETTMERS: Ausbau des Ernst-August-Kanals in Harburg-Wilhelmsburg. Bautechn. 1932, S. 129—138.
123. SCHWOON: Die Krapphofschleuse bei Bergedorf. Bautechn. 1931, H. 45, S. 655, 674.
124. DETTMERS, E.: Große Hafenschleuse zu Harburg-Wilhelmsburg. Bautechn. 1932.
125. TILLMANN: Der Bau der Nordschleusenanlage in Bremerhaven. Bautechn. 1931, H. 52, S. 730.
126. AGATZ, A., u. Mitarbeiter: Der Bau der Nordschleusenanlage in Bremerhaven. Berlin 1931.
127. VAN RINSUM, A.: Die neue Kammerschleuse in Ymuiden. Bautechn. 1930, S. 305.
128. KITTEL, A.: Der Bau der neuen Schiffahrtsschleuse zu Ymuiden. Bautechn. 1925, S 57—59.
129. KITTEL, A.: Der Bau der neuen Schiffahrtsschleuse zu Ymuiden. Bautechn. 1926, S. 309—311.
130. FIEDERLING: Seeschleuse Dünkirchen. Z. VDI 1935, S. 1356.
131. HANSEN: Der Hafen Dünkirchen und seine Entwicklung. Zbl. Bauverw. 1938, S. 1214—1223.
132. MÖHLMANN, B.: Die neue Seeschleuse Ymuiden. Zbl. Bauverw. 1931, S. 91.
133. GERDES: Die Seeschleusen der 3. Hafeneinfahrt in Wilhelmshaven und ihre Instandsetzung. Jb. hafentechn. Ges. Bd. 17 (1937).
134. BURKAS u. JAEGER: Die Schleusenbauten von Amfreville sous-les-Monts an der Seine. Bauingenieur 1932.
135. DUMAS: La nouvelle dérivation de Don, sur le canal la Deule. Techn. d. Trav. 26. Jg. (1950) H. 718, S. 231.
136. WIENER, F.: Die Schiffsschleuse am Shannon-Kraftwerk in Irland. Bautechn. 1930, S. 335.
137. WERNER: Schleuse für Floß- und Bootsverkehr bei der Wasserkraftanlage Kegums (Lettland). Dtsch. Wasserw. 1941, Nr. 3, S. 127.
138. FRAAZ, K.: Bau und Planung der Staustufen Koblenz und Trier. Bautechn. 1952, S. 237.
139. SEIFERT, H.: Die Mainstaustufe Großmannsdorf. Bautechn. 1953, S. 166.
140. BYLES, A.: La Grande Ecluse de Tiel du Canal Amsterdam—Rhin. Génie civ. Bd. 127 (1950) H. 11, S. 209—212.
141. BURGER, A.: De bouw van de sluis biy Terhorne. Cement Bd. 2, H. 21/22, S. 475—477.
142. CLEMENT, M.: Chute d'Ottmarsheim: Ecluses. Travaux Bd. 36 (1952) H. 211, S. 169 bis 178.
143. DELATTRE, P.: L'écluse de Saint-Pierre. Travaux Bd. 36 (1952) H. 211, S. 179—190.
144. DUMAS, M. F.: La nouvelle dérivation éclusée de Don sur le canal de la Deule. Techn. d. Trav. Bd. 26 (1950) H. 7/8, S. 230—256.
145. METZELAAR, W., u. J. N. MAAS: De bouw van de sluis nabij Tiel met de Naarbij komande werken. Polytechn. Tijdschrift Bd. 7 (1952) H. 19/22, S. 345b—360b.
146. O. V.: Biggest lock on the Missisippi. Engng. News Rec. Bd. 145, H. 14, S. 30—32.

C. Sonder-Literatur.

Abschnitt I. — Allgemeines über Schiffsschleusen.

147. Handbuch der Ingenieurwissenschaften, III. Teil, 8. Band.
148. ENGELS, H.: Handbuch des Wasserbaues, 3. Aufl. 1923, Ergänzungsheft 1926.
149. FRANZIUS, O.: Der Verkehrswasserbau 1927.
150. HENTZE, J.: Wasserbau, 10. Aufl. 1953.
151. DEHNERT, H.: Verkehrswasserbau III: Schleusen und Hebewerke. Sammlung Göschen, Bd. 1152.
152. DEHNERT, H.: 25 Jahre Schleusenbau an deutschen Binnenwasserstraßen. Baupl. u. Bautechn. 1948, Nr. 9 u. 10.
153. DEHNERT, H.: Die höchste Schleuse der Welt. Baupl. u. Bautechn. 1949, Nr. 9.
154. DEHNERT, H.: Schleusenbaufragen des 17. Internationalen Schiffahrtskongresses zu Lissabon. Planen u. Bauen 1950, Nr. 12.
155. KREY, H.: Freie Durchfahrt eines ganzen Schleppzuges durch eine Schleuse. Bauingenieur 1952, H. 7.
156. LEITER: Zur Entwicklung des Kammerschleusenbaues in Deutschland. Bauingenieur 1932, H. 31/32, S. 409.
157. PLARRE, K.: Fortschritte im Kanal-, Schleusen- und Hebewerkbau. Bautechn. 1944, H. 15—18.

158. Vollmer, P.: Über die Entwicklung im Bau von Binnenschiffahrtsschleusen in Deutschland. Studien zu Bau- und Verkehrsproblemen der Wasserstraßen. Herausgegeben vom Bundesverkehrsministerium 1949.
159. Teubert, O.: Die Binnenschiffahrt, 2. Aufl. 1932.
160. Wreden: Vorläufer und Entstehen der Kammerschleuse. Berlin 1919.
161. Eckoldt, M.: Aus der Geschichte des Kanalbaues. Zbl. Bauverw. 1940, H. 18, S. 257.
162. Eckoldt, M.: Die Entdeckung der Kammerschleuse. Wasserwirtschaft 1949/50, H. 9 u. 10.

Abschnitt II. — Füllen und Leeren der Kammern.

163. Burkhardt, E.: Schleusen ohne Umläufe. Bautechn. 1927, S. 36.
164. Burkhardt, E.: Beobachtungen und Erfahrungen an der umlauflosen Doppelschleuse Ladenburg. Bautechn. 1928, S. 447.
165. Burkhardt, E.: Modellversuche für die Schleusentreppe am Shannon-Kraftwerk. Bautechn. 1930, S. 231.
166. Burkhardt, E.: Die Entwicklung der Schleuse ohne Umläufe. Bautechn. 1935, S. 407.
167. Burkhardt, E.: Die hydraulische Entwicklung der Kammerschleuse. Bautechn. 1949, S. 230—236.
168. Bock u. E. Natermann: Wasserberuhigungs-Einrichtungen der umlauflosen Schleusen des Wesel—Datteln-Kanals. Bautechn. 1928, S. 158—169.
170. Baertz, R., u. H. Knoke: Bewährung der Füll- und Entleerungseinrichtungen an den Schleusen des Wesel—Datteln-Kanals. Bautechn. 1932, S. 700—704.
171. Wittmenn, H.: Füll- und Entleerungseinrichtungen für Flußschleusen mit Torumläufen. Bautechn. 1942.
172. Wössner, O.: Das Füllen von Schleusen durch Längskanäle mit Stichkanälen. Wasserwirtschaft 41. Jg. (1951) S. 268.
173. Wittmann, H.: Füllzeiten an großen Flußschleusen. Wasserwirtschaft 39. Jg. (1948/49), H. 5, S. 100.
174. Blasius: Berechnung der Kräfte, die die Schiffe in Schleusenkammern durch das Einströmen des Wassers erfahren. Glasers Ann. 1912.
175. Krey, H.: Neuere Versuche für Schiffsschleusen. Zbl. Bauverw. 1914, S. 333.
176. Schumacher, B.: Die Wasserbewegung beim Betrieb von Kammerschleusen. Z. VDI 1924, S. 804.
177. Winkel, R.: Die hydromechanischen Vorgänge beim Schleusen eines Schiffes. Bautechn. 1923.
178. Winkel, R.: Verminderung der Schiffsbewegungen beim Schleusen durch besondere Schützgestaltung. Zbl. Bauverw. 1923, S. 486.
179. Winkel, R.: Die Wasser- und Schiffsbewegungen beim Schleusenbetrieb mit langen und kurzen Umläufen. Zbl. Bauverw. 1924, S. 332, 389, 472.
180. Winkel, R.: Die Schleusungsdauer bei langsamem Zuflusse. Zbl. Bauverw. 1925, H. 38, S. 467.
181. Wittmann, H., u. Bleines: Hydromechanische Vorgänge bei der Schleusenfüllung. Studien zu Bau- und Verkehrsproblemen der Wasserstraßen. Herausgegeben vom Bundesverkehrsministerium. Offenbach a. M. 1949.
182. Schäfer, A.: Das neuzeitliche Füllen und Entleeren von Kammerschleusen. Bautechn. 1939, S. 181.
183. Köhler, F.: Einrichtungen zum Füllen und Entleeren von Kammerschleusen, insbesondere bei großen Flußschleusen in Kraftwasserstraßen. Studien zu Bau- und Verkehrsproblemen der Wasserstraßen. Herausgegeben vom Bundesverkehrsministerium. Offenbach a. M. 1949.
184. Laufer: Modellversuche an einer Binnenschiffahrtsschleuse ohne Sparkammern mit großem Gefälle. 1. Teil. Z. Bauw. 1931, S. 65; 2. Teil. Zbl. Bauverw. 1931, S. 365.
185. Krey, H.: Die Wirkung der Schleusungen auf den Wasserstand und die Wasserbewegung in den Haltungen. Zeitschr. d. Deutschen Wasserwirtschafts- und Wasserkraftverbandes. H. 5, 1921.
186. Winkel, R.: Änderungen des Wasserstandes in den Haltungen infolge Schiffsschleusung. Wasserkraft 1922, H. 13, S. 236.
187. Winkel, R.: Aufnahme der beim Schleusen in einer Kanalhaltung entstandenen Senkungswellen. Bautechn. 1924, S. 251.
188. Winkel, R.: Besondere Wellenerscheinungen in Schiffahrtskanälen infolge von Schleusungen. Bautechn. 1926, S. 100—111.
189. Dantscher, K.: Wanderwellen in Schiffahrtskanälen. Wasserkr. u. Wasserwirtsch. Jg. 35 (1940) H. 7, S. 145ff.
190. Wiener, F.: Schleusungs- und Kraftwerkswellen in Schiffahrtskanälen. Studien zu Bau- und Verkehrsproblemen der Wasserstraßen. Herausgegeben vom Bundesverkehrsministerium. Offenbach a. M. 1949.

191. WICKERT, G.: Abhängigkeit und Größe der Schiffskräfte bei Kammerfüllung durch das Obertor mit tiefliegendem Drempel. Diss. Karlsruhe 1951.
192. GRÖHE: Bestimmung des Wasserverbrauchs bei Schleusungen. Zbl. Bauverw. 1909, S. 254.
193. UNGER: Wasserverbrauch beim Betriebe von Schiffahrtsschleusen. Zbl. Bauverw. 1909, S. 122.
194. SCHNAPP: Wasserverbrauch beim Betriebe von Schiffahrtsschleusen. Zbl. Bauverw. 1909, S. 254.
195. ALMÉRAS: Quelques problèmes posés par le remplissage des écluses de navigation. Houille bl., Sept./Okt. 1948.
196. SCHIFF, J. B.: Quelques observations sur le remplissage des sas d'écluses. Houille bl., 1949, S. 186.
197. TILLINGER, T.: Pneumatic locks. Dock Harb. Author. Bd. 31 (1950) H. 356, S. 52, 53, 63.
198. BURKOFF: Eine rationelle Konstruktion der Strömungsleitwerke für das Haupt einer Kammerschleuse mit Hub- resp. Senktorverschlüssen. Hydrotechn. Bauw. 1952/53, S. 24.
199. ZWETKOFF: Hydraulische Berechnung eines sich im Grundriß ausweitenden Tosbeckens. Hydrotechn. Bauw. 1952/53, S. 38.
200. FOMITSCHEFF: Pulsationen des dynamischen Druckes im Bereich der Strömung in der Umlaufgalerie einer Kammerschleuse. Hydrotechn. Bauw. 1952/53, S. 42.
201. SMYSLOFF: Die Berechnung der Tiefe eines Tosbeckens. Hydrotechn. Bauw.1952/53, S. 28.
202. ROLLE: Widerstandsbeiwert und Durchflußmenge eines Ringverschlusses. Hydrotechn. Bauw. 1952/53, S. 35.

Abschnitt III. — Gesichtspunkte für die Planung von Schiffsschleusen.

203. PAXMANN, W.: Allgemeine Gesichtspunkte für das Entwerfen von Binnenschiffahrtsschleusen. Bautechn. 1932, S. 315—326.
204. PAXMANN, W.: Planung im Verkehrswasserbau und Ausbau des Dortmund—Ems-Kanals. Dtsch. Wasserw. 1939, S. 420.
205. SCHÄFER, A.: Grundsätzliche Fragen beim Bau von Kammerschleusen. Bautechn.1939.
206. ALBRECHT, J.: Landschaft und Wasserstraßen. Zbl. Bauverw. 1939, S. 1181.
207. HAUTUM, F.: Landschaftsverbundene Planung einer Schiffahrtsschleuse. Dtsch. Wasserw. 1940, S. 268.
208. ROGGE, R.: Schleusenanlagen in der Landschaft. Dtsch. Wasserw. 1941, H. 4, S. 176.
209. SEILER, E.: Klasseneinteilung der Wasserstraßen im Hinblick auf den Verkehr von einheitlichen Schiffsgrößen. Studien zu Bau und Verkehrsproblemen der Wasserstraßen. Herausgegeben vom Bundesverkehrsministerium. Offenbach a. M. 1949.

Abschnitt IV. — Schleusentore und Umlaufverschlüsse.

210. BUCHHOLZ, M.: Die Betriebseinrichtungen des Großschiffahrtsweges Berlin—Stettin. Z. Bauw. 1913, H. X—XII, S. 643; 1914, H. II—III, S. 167.
211. LOEBELL: Über Tore und Schützen für Schiffahrtsschleusen. Bautechn. 1924; 1925, S. 36. Nachtrag B. T. 1925, S. 285.
212. PEILERT, F. W.: Die Entwicklung der Binnenschiffahrtsschleusen in der Nachkriegszeit. Bautechn. 1937.
213. WEDLER, B.: Unterwasseranstriche für Stahlbauteile im Wasserbau, besonders von Schleusen und Wehren. Bautechn. 1934, S. 232.
214. MÜLLER, K.: Rostschutz im Stahlwasserbau. Bautechn. 1950, S. 296.
215. EGER: Beiderseitig kehrende Schleusentore. Zbl. Bauverw. 1924, S. 253.
216. HEYMANN: Die elektrischen Einrichtungen von Wehr- und Schleusenanlagen. Zbl. Bauverw. 1921.
217. FOSS, E.: Elektrischer Antrieb der Schleppzugsschleuse bei Dörverden. Bautechn. 1933, S. 137.
218. HOLLING, P.: Elektrische Ausrüstung der Schleusen im Untermain. Dtsch. Wasserw. 1935, S. 11—14.
219. LASSER, F., u. MARTIENSEN: Die maschinellen und elektrischen Einrichtungen der Schleppzugsschleuse Jedwilleiten. Bautechn. 1933, S. 499.
220. SCHIEBELER: Die elektrischen Ausrüstungen der Eisenwasserbauten. Bautechn. 1933, S. 32.
221. KARNER: Die Schleusentore für die Kachletstufe der Großschiffahrtsstraße Rhein—Main—Donau. Bautechn. 1928, S. 141.
222. EHRENBERG, H.: Stemmtor mit zugänglichen Spurlagern. Zbl. Bauverw. 1926.
223. EHRENBERG, H., u. J. BRAUN: Bruch des Untertores der südlichen Schleuse Kersdorf des Oder—Spree-Kanals am 10. August 1928. Bautechn. 1929, S. 429.

224. Schäfer, A.: Hubtor oder Stemmtor für Schleusen? Bautechn. 1940.
225. Schäfer, A.: Auf dem Wege zum idealen Stauverschluß im Wasserbau. Bauingenieur 1940.
226. Fischer, H.: Modellversuche an einem hakenförmigen Schleusentor. Z. VDI 1941, S. 786.
227. Wittmann, H., u. O. Wössner: Tore und Fülleinrichtungen an Schiffsschleusen. Wasserwirtschaft 1949, S. 82, 40. Jg., H. 3.
228. Natermann, E.: Die Hubtore des Wesel—Datteln-Kanals und ihre Notverschlüsse. Bautechn. 1930, S. 795.
229. Maaske, H., u. B. Stecher: Tropfwasserrinnen für Schleusenhubtore. Bautechn. 1942, S. 253.
230. Welt, O.: Neuere Schleusentore und ihre Antriebsvorrichtungen nebst den Einrichtungen zum Füllen und Entleeren der Kammer bei Schleusen ohne Umläufe. Studium zu Bau- und Verkehrsproblemen der Wasserstraßen. Herausgegeben vom Bundesverkehrsministerium. Offenbach a. M. 1949.
231. Gährs, J., u. H. Prietze: Die Betriebseinrichtungen beim Bau der neuen Ostseeschleusen des Kaiser-Wilhelm-Kanals. Z. Bauw. 1913, H. I—VI u. VII—IX, S. 313 u. 501.
232. Overbeck: Die Schleusentore des Industrie- und Handelshafens zu Bremen-Oslebshausen. Z. VDI 1912, S. 1.
233. Groth: Über Schiebetore für Seeschleusen und Trockendocks. Z. Bauw. 1923, S. 217.
234. Meyer: Die Bewegungs- und Antriebsvorrichtungen an Schiebetoren für neuzeitliche Schiffsschleusen und ein Beitrag zur Frage des Bewegungswiderstandes. Z. Bauw. 1929, S. 30.
235. Müller: Beitrag zur Lagerung von Schleusenschiebetoren mit tiefliegendem Schwimmkasten. Bauingenieur 1930, H. 43.
236. Winterkamp: Tore der neuen Nordschleuse in Bremmerhaven. Bauingenieur 1929, H. 49/50.
237. Quadbeck: Die Schiebetore und Umlaufschützen für die Nordschleuse in Bremerhaven. Bautechn. 1931, H. 21, S. 317; H. 49, S. 699; H. 51, S. 721.
238. van Rinsum, A.: Die maschinellen Einrichtungen der neuen Kammerschleuse in Ymuiden. Bautechn. 1931, H. 3, S. 37.
239. Wundram, O: Die Tore der großen Seeschleuse im Hafen von Dünkirchen. Bauingenieur 1939, S. 530.
240. Ebelt, O., u. B. Stecher: Die Betriebseinrichtungen an den Schleusen des Rhein—Herne-Kanals. Zbl. Bauverw. 1921, S. 529.
241. Herbst: Über Segmenttorverschlüsse in Schiffahrtsschleusen. Zbl. Bauverw. 1925, S. 461 u. 540.
242. Kg: Neuartige Ausbildung eines Schleusenoberhauptes (Segmentsenktor). Zbl. Bauverw. 1934, S. 737.
243. Weise: Sektortore in Binnenschiffahrtsschleusen. Bauingenieur 1950, S. 348.
244. Naumann: Ein neuartiges Verschlußsystem für See- und Binnenschiffahrtsschleusen. Hansa, 86. Jg., Nr. 39/40, S. 927.
245. Wundram, O.: Kipptor für Schleusen nach der Bauart Cherre. Bauingenieur 1939, S. 505.
246. Engels, H.: Die Tore der Raffelbergschleuse bei Mühlheim a. d. Ruhr. Bautechn. 1928, S. 115.
247. Winkel, R.: Kraftwirkungen beim Heben eines Schützes. Zbl. Bauverw. 1926, S. 274.
248. Bohny, C. M.: Die Schiebetore der neuen Einfahrt im Hafen von St. Nazaire. Jb. hafenbautechn. Ges. Bd. 13 (1932/1933) S. 159.
249. Ehrenberg, H.: Zylinderschütze an Schleusenhäuptern. Zbl. Bauverw. 1913, S. 481.
250. Loebell: Führung von Zylinderschützen für Schleusen und Bauwerke bei größerem Gefälle. Bautechn. 1929, S. 262.
251. Winkel, R.: Der Wasserabfluß bei Zylinderschützen. Wasserkraft 1921.
252. Foss, E., u. Hassenstein: Die Zylinderschütze der Unterschleuse des Südabstiegs zu Minden i. W. Bautechn. 1925, S. 776.
253. Havestadt: Über die Verwendung von Heberverschlüssen bei Kammerschleusen. (Dr.-Ing.-Dissertation.) Berlin 1908.
254. Gröhe: Verwendung von Hebern im Schleusenbetrieb. Z. Bauw. 1921.
255. Watt: Amerikanische Erfahrungen mit Heberumläufen für Schleusen. Wasserwirtschaft 1948/49, S. 258.
256. Starzeff: Versenkbare Torverschlüsse für Kammerschleusen. Hydrotechn. Bauw. 1952/53, S. 21.
257. Beljaschewski: Gewölbte Hubtore mit segmentartigem Grundriß. Hydrotechn. Bauw. 1952/53, S. 40.
258. Triger: Das Füllen einer Kammerschleuse durch Anhub des Hubtores. Hydrotechn. Bauwesen 1952/53, S. 15.

259. FEDOROFF: Die konstruktive Gestaltung stark beanspruchter Hubtore. Hydrotechn. Bauwesen 1952/53, S. 36.
260. ROLLE: Widerstandsbeiwert und Durchflußmenge eines Ringverschlusses. Hydrotechn. Bauwesen 1952/53, S. 35.
261. GRENET, M. J.: La remise en état des portes de l'écluse P. H. Watier à Dunkerque. Travaux Bd. 32 (1948) H. 163, S 271—272.
262. TILLINGER, T.: Pneumatic locks. Dock Harb. Author. Bd. 31 (1950) H. 356, S. 52, 53, 63.

Abschnitt V. — Gestaltung des Schleusenbauwerkes.

263. ELLERBECK, L., u. MARIZY: Hölzerne Leitwerke am Dortmund—Ems-Kanal. Z. Bauw. 1921, S. 67.
264. OHDE, J.: Einfache erdstatische Berechnungen der Standsicherheit von Böschungen. Archivheft 67 des Deutschen Wasserwirtschaftsverbandes. Berlin 1943.
265. KÖLLE: Rostgefahr und Lebensdauer eiserner Spundwände. Zbl. Bauverw. 1925, S. 545.
266. HOLTHAUS: Untersuchungen über den Angriff von Spundwandeisen in Fluß- und Seewasser. Arch. Eisenhüttenw. 1934/35, S. 379.
267. OHDE, J.: Zur Erddrucklehre. Bautechn. 1948, S. 121; 1949, S. 360; 1950, S. 111; 1951, S. 297; 1952, S. 31 u. 219.
268. KRANZ: Über die Verankerung von Spundwänden. Berlin 1940.
269. LACKNER, E.: Berechnung mehrfach gestützter Spundwände. Berlin 1944.
270. BLUM, H.: Einspannungsverhältnisse bei Bohlwerken. Berlin 1931.
271. BLUM, H.: Beitrag zur Berechnung von Bohlwerken. Bautechn. 1950, S. 45.
272. AGATZ, A.: Berechnung und konstruktive Gestaltung von Trockendocks und Seeschleusen. Jb. hafentechn. Ges. Bd. 19 (1944—1949).
273. AGATZ, A.: Der Kampf des Ingenieurs gegen Erde und Wasser im Grundbau. Berlin 1936.
274. RIMSTAD, J. A.: Zur Bemessung des doppelten Spundwandbauwerkes. Berlin 1940.
275. SCHULTZE, E.: Neue Vorschläge für die Berechnung von Spundwänden. Bautechn. 1950, S. 366.
276. LEICHTWEISS, L.: Verwendung von Stahl (Peiner Kastenspundbohlen) bei Verkehrswasserbauten. Jb. hafenbautechn. Ges. Bd. XIV (1934/35) S. 174.
277. v. TERZAGHI, K.: Zur statischen Berechnung von Gewichtsstaumauern. Bautechn. 1934.
278. OSTENDORF, K.: Die Aufhöhung der durch Bergbau gesunkenen Schleuse IV des Rhein—Herne-Kanals. Bautechn. 1934, S. 681.
279. FRANZIUS, O.: Der Unfall an der Schleppzugschleuse in Hemelingen. Zbl. Bauverw. 1914, S. 146.
280. FELLENIUS, W.: Erdstatische Berechnungen mit Reibung und Kohäsion und unter Annahme kreiszylindrischer Gleitflächen. Berlin 1947.
281. AGATZ, A., u. E. LACKNER: Noch offenstehende Probleme auf dem Gebiet des Grundbaues. Bautechnik-Archiv H. 3 (1949).
282. OSTENFELD: Berechnung von Pfahlrosten. Beton u. Eisen 1922.
283. NÖKKENTVED: Berechnung von Pfahlrosten. Berlin 1928.
284. LACKNER, E.: Technischer Bericht über die Arbeiten des Ausschusses zur Vereinfachung und Vereinheitlichung der Berechnung und Gestaltung von Ufereinfassungen im Rahmen der Hafenbautechnischen Gesellschaft e. V. Bautechn. 1951, S. 279.
285. MUHS, H.: Erddruckmessungen an einer 24 m hohen starren Wand. Baupl. u. Bautechn. 1947, S. 11.
286. FRANZIUS, O.: Vereinfachte Berechnung von trogförmigen Betonkörpern, wie Docks, Schleusen usw. Beton u. Eisen 1906, S. 85.
287. FRANZIUS, O.: Über die Berechnung von Trockendocks. Z. Bauw. 1908, S. 475.
288. FREUND,: Die Berechnung von Schleusenböden nach der Elastizitätstheorie. Z. Bauw. 1918, S. 83, 187.
289. MATTERN, E.: Standsicherheitsfragen beim Bau von Schiffahrtsschleusen für hohe Gefälle. Zbl. Bauverw. 1919, S. 289.
290. WINKEL, R.: Das elastische Verhalten von Schleusenmauern. Zbl. Bauverw. 1921, S. 309.
291. JOPPEN, F.: Sohlendruckverteilung unter Schiffahrtsschleusen mit durchgehender biegungsfester Sohle. Bautechn. 1952, S. 46.
292. SIEMONSEN, F.: Spannungen im Grundkörper und Baugrund. Bautechn. 1921, S. 159.
293. SIEMONSEN, F.: Die Lastaufnahmekräfte im Baugrund und die dadurch hervorgerufenen Spannungen in einem Grundkörper. Bautechn. 1942, S. 319.
294. PIETRKOWSKI: Berechnungsformeln für die Bodenpressung an Schleusenbauwerken. Bauingenieur 1929, H. 8, S. 139.

295. Schleicher, F.: Belastungsproben zur Klärung des Einflusses der Elastizität des Bodens. Bautechn. 1925, S. 411.
296. Schleicher, F.: Zur Theorie des Baugrundes. Bauingenieur 1926, S. 931 u. 949.
297. Schleicher, F.: Die Verteilung der Bodenpressungen unter starrem Grundkörper. Bauingenieur 1933, S. 242.
298. Ohde, J.: Zur Theorie der Druckverteilung im Baugrund. Bauingenieur 1939, S. 451.
299. Ohde, J.: Die Berechnung der Sohlendruckverteilung unter Gründungskörpern. Bauingenieur 1942, S. 99 u. 122.
300. Ohde, J.: Einfache Berechnung biegefester Schleusensohlen. Bautechn. 1953, S. 140.

Abschnitt VI. — Bauausführung von Schleusen.

301. Wetzel, W.: Angewandte Meeresgeologie im Dienste des Bauwesens. Bauingenieur 1951, S. 362.
302. Scharf, W.: Die geologischen Aufschlüsse der Bodenuntersuchungen beim Bau der Nordschleuse von Bremerhaven. Bautechn. 1931, S. 517.
303. Otto, W.: Die Untersuchung des Baugrundes und die Wasserhaltung für den Bau der Nordschleusenanlage in Bremerhaven. Bautechn. 1931, S. 411, 425.
304. Weber, H.: Grundsätzliches zur Frage der Grundwasserabsenkung. Bautechnik-Archiv 1947, H. 1.
305. Sichardt, W., u. H. Weber: Hydrologische Rechnungen für die Grundwasserabsenkung beim Bau der Nordschleusenanlage in Bremerhaven. Bautechn. 1931.
306. Arp, D., u. E. Dettmers: Die Grundwassersenkung beim Bau der Doppelschleuse Wesermünde-Geestemünde. Z. Bauw. 1926, S. 77, 105.
307. Möller u. Ohmann: Die Grundwassersenkungsanlage für den Bau der Zwillingsschachtschleuse bei Fürstenberg a. d. Oder. Bautechn. 1928, S. 703, 718
308. Witte, H.: Die Grundwasserabsenkung beim Bau der Schleuse Flaisheim des Schiffahrtskanals Wesel—Datteln. Zbl. Bauverw. 1929, S. 619.
309. Hampe, B.: Die Wasserhaltung beim Bau einer Schiffahrtsschleuse (Magdeburg). Bautechn. 1942, S. 389.
310. Arp, D.: Gründung und Betonierung von Großbauten der Reichswasserstraßenverwaltung. Bautechn. 1943.
311. Kaumanns, J.: Die Baustelleneinrichtung der Zwillingsschachtschleuse in Fürstenberg a. d. Oder. Bauingenieur 1926, H. 24.
312. Eggers, W.: Die Betriebseinrichtung bei der Schleuse Flaisheim. Bauingenieur 1926, H. 28.
313. Baertz, R.: Eiserne Spundbohlen bei Herstellung der Kammerwände für die Schleusen Friedrichsfeld und Hünxe des Kanals Wesel—Datteln. Bautechn. 1929, S. 251, 279.
314. Tode, E.: Unterwasserbeton mit ortsfesten Trichtern. Wilhelm Ernst u. Sohn. Berlin 1947.
315. Werner, K.: Die Gründung des Unterhauptes der Schleuse Friedrichsfeld im Wesel—Datteln-Kanal. Bautechn. 1931, S. 375.
316. Lenk, K.: Der Doppelschneiden-Senkkasten und seine Anwendung beim Bau der neuen Seeschleuse in Ostende. Bauingenieur 1939, S. 29.
317. Lehmann, H.: Die Baugrubenaussteifung einer Kanalschleuse. Bautechn. 1940, S. 389.
318. Arp, D., u. J. Gaye: Das Gußbetonverfahren beim Bau der Doppelschleuse in Geestemünde und die Erfahrungen mit Gußbeton. Zbl. Bauverw. 1924.
319. Wilhelm, A.: Fahrbare Gußbetonanlage beim Bau der Schleuse Flaisheim. Bautechn. 1925, S. 731.
320. Schonk, E., u. H. Maaske: Praktische Versuche zur Feststellung der Festigkeit und Wasserundurchlässigkeit des Betons für den Schleusenbau Anderten. Bautechn. S. 187, 199.
321. Hampe, B.: Betonierung der Doppelschleuse Allerbüttel und allgemeine Bemerkungen zu Fragen der Betontechnik. Bauingenieur 1937, S. 705.
322. Hampe, B.: Betonkühlversuche an der Doppelschleuse Sülfeld. Bauingenieur 1939, 1939, S. 113.
323. Hampe, B.: Temperaturschäden im Beton. Wilhelm Ernst u. Sohn. Berlin 1944.
324. Hampe, B.: Beton im Wasserbau. Bautechn. 1951, S. 79.
325. Hampe, B.: Erfahrungen über die Abdichtung von Beton im Wasserbau. Beton- u. Stahlbetonbau 1951, S. 228.
326. Eitel: Zemente für den Talsperrenbau. Dtsch. Wasserw. 1942, H. 7, S. 313.
327. Fritsch, J.: Der heutige Stand der Massenbetontechnik. Wien: Springer 1950.
328. Bächtold: Die Rißsicherheit des Eisenbetons, eine Forderung des Tief- und Wasserbaues. Schweiz. Bauztg. 1950, S. 415.
329. Aster, R.: Neue Wege der Betontechnik in den USA. Beton- u. Stahlbetonbau 1950, 25. Jg., S. 266.
330. Tölke, F.: Besserer Beton für unsere künftigen Staumauern. Bauingenieur 1951, S. 120.

331. WALZ, K.: Bindemittel für Massenbeton. Dtsch. Ausschuß f. Stahlbeton. H. 104.
332. OSTENDORF, K.: Die Verwendung von Zement-Kalk-Traßbeton für die Schleusen des Rhein—Herne-Kanals. Z. Bauw. 1913, S. 333.
333. OSTENDORF, K.: Erfahrungen über Traß-Kalk-Zementbeton als Massenbeton. Bautechn. 1950, S. 89.
334. MÜLLER, P.: Die Bauarbeiten zur Schiffahrtsschleuse bei Duisburg. Bauingenieur 1925, H. 4.
335. MÖLLER u. F. ALBRECHT: Erfahrungen im Gußbetonbau bei der Herstellung der Zwillingsschachtschleuse bei Fürstenberg a. d. O. Bauingenieur 1928, H. 20—22.
336. SCHONK, E., u. H. MAASKE: Die Betriebseinrichtungen für den Bau der Schleusen bei Anderten. Zbl. Bauverw. 1927, S. 331, 348, 374.
337. MARTINSEN, O.: Die Betonierung der Bauwerke für die Nordschleusenanlage in Bremerhaven. Bautechn. 1931, H. 12, S. 145.
338. BURCKAS, E.: Betonierungsanlage für die Nordschleuse in Bremerhaven. Bautechn. 1931, H. 32, S. 471; Schluß H. 34, S. 505.
339. BREUER, H.: Die Betonbereitungsanlage der Unterschleuse Fürstenau des Masurischen Kanals. Zbl. Bauverw. 1939, S. 317.
340. MUHS, H.: Messung des Schalungsdruckes an einem Massenbetonkörper. Beton- u. Stahlbetonbau 1951, S. 150.
341. GRAF, O., u. K. WALZ: Versuche und Erläuterungen zu den Richtlinien für die Prüfung von Beton auf Wasserdurchlässigkeit. Bautechn. 1937, S. 321.
342. BÖHME: Mischbinder Sosa. Planen u. Bauen 1951, S. 66.
343. ECKHARDT u. KRONSBEIN: Versuche über das Verhalten von Beton und Zement im Seewasser. Dtsch. Ausschuß für Stahlbeton. H. 102.
344. EHRENBERG, H.: Beobachtungen und Erfahrungen über Aussinkerungen und Zerstörungen an Betonschleusen der Märkischen Wasserstraßen. Bautechn. 1929, S. 505.
345. N. N.: Fugendichtung an Wasserbauwerken aus Beton. Bautechn. 1934, S. 391.
346. JEHN, R.: Bruch der alten Schleuse Hüntel. Untersuchung und Instandsetzung. Bautechn. 1930, S. 438, 478.
347. OSTENDORF, K.: Die Aufhöhung der durch Bergbau gesunkenen Schleuse IV des Rhein—Herne-Kanals. Bautechn. 1934, S. 681.
348. PLATE, L.: Die Instandsetzung der Bremer Weserschleuse. Bautechn. 1934.

Abschnitt VII. — Schleusenvorhäfen.

349. SCHÄFER, A.: Über Vorhäfen von Schleppzugschleusen in kanalisierten Flüssen. Bautechn. 1933, S. 98, 132.
350. ODENKIRCHEN, F., u. PRÖTT: Verbesserung der Einfahrt in den Schleusenkanal zu Dörverden, Bautechn. 1933, S. 423.
351. MÖLLER, F., u. SIEVERS: Der Ausbau der Endstrecke des Oder—Spree-Kanals bei Fürstenberg a. d. Oder. Bautechn. 1931, S. 651.
352. SCHUMACHER, B.: Die Bekämpfung betriebsstörender Strömungen im Unterhafen der Schleuse Spandau. Bautechn. 1932, S. 627.
353. HAMPE, B., u. K. MÜLLER: Bau einer Mole am unteren Vorhafen der Staustufe Magdeburg. Bautechn. 1950, S. 317, 359.
354. PEIN: Dückdalben als Anlagewerke für große Schiffe in durch Bohrwurm gefährdeten Hafenanlagen. Bautechn. 1929, S. 80.
355. MOELLER: Dalben aus flußstählernen Spundbohlen. Bautechn. 1929, S. 849.
356. BLUM, H.: Wirtschaftliche Dalbenformen und deren Berechnung. Bautechn. 1932, S. 50.
357. WEGNER, H.: Neuartige Stahldalben. Bautechn. 1939, S. 42.
358. GRUBE, H.: Dalben in reiner Stahlbauweise in den Duisburg-Ruhrorter Häfen. Bautechn. 1936, S. 471.
359. BAYER: Untersuchung von Dalben. Berlin 1940.
360. WEDEKIND, H.: Grundlagen und Theorie des Stahlfederdalbens. Bauingenieur 1950, S. 333, 384.
361. GÄHRS, J.: Betrachtungen über den Stahlpfahl im Wasserbau bei elastischer Einspannung. Hansa 1951, S. 648.
362. REIMER, O.: Berechnung und Konstruktion von Dalben unter besonderer Berücksichtigung des Kraftangriffs unter Wasser. Bautechn. 1950, S. 298.
363. ILLIGER, J.: Die Entwicklung der Anlegestellen für die Schiffahrt im Bereich der Schleusen und Schiffssammelstellen des Rhein—Herne-Kanals und der Ruhrwasserstraße. Bauingenieur 1953, S. 1.

Abschnitt VIII. — Ausrüstung und Betrieb der Schleusen.

364. EHRENBERG, H.: Ausrüstung von Schleusen nach Erfahrungen im Bereich der Verwaltung der Märkischen Wasserstraßen. Bautechn. 1929, S. 33.
365. EHRENBERG, H.: Schwimmende Festmacher zum Festhalten von Schiffen in Schleusen. Bautechn. 1932, S. 380.

366. HARTWIG, O.: Ausrüstung von Schleusen an Binnenwasserstraßen mit Pollern, Haltekreuzen und Steigeleitern. Bautechn. 1933, S. 703.
367. MÜLLER, K.: Ausrüstung der Schleusen an Binnenwasserstraßen. Bautechn. 1952, S. 3.
368. ROGGE, K.: Ausrüstung der Seehäfen mit landfesten Pollern. Berlin 1930.
369. BAUMEISTER, F.: Ausrüstung der Ufereinfassungen in Seehäfen. Jb. hafenbautechn. Ges. Bd. XIV (1934/35) S. 238.
370. COLBUS, J.: Notverschluß Bauart Colbus. Bautechn. 1942, S. 138.
371. MAHR: Beiträge zur Kenntnis des Schleusenbetriebes unter besonderer Berücksichtigung der Verhältnisse am Rhein—Herne-Kanal. Berlin 1925.
372. LACKNER, E.: Technischer Bericht über die Arbeiten des Ausschusses zur Vereinfachung und Vereinheitlichung der Berechnung und Gestaltung von Ufereinfassungen. Bautechn. 1952, S. 345.
373. KOCH, H.: Die Seiltreidelanlage der Zwillingsschachtschleuse Fürstenberg a. d. Oder. Bautechn. 1929, S. 654.
374. MISTOL, G.: Die Leistungsfähigkeit von Fluß- und Kanalschleusen. Bautechn. 1952, S. 207, 221.
375. KIEHNEL, H.: Über Widerstände und Fahrzeiten beim Einschleppen von Schiffen in Schleusen. Heft 24 der Mitteilungen der Pr. Versuchsanstalt für Wasserbau und Schiffbau Berlin.

Abschnitt IX. — Anlagen zur Wasserersparnis.

376. LIEKFELD: Über Sparschleusen. Zbl. Bauverw. 1895, S. 303.
377. KLIR, A.: Prinzipien der Sparschleusen. Öst. Wschr. öff. Baudienst 1907, S. 39.
378. ELLERBECK, L., u. M. CONTAG: Schleusen mit schwimmenden Sparbehältern. Bautechn. 1926, S. 425.
379. WINKEL, R.: Sparbeckenausbildung zur Erzielung einer ruhigen Lage des Schiffes während der Schleusung. Bautechn. 1936.
380. ARENS, M.: Die Wasserdurchlässigkeit von Schiffsschleusen. Bauingenieur 1951, S. 269.
381. PROETEL, K.: Schleuse ohne Wasserverbrauch mit schwimmenden, luftbetriebenen Aufnahmebecken. Bautechn. 1929, S. 856.
382. PROETEL, K.: Neuartige Speicherschleuse mit hohem Gefälle und gesteigerter Wasserersparnis für den Aachen—Rhein-Kanal. Bauingenieur 1929, H. 26.
383. PROETEL, K.: Versuche über die Ausnutzung der Strömungsenergie zur Steigerung der Wasserersparnis bei Schiffahrtsschleusen. Zbl. Bauverw. 1938, S. 827.
384. PROETEL, K.: Modellversuche und Planungen für die Ausbildung der Schwungschleusen. Bautechn. 1948, S. 3.
385. PROETEL, K.: Bauliche Einzelheiten und Betriebsvorgänge bei Schwungschleusen. Bauingenieur 1950, H. 6 u. 7.

Abschnitt X. — Hebewerke.

386. PRÜSSMANN: Schleusen und Hebewerke. Z. Bauw. 1905, H. VII—IX.
387. PRÜSSMANN: Vergleichung von Schleusen und mechanischen Hebewerken. Z. Bauw. 1905, S. 500; 1906, S. 359.
388. GERHARDT, P.: Der Wettbewerb für ein Schiffshebewerk bei Prerau im Donau—Oder-Kanal. Zbl. Bauverw. 1905, S. 215.
389. JEBENS: Das Schiffshebewerk mit Balanciers und Gegengewichten. Z. Architektur- u. Ingenieurwes. 1910, S. 361.
390. JEBENS: Das Schiffshebewerk mit Schraubenführung auf schiefer Ebene mit Querneigung. Glasers Ann. 1908, S. 247.
391. JEBENS: Das Schiffshebewerk mit Schraubenführung auf schiefer Ebene mit Querneigung. Dtsch. Bauztg. 1909, S. 314.
392. JEBENS: Das Schiffshebewerk mit Seitenschwimmern, Zahnstangen und Riegeln. Z. Architektur- u. Ingenieurw. 1912, Heft 5 — Z. Binnensch. 1912, H. 24.
393. JEBENS: Die Schwimmerschleuse mit Riegeln und Bremsen. Z. Architektur- u. Ingenieurw. 1910, S. 49.
394. JEBENS: Die Trogschleuse auf Walzen. Zbl. Bauverw. 1908, S. 362.
395. JEBENS: Über Trogschleusen auf schiefen Ebenen. Dtsch. Bauztg. 1908, S. 78.
396. NAKONZ, CHR.: Schiffshebewerk. Zbl. Bauverw. 1908, S. 8.
397. BERTSCHINGER, H.: Die Wirtschaftlichkeit von Schiffshebewerken. Z. VDI 1907, S. 1920.
398. ARENS, M.: Neuere deutsche Bauausführungen und Projekte von Schiffshebewerken. Studien zu Bau- und Verkehrsproblemen der Wasserstraßen. Herausgegeben vom Bundesverkehrsministerium. Offenbach a. M. 1949.
399. ARENS, M.: Das Schiffshebewerk Rothensee. Bauingenieur 1938, S. 599.
400. SPERLING, W.: Über den Betrieb der Schiffshebewerke des Centrekanals in Belgien. Bautechn. 1925, S. 501.

401. GERDAU, B.: Der Dortmund—Ems-Kanal. Z. VDI 1899, S. 941.
402. SCHEUNEMANN, W.: Das Schiffshebewerk Henrichenburg nach 50 Betriebsjahren. Wasserwirtschaft 1949/50, S. 46.
403. REINHARDT, W.: Das Schiffshebewerk Rothensee. Z. VDI 1934, S. 1108.
404. REINHARDT, W.: Das Schiffshebewerk Rothensee bei Magdeburg. Z. VDI 1938, S. 1209.
405. Fz.: Die Bearbeitung der Spindeln des Schiffshebewerks Magdeburg-Rothensee. Z. VDI 1938, S. 1225.
406. REINHARDT, W.: Die Hebewerke Rothensee und Hohenwerte. Bautechn. 1938, S. 618.
407. REINHARDT. W.: Die Abstiege Rothensee und Hohenwerte im Zuge des Mittellandkanals nördlich Magdeburg. Dtsch. Wasserw. 1930, S. 214.
408. MAASKE, H.: Das Schiffshebewerk bei Rothensee. Rdsch. techn. Arb. 1937, H. 43.
409. VOLLMER, P., u. VOGELSANG: Antrieb für Schiffshebewerke mittlerer Hubhöhe. Z. VDI 1928, S. 1161.
410. VOLLMER, P., u. MUSSAEUS: Zweischwimmerhebewerk mit beweglicher Troglagerung. Zbl. Bauverw. 1928, S. 57.
411. REINHARDT, W., u. VOGELSANG: Vorrichtung zur Aufnahme des Spaltwasserdruckes durch die Kanalhäupter und zur Abdichtung des Spaltes bei Schiffshebewerken. Zbl. Bauverw. 1929.
412. REINHARDT, W., u. VOGELSANG: Federnde Führungen ohne Spiel an Schiffshebewerken. Zbl. Bauverw. 1930, S. 752.
413. REINHARDT, W., u. MUSSAEUS: Die Kälteversuchsanstalt des Neubauamtes Kanalabstieg. Bautechn. 1931, S. 258.
414. FAURE, B.: Schwimmerhebewerke — Bauart Faure. Bautechn. 1950, S. 329.
415. FAURE, B.: Schwimmerhebewerke — Bauarten Faure. Bautechn. 1953, S. 73.
416. KRELL, R.: Schwimmer-Schiffshebewerk mit seitlichen Schwimmern. Bauingenieur 1939, S. 459.
417. BÖHMLER: Die Tauchschleuse, eine neue Schleuse ohne Wasserverbrauch. Z. VDI 1918, S. 717.
418. BÖHMLER: Tauchschleuse oder Schiffshebewerk der Demag. Z. VDI 1919, S. 735, 905.
419. BÖHMLER: Der Rhein—Neckar—Donau-Kanal und die Neckarwasserkräfte. Vereinsmitteilungen des süddeutschen Kanalvereins, Stuttgart 1920, H. 5.
420. HOECH: Trogschleuse mit Gegengewichten an Seilen, lotrechte Schiffshebung mit beiderseitigen Anschlüssen. Z. VDI 1919, S. 1259.
421. GERHARDT, P.: Das Hebewerk bei Niederfinow. Zbl. Bauverw. 1913, S. 136.
422. ELLERBECK, L., u. H. MÜGGE: Schiffshebewerk mit Waagebalken. Zbl. Bauverw. 1922, S. 277.
423. KARNER, L.: Über die Frage von Schiffshebewerken für große Hubhöhen. Schiffbau 1923/24, S. 201.
424. KRELL, R.: Seilaufzug für ein Schiffshebewerk. Bautechn. 1925, S. 492.
425. DE THIERRY: Sitzungsbericht über Schiffshebewerke nebst Erörterung. Z. Binnenschiff. 1925, S. 45, 65, 92.
426. ELLERBECK, L.: Entwurfsarbeiten für das Schiffshebewerk bei Niederfinow. Bautechn. 1927, S. 319.
427. Gutachten der Akademie des Bauwesens betreffend das Schiffshebewerk bei Niederfinow. Bautechn. 1927, S. 459.
428. ELLERBECK, L.: Entwurf für das Schiffshebewerk bei Niederfinow. Z. VDI 1927, S. 87.
429. LORENZ u. MEYER: Das Schiffshebewerk bei Niederfinow. Bauingenieur 1930, S. 242.
430. PLARRE, K., u. W. DETIG: Der Ostpfeiler der Kanalbrücke des Schiffshebewerkes Niederfinow und die an ihm durchgeführten Bodendruckversuche. Bautechn. 1930, S. 676, 686.
431. PLARRE, K., u. M. CONTAG: Sonderentwürfe für die Gestaltung des Schiffshebewerkes Niederfinow. Stahlbau 1930, S. 205.
432. DETIG, W.: Der Bau des Schiffshebewerkes Niederfinow. Z. VDI. 1931, S. 1438.
433. DETIG, W.: Bodendruckversuche mit einer pneumatischen Meßdose beim Bau des Schiffshebewerkes Niederfinow. Bautechn. 1932, S. 443.
434. GÄHRS, J.: Das Schiffshebewerk Niederfinow unter besonderer Berücksichtigung des Stahlbauwerks. Stahlbau 1933, S. 177.
435. ELLERBECK, L.: Zur Betriebseröffnung des Schiffshebewerkes Niederfinow. Bautechn. 1934, S. 125.
436. OSTMANN: Das Schiffshebewerk Niederfinow. Die Entwicklung der Havel—Oder-Wasserstraße. Bautechn. 1934, S. 154.
437. PLARRE, K., u. W. DETIG: Die Vorhäfen des Schiffshebewerkes Niederfinow. Bautechn. 1934, S. 161.
438. PLARRE, K., u. STARKER: Der Grundbau des Schiffshebewerkes Niederfinow. Bautechn. 1934, S. 176.

439. BURKOWITZ: Mechanik des Schiffshebewerkes Niederfinow. Bautechn. 1934, S. 411.
440. DETIG, W.: Die Zwischenpfeiler der Kanalbrücke des Schiffshebewerkes Niederfinow. Bautechn. 1934, S. 522.
441. KAUMANNS u. WIGGERS: Die Stahlbauten der Kanalbrücke Niederfinow. Bautechn. 1934, S. 536.
442. WEDLER, B.: Das Schiffshebewerk Niederfinow. Dtsch. Wasserw. 1934, S. 41.
443. PLARRE, K.: Die Vollendung des Schiffshebewerkes Niederfinow. Z. VDI 1934, S. 439.
444. KOCH, H., u. O. KRÜGER: Die maschinellen Anlagen des Schiffshebewerkes Niederfinow. Bautechn. 1935, S. 157.
445. FISCHER, E.: Das Schiffshebewerk Niederfinow. Eberswalde 1933.
446. ROTHMUND, L.: Schleusen ohne Wasserverbrauch. Bautechn. 1929, S. 300, 344, 425.
447. ROTHMUND, L.: Schleusen ohne Wasserverbrauch. Bautechn. 1951, S. 136, 157.
448. HAMPE, B.: Tauchschleuse oder Hebewerk? Bautechn. 1952, S. 103.
449. BÖTTCHER, K.: Neues Schiffshebewerk. Bautechn. 1938, S. 489.
450. Schiffseisenbahn mit entlastenden Schwimmkörpern auf quergeneigter Ebene. Zbl. Bauverw. 1919, S. 132.
451. CARSTANJEN: Die Schiffshebewerke der MAN. Bauingenieur 1923, S. 529, 615.
452. Schiffshebewerk Bauart Klönne-Rheinmetall. Z. Binnensch. 1925, S. 67.
453. KARNER, L.: Naß- oder Trockenförderung? Schiffbau 1925, S. 530.
454. Trocken- oder Naßförderung für Schiffshebewerke. Bautechn. 1925, S. 693.
455. Schiffshebewerk mit trockenem Scheitel. Zbl. Bauverw. 1927, S. 302.
456. EDNER u. PEETZ: Schiffshebewerk auf quergeneigter Ebene. Zbl. Bauverw. 1929, S. 141.
457. AMTSBERG, H.: Modellversuche über das Einschleppen von Kanalkähnen in den Trog eines Schiffshebewerkes. Mitt. Preuß. Versuchanst. Wasserbau u. Schiffbau 1936, Berlin.

Sachverzeichnis.

Ortsverzeichnis.

721/54/53. — III/18/203.

GPSR Compliance

The European Union's (EU) General Product Safety Regulation (GPSR) is a set of rules that requires consumer products to be safe and our obligations to ensure this.

If you have any concerns about our products, you can contact us on ProductSafety@springernature.com

In case Publisher is established outside the EU, the EU authorized representative is:

Springer Nature Customer Service Center GmbH
Europaplatz 3
69115 Heidelberg, Germany

Batch number: 10704763

Printed by Printforce, the Netherlands